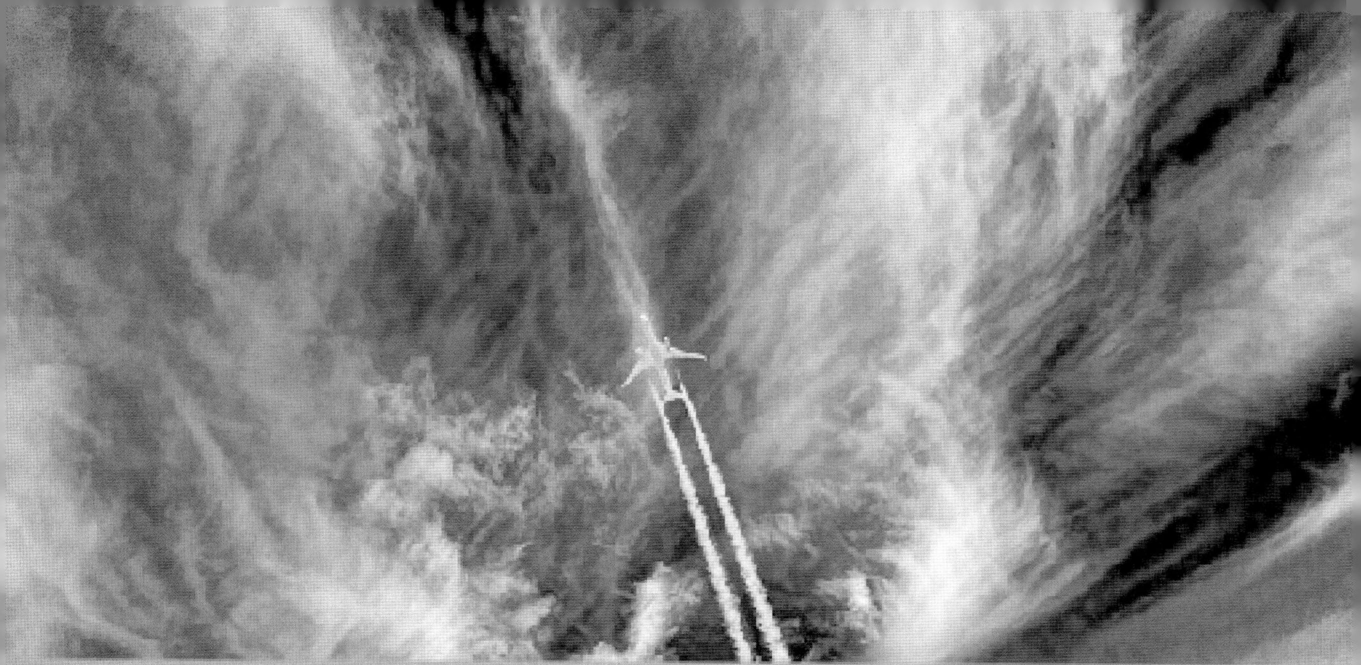

제6판

항공교통개론

양한모, 김도현, 김휘양, 문우춘, 곽수민 저

도서출판 원

머 리 말

국가교통수단의 핵심 역할을 담당하는 항공교통은 한국경제의 눈부신 성장과 더불어 대중 교통수단으로 차지하는 비중이 높아가고 있으며, 국가 항공산업 및 민간항공의 발전과 함께 항공교통의 수요와 교통량은 나날이 증가하고 있는 추세이다. 21세기 국제항공운송시장에 있어서도 중국의 경제성장에 따른 폭발적인 여객의 증가에 따라 아시아지역의 항공여객 성장률이 가장 높을 것으로 예측되고 있으며, 동북아시아의 허브공항과 물류중심국가를 지향하는 우리나라에 있어서도 항공물류가 중심적 역할을 수행하게 될 것이다. 또한 국가 항공기들의 교통량도 과거보다 증가하는 추세에 있으며 국가방위를 담당하고 있는 군항공기의 교통량 및 공역수요도 현재의 수준보다 증가할 것은 불문가지의사실이다.

항공교통의 증가는 항공기의 비행안전과 경제적 운항을 보장하기 위해서 보다 합리적인 국가공역관리와 항공교통관리의 개선을 필요로 한다. 즉, 한정된 공간에서 증가하는 항공기를 수용할 때 불가피하게 야기되는 항공기 운항지연으로 인한 경제적 손실과 좁은 공간에서의 다수의 항공기 운항으로 인한 항공안전 저해 요인 등을 해소하여 항공기를 안전하고 경제적으로 운항하기 위해서는 항공교통관리에 대한 획기적인 개선과 연구가 필요하며 이를 위하여 항공교통관리의 전문 인력들을 양성해야 한다.

지난 수년간 저자들은 한국항공대학교, 한서대학교 그리고 연구기관에서 항공교통론과 항공교통업무를 강의, 연구하면서 항공교통관리의 핵심 부분인 공역관리, 항공교통관리, 항공교통흐름관리를 모두 망라하는 교과서의 필요성을 절감하였지만, 이와 같은 분야를 망라한 교재가 전 세계적으로도 없을 뿐만 아니라 이에 대체하여 권고할 만한 적절한 책이 없어 여러 가지 국제민간항공기구의 편람들을 편집하여 강의하고 참조하였던 것을 항상 미안하게 생각해 왔다. 또한 항공운송산업과 항공교통의 운영에 관련되거나 관심이 있는 많은 분들에게 이 분야에 대하여 체계적이며 폭 넓게 이해할 수 있는 도서를 추천할 수 없었던 것도 마음의 부담으로 남아 있었다. 이러한 상황에서 이 책을 서둘러 출판하여 다행스럽게 생각하나 충분한 시간적 여유를 갖고 충실한 내용의 교과서를 준비하지 못했음이 아쉬움으로 남았다.

본 항공교통개론(6판)은 국내에서 2004년 처음 발간되어 항공교통관리를 처음 접하는 학생들이나 실무자들로 하여금 항공교통관리를 체계적으로 이해 할 수 있도록 가능한 쉽게 집필하고자 노력하였으며, 항공교통관리의 핵심부분인 공역관리와 항공교통업무, 그리고 항공교통흐름관리의 기본적인 주요 내용을 모두 다루었다. 또 이론의 발전과정과 최근 동향 및 실제 적용상의 문제도 가능한 다루었으며, 부록에는 자주 참고하는 국제민간항공기구의 부속서인 항공교통업무와 용어집을 수록하였다. 이 책의 대부분의 내용은 저술했거나 저자들의 강의노트 내용과 논문을 정리한 것이나, 일부 편찬 내용도 있음을 밝힌다.

항공교통개론으로서의 본서는 모두 5부로 구성되어 있다. 제1부에서는 항공교통관리의 기초로서 항공교통관리의 업무범위와 특성을 소개하고자 하였다. 이를 위해 항공교통의 특성과 이를 관리하는 항공교통관리의 개념과 특성 및 법적성격을 국제법과 국내법의 차원에서 다루었으며 공항의 구조와 운영에 대해서도 소개하였다. 제2부에서는 항공기의 운항활동이 이루어지는 기반시설로서의 공역의 특성을 소개하였다. 공역관리에 대한 이해를 돕기 위해 공역의 개념과 특성, 공역의 종류, 공역계획과 관리 및 항공기 안전에 가장 영향을 많이 주는 비행장 주위의 장애물의 관리에 대한 사항을 소개하였다. 제3부에서는 항공교통관리에 있어 가장 중요한 항공교통업무를 담고 있다. 항공교통업무는 항공기의 안전하고 효율적인 운항을 위한 항공교통관리의 중심업무이므로 이를 위해 일반규정, 항공기분리방법 및 분리최저치, 비행장관제업무, 레이더 관제업무, 비레이더 관제업무, 비행정보업무와 경보 및 구조업무에 관한 사항을 다루었다. 제4부에서는 항공교통의 경제적 운영을 위한 항공교통흐름관리에 관한 내용을 소개하였다. 항공기 운항의 안전이 중요하듯이 민간항공의 운항에 있어서는 경제성 역시 이에 못지않게 중요하다. 이를 위해 항공교통의 용량관리와 흐름관리에 관한 사항을 다루었다. 제5부에서는 미래의 항공교통관리에 대한 비전을 제시하고자 미래의 항공교통관리의 핵심과제를 소개하였다. 이를 위해 미래항행시스템과 공역의 통합문제를 소개하였다.

여러 가지 미진한 점이 많이 있으며 이러한 점은 가까운 장래에 보완하여 출간할 것을 약속한다. 이 책을 출판하기까지 도움을 주신 모든 분의 격려와 배려에 깊은 감사를 드린다. 이 책의 편집 교정 업무에 수고한 출판부 관계자분들과 한서대학교 항공교통물류학과 김나현, 이강미, 이화진, 임지우, 추민경 학생에게도 감사드린다.

2025년 2월
지은이들

목 차

제 1 부 서론 • 1

제1장 항공교통의 특성

제2장 항공교통교통관리 개요

제3장 공항의 구조와 운영

제 2 부 공역관리(ASM) • 87

제4장 공역의 개념과 설정

제5장 공역의 구성

제6장 공역관리

제7장 공역의 장애물 제한

제 3 부 항공교통업무(ATS) • 201

제8장 항공교통업무의 일반 규정

제9장 항공기 분리 방법과 최저치

제10장 비행장 관제업무

제11장 레이더 및 비레이더 관제업무

제12장 비행정보업무(FIS)

제13장 경보 및 구조업무(ALERTING & SAR SERVICE)

제 4 부 항공교통흐름관리(ATFM) • 353

제14장 항공교통 용량관리

제15장 항공교통흐름관리(ATFM)

제 5 부 미래의 항공교통관리 • 397

제16장 미래항행시스템

第17장 첨단항공교통

제 1 부

서 론

제1장 항공교통의 특성

제1절 항공교통의 특성

1. 항공교통의 개념

〈그림 1-1〉 라이트형제가 제작한 항공기

항공교통은 1903년 12월 17일 미국의 라이트형제가 인류역사상 최초로 동력비행에 성공한 이래 발달하기 시작하여 제1차 세계대전이 끝난 후에 교통수단으로 사용되기 시작한 100년밖에 안 되는 가장 짧은 역사를 가진 교통수단이다. 항공교통은 다른 교통수단에 비하여 그 역사가 짧고 가장 늦게 등장한 교통수단이기 때문에 초기에는 철도, 자동차, 선박 등 기존 육상 및 해상교통의 보완적 역할을 하는데 지나지 않았다. 그러나 제2차 세계대전 이후, 항공기 성능이 급격히 발전함에 따라 제3차 교통혁명이 시작되었으며 전 세계적인 항공 노선망의 형성과 항공운송 수요의 급증 등으로 경이적인 발전을 거듭하게 되었다.

오늘날 항공교통은 항공기의 고속화로 장거리 비행이 가능해짐에 따라 전 세계를 연결하는 항공노선망이 형성되었고, 항공기의 대형화로 여객의 대량수송능력이 확보되어 항공수요 증가에 대처하는 것이 가능해졌다. 또한 항공기 성능의 발전으로 전천후화가 이루어져 날씨에 영향을 받지 않고 계획된 시간표에 따라 비행이 가능하게 됨으로써 정시성을 갖게 되었고, 고속 장거리 비행 성능을 갖게 됨으로써 전 세계를 일일생활권으로 만들어 오늘날 국제사회의 현대인에게는 가장 중요한 교통수단으로 발전하게 되었다. 이렇게 항공교통이 고속화, 장거리화, 대형화되고, 3차원의 공간에서 대량 수송이 이루어짐에 따라 항공교통시스템은 항공교통의 안전하고 신속하며 질서 있는 발전을 위해 지속적으로 체계화되고 있다.

항공교통시스템은 항공교통 구성요소와 항공교통 지원시스템의 유기적인 통합에 따라 이루어진다. 항공교통 구성요소에는 수송수단으로서의 항공기와 항공기를 운용하는 항공종사자, 항공기의 운항이 이루어지는 항공로 그리고 항공기가 이용하는데 필요한 공항시설이 포함된다. 항공교통지원시스템은 공역관리, 항공교통관제업무와 같은 항공교통업무 지원시스템과 공항운영시스템 그리고 항공사의 항공기 운항, 정비 및 지상조업시스템으로 이루어진다.

2. 항공교통의 특성

교통수단은 어느 분야든 간에 안전성, 신속성(고속성), 정시성(정확성) 등이 절대적으로 필요하다. 그러나 항공교통은 타 교통수단과 달리 출발지에서부터 목적지까지 3차원의 공간을 이용하여 타국의 공역에 쉽게 진입하는 특이한 교통수단으로 다음과 같은 특성을 갖는다.

가. 안전성

모든 교통기관에서 가장 중요시되는 것은 안전성이며, 특히 타 교통수단보다 항공교통의 경우에는 더욱 요구된다. 이는 항공기의 대형화 및 고속화로 한 번에 수백 명의 탑승인원이 고속으로 운송되는 특성상, 일단 사고가 발생하게 되면 매우 치명적이면서 많은 희생자를 발생시키기 때문에 그만큼 더욱 안전성이 강조되는 것이다.

항공교통 초기에는 항공기의 안전성이 매우 낮았으나 항공기의 성능개량, 이중안전시스템(Fail-Safe System)과 정비능력의 향상, 운항방식의 자동화, 위성을 이용한 통신방식의 도입, 각종 전자장비의 전산화 및 항행안전시설의 급속한 발달로 안전성이 크게 향상되었다.

항공기 사고가 발생하면, 구조(rescue)의 시간적 여유가 없을 뿐만 아니라 매우 치명적이므로 안전을 항상 강조하게 되고, 따라서 가능한 모든 수단과 방법을 마련하여 안전을 향상시키고 사고를 감소시키기 위해 노력하게 된다. 비록 타 교통수단에 비하여 사고율, 사망률 등이 비교할 수 없을 만큼 적은 것이 사실이지만, 항공종사자는 물론 항공기를 이용하는 사람 및 이와 관련된 사람들의 관심은 무엇보다도 항공운송의 안전에 있으며 항공교통분야에서도 안전 확보를 위한 각종 기술상의 기준과 절차를 제정하여 전 세계가 공통적으로 지키도록 하고 있다. 참고로 국토교통부에서 발표한 우리나라의 교통수단별 사고 추이를 살펴보면 <표 1-1>과 같다.

〈표 1-1〉 교통수단별 교통사고 현황(총괄)

구 분	2014	2015	2016	2017	2018	2019	2020	2021	2022	2023	연평균 증감율
발생(건)	225,096	234,285	223,366	219,033	219,928	232,654	212,882	205,927	199,806	201,474	-1.22%
사망(명)	5,315	4,800	4,489	4,385	3,935	3,491	3,237	3,065	2,879	2,672	-7.36%
- 도로	4,762	4,621	4,292	4,185	3,781	3,349	3,081	2,916	2,735	2,551	-6.70%
- 철도	80	76	62	51	44	33	22	21	28	19	-14.76%
- 해양	467*	100	118	145	102	98	126	120	99	94	-16.32%
- 항공	6	3	17	9	18	8	16	10	11	13	8.97%

* 세월호 304명 사망/실종('14.4월), 오룡호 53명 사망/실종(' 14.12월)
자료 : 국토교통부, 2024년도 교통안전연차보고서 재구성

나. 신속성(고속성)

항공교통은 타 교통수단과 비교할 수 없는 고속으로 사람과 물건을 한 장소에서 다른 장소로 이동할 수 있는 장점과 특성을 갖는 유일한 운송수단이다. 항공기의 속도 향상을 살펴보면 1930년대에는 시속 280km(DC-3), 1950년대에는 500km (Lockheed-1049), 1960년대에는 800km(Caravelle V1R), 1970년대에는 1,000km (Boeing747)로 증가되었으며, 1970년대 후반에 개발된 초음속 항공기(Concord)의 등장으로 속도는 시속 2,000km까지 향상되었다.

민간항공기의 속도는 통상 항공기 제원상의 순항속도(Cruise Speed)를 말하고 있으나, 항공운송에 따른 소요시간을 타 교통수단과 비교 시는 항공기 자체의 속도만으로는 비교할 수 없으므로 비행예정인 전체비행구간을 총 비행시간으로 나눈 값인 평균속도로 비교한다. 즉 항공기가 움직이기 시작해서 목적지의 비행장에 도착 후 완전히 정지할 때까지의 비행시간이 총 비행시간이 되고, 출발지에서 목적지까지의 거리를 총 비행시간으로 나눈 값이 평균속도가 된다.

항공기의 속도는 그날의 일기, 바람의 영향, 항공기 탑재중량 등의 요소가 영향을 주게 되므로 이런 영향을 주는 요소를 비행 전에 분석하여 가장 효율적인 비행고도와 비행노선을 확보하고 운항하도록 하기 위하여 항공사는 사전에 비행계획을 작성하여 그 계획을 관제기관에 제출하고 승인을 얻어 운항하고 있으며, 이런 업무를 전문으로 하는 운항관리사를 항공운송사업자는 의무적으로 채용토록 항공안전법(제65조)에서 명시하고 있다.

〈표 1-2〉 주요 항공기의 제원

구분	좌석수 (명)	최대이륙 중량(톤)	전장 (M)	순항속도 (KM/H)	항속거리 (KM)	이륙활주 길이(M)	착륙활주 길이(M)	항공기 등급
B747-8	467	448	76	913	14,815	3,200	2,316	F
B747-400	416	397	71	910	13,450	3,380	2,225	F
B777-300ER	376	345	74	1,028	12,682	3,522	1,769	E
B787-8	242	228	57	913	13,620	2,600	1,650	E
B767-300	260	157	55	862	9,074	2,304	1,585	C
B737-900ER	189	82	42	955	4,993	2,339	1,536	C
B737-900	188	79	42	848	5,449	2,316	1,609	C
B737-800	189	79	40	848	5,765	2,482	1,700	C
A380-800	535	560	73	966	15,700	3,250	2,400	F
A330-200	246	230	59	883	13,400	2,577	1,720	E
A330-300	300	230	64	883	11,300	2,390	1,719	E
A340-300	300	275	64	871	13,700	3,000	1,926	E
A350-900	440	269	67	1,052	14,350	2,200	1,966	E
A321-200	195	93	45	955	5,416	2,408	1,588	C

자료: 한국항공협회, 2024 포켓 항공현황

다. 정시성(정확성)

정시성이란 공지된 시간표(published time table)를 기준으로 정확하게 운항하고 있는지 여부에 따라 결정된다. 즉 항공사가 공지한 시간표상의 출발 및 도착시간에 따라 운항이 실시되고 있는지의 여부가 정시성을 결정한다. 항공운송은 타 교통기관과 비교할 때 기상조건 및 항공기 상태, 공항의 상황, 탑승 수속 등의 사유로 정시성을 유지하기가 훨씬 어렵다. 그렇지만 항공사는 정부에서 인가받은 운송약관과 사업계획에서 정한 시간표에 따라 항공기가 정시운항이 되도록 최선의 노력을 다함으로써 항공기 이용객에게 보다 높은 서비스의 질과 신뢰도 향상을 제공하고자 하며, 이런 항공사의 정시성은 타 교통수단과 선의의 경쟁이 가능하게 한다. 만약 항공사에서 정해진 일정대로 항공기가 운항하지 못하는 경우에 공항당국은 타 항공기에게 이·착륙 등의 우선권을 제공하는 등의 간접적인 불이익을 줌으로써 항공사의 정시성을 유도하고, 또한 공항당국도 공항사정으로 인한 결항과 지연이 발생하지 않도록 하기 위하여 각종 공항시설과 장비의 개량, 보강 및 운용의 개선을 통해 항공사의 정시성 향상에 최선을 다하고 있다.

라. 국제성

국가 간의 국제항공운송이 이루어지기 위해서는 먼저 자국 정부와 상대국 정부가 항공협정을 체결해야 한다. 이렇게 체결된 정부 간 항공협정에 따라 지정된 양국의 항공사는 세부 항공협정을 맺고 그 세부 항공협정에 따라 양국 간에 지정된 노선에서 항공운송업무를 할 수 있다.

이는 파리조약(1919. 10. 13)에서부터 인정된 국제조약으로 자국 공역에 대한 배타적인 주권은 시카고 조약 제1조에서도 명시되어 있는바, 타국의 공역을 비행 시는 당해 국가의 승인이 필요하고 그러기 위해서는 양국 간의 협정이 필수적이므로 국가 간의 관여가 필요한 것이다. 즉, 국제항공운송사업에 있어서는 항공사의 독자적인 의사, 계획만으로 가능한 것이 아니고 관계국 정부 간 협정에 의해서 가능하며 취항도시의 수, 운항횟수, 총 공급좌석 등에 대해서 세부 규제를 받고 있다.

또한 국제선 항공운임의 경우에도 국제항공운송협회(IATA)의 운임기준을 참고하고 양국 정부의 인가를 받아야 하는바, 이는 항공운송사업이 공공성을 갖는 교통이라는 공익성과 국민, 즉 이용자의 권익과 복지향상이라는 취지에서 정부의 규제를 받고 있다. 다시 말해서, 항공운송은 취항노선의 결정, 노선 취항 시의 공급좌석과 운항 횟수 등과 이에 따른 구체적 내용, 운임결정, 여객 및 화물의 처리절차 기준 및 항공운송인의 책임 등 모든 사항이 상대국가나 비행 시 공역을 통과하거나 착륙하는 관련 국가들과 체결된 모든 협정상의 관계 등에 의거하여 결정되므로 타 교통수단과 비교할 때 국제성이 매우 강하다.

현재 우리나라는 세계의 95개 국가와 민간항공운송의 기반이 되는 항공협정을 체결하였으며(2024. 06월 기준) 대한항공과 아시아나항공과 같은 국적항공사가 세계 44개 국가의 133개 도시 219개 노선에 취항하고 있다(2023. 12월 항공분야 주요지표 현황).

마. 독과점성

항공운송사업은 정부의 면허를 받은 자만이 할 수 있도록 함으로써 시장에서 경쟁 없이 안정적으로 발전할 수 있도록 법으로 독려하고 있으며, 그 결과로, 독과점 또는 독점화의 경향이 타 어느 산업보다 강하게 나타난다. 이것이 정부가 항공 산업에 대하여 규제를 하는 근거가 되고 있다.

타 교통기관과 비교할 때 항공운송사업에는 두 가지 측면에서 큰 제약을 받게 되어 독과점성이 매우 큰 특성을 보이고 있다.

첫째는 항공운송사업의 특성상 면허를 받아야만 사업을 할 수 있다. 이는 항공운송사업을 일반인에게는 금지하고 면허를 받은 자에게는 특허를 주는 사업임으로 독과점성이 매우 강하다. 이는 항공운송사업이 국민의 생활과 밀접한 관계를 갖고 있어 공공성이 매우 강함으로 국민의 복리증진과 사업의 성실한 수행능력이 있는지 여부에 대한 판단이 필요하고, 국제적으로는 자국 항공사에 대한 국가의 이익을 보호하여야 하는 특수성과 상대국과의 관계 등을 고려할 때 항공운송사업의 면허부여는 매우 제한적이고 신중할 수밖에 없다.

둘째는 정부의 규제를 들 수 있는데 상대국과 자국 항공사의 경쟁력 측면 특히 국제선의 노선권 문제, 자국항공기의 보호, 국가이익 확보 측면 등의 복잡한 문제가 발생되어 항공운송사업의 허가는 여객의 수요와 공급력을 고려하여 제한적일 수밖에 없음으로 이는 정부의 보호 아래 행하는 운송사업으로서 독과점 사업이라 볼 수 있다. 특히 최근의 항공사 간의 합병으로 인한 초대형 항공사 출현 및 대형항공사 간 제휴 등의 추세를 감안할 때 항공수송의 독과점성은 더욱 강해질 것이다.

〈표 1-3〉 대한민국의 정기항공운송사업체 현황

구 분	대한항공	아시아나	제주항공	진에어	에어부산	이스타
대표자	조원태, 우기홍	원유석	김이배	박병률	안병석	조중석
면허일	62.11.30	88.2.24	05.8.25	08.4.5	08.6.11	09.10.30
최초취항일	69.3.1	88.12.23	06.6.5	08.7.17	08.10.27	09.1.7
영업범위	국내, 국제	국내, 국제	국내, 국제	국내, 국제	국내, 국제	국내, 국제
항공기보유	163대	81대	42대	27대	23대	10대
자 본 금	18,467억	3,721억	806억	522억	1,166억	150억

구분	티웨이	에어인천	에어서울	플라이 강원	에어 프레미아	에어로 케이
대표자	정홍근	이승환	조진만	주원석	유명섭, 문보국	강병호
면허일	11.4.1	12.5.22	15.12.28	19.3.6	19.3.6	19.3.6
최초취항일	10.9.16	13.3.5	16.7.11	19.11.22	21.8.30	21.4.15
영업범위	국내, 국제	국내, 국제	국내, 국제	국내, 국제	국내, 국제	국내, 국제
항공기보유	30대	4대	6대	–	5대	6대
자 본 금	1,052억	179억	175억	300억	1,468억	495억

자료: 한국항공협회(2024년 3월 기준)

바. 경제성

항공운송의 운임은 타 교통기관과 비교할 때 매우 높은 것이 사실이다. 항공운송의 주류를 이루는 해외여행의 경우는 물론, 국내선의 경우에도 타 교통기관에 비교하여 운임이 상당히 높은 것도 사실이다. 그러나 그간 꾸준히 발전한 항공교통은 항공기의 대형화, 공항시설 및 장비의 현대화, 자동화와 경영합리화를 통해 원가를 절감했으며 오랜 기간 물가상승과 화폐가치의 하락으로 비교적 저렴한 수준까지 낮아졌으며 특히 현대 정보, 통신 시대의 가장 중요한 가치인 시간절약을 감안한다면 항공운송의 경제성은 다른 교통기관보다도 월등히 높다고 할 수 있다.

또한 대형 화물전용기의 개발로 수송력의 증대, 단위당 운항원가의 절감 및 운임의 저렴화가 이루어졌으며 또한 물적 유통관리에 관계되는 재고비, 창고료, 보험료 등의 비용측면에서도 유리하여 항공화물의 이용범위도 크게 확대되고 있다.

더욱이 최근 국제무역의 주요 거래품목인 시급성을 요하는 반도체, 전자, 정보, 통신 등 신속수송을 요하는 고부가가치 품목과 기계류부품, 식품, 의약품, 생·동물 등, 항공화물수송에 적합한 품목들로 항공화물로 수송하여야만 채산성과 상품가치가 있는 물건일 경우가 대부분으로 항공수송의 증가 추세는 계속될 것이다.

사. 쾌적성

항공교통수단에 의한 여객운송에 있어서 승객이 쾌적한 여행을 할 수 있도록 하는 것은 항공수송의 중요한 특성의 하나이다. 공중을 비행한다는 그 자체가 여객에게 불안감을 주는 것이기 때문에 이러한 여객의 불쾌감을 쾌적성의 향상으로 완화할 필요가 있다.

쾌적성의 요소로서는 객실 내의 시설, 기내서비스, 비행 상태 등을 대표적으로 들 수 있지만, 그 외에도 여행시간의 단축, 객실 내에서의 소음감소 등도 쾌적성을 높이는 하나의 요인이 된다. 특히 항공기가 제트화 되면서 1만 미터 이상의 고고도를 비행하기 때문에 기상의 난기류에 의한 심한 동요, 멀미 등이 작아졌으며, 기압, 온도, 습도 등의 대기조건과 소음이나 진동과 동요를 감소시키는 한편, 항공기의 대형화로 협소하였던 객실의 폐쇄성도 많이 좋아졌다.

또한 항공기의 공간은 한정되어 있고 중량과 용적에 의해 상당한 제약을 받기 때문에 객실의 시설과 서비스가 제한될 수밖에 없다. 그러나 쾌적성을 향상시키기 위하여 기내시설을 거주성의 향상에 두고 쾌적하게 하기 위해 좌석의 간격을 넓게 하거나, 방음장치, 기압 및 온도의 조절, 진동 및 동요를 최소화하는 등 항공수송 특유의 제 시설을 필요로 하고 있으며, 기내식사 서비스의 질적 향상과 특이 식사승객의 메뉴준비는 물론 영화상영 및 음악 서비스(Video on Demand: VOD)를 위한 시설을 구비하고 있어 여행 중의 즐거움을 한층 더 증가시키고 있다.

한편 기내식사의 무료서비스에 못지않게 객실 승무원의 인적 서비스도 중요하다. 특히 항공여행 중에는 기내에서의 객실 승무원의 숙련된 서비스가 여객의 항공여행을 더욱더 쾌적하게 해주는 데 없어서는 안 될 중요한 요소로 작용하고 있어서 잘 훈련된 객실승무원이 세련된 서비스를 제공하는 것도 대단히 중요하다.

아. 응수성

육상·철도교통이 도로나 철도로 연결되는 선의 교통이라면 항공교통은 해상교통이나 마찬가지로 점을 연결하는 교통이라 할 수 있다. 이 때문에 항공교통은 트럭이나 기차와 같이 도로나 철로를 필요로 하지 않으며 비교적 자유로이 목적지를 선택할 수 있고 그만큼 노선개설이 상대적으로 자유롭고 용이하다.

육상·철도교통의 경우, 중간에 바다가 있으면 개설이 불가능하며 험악한 산악이나 미개발지역에 대하여도 노선개설이 거의 불가능하다. 설혹 무리하여 이를 건설할 경우에는 건설비가 방대할 뿐만 아니라 건설 후에도 유지 및 관리가 매우 어렵다. 그러나 항공교통의 경우에는 양 지점에 적정한 공항만을 건설하면 노선을 쉽게 개설할 수 있으며, 더욱이 항공노선의 개설에 소요되는 건설비는 지상과 항공기를 연결하는 전파통신시설만 있으면 가능하고, 공항시설 등은 대부분 국가 또는 지방자치단체가 시설을 마련하기 때문에 항공사는 그 시설에 적합한 항공기를 투입하면 되므로 경제적 효과도 상당히 크다.

따라서 항공사가 항공운송사업에 신규 참여하는 것은 비교적 다른 교통에 비하면 용이한 것이 특성이라 할 수 있다. 즉 운송사업에 진출하기 위하여 항공사는 단순히 운반수단인 항공기에만 투자하면 되고 운항할 통로나 터미널을 소유할 필요는 없다. 뿐만 아니라 운반수단인 항공기도 임차나 신용으로 구입이 가능하다. 이와 같이 항공사는 항공기의 구입만으로 비교적 쉽게 항공운송사업에 진출할 수 있다.

〈표 1-4〉 응수성의 사례

장소	항공 노선 (구간)	거 리 (NM)	비 고
제주도	서울, 부산, 여수, 광주/제주	서울/제주:272, 부산/제주:190, 여수/제주:146, 광주/제주:120,	
울릉도	김포, 강릉, 포항/울릉도	김포/울릉:194, 강릉/울릉:94.3, 포항/울릉:113	
흑산도	김포, 청주, 김해, 광주	김포/흑산:237, 청주/흑산:216, 김해/흑산:211, 광주/흑산:72	*2015 타당성 보고서
거제도	김해/거제도	김해/거제:43	

자료: 국토교통부(2002. 12. 31 기준)

3. 항공교통의 역할

가. 기존 교통수단에 대한 역할

항공운송의 역할은 해운, 철도, 도로교통의 역할과 기본적으로는 같지만, 항공교통이 단순히 기존 지상교통기관에 대한 보완적 역할을 하던 단계를 지나서 독자적인 역할을 하기에 이르렀다. 그러나 항공교통은 그 자체의 발전에만 그치지 않고 가장 후발 교통기관임에도 불구하고 기존 교통기관의 근대화를 촉진하고 교통기술의 진보 등 기존 교통에 대한 선구적 역할을 하고 있다.

항공교통은 최고속의 교통수단으로서 400∼500km 이상의 장거리교통을 획기적으로 능률화하였다. 또한 항공교통은 장거리 구간만이 아니고 종래에 철도, 자동차로는 경제적, 시간적으로 극복하기가 대단히 어려웠던 산악지역(알프스, 로키, 안데스산맥 등)이나 사막지대에 대한 교통을 용이하게 하였고, 장기간을 필요로 하는 해상교통을 대신하여 능률화하였으며, 기상조건 때문에 수륙의 어떠한 교통기관으로도 개설이 곤란했던 남극이나 북극권의 교통을 가능하게 했다.

항공교통은 우편, 속달 화물은 물론 일반화물의 능률적 운송을 실현시키는데 혁신적인 역할을 하였다. 구미(歐美)의 선진국에서는 보통우편물의 운송도 항공교통으로 대부분 전환하였으며, 최근에는 우편물만이 아니고 일반화물의 운송도 이러한 경향이 더욱 강해지고 있다. 즉, 항공교통의 발달은 우편물의 신속한 운송으로 통신 분야에 일대 혁명을 가져왔을 뿐만 아니라 또한 화폐, 수표, 주식 등에 자본의 회전을 증대시키는 효과도 가져왔다. 한편 종래의 교통수단을 이용할 경우, 교통이 단순히 생산과 소비를 원활하게 하기 위한 운송기능으로서만 필요했던 것이 항공교통을 이용함으로써 보관(창고)기능이 점차 약화되고 흡수되는 경향으로까지 발전하고 있다.

항공교통의 발달은 철도, 버스 등 기존 교통의 능률화를 촉진하는 한편 독자적인 새로운 전용분야를 구축함으로써 항공교통과 지상교통 간에 새로운 협력관계를 수립하였다. 예를 들면 승객수송에 있어서 자동차(철도)-항공-자동차(철도)의 상호 연계 수송체제를 형성하여 상호발달을 촉진하고 있다. 화물의 경우에도 화물의 전국적 혹은 세계적인 수송, 집배 과정도 자동차(철도)와 항공의 연결을 통하여 더욱 신속화, 효율화되고 있을 뿐만 아니라 복합 일관수송, 종합 물류의 방향으로 발전함으로써 전 교통분야의 상호연결을 강화하는 데 선구적 역할을 하고 있다.

항공기의 기술적 발달은 경쟁적인 철도, 버스, 해운 등의 지상교통기관의 근대화를 촉진하는 요인으로 작용하고 있다. 철도, 버스의 속도 향상이나, 설비 및 서비스의 개선, 해상선박의 개선 등은 기존 교통기관 자체의 발달에 의한 것도 있지만, 항공교통이라는 새로운 경쟁자의 등장에 자극을 받아서 이루어진 부분도 적지 않다고 볼 수 있다.

〈표 1-5〉 교통수단별 수송 분담률(%) (단위 : 천인)

구 분	수송인원	육상교통	철도	지하철	선박	항공
2004	12,153,734	75.4	7.6	16.7	0.1	0.2
2005	11,801,452	74.6	8.1	17.1	0.1	0.1
2006	12,092,608	74.5	8.0	17.2	0.1	0.1
2007	12,627,826	75.4	7.8	16.6	0.1	0.1
2008	12,990,411	75.4	7.8	16.5	0.1	0.1
2009	12,823,727	74.8	8.0	17.0	0.1	0.1
2010	12,867,138	73.8	8.2	17.7	0.1	0.2
2011	29,455,705	88.0	3.8	8.0	0.1	0.1
2012	29,579,409	87.7	3.9	8.2	0.1	0.1
2013	30,067,308	87.5	4.1	8.2	0.1	0.1
2014	30,507,071	87.4	4.1	8.3	0.1	0.1
2015	31,029,472	87.6	4.1	8.1	0.1	0.1
2016	33,158,711	84.7	4.4	10.8	0.1	0.1
2017	33,336,713	84.6	4.5	10.8	0.0	0.1
2018	33,595,785	84.6	4.5	10.8	0.1	0.1
2019	33,972,470	84.3	4.6	10.9	0.0	0.1
2020	29,197,761	86.9	3.8	9.2	0.0	0.1
2021	34,144,138	88.4	3.4	8.1	0.0	0.1

※ 2011년도부터 승용차가 포함되어 승용차, 버스(고속, 시내, 시외, 전세), 택시의 합을 의미함
자료: 국토교통부, 매년 통계연보(e-나라지표, 갱신일 : 2023-12-07)

〈표 1-6〉 교통수단별 지역간 적정 수송 분담률 전망 (단위 : %, 통행량 / 물동량 기준)

구 분	수송수단	2019	2030	2040	구 분	수송수단	2017	2030	2040
국내여객 (인·km)	도 로	87.6	85.8	85.7	국내화물 (톤·km)	도 로	91.9	91.5	91.3
	철 도	12.2	14.0	14.1		철 도	1.5	1.8	2.2
	항 공	0.1	0.1	0.1		항 공	0.01	0.02	0.2
	해 운	0.1	0.1	0.1		해 운	6.5	6.5	6.5

자료: 국토교통부(2021.05), 국가기간교통망계획 제2차 수정계획 2021~2040

나. 항공교통의 공공적 역할

항공교통은 선택적 교통기관이 아니고 공익적 교통기관으로서 공공성이 강하게 요구된다. 항공운송서비스의 궁극적인 목표는 항공교통의 대중화에 있고 기존 교통기관인 철도나 장거리 고속버스와 동등한 기능을 갖고서 불특정 다수의 일반 대중이 이용하고 있다는 점에서 항공교통도 다른 교통기관과 마찬가지로 공공교통기관임이 틀림없으므로 공공성이 요구된다는 것이다.

교통기관에 요구되는 공공성은 공개성을 의미하며 공공교통기관은 소정의 운임을 지불하기만 하면 누구나 차별 없이 이용할 수 있도록 공개되어 있음을 의미한다. 따라서 공공교통기관은 운임의 징수를 조건으로 교통서비스를 일반 대중에게 제공해야 할 책임과 의무가 있으며, 이러한 공개성이 기본적인 요건이 된다.

따라서 항공교통에 요구되는 공공성도 철도 등 지상교통과 전혀 다를 바 없으며, 운송조건의 공시, 이용자 차별의 금지, 영업계속의 의무 등이 공공교통기관으로서 요구된다. 이 중에서 영업의 계속 의무는 항공사로서 가장 중요한 경영상의 과제가 아닐 수 없다. 공공교통이라는 성격 때문에 항공사는 일단 영업을 개시하면 여객이나 화물수요가 아무리 적더라도 공시된 스케줄대로 운항을 계속하지 않으면 안 된다. 반면에 수요가 증가하고 좌석이용률이 너무 높으면 수송력을 증대하여 항상 이용할 수 있도록 교통서비스를 제공하여 공공교통기관으로서의 의무를 다하지 않으면 안 된다.

항공사는 사업계획의 허가나 노선면허는 물론 그 외에도 사용할 기종이나 운임의 결정 등에 대하여 정부의 인가를 받도록 되어 있고 사업의 내용에 대해서도 항공사업법에 상세히 규정하고 있다. 이와 같이 항공사의 사업내용이나 경영이 법률의 규제를 받고 있는 것은 항공사업이 갖는 공공성 때문이며 동시에 항공사업의 절대명제인 안전성의 확보에 대한 강한 요구 때문이다.

정부가 항공사에 대하여 이러한 공공성과 안전성을 요구하고 실제로 심한 간섭과 각종 규제를 하는 데 대한 대가로 신규 참여의 규제나 항공노선의 독점 운항 허용 등 여러 가지 직·간접적인 지원과 보호조치를 일반적으로 인정하고 있다.

다. 항공교통의 경제적 역할

항공교통의 역할이나 사명은 단순히 인간이나 재화의 운송이라는 관점에서 보는 것이 원칙이나 그 외에도 공익 면에서 많은 기여를 하고 있음을 간과해서는 안 된다. 즉 항공교통은 운송산업에만 그치지 않고 공항 및 이와 연관되는 각종의 항공 관련 산업의 산업적인 지위가 급속도로 향상되고 있으며, 고용증대, 국민소득의 향상, 상업무역의 확대 및 통신, 공업기술의 발전에도 크게 공헌하고 있다. 한편 항공교통은 외화의 획득과 절약으로 국제수지 개선에 기여하고 있으며, 관련 산업의 발달촉진, 관광사업의 촉진, 노동시장의 제공, 산업 생산력의 향상 등 일반산업의 개발과 시장의 확대기능으로서의 역할을 통하여 지역사회와 국내 및 국가 경제의 발전에 다각적으로 기여하고 있음을 알 수 있다. 항공교통의 수송 이외의 경제적 역할을 보면 다음과 같다.

1) 생산력과 경영능률의 향상

항공교통은 일반산업의 생산력 향상과 능률적인 사업경영을 위한 불가결의 요건으로서 국민경제발전에 공헌하고 있다. 다만 그 역할은 철도, 도로 등의 기존 교통의 기능과 기본적으로는 동일하지만, 항공교통은 특히, 토지, 노동, 자본의 이용을 용이하게 하고 기존 교통에 대한 보완적인 역할 외에 지상교통기관이 그 기능을 발휘할 수 없었던 지역에 독자적인 중요한 수송기능을 담당함으로써 근대산업의 발달에 중요한 요건인 산업의 입지 선택을 보다 자유롭게 할 수 있도록 해주는 역할을 하고 있다. 또한 종래의 미개발 지역과 후진지역에 중요한 수송기능을 제공하고 있으며, 기존 지상교통기관이 할 수 없었던 미개발 전 지역의 자원의 이용을 가능하게 하고, 생산수단의 이용을 보다 합리화시킴으로써 모든 산업의 생산력 향상에 크게 기여하고 있다.

2) 노동과 자본의 이용범위 확대

항공교통은 기술과 노동력의 이용에 있어서도 그 동원범위를 확대시켰을 뿐만 아니라 그 이동을 용이하게 하고, 신속화하는 데 있어서 직접적인 역할을 하고 있다. 그 예로 한국 건설회사의 기술 인력과 노동력이 중동의 각국에 진출하여 건설용역을 제공함으로써 많은 외화를 획득할 수 있었던 것도, 그리고 정기휴가를 위해 귀국하고 다시 임지의 건설현장에 부임할 수 있었던 것도 자국 항공기에 의한 신속한 수송수단이 있었기 때문에 가능했던 것이다. 이와 같이 항공교통이 국내적, 국제적으로 기술자나 인구의 이동이나 교류촉진에 중요한 역할을 하고 있다. 더욱이 자본의 국내적, 세계적 이동도 항공교통에 의해 용이하게 되었고 신속화되었다. 항공우편제도의 보급이 자본의 이동 및 자본의 소유와 경영분리의 발달조건으로서 역할을 했으며 다국적기업의 발달도 국제항공교통을 전제로 성립될 수 있었다.

3) 국제 분업과 무역의 촉진

19세기의 증기선의 출현으로 시작된 해상교통혁명이 국제적 분업과 국제적 산업의 기초를 형성하는 데 절대적인 기여를 했으며, 최근에 급속도로 발달한 항공교통은 이러한 지역적, 국제적 분업과 교류를 더욱 촉진하는 데 주요한 역할을 하고 있다. 그뿐만 아니라 해운과 항공은 이러한 단순한 촉진기능에 그치지 않고 지역적, 국제적인 생산물의 결합과 분배를 촉진하는 기능과 항공교통을 통한 시장의 국제적인 확대에 기여하는 '시장진출'의 역할도 하고 있다. 즉 근대적 시장은 상품유통의 대량성, 계속성, 원거리성이 실현됨으로 비로소 형성되고 발달하는 것이다.

따라서 국제적 분업 하에서의 국민경제의 상호교환의 형태로 이루어지는 국제무역은 항공교통과 해운의 대량수송, 지속수송, 원거리수송의 기능 발달에 의존하지 않을 수 없다. 이와 같이 항공교통은 지역적, 국제적, 시장창출과 확대의 역할을 담당하고 있으며 상품무역의 확대 발전에 중요한 영향력을 갖고 있다.

한편 항공교통원가의 저하가 지역적, 국제적 시장 확대에 크게 공헌하고 있다. 항공교통은 단순히 시장 확대의 역할에 그치지 않고 지역 간, 국가 간에 상호경쟁을 유발하여 시장가격을 국내적, 국제적으로 평준화시키고, 전국적 가격과 국제적 가격을 형성하는 데 중요한 기능을 하고 있다. 더욱이 항공의 정시성, 안전성, 고속성의 향상이 상품의 재고량을 감소시키고 유통자본의 회전율을 높여 주고 있기 때문에 결국 자본을 증가시키는 것과 동일한 효과를 가져다준다. 이와 같이 항공교통의 발달은 지역적, 국제적 시장의 확대와 유통과정의 합리화에 크게 영향을 주며 각국의 국내거래는 물론, 국제무역의 발전을 촉진하는 데 크게 기여하고 있다.

4) 항공기의 다목적 이용

항공기는 수송목적 이외에도 각 산업의 여러 부문에서 널리 이용되고 있다. 우선 농ㆍ축ㆍ임ㆍ어업의 생산성의 향상을 위하여 종자나 제초약, 소독약의 살포, 산림의 조사, 산불의 예방, 진화, 고압선 이상 유무 감시, 철탑공사의 지원, 측량, 사진촬영, 가축 방목 시의 감독, 연안이나 원양에서의 어군탐지, 통보 등에 항공기가 널리 이용되고 있다. 그뿐만 아니라 광공업에서도 항공기는 점차 필요한 교통기관이 되고 있다. 산악지역기업인 광업에서는 광맥의 탐사, 본사와의 연락과 긴급용품의 수송 등 광산회사의 경영이 철도, 도로에만 의존하고 있던 시대에 비하면 편의 면이나 경영의 효율화에 크게 도움을 주고 있다.

5) 항공공업의 발달

항공공업은 항공교통의 발달에 따른 직접적인 산물이다. 구미 선진국에서 볼 수 있듯이 항공기 제조공업, 부품공업, 알루미늄, 지르코늄(zirconium), 티타늄 등 합금공업은 주요한 첨단공업으로서 각광을 받고 있다. 항공교통은 경제의 생산과정의 일부로서 혹은 그것과 밀접한 관계를 갖고서 '생산'의 역할을 하고 있으며 다른 한편으로는 경제의 유통과정에서 유통경제의 발전을 촉진하는 역할을 동시에 하고 있는 것이다. 그 결과 항공교통은 토지 및 자본의 국제적인 분업을 촉진하고 생산수단인 토지, 노동, 자본의 합리적 이용과 이들의 결합을 가능케 함으로써 생산력의 증대, 생산비의 저하 및 대규모 경영을 실현시키고 있다. 그리고 이를 통하여 국가의 산업발달과 국내시장의 확대 그리고 국제무역의 촉진을 통하여 국제경제활동과 세계경제의 고도성장에 중요한 역할을 하고 있다.

라. 항공교통의 사회적, 문화적 역할

항공교통은 단순히 이용자에게 거리적 공간의 극복이나 교통시간의 단축이란 편익만을 제공하는 것이 아니고 경제발전을 촉진하는 경제적 역할은 물론 사회, 정치, 문화의 발전이나 종교의 보급 등에 기여하는 사회적, 문화적 역할을 하고 있으며, 인간의 생활 전반에 걸쳐 다각적으로 기여하고 있는 것이다.

항공교통은 기술, 지식, 사상 및 정보 등의 국제적인 보급을 촉진함으로써 인간의 사고나 행동의 범위를 세계적 규모로 확대시켰으며, 신속하고 쾌적한 해외여행을 자유롭게 할 수 있다는 그 자체가 하나의 문화적 역할이라 할 수 있다. 또한 지역적 편견을 제거하고 국제정치의 안정화에 공헌함과 동시에 문화교류의 불가결의 요소가 되고 있다. 인간의 생활이 향상되고 가치관이 다양화됨에 따라 한층 더 항공기의 이용이 증대되면서, 항공운송의 사회적, 문화적 역할은 더욱더 중요해지고 있다.

항공교통은 사람, 재화, 정보를 원활하게 하는 단순한 교통기능만을 갖고 있는 것이 아니고 문화나 정보의 교류에 기여하는 매체가 되고 있다는 의미에서 문화기능, 정보기능을 아울러 갖고 있다. 국제화, 정보화의 진전으로 직접 해외와의 교류가 심화, 확대되고 있으며 직접적인 교류가 활발하게 전개될 것이 크게 기대되고 있지만 이것을 뒷받침하기 위해서는 항공교통의 역할이 현재보다 더 강하게 요구될 것이 틀림없다.

마. 국제항공교통의 역할

국제항공의 본질은 국가권익의 구체적인 실현에 있다. 즉 이것은 국가권익 신장의 유력한 수단으로서, 상품시장 개발의 선봉으로서, 그리고 상선대(商船隊)를 대신하는 국력의 상징으로서 국가 간의 서비스 기능을 수행하는 데 있으며 동시에 국민경제의 성장에 없어서는 안 될 중요한 요건 중의 하나이다. 국제항공교통의 역할은 다음과 같다.

1) 국력의 상징 및 대외 정책수단으로서의 역할

국제항공은 흔히 국력의 상징이며, 국가의 정치적. 경제적, 기술적 수준을 나타내는 하나의 지표로 평가되고 있다. 제2차 세계대전 이후 신생 독립국가들은 앞을 다투어 항공사를 설립하여 국가의 강력한 보호 하에 운영하여 왔다. 이는 국제공항을 갖고 있다는 자체가 국제적으로 그 국가의 국력을 상징하고 국가위신을 앙양하는 수단으로서 필요하다고 생각했고, 또한 자국 항공사를 보유하고 있는 것과 국제연합(United Nations)에 가입하는 것이 독립국가로서의 면모를 갖추는 중요한 요소라고 생각하였기 때문이다. 오늘날에 있어서는 자국의 국제항공기업에 대하여 별다른 의의를 부여하지 않으려는 견해도 대두되고 있으나, 아직도 국제항공기업은 국제사회에 있어서의 자국의 지위를 나타내는 상징체로서 인식하는 견해가 지배적이다.

한편, 국제항공산업은 대외정책 추진을 위한 수단으로서의 역할도 수행하고 있어서 정부의 특정한 대외정책의 실현이나 국가 간의 정치적 제휴나 협조 상 필요한 경우에는 타당성이나 채산성이 없어도 특정국에 대한 항공노선의 개설을 정부가 요청하는 경우가 있다. 그 외에도 단순한 외교상의 문제 때문에 그 국가와 항공협정을 교섭하거나 상호 취항의 가능성이 당분간은 없는 것을 알면서도 협정을 체결하는 경우가 있다. 우호적인 국가관계의 상징으로서 항공노선을 개설하거나 양국 정부 간의 긴장완화를 도모하기 위한 하나의 수단으로서 노선을 개설하는 경우도 있다.

2) 국제경제 발전의 촉진제로서의 역할

국제항공산업은 고용기회를 확대시키고 국가 산업기반의 확대, 강화, 국민총자본의 회전율 향상 및 생산성의 능률화 등 국가경제발전의 촉진제로서 기여하고 있다. 그 뿐만 아니라 지리적으로 고립되어 있고 경제적으로나 기술적으로 후진성을 벗어나지 못하고 있는 국가에서는 국제항공노선을 개설하여 항공수송을 촉진함으로써 국가의 무역, 관광여행, 투자 등의 증진을 도모할 수 있다.

사실 어떤 면에서는 국제항공이나 국제노선을 갖고 있다는 그 자체가 국민으로 하여금 심리적인 효과를 충족시키는 데 크게 기여하고 있으며 국제적으로 그 국가의 기술진보 수준을 높이고 외국에의 진출을 통하여 국제시장 개척의 발판을 제공하는 등 국가경제의 발전에 중요한 역할을 하고 있다.

항공교통 발달의 초기에는 국력의 상징으로서 국가적 위신에 역점을 두어 왔지만 오늘날 국제항공은 국가경제의 발전에 없어서는 안 될 대동맥으로서의 역할에 더 중점을 두고 있다.

3) 국제수지 개선의 역할

국제항공은 외국 항공사의 이용에 따른 자국 외화의 유출을 방지하고, 외화획득의 수단으로 작용함으로써 국제수지 개선에 크게 기여하고 있다. 작은 국가가 비교적 국제항공을 통하여 적극적으로 외화획득을 하고 있는 것도 이러한 이유 때문이다. 그 예로서 KLM(네덜란드항공), SIA(싱가폴항공)의 탑승여객의 경우 자국을 출발지나 목적지로 하는 수요보다는 제3국간의 항공수송에 더 중점을 두고 있으며 소위 Merchant Airline 형태를 지향하고 있다. 그러나 세계 최대의 항공국가인 미국이나 영국의 경우 국제수지의 개선에 국제항공 서비스가 기여하고 있는 부분도 크지만, 자국제작 항공기의 해외 판매가 국제수지 개선에 역시 크게 기여하고 있다.

4) 사회, 문화교류 촉진수단으로서의 역할

국제항공은 국제교통의 거의 유일한 수단으로서 전 세계적으로 정치, 경제, 사회, 문화 등 모든 면에서 국제 교류를 매개하고 촉진시키는 역할을 수행하고 있다. 또한 지리적으로나 경제적으로 고립된 후진국에서는 국제노선의 개설로 항공연락을 촉진함으로서 그 국가의 무역, 관광여행, 투자 등의 기회를 증진한다. 물론 자국의 항공사가 아니고 타국의 항공사에 의해서도 이러한 항공교통서비스가 가능하지만, 역시 자국 항공사에 의해 국제노선 망의 확보와 항공서비스가 이루어지는 것이 가장 바람직하다.

5) 항공기 제조사업 발전의 촉진제로서의 역할

국제노선에 그 국가의 항공사가 취항하는 것은 항공기의 자국 제조를 유도하여 항공산업을 촉진하는 계기가 된다. 그러나 이것은 항공기를 제조할 수 있는 미국, 영국, 러시아, 프랑스, 캐나다, 일본, 이탈리아, 스페인, 인도네시아, 브라질 등 극소수의 국가만이 이에 해당된다.

한편, 경제적으로나 기술적으로 후진성을 벗어나지 못하고 있는 국가에서는 국제항공노선을 개설하는 것이 국민으로 하여금 심리적인 만족을 갖도록 하는 데 기여하는 바가 크다. 이것은 후진국 경제의 발전에 있어서 하나의 중요한 요소가 되는 숙련업무, 전문화, 관리직으로 양성된 인력의 수가 증가하는 것을 의미한다.

6) 국가방위 도구로서의 역할

민간항공의 육성은 조종사나 정비사 등 기술인력의 양성을 촉진시킴으로써 유사시에 대비한 공군의 예비전력을 증대시키는 결과를 가져온다. 또한 여객기와 화물기는 유사시 쉽게 군용으로 전용할 수 있으며, 대다수 국가가 국가비상시 민간항공을 유효적절하게 이용하기 위한 비상계획을 마련하고 있다. 그 밖에도 비상시 이외의 군사목적에의 이용이나 평화시의 공군력 보충을 위하여도 민간항공이 이용된다. 민간항공의 이러한 역할을 국제항공의 경우에 더욱 두드러지게 나타난다.

이상과 같은 국제항공수송의 역할은 이것을 산술적으로 파악하기는 어렵지만 국가발전에 절대적으로 기여하고 있으며 그 효과가 지대하다는 것을 알 수 있다. 이러한 점에서 자국 항공기업의 보호육성과 건전한 발전은 현대국가가 갖추어야 할 필수조건이다.

대부분의 국가에서는 국제항공의 중요성을 감안하여 공항사용료 및 영공통과료의 차별적 부과, 자국 항공사에 대한 지상조업의 우선적 제공, 자국 항공사에 대한 각종 세금의 면제, 외국 항공사의 판매 활동 및 부정기운항의 제한 등 여러 가지 규제방법을 사용하여 자국 항공사의 생존 능력 및 경쟁력 강화와 외국 항공사의 국내시장에 대한 잠식 방지를 도모하고 있다.

제2절 항공교통시스템의 구성요소

항공교통의 구성요소를 대별하면 수송수단으로서의 항공기, 항공기를 운용하는 항공종사자, 항공기가 비행하는 데 필요한 항공로를 포함하는 공역구조, 항공기가 이용하는 데 필요한 공항시설로 분류할 수 있다.

1. 항공기

가. 항공기의 정의

1) 항공안전법상의 정의

항공안전법 제2조 제1호에 의하면, 공기의 반작용(지표면 또는 수면에 대한 공기의 반작용은 제외한다. 이하 같다)으로 뜰 수 있는 기기로서 최대이륙중량, 좌석 수 등 국토교통부령으로 정하는 기준에 해당하는 기기(비행기, 헬리콥터, 비행선, 활공기)라고 정의하고 있다. 동 법 시행령 제2조(항공기의 범위)에 의하면 법 제2조 제1호에서 '대통령령이 정하는 기기'라 함은 "최대이륙중량, 좌석 수, 속도 또는 자체중량 등이 국토교통부령으로 정하는 기준을 초과하는 기기"와 "지구대기권 내외를 비행할 수 있는 항공우주선"이라고 정의하고 있다.

2) 국제민간항공기구(ICAO) 부속서 상의 정의

국제민간항공협약 부속서 2, 6, 11에서는 항공기를 다음과 같이 정의하고 있다.

가) Aeroplane (비행기)

"비행 중에 비행 상태에 따라 고정된 표면에서 발생하는 공기역학적 반작용으로부터 양력을 주로 얻는 공기보다 무거운 동력항공기"라고 정의하고 있다(A power driven heavier than the air aircraft, deriving its lift in flight chiefly from aerodynamic reactions on surfaces which remain fixed under given conditions of flight).

나) Aircraft (항공기)

"지구표면에 대한 공기의 반작용이 아닌 공기의 반작용으로 대기 중에 부양되는 기기" 라고 정의하고 있다(Any machine that can derive support in the atmosphere from the reaction of the air other than the reaction of the air against the earth`s surface).

3) 미국 연방항공법(FAR)에서 정한 정의

가) Airplane (비행기)

"날개의 공기 역학적인 반작용으로 대기 중에 부양되는 공기보다 무거운 고정익의 동력항공기"라고 정의하고 있다(An engine-driven fixed-wing aircraft heavier than air, that is supported in flight by the dynamic reaction of the air against its wings).

나) Aircraft (항공기)

"공중에 비행하기 위하여 사용된 또는 사용되어지는 장치"라고 정의하고 있다(A device that is used or intended to be used for flight in the air).

나. 항공기의 분류

1) 항공안전법에 의한 항공기의 분류

항공기
(항공안전법 제2조 제1호)

- 비행기
- 비행선
- 활공기(특수, 상급, 중급, 초급)
- 회전익항공기
- 그 밖에 대통령령으로 정하는 것(시행령 제2조)

1. 최대이륙중량, 좌석 수, 속도 또는 자체중량 등이 국토교통부령으로 정하는 기준을 초과하는 기기
2. 지구 대기권 내외를 비행할 수 있는 항공우주선

경량항공기 (항공안전법 제2조 제2호)
- 비행기
- 헬리콥터
- 자이로플레인
- 동력패러슈트

1. 최대이륙중량이 600킬로그램(수상비행에 사용하는 경우에는 650킬로그램) 이하일 것
2. 최대 실속속도 또는 최소 정상비행속도가 45노트 이하일 것
3. 조종사 좌석을 포함한 탑승 좌석이 2개 이하일 것
4. 단발(單發) 왕복발동기를 또는 전기모터를 장착할 것
5. 조종석은 여압(與壓)이 되지 아니할 것
6. 비행 중에 프로펠러의 각도를 조정할 수 없을 것
7. 고정된 착륙장치가 있을 것. 다만, 수상비행에 사용하는 경우에는 고정된 착륙장치 외에 접을 수 있는 착륙장치를 장착할 수 있다.

(항공안전법 시행규칙 제4조)

초경량비행장치 (항공안전법 제2조 제3호)
- 동력비행장치(1인승 115kg이하, 프로펠러 추진, 착륙장치 장착)
- 행글라이더(중량 70kg이하)
- 패러글라이더(중량 70kg이하)
- 기구류(유인자유기구, 무인자유기구 및 계류식 기구)
- 무인비행장치
  - 무인동력비행장치(중량 150kg이하인 무인비행기 또는 무인회전익 비행기)
  - 무인비행선(중량 180kg, 길이 20m 이하)
- 회전익비행장치(중량 115kg 이하, 헬리콥터, 자이로플레인)
- 동력패러글라이더 : 낙하산류에 추진장치를 부착한 비행장치
- 낙하산류
- 그 밖에 국토교통부장관이 종류, 크기, 중량, 용도 등을 고려하여 정하여 고시하는 비행장치

(항공안전법 시행규칙 제5조)

2) 국제민간항공기구 부속서 7에 의한 항공기의 분류

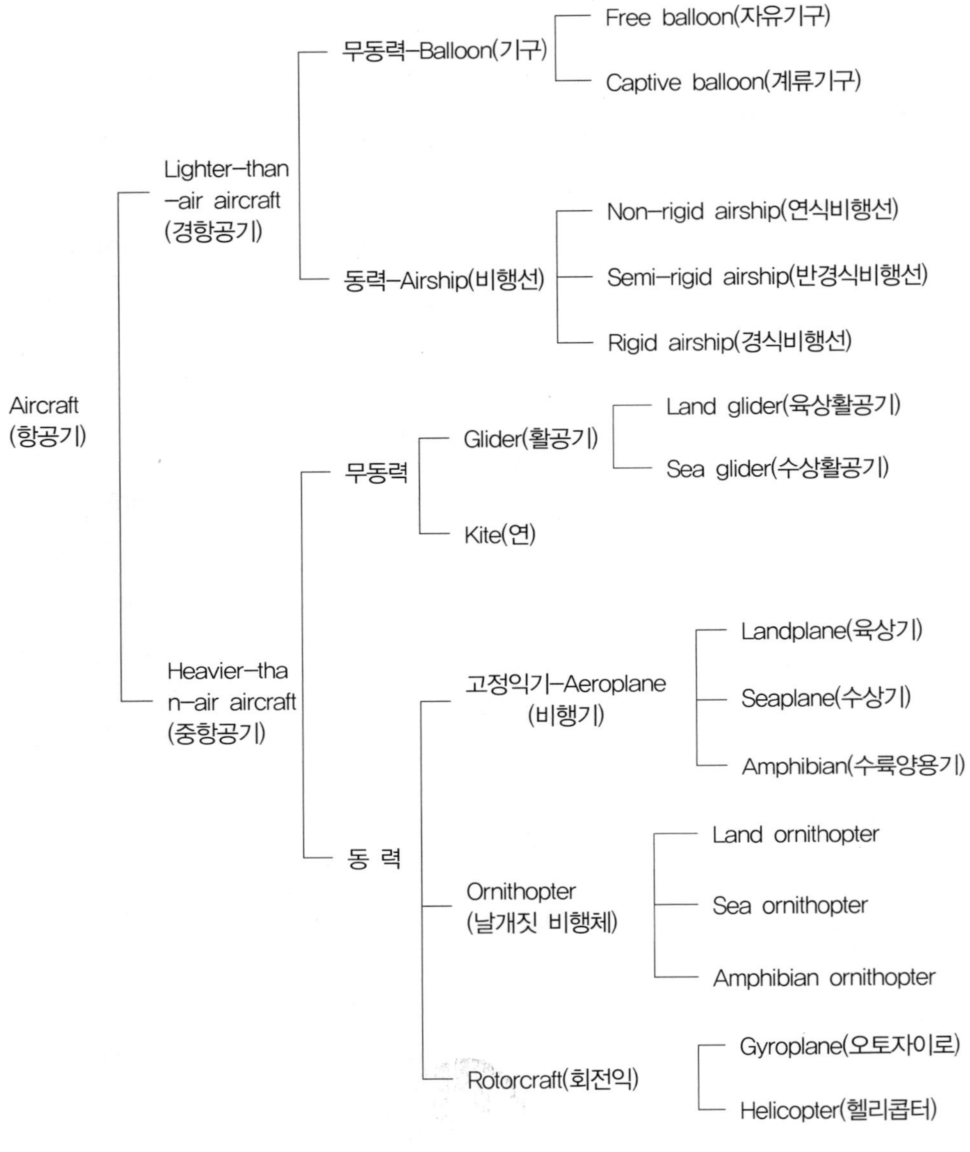

2. 항공종사자

항공종사자는 항공기를 운항하고 지원하는 사람을 통칭하고 있으나 운항하고 지원하는 사람이라도 전부가 항공종사자는 아니다. 항공안전법 제2조제14호에서 항공종사자는 “제34조제1항에 따른 항공종사자 자격증명을 받은 사람”으로서 항공안전법 제2조제5호에서의 ‘항공업무'(항공기에 탑승하여 행하는 항공기의 운항(무선설비의 조작을 포함, 항공기의 조종 연습은 제외), 항공교통관제업무, 운항관리업무, 정비·수리·개조된 항공기·발동기·

프로펠러, 장비품 또는 부품에 대하여 안전하게 운용할 수 있는 성능이 있는지를 확인)를 행할 수 있는 자를 말하며, 자격에 관련된 업무는 현재 수행 여부와는 무관하다.

업무를 수행하는 데에 있어서는 당해 업무별로 별도의 기량, 신체조건 등을 충족하도록 함으로써 항공종사자의 기능이 있는 자만이 해당자격별 업무를 수행하도록 하는 제도를 채택하고 있기 때문이다.

가. 항공종사자의 의의(법률적 특성)

국토교통부장관이 행한 자격소지자이며,

- 공법에 기초한 행정행위
- 준 법률 행위적 행정행위(법률적 효과)
- 공증행위의 특성을 지니고,

자격증명은 기속처분(재량권이 없음)의 성질을 갖는다.

신청에 의하여 자격증이 발행되며, 공공복지를 위하여 필요시 제한가능/허가 사항이 된다. 허가의 성질로써, 항공종사자 자격증명 소지자, 항공업무(항공안전법 제2조 제5항)에 현재 종사하는지 여부와는 무관하며, 항공기등록국가에서 발행한 자격을 타국에서 상호 인정하도록 협약에서 정하여져 있고, 국제민간항공기구가 정한 기술상의 기준에 맞도록 협력을 약속하였으며, 증명 자체가 지식 및 능력이 있다고 공적으로 증명하는 것이다.

나. 항공종사자의 종류와 업무범위

항공안전법 제35조와 제36조에서는 항공종사자 자격증명의 종류와 업무범위를 다음과 같이 구분하고 있다.

1) 운송용 조종사

- 사업용 조종사의 자격을 가진 사람이 할 수 있는 행위
- 항공운송사업의 목적을 위하여 사용하는 항공기를 조종하는 행위

2) 사업용 조종사

- 자가용 조종사의 자격을 가진 사람이 할 수 있는 행위
- 무상으로 운항하는 항공기를 보수를 받고 조종하는 행위
- 항공기사용사업에 사용하는 항공기를 조종하는 행위
- 항공운송사업에 사용하는 항공기(1인의 조종사가 조종하는 항공기에 한정)를 조종하는 행위
- 기장 외의 조종사로서 항공운송사업에 사용하는 항공기를 조종하는 행위

3) 자가용 조종사

- 무상으로 운항하는 항공기를 보수를 받지 아니하고 조종하는 행위

4) 부조종사

- 자가용 조종사의 자격을 가진 사람이 할 수 있는 행위
- 기장 외의 조종사로서 비행기를 조종하는 행위

5) 항공사

- 항공기에 탑승하여 위치 및 항공로의 측정과 항공상의 자료를 산출하는 행위

6) 항공기관사

- 항공기에 탑승하여 발동기 및 기체를 취급하는 행위(조종장치의 조작은 제외)

7) 항공교통관제사

- 항공교통의 안전 · 신속 및 질서를 유지하기 위하여 항공교통관제기관에서 항공기 운항을 관제하는 행위

8) 항공정비사

- 제32조(항공기등의 정비등의 확인) 제1항에 따라 정비등을 한 항공기등, 장비품 또는 부품에 대하여 감항성을 확인하는 행위
- 제108조(경량항공기 안전성인증 등) 제4항에 따라 정비를 한 경량항공기 또는 그 장비품 · 부품에 대하여 안전하게 운용할 수 있음을 확인하는 행위

9) 운항관리사

- 비행계획의 작성 및 변경
- 항공기 연료 소비량의 산출
- 항공기 운항의 통제 및 감시

다. 항공종사자 자격 제도

항공종사자의 자격을 취득하기 위해서는 자격증명별로 요구되는 연령(항공안전법 제34조제2항), 응시경력(항공안전법 시행규칙 제75조 별표 4)이 기준에 충족되어야 하며, 결격사유(항공안전법 제34조제2항 및 제43조제1항)에 해당되지 않아야 하며, 필요한 지식이나 능력을 보유(항공안전법 제38조제1항에 의한 지식과 능력)하고 있어야 한다.

1) 결격 사유

- 항공안전법 제43조(자격증명 · 항공신체검사증명의 취소 등) 제1항에 따른 자격증명 취소처분을 받고 그 취소일부터 2년이 지나지 아니한 사람(취소된 자격증명을 다시 받는 경우에 한정한다)

2) 연령조건

- 자가용조종사 : 17세(자가용활공기조종사의 경우에는 16세)
- 사업용조종사 · 부조종사 · 항공사 · 항공기관사 · 항공교통관제사 및 항공정비사 : 18세
- 운송용조종사 및 운항관리사 : 21세

3) 항공종사자 항공신체검사증명의 종류 및 유효기간

자격증명의 종류	항공신체검사 증명의 종류	유효기간		
		40세 미만	40세 이상 50세 미만	50세 이상
운송용조종사, 사업용조종사, 부조종사 **(활공기 조종사는 제외한다)**	제1종	12개월 (다만, 다음 각 호의 사람은 6개월로 한다. 1. 항공운송사업에 종사하는 60세 이상인 사람 2. 항공기사용사업에 종사하는 60세 이상인 사람 3. 1명의 조종사로 승객을 수송하는 항공운송사업에 종사하는 40세 이상인 사람)		
항공기관사, 항공사	제2종	12개월		
자가용조종사, 조종연습생, 사업용활공기조종사, 경량항공기조종사	제2종 (경량항공기조종사의 경우에는 제2종 또는 자동차운전면허증)	60개월	24개월	12개월
항공교통관제사, 항공교통관제연습생	제3종	48개월	24개월	12개월

4) 운항관리사 채용의 의무(항공안전법 제65조)

항공운송사업자는 운항관리사를 두어야 하며, 항공운송사업에 사용되는 항공기의 기장은 항공기를 출발시키거나 그 비행계획을 변경하고자 하는 경우에는 운항관리사의 승인을 얻어야 한다. 운항관리사는 항공운송사업에 사용되는 항공기의 운항에 필요한 다음 사항을 확인하여야 한다.

- 비행계획의 작성 및 변경
- 항공기연료소모량의 산출
- 항공기 중량배분의 산출

3. 항공로

가. 항공로의 의의

1) 항공안전법상의 정의

항공로라 함은 항공기가 비행하도록 국토교통부장관이 정하여 놓은 공역상의 통로로서 항공안전법 제2조제13항에서는 "국토교통부장관이 항공기, 경량항공기 또는 초경량비행장치의 항행에 적합하다고 지정한 지구의 표면상에 표시한 공간의 길을 말한다."라고 정의하고 있다. 이는 국가가 항공기의 항행의 안전성에 공인한 통로이며, 항공기 항행에 적합하도록 가령, 항행안전무선시설(VOR 등)의 전파 등을 이용하여 설정하는 공간의 통로이다.

2) 국제민간항공기구 부속서 2 및 11

부속서 2와 11에서는 항공로를 두 가지 개념으로 정의한다. 넓은 의미의 항공로로서 ATS Route와 흔히 항공로로 말하는 Airway로 구분하고, Airway는 ATS route의 일부분으로 설명하고 있다.

가) ATS 항공로(Route)

항공교통업무의 제공의 필요에 따라 항공교통의 흐름을 위해 설정한 비행로로, 항공로(Airway), 조언비행로(Advisory Route), 관제(Controlled) 또는 비관제비행로(Uncontrolled Route), 도착 및 출발 비행로 등 여러 가지 의미로 사용(A specified route designed for channeling the flow of traffic as necessary for the provision of air traffic services.)

나) 항공로(Airway)

회랑(回廊)형태로 설정된 관제구역 또는 관제구역의 한 부분(A control area or portion thereof established in the form of a corridor).

나. 우리나라의 항공로 현황

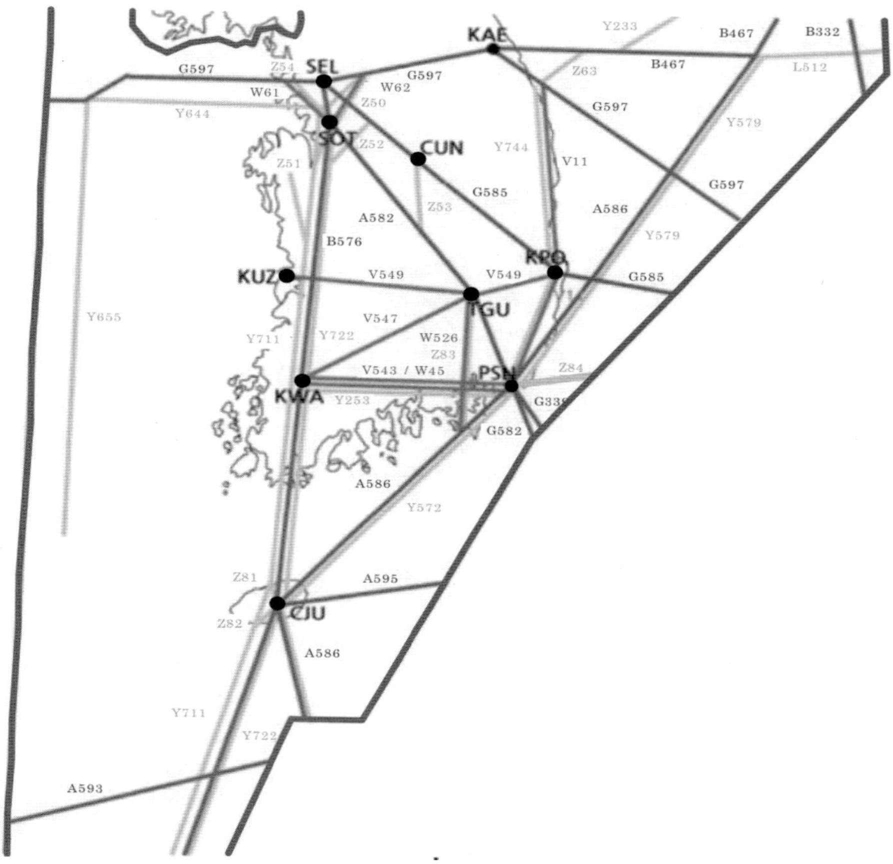

우리나라의 항공로는 <그림 1-2>, <표 1-7>과 같다.

〈그림 1-2〉 항공로 현황 (2022, 한국한공협회 항공현황)

〈표 1-7〉 항공로 현황 (AIP ENR, 14 NOV 2024)

구 분		개수	명칭
국제	A	4	A582, A586, A593, A595
	B	3	B332, B467, B576
	G	3	G339, G585, G597
	L	1	L512
국내	V	4	V11, V543, V547, V549
	W	4	W45, W61, W62, W526
	Y	19	Y233, Y437, Y579, Y253, Y644, Y655, Y657, Y659, Y677, Y685, Y697, Y711, Y722, Y744, Y781, Y782, Y590, Y 571, Y572
	Z	16	Z50, Z51, Z52, Z53, Z54, Z55, Z56, Z57 ,Z63, Z81, Z82, Z83, Z84, Z85, Z86, Z91
합계		54	국제 : 11개 / 국내 : 43개

제 2 장 항공교통교통관리 개요

제1절 항공교통관리의 특성

〈그림 2-1〉 항공교통관리 시스템

1. 항공교통관리의 개념

항공교통관리(Air Traffic Management: ATM)는 항공교통에 참여하는 모든 이해관계가가 협력하여 중단없는 서비스를 제공함으로써 항공교통과 공역을 안전하고 경제적이며 효율적으로 운영하는 것으로 이를 통해 항공기가 비행계획에 따라 항공기가 원하는 최적의 비행로로 비행하여 목적공항에 안전하게 착륙하도록 지원하는 것을 목적으로 한다.

항공교통관리(Air Traffic Management: ATM) 시스템은 항공교통관리가 추구하는 목표를 이루기 위한 시스템으로, 항공교통의 안전과 능률성의 확보가 항공교통관리(ATM) 시스템의 목적이라 할 수 있다. 항공교통관리 시스템은 특정 장비 또는 시설의 의미라기보다는 체계의 의미로서 인간, 정보, 기술, 시설 및 서비스를 포함하고 이들의 협력적 통합을 통해 항공교통관리를 지원하는 모든 시스템 또는 체계를 말한다.

항공교통관리(ATM)는 항공교통흐름관리(Air Traffic Flow Management: ATFM)의 모든 기능, 공역관리(Air Space Management: ASM)의 모든 기능, 그리고 항공교통업무(Air

Traffic Services: ATS)의 모든 기능을 포함한다. 여기서 기술된 공역관리는 전략적 및 전술적인 모든 공역관리를 포함한다. 그러나 현존 시스템의 능력은 항공교통량의 증가와 함께 점차 문제가 발생하고 있으며, 다음과 같은 부분에 있어 개선 요구가 나타나고 있다.

- 항행안전시설의 미비와 지역항법 비행로 시스템의 부족(항공교통수요와 수용량의 불균형)
- 수직 및 수평 분리 기준의 부적절(공항과 공역에서의 혼잡도 증가)
- 항공기 항법장비의 불충분(지연 운항의 지속적인 증가)
- 운항관리상의 결함(항공교통 혼잡으로 인한 위험의 노출)
- 착륙지원장비의 부족(소음과 탄소배출 등 환경에 대한 부정적 영향 가중)

이상과 같은 개선 필요 사항은 사회경제의 발전과 도시화의 확대 그리고, 항공교통 수요 증가의 결과로 지상과 공중에서 항공기 지연(delay)으로 나타나고 있으며, 때로는 최적 항공로로부터의 항공기 이탈을 불가피하게 하고 있다. 따라서 새로운 기술과 절차를 이용한 항공교통관리시스템의 혁신은 항공교통 수요의 증가와 함께 매우 시급한 현실이 되었다.

2. 항공교통관리의 범위

항공교통관리(ATM)의 지상 시스템은 항공교통흐름관리(ATFM), 공역관리(ASM) 및 항공교통업무(ATS)로 구성된다.

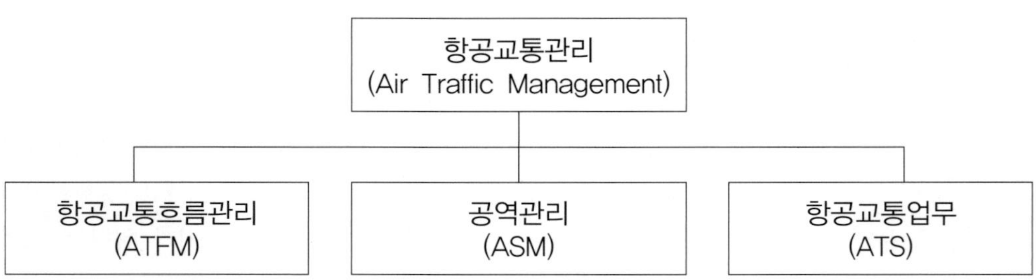

〈그림 2-2〉 항공교통관리의 체계

가. 항공교통흐름관리(Air Traffic Flow Management)

항공교통흐름관리(ATFM)는 일정공역 내에서의 항공교통수요가 항공교통관제시스템의 수용량을 초과하거나 초과가 예상될 때, 최적의 항공교통흐름을 유지하기 위하여 항공교통관제시스템을 지원하는 업무이다. 항공교통의 최적흐름(optimum flow of air traffic)은 공역사용자들의 상충되는 요구, 항행안전시설의 성능제약, 예상치 못한 기상변화 등과 같은 제약조건들에 의해 제한을 받는다. 이런 상황 하에서 초과하는 교통량을 처리하기 위해 항공교통의 흐름을 통제하여 순차적으로 교통량을 처리할 수 있지만, 이로 인하여 출발항공기의 출발지연, 비행 중 체공(holding), 비경제적인 비행고도의 배정, 항공로 재조정 등을 자주 야기할 수 있다. 따라서 각종 제약조건 속에서 비행의 지연을 최대로 억제하면서 최적의 흐름을 강구하는 업무가 항공교통흐름관리 업무이다.

나. 공역관리(Air Space Management)

공역관리(ASM)는 해당 비행정보구역 내의 각종 공역을 계획하고 설정하며, 기 설정된 공역을 효율적으로 활용하여 항공교통업무를 원활히 수행케 하는 업무이다. 일정한 공역에 대한 여러 공역사용자들의 단기적인 공역사용의 필요성에 대하여 적절한 공역사용시간의 배분과 공역의 분리를 통하여 사용 가능 공역의 효율성을 극대화시키며, 일시적으로 이용이 예약된 공역의 사용자나 장래사용이 예상되는 해당 기관(항공사, 관·군 항공기 운용기관, 일반항공 등) 사이의 긴밀한 정보교류와 협조 아래 수행된다.

다. 항공교통업무(Air Traffic Service)

항공기의 안전운항에 밀접한 관계가 있는 항공교통업무는 항공기 간의 충돌방지, 항공기와 장애물 간의 충돌방지, 항공교통의 촉진 및 질서유지, 안전하고 효율적인 비행에 필요한 항공교통관제업무 및 정보의 제공, 그리고 수색 및 구조를 필요로 하는 항공기에 관하여 관계 기관에 통보하고 필요할 경우, 그러한 기구에 협력하는 업무를 말한다.

국제민간항공기구의 부속서의 규정에 의거 체약국은 공역관할권을 갖고 있는 영역에 대하여 항공교통업무가 제공되는 공역과 비행장을 지정하고 제공될 업무를 결정하여야 한다. 상호협정에 의거하여 타국에 자국 내의 비행정보구역, 관제구역 또는 관제권내에 항공교통업무를 설정하고 제공할 책임을 위임도 가능하며 이러한 경우 주권에 영향을 미치는 것은 결코 아니다. 공해상 또는 주권이 불분명한 공역은 지역항행회의 결정에 따라 업무가 제공되며, 항공교통업무를 제공하기로 결정된 국가는 항공교통업무제공을 위한 책임기관을 지정해야 한다. 또한 항공교통업무가 설정되었을 경우, 동 업무를 이용하는 데 필요한 사항들이 공고되어야 한다.

항공교통업무는 항공교통관제업무, 비행정보업무 및 경보업무로 구성된다. 항공교통관제업무는 공중과 지상에서 타 항공기 또는 지상의 차량, 장비, 사람 간의 충돌을 방지하고, 항공기가 신속하고 질서 있게 운항할 수 있도록 항공기를 규정된 분리기준(separation minima)에 의하여 분리하고, 목적지까지의 비행에 필요한 항공교통관제허가와 관제지시를 발부하며, 항행의 안전하고도 효율적인 실시를 위하여 유용한 정보와 조언을 제공하는 동시에 수색 및 구조를 필요로 하는 항공기에 관한 정보 등을 관계기관에 통보하는 업무를 수행하는 것을 말한다. 이 업무는 업무가 제공되는 범위와 비행의 단계에 따라서 비행장관제업무(Aerodrome Control Service), 접근관제업무(Approach Control Service), 지역관제업무(Area Control Service)로 나누어지며, 이를 위하여 관제탑(Airport Traffic Control Tower), 접근관제소(Approach Control Center), 지역관제센터(Area Control Center)가 조직되어 업무를 제공하고 있다.

비행정보업무(Flight Information Service; FIS)는 비행안전과 운항에 필요한 기상정보, 공항정보, 공역운영정보 등 각종 비행정보와 조언을 제공하는 업무로서 비행정보소에서 담당한다. 경보업무는 항공기의 사고를 예방하기 위한 각종 경보업무(Alert Service)와 사고항공기에 대한 수색 및 구조업무와 이를 위한 관련 기관 간의 업무협조를 수행하는 것으로 구조조정본부(Rescue Coordination Center)와 구조기관의 협조 아래 업무가 수행된다.

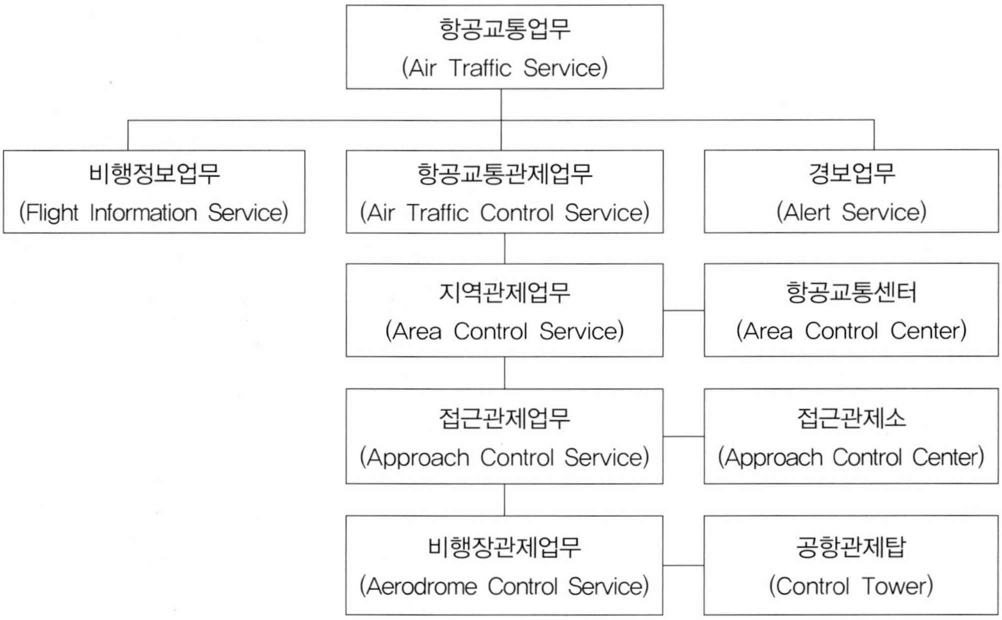

〈그림 2-3〉 항공교통업무의 체계

3. 항공교통관리 시스템

가. 항공교통관리 시스템의 구성요소

항공교통관리(ATM) 시스템은 항공기의 안전운항 문제의 처리와 능률적인 기동을 지원하기 위하여 항공기 탑재시스템과 지상시스템으로 구성된다.

1) 항공기 탑재시스템

항공교통관리의 목적 달성을 위하여 지상시스템과 상호 연계되는 항공기의 각개 기능별 능력으로 구분된다. 예를 들면 항공전자장비와 비행관리시스템(FMS), 위치 제어기능을 위한 항법시스템, 항공기 충돌방지시스템(Traffic alert and Collision Avoidance System: TCAS) 등을 말하며, 공대공(air-to-air), 공대지(air-to-ground) 데이터 링크 시스템들이 이를 지원한다.

〈그림 2-4〉 B777-400기종의 조종석 내부

2) 지상시스템

지상시스템은 항공교통흐름관리(ATFM), 공역관리(ASM) 및 항공교통업무(ATS)로 구성된다. 공대지(air-to-ground), 지대지(ground-to-ground) 데이터 통신망을 통하여 항공기 정보를 수신하는 지상시스템은 수신된 정보를 적절히 계산하여 의사결정(decision making)을 한 다음, 알맞은 명령을 지대공 통신 링크를 통하여 항공기에 송출한다. 지상 시스템의 주요 기능은 비행계획과 비행 위치와의 편차 확인을 통한 분리 기준의 확보, 적절한 시간 분리와 공간 분리를 통하여 각 항공기의 비행 순서와 통과 시간을 결정(유지할 속도 및 지연 도착 정보 포함)하여, 안전하고 경제적인 최적의 비행경로를 항공기에 명령하는 일이다.

나. 항공교통관리(ATM) 시스템의 개발방향

1) 항공교통관리(ATM) 시스템의 개발목표

새로운 항공교통관리(ATM) 시스템의 기술적인 측면과 그에 따른 절차의 개발은 조종사와 관제사에게 부여된 임무인 항공교통의 안전성 및 효율성 향상과 의사결정을 효과적으로 지원하는 방향으로 그 초점을 맞추어야 한다. 이를 위해서는 신·구 시스템은 물론이고 각 시스템 요소들 간의 통합과 호환성 유지가 매우 중요하며, 인체공학적 측면에서의 평가도 간과해서는 안 된다.

미래의 항공교통관리(ATM) 시스템 개발 목표를 살펴보면 다음과 같다.

- 기존의 안전 수준을 유지하거나 증진시킬 것
- 항공교통 수요에 대응하는 시스템 수용 능력의 증대와 관련된 모든 자원을 최대한으로 활용할 수 있을 것
- 사용자가 선호하는 3차원, 4차원적 운항 능력을 최대한으로 보장할 것
- 향상된 기상자료, 교통상황 정보의 제공이 가능하고 시설 이용률을 최대한으로 증진시킬 것
- 향상된 접근 및 이륙절차를 지원하기 위한 항행 및 착륙 능력을 갖출 것
- 공대지(Air to Ground) 시스템 간의 통신을 포함한 모든 ATM 관련 의사결정 과정에 사용자가 조금 더 많이 관여하도록 할 것
- 가능한 최대한으로 공역 간의 경계가 없도록 시공의 연속성을 확보할 것
- 항공교통관리(ATM) 관련 시설과 절차에 일치하는 공역을 구성해 줄 것

2) 시스템의 디자인

가) 항공교통흐름관리(ATFM)

항공교통흐름관리는 항공교통업무의 보조 역할로서 공역과 공항 수용능력을 최대한으로 이용할 수 있도록 해야 한다. 장기적으로 볼 때 결코 완벽한 상황이란 있을 수 없지만 변화하는 주변 환경에 능동적으로 적극 대응하여 운항 소통을 원활히 해주는 것이 무엇보다도 중요하다. 터미널 지역에서의 체공(holding)이나 지연(delay) 상황은 바람직하지 못하지만 공역과 공항의 수용능력을 극대화시키기 위한 약간의 체공이나 지연 사태는 어쩔 수 없을 것이다.

미래의 시스템을 이용해서 운항관리를 하는 데에는 실시간(real time) 관리를 위한 자동화 수단이 필요하고, 자동화를 통해 많은 정보를 처리하고 상황 변화에 즉각 대처할 수 있도록 운항 정보를 즉각 주고받을 수 있어야 한다. 그런 점에서 지상 항공교통관제

시스템과 자동적으로 교신할 수 있는 항공기의 비행관리시스템(FMS)은 의사결정 과정에서 없어서는 안 될 필수적인 도구이다.

항공교통흐름관리의 업무처리 과정은 실제적 상황 속에서 짧은 시간 안에 접하게 되는 공역과 공항 수용능력에 의해 크게 좌우된다. 공역의 수용능력은 공역의 구조와 각 관제 섹터의 수용능력(control sector capacity), 항공교통관제시스템의 지원 능력, 그리고 운영절차에 의해 좌우된다.

공항의 수용능력은 환경적인 요소와 활주로 상태, 이용 가능한 시설들의 작동 상태, 활주로 이용절차, 소음관계, 운항 중인 항공기의 요란(wake turbulence)에 따른 교통 분리 조건, 유도로 및 대기 지역의 가용 상태 등 여러 가지 요인들에 의해 좌우된다. 미래의 시스템은 현재의 상황은 물론이고 예견되는 인접 공역이나 공항 수용능력에 대한 관련 데이터들도 실시간으로 최대한 이용할 수 있도록 하여야 한다.

나) 공역관리(ASM)

선정된 공역 내에서 동적인 시간 배분으로 주어진 공역자원을 최대한으로 활용하여야 하고, 이를 위하여 항공기의 종류와 성능에 따라 공역을 적절히 분할하여 사용하는 일이 매우 중요하다. 만약 공역 간 경계선의 명료성을 위해 공역관리를 어느 특정 국가의 인접공역까지 확대할 필요가 있다면 해당 국가 당국 간의 업무 분담과 위임 관계를 규정할 필요가 있다. 현재 항공교통업무와 항공교통흐름관리는 별도의 기관에서 서로 밀접한 관계를 유지하면서 각각의 책임을 담당하고 있지만, 공역 관리는 일반적으로 민·군 기관이 공동 책임을 지고 있다. 민과 군이 공동으로 공역관리를 담당할 경우 미래 항공교통관리(ATM)에서는 필요할 경우 공역관리를 위한 새로운 별개의 기관을 설립할 필요가 있다.

개발 중인 차세대 항공교통관리시스템과 새로운 운용개념들은 실제적인 항공교통관리에 더욱 집중된 자원으로 볼 수 있을 것이다. 이런 변화는 항공교통관리의 의사결정(decision making)을 지원하기 위한 새로운 공역관리 개념, 항공교통관리 개념 그리고 새로운 자동화된 시스템의 도입 등으로 얻을 수 있다. 성능이 향상된 새로운 무선통신 시스템은 항공교통관제통신과 조정을 위한 업무 부담(work load)을 줄이는 데 사용될 것이다. 항공교통관제 의사결정 구조는 항공교통관리업무에 영향을 주는 디지털화된 데이터의 자동적인 처리로부터 얻어지는 출력을 이용하여 보다 빨라질 수 있다.

국제민간항공기구(ICAO) 미래항행시스템 특별위원회는 "항공교통관리(ATM)란 항공기 운항의 전체단계를 포괄하고 있는 항공기의 이동을 안전하고 효율적으로 조절하는 과정"이라고 정의를 내리고 있다. 따라서 항공교통관리(ATM)의 개념은 항공기의 운항을 관리하고 통제하기 위하여 항행 및 감시자료를 비행계획자료와 통합하는 것이다. 이러한 개념은 항공기가 예정된 시간에 출발 및 도착하고, 운항의 제한을 최소화하면서 안전에 영향을 미치지 않는 범위 내에서 항공기가 원하는 비행경로로 이동할 수 있도록 함으로써 공역의 효율적인 이용과 운항의 경제성을 도모하기 위한 것이다.

제2절 항공교통업무(ATS)

항공교통업무(ATS)는 항공교통관리(ATM)의 시스템을 구성하는 업무 중에 가장 중심적인 업무이며, 항공교통관제업무, 비행정보업무 및 경보업무로 구성된다.

1. 항공교통관제업무(Air Traffic Control Service)

가. 항공교통관제업무의 개념 및 특성

항공교통관제업무(ATCS)는 항공기가 비행장의 지상에서 출발을 시작하여 활주로에 도달하기까지의 비행장 내의 기동과 이륙하여 목적 비행장에 도착하여 정지하기까지의 전 비행과정을 통하여 항공기 상호 간 또는 지상 장애물과의 충돌을 방지하고, 항공교통의 질서적인 흐름을 촉진시키고 유지하는 것을 목적으로 하는 업무이다. 이는 항공운송의 안전성과 경제성을 보장하는 핵심적인 활동으로서 항공교통관제업무는 항공교통업무뿐만 아니라 항공교통관리업무의 중심적인 업무이다.

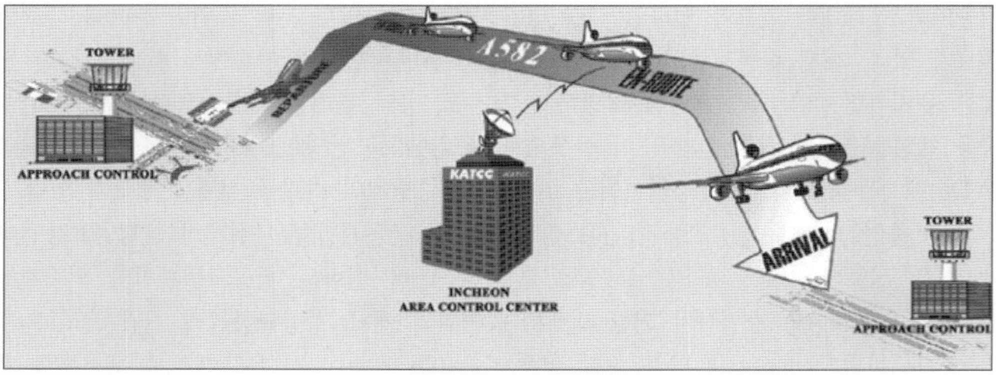

〈그림 2-5〉 항공교통업무의 제공

또한 항공기의 비행은 한 국가 내에서만 이루어지는 것이 아니라 국가 간의 비행이 보편화되어 있으므로 항공교통관제업무는 전 세계적 차원에서 항공기 운항의 안정성을 보장하고자 하는 국제적인 업무이기도 하다. 따라서 국제민간항공기구(ICAO)에서는 국제적인 민간항공의 안전과 발전을 위하여 국제적으로 표준화된 기준과 절차에 의하여 국제적으로 통일된 방법으로 항공교통관제업무가 이루어질 수 있도록 각종 기준과 절차를 제정하여 체약국들이 준수하도록 하고 있다.

나. 항공교통관제업무의 법적근거

항공교통관제업무는 항공기의 안전운항을 보장하기 위해서 항공기의 운항에 필요한 각종 항공교통관제 허가와 지시를 발부하고, 조언과 정보를 제공하여 항공기 운항을 통제하거나 조종사의 의도를 조정한다. 이는 강제적일 수도 있고 항공기 운용자의 의도나 이익에 반하는 행위일 수도 있다. 타인을 강제할 수 있는 것은 법률에 근거한 합법적인 행위가 아니면 소기의 목적을 달성할 수 없을 뿐만 아니라 타인의 이익을 침해할 때는 불법적인 행위가 될 수도 있다. 이는 국가 간에도 마찬가지로 국제적인 항공교통관제업무의 통일적 적용을 위한 강제력에도 국제법적인 근거가 필요한 것이다.

이를 위하여 국제민간항공기구에서는 국제민간항공협약 체약국의 조약준수 의무에 따라 국제민간항공기구가 정한 기준과 절차를 준수하도록 의무화하고 있으며 이를 실행하기 위한 구체적인 규정으로서 국제민간항공협약 부속서(annexes)와 각종 편람(documents)을 제정하여 국제적인 법적 기준으로 적용하고 있다. 항공교통관제업무에 관한 기준은 '부속서 11 - 항공교통업무(Air Traffic Service)'와 이 부속서의 편람인 'Doc 4444 - Air Traffic Management'가 중심이 되며 이외에 여러 가지 부속서와 편람이 국제적인 법적 기준이 된다.

다. 항공교통관제업무의 종류

항공교통관제업무는 업무가 제공되는 범위와 특성에 따라 비행장관제업무, 접근관제업무 및 지역관제업무로 구분된다.

1) 비행장관제업무(Aerodrome Control Service)

가) 비행장관제업무의 범위

비행장관제업무는 비행장 내의 이동지역 및 비행장 주위의 공역에서 운항하는 모든 항공기와 비행장 내의 지상에서 이동하는 차량, 장비 및 사람들에 대하여 행하여지는 관제업무를 말한다. 이 업무를 영어로 표기할 때에 두 가지 단어(Airport 또는 Aerodrome)로 쓰이는 것은 비행장을 표기하는 관습상의 문제로서 대부분의 국가에서는 'Airport'로 사용하나 국제민간항공기구에서는 'Aerodrome'로 표기하기 때문이지 용어의 정의상 차이는 없다.

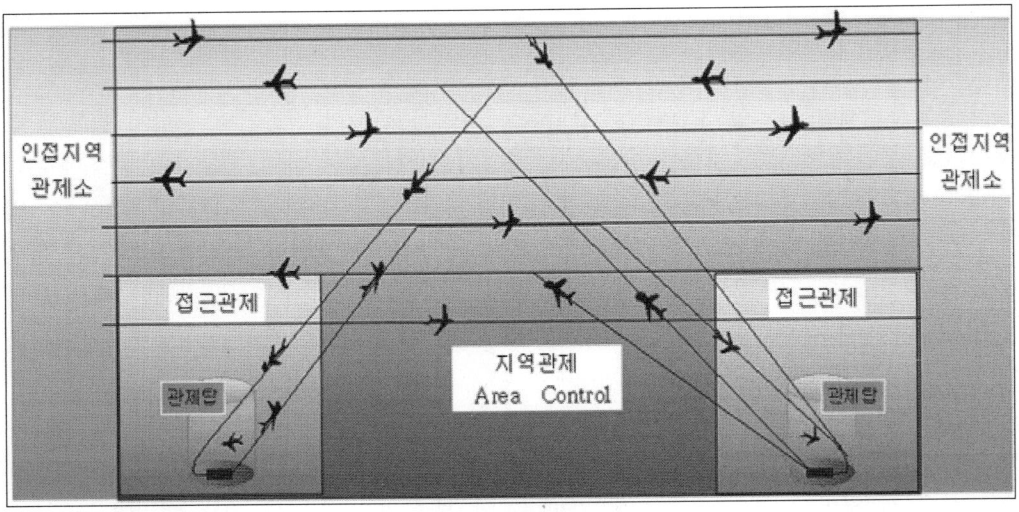

〈그림 2-6〉 항공교통관제업무

비행장관제업무에서 수행되는 주요 업무의 내용은 다음과 같다.

- 항공기, 차량, 장비 상호 간 및 지상 장애물과의 충돌방지를 위한 분리(separation) 및 이와 관련되는 허가, 지시, 조언, 정보의 제공
- 항공기의 이 · 착륙 및 지상주행(Taxi)에 대한 허가(ATC clearance)의 발부 및 다른 관제기관에서 발부한 허가의 전달
- 항공교통관제업무의 수행에 필요한 관제지시
- 비행장 내에서 이동하는 차량, 장비, 사람에 대한 이동 및 진입에 관한 지시
- 항공기의 이 · 착륙 및 지상주행에 필요한 정보 및 조언의 제공
- 항공기 항행에 필요한 기상정보, 항행안전시설 및 비행장 운영상태 및 이용에 관한 정보 제공
- 비행장 내의 항행안전시설 및 비행장 등화시설의 운용
- 관련 항공교통관제기관과의 비행정보 통보 및 수신
- 비행장 내 또는 주변의 항공기 사고에 대한 정보수집 및 처리에 필요한 정보제공
- 수색 및 구조에 필요한 정보를 항공교통센터 또는 구조조정센터에 통보
- 항공기 운항 및 비행장 운영에 관련되는 기관(항공사, 비행장 운영자, 기상대, 정부기관, 군 등)과의 업무 협조 등이 있다.

나) 비행장관제기관

비행장관제업무는 비행장 또는 공항관제탑(Aerodrome Control Tower)에서 수행된다. 관제탑에서 접근관제업무가 동시에 수행되는 경우에는 접근관제탑(Approach Control Tower)이라고 명명되며 관제탑은 비행장의 명칭이나 비행장이 위치한 지역명을 따라 명

칭이 부여된다. 예를 들어 인천국제공항의 관제탑은 인천관제탑이며, 김포국제공항은 김포관제탑이라고 호칭한다.

관제탑에서는 비행장관제업무를 효율적으로 수행하기 위하여 업무의 특성에 따라 다음과 같은 관제석(control position)으로 나누어지며, 각각의 관제석에 1명 또는 복수의 관제사(controller)가 배치되어 임무를 수행한다. 이런 관제석의 구성이나 관제사의 배치는 모든 비행장이 동일한 것이 아니고 비행장의 규모 및 활주로의 배치, 교통량 또는 충원된 관제사의 수에 따라 독립적으로 운영되거나 통합되어 운영되며 관제사들도 기능이 통합되거나 복수로 배치되는 등 탄력적으로 운영된다.

- 감독석(Manager 또는 Supervisor)
- 국지관제석(Local Control Position)
- 지상관제석(Ground Control Position)
- 비행정보관제석(Flight Data Position)
- 협조관제석(Coordinator Position)
- 허가중계 관제석(Clearance Delivery Position)

2) 접근관제업무(Approach Control Service)

가) 접근관제업무의 범위

접근관제업무는 공항지역이나 접근관제구역 내에서 비행하는 계기비행항공기(IFR)에게 제공되는 항공교통관제업무를 말한다. 계기비행 항공기가 공항을 출발하여 관제탑과 접근관제소 간의 협정에 따라 지정된 고도나 지점(fix)에 도착하면 접근관제업무가 시작되며 계속 상승하여 항공교통센터에게 관할하는 항공로나 지정된 지점에 도착할 때까지 접근관제업무가 제공되고 그 이후의 비행에 대해서는 다음 단계인 지역관제업무가 시작된다. 반대로 항공로 상을 비행한 항공기가 목적 공항 부근에 도착하면 항공교통센터의 관제업무가 종료되고 접근관제업무를 받으면서 강하하여 조종사가 시각으로 비행장을 볼 수 있거나, 미리 협정에 의하여 지정된 상황에 도달하면 접근관제업무가 종료되고 비행장관제업무를 받으면서 착륙하게 된다.

접근관제업무에서 수행되는 주요한 업무를 살펴보면 다음과 같다.

- 접근관제공역 내의 항공기 상호간 및 지상 장애물과의 충돌방지를 위한 분리(separation) 및 이와 관련되는 허가, 지시, 조언, 정보의 제공
- 계기비행항공기의 접근관제허가(ATC clearance)의 발부 및 다른 관제기관에서 발부한 허가의 전달

- 항공교통관제업무의 수행에 필요한 관제지시
- 항공기 착륙에 필요한 정보 및 조언의 제공
- 항공기 항행에 필요한 기상정보, 항행안전시설 및 비행장 운영상태 및 이용에 관한 정보 제공
- 관련되는 항공교통관제기관과의 비행정보 통보 및 수신
- 관할 공역 내의 항공기 사고에 대한 정보수집 및 처리에 필요한 정보제공
- 수색 및 구조에 필요한 정보를 항공교통센터 또는 구조조정본부에 통보
- 접근관제업무 운영에 관련되는 기관(항공사, 비행장 운영자, 기상대, 정부기관, 군 등)과의 업무 협조 등이 있다.

나) 접근관제업무기관

접근관제업무는 해당 접근관제공역(Approach Control Area)내의 항공교통관제업무를 제공하도록 지정된 접근관제소(Approach Control Unit)에서 수행된다. 하나의 접근관제소에서는 관할하는 공역 내에 위치하는 계기비행항공기가 이·착륙하는 모든 비행장에 대하여 접근관제업무를 제공한다. 우리나라에는 14개의 접근관제공역이 있으며 14개의 접근관제소가 있다. 접근관제소는 접근관제소가 위치한 비행장이나 지역 또는 접근관제공역의 명칭을 이용하여 관제소의 명칭을 부여한다.

접근관제소에서는 공역의 구조와 항공교통량에 따라 효율적으로 업무를 수행하기 위하여 해당 접근관제구역을 섹터(sector)로 분할하여 섹터별로 관제업무를 수행하거나 출발관제(departure control) 또는 도착관제(arrival control)와 같이 기능별로 나누어 업무를 수행하며, 대부분의 국가에서 레이더(Radar)를 이용하여 관제업무를 수행한다. 접근관제소를 구성하는 관제석과 관제사는 다음과 같으나 일률적으로 적용되는 것이 아니고 공역의 크기 및 특성, 항공교통량에 따라 탄력적으로 조직하여 운영한다.

- 감독석(Manager 또는 Supervisor)
- 레이더 출발관제석(Radar Control Position)
- 레이더 접근관제석(Radar Approach Position)
- 레이더 도착관제석(Radar Arrival Position)
- 최종접근로감시석(Final Approcah Monitoring Position)
- 레이더 비행정보관제석(Radar Flight Data Position)
- 시계비행관제석(VFR Position)

3) 지역관제업무(Area Control Service)

가) 지역관제업무의 범위

지역관제업무는 국가(미국 등)에 따라서는 'Air Route Traffic Control Service'라고도 불리 운다. 이 업무는 해당 되는 비행정보구역(Flight Information Region : FIR) 내의 모든 항공기에게 비행정보업무 및 경보업무를 제공하고, 공역운영업무와 항공교통흐름관리를 제공하며, 항공로 상을 비행하는 계기비행항공기에게 항공교통관제업무를 제공한다.

지역관제업무에서 수행되는 주요한 업무를 살펴보면 다음과 같다.

- 비행정보구역 내의 모든 항공기에게 비행정보 및 경보업무 제공
- 항공로 상의 항공기 상호간 및 지상 장애물과의 충돌방지를 위한 분리(separation) 및 이와 관련되는 허가, 지시, 조언, 정보의 제공
- 계기비행항공기의 항공교통관제허가(ATC Clearance)의 발부
- 항공교통관제업무의 수행에 필요한 관제지시
- 항공기 착륙에 필요한 정보 및 조언의 제공
- 항공기 항행에 필요한 기상정보, 항행안전시설 및 비행장 운영상태 및 이용에 관한 정보 제공
- 관련되는 항공교통관제기관과의 비행정보 통보 및 수신
- 관할 공역내의 항공기 사고에 대한 정보수집 및 처리에 필요한 정보제공
- 수색 및 구조에 필요한 정보를 수집하여 구조조정본부에 통보
- 지역관제업무 운영에 관련되는 기관(항공사, 비행장 운영자, 기상대, 정부기관, 군 등)과의 업무 협조
- 공역운영 및 항공교통흐름관리업무
- 인접 비행정보구역 운영기관(국내 또는 국외)과 항공교통운영을 위한 협조 등

나) 지역관제업무기관

지역관제업무는 해당 비행정보구역 내의 항공교통업무(ATS)와 항공로 상의 항공교통관제업무를 제공하도록 지정된 항공교통센터(Area Control Center)에서 수행된다.

항공교통센터는 관제소(Control Center)와 비행정보소(Flight Information Center)로 구성되어 있으며, 관제소에서는 넓은 공역에 대하여 항공교통업무를 제공하기 때문에 공역의 구조나 항공교통량에 따라 효율적으로 업무를 수행하기 위하여 해당 관제구역을 섹터(Sector)로 분할하여 섹터별로 관제업무를 수행한다. 대부분의 국가에서는 레이더(Radar)를 이용하여 관제업무를 수행하며, 항공교통센터의 섹터를 구성하는 관제석과 관제사는 다음과 같으나 일률적으로 적용되는 것이 아니고 공역의 크기 및 특성, 항공교통량, 관제사의 수에 따라 탄력적으로 조직하여 운영한다.

- 조장 (Manager 또는 Supervisor)
- 레이더 관제석 (Radar Control Position) : 레이더 관제사
- 레이더 부관제사석 (Radar Associate Position) : 레이더 관제 보조
- 레이더 협조관제석 (Radar Coordinator Position) : 레이더 협조관제사
- 레이더 비행정보석 (Radar Flight Data Position) : 레이더 비행정보관제사
- 비레이더 관제석 (En-route NonRadar Control Position) : 비레이더 관제사

〈그림 2-7〉 국내 항공교통관제업무 체계

2. 비행정보업무(Flight Information Service)

가. 비행정보업무의 개념과 특성

비행정보업무는 항공기의 안전하고도 정확하며 능률적인 비행에 영향을 줄 수 있는 정보를 수집하고 조직하여 조종사와 공역 이용자에게 전달하는 업무를 말한다.

비행정보업무는 종종 항공정보업무(Aeronautical Information Service)라고도 표기되는데 엄밀히 말하자면 비행정보업무는 방송업무(broadcast)에, 항공정보업무는 문자 또는 전문화된 업무(예 : AIP, NOTAM, AIC, PIB 등)에 속하나, 사용 국가별로 관습적으로 법률상이나 내용상의 차이가 없이 사용되기도 하며, 우리나라에서는 두 용어가 함께 사용되고

있다. 항공기는 3차원의 공간에서 고속으로 장거리를 비행하기 때문에 기상의 영향을 가장 많이 받으며, 공역내의 모든 구역이나 비행로들이 전자적으로 표시될 뿐만 아니라 항공기의 위치를 확인할 수 있는 지상의 목표물을 볼 수 없는 경우가 많으므로 이와 관계되는 정보가 없이는 운항의 안전을 확보할 수 없어 비행정보의 중요성은 매우 높다. 따라서 이러한 비행정보의 중요성으로 인하여 국제민간항공기구에서는 비행정보업무를 비행정보구역 내에서 제공되어야 하는 필수적인 업무로 정하고, '부속서 11 - 항공교통업무(Air Traffic Service)'에 제공되는 비행정보의 범위를 기술하고 있다. 우리나라는 항공안전법 제83조(항공교통업무의 제공 등) 및 같은 법 시행규칙 제240조(비행정보업무의 수행)에서 항공교통업무의 대상이 되는 모든 항공기에게 비행정보를 제공하도록 명시하고, 제공하는 내용에 대해서는 항공안전법 시행규칙 제241조(비행정보의 제공)에, 방법과 절차에 대해서는 국토교통부 고시 '항공교통업무기준'에 정하고 있다.

나. 비행정보의 내용

항공기의 운항에 영향을 주는 정보는 항공기의 비행단계나 상황 및 조종사의 요구에 따라 다양하나 상황에 관계없이 법률상으로 의무적으로 제공하여야 할 비행정보의 내용은 다음과 같다.

1) ICAO 부속서

국제민간항공기구 부속서 11의 제4장에서 명기하고 있는 필수 비행정보는 다음과 같다.

- 악기상 정보(SIGMET) 및 저고도 위험기상정보(AIRMET)
- 화산폭발 전 활동, 화산폭발, 화산재 구름 관한에 관한 정보
- 방사선 또는 독성화학물질의 대기 중 방사에 관한 정보
- 항행안전시설의 운영상태 변경에 관한 정보
- 비행장 및 부속시설의 상태에 관한 정보
- 무인자유기구의 비행에 관한 정보
- 출발, 도착 및 대체공항의 기상정보 및 예보
- C, D, E, G등급공역 내에서의 항공기 충돌위험에 관한 정보
- 수상비행을 하는 경우 동일한 항공기 부근의 선박에 관한 정보
- 기타 비행안전에 영향을 주는 정보

2) 항공안전법

항공안전법 제83조(항공교통업무의 제공) 및 같은 법 시행규칙 제241조(비행정보의 제공)에서 정한 비행정보의 내용은 다음과 같으며 실제 ICAO 부속서의 내용과 차이가 없다.

- 중요기상정보(SIGMET) 및 저고도항공기상정보(AIRMET)
- 화산활동 · 화산폭발 · 화산재에 관한 정보
- 방사능물질이나 독성화학물질의 대기 중 유포에 관한 사항
- 항행안전시설의 운영 변경에 관한 정보
- 이동지역 내의 눈 · 결빙 · 침수에 관한 정보
- 「공항시설법」에 따른 비행장시설의 변경에 관한 정보
- 무인자유기구에 관한 정보
- 해당 비행경로 주변의 교통정보 및 기상상태에 관한 정보
- 출발 · 목적 · 교체비행장의 기상상태 또는 그 예보
- 공역등급 C, D, E, F 및 G 공역 내에서 비행하는 항공기에 대한 충돌위험
- 수면을 항해 중인 선박의 호출부호, 위치, 진행방향, 속도 등에 관한 정보(정보 입수가 가능한 경우만 해당한다)
- 그 밖에 항공안전에 영향을 미치는 사항

다. 비행정보의 운용

비행정보는 항공기 비행안전을 위한 필수 정보로서 항공교통관제기관 또는 비행정보소에서 무선교신을 통해 조종사에게 수시로 제공하거나 ATIS 등 비행정보방송(Operational flight information service broadcasts : OFIS)와 같은 방송업무를 통해 제공된다. 비행정보방송은 고주파(HF), 초단파(VHF), 음성에 의한 ATIS(Voice ATIS) 및 데이터링크를 이용한 ATIS(D-ATIS)의 네가지 형태로 구분되지만, 우리나라에서는 Vocie ATIS와 D-ATIS만 운용하고 있다. Vocie ATIS와 D-ATIS는 제공되는 비행정보의 내용은 같으나, 제공하는 방식에 차이가 있을 뿐이다.

- 자동공항정보방송업무(Automatic Terminal Information System: ATIS)
  비행장에 이 · 착륙하는 항공기에게 필요한 정보를 사전에 녹음하여 지정된 주파수로 방송하여 항공기의 승무원이 원하는 시기에 자유롭게 청취할 수 있도록 하는 방송을 말함. 이 방송은 VHF 주파수를 이용하며 비행장에 따라 도착 전용, 출발 전용 또는 도착 · 출발 겸용 방송 등으로 구분하여 운영

라. 자동공항정보방송업무(ATIS)의 방송 내용

항공교통량이 많은 주요한 비행장이나 공항에서는 이·착륙하는 항공기에게 필요한 비행정보를 신속하고, 효율적으로 제공하기 위하여 자동공항정보방송업무(ATIS)를 이용한다. 이 정보는 해당일의 0시를 기준으로 작성되며 해당되는 정보의 변경이 있을 때에는 정시 또는 수시로 수정되어 알파벳 순서대로 식별부호가 부여되어 제공되며, 청취를 용이하게 하기 위해서 지정된 정보를 순서에 따라 제공한다.

도착·출발 겸용 방송의 순서와 내용을 살펴보면 다음과 같다.

- 비행장 명칭
- ATIS 식별부호
- 관측(작성)시간
- 예상되는 접근절차의 명칭
- 사용되는 활주로
- 중요한 활주로 표면상태
- 체공 지연 사항
- 전이고도
- 필수적인 운항정보
- 풍향, 풍속 및 중요한 변동에 관한 사항
- 시정 및 활주로 가시거리에 관한 정보
- 현재 기상
- 구름의 높이(1,500미터 또는 5,000피트 미만 시)
- 온도
- 노점 온도
- 고도계 수정치
- 접근, 이륙 및 이륙 후 상승단계에 영향을 주는 기상정보
- 예상되는 착륙의 형태
- 기타 ATIS 지시사항

3. 경보업무(Alerting Service)

가. 경보업무의 개념과 특성

경보업무는 수색이나 구조를 필요로 하는 항공기에 대하여 필요한 도움을 줄 수 있는 관계기관에 통보하거나 요구에 응하여 당해 기관을 지원하는 업무를 말한다. 경보업무는 항공교통업무를 제공받거나, 항공교통업무기관에서 비행계획이나 다른 방법으로 파악하고 있는 항공기뿐만 아니라 불법간섭(공중납치 등)을 받고 있거나 여겨지는 항공기에게도 제공된다. 이를 위해 비행정보구역 내에서 항공교통업무를 제공하는 모든 민·군 관제탑, 접근관제소 및 지역관제센터 등 항공교통관제기관과 비행정보소는 경보업무 수행을 위한 경보소(Alerting Post)로 지정되며, 관할 관제구역과 그 외 비행정보구역 내의 항공기로서 비상상황 또는 조난상황에 처한 항공기에 관한 정보를 수집하여 구조조정본부 또는 항공교통본부의 항공수색·구조지원센터(Aeronautical Search and rescue Assistance Center : ASAC)로 통보하여야 한다.

나. 비상상황의 구분

비상상황은 상황의 심각성을 고려하여 불확실단계(Uncertainty phase), 경보단계(Alert phase), 조난단계(Distress phase)의 3단계로 구분되나 그때의 상황에 따라 해당되는 단계로 지정되며 단계별 상황은 다음과 같다.

1) 불확실단계(Uncertainty phase)

- 항공기와 교신을 시도하거나 교신한 후에 30분이 경과하도록 교신이 되지 않는 경우
- 항공교통업무기관에 최종보고 되었거나, 항공교통업무기관이 예상한 도착시간으로부터 30분이 경과하도록 항공기가 통보 없이 도착하지 않는 경우

2) 경보단계(Alert phase)

- 불확실단계 이후에도 계속 교신을 시도하였으나 실패하였거나 다른 방법으로 항공기의 소재를 파악하고자 했으나 실패한 경우
- 항공기가 착륙허가를 받고도 교신이 되지 않는 상태에서 도착예정시간에서 5분 이상 경과하도록 착륙하지 않는 경우
- 항공기가 고장으로 인하여 효율적인 운항이 어려우나 강착(Force Landing) 단계까지는 이르지 않았다는 정보를 수신한 경우
- 항공기가 불법적 간섭을 받고 있다고 여겨지거나 알려진 경우

3) 조난단계(Distress phase)

- 경보단계 이후에도 어떠한 방법으로도 항공기와 교신이 되지 않거나 소재 파악이 불가능하고 조난당했다고 여겨지는 경우
- 탑재된 연료가 고갈되었거나 안전한 운항을 하기에는 불충분하다고 판단되는 경우
- 항공기의 효율적인 운항이 더 이상 어렵고 강착 할 것이라는 정보를 수신한 경우
- 항공기가 강착 하였거나 강착할 것으로 여겨지는 확실한 정보를 수신한 경우

다. 비상상황에 관한 정보 통보

비상상황에 처한 항공기에 관한 정보를 관계기관에게 통보할 때에는 다음의 순서에 따라 통보하여야 한다.

- INCERFA, ALERFA, DETRESFA와 같이 비상상황의 단계를 표시하는 부호
- 호출기관 및 성명
- 비상상황의 내용
- 비행계획상의 중요한 내용
- 최종 교신한 기관, 시간, 주파수
- 조종사가 최종적으로 보고한 위치보고 및 방법
- 항공기의 색상 및 특징
- 보고기관에서 조치한 사항
- 기타 중요한 사항

제3절 항공교통관리의 법적 근거

1. 국제민간항공협약(Convention on International Civil Aviation)

가. 성립배경

제1차 및 제2차 세계대전을 통하여 항공기가 급속하게 발달하게 되었고, 각종의 항공기는 각국의 영공을 무착륙 횡단 비행이 가능하게 성능이 향상되었다. 제1차 세계대전 종료 당시에는 항공기의 성능이 지역성을 갖고 있었으나, 제2차 세계대전을 통하여 항공기는 고속화, 전천후화, 대형화로 인한 대형 장거리 수송수단으로 변화되었다. 이에 따라 항공사고 발생 시에는 제3국에도 피해가 발생하게 됨으로써 영공주권의 배타적인 권리 확보와 항공기 안전 운항에 대한 통일된 국제조약의 제정이 필요하게 되었다. 또한 당시의 국제적 조약(파리조약, 이베로-아메리카조약, 하바나조약)이 지역별로 다르게 적용되고 있었으며, 지역별로 체결된 국제조약을 단일화하여 전 세계가 통일된 원칙아래 영공의 주권 확보 등 각종 항공안전의 기준을 제정할 필요성이 대두되었다.

나. Chicago 회의

시카고 회의는 2차 대전 중이던 1944년 11월 1일 미국 시카고에서 연합국 및 중립국 대표 52개국의 대표가 모여 전후 국제민간항공의 방향을 설정하고 건전한 발전을 도모하기 위하여 개최한 국제민간항공회의였다. 영국의 처칠 수상이 미국대통령에게 회의를 제기하고, 미국의 루즈벨트 대통령이 제2차 세계대전 중 연합국 및 중립국 54개 국가의 초청하였으나, 소련과 사우디아라비아가 불참하고 52개 국가의 대표가 시카고에서 1944년 11월 1일부터 12월 7일까지 회의를 개최하고 국제민간항공협약(시카고조약)을 제정하였다. 이 조약은 12월 7일 체결되었으며, 26개 국가가 비준 시 발효키로 하여 1947년 4월 4일 발효되었다.

2024년 11월 기준으로 체약국은 193개 국가이며(ICAO 홈페이지), 한국은 1952년 12월 11일, 북한은 1977년 8월 16일에 가입하였다.

다. Chicago회의 결과

시카고 회의의 의제중의 하나가 '하늘의 자유'를 확립하고, 그 범위를 설정하는 것이었다. 그러나 하늘의 완전한 자유를 주장하는 미국과 제한된 자유만을 주장하는 유럽국가들 간의 대립이 심해 국제민간항공협약에서는 부정기항공에 대한 자유만을 일정한 조건하에서 인정하였을 뿐 정기국제항공에 대해서는 체약국의 개별적인 허가 없이는 그 영역으로 취항하는 것은 물론 영공통과의 권리도 인정하지 않았다. 대신에 국제민간항공협약과는 별도로 국제항공업무통과협정과 국제항공운송협정의 두 개의 조약이 성립되었다.

라. 국제민간항공협약의 구성

국제민간항공협약은 전문, 본문, 말문으로 구성되어 있으며 본문은 제1부 항공, 제2부 국제민간항공기구, 제3부 국제항공운송, 제4부 최종규정으로 구성된다. 본 협약의 전문에 명시된 조약의 목적은 국제민간항공이 안전하게 그리고 질서정연하게 발달할 수 있도록, 또한 국제항공운송업무가 기회균등주의를 기초로 확립되고 건전한 발달과 경제적 운영이 될 수 있도록 하기 위하여 체약국이 일정한 원칙과 규제에 대하여 합의함에 있다(<표 2-1> 참조).

마. 당시 체결된 협정들

1) 잠정협정체결(The Interim Agreement on Civil Aviation Organization)

잠정협정체결(The Interim Agreement on Civil Aviation Organization)은 국제민간항공협약에 의한 국제민간항공기구를 구성하기 위한 임시기구(Provisional International Civil Aviation Organization)의 설치운영을 위하여 체결된 협약으로 1944년 6월 6일 발효되어 1947년 4월 4일까지 효력을 발생하였다.

2) 국제항공업무통과협정

국제항공업무통과협정(International Air Service Transit Agreement)은 영공통과와 기술착륙을 보장하는 2개의 자유(two Freedoms Agreement)를 인정하기 위한 협약이나 중국, 소련 등 사회주의국가들은 대부분 동의하지 않고 양국가간 협정으로 처리하였다. 이 협약은 1945년 1월 30일부터 발효되었으며 한국은 1960년 6월 22일에 동의하였다. 이에 따라 이 협약 체약국들은 다른 체약국에 2개의 자유를 허용토록 되었다.

〈표 2-1〉 국제민간항공협약의 구성

구성	내 용
전 문	국제민간항공의 장래의 발달은 세계의 각국과 각 국민 간에 있어 우호와 이해를 창조하고 또한 유지하는 것을 조장할 수 있으나, 국제민간항공의 남용은 일반적 안전에 대한 위협이 될 수 있으므로, 각국과 각 국민 간에 있어 마찰을 피하고, 또한 세계 평화의 기초인 각국 및 각 국민 간의 협력을 촉진하는 것을 희망하므로, 다음의 정부는 국제민간항공이 안전하고 정연하게 발달을 하도록, 그리고 국제항공운송업무가 기회균등주의를 기초로 하여 확립되어 건전하고 경제적으로 운영되도록 일정한 원칙과 협약에 합의하고, 그 목적을 위해 본 협약을 체결하였다.
제 1 부 항 공	• 제1장 일반원칙 및 협약의 적용 • 제2장 체약국 영역의 상공의 비행 • 제3장 항공기의 국적 • 제4장 항공을 용이하게 하는 조치 • 제5장 항공기에 비치하여야 할 요건 • 제6장 국제표준과 권고되는 방식
제 2 부 국제민간 항공기구	• 제7장 기구 • 제8장 총회 • 제9장 이사회 • 제10장 항공위원 • 제11장 직원 • 제12장 재정 • 제13장 기타 국제협정
제 3 부 국제항공 수송	• 제14장 정보와 보고 • 제15장 항공과 기타의 항공보안 • 제16장 공동운영조직과 공동계산업무
제 4 부 최종규정	• 제17장 타 항공협정과 항공협약 • 제18장 분쟁과 위약 • 제19장 전쟁 • 제20장 부속서 • 제21장 비준, 가입, 개정과 폐기 • 제22장 정의
조약의 서명	–

3) 국제항공운송협정

국제항공운송협정(International Air Transport Agreement)은 5개의 자유(Five Freedoms Agreement : 영공통과, 기술착륙, 제3, 제4, 제5의 자유)를 인정하기 위한 협약이나 현재까지 미 발효된 상태이다.

4) 2국간 항공협정의 표준양식

2국간 항공협정의 표준양식(The standard form of agreement for the provisional air routes)은 국제민간항공협약에서 2국간에 항공협정을 체결 할 때에 사용하도록 체약국가에 권고한 표준양식이다. 이 양식에는 항공노선과 운수권의 내용, 항공사의 지정, 공항의 사용요금, 항공연료 등의 면세, 항공기 감항증명서 등의 상호인정, 항공기와 여객의 출입국 규제, 체약국간 협정의 국제민간항공기구(ICAO) 등록, 항공사의 상대국의 법률준수, 협정의 개정 및 폐기에 관한 규정 등을 표준화하고 있다. 그러나 1946년 2월 11일에 운임과 수송력 등이 추가된 영국과 미국의 양국 간 항공협정으로 체결한 버뮤다 항공협정이 양국의 권익보호에 좋은 표본이 되고 있어 국제민간항공기구 표준양식은 거의 사용되고 있지 않다.

2. 국제민간항공기구(ICAO)

가. ICAO의 설립

국제민간항공기구(International Civil Aviation Organization : ICAO)는 1944년 12월에 시카고회의에서 체결된 국제민간항공협약을 근거로 설립된 국제기구 이며 현재는 국제연합의 산하기관의 하나이다. 시카고 조약의 제2부에 ICAO의 설립 및 운영에 관하여 규정하고 있으며 ICAO의 가입과 탈퇴는 모두 시카고 조약의 가입 및 탈퇴를 전제로 이루어지는 등 시카고 조약과는 불가분의 관계에 있다.

시카고 회의에서 ICAO의 성격에 대하여 국제항공을 관리·감독하는 강력한 관리기준으로 해야 한다는 영국의 주장과 하늘의 자유를 기본으로 국제항공의 질서유지 및 발전을 목적으로 정보의 교환, 기술적 협력의 촉진을 위한 기관으로 해야 한다는 미국의 주장이 대립하였으나 결국 미국의 주장이 대폭 반영되었다. 그 결과, ICAO는 국제항공의 안전 및 건전한 발전을 목적으로 한 각국 정부의 국제협력기관으로 설립되었으며 2024년 11월 현재 193개국이 가입하였고, 우리나라도 1953년 12월 11일에 가입하였다.

나. ICAO의 목적

ICAO의 설립 목적은 시카고 조약의 기본 원칙인 기회균등을 기반으로 하여 국제민간항공의 발달 및 안전의 도모, 능률적이며 경제적인 항공운송의 실현, 항공기술의 증진, 체약국의 권리존중, 국제항공기업의 기회균등 보장 등을 목적으로 하고 있다. 시카고 조약 제44조에 명시된 국제항공에 있어서의 ICAO의 수행임무를 보면 다음과 같다.

1) 국제민간항공의 안전 및 건전한 발전의 확보
2) 평화적 목적을 위한 항공기의 설계 및 운항기술의 장려
3) 국제민간항공을 위한 항공로, 공항 및 항해안전시설의 발달의 장려
4) 안전, 정확, 능률, 경제적인 항공수송에 대한 제 국가 간의 요구에 대응
5) 불합리적인 경쟁으로 인한 경제적 낭비의 방지
6) 체약국 권리의 반영 및 국제항공에 대한 공정한 기회부여와 보장
7) 체약국의 차별 대우의 지양
8) 국제항공의 비행안전의 증진도모
9) 국제민간항공의 모든 부문에서의 발달의 촉진

다. ICAO의 조직

ICAO는 총회, 상설집행기관인 이사회, 이사회의 보조기관인 상설항공위원회, 항공운송위원회, 법률위원회, 공동유지위원회, 재정위원회, 지역항공회의, 본부 사무국 및 지역사무소의 각 기관으로 구성되어 있으며 본부를 캐나다의 몬트리올에 두고 있다.

1) 총회(Assembly)

총회는 ICAO의 최고 의결기관이며 주 임무는 총회의 의장 및 기타 임원의 선출, 이사국의 선출, 이사회의 보고서 심사, 연차예산의 표결, 이사회에의 권한 위임, 시카고 조약의 개정 심의 및 체약국에의 권고 등의 업무를 수행한다. 총회는 모든 체약국의 대표자들로 구성되어 매 3년마다 개최되며 필요시 특별총회를 개최한다.

2) 이사회(Council)

이사회는 총회에 대하여 책임을 지는 상설기관으로서 ICAO의 임무 수행 상 가장 중요한 조직이다. 이사회는 3년마다 총회가 선출한 36개국으로 구성된다. 이사회의 임무는 의무적 임무와 임의적 임무로 나뉜다. 의무적 임무는 연차보고의 총회제출, 총회 및 조약으로 부과된 임무상의 임명, 조약위반의 보고, 국제 표준 및 권고방식의 채택, 부속서의 개정 및 심의, 체약국이 의뢰한 제 문제의 심의 등이며, 임의적 임무는 지역 항공운송위원회의 창설, 항공운송 및 항공기술에 관한 조사 등이다.

3) 항행위원회(Air Navigation Commission)

항행위원회는 항공기술면의 이론 실제에 대한 적당한 자격 및 경험이 있는 자로서 이사회가 임명한 19인의 위원으로 구성된다. 위원회의 임무는 조약부속서의 수정을 심의하

고 그 채택을 이사회에 권고하는 것과 국제항공운송의 발달에 필요한 정보의 수집 및 체약국에 통지 할 내용을 이사회에 조언하는 것이다.

4) 항공운송위원회(Air Transport Committee)

이사국의 대표자 중에서 이사회가 선출한 위원으로 구성되며 주로 항공수송의 경제면 및 통계면을 담당한다.

5) 법률위원회(Legal Committee)

국제항공수송의 법률측면을 담당하는 위원회이며 각 체약국의 법률전문가로 구성된다. 조약초안의 심의, 법률문제에 대한 이사회에의 조언, 항공에 대한 국제법상의 문제에 대한 국가기관과의 협력이 주된 임무이다.

라. ICAO의 사업

ICAO는 1947년에 설립된 이래 국제민간항공의 안전 및 건전한 발전을 도모하기 위하여 항공기에 관한 기술적 기준(항공기, 항공종사자, 항공로, 비행장, 항공교통관제 등에 관한 안전측면에서의 세계적인 기준)을 확립하였으며, 국제민간항공법의 통일 및 법제화(항공운송인의 책임에 대한 바르샤바조약, 헤이그 의정서, 제3자의 손해책임에 대한 로마조약, 하이재킹 방지에 관한 조약 등)하였고, 국제민간항공의 경제문제, 즉 운임의 설정문제, 부정기항공의 문제, 운임수준의 문제, 수송규제의 문제까지 취급하고 있다.

3. 협약 부속서(Annex) 및 기술지침(Document)

가. 부속서의 특성

국제민간항공기구는 국제적으로 통일된 기준을 각 국가의 민간항공에 적용하고자 국제민간항공협약의 기본정신과 시카고 조약 제37조(국제표준 및 절차의 채택)에 의거 현재 19종의 부속서(annex)를 제정하고 이를 수시로 개정함으로써 모든 체약국이 각각의 부속서에서 정한 기준을 따르도록 의무화하고 있다.

부속서의 내용은 적용상의 강제성에 따라 국제표준 및 권고사항(SARPs)과 선택 사항으로 구성되어 있다. 국제표준(standards)은 모든 체약국이 의무적으로 적용해야 하는 사항으로 "shall"로 표시되며 "해야 한다"로 번역되고, 권고사항(recommended practices)은 자국에 적용하는 다른 대안이 있는 경우를 제외하고는 가능한 따르도록 권고되는 사항으로

"should"로 표시되며 "가능한 해야 한다"로 번역된다. 선택사항(option)은 체약국이 임의로 선택 여부를 결정 할 수 있는 사항으로 "may"로 표시되며 "선택할 수 있다"로 번역된다.

각각의 부속서는 부속서 마다 사용을 위한 언어가 지정되어 있으며, 체약국들은 지정된 언어 중에 1개 언어와 자국어를 사용하여 간행물을 발간하거나 업무 수행 시에 사용하여야 한다.

나. 부속서의 종류

각각의 부속서는 다음과 같으며 항공교통관리(Air Traffic Management)에 가장 중심이 되는 부속서는 부속서 11(항공교통업무)이나 다른 부속서들도 모두 관련이 있다.

- 부속서 1. 항공종사자의 면허 (Personnel Licensing)
- 부속서 2. 항공교통규칙 (Rules of the Air)
- 부속서 3. 국제항공항행용 기상업무
(Meteorological Service for International Air Navigation)
- 부속서 4. 항공도 (Aeronautical Charts)
- 부속서 5. 공중 및 지상업무에 사용하기 위한 측정단위
(Units of Measurement to be used Air and Ground Operation)
- 부속서 6. 항공기의 운항
Volume Ⅰ(Operation of Aircraft)
– International Commercial Air Transport – Aeroplanes
Volume Ⅱ(Operation of Aircraft)
– International General Aviation – Aeroplanes
Volume Ⅲ(Operation of Aircraft)
– International Operation – Helicopter
- 부속서 7. 항공기의 국적 및 등록 기호
(Aircraft Nationality & Registration Marks)
- 부속서 8. 항공기의 감항성 (Airworthiness of Aircraft)
- 부속서 9. 출입국 간소화 (Facilitation)
- 부속서 10. 항공통신 (Aeronautical Telecommunication)
Volume Ⅰ. Radio Navigation Aids
Volume Ⅱ. Communication Procedure including those with PANS status
Volume Ⅲ. Part 1 – Digital Data Communication Systems
Part 2 – Voice Communication Systems
Volume Ⅳ. Surveillance and Collision Avoidance Systems
Volume Ⅴ. Aeronautical Radio Frequency Spectrum Utilization

- 부속서 11. 항공교통업무 (Air Traffic Service)
- 부속서 12. 수색 및 구조 (Search and Rescue)
- 부속서 13. 항공기 사고조사 (Aircraft Accident And incident Investigation)
- 부속서 14. 비행장 (Aerodromes)
  Volume Ⅰ. Aerodrome Design and Operation
  Volume Ⅱ. Heliports
- 부속서 15. 항공정보업무 (Aeronautical Information Services)
- 부속서 16. 환경보호 (Environmental Protection)
  Volume Ⅰ. Aircraft Noise
  Volume Ⅱ. Aircraft Engine Emissions
- 부속서 17. 항공보안 (Security)
- 부속서 18. 위험물 항공안전수송
  (The Safe Transport of Dangerous Goods by Air)
- 부속서 19. 항공안전 관리 (Safety Management)

다. 기술지침(Document)

1) 기술지침의 개념

기술지침(document)은 부속서에서 제시한 사항(표준, 권고, 선택사항)을 구체적으로 적용하기 위하여 만들어진 세부 규정들을 동일한 범주별로 편집한 규정집으로서 적용 기준, 적용범위, 적용방법, 적용절차 등이 구체적으로 명시되어 있다. 이런 기술지침들은 각각의 부속서 마다 1개 또는 다수의 기술지침을 가지고 있으며 수시로 신설, 수정 또는 폐기되므로 정확한 숫자는 일정하지 않으나 19개 부속서에 관련되어 약 240여개의 기술지침이 있다. 기술지침은 관리나 식별을 용이하게 하기 위하여 "Doc 4444 Air Traffic Management"와 같이 고유의 관리번호가 부여되어 있다.

2) 항공교통관리 분야 기술지침

모든 부속서가 항공교통관리에 관련되어 있어 이에 관련된 모든 기술지침들이 관련이 있으나 항공교통관리의 핵심 부속서가 부속서 11이므로 이와 관련된 기술지침은 다음과 같다.

〈표 2-2〉 부속서 11과 관련된 편람

부속서	편 람	비고
부속서 11 항공교통업무	• Air Traffic Management (Doc 4444) • Air Traffic Services Planning Manual (Doc 9426) • Aircraft Operation (Doc 8168-OPS/611) • Global Air Navigation Plan for CNS/ATM Systems (Doc 9750) • IAMSAR Manual: International Aeronautical and Maritime Search and Rescue Manual (Doc 9731) • Manual Concerning Interception of Civil Aircraft (Doc 9433) • Manual Concerning Safety Measures Relating to Military Activities Potentially Hazardous to Civil Aircraft Operations (Doc 9554) • Manual on Air Traffic Services Data Link Applications (Doc 9694) • Manual on Airspace Planning Methodology for the Determination of Separation Minima (Doc 9689) • Manual on Implementation of a 300 m(1 000 ft) Vertical Separation Minimum Between FL290 and FL410 Inclusive (Doc 9574) • Manual on Required Navigation Performance(RNP) (Doc 9613) • Performance-Based Navigation(PBN) Manual(Doc 9613 AN/937) • Regional Supplementary Procedures(SUPPs)(Doc 7030) • Technical Provisions for Mode Services and Extended Squitter(Doc 9871) • Advanced Surface Movement Guidance and Control Systems(A-SMGCS)(Doc 9830)	

라. 항행절차(Procedures for Air Navigation Services: PANS)

항행절차는 국제표준 및 권고사항(SARPs)에서 정한 기준에 대해 상세한 설명과 추가적인 네용을 제공한다는 점에서 매뉴얼(Document)와 유사하지만, 모든 체약국에 공통으로 적용되는 통일된 항행에 관한 절차라는 점에서는 매뉴얼과 차이가 있다. 이러한 항행절차는 매뉴얼과 같이 개별 관리번호와 함께 고유의 명칭이 부여되는데 현재까지 ICAO는 6개의 항행절차를 제정하여 배포하였다.

- Doc 4444 PANS Air Traffic Management(PANS ATM)
- Doc 8168 PANS Aircraft Operations(PANS-OPS)
- Doc 8400 PANS Abbreviations and Codes(PANS-ABC)
- Doc 9868 PANS Training
- Doc 9981 PANS Aerodrome
- Doc 10066 PANS Aeronautical Information Management(PANS-AIM)

마. 보충판(Regional Supplementary Procedures: SUPPs)과 회람(Circular)

그 외에 부속서(Annex), 매뉴얼(Document) 및 항행절차(PANS)와 달리 모든 체약국에 대해 적용되지 않으나, 권역(Region)에 속한 국가가 따르고 준수해야 하는 기준과 절차를 담고 있는 보충판(SUPPs)이 있다. 이 보충판은 본질적으로 항행절차와 유사하나, 권역 내에 속한 국가에 한정한다는 특징이 있다.

회람(Circular)은 앞에서 설명한 다른 기준 또는 절차와 달리, 어떠한 의무나 강제성을 내포하지 않으며 체약국이 관심을 가질 수 있는 특별한 정보와 지침을 제공하는 것으로 형식과 내용은 매뉴얼과 유사하지만, 매뉴얼과 달리 업데이트가 되지 않는 특징이 있다.

4. 국내 항공법규

가. 항공법규의 의의

항공법규란 항공에 관한 법률들로서 항공기의 비행뿐만 아니라 그 전제로서의 지상의 주행 및 이러한 준비, 항공기의 운항에 의하여 지상에 미치는 영향, 항공기 이용 등을 모두 포함하는 개념이다. 따라서 항공기라고 하는 물리적 시설 및 항공기가 비행하는데 필요한 시설의 건설, 유지 및 운영과 이러한 운영을 위한 조직, 비행의 방법, 항공에 관한 각종 사업의 성립 및 운영, 이러한 사업이 제공하는 업무의 이용 등 상당이 광범위하다. 따라서 항공법규의 의의를 사법과 공법분야의 법규를 모두 포함하여 항공에 관한 법규의 의미로 이해 할 수 있다.

나. 항공법규의 특성

항공법규는 항공에 관한 법규이므로 항공의 특성에 따라 다음과 같은 특수한 성질을 갖는다.

첫째, 항공에 물리적·기술적인 성질에 의한 특성이다. 즉 항공은 항공기라고 하는 특수한 기기에 의하여 공중이라고 하는 특별한 구역을 항행하는 것이기 때문에 그와 같은 항행을 위하여 고도의 기술의 집적을 필요로 하고 또한 어느 정도의 위험이 따르는 것이 불가피하다. 그리하여 항공기내 및 지상의 사람이나 물건의 안전을 도모하기 위해서 항공기, 지상의 시설, 항공기의 운항에 종사하는 자와 비행방법 등에 관하여 특별한 공법적 규제가 필요하다.

둘째, 항공법규의 특성은 항공사업이 제공하는 급부(給付)의 사회적·경제적인 성질에 의한 것이다. 항공사업 중에도 항공운송사업이 제공하는 운송의 업무는 일반국민의 생활에 많은 편리를 제공하는 급부를 확보하기 위해서, 사업을 유지하고 발전시키기 위해서 규제를 가하고 있다.

셋째, 항공법규는 항공기의 활동이 공중을 무대로 하므로 특별한 성질을 갖는다. 즉 항공기는 육지를 활동무대로 하는 철도나 자동차와 달라서 육지와의 접촉을 떠나 공중을 항행한다. 이 점은 해상에서의 선박과 동일한 성질을 갖는다. 선박은 육지를 떠나 장시간 해상을 항행하기 위해서 선장의 권한 등에 관하여 공법상으로나 사법상으로도 독특한 법규제가 마련되고 있다. 항공기도 육지를 떠나 항행하는 것인 만큼 그 안전성을 확보하기 위해서는 위험공동체의 통솔자로서의 기장의 지휘권 등에 관하여 선장과 동일한 규제를 필요로 한다. 또한 항행 중의 항공기는 하나의 생활공동체를 형성하고 있기 때문에 그 질서유지를 위해서 육상과 다른 규제를 필요로 한다.

넷째, 항공법규는 국제적 성질을 가지고 있다. 즉 항공기는 속도가 빠르고 항속거리가 멀기 때문에 국가의 영역을 넘어 비행하는 일이 빈번하다. 그리하여 자국의 항공기가 타국에 비행하거나 타국의 항공기가 자국에 비행하는 일이 많게 되는데 이 결과 항공기의 항행이나 항공사업에 관해서 복잡한 국제적인 관계를 발생하게 된다. 따라서 법의 분야에서도 공법과 사법의 양 법면에 걸쳐 광범한 관계를 성립시킨다. 이러한 법률관계에 있어서 한편으로는 국제적인 항공교통의 발달을 배려하고 다른 한편으로는 자국의 경제적·정치적인 권익 등을 보호할 필요가 있다. 그리하여 항공에 관하여 국제법이 발달하고 국내법에 있어서도 국제법에 의하여 큰 영향을 받게 된다.

다섯째, 항공기는 그 성질상 국가의 방위 및 국가의 권위와 상당히 큰 관계가 있다. 즉 항공기는 공중을 비행하는 것이기 때문에 국가는 자국의 방위라고 하는 견지에서 항공에 강한 관심을 표명하게 되고 항공법규에 있어서도 이와 같은 견지에 입각한 규제가 실시되고 있다.

여섯째, 항공법규는 그 대상인 항공기의 발전이 상당히 눈부심에 따라 그 규제분야가 급속히 확대되고 변화되고 있다. 즉 신형 항공기의 개발, 지상시설의 발전 등에 의하여 새로운 규제를 가할 필요성과 항공기의 소음문제 등 타의 법률상의 이익과의 충돌을 조정할 필요가 많게 되었다.

다. 국내항공법규

현재 국내에서 적용되는 항공법규에는 다음과 같은 법규들이 있으며 이러한 법규들은 제정된 이후에 환경의 변화에 따라 많은 개정을 거쳐 오늘에 이르렀으며 유사법과 통합되거나 폐기된 법규들도 있다.

- 항공안전법(법률 제20396호, 2024. 3. 19)
- 항공안전법 시행령(대통령령 제34896호, 2024. 9. 19)

- 항공안전법 시행규칙(국토교통부령 제1389호, 2024. 9. 20)
- 항공사업법(법률 제19688호, 2023. 8. 16)
- 항공사업법 시행령(대통령령 제34554호, 2024. 6. 4)
- 항공사업법 시행규칙(국토교통부령 제1342호, 2024. 6. 4)
- 공항시설법(법률 제20291호, 2024. 2. 13)
- 공항시설법 시행령(대통령령 제34896호, 2024. 8. 13)
- 공항시설법 시행규칙(국토교통부령 제1381호, 2024. 8. 14)
- 공항시설관리권 등록령(대통령령 제31380호, 2021. 1. 5)
- 공항시설관리권 등록령 시행규칙(국토교통부령 제1호, 2013. 3. 23)
- 항공정보 및 항공지도 등에 관한 업무기준(국토교통부고시 제2021-1190호, 2021. 10. 27)
- 한국공항공사법(법률 제20299호, 2024. 2. 13)
- 한국공항공사법 시행령(대통령령 제28103호, 2017. 6. 13)
- 공항에서의 귀빈예우에 관한 규칙(국토교통부령 제414호, 2017. 3. 30)
- 항공보안법(법률 제18354호, 2021. 7. 27)
- 항공보안법 시행령(대통령령 제34510호, 2024. 5. 14)
- 항공보안법 시행규칙(국토교통부령 제1386호, 2024. 9. 3)
- 항공기 등록령(대통령령 제31260호, 2020. 12. 10)
- 항공기등록규칙(국토교통부령 제1359호, 2024. 7. 10)
- 인천국제공항공사법(법률 제20297호, 2024. 2. 13)
- 인천국제공항공사법 시행령(대통령령 제28103호, 2017. 6. 13)

라. 항공안전법

우리나라의 항공에 관한 법규 중에 가장 중심이 되는 법규는 항공안전법이다. 항공안전법의 모태가 되는 항공법은 1961년 3월 7일 법률 제591호로 제정되었으며 법률을 보완하기 위한 시행령과 시행규칙을 두고 있으며, 우리나라 항공의 발전과 더불어 많은 개정을 거쳐 오늘에 이르고 있다.

1) 목적

항공안전법은 「국제민간항공협약」 및 같은 협약의 부속서에서 채택된 표준과 권고되는 방식에 따라 항공기, 경량항공기 또는 초경량비행장치가 안전하게 항행하기 위한 방법을 정함으로써 생명과 재산을 보호하고, 항공기술 발전에 이바지함을 목적으로 하는 법률이다.

2) 항공안전법의 내용

우리나라 항공안전법은 총칙, 항공기 등록, 항공기기술기준 및 형식증명 등, 항공종사자, 항공기의 운항, 항공교통관리 등, 항공운송사업자 등에 대한 안전관리, 외국항공기, 경량항공기, 초경량비행장치, 보칙, 벌칙 등 12장으로 구성되어 있다. 이러한 항공안전법의 내용을 살펴보면 다음과 같다.

첫째, 항공은 항공기의 공중에서의 항행이기 때문에 그 활동무대인 공역에 관하여 법률적인 의미를 부여하고 있다.

둘째, 항공은 항공기의 항행이기 때문에 항공기 그 자체에 관한 법률적 제 문제를 규정하고 있다. 즉 항공기의 국제법 및 국내법상의 법적 지위와 물적 시설인 항공기의 구조 및 성능에 관한 규제, 항공기의 정비에 관한 규제 등을 포함하고 있다. 이러한 문제에 대하여 우리나라 항공안전법에서는 제2장과 제3장에서 규정하고 있다.

셋째, 항공종사자 등에 관한 규제이다. 항공기의 항행을 위해서는 항공업무에 종사하는 사람의 자격이나 조직 등에 관한 규제가 우리나라 항공안전법 제4장에서 행하여지고 있다.

넷째, 항공기의 운항에 관한 규제이다. 즉 항공기는 공중을 항행한다고 하는 특수한 성질을 가지고 있기 때문에 그 항행조건이나 방법 등은 국가나 사회의 이해와 밀접한 관계가 있다. 따라서 국가는 그 항행방법 및 사용공역 그리고 항공교통업무 등에 관하여 상세한 규제를 행하고 있는데 우리나라 항공안전법에서는 제5장과 제6장에서 규정하고 있다.

다섯째, 항공사업 면허, 허가, 또는 인가를 받거나 국토교통부장관에게 등록 또는 신고하여 운영되는 항공운송사업 등에 대한 안전관리, 국토교통부장관의 허가를 받은 외국항공기에 대한 규제가 각각 제7장과 제8장에서 규정되어 있다. 또한 제2~6장까지의 항공기에 적용된 제반 규제사항들을 경량항공기, 초경량비행장치에 맞추어 적용한 것이 제9장과 제10장의 내용이다.

마지막으로, 항공기의 수수료의 납부에 관한 규정과 국토교통부장관이 필요에 따라 보고의 요청 및 검사를 할 수 있는 권한을 제11장에서 보칙으로 설정하고 있고. 항공법규의 실효성을 확보하기 위해 각종의 형사 및 행정벌칙을 제12장 벌칙에서 규정하고 있다.

또한 이상과 같은 내용의 제반 규정 이외에도 현대항공의 발달에 실제로 부응하기 위한 입법조치로서 여러 가지 규정을 두고 있다.

마. 항공사업법

항공사업법은 기존 항공법의 제6장(항공운송사업 등), 제7장(항공기취급업 등), 제8장(외국항공기)의 내용과 「항공운송사업법진흥법」을 통합한 법률이다.

1) 목적

이 법은 항공정책의 수립 및 항공사업에 관하여 필요한 사항을 정하여 대한민국 항공사업의 체계적인 성장과 경쟁력 강화 기반을 마련하는 한편, 항공사업의 질서유지 및 건전한 발전을 도모하고 이용자의 편의를 향상시켜 국민경제의 발전과 공공복리의 증진에 이바지함을 목적으로 하는 법률이다.

2) 항공사업법의 내용

우리나라 항공사업법은 총칙, 항공운송사업, 항공기사용사업 등, 외국인 국제항공운송사업, 항공교통이용자 보호, 항공사업의 진흥, 항공산업발전조합, 보칙, 벌칙 등으로 8장으로 구성되어 있다. 이러한 항공사업법의 내용을 살펴보면 다음과 같다.

첫째, 항공사업에 관하여 우리나라 항공사업법 제2장에서 규정하고 있다. 즉 항공기의 항행은 항공운송사업 등 사업으로서 운영되는 경우가 많다. 그러므로 이러한 사업을 행하는 자의 활동에 착안하여 그 활동의 형태, 사업의 개시, 수행 등에 관한 규제를 하는 것이 필요하다. 특히 항공운송사업은 그 제공하는 급부가 일반국민의 생활에 밀접한 관계를 가지고 있기 때문에 국가는 사업에 관하여 특별한 감독을 행함과 동시에 이러한 사업을 육성하고 보호하게 되는 것이다.

둘째, 항공기사용사업 등에 대한 규제는 항공사업법 제3장에서 규정하고 있다. 이 장에서는 항공기사용사업 뿐만 아니라, 항공기취급업, 항공기대여업, 초경량비행장치사업, 항공레저스포츠사업, 상업서류송달업, 항공운송총대리점업, 도심공항터미널업에 대해 규제하고 있다. 특히 최근 드론 사업이 대두되고 있는 만큼 생명과 재산의 안전을 보장하면서도 관련 산업을 촉진시킬 수 있는 추가적인 법규정 마련도 필요할 것으로 판단된다.

셋째, 외국인 국제항공운송사업에 관하여 우리나라 항공사업법 제4장에서 규정하고 있다. 이것은 규제의 성질상 항공기, 항공기의 운항, 항공에 관한 사업 등에 규제의 내용에 포함시킬 수 있겠으나, 법령은 외국의 항공기 혹은 외국인이 행하는 사업에 관해서는 특별한 규제를 행하고 있다.

바. 공항시설법

공항시설법은 기존 항공법의 제5장(항공시설)에 관한 내용과 「수도권신공항건설촉진법」을 통합한 법률이다.

1) 목적

이 법은 공항·비행장 및 항행안전시설의 설치 및 운영 등에 관한 사항을 정함으로써 항공산업의 발전과 공공복리의 증진에 이바지함을 목적으로 하는 법률이다.

2) 공항시설법의 내용

우리나라 공항시설법은 총칙, 공항 및 비행장의 개발, 공항 및 비행장의 관리·운영, 항행안전시설, 보칙, 벌칙, 범칙행위에 관한 처리의 특례 등으로 7장으로 구성되어 있다. 공항시설법의 내용을 간단히 살펴보면 다음과 같다.

공항시설법은 비행장, 항행안전시설 등에 관한 규제이다. 항공기가 공중을 항행하기 위해서는 그 발착시설인 비행장, 항공기의 항행을 지원하는 항행안전시설 등 항공기 이외의 시설을 필요로 한다. 이러한 시설의 설치, 관리 및 운영을 규제하는 분야가 공항시설법이다.

공항시설법 제2장 공항 및 비행장의 개발에 관한 규정에서는 공항개발사업을 체계적이고 효율적으로 추진하기 위하여 매 5년마다 수립되어야 하는 공항개발 종합계획을 포함하여 공항 및 비행장시설의 설치기준 등을 명시하고 있다. 또한 제3장에서는 장애물의 제한, 항공학적 검토 및 공항운영증명에 관한 사항을 규정하고 있으며, 제4장에서는 항행안전시설의 설치, 검사, 관리 및 항공통신업무 등에 관하여 규정하고 있다.

제 3 장 공항의 구조와 운영

제1절 공항의 개념과 구비요건

1. 공항의 개념

비행장이라 함은 공항시설법 제2조제2호에 의거하여 “항공기·경량항공기·초경량비행장치의 이륙[이수(離水)를 포함]과 착륙[착수(着水)를 포함]을 위하여 사용되는 육지 또는 수면(水面)의 일정한 구역”을 말한다. 또한 공항시설법 제2조제3호에서는 ”공항시설을 갖춘 공공용 비행장으로서 국토교통부장관이 그 명칭·위치 및 구역을 지정·고시한 것“을 공항이라 하고, 공항시설법 제2조제7호와 시행령 제3조(공항시설의 구분)에서는 공항시설을 기본시설과 지원시설 등으로 구분하여 지정하고 있다.

〈그림 3-1〉 항공기 이착륙시설을 갖춘 비행장 사례

국제민간항공협약 제68조(항공로 및 공항의 지정/Designation of routes and airport)에서는 “각 체약국은 본 조약의 규정에 따를 것을 조건으로 하고 국제항공업무가 그 영역 내에서 사용할 항공로와 공항을 지정 할 수 있다(Each contracting state may, subject to the provisions of this convention, designate the route to be followed within its territory by any international air service and the airports which any such service may use)”고 규정하

고 있으며, 국제민간항공협약 부속서 14(비행장)의 정의에 의하면, 비행장이란 "항공기의 도착, 출발 및 이동을 위해서 전부 또는 일부를 사용할 목적으로 지상 또는 수상의 한정된 구역(건물, 시설 및 설비를 포함)(A defined area on land or water(including any buildings installations and equipment) intended to be used either wholly or in part for the arrival, departure and surface movement of aircraft)"이라고 정의하고 있다.

2. 공항의 구비요건

공항이란 항공기가 이착륙하고 승객을 탑승시키거나 하기 시키는 장소이며, 이러한 장소에는 공항에 필요한 각종 시설과 장비는 물론 공항주변의 공역도 비행하는데 지장이 없어야 한다. 따라서 비행장이란 단순히 항공기의 이착륙을 행하는 장소로 이해하여야 할 것이다. 이런 면에서 볼 때 항공교통분야에서 항공기가 이용하는 장소로서의 공항과 시설은 매우 중요한 요소로서, 항공기가 이착륙하는데 필요한 기본시설이 있어야 하며, 항공기가 이착륙하는데 필요한 공역이 기준에 맞아야 하고, 항공기를 이용하는 승객과 화물이 공항에 접근하는데 필요한 접근로가 있어야 한다.

가. 기본시설

- 활주로, 유도로, 착륙대 및 주기장과 각종 항행안전시설
- 항공기를 관제하고 이동을 통제하는 항공교통관제시설과 소방시설
- 승객이 이용하는데 필요한 청사와 부대시설
- 항공기를 정비하고 관리하는 시설, 즉 격납고, 주유 시설 등

나. 항공기가 이착륙하는데 필요한 공역

- 공항접근 항공로
- 항공기의 입·출항 시 장애물이 없는 공역상의 진입구역
- 비행장 주변상공에서 선회 및 체공 시에 필요한 수평표면, 전이표면, 원추표면
- 비행장 인근 주변 장애물이 없어야 함

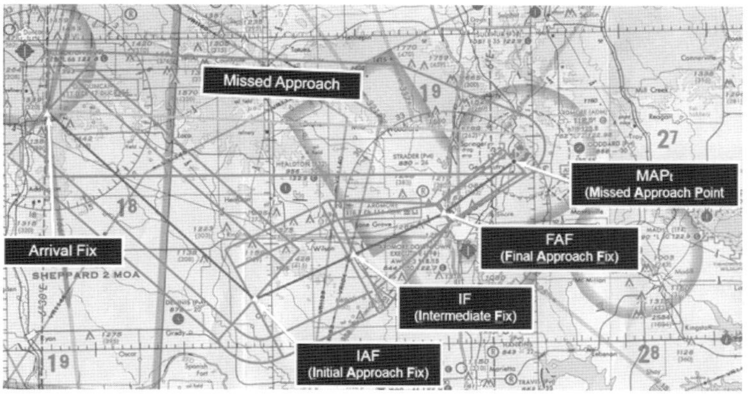

〈그림 3-2〉 장애물 평가를 위한 도면

다. 공항 접근로와 시설

- 지상의 육상교통기관(버스, 택시, 전철 등)이 연결
- 화물의 보관, 검색, 탑재 및 적하를 용이하게 하는 장비
- 검색기관요원의 상주
- 이용객의 편의를 위한 각종 부대시설로서, 은행, 의무실, 우체국, 식당 등 휴게시설과 매점, 서점, 안내시설

〈그림 3-3〉 인천국제공항 접근도로망

3. 공항의 구분

가. 용도에 따른 구분

- 공공용 비행장은 일반에게 개방된 비행장
- 사설 비행장은 타인에게 개방하지 않은 개인용 비행장(제동정석비행장, 한서대 태안비행장, 울릉도 헬기장 등)

나. 입지에 따른 구분

- 육상비행장
- 육상헬기장
- 수상비행장
- 수상헬기장
- 옥상헬기장(船上헬기장을 포함)
- 해상구조물헬기장

다. 시설규모에 따른 구분

시설규모에 따른 구분으로는 공항시설법 시행규칙 제2조(활주로의 크기)에서 정한 비행장의 착륙대등급 (별표 1) 에 따른 기준을 말한다.

〈표 3-1〉 별표 1 비행장의 종류

비행장의 종류	착륙대의 등급	활주로 또는 착륙대의 길이
육상비행장	A	2,550미터이상
	B	2,150미터이상 2,550미터미만
	C	1,800미터이상 2,150미터미만
	D	1,500미터이상 1,800미터미만
	E	1,280미터이상 1,500미터미만
	F	1,080미터이상 1,280미터미만
	G	900미터이상 1,080미터미만
	H	500미터이상 900미터미만
	J	100미터이상 500미터미만
수상비행장	4	1,500미터이상
	3	1,200미터이상 1,500미터미만
	2	800미터이상 1,200미터미만
	1	800미터미만

* 비고 : 활주로 또는 착륙대의 길이를 적용할 때 육상비행장의 경우에는 활주로의 길이를, 수상비행장의 경우에는 착륙대의 길이를 기준으로 한다.

4. 공항시설과 장비의 설치기준

공항시설법 제2조제7호에서 “공항시설"이라 함은 공항구역에 있는 시설과 공항구역 밖에 있는 시설 중 대통령령으로 정하는 시설로서 국토교통부장관이 지정한 항공기의 이륙·착륙 및 항행을 위한 시설과 그 부대시설 및 지원시설, 그리고 항공 여객 및 화물의 운송을 위한 시설과 그 부대시설 및 지원시설을 말한다.

가. 기본시설(공항시설법 시행령 제3조)

- 활주로 · 유도로 · 계류장 · 착륙대등 항공기의 이 · 착륙시설
- 여객터미널 · 화물터미널 등 여객 및 화물처리시설
- 항행안전시설
- 관제소 · 송수신소 · 통신소 등의 통신시설
- 기상관측시설
- 공항이용객 주차시설 및 경비보안시설
- 이용객에 대한 홍보 및 안내시설

나. 지원시설

- 항공기 및 지상조업장비의 점검·정비 등을 위한 시설
- 운항관리 · 의료 · 교육훈련 · 소방시설 및 기내식 제조공급 등을 위한 시설
- 공항의 운영 및 유지보수를 위한 공항운영 · 관리시설
- 공항 이용객 편의시설 및 공항 근무자 후생복지시설
- 공항 이용객을 위한 업무 · 숙박 · 판매 · 위락 · 운동 · 전시 및 관람집회시설
- 공항교통시설 및 조경 · 방음벽 · 공해배출 방지시설 등 환경보호시설
- 상 · 하수도시설 및 전력 · 통신 · 냉난방시설
- 항공기 급유 및 유류저장 · 관리시설
- 항공화물의 보관을 위한 창고시설
- 공항의 운영관리와 항공운송사업 및 이와 관련된 사업에 필요한 건축물에 부속되는 시설
- 공항과 관련된 「신에너지 및 재생에너지 개발 · 이용 · 보급 촉진법」 제2조제3호에 따른 신에너지 및 재생에너지 설비

다. 도심공항터미널

- 공항구역 외에서 항공여객 및 항공화물의 수송 및 처리에 관한 편의를 제공하기 위하여 설치 · 운영되어지는 시설

- 공항에서 진행되는 탑승수속을 도시 내에서 미리 진행한 후, 공항에서는 별도 심사 없이 비행기에 탑승할 수 있도록 서비스를 제공하는 곳으로, 탑승수속 대행 서비스를 해주는 것뿐만이 아니라 버스터미널, 철도역의 역할도 수행

〈그림 3-4〉 도심공항터미널 이용 흐름도

라. 헬기장에 있는 여객 · 화물 처리시설 및 운항지원시설

마. 공항구역 내에 있는 「자유무역지역의 지정 및 운영에 관한 법률」 제4조에 따라 지정된 자유무역지역에 설치하려는 시설로서 해당 공항의 원활한 운영을 위하여 필요하다고 인정하여 국토교통부장관이 지정·고시하는 시설

바. 그 밖에 국토교통부장관이 지정 · 고시하는 시설

제2절 공항의 구조와 이용시스템

1. 공항의 구조

공항은 크게 에어사이드(Air-side)과 랜드사이드(Land-side)으로 구분된다. 에어사이드는 활주로, 유도로, 계류장 및 주기장 시설과 항공교통관리를 위한 항공교통관제시스템, 항행안전시설 및 격납고 등이 설치되어 있는 지역으로서 항공기의 운항과 항공기에 여객의 탑승이나 화물의 탑재 및 여객이나 화물의 하기를 위한 지상조업이 수행되는 지역이다. 랜드사이드는 여객청사, 화물청사, 주차장 및 구내 도로 등 여객과 수화물 및 화물의 안전하고 신속한 도착과 출발을 위한 업무를 수행하는 장소로서 여객의 탑승수속시설, 대기시설 및 기타 서비스시설이 설치된 장소이다.

에어사이드는 일반인의 출입이 통제되는 지역으로 사전에 출입이 인가된 직원이나 보안검색을 마친 여객만이 출입할 수 있는 지역이고, 랜드사이드는 상주직원이나 여객 및 환·송객에게 개방되는 자유지역으로서 누구나 출입이 허용되는 지역이다.

공항의 구조를 이해하기 위해서는 공항시설의 배치도를 보면 쉽게 이해할 수 있다. <그림 3-5>와 <그림 3-6>은 김포국제공항과 인천국제공항의 시설 배치도로서 이들 두 공항의 시설배치 현황을 살펴보면 청사배치가 김포공항은 독립식 청사형태이고, 인천공항은 집중식 청사형태로 운영되다가 공항의 확장으로 제2여객청사가 신축되면서 독립식 청사형태를 유지하고 있다.

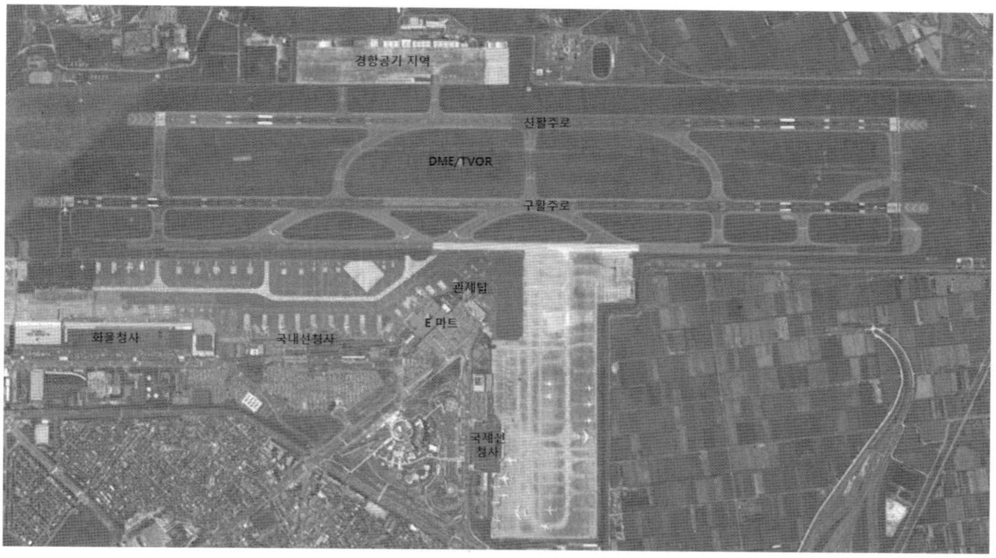

〈그림 3-5〉 김포국제공항 시설 배치도

〈그림 3-6〉 인천공항 4단계 및 최종단계 확장 모습

2. 공항 이용시스템

항공기와 여객 또는 화물이 공항을 이용하는 시스템을 도식화하면 <그림 3-4>에서 보는 바와 같다.

가. 항공기 공항이용시스템

항공기가 공항의 에어사이드 지역에 도착하기 위해서는 공항인근 항행안전시설의 신호를 받아 공항관제탑의 지시에 의하여 공항 활주로에 착륙한 후 탈출유도로와 평행유도로를 거쳐 계류장으로 진입하게 된다. 이 경우 대형공항으로서 공항의 에어사이드 지역이 복잡한 공항에서는 항공기가 지정된 주기장을 쉽게 찾을 수 있도록 항공기 유도차량(follow-me-car)을 이용하기도 한다.

계류장에 도착한 항공기가 탑승교가 설치되지 않은 주기장에 주기된 경우에는 여객의 하기를 위한 step-car와 여객청사까지의 여객수송을 위한 ramp-bus를 이용하게 된다. 반대로 여객이나 화물을 실은 항공기가 공항을 출발하기 위해서는 항공기가 계류되어 있던 주기장에서 유도로를 통하여 활주로로 이동하게 되는데, 주기장에서 출발할 때부터 관제탑에 항공기 이동사실을 통보하고 관제탑의 지시에 의하여 이동하게 된다. 유도로에서 활주로로 이동하는 것은 관제탑의 지시에 의하여 진입하거나, 일정 지역에서 대기한 후에 관제탑의 지시에 따라 활주로에 진입하여 이륙한다.

나. 여객의 탑승 및 하기시스템

여객의 공항이용시스템은 출발 여객의 경우 시내에서 공항에 도착하면 해당 여객청사의 주차장에 차량을 주차시키거나 대중교통편에서 출발하고자 하는 여객은 여객청사에 도착한 후 항공권 구입, 좌석배정 및 수화물 탁송 등 체크인을 한 후에 보안검색, 출국수속, 세관검사 등을 거쳐 출발대합실로 이동하여 탑승하고자 하는 항공편이 주기하고 있는 탑승구 또는 탑승교가 없는 경우에는 ramp-bus 등을 이용하여 항공기에 탑승하게 된다.

도착여객의 경우에는 항공기에서 탑승교 또는 ramp-bus를 이용하여 여객청사에 도착한 후 탑승하고 온 항공편의 수화물 찾는 장소에서 수화물을 찾은 후 국제선 여객의 경우에는 입국수속과 세관검사 등을 거치면 주차장 또는 대중교통편을 이용하여 목적지로 이동하게 된다.

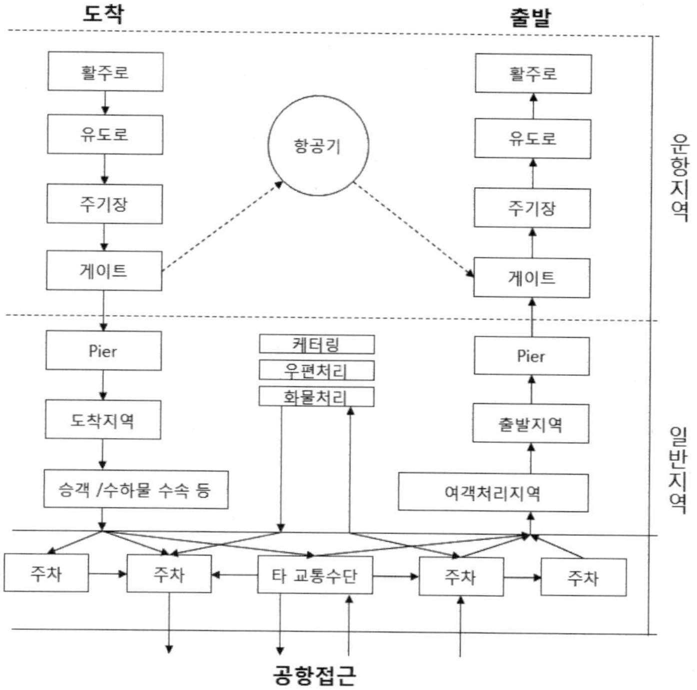

〈그림 3-7〉 공항이용시스템

다. 화물의 탑재 및 하기시스템

출발화물의 탑재시스템은 화물이 공항의 화물청사에 도착하면 화물의 분류, 세관검색, 검역, 포장 및 컨테이너 등 탑재 용기에 적재하여 lift-car, dolly, high-loader 등 지상조업 장비에 의하여 항공기에 탑재하게 된다.

도착화물의 하기시스템은 출발화물의 역순으로 이루어지는데, 항공기에 탑재된 화물을 dolly나 high-loader 등의 지상조업장비를 이용하여 항공기에서 하기하여 화물청사에 도착하면 화물의 분류, 세관 신고, 보안 검색, 검역 등을 거쳐 화주에게 송달하는 시스템으로 이루어진다.

3. 항공기 이동지역 관리시스템

가. 항공교통관제시스템

최근 항공수요가 증가하고 통신기술이 발전함에 따라 통신기술이 항공기에 접목되어 항공기의 대형화, 고속화 및 자동 정보시스템을 갖춘 항공기의 취항에 따라 조종사의 비행 조종 부담이 현저하게 감소하게 되었다.

또한, 각종 항행안전시설의 설치는 항공기 운항의 안전도를 증가시켰을 뿐만 아니라 항행업무와 항공교통업무 처리에 관한 규정의 필요성이 요구되어 국제민간항공기구(ICAO) 소속의 항공교통관제위원회에서 국제적으로 표준화된 항공교통관제절차를 제정하게 되었다.

항공교통관제는 항공기의 안전을 보장하기 위한 공역 및 지상에서의 항공기 간의 분리, 항공기 이동지역에서 항공기와 장애물과의 충돌 방지, 항공교통의 질서 있는 흐름과 신속한 처리, 비행안전을 위한 조언과 정보 제공 및 조난항공기의 탐색 및 구조 활동의 지원을 담당한다.

나. 운항정보시스템

민간항공기의 운항은 대단히 복잡하여 단거리를 운항하는 경비행기라 하더라도 공역제한이나 항공교통관제 요구사항, 공항 및 그 주변의 시설배치현황, 공항 운영시간, 연료사용 가능성 등 운항정보를 제공 받지 않고는 비행이 거의 불가능한 실정이다.

운항정보 제공사항으로는 항공정보간행물(AIP), 항공고시보(NOTAM) 등 항공정보들과 긴급운항정보 제공 및 운항정보회람 등이 있으며, 운항정보 이용자는 승무원을 포함한 항공기 운항요원, 비행 전 운항정보와 관련 있는 업무취급자 및 비행정보와 관련 있는 항공교통업무취급자 등이다.

다. 무선통신시스템

무선통신시스템은 항공기의 조난상황, 비행안전, 기상, 비행의 정시성, 항공행정 및 항공고시보에 관한 업무를 유선 또는 무선으로 연결하는 전용 통신망인 항공고정통신망(Aeronautical Fixed Telecommunication Network: AFTN)이 있다.

이동 중인 항공기 또는 견인차량에 음성으로 비행정보, 경고, 항공교통조언, 항공교통관제 등에 관한 메시지를 전달하는 항공이동통신이 있으며, 항공기의 비행방향과 거리 및 방위정보를 제공하는 항행안전무선시설로는 VOR/DME, ILS, NDB, GPS 등이 있다.

항공기에 대한 운항정보를 제공해 주는 시스템으로는 자동공항정보제공시스템(ATIS)과 비행 중인 항공기를 위하여 기상정보를 제공해 주는 VOLMET 등의 공지통신시스템 등이 있다.

라. 기상정보제공시스템

지상의 기상조건과 상층부의 기상 상황을 관측, 분석, 정보수집, 정보교환 및 기록을 유지하여 공항 당국과 항공사 또는 항공기승무원에게 매시간 또는 30분 단위로 통보해 주는 지상항공기상보고시스템은 지상의 풍향과 풍속, 현재의 기상상태, 활주로 시정, 구름의 양과 형태, 기온 및 노점온도, 기압 등을 보조적인 정보와 함께 추세를 예보하는 시스템으로 운영된다.

최근의 항공기상정보는 통신기술의 발달, 기상자료 처리기술의 향상, 위성관측 등으로 크게 향상되었으며, 항공기상예보 내용에는 항로와 운항지역 상층부의 기압, 온도, 바람 및 지상 기상조건 등이 포함되며, 기상정보제공업무는 모든 국가에서 정부 책임 하에 운영되고 있다.

마. 공항비상지원시스템

공항 또는 공항 인근지역에서 항공기의 비상사태, 건물화재 인화성 또는 독극성 액체 유출, 폭발물 및 테러위협 등 공항의 비상사태가 발생할 때의 지원시스템은 국제민간항공기구(ICAO)의 구조 및 소방 활동이 요구되는 비상사태 준비태세를 갖추어 항시 대기하는 시스템을 갖추고 있다.

공항의 비상지원시스템은 항공기사고(Aircraft accident), 공항접근 항공기가 사고 위험에 처해 있거나 예상될 때인 초비상(Full emergency) 및 착륙예정 항공기의 결함이 인지 또는 예상되지만, 착륙에 장애를 유발하지 않을 정도로 심각하지 않을 때인 대기비상(Local stand-by)의 3단계로 나누어 국제민간항공기구가 권장하는 비상대기수준의 지원시스템을 갖추고 있어야 한다.

4. 공항의 운영요소

공항은 공항시설을 모두 갖추었다 해도 항공기가 운항할 수 있는 기상조건인 시정(visibility), 측풍의 영향(cross-wind effects) 및 조류충돌 방지대책(bird strike control) 등의 조건이 맞아야 항공기의 이착륙이 가능하다.

물론 이런 조건들은 공항의 입지를 선정할 때에 다른 지역보다 양호한 환경을 갖추었거나, 공항건설 후에 다른 지역보다 양호한 조건으로 바뀌거나 바꿀 수 있는 지역을 후보지로 선정하지만, 공항시설을 설치한 후에도 정상적인 공항운영을 위해서는 이러한 요소들에 대하여 꾸준히 관찰하고 방지대책을 수립하여 시행하여야 한다.

가. 활주로 시정(Runway Visual Range: RVR)

항공기 운항은 기상상태와 공항의 항공기 운항 지원시설인 계기착륙시설의 설치유무에 따라 시계비행규정(Visual Flight Rules: VFR)이나 계기비행규정(Instrument Flight Rules: IFR) 중 하나의 규정을 준수하여 이륙 또는 착륙이 이루어진다.

시계비행규정에 따라 운항하는 공항에서는 항공기가 지상의 비행장상태와 장애물 또는 다른 항공기의 운항 상태 등을 조종사의 시각적인 판단에 따라 운항하기 때문에 양호한 기상조건과 항공기 운항이 밀집되지 않는 공항에서만 항공기 운항이 가능하게 된다.

활주로의 기상상태가 나쁘거나 항공기의 운항 횟수가 많은 공항에서는 시계비행방법으로는 항공기 운항을 필요한 시간에 효율적으로 할 수 없기 때문에 계기비행장비의 사용빈도가 더 높아지게 된다. 즉 공항의 활주로는 계기비행을 할 수 있는 시설과 장비가 설치되었는가의 여부에 따라 같은 시정이라도 항공기가 운항할 수도 있고 운항하지 못할 수도 있다.

공항의 활주로는 항공기가 운항할 수 있는 시정의 정도 및 비행방법에 따라 비(非)계기접근활주로, 계기접근활주로 및 정밀접근활주로로 구분된다.

1) 비(非)계기접근활주로

비계기접근활주로는 시계비행접근절차에 의해서만 항공기 운항이 가능한 활주로로서, 계기비행접근을 할 수 있는 장비가 전혀 설치되지 않아 조종사가 시각적인 판단에 따라 항공기를 운항하여야 하며, 시정이 기준치 이하로 조금만 나빠져도 운항이 불가능해지기 때문에 이러한 공항은 기상악화에 따른 결항이 빈번히 발생하게 된다. 시계비행을 할 수 있는 시계기상상태의 기준은 비행시정과 구름으로부터의 수평 및 수직거리로서 제한되는데, 이것은 고도와 공역에 따라서 <표 3-2>와 같이 별도로 적용된다.

〈표 3-2〉 시계비행기상상태 (별표 24) (항공안전법 시행규칙 제175조 관련)

고도	공역	비행시정	구름으로부터의 거리
1. 해발 3,050m(10,000ft) 이상	B · C · D · E · F 및 G 등급	8,000m	수평으로 1,500m, 수직으로 300m(1,000ft)
2. 해발 900m(3,000ft)~3,050m (10,000ft) 또는 장애물 상공 300m(1,000ft) 중 높은 고도	B · C · D · E · F 및 G 등급	5,000m	수평으로 1,500m, 수직으로 300m(1,000ft)
3. 해발 900m(3,000ft) 미만 또는 장애물 상공 300m(1,000ft) 중 높은 고도	B · C · D 및 E 등급	5,000m	수평으로 1,500m, 수직으로 300m(1,000ft)
	F 및 G 등급	5,000m	지표면 육안 식별 및 구름을 피할 수 있는 거리

* 비고 : 다음 각 호의 경우에는 제3호 F 및 G등급 공역의 비행시정을 1,500m까지 적용할 수 있다.

1. 우세시정(prevailing visibility) 하에서 다른 항공기나 장애물을 보고 피할 수 있을 정도의 속도로 움직이는 경우
2. 그 지역 내의 항공교통량이나 업무량이 적어 다른 항공기와 마주칠 확률이 낮은 경우
3. A등급 공역에서는 시계비행이 허용되지 않는다.

2) 계기접근활주로

계기접근활주로는 항공기의 직선 진입에 필요한 방향지시정보를 제공하는 시각 및 비시각지원장비가 지원되는 활주로로서 최소한의 방향지시를 해주는 항행안전시설이 설치되어 있는 활주로이다. 계기접근활주로는 비계기활주로에 비해 활주로의 활용도가 높아 기상상태가 다소 나쁜 상태에서도 항공기 운항이 가능하여 결항률이 비계기활주로보다 낮게 된다.

3) 정밀접근활주로

정밀접근활주로는 정밀접근이 가능한 항행안전시설이 설치되어 있는 활주로로서 계기착륙시설(ILS)과 시각지원시설을 사용하여 악기상 상태에서도 항공기의 착륙이 가능하다. 항공기의 착륙을 위한 결심고도(Decision Height: DH) 및 시정치에 따라 Category Ⅰ, Category Ⅱ, Category Ⅲ로 구분된다. 여기에서 결심고도는 조종사가 착륙할 것을 결심하거나 착륙시도를 중단하는 것을 결심하여야 하는 항공기의 최저 운항고도를 말하며, 활주로시정은 활주로 중심선상에 위치한 항공기의 조종사가 활주로 및 활주로 중심선을 표시하는 표지나 항공등화를 볼 수 있는 활주로중심선상의 거리이다.

각 Category별 결심고도와 활주로시정치는 다음의 <표 3-3>과 같다.

〈표 3-3〉 Category별 공항운영 최저치 (항공안전법 시행규칙 제177조 관련)

종류		결심고도 (Decision Height/DH)	시정 또는 활주로 가시범위 (Visibility or Runway Visual Range/RVR)
A형(Type A)		75미터(250피트)이상 *결심고도가 없는 경우 최저강하고도를 적용	해당 사항 없음
B형 (Type B)	1종 CAT I	60미터(200피트) 이상 75미터(250피트) 미만	시정 800m(1/2마일) 또는 RVR 550미터 이상
	2종 CAT II	30미터(100피트) 이상 60미터(200피트) 미만	RVR 300미터 이상 550미터 미만
	3종 CAT-III	30미터(100피트) 미만 또는 적용하지 아니함(No DH)	RVR 300미터 미만 또는 적용하지 아니함(No RVR)

나. 측풍영향(Cross wind effect)

국제민간항공기구(ICAO)와 미국연방항공청(FAA)과 같은 항공관련 국제기구에서는 공항이 어떤 바람조건에서도 95%의 항공기운항이 가능하도록 활주로의 방향이나 수를 구비할 것을 요구하고 있다. 현대의 대형 운송용 항공기는 30노트의 측풍(側風)상태에서 별다른 어려움 없이 운항할 수 있는 성능을 구비하고 있지만, 대부분 공항들은 공항운영상의 경제성을 이유로 활주로 배치는 보다 보수적으로 설계되고 있다.

ICAO 부속서 14에 의하면 항공기의 최소이륙활주거리가 1,500m 이상인 경우에는 20노트(37km/h), 항공기의 최소이륙활주거리가 1,200m에서 1,500m인 경우에는 13노트(24km/h), 최소이륙활주거리가 1,200m 미만인 경우에는 10노트(19km/h)의 측풍이 부는 동안 최소한 95%의 항공기 운항을 허용할 수 있는 수준의 활주로운영성능을 요구하고 있다.

미국연방항공청의 규정은 약간 다른데, 공공용 공항에 있어서는 15마일(24km/h), 그 외의 모든 공항에 있어서는 11.5마일(18.5km/h)의 측풍이 불고 있는 기간 중에 최소한 95%의 항공기운항이 가능하도록 활주로의 방향이 설정되어야 할 것을 요구하고 있다.

활주로의 방향설정은 10년 이상의 가급적 오랜 기간에 걸쳐 수집된 신뢰성 있는 바람분포 통계수치에 기초를 두고 결정하지 않으면 안 된다. 항공기의 중량이 무거워질수록 바람방향이 비교적 일정한 대규모 중추공항에서는 측풍에 대비한 활주로를 구비하여야 할 필요성 덜 중요하게 되나, 측풍용 활주로는 아직도 많은 공항에서 운용되고 있다.

다. 조류충돌방지(Bird Strike Control)

항공이 개시된 이래 조류는 항공에 대한 위험요소로 인식되어 왔으며, 초기에는 그로 인한 피해가 조종석 유리의 파손, 날개 앞부분의 굴곡, 동체의 피해 등 경미한 사항이었다. 그러나 조류 충돌로 인한 사망사고가 1912년 처음으로 발생하였는데, 미국 대륙을 처음으로 횡단 비행한 칼 로저스(Carl Rogers)는 이때 사망하였다.

항공기의 속도가 빨라짐에 따라 조류의 기동성은 상대적으로 둔화되었으나, 충돌시의 속도는 증가되었으며, 터보엔진 항공기가 도입됨에 따라 피해가 증가되었다. 엔진의 조류흡입은 엔진으로 유입되는 기류 흐름의 폐쇄 혹은 왜곡, 압축기 혹은 터빈에 대한 심각한 피해와 통제가 어려운 출력의 감소 등을 일으킬 수 있다. 조류 충돌로 인한 인명의 손실은 특이한 것이지만, 공항운영자는 조류가 날아다니는 낮은 고도로 항공기가 비행하는 공항인근에서는 잠재적 위험이 존재할 수 있다. 따라서 항공정책을 담당하는 국제기구 및 정부기구는 조류충돌 예방대책을 통하여 조류 충돌로 인한 위험성을 감소시킬 수 있도록 공항운영자에게 지도와 권고를 하고 있다.

조류충돌 예방대책을 성공적으로 이끌기 위해서는 조류의 형태와 그들의 습관을 이해하여야 하나, 각각의 조류는 서로 다른 뚜렷한 행동양식을 가지고 있기 때문에 이들을 전부 이해하는 것은 쉽지 않은 일이므로 항공기 운항에 위험을 초래하는 조류를 중심으로 예방대책을 세워야 한다. 조류가 공항에 출현하는 이유는 공항시설이 먹이, 서식처, 안전, 보금자리, 휴식여건, 그리고 이동경로 등과 같은 자연적인 여건상 바람직한 환경을 조성하여 주기 때문이다.

성공적인 조류충돌 예방대책은 조류를 쫓아 버리는 방법이 아니라 조류가 보기에 공항 및 공항인근 지역이 서식지 또는 먹이를 얻기 위한 지역으로서 바람직하지 않다고 생각되는 환경을 조성하는 방법에 따라 좌우된다.

조류충돌 예방대책 프로그램은 다음의 사항을 따를 것을 국제민간항공기구는 권고하고 있다.

- 문제가 되는 조류의 종류 파악
- 조류 행동양식의 결정
- 공항환경의 생태학적 연구
- 항공기 운항에 영향을 미치는 조류를 특정 지역으로 유도하는 방법의 결정

세계 각국의 공항에서 실시하고 있는 전형적인 조류충돌 예방대책은 다음과 같다.

첫째, 공항 인근지역에 버려지는 음식물 쓰레기의 통제, 음식물 쓰레기를 버리는 지점은 공항표점으로부터 13km(8마일) 이내에 위치하지 않도록 한다.

둘째, 공항과 그 인근의 개방된 공간에서는 항공기 운항에 영향을 미치는 조류에게 매력적인 먹이 공급원이 되지 않도록 곤충, 지렁이, 작은 포유동물류에 대해서는 독약, 살충제, 토지개발, 그리고 수렵 등 다양한 방법으로 퇴치한다.

셋째, 가능한 한 수상조류에 적합한 서식지를 제공할 수 있는 표면수의 발생억제를 위하여 매립하거나, 배수시설의 설치 혹은 개방된 수상지역에 그물을 치는 방법도 포함된다.

넷째, 가능한 경우, 운영지역에 인접한 지역의 경작행위의 통제. 공항이 장래에 공항을 확장할 목적으로 확보하고 있는 개방된 지역을 경작지역으로 임대하고 있다면, 경작물에 대한 통제가 계약서상에 기술되어 있어야 한다.

다섯째, 조류의 출현을 억제하는 경작의 촉진과 나무, 관목, 그리고 조류를 유혹하는 열매류 식물과 같은 것들에 대한 경작을 하지 않도록 한다.

여섯째, 공항의 건물이 제비, 찌르레기, 참새와 같이 사람이 만든 환경에 서식하는데 익숙한 조류에게 적절한 보금자리를 제공하지 않도록 조치한다.

조류의 서식지 통제 방법을 사용하여 몇몇 조류를 공항에 접근하지 않도록 조치를 취한 경우일지라도 다른 유형의 조류는 상당한 숫자가 공항에 출현할 수도 있다. 이러한 경우에는 보다 적극적인 방법으로 조류를 분산시키거나 쫓아낼 필요가 있다.

한 가지 조류를 쫓아낸 후 다른 조류가 원래 조류의 서식처를 차지하는 경우, 이것은 매력적인 환경에 기인한 것이기 때문에 조류분산방법 대신에 서식지 통제방법을 반드시 사용하여야 한다. 일반적으로 사용되는 조류 분산이나 퇴치하는 방법에는 다음과 같은 것들이 있다.

- 불꽃을 이용한 장치(로켓, 불꽃장치), 폭음탄(shell-crackers), 가스대포, 실탄(live ammunition)
- 녹음된 위험신호
- 죽은 새 혹은 모형 새
- 항공기 모형 및 연
- 싫어하는 소리 발생이나 등화 점화
- 덫이나 매
- 마취제와 독극물

조류의 출현이 공항의 안전한 운영을 위협하는 심각한 문제로 등장하는 경우, 공항운영자는 수용할 수 있는 수준으로 위험도를 낮추기 위한 예방대책을 수립할 수밖에 없는데, 간혹 공항의 조류퇴치방법에 대하여 야생동물 보호단체의 방해에 직면할 수도 있다.

제3절 항공기 이착륙시설 운영

1. 공항의 설계 및 등급

가. 공항 설계

공항은 항공기가 운항하는 에어사이드(Air-side)과 청사시설 및 그 주변 지역의 랜드사이드(Land-side)으로 크게 분류할 수 있다. 항공기 운항을 위한 에어사이드의 설계는 규격의 표준과 통일을 기하기 위하여 국제민간항공기구(ICAO)와 미국연방항공청(FAA)뿐만 아니라 우리나라의 공항시설법에도 명시되어 있으며, 그 내용에는 활주로, 유도로, 착륙대 등의 길이와 설치기준, 항공등화시설 및 항행안전시설의 설치에 관한 사항 등이 포함된다.

국제민간항공기구는 공항설계표준을 국제적으로 통일시키고 안전을 보장하기 위해 노력하고 있으며, 공항설계표준에 관하여 보다 구체적인 자료가 필요한 경우에는 미국연방항공청의 설계기준을 참고하는 것이 바람직하다.

FAA의 공항설계기준은 공항시설이 통일을 기하고, 가용시설에 대하여 항공기 제작사 및 운용자에게 지침을 제공하는 기능을 하고 있으며, FAA는 회람(Advisory Circular)을 발간하여 관련 부서에 적용하고 있다.

ICAO에서 발간된 설계표준은 공항분류, 활주로, 유도로, 계류장 등의 설계 시 준수해야할 기본지침을 제시하고 있으나, 공항계획 담당자는 관련 부서 간의 협의로 최신의 설계기준 변경사항을 수용하기 때문에 현재의 부속서/편람에만 의존하지 말고 최신 설계기준 정보를 수집하여 검토할 의무가 있다.

나. 비행장 등급

1) 국제민간항공기구(ICAO)의 기준

공항설계는 운용하고자 하는 항공기에 적합한 공항시설을 하기 위하여 명문화된 기하학적 도형의 설계표준을 문자와 숫자, 부호 또는 기타 종류로 공항을 분류한다. 국제민간항공기구(ICAO)는 기하학적 도면 설계표준을 분류하기 위하여 공항참조부호(airdrome reference code)인 두 개의 구성요소 부호를 사용하고 있다.

공항의 설계표준은 <표 3-4>에서 보는 바와 같이 분류요소 1은 항공기의 크기, 특성 및 성능에 따라 항공기별로 활주로길이를 기초로 하여 4개 등급으로 구분하여 분류번호를 아라비아 숫자로 표시하고, 분류요소 2는 항공기의 주 날개폭을 기초로 하여 6개 등급으로 구분하여 분류문자를 알파벳(alphabet)으로 표시하였다. 이와 같은 공항 분류방식에는 공항의 기능과 공항이 담당하고 있는 역할, 공항의 서비스 수준 또는 공항이 지원할 수 있는 항공기 형태가 포함되지 않았다.

〈표 3-4〉 ICAO 비행장 분류기준

분류요소 1		분류요소 2	
분류번호	항공기별 활주로길이(m)	분류문자	항공기 주 날개 폭(m)
		A	15 미만
1	800 미만	B	15~24
2	800~1,200	C	24~36
3	1,200~1,800	D	36~52
4	1,800 이상	E	52~65
		F	65~80

2) 미국연방항공청(FAA)의 기준

FAA의 비행장 등급은 공항설계기준과 관련하여 사용하는 분류기준으로, 공항에서 운용하고자 하는 항공기의 운용측면과 물리적 특성에 따라 항공기 접근속도에 의한 기준과 항공기의 물리적 설계에 의한 기준으로 나누고 있다(<표 3-5> 참조). 분류요소 1은 최종 접근속도로 분류하나, 이 속도는 최대인가 착륙중량에서 착륙항공기의 실속속도의 1.3배로 정의하고 있으며, 분류요소 2는 항공기의 날개폭으로 비행장 등급을 분류하였다.

〈표 3-5〉 FAA 비행장 등급

분류요소 1		분류요소 2		
분류문자	항공기 접근속도(kts)	분류번호	항공기 꼬리 날개 높이(m)	항공기 날개폭(m)
A B C D E	91 미만 91~121 미만 121~141 미만 141~166 미만 166 이상	I II III IV V VI	6.1 미만 6.1~9.1 미만 9.1~13.7 미만 13.7~18.3 미만 18.3~20.1 미만 20.1~24.4 미만	14.9 미만 14.9~24.1 미만 24.1~36.0 미만 36.0~52.1 미만 52.1~65.2 미만 65.2~79.9 미만

사례로서 B757-300 항공기는 접근속도 143노트, 꼬리 날개 높이 13.69m, 날개폭 38.1m로서 FAA의 비행장 등급은 D-Ⅳ 등급이다. ICAO의 비행장 분류기준과 FAA의 비행장 분류기준을 비교하여 보면, ICAO의 비행장 분류기준의 분류요소 1 등급인 1, 2, 3 및 4는 FAA의 분류요소 1의 항공기 접근속도 기준인 A, B, C, D, E와 유사하다. 또한 ICAO의 분류요소 2는 FAA의 분류요소 2의 항공기의 물리적 설계 분류번호와 유사하다.

2. 활주로 시설관리 및 운영

활주로는 항공기의 이착륙을 위한 항공기이동지역 지면의 직사각형지역이며, 여러 조건 하에서 비행장을 안전하고 효율적으로 사용할 수 있도록 활주로의 위치, 방향, 수를 결정하여야 한다. 활주로의 결정에 영향을 미치는 요소는 지역의 기상조건, 특히 풍향, 풍속, 비행장 주변 지역의 지형학적 조건, 항공교통량과 항공기의 종류, 성능 및 소음 등 다양하다.

가. 활주로의 길이

활주로의 길이는 여러 요소를 고려하여 결정하기 때문에 비행장 등급에 알맞은 활주로의 길이를 결정하는 것은 매우 어렵다. 여러 요소 가운데 가장 중요한 요소는 항공기 종류에 따른 성능 및 특성, 비행장의 표고와 온도이다. 요구되는 활주로길이에 관한 정보는 이착륙 항공기의 중량, 공항의 표고와 온도에 따른 소요 활주로길이와 연관된 성능곡선 및 도표에 있다.

이 성능곡선은 비행운용매뉴얼에 있으며, 항공기제작자는 공항계획과 설계를 위하여 주요 항공기의 성능을 세밀하게 기술한 매뉴얼을 제공하고 있다. 항공사가 앞으로 운용할 항공기의 성능특성이 항공기마다 차이가 있기 때문에 공항당국은 항공기운용을 위한 소요시설의 개정에 앞서 항공사와 사전에 협의해야 한다. 특히 새로 개발될 항공기의 종류와 도입하여 운용할 항공기에 대한 정확한 정보를 얻어 검토 후에 반영하여야 한다.

만일 표준기상조건 하의 해면고도에서 요구되는 활주로길이가 결정되면 고도, 온도, 활주로경사에 따른 활주로길이의 변경사항을 ICAO 부속서 14. 공항에 의거 수정하여야 한다.

바다의 해면고도 위로 고도가 각각 1,000ft 상승할 때마다 선정한 활주로길이를 7%를 증가시켜야 하고, 해면고도에서 표준기상온도는 15^{0}C이며, 매 1^{0}C 변경할 때마다 1% 비율로 수정하여야 한다. 또한 고도는 매 1,000ft 증가에 따라 대략 1.981^{0}C 비율로 강하하며, 공항의 참조온도 T0는 다음 공식에 의거 산출된다.

T0 = T1 +(T2 - T1)/3

(T1 : 연 최고 더운 달의 일일 평균온도의 평균)

(T2 : 최고 더운 달의 일일 최고온도의 평균)

고도와 온도에 따라 수정된 활주로길이는 다시 유효활주로 경사 1% 당 10% 비율로 경사수정을 하여야 한다. 이와 같은 수정은 대략적인 것이며, 최종적으로 적용해야 할 최신정보의 근원은 비행운용매뉴얼임을 명심하여야 한다.

공항계획에서 활주로는 가장 긴 활주로길이를 요구하는 항공기를 처리할 수 있는 충분한 길이가 되어야 한다. 항공기의 종류에 따른 대략적인 활주로길이의 소요는 다음 <표 3-6>과 같다.

〈표 3-6〉 항공기 종류에 따른 대략적인 활주로 길이

항공기 종류	조 건	활주로 길이(m)
60,000lbs 이하 항공기(27,215kg)	• 유료 탑재중량의 60%에서 75% 탑재	1,615
	• 유료 탑재중량의 75%에서 90% 탑재	2,134
	• 유료 탑재중량의 60%에서 100% 탑재	1,676
	• 유료 탑재중량의 90%에서 100% 탑재	2,377
60,000lbs 이상 항공기	• 1,000nm의 비행거리	1,814
	• 2,000nm의 비행거리	2,316
	• 3,000nm의 비행거리	2,728
	• 6,000nm의 비행거리	3,414

* 비고 : 해발고도에서 가장 더운 달 일일 최고온도 85^{0}C, 활주로경사 무

(근거 : FAA Airport Design Computer Program)

나. 활주로의 구성 기준

1) 활주로 폭(Width of runway)

활주로의 폭은 활주로길이와 마찬가지로 비행장 분류기준에 따라 결정하며, <표 3-7>에서 보는 바와 같이 대형항공기에 대한 최대 활주로 폭은 ICAO 권고기준이 45m인 반면에 FAA의 기준은 60m이다.

〈표 3-7〉 활주로 폭의 설계기준

ICAO 분류번호 (비행장등급)	ICAO 분류문자(활주로 폭)			
	4.5m미만	4.5m~6m미만	6m~9m미만	9m~15m미만
1*	18 m	18 m	23 m	-
2*	23 m	23 m	30 m	-
3	30 m	30 m	30 m	45 m
4	-	-	45 m	45 m
FAA 분류문자	FAA 분류번호(항공기 날개 폭)			
	Ⅲ	Ⅳ	Ⅴ	Ⅵ
C	30m	45m	45m	

* 정밀접근 활주로의 폭은 30m이상

2) 평행활주로의 최소간격

평행활주로의 간격은 시계비행기상상태(VMC), 계기비행기상상태(IMC), 난기류(wake turbulence) 등의 요소에 의해 결정되며, 대형항공기에 적용되는 평행활주로의 최소 이격거리는 <표 3-8>에서와 같이 ICAO와 FAA기준에 약간의 차이가 있다. 평행활주로 최소간격은 시계비행인지 계기비행인지에 따라 또는 도착항공기인지 출발항공기인지에 따라 다르며, 접근방법에 있어서도 독립접근인지 종속접근인지에 따라 최소 이격거리가 달라짐을 알 수 있다.

〈표 3-8〉 평행활주로의 최소간격

기상조건	구 분	ICAO (m)	FAA (m)
VFR	ICAO 비행장 등급번호 3 및 4	210	366
	FAA 설계 분류 Ⅴ 및 Ⅵ		
IFR	독립 평행 접근	1,035	1,310
	종속 평행 접근	915	915
	독립 평행 출발	760	760

3) 착륙대(Runway strips)

착륙대(runway strips)는 활주로 이전 착륙(under shoot), 과주(over shoot) 또는 활주로 이탈(excursion)과 같은 사고가 발생할 때에 항공기의 손실감소를 위하여 대비한 지역이며, 분류번호 3 및 4일 경우에 착륙대의 길이는 활주로의 종단 바로 앞 또는 정지로 끝에서 60m 이상, 폭은 정밀진입활주로일 때 활주로 중심선 양쪽으로 140m 이상이다. 또한 Category Ⅰ 이상의 계기비행활주로의 중심선으로부터 60m 이내에 항행안전시설의 시각보조시설을 제외한 고정물체의 설치를 일절 금지한다.

4) 활주로종단안전구역(Runway end safety areas)

활주로종단안전구역은 착륙대와 같은 목적으로 설치한 안전구역으로서 길이는 착륙대 종단에서 확장하여 90m 이상이어야 하고, 폭은 활주로 폭의 2배 이상으로 해야 한다. 활주로종단안전구역은 장애물이 없고, 배수가 잘 되며, 평탄하고, 위험한 도랑, 언덕, 침하지역 및 기타 지표변동이 없어야 한다.

5) 기타 활주로 관련시설의 구성기준

활주로와 연관된 기타시설로는 활주로의 노견, 정지로 및 개방구역 등이 있으며, 활주로의 노견(runway shoulder)은 비행장 분류문자 C 및 D의 활주로에서 활주로 폭이 60m 미만인 경우에 설치해야 한다. <그림 3-8>에서 보는 바와 같이 정밀진입활주로의 착륙대 정지부분의 정지로(Stop-way)는 활주로 길이를 증가시키는 대안으로서 활주로종단의 연장선에 위치하며, 그 길이는 이륙활주거리(length of take-off run)의 1/2 이하이어야 하고, 폭은 활주로 폭과 같다. 개방구역(clear way)은 정지로와 같이 활주로길이를 증가시키는 대안으로서 활주로 연장선상의 종단에 위치하며, 길이는 이륙활주거리의 1/2이하여야 하고, 폭은 활주로중심선연장의 양쪽으로 75m 이내의 지역이다.

각 보조시설은 작은 충격에도 파손되기 쉬운 물체로 설치하여야 하며, 착륙대의 경사에 있어서 종단경사는 비행장등급번호 4인 경우 1.5%이고, 횡단경사는 비행장 분류번호 3 및 4인 경우 2.5%이다.

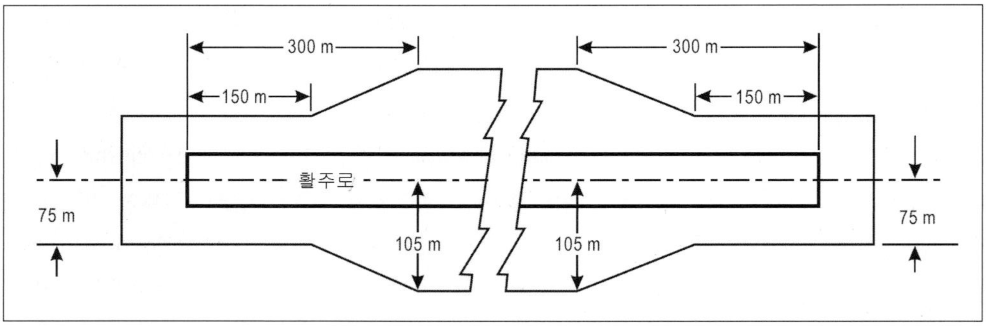

〈그림 3-8〉 분류번호 3, 4인 정밀접근활주로를 포함하는 착륙대의 정지구역

3. 유도로 및 계류장시설 관리·운영

가. 유도로 시설의 관리 및 운영

유도로는 항공기가 신속하고 안전하게 지상이동이 가능하도록 설치하여야 하며, 항공교통량이 많을 때에 활주로를 출입하는 항공기의 신속한 이동을 위해 충분한 유도로와 고속탈출 유도로를 설치해야 한다.

유도로시설은 유도로와 시설물 간의 최소 안전간격을 해당 공항을 이용하는 항공기의 날개 끝을 바탕으로 하고 있으나, 조종석이 유도로 중앙선에 위치한 항공기의 외측 주륜과 유도로 가장자리 간의 최소간격도 고려하여야 한다.

유도로의 최소 이격거리는 <표 3-9>에서 보는 바와 같이 ICAO와 FAA간에 약간의 차이가 있다.

〈표 3-9〉 유도로 최소 이격거리

최소이격거리 구분	ICAO 분류문자 (m)			FAA 분류번호 (m)			
	C	D	E	Ⅲ	Ⅳ	Ⅴ	Ⅵ
유도로 폭	10.5	✦15	23	15.2	15.2	22.9	22.9
유도로 중심선~활주로 중심선	158	166	172.5	106.7	137.2	137.2	182.9
유도로 중심선~유도로 중심선	44	63	76	44	63.1	76.1	91
주기장 유도선 중심선~장애물	22.5	33.5	40	24.1	34.1	41.1	49.1
외측 주륜~유도로 가장자리	*3	4	4	3	4.6	4.6	6

* Wheel Base 18m ✦ 외측 주륜 9m 이하

나. 계류장시설 관리 및 운영

계류장은 항공기의 에어사이드 지역 이동활동을 방해하지 않고 항공기 지원업무뿐만 아니라 여객을 탑승시키거나 내리게 하며, 화물 및 우편물을 싣고 내리는데 필요한 장소를 제공하는데 계류장은 여객청사 설계개념과 밀접한 관계가 있으며, 항공기는 계류장 지역 유도로를 경유하여 주기장까지 이동한다.

주기장은 항공기의 날개, 동체길이, 선회반경, 항공기 지원차량의 접근 및 활동지역 등이 포함된 항공기의 물리적 제반 특성들을 고려해 지원 항공기의 종류에 따라 주기장소의 필요한 면적을 결정한다. 주기장 내에서 항공기간 또는 구조물간의 최소 이격거리는 다음과 같다.

〈표 3-10〉 주기장 최소 이격거리

비행장 분류문자	주기장 최소 이격 거리
A	3m
B	3m
C	4.5m
D	7.5m
E	7.5m
F	7.5m

주) 항공기 주기장 최소 이격거리는 항공기가 주기장에 진입 또는 진출시 설정됨

항공기가 지상활주나 주기를 하는 계류장지역의 강도는 이 지역이 활주로보다 더 높은 압력을 받는다는 사실을 고려해 높은 압력에 견딜 수 있는 강도를 유지해야 한다. 계류장의 경사도는 항공기의 지상조업, 견인 및 지상이동 등이 용이하면서 계류장 표면의 물이 정체하는 것을 방지할 수 있도록 경사가 1%이내이어야 하며, 배수상의 요건이 허용되는 한 수평으로 해야 한다.

불법행위가 있는 항공기 또는 비행장의 정상활동에서 격리할 필요성이 있는 항공기에 대해서는 공항내의 적절한 지역을 격리항공기의 주기장소로 지정하고 이를 관제탑에 통보해야 한다. 격리항공기의 주기장은 가능한 다른 항공기의 주기장소나 여객청사와 같은 건물 또는 계류장과 같은 공공지역으로부터 최소한 100m 이상 격리거리를 두도록 하여야 한다. 또한 격리주기장 주위에는 가스, 항공연료, 전력 또는 통신선로와 같은 지하 매설물이 설치되어 있지 않아야 한다.

4. 활주로 주변 장애물 제한

공항을 효과적으로 활용하려면 이착륙하는 공항 내외의 공역에서 자연지형이나 인공구조물이 항공기의 안전한 이착륙에 미치는 영향을 신중히 검토해야 한다. 이착륙지역의 자연지형이나 인공구조물과 같은 장애물이 존재한다면, 이착륙 비행절차의 수립과 기상조건에 제한을 초래한다.

따라서 공항주변의 공역은 주변 환경을 종합적으로 검토하여 처리되어야 하며, 이착륙 항공기가 이들 지역의 장애물로부터 장애를 받지 않게 하는 것은 공항의 효과적인 사용과 항공안전 측면에서 공항내의 활주로체계와 같이 대단히 중요하다.

장애물제한의 목적은 공항에서 의도하는 항공기운용이 안전하게 수용될 수 있고 공항주변에서 장애물로 인한 공항운용이 불가능하게 되는 것을 예방하기 위하여 공항주변에 공역을 설정하는데 있다. 공항 내 또는 공항 주변에서의 장애물제한은 공역 요구기준에 따라 두 개의 상이한 장애물제한표면이 설정될 수 있다.

하나는 ICAO 부속서 14 비행장에 의한 장애물제한표면으로, 시계 또는 계기비행 중인 항공기에 영향을 줄 수 있는 위험을 최소화하기 위하여 장애물로부터 방해받지 않도록 설정된 표면을 말하고, 또 다른 하나는 항공기의 안전한 계기접근 및 계기출발절차를 설계하기 위하여 수립된 ICAO Procedures For Air Navigation Service - Aircraft Operations(PANS-OPS)에 의한 계기비행절차가 있다.

제 2 부

공역관리(ASM)

제 4 장 공역의 개념과 설정

제1절 공역의 개념

국제민간항공협약 제1조에서 모든 체약국들은 자국 영토 상공의 공역에 대하여 완전하고도 배타적인 주권을 갖고 있음을 명시하면서, 그 조약 부속서 11 제2장에서 영공은 물론 공해 상공까지 포함하는 관할 공역(비행정보구역: FIR)내에 항공로(airway)를 포함하는 항공교통업무(Air Traffic Service: ATS) 공역을 설정하도록 의무화하고 있다. 이 공역은 지역항공항행회의(Regional Air Navigation Meetings)에서 해당 국가의 영공과 항공교통업무 제공 능력 등을 고려하여 결정하고 국제민간항공기구(ICAO) 이사회에서 승인한 공간으로, 주권이 행사되는 영공과는 달리 항공교통업무를 제공하는 책임 공역으로서의 특성을 갖는다. 그러나 대부분의 국가에 있어서는 항공교통업무가 그 국가의 행정권으로 시행되므로 공해상에서의 특정 국가의 주권 행사라는 국제법적 문제도 내포하고 있다.

1. 공간과 공역

우리는 흔히 항공기의 활동에 이용되는 3차원적(입체적) 무한대의 장소를 공간(空間), 공중 또는 일반적인 표현으로 하늘이라고 부르고 있다. 이 용어들은 거의 비슷한 의미를 갖는 것으로 생각되지만, 그 중의 하나인 공간과 공역(空域)을 구별하여 봄으로써 공역의 개념을 살펴볼 수 있다.

항공기의 활동 장소라는 의미에서는 공간과 공역이 같은 뜻이다. 항공기의 발달 초기에는 공간을 항공기의 비행을 위하여 자유롭게 개방시키는 것이 관례였으나, 항공기가 발달하고 무기화되면서 그러한 현상은 사라질 수밖에 없었다. 즉, 국경을 넘나드는 경우에 공간의 자유로운 개방은 국가 단위의 승인에 의해서만 가능하게 된 것이다. 또한 국가 영공 내만 볼 때도 항공기의 활동이 점점 증가하면서 항공기 상호 간의 안전을 위해서도 공간을 무방비 상태로 자유 개방이라는 명분으로 방치할 수 없게 되었고, 항공기가 공간에서 활동하되 상호안전을 보장시키기 위해서는 법, 제도 또는 관행 등 어떤 형태로든 통제가 가해질 수밖에 없게 되었다.

이와 같은 의미에서 공간(airspace)은 항공기의 비행을 위하여 자유롭게 개방되어 있는 장소로 볼 수 있으며, 그 공간 중에서 비행에 적합하도록 통제를 통한 안전조치가 이루어진 장소를 공역(navigable airspace)이라 구별할 수 있다. 공간은 범위가 모호한 반면, 공역은 평면적, 입체적으로 그 범위를 분명하게 밝혀 두는 것이 관례이다. 공역의 범위는 국제민간항공기구(ICAO)의 기준이나 해당 국가 간의 협정 또는 각국의 관계 법령(특히 항공법규정)에 의해 정해지고 공고되기 때문에 누구나 분명히 그 범위를 알 수 있다. 그러나 평면적 범위는 문제가 없으나 수직적 범위의 경우 공역에 따라 무한대의 고도까지 그 범위가 확대되어 지정될 수 있기 때문에 최근 인공위성의 우주비행과 관련하여 볼 때, 실질적인 의미보다는 상징적 의미를 더 강조하고 있음을 알 수 있다.

2. 공역과 우주

국제민간항공기구가 승인하는 대표적인 공역인 비행정보구역(Flight Information Region: FIR) 중 고고도 비행정보구역(upper FIR)이나 항공로(airway) 또는 특수사용공역(Special Use Airspace) 중 비행금지구역에서는 공역의 고도한계를 무한대로 설정하는 경우가 많다. 항공기의 안전운항을 보장하기 위하여 각종 항공교통관리(Air Traffic Management: ATM)가 이루어지도록 설정한 공간을 공역이라 할 때, 무한대라는 공역의 고도범위는 법적, 기술적 측면에서 매우 모호한 개념이다.

〈그림 4-1〉 대기권과 우주공간

공간은 무한대이며, 이곳을 비행하는 물체에는 항공기와 인공위성이 있고, 이 공간을 규제 대상으로 하는 법에는 항공법(airspace law)과 우주법(aerospace law)이 있다. 항공기가 공기 역학적 특성에 의해 부양하는 기체이며 공역과 마찬가지로 항공법의 규제 대상이라면, 공역의 고도한계를 무한대까지 설정한다는 것은 우주를 비행하는 인공위성이 항공기에 준하여 항공법의 규제 대상이 된다는 것이다. 그러나 우주 공간의 인공위성은 항공법의 적용을 받는 것이 아니라 우주 공간의 평화적 이용에 관한 각종 조약이나 이를 법원(法原)으로 하는 우주법의 규제 대상이다.

위에서 언급한 것처럼 공역의 고도한계가 실제로 모호하다. 그러나 시카고 조약에서 공역을 'Airspace'라고 표현함으로써 그 한계를 공기가 존재하는 고도까지로 한정시키려는 의도로 볼 때, 이는 대기권을 공역의 한계로 하고, 그 이상의 고도에 속하는 공간을 외기권(outspace 또는 aerospace)으로 하여 우주 공간으로 보려는 경향이 있음을 알 수 있다.

이는 국제연합(UN)의 우주의 평화적 이용에 관한 특별위원회의 활동에서도 나타나 있다. 문제는 과학적인 자료에 의해 대기권의 범위를 어디까지로 하느냐 하는 것으로 아직 해결되지 못한 과제이다. 이 문제에 대한 해답은 학자마다 다르므로 주요 경향을 살펴보면서 공역과 우주의 한계를 설정하는 것이 바람직할 것이다.

첫 번째의 방법이 'Airspace'라는 용어에 입각하여 공기가 존재하는 고도까지로 한정하려는 것이다. 그러나 최근에는 지상 2만 마일 상공까지도 극소량이나마 공기(atomic oxygen)가 존재한다는 학자의 주장이 있는 걸 보면, 학자에 따라 고도의 차가 너무 심하여 비현실적으로 간주되고 있다.

다음 방법으로는 천체 간의 인력이나 비행체가 항공 역학적인 영향 하에 비행을 마치고 원심력의 영향을 주로 받게 되는 고도로 정하려는 것으로서 이는 고도가 50마일 정도로 되어 있으나 최신 항공기술의 발달로 이러한 고도 이상을 비행하는 항공기가 출현하여 근거가 약화되고 있다.

또 다른 방법은 인공위성 궤도의 고도로서 정하려는 방법으로 이는 70마일 내지 100마일 최저궤도 고도를 염두에 둔 것이나 위성궤도가 타원형이고 근지점(perigee)과 원지점(apogee) 간의 차가 극히 크다는 것이 문제되고 있다.

이러한 경향을 종합해 보면, 공역의 고도에 대한 한계는 막연한 것 같으나 개념상으로는 대기권에 한하며 외기권까지 연장되지 않는 것이 국제적인 경향인 것만은 확실하다. 즉, 비행체의 운항을 우주비행과 일반비행으로 구분하고, 우주비행은 외기권에서 이루어지고 일반비행은 대기권에서 이루어진다고 규정할 때, 1960년 10월 4일 국제항공협회(International Aeronautical Federation)에서 미·소 양국 간에 62마일 이상의 고도를 비행하는 것을 우주비행으로 취급하도록 합의된 점은 중요한 의미를 갖게 된다. 이 합의는 1963년 UN의 COPUOS(Committee on the Peaceful Uses of Outer Space: 우주공간의 평화적 이용을 위한 특별위원회)가 미국의 주도 아래 유엔총회에서 통과시킨 "외기권 탐사와 이용에 있어서의 국가 활동을 통제하는 법 원칙의 선언"이라는 주제의 결의문에 반영되었으며, 이 결의문은 이후에 성립된 우주법의 주요 법원이 되는 5개의 우주 조약인 외기권 조약(Outer Space Treaty, 1967), 구조협약(Rescue Agreement, 1968), 책임협약(Liability Convention, 1972), 등록협약(Registration Convention, 1974), 달 조약(Moon Treaty, 1979)에 기초가 되었다.

3. 공역과 영공

1992년 대한민국과 중국의 국교 수립 이후 양국 간의 항공협정이 원만히 체결되지 못하고 지연되었던 주요 원인 중의 하나는 서해상에서 양국 간의 비행정보구역(FIR)의 경계선을 어떻게 설정하느냐 하는 문제가 합의되지 못하였기 때문이다. 대한민국은 기존의 국제민간항공기구가 승인한 현재의 비행정보구역 경계선인 124°를 유지하고자 했고, 중국은 이 경계선이 중국의 참여 없이 이루어진 것이기 때문에 동경 125°로 새로이 설정할 것을 주장하였다. 그러나 125°로 설정할 경우, 한반도의 육지에 너무 접근하여 공역이 상대적으로 협소해지고, 북한 비행정보구역(평양 FIR)과 중국의 경계선이 동경 124°인 점을 고려하여 대한민국 측으로는 도저히 받아들일 수 없는 사안으로 회의가 계속 결렬되다가 최종적으로 대한민국의 주장이 받아들여졌다.

또한 1995년 미국의 델타 항공사가 한미 노선의 비행거리를 단축하기 위해서 북한과의 협상을 통해 평양 FIR을 통과하여 인천 FIR로 진입, 대한민국에 취항하고자 했으나 공역의 선택적 개방을 대한민국이 반대하여 취항계획이 취소된 사례가 있다.

1996년 9월 10일부터 13일까지 국제민간항공기구의 주선으로 태국 방콕에서 남북한 및 일본, 중국의 항공당국 실무대표들이 참가한 가운데 열린 '대구(현재 인천)-평양 비행정보구역(FIR) 통과 항공로개설 특별회의'에서 항공로개설이 잠정 합의되었을 때, 많은 언론에서 북한의 '영공 개방'이란 용어를 사용했다. 이런 경우, 영공 개방이란 적절한 표현이 아니라 '영공을 포함한 공역 또는 비행정보구역 개방'이란 용어가 정확하다. 이렇게 최근에는 비행정보구역을 영공과 혼돈하거나 영공시하는 추세가 있다.

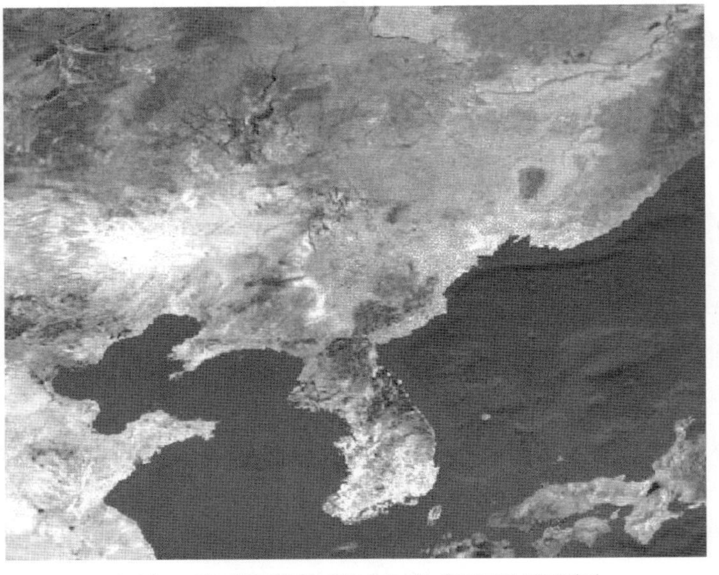

〈그림 4-2〉 대한민국을 중심으로 한 주변국의 영공사진

영공이란 자국의 영토와 영해(국제적으로 12해리) 상공의 공간으로 해당 국가의 고유 주권과 자위권이 행사되는 국가 단위로 설정된 권한 범위인 것이다. 그러나 공역이란 비행안전을 위한 책임 범위이며 항공교통업무시설 단위로 설정된다는 점에서 서로가 현격히 다르다.

영공과 혼동되는 공역인 비행정보구역(FIR)이란 비행중인 항공기의 운항안전을 위하여 항공교통관제업무(Air Traffic Control Services: ATCS)와 비행정보업무(Flight Information Services: FIS)를 제공하고, 조난 및 사고 발생 시 수색 및 구조 (Search And Rescue: SAR)와 사고 조사를 담당하기 위하여 이런 업무 제공의 국제적 책임분담 구역이다. 이 공역의 설정은 인접 국가와의 협의를 기초로 하여 지역항공항행회의(Regional Air Navigation Meeting)의 의결을 거쳐 국제민간항공기구 이사회의 승인을 받아 결정되는 것으로, 해당 구역의 항공교통업무를 담당할 수 있는 항공교통센터(ACC 또는 ARTCC) 단위로 설정한다.

일본의 경우는 1개의 비행정보구역(후쿠오카 FIR)을 3개(Tokyo ACC, Fukuoka ACC, Kobe ACC)의 지역관제센터가 나누어 운영하고 있고, 중국은 상해 FIR을 포함하여 11개의 비행정보구역(11개 지역관제센터)을 설치 운영하고 있다. 또한 국제민간항공협약 부속서(annex) 11에는 "해당국에 항공로관제시설이 없을 때, 인접국이 타국의 상공까지 비행정보구역을 설정하고, 항공교통업무를 대신 제공하더라도 이는 해당국의 주권을 침해하는 것이 아니다"라고 명백히 밝히고 있듯이, 비행정보구역이란 순수한 항공교통책임구역이라는 점에서 영공과는 다르다. 1963년 3월 30일까지 대한민국 공역은 도쿄 비행정보구역(Tokyo FIR)에 포함되어, 해당 관제센터의 항공로관제(Airway Traffic Control)를 받았으나, 이에 대한 주권 침해에 대한 논쟁은 없었다.

이와 같이 공역이 영공과 동일시되는 추세는 비행정보구역이 인접 국가 간에 항공 행정권한의 시행 한계로 활용되고 있으며, 항공로시설, 통제공역(비행금지구역) 설정, 항행안전시설 설치, 관제절차의 준수 여부 확인 등에서 해당 국가에서 지대한 영향을 행사하는 공역으로, 이에 대한 반대급부로서의 권한 행사가 자칫 영공의 주권행사로 간주되는 추세다. 이런 것들은 국가 권한 행사 범위의 확대라는 일차적 욕구와 영토와 영해 상공의 개념으로서의 영공으로는 그 하부의 영토나 영해를 효과적으로 방어할 수 없을 뿐만 아니라 영해의 범위를 확대할 수 있는 국제적 합의도 어렵기 때문에 더 넓은 영공이 필요하다는 실제적 필요성 이외 석유 시추, 해양자원 탐사, 선박 구조, 어로작업 등 항공기를 이용하는 활동에도 사실상 영향을 받는다는 것에 기인한다.

제2절 공역의 설정

공역은 공유자원으로 경제적 가치를 지닌 재산권 행사의 대상이 될 수 있다. 공역은 비어있는 공간이면서도 그 크기가 제한적이다. 우선 수평적 크기가 제한적이며 수직적 크기도 제한적이다. 이와 같이 한정된 크기의 공역을 사용하려는 이용자는 많고 서로 많은 공역을 사용하려고 하니 이에 대한 통제가 주어지게 되는 것이며, 그 제한된 공역에서 많은 항공기의 운항에 의한 공역의 혼잡으로 생겨나는 안전저해요소를 제거하기 위하여 통제기관으로서 항공교통관제기관이 생기게 되었다.

공역에서 비행하는 항공기를 통제하기 위해 항공교통관제기관이 갖추어야 할 레이더 및 통신시스템 등의 제한적 특성 관계로 공역이 관할 공역을 담당하는 기관별로 세분화되어 통제되게 되었고, 그 공역의 관할 기관은 자기 관할 공역에 대한 독점적인 통제권을 갖게 되었으며, 그 통제권의 반환은 사실상 어렵게 되어 기득권을 인정하게끔 되니 일종의 경제적 가치를 지닌 재산권의 한 형태로 발전하게 되었다.

1. 공역 설정의 법적 근거

특별하게 사용이 제한되는 공역을 제외하고, 설정된 공역은 특정 이해 당사자의 항공기뿐만 아니라 모든 국내외 항공기들이 이용하므로 공역 설정 과정이 합법적이어야 하며, 공역 설정 기준이 국제적으로 통일된 기준에 따라 설정되어야 한다.

가. 국제민간항공협약 및 부속서의 준수 책임

국제민간항공협약 제1조에서 체약국은 자국 영토 상공의 공역에 대하여 완전하고도 배타적인 주권을 갖고 있음을 명시하면서, 동 협약 부속서 11에서 각 체약국은 항공교통업무를 제공할 공역을 설정하도록 하고 있다. 물론 한 국가가 타 국가에게 자국의 공역설정권을 위임할 수도 있지만, 그렇다고 주권이 손상되는 것은 아니며 양국이 상호 협정에 의거하여 이를 위임할 수 있도록 하고 있다.

한편, 영공의 개념과는 달리 공해 상공의 경우 항공교통업무 제공 구역과 세부 사항은 지역항공항행협정에 의거하여 정하도록 하고 있으며, 영공의 공역에서는 그 영공의 주권국의 법규를 이행하여야 하나, 공해 상공 공역에서는 국제민간항공협약의 규정을 이행하도록 하고 있다.

국제민간항공협약 제12조는 조약에 따라 규정된 규칙을 최대한 준수하면서 자국 영토 상의 항공기 또는 자국 국적의 항공기에 적용되는 규칙을 운용할 것을 규정하고 있다. 여기서 동 협약에 따라 규정된 규칙은 제37조에서 명시하고 있는 국제표준 및 권고사항

(SARPs)으로 이는 국제민간항공기구가 정하게 되어 있다. 제12조 및 제37조를 해석함에 있어서 두 조항 간의 관계는 보완적이라고 보는 것이 타당하다. 즉, 제12조는 자국 영토상의 항공기 또는 자국 국적의 항공기 운항(flight) 및 기동(manoeuvre)에 적용되는 규칙에 대해서 규정하고 있는 반면, 제37조는 항공기, 항공종사자, 비행장 및 부대시설, 그리고 업무에 관련된 규칙을 포함하여 표준, 절차 및 조직에 대해서 규정하면서 이러한 규칙, 표준, 절차 및 조직이 국제민간항공기구가 정하는 국제표준 및 권고사항을 가급적 준수할 것을 요구하고 있다. 따라서 제12조는 국제민간항공기구가 정하는 규칙을 보다 일반적인 의미에서 국가가 준수할 것을 정한 것이고, 제37조는 그러한 구체적인 사안에 대해서 국가가 규칙이나, 표준, 절차, 또는 조직을 정함에 있어서 국제민간항공기구가 정하는 국제표준 및 권고사항을 준수할 것을 요구하고 있다는 점에서 보다 구체적이라 할 수 있다. 또한 제38조는 이러한 국제표준 및 권고사항을 국가가 준수하지 않는 경우에는 국제민간항공기구에 그러한 일탈(deviation)을 통보하도록 규정하고 있다.

국제민간항공협약의 체약국인 대한민국은 동 협약에 따른 의무를 이행함에 있어, 제12조에 따른 의무와 제37조 및 제38조에 따른 의무의 이행에 일정 수준의 차이가 있다고 보인다.

먼저, 제12조에 따른 의무는 항공기의 운항 및 기동에 대한 것으로서 그 대상은 규칙(regulation)인 반면에, 제37조에 따른 의무의 대상은 규칙만이 아니라, 표준 및 절차도 포함하고 있다. 따라서 제12조에 따른 의무를 이행하기 위해서는 체약국들은 국제민간항공협약에서 규칙(regulation)이라고 부르는 수준의 국내법령을 수립·운용함에 있어 국제민간항공기구가 정하는 규칙을 준수하여야 한다.

반면에, 제37조에 따른 의무를 이행함에 있어서는 반드시 항공법 시행령이나 시행규칙이 아니라, 고시나 운용 절차 등 보다 하위에 속하는 규정에 의해서 이행하는 것도 허용된다고 보아야 한다. 이러한 해석은 국제조약의 준수에 관한 일반 국제법 이론과도 일면 합치한다고 보인다. 즉, 국제조약을 체결한 국가가 그 의무를 준수하기 위해서 그 조약 내용을 자국 내에서 시행하기 위한 방식은 무엇보다도 그 조약의 내용을 국내 법질서에 소개하는 것으로서, 일반적으로 그 소개의 방식은 국가마다 고유의 방식에 따라 자유롭게 한다고 보는 것이 통설이다(유병화, 1995). 특히 국내 법질서 상에서 이를 적용하는 방식은 일률적으로 정해져 있다고 볼 수는 없으므로, 이러한 측면에서 대한민국의 경우도 제37조에 따른 국제표준 및 권고사항을 준수한다고 보아야 한다.

그렇다고 해서, 그러한 국제표준 및 절차를 국내 법체계에 적용함에 있어서 완전히 자유롭다고 볼 수는 없을 것이다. 왜냐하면, 첫째, 법질서에 소개하는 방식은 자유롭게 국가의 재량에 의해서 정한다고 할지라도, 그것을 적용한 결과, 즉 법적인 효력은 실효성 있게 나타나야 하기 때문이다. 국제조약의 체약국으로서 대한민국은 신의성실의 원칙에 따라야 하며, 이 경우에는 그러한 국제표준 및 절차가 국내 법질서에서 어느 정도의 법적인 구속력을 갖도록 조치하여야 할 의무가 있다고 보아야 한다. 예컨대, 실제 내용은 다른 규칙이 운용되고 있다거나, 또는 누구나 지키지 않아도 될 수준의 조치로서 한정된다거나, 또는 실질적으로 지켜질 수 없는 방식으로 국제표준 및 절차를 국내 법질서에 규정하는 것은 사실상의 국제법 의무의 위반이라고 보아야 한다.

둘째로, 공역설계에 관한 국제민간항공기구의 부속서에 따른 국제표준 및 권고사항을 이행함에 있어서, 대한민국은 국제민간항공협약의 체약국으로서 국제민간항공기구와의 관계만이 아니라, 관할하는 공역을 비행하는 항공기에 대해서 갖는 법적인 의무도 같이 고려하여야 할 것이다. 공역설계에 관해서 나름대로 규정한 표준 및 권고사항을 법령의 일부분에 부분적으로나마 적용한다고 명시한다고 해서 그 의무를 이행했다고 볼 수는 없고, 실효성을 가진 결과가 있어야 한다. 예컨대, 관할하는 공역을 비행하는 항공기가 국내의 공역설계 규정이 국제표준 및 권고사항과 일치하는지 아니면, 어느 정도의 차이가 있는지를 알 수 있도록 통보하여야 한다.

만약에 공역의 설계 규정을 정함에 있어서 대한민국과 같이 국제민간항공기구의 부속서를 준용 또는 적용한다고 간단하게 법령상에 언급하고 있다는 사실로, 일단 국제조약상의 의무를 이행한다고 볼 수는 있겠지만, 실질적으로는 어느 정도의 일탈 사실이 있다면, 이는 두 가지 차원에서의 법적인 고려를 필요로 한다.

첫째로는, 국제조약상의 의무를 국내법 질서에 소개하는 방식에 있어서 국가의 재량은 인정된다고 보는 국제법 일반 이론에 따라서는 문제가 없겠지만, 실질적인 법 효과의 발생 차원에서는 문제가 있는 것이므로, 이는 엄격히 따진다면 사실상의 국제법 위반이라고 보아야 할 것이다. 다만, 이러한 세부적이고 하부적 차원에서의 국제 조약상의 의무 이행에 대해서는 아직 국제법 이론상 논란의 여지가 없는 것은 아니다.

둘째로는, 공역관리 당국과 공역을 비행하는 항공기 간의 관계에서의 문제점이다. 국제표준 및 권고사항과 다른 사항이 존재한다면, 일단 국제조약상의 의무 이행의 논의 이외에, 공역을 설계하고 관리하는 정부 당국과 항공기 간에 민·형사상의 법률관계가 성립된다. 국내 항공법에 따라 관할 당국은 공역의 설계 및 운용 절차에 관해서 항공기의 운용자에게 구체적인 사실 내용을 공표하여야 할 의무가 있는 것이고, 이것을 이행하지 않은 점에 기인하여 만약에 항공기 운항 상에 사고가 발생하였다면, 항공기 운용자는 손해배상 청구권 내지는 구상권을 갖는다고 보인다.

나. 국내 항공법규

국내 공역설정은 항공법을 근거로 이루어진다. 우선 항공안전법 제2조(정의)에서 11호 "비행정보구역"이라 함은 '항공기, 경량항공기 또는 초경량비행장치의 안전하고 효율적인 비행과 항공기의 수색 또는 구조에 필요한 정보제공을 위한 공역(空域)으로서 국제민간항공협약 및 동 협약 부속서에 따라 국토교통부장관이 그 명칭, 수직 및 수평 범위를 지정·공고한 공역을 말한다'라고 정의하고 있고, 항공안전법 제78조(공역 등의 지정) 제1항에서 국토교통부장관은 공역을 체계적이고 효율적으로 관리하기 위하여 필요하다고 인정할 때에는 비행정보구역을 관제공역, 비관제공역, 통제공역, 주의공역으로 구분하여 지정·공고할 수 있다고 명시하고 있다. 또한 동 조의 제2항에서 국토교통부장관이 필요하다고 인정할 때에는 국토교통부령이 정하는 바에 따라 제1항에서 정한 공역을 세분하여 지정할 수 있도록 함으로써 항공기 운항에 필요한 각각의 세부공역의 설정에 관한 법률적 근거를 제시하고 있다.

항공안전법 제78조 제2항 및 동법 시행규칙 제221조 제2항의 규정에 따라 공역의 설정기준은 이용자의 편의에 적합해야하고, 공역의 활용에 효율성과 경제성이 있어야 하며, 공역의 지정과 이용이 국토교통부장관이 고시하는 기준에 적합할 것을 명시하고 있다. 또한 이러한 공역의 설정·조정 및 관리에 관한 사항을 심의하기 위한 공역위원회의 구성과 기능에 관한 사항을 규정하여 공역설정의 법적 근거를 제공하고 있다. 그러나 공역설정에 대한 세부 절차나 설계기준에 관한 사항은 별도로 정하고 있지 않다. 다만, 최근 들어 국내 항공법규의 대대적인 정비를 통하여 공역관리규정(국토교통부고시 제2024-361호), 항공교통업무 기준(국토교통부고시 제2021-275호), 비행절차업무기준(국토교통부고시 제2021-1010호) 등이 제정되어 공역설정에 관한 법적 근거를 마련해가고 있는 중이다.

그러나 공역설정, 특히 공역설계에 관한 기준은 사실상 국제기준을 준용하는 수준임에는 틀림이 없다. 비행절차업무기준(국토교통부고시 제2021-1010호) 제5조(다른 규정과의 관계)에서는 이 기준에서 정하지 않은 사항은 1호 “국제민간항공기구 부속서(국내 세부절차나 설계기준을 제시하고 있지 못함)”를, 2호 이하 6호에서 “국제민간항공기구에서 규정하는 관련 기술지침(documents)"을 적용할 수 있다고 규정하고 있다. 그러나 국내 현실은 민간항공의 경우 국제민간항공규정을 준수하고 있고 군 관할 공역 내에서의 비행절차는 미국연방항공청의 규정에 근거하고 있어 사실상 민간항공과 군 항공 간의 준용 기준이 다르다는 점으로 인하여 국내에서 공역설계에 관한 법적 기준의 적용에 혼란을 가져오고 있기에 상기 규정만으로 국가 공역을 설계하기에는 부족한 점이 있다.

2. 공역의 설정

항공기가 비행을 하기 위해서는 비행하기에 적절한 공역이 설정되어야만 한다. 공역을 설정하기 위해서는 공역 설정이나 공역 사용의 필요성이 제기되어야 하고, 이런 필요성을 충족시킬 수 있도록 계획되고 설계되어야 하며, 적법한 절차에 따라 공고됨으로써 공역이 설정된다.

가. 공역 설정의 특성

공역은 해당 공역 내를 비행하는 항공기의 안전운항을 보장하기 위하여 설정된 공간으로, 공역 내를 비행하는 항공기의 운항 특성과 항공교통관리의 특성에 맞게 설정되며, 이런 업무를 수행하는 데 필요한 항공통신, 항행안전시설 등 각종 지원시설의 성능이 고려된다. 특정 공역 내를 비행하는 항공기에게 제공되는 항공교통업무는 공역의 종류에 따라 달라지며 서로 다른 공역 내에서 비행하는 조종사의 요구도 공역에 따라 달라진다. 이렇게 공역 내를 비행하는 비행의 종류와 제공되는 항공교통업무는 공역 결정의 주요 변수가 되므로 공역설정 시 이에 대한 고려가 필수적이다.

일정지역 상공에 설정된 공역은 운영상 또는 기술적 고려사항에 따라 결정된 것처럼 보이나, 공역의 범주(categories)나 종류(types)는 설정 예정 공역의 항공교통량과 복잡성, 항공운항의 형태 및 요구되는 안전수준, 그리고 국가나 공공의 이해관계 정도에 따라 이를 최대로 만족시킬 수 있는 방안으로 결정된다. 따라서 공역의 구조를 계획할 때는 장기적인 측면에서 공역을 사용하는 이해관계자의 요구변화와 국가 항공교통업무시스템의 원활한 운영을 고려하여야 하며, 그 공역 내에서 합법적 권리를 가진 모든 사용자들에게 공평하게 배분될 수 있도록 하고, 항공운송의 국제적 특성을 고려하여 인접 국가 및 관련 국가들과의 균형과 협조를 고려하여야 한다.

나. 공역 설정 방법

항공안전법 제78조에 의해 국토교통부장관이 공역을 지정·공고하기 위해서는 사전에 공역이 계획되거나 설계되고, 타당성이 검토되어 최종적으로 결정되어야만 공고되어 법적인 효력을 발생할 수 있다. 그러기 위해서는 사전에 공역이 설정되어야 하며 이러한 공역 설정에는 다음과 같은 방법들이 있다.

1) 국제적 협의 및 협정에 의한 설정

한 국가가 공역을 계획하고 설정하여 관할할 수 있는 공역의 단위는 비행정보구역(FIR)이다. 비행정보구역은 해당 구역을 관할할 수 있는 지역관제센터(ACC) 단위로 설정되지만, 지역관제센터는 대부분 국가가 운영하기 때문에 비행정보구역이 국가의 공역운영 단위가 된다. 한 국가 내의 비행정보구역은 국토의 면적과 지역관제센터가 항공교통업무를 제공할 수 있는 능력에 따라 하나 또는 다수로 지정된다. 예를 들어 대한민국과 일본은 각각 1개의 비행정보구역(인천 FIR, 후쿠오카 FIR)을 설정하여 관할하지만, 중국은 11개, 미국은 22개, 러시아는 30개의 비행정보구역을 가지고 있다.

비행정보구역의 외측 경계선은 타국이 관할하는 비행정보구역의 경계선과 일치하므로 이 경계선의 결정에 국가의 이해관계가 복잡하게 작용한다. 더구나 비행정보구역이 항공교통업무의 제공이라는 국가행정권의 행사 범위라는 측면을 고려할 때에 국경을 정하는 것에 비유될 정도로 각 국가의 이해관계가 민감하게 영향을 미친다. 따라서 비행정보구역을 결정할 때에는 해당 국가들 간의 사전 협의와 합의를 거친 후에 국제민간항공기구가 정한 권역(ICAO ATM Region) 내의 국가들의 협의기구인 지역항공항행회의(Regional Air Navigation Meeting)에서 지역항공항행협정(Regional Air Navigation Agreements)을 통하여 결정하고 이를 국제민간항공기구 이사회에서 승인함으로서 발효되도록 되어 있다. 이렇게 비행정보구역이 국제민간항공기구에 의하여 승인된 이후에 각 국가는 법적으로 자국의 비행정보구역을 지정·공고하고 그 구역 내에 각종 세부 공역을 설정할 수 있다.

2) 공역설계기준에 의한 설정

국제민간항공기구에서는 민간 항공기 운항의 안전성을 보장하기 위해서 공역을 설정하는 데 있어 국제적 기준에 부합되는 설계 기준에 따라 공역을 설계하도록 의무화하고 있는 공역이 있다. 이에 따라 각 국가는 국제민간항공기구의 부속서 11 - 항공교통업무(Air Traffic Service)의 항공로설계기준과 계기비행절차수립기준인 Doc 8168 PANS-OPS에 따라 자국의 공역설계기준을 정하고, 이 기준에 의해 공역을 설계하고 설정하여야 한다.

공역설계기준에 의하여 설정되어야 할 공역에는 항공로와 국제민간항공기구의 B, C, D등급공역, 체공장주(Holding Pattern) 및 계기접근 및 이·착륙 절차가 있다. 이 중에 체공장주와 계기접근 및 이·착륙절차는 항공법에서 정한 공역의 구분에는 포함되어 있지 않지만, 항공기 운항에 절대적으로 필요하고 중요한 비행로이므로 공역설정의 범주에서 설정하고 있다.

3) 정책적 의사결정에 의한 설정

비행정보구역과 공역설계기준에 의하여 설정되는 공역을 제외한 기타 공역들은 정책적 의사결정 과정을 통하여 설정된다. 대표적인 공역으로 통제공역과 주의공역이 있다. 이런 공역들은 공역설정의 필요성이 제기되면 목적의 타당성, 항공기 운항의 기술적 특성, 항공교통량 등을 고려하고 해당 공역의 설정에 관계되는 이해관계자들의 역학적 관계를 조정하여 공역의 범위와 운영방법을 결정한 후에 지정·공고의 과정을 거쳐 공역으로 설정된다.

제3절 공역의 설계

1. 공역 설계의 일반적 원칙

가. 공역 설계의 목적

공역설계의 목적은 공역설계 및 관리를 통하여 국가공역시스템의 안전을 유지하고 그 효율성을 증대함에 있다. 따라서 합리적인 공역설계는 공역시스템 내에서의 항공기 지연(delay)을 감소시키고, 시스템 운영의 유연성과 예측성을 증대시키며, 공역 이용자의 이용성을 제고하고, 시스템의 생산성과 수용능력을 극대화한다.

나. 공역 설계 요인 및 전제조건

공역 설계에 영향을 미치는 요소와 그 영향은 다음과 같다.

1) 시스템의 효율

미래의 공역은 다양한 운항 형태를 공역 내에 수용할 수 있어야 하며 관제사와 조종사가 업무량을 안전하고도 효율적으로 처리할 수 있어야 한다.

2) 항공기술

항공기의 무선통신, 공중항법과 공중감시 분야에서 항공기술의 진보로 인하여 공역사용자의 공역이용도와 시스템 운영상의 융통성이 증가될 것으로 예상된다. 또한 항공교통관리 시스템의 새로운 의사결정 방법 개발은 관제사가 미래의 시스템 수요를 처리할 수 있는 능력을 갖추는 데 있어 필수적이다.

3) 탑재장비의 성능

항공기술의 발달로 공역 사용자는 특정한 비용-효용 면의 이익을 가져다줄 항공장비의 탑재를 선택할 것이다. 고성능 항공기는 현재 정교한 지역항법(RNAV)시스템과 비행관리시스템(FMS)을 탑재하고 있어 더욱 정밀한 이용자 중심의 항공로(user preferred route)를 비행할 수 있다. 대다수의 공역사용자는 지상에 설치된 항행안전시설의 도움 없이도 항행이 가능하다.

4) 협력 정도

공역관리 부서는 계속해서 공역사용자와 이해단체의 의견을 존중하고 그들의 의견에 관심을 갖고 청취할 것이며, 공역의 개선에 앞서 관제사의 인력보강과 인적요인 환경의 개선을 통해 관제사의 업무량 과다 문제가 해결되어야 한다.

5) 하부 시스템의 구조개선

국가공역시스템의 하부구조와 국가공역의 재설계는 상호 의존적이며, 전체 국가공역시스템의 기존 설비능력을 확충하여 미래의 수요에 대비하여야 한다.

다. 공역 설계의 정책요소

국가공역의 설계에 반영되어야 할 정책요소는 다음과 같다.

1) 공역사용 집단들과의 합의

공역사용의 계획된 변경사항은 업무제공부서와 사용자 집단들의 모든 관련 부서간의 합의에 의해 개발되어야 한다.

2) 기술적 혁신

계획된 변경사항은 항공기술의 발달과 균형을 이루어 사용자의 항행요구기준을 충족할 수 있는 비 제한적인 공역규모에 일치하여야 하고 효율적인 항공교통업무 수행에 장애가 되어서는 안 된다.

3) 시기적 민감성

변경된 사항은 국가공역시스템의 혁신과 관련해서 시기적인 효과에 대한 평가와 함께 공역운영은 단기-중기-장기 계획에 기초하여 이루어져야 한다.

4) 일관성

공역구조의 변경은 공역체계의 하부구조와 사용자의 항공활동을 고려하여 변화하는 국가공역체계의 운영개념과 일치하여야 한다.

5) 동등한 공역사용

계획된 공역체제의 변경 시 민·군 항공의 균형 있는 공역사용이 보장되어야 한다.

6) 경계선(boundary)

계획된 공역체제의 변경 시 운영상 또는 항공교통관제구역의 경계선에서 예상되는 항공기의 활동이 억제되어야 한다.

7) 대체방안의 평가

공역체제의 변경 시 가능한 모든 대체방안에 대한 평가를 실시한다.

8) 비용–효율 분석

공역사용자 집단에 특정한 영향을 미치는 공역체제의 변화는 업무제공자와 공역사용자의 참여와 연구를 통해 비용-효율분석을 실시해야 한다.

라. 공역 설계 시 고려 사항

항공로설계를 포함하여 일반적으로 공역을 설계할 때에 다음과 같은 세부적인 사항이 고려하여야 한다.

- 교통수요
- 계기비행 보호공역
- 항공교통의 혼합도
- 기타 공역의 존재
- 항행안전시설
- 공역의 신축적 사용
- 비행로와 체공장주
- 산악 지형
- 공역의 등급
- 관할 구역의 분할
- 레이더 포착범위
- 환경요소
- 관제사의 인력 수준
- 국제적인 필수요건
- 상호 관련 구역

2. 공역설계의 기준

가. 국제민간항공기구의 기준

국제민간항공기구의 공역설계에 관한 규정은 국제민간항공협약 '부속서 11 - 항공교통업무'의 편람인 '항공기운항 Ⅱ - 시계 및 계기절차 수립(Doc 8168. PANS-OPS)'에 수록되어 있으며, 부속서의 참조 A와 편람 '항공교통업무계획 매뉴얼(ATS Planing Manual)' 제5장에 항공로설계에 관한 권고사항이 포함되어 있고, 기타 이와 관련되는 여러 기준들이 다른 부속서와 편람에 규정되어 있다. 모든 공역은 PANS-OPS에 의하여 설계되며 이 편람은 7부 36장 113절로 구성되어 있다.

공역설계에 관한 국제민간항공기구의 규정은 국제표준(standards)이 아닌 권고사항(recommended practices)으로, 공역설계 규정을 제정하는데 필요한 기준 및 이론적 준거를 제시함으로써 체약국들은 전 세계적인 공역설계의 통일성을 위해 이 기준을 적용하여 자국의 세부 규정을 정하도록 권고하고 있다. 그러나 국제민간항공기구의 부속서 및 교범에 제시된 내용에는 여러 가지 가변적 요인들을 포함하고 있으며 이런 요인에 대하여는 해당 국가의 공역과 항행의 특성을 고려하여 각 국가가 정책적으로 결정하도록 하였다. 특히 교통량 및 운항특성, 항행안전시설의 정밀도, 레이더 감시의 유무 및 운영의 숙련도, 항공로 주변의 통제공역과 주의공역의 유무 및 복잡성 등, 이런 모든 요인들을 모두 고려하여 자국의 규정을 제정해야 한다. 그러므로 각 국가들은 이 권고사항을 기준으로 하여 자국의 특성에 맞는 공역설계 규정을 제정하여 적용해야 하며 국제민간항공기구의 규정과 차이점이 있을 때는 이를 항공정보간행물(AIP)에 명시할 책임이 있다. 따라서 해당 국가의 독자적 규정 없이 국제민간항공기구의 규정을 적용하거나 준용한다는 것은 타당치 않다.

나. 미국연방항공청 기준

미국연방항공청(FAA)의 공역설계 규정은 FAA 기술지침(order)인 'the United States Standard for Terminal Instrument Procedures(TERPS)'이며, 기타 이와 관련되는 여러 기준들이 다른 항공규정 및 교범(handbook)에 규정되어 있다.

미국연방항공청은 국제민간항공기구 규정을 그대로 적용하지 않고 독자적인 규정을 제정하여 적용하고 있다. 공역설계에 관한 미국연방항공청의 규정인 TERPS는 5부 25장 60절로 구성되어 있으며 미국 내의 민·군 항공관련 기관뿐만 아니라 해외 주둔 미국 비행장에서도 적용되는 실행 규정이다. 이 규정은 국제민간항공기구의 권고사항뿐만 아니라 미국의 항공교통과 공역의 특성을 고려하고 공역설계에 영향을 주는 모든 요소들을 고려하여 공역설계자들이 설계를 쉽게 하도록 간소화된 절차를 적용하고 있다. 특히 공역설계에 영향을 줄 수 있는 모든 가변 요인들을 사전에 검토하여 기준을 제정함으로써 공역설계자들이 설계 규정에 명시된 기준만으로 통일된 공역설계를 할 수 있도록 간소화시켰다.

다. 국제적 기준과의 비교

대한민국에서 준용되는 국제민간항공기구와 미국연방항공청의 공역설계 규정 간에는 양 규정의 전문을 비교했을 때에 상당 부분에서 기준이 서로 다르게 규정되어 있다. 이 규정의 차이점은 대부분 안전규제의 정도 차이와 적용 대상에서 기인되었으며 그 내용을 다음과 같다.

1) 내용상 차이

국제민간항공기구 규정은 적용 대상을 국제민간항공협약 체약국의 민간항공으로 하며 체약국들이 이 규정을 근거로 하여 자국의 공역설계 규정을 제정하여 적용하여야 함으로 규정 제정에 필요한 이론적 근거와 수학적 분석 방법을 제시하고 있다. 또한 세부기준 결정에 필요한 요소들을 제시하면서 해당 요소의 값은 각 국가에서 결정토록 하고 있어 적용의 융통성이 있는 동시에 요소값 결정의 어려움이 있다. 포함된 내용에는 VOR/DME RNAV절차 등 FAA규정에 없는 규정들이 포함되어 있다. 이에 비하여 미국연방항공청 규정은 미국의 민간과 군, 국가 항공에 적용되는 규정으로써 미국 및 해외의 미국 관할 공항 및 공역을 적용 대상으로 하는 실행 위주의 규정이다. 국제민간항공기구 규정에는 없으나 미국연방항공청 규정에만 명시되어 있는 규정들도 포함되어 있고 이들 규정의 대부분은 군에만 적용되는 내용이다.

2) 안전규제의 정도

공역설계기준 중에 안전규제에 대한 핵심 내용은 비행로를 보호하기 위한 공역 폭의 결정과 해당 공역 내에서 지상 장애물과 떨어져야 되는 최저장애물회피고도(Minimum Obstacle Clearance Altitude: MOCA) 및 공역설계에 이용되는 항행안전시설의 정밀도(오차범위)이다.

각 체약국들의 지형적 특성, 항공교통량, 항행안전시설의 정밀성 및 운용의 숙련 정도, 항공종사자의 숙련도 등은 다르지만, 규정의 통일된 적용을 위한 노력으로 국제민간항공기구는 미국연방항공청 규정에 비하여 상당 부분에서 강화된 내용을 채택하여 규정 적용의 폭을 넓히고 전 세계적인 항공안전을 보장하고자 하였다. 이것은 더 넓은 공역의 폭과 더 큰 회피기준 및 더 넓은 오차범위를 적용하는 것이다. 이에 비하여 미국연방항공청에서는 일률적인 안전기준의 적용이 가능하기 때문에 국제민간항공기구에 비하여 완화된 내용을 적용하나 일부 규정에서는 미세하지만 국제민간항공기구보다 강화된 규정을 적용하고 있다.

3) 효율성 및 적용의 용이성

공역운영의 효율성은 안전성과 연관되어 있으며 공역의 폭과 최저장애물회피기준의 적용으로 결정된다. 안전성이 강조되어 한정된 전체 공역 중에 특정한 공역의 폭이 확대되면 다른 공역운영 및 전체 공역구조에 영향을 주며, 해당 공역에 더 많은 장애물이 편입되므로 장애물회피고도를 높인다. 최저장애물회피기준이 크면 장애물회피고도가 높아져서 최저비행고도가 높아지므로 공역의 효율성을 감소시키고 기상이 나쁠 때에 항공기의 출발 및 도착 확률을 감소시키므로 항공기 운용의 효율성이 떨어진다.

적용의 용이성은 설계규정의 명확성과 설계작업의 간편성 및 설계된 공역의 해석의 용이성에 의해 결정된다. 이런 측면에서 국제민간항공기구 규정은 미국연방항공청 규정에 비하여 복잡하고 요소값이 불명확하며, 공역의 폭과 최저장애물회피기준이 더 크기 때문에 효율성과 적용의 용이성이 떨어진다.

라. 대한민국의 공역 설계 기준

앞서 언급한 바와 같이 국내에는 공역설정에 대한 세부 절차나 설계기준에 관한 사항은 별도로 정하고 있지 않다. 다만, 최근 들어 국내 항공법규의 대대적인 정비를 통하여 공역관리규정(국토교통부고시 제2024-361호), 항공교통업무기준(국토교통부고시 제2021-275호), 비행절차업무기준(국토교통부고시 제2021-1010호) 등이 제정되어 공역설정에 관한 법적 근거를 마련해가고 있는 중이다.

공역 설계에 관한 기준은 사실상 국제기준을 준용하는 수준임에는 틀림이 없다. 비행절차업무기준(국토교통부고시 제2021-1010호) 제5조 제1항 다른 규정과의 관계를 명시하면서, 이 기준에서 정하지 않은 사항은 1호 “국제민간항공기구 부속서(국내 세부 절차나 설계기준을 제시하고 있지 못함)”를, 2호 이하 6호에서 “국제민간항공기구에서 규정하는 관련 기술지침(Documents)"을 적용할 수 있다고 규정하고 있다. 그러나 국내 현실은 민간항공의 경우 국제민간항공규정을 준수하고 있고 군 관할 공역 내에서의 비행절차는 미국연방항공청의 규정에 근거하고 있어 사실상 민간항공과 군 항공 간의 준용기준이 다르다는 점으로 인하여 국내에서 공역 설계에 관한 법적 기준의 적용에 혼란을 가져오고 있기에 상기 규정만으로 국가 공역을 설계하기에는 부족한 점이 있다.

법령의 적용이란 “증거에 의하여 인정된 사실에 해당 법규를 적용하여 판결하는 것"을 말한다. 이는 대전제인 법규범을 소전제인 사실에 적용하여 판결이라는 결론을 도출하는 일련의 법 실현 과정을 일반적으로 일컫는 말이다. 따라서 현재 국내에서 적용되는 국가 공역 설계 규정 없이 “국제민간항공기구의 해당 규정을 적용한다."라고 명시한 지금의 국토교통부의 고시나 지침을 가지고 공역 설계의 법적 근거로 하기에는 부족하다.

또한 국내 군 비행장에는 미국연방항공청의 규정을 번역하여 규정화한 공군규정에 따라 공역을 설계하고, 주한 미군기지에서는 미국연방항공청의 기준에 의하여 설계하는 등 삼원화된 설계기준 적용 체제를 가지고 있다. 군용 항공기만이 운항하는 군 비행장에서의 각종 절차는 국제적으로도 특례가 인정되지만, 민·군 공용비행장으로서 국제공항으로 지정된 경우는 국제적 기준에 부합되는 공역 설계가 이루어졌는가가 법률적 문제가 될 수 있다. 이는 항공기 안전 운항뿐만 아니라 항공 사고 시에 책임의 소재에 중요한 영향을 미친다.

제 5 장 공역의 구성

제1절 국제적 공역의 설정

1. 국제민간항공기구의 항공교통관리권역(ICAO ATM Regions)

국제민간항공기구(ICAO)는 항공교통업무의 제공과 공역관리를 효율적으로 하기 위하여 전 세계의 공역을 9개 권역으로 나누고, 이를 국제민간항공기구의 항공교통관리권역(ATM Regions)이라 하며 국제적 공역설정의 기초로 삼고 있다. 또한 각 권역별로 다음과 같이 7개의 권역사무소를 설치하여 각 권역 내의 당사국 간의 협의 사항을 조정하여 결정한다.

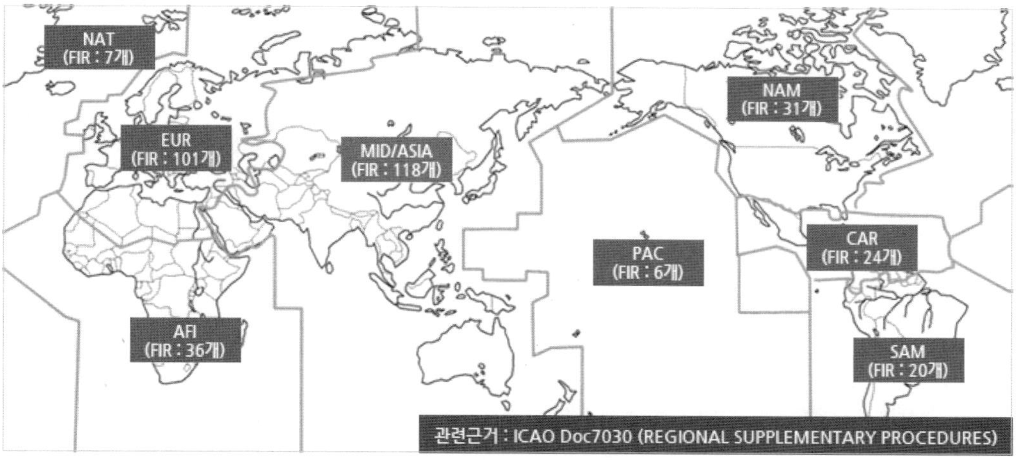

〈그림 5-1〉 국제민간항공기구(ICAO) ATM Regions

- APAC – 아태 (Asia·Pacific) 권역사무소 : 태국 방콕
- ESAF – 동·남아프리카(East·South Africa) 권역사무소 : 케냐 나이로비
- WACAF – 중·서아프리카(Middle·West Africa) 권역사무소 : 세네갈 다카
- EUR/NAT – 유럽·북대서양(Europe, North Atlantic) 권역사무소 : 프랑스 파리
- MID – 중동(Middle) 권역사무소 : 이집트 카이로
- NACC – 북·중미(North·Middle America, Caribbean) 권역사무소 : 멕시코 멕시코시티
- SAM – 남미(South America) : 페루 리마

각 권역 내의 국가들은 해당 권역의 항공에 관한 사항을 권역 국가들 간에 지역항공항행회의에서 협의, 결정하고 그 결과를 국제민간항공기구 이사회에서 최종 심의하여 의결, 공고함으로써 국제적 효력을 발휘하도록 한다. 하나의 Region은 그 권역 내의 체약국별로 영토와 항행지원능력을 고려하여 지역관제센터(ACC) 단위로 비행정보구역(FIR)으로 분할(405개, UFIR 포함, 2024)하며, 그 안에 해당 국가에서 항공로 등 여러 가지 공역들을 설정토록 한다. 따라서 한 국가의 공역설정 범위는 다른 국가가 공역설정권을 위임하지 않는 해당 국가의 비행정보구역 내로 한정된다.

각 체약국들은 국제민간항공협약 및 이의 부속서 규정의 국제표준 및 권고사항을 근간으로 하여 자국의 항공법과 비행규칙을 제정하여 공역을 관리토록 하고 있으며, 자국의 사정에 의하여 국제적 표준과 권고사항을 준수치 못할 때는 이를 국제민간항공기구에 보고하고 아울러 체약국들에게 공고토록 하고 있다.

2. 비행정보구역(Flight Information Region: FIR)

비행정보구역(FIR)이란 국제민간항공기구에서 국제항공의 편익을 도모하고 안전운항 확보를 위하여 각국의 항공교통업무기관으로 하여금 일정 범위의 공간에 대한 항공교통업무를 수행하도록 지정해 주는 구역을 말한다. 이 비행정보구역은 국제민간항공협약 및 그 부속서에 근거하여 국제민간항공기구 지역항공항행회의에서 논의하고, 그 결정에 따라 이사회가 최종 승인한다.

대한민국 관할공역은 정부에서 책임을 지고 항공교통업무를 수행하는 인천 비행정보구역(FIR) 내의 공역으로, 항공안전법 제2조 제11호에서는 '항공기, 경량항공기, 초경량비행장치의 안전하고 효율적인 비행과 항공기의 수색 또는 구조에 필요한 정보제공을 위한 공역(空域)으로 국제민간항공협약 및 동 협약 부속서에 따라 국토교통부장관이 그 명칭, 수직 및 수평범위를 지정·공고한 공역'이라 정의하고 있다. 이 비행정보구역은 국제민간항공기구로부터 위임받은 공역, 즉 국제법상으로 공인된 공역으로 현재 국토교통부 항공교통본부에서 관할하고 있다.

가. 인천 비행정보구역의 범위

국제민간항공기구에 의해 대한민국 정부에서 관할하도록 위임된 인천 비행정보구역(FIR)은 <그림 5-2>에 도시한 바와 같이 북쪽으로는 휴전선, 동쪽으로는 속초 동쪽으로 약 210NM, 남쪽으로는 제주 남쪽 약 200NM, 서쪽으로는 인천 서쪽 약 130NM이 되는 동경 124°선까지의 공역으로서 개략적으로 삼각형 모양을 이루고 있다. 현재 인천 FIR 공역 내에는 54개의 항공로와 14개 접근관제구역, 그리고 230 여개의 특수사용공역이 설정되어 있다. 인접하고 있는 비행정보구역을 살펴보면 북쪽으로는 평양 FIR, 동쪽 및 남쪽으로는 후쿠오카 FIR, 그리고 서쪽으로는 상해 FIR과 연접하고 있다.

〈그림 5-2〉 인천 비행정보구역의 범위

나. 비행정보구역의 설정 과정

대한민국의 항공교통업무(ATS)는 6.25 전쟁 발발 이후 한국에 주둔한 주한 미 공군에 의하여 1952년 7월 처음으로 시작되었다. 그러나 그 당시 정부에서는 국제민간항공기구로부터 아무런 관할공역도 위임받지 못한 상태였다. 대한민국의 FIR 지정에 관한 의제는 1955년 10월 필리핀의 마닐라에서 개최된 제1차 태평양 지역항공항행회의에서 대한민국의 FIR을 일본 도쿄 FIR의 일부로 포함하도록 한다는 내용으로 상정되어 가결되었다.

1959년 5월 방콕에서 개최된 태평양 지역항공항행회의에 대한민국의 독자적인 관할공역인 대구 FIR 신설안이 상정되었고, 수차에 걸친 협의 후 1962년 9월 싱가포르에서 개최된 제2차 태평양 지역항공항행회의에서 투표로 가결되었으나, 일본 측의 강력한 반대로 난항을 거듭하다가, 국제민간항공기구 중재로 타결이 되어, 1963년 4월 국제민간항공기구 이사회의 승인을 받아 그 해 5월 9일 대구 비행정보구역으로 정식 발효되었다.

그 후 대구 및 평양 FIR의 경계선이 북위 38°선으로 구획되어져, 실제 남한이 관할하는 동북쪽 일부 공역이 평양 FIR에 포함되고, 북한이 관할하는 개성 이남의 일부 공역이 대구 FIR에 포함되는 공역 관할권의 불일치를 초래하여, 1998년 1월 1일 부로 FIR 경계선을 현행 휴전선으로 수정하였으며, 비행정보구역 명칭을 지역관제센터의 인천 이전과 발맞추어 2001년 9월 1일부로 인천 비행정보구역으로 개명하여 오늘에 이르고 있다. 이상 살펴본 비행정보구역의 취득 과정을 요약하면 <표 5-1>로 정리한 바와 같다.

〈표 5-1〉 인천 비행정보구역의 설정과정 요약

일 자	내용
1955. 10	제1차 태평양지역 항공항행회의에서 우리나라 공역을 포함한 동경 비행정보구역설정(필리핀 마닐라)
1959. 5	대구 비행정보구역(대구 FIR) 신설 제안태평양지역 항공항행회의(태국 방콕)
1962. 9	대구 FIR 신설(안) 투표 결과 가결 - 제2차 태평양지역항공항행회의 (싱가포르)
1962 ~ 1963	반대의견을 제시한 일본 측과 ICAO 중재로 협의
1963. 4	대구 FIR을 ICAO 이사회가 승인
1963. 5. 9	대구 FIR 발효
1998. 1. 1	대구 FIR 북부경계선 조정
2001. 9. 1	대구 FIR을 인천 FIR로 명칭 개정

다. 비행정보구역 관할기관의 변경

대한민국 공역관리 및 운영은 국가 방위를 위한 군 작전 등의 국방요구를 충족하면서 국제민간항공기구에서 권고하는 방식에 따른 항공교통업무에도 적용하는 체제를 구성하여 운영되었다. 즉 국가 항공정책 및 행정은 국토교통부(당시 교통부), 항공교통업무의 실무는 국토교통부, 국방부(대한민국 공군) 및 주한 미 공군이 분할 담당하는 체제로 이루어졌다.

비행정보구역은 지역관제업무를 담당하는 기관이 담당하도록 하는 국제민간항공기구의 권고에 따라 지역관제업무를 제공하는 기관에서 관할하였으며, 이러한 관리기관의 변천 과정은 다음과 같다.

1) 주한 미 공군

1952년 7월에 주한 미 공군이 중앙항로교통관제소(Air Route Traffic Control Center: ARTCC)를 대구에 설치하여 1958년 1월에 대한민국 공군에 인계하기 전까지 주한 미 공군이 대구 비행정보구역 내의 지역관제업무를 수행하였다.

2) 대한민국 공군

주한 미 공군으로부터 중앙항공교통관제소를 인수한 대한민국 공군은 제주 원격관제소(Jeju Airway)를 증설 운영하였고, 또한 주한 미 공군이 운영하던 고고도 관제소를 인수하여 24,000피트 이상을 비행하는 항공기에게 레이더관제업무를 제공하였다. 이후 1986년 항공로 관제시설을 현대화하여 대구 비행정보구역(현재의 인천 비행정보구역) 내 모든 항공로를 비행하는 항공기에게 레이더관제업무를 제공하는 등, 지역관제업무에 큰 개선을 이룩하였다.

3) 교통부 항공교통센터

교통부 항공교통센터가 1995년 3월부로 대한민국 공군이 운영하던 중앙항공교통관제소(ARTCC)의 운영권과 기능을 인수하여 지역관제센터(ACC) 업무를 개시하였다. 지역관제업무 및 관제공역관리업무가 교통부 관리체제로 전환됨에 따라 이들 업무가 민간 운영의 국제화 추세에 따른 항공교통관제업무 수행이라는 민간항공 대표성을 확보하게 되었다.

2001년 10월에는 인천국제공항에 이전 신축한 지역관제센터에 신 항공관제시스템을 도입 설정하여, 21세기의 국제항공교통에 부응하고, 국가 항공교통업무의 중추적인 역할을 담당하는 항공교통관제기관으로 거듭 태어나게 되었다. 인천 비행정보구역 내의 지역관제업무 변천과정과 주요 업무를 요약하면 <표 5-2>와 같다.

〈표 5-2〉 지역관제업무 변천과정

일 자	내 용
1952. 7	주한 미 공군이 중앙항공교통관제소 설치 운영
1958. 1	한국공군이 주한 미 공군으로부터 인수 운영
1986. 8	레이더 지역관제업무 개시(수동관제에서 자동으로 전환)
1995. 3	지역관제센터를 교통부가 인수하여 운영(교통부에서 지역관제업무 및 관제구역의 운영권 인수)
1998. 1	대구 FIR 북부경계선 조정
2001. 1	표준 항공교통관제절차 시행
2001. 7	공역 등급화 시행
2001. 9	인천 FIR로 비행정보구역 명칭 개정
2017. 5	항공교통본부 발족
2017.11	항공교통흐름관리센터 운영 시작

대한민국의 공역 관할권은 인천 비행정보구역(FIR) 내이며 모든 공역들은 이 구역 내에 설정되어 있다. 비행정보구역은 해당 구역을 비행 중인 항공기에게 항공교통업무(ATS)를 제공하는 국제적 공역 분할의 기본 단위로, 국제민간항공기구 권역(region) 내의 체약국 간 의사결정체인 지역항공항행회의에서 당사국 간의 협의사항을 조정하여 해당 공역 내에 항공교통업무를 제공하는 지역관제센터(ACC)별로 공역을 분할한 것이다.

아시아 권역(region)에 속하는 인천 비행정보구역은 한반도의 남쪽에 설정되어 있으며 약 43만㎢의 면적으로 지역관제센터에서 관할하고 있다. 이 구역은 1955년 10월 제1차 태평양 지역항공항행회의에서 설정된 공역으로 이때는 동경 FIR내에 속하였고, 1962년 9월 제2차 회의에서 대구 비행정보구역으로 분리, 독자적인 공역이 되었으며, 1963년 4월 10일과 1998년 1월 1일 조정을 거쳐 현재의 FIR로 확정되었다. 인천 FIR은 평양 FIR, 후쿠오카 FIR, 상해 FIR로 둘러싸여 있고 그 외곽에 심양 FIR, 블라디보스토크 FIR이 있다.

비행정보구역의 설정 목적은 전 세계의 하늘을 비행하는 항공기에게 항공교통업무를 효과적으로 제공하기 위한 책임 공역이나 최근에는 관할권의 권리로 인하여 국가 간의 이익이 첨예하게 대립되는 준 영공화한 공역으로 변질되었으며, 대한민국과 중국의 항공협정 시에 이 공역의 경계선을 결정하기까지 2년간의 조정을 거친 것이 좋은 예이다.

제2절 공역의 구분

1. 국제민간항공기구(ICAO) 공역 구분

국제민간항공기구에서는 해당 공역에 제공되는 항공교통업무의 종류에 따라 공역을 등급화(classifications)하고 있다. 공역등급에 따라 분류하는 기준은 해당 공역 내를 비행하는 항공기에게 분리업무(separation)와 항공교통관제허가가 제공되는가의 여부, 제공되는 업무의 종류 등으로써 그 내용을 요약하면 <표 5-3>과 같다.

〈표 5-3〉 ICAO 공역 등급 분류

공역 등급	비행 방법	항공기 분리	제공 업무	ATC허가
A	IFR만 가능	모든 항공기간	항공교통관제업무(ATCS)	필요
B	IFR	모든 항공기간	항공교통관제업무(ATCS)	필요
	VFR	모든 항공기간	항공교통관제업무(ATCS)	
C	IFR	IFR간, VFR로부터 IFR보호	항공교통관제업무(ATCS)	필요
	VFR	IFR로부터 VFR보호	IFR과 VFR간 – 항공교통관제업무(ATCS), VFR간 – 교통정보(요청시 교통회피 조언)	
D	IFR	IFR간	항공교통관제업무(ATCS), VFR 항공기에 관한 교통정보(요청시 교통회피조언)	필요
	VFR	미제공	(VFR, IFR간) 교통정보	
E	IFR	IFR간	항공교통관제업무(ATCS), 가능한 경우 VFR 항공기 교통정보	필요
	VFR	미제공	가능한 경우 교통정보	불필요
F	IFR	IFR간(가능한 경우)	항공교통조언업무, FIS	불필요
	VFR	미제공	비행정보업무(FIS)	
G	IFR	미제공	비행정보업무(FIS)	불필요
	VFR	미제공	비행정보업무(FIS)	

2. 우리나라 항공법상의 공역 분류

항공안전법 제78조(공역 등의 지정)와 동법 시행규칙 제221조(공역의 구분·관리 등)에서 대한민국의 공역은 관제공역, 비관제공역, 통제공역과 주의공역으로 나누고 있으며, 제공되는 항공교통업무에 따라 국제민간항공기구 공역등급기준에 근거하여 다음 <표 5-4>와 같이 분류하고 있다.

〈표 5-4〉 공역의 분류

1. 제공하는 항공교통업무에 따른 구분

종 류		내 용
관제공역	A 등급	모든 항공기가 계기비행을 하여야 하는 공역
	B 등급	계기비행 및 시계비행을 하는 항공기가 비행가능하고, 모든 항공기에 분리를 포함한 항공교통관제업무가 제공되는 공역
	C 등급	모든 항공기에 항공교통관제업무가 제공되나, 시계비행을 하는 항공기간에는 교통정보만 제공되는 공역
	D 등급	모든 항공기에 항공교통관제업무가 제공되나, 계기비행을 하는 항공기와 시계비행을 하는 항공기 및 시계비행을 하는 항공기간에는 교통정보만 제공되는 공역
	E 등급	계기비행을 하는 항공기에 항공교통관제업무가 제공되고, 시계비행을 하는 항공기에 교통정보만 제공되는 공역
비관제공역	F 등급	계기비행을 하는 항공기에 비행정보업무와 항공교통조언업무가 제공되고, 시계비행항공기에 비행정보업무가 제공되는 공역
	G 등급	모든 항공기에 비행정보업무만 제공되는 공역

2. 공역의 사용 목적에 따른 구분

종분		내용
관제공역	관제권	「항공안전법」 제2조제25호에 따른 공역으로서 비행정보구역 내의 B, C 또는 D등급 공역 중에서 시계 및 계기비행을 하는 항공기에 대하여 항공교통관제업무를 제공하는 공역
	관제구	「항공안전법」 제2조제26호에 따른 공역(항공로 및 접근관제구역을 포함한다)으로서 비행정보구역 내의 A, B, C, D 및 E등급 공역에서 시계 및 계기비행을 하는 항공기에 대하여 항공교통관제업무를 제공하는 공역
	비행장 교통구역	「항공안전법」 제2조제25호에 따른 공역 외의 공역으로서 비행정보구역 내의 D등급에서 시계비행을 하는 항공기 간에 교통정보를 제공하는 공역
비관제공역	조언구역	항공교통조언업무가 제공되도록 지정된 비관제공역
	정보구역	비행정보업무가 제공되도록 지정된 비관제공역

통제공역	비행금지구역	안전, 국방상, 그 밖의 이유로 항공기의 비행을 금지하는 공역
	비행제한구역	항공사격 · 대공사격 등으로 인한 위험으로부터 항공기의 안전을 보호하거나 그 밖의 이유로 비행허가를 받지 않은 항공기의 비행을 제한하는 공역
	초경량비행장치 비행제한구역	초경량비행장치의 비행안전을 확보하기 위하여 초경량비행장치의 비행활동에 대한 제한이 필요한 공역
주의공역	훈련구역	민간항공기의 훈련공역으로서 계기비행항공기로부터 분리를 유지할 필요가 있는 공역
	군작전구역	군사작전을 위하여 설정된 공역으로서 계기비행항공기로부터 분리를 유지할 필요가 있는 공역
	위험구역	항공기의 비행시 항공기 또는 지상시설물에 대한 위험이 예상되는 공역
	경계구역	대규모 조종사의 훈련이나 비정상 형태의 항공활동이 수행되는 공역
	초경량비행장치 비행구역	초경량비행장치의 비행활동이 수행되는 공역으로 그 주변을 비행하는 자의 주의가 필요한 공역

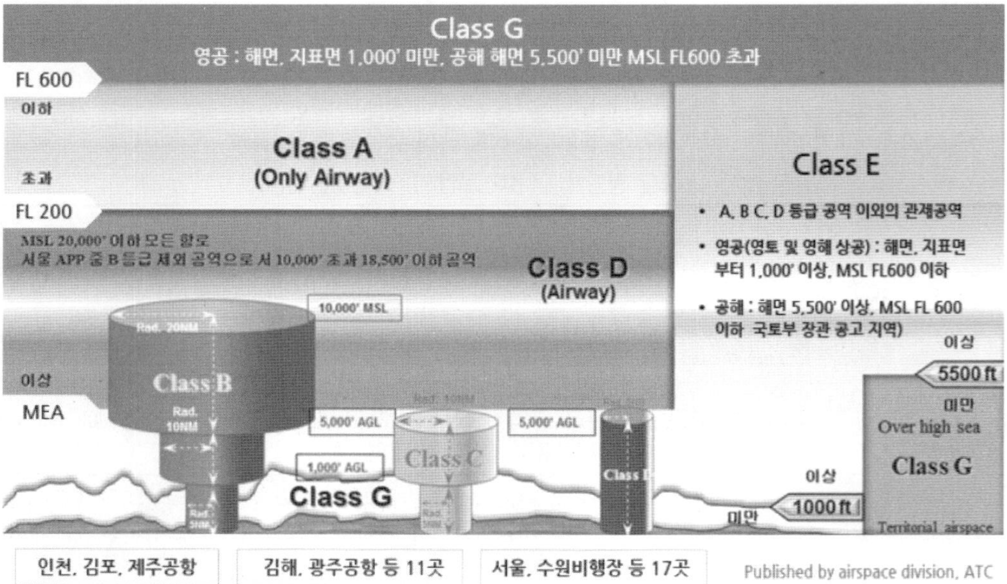

〈그림 5-3〉 대한민국 공역의 종류

제3절 대한민국의 공역 현황

1. 관제공역

항공안전법 시행규칙 제221조 [별표23]에서는 관제공역을 국제민간항공기구 공역등급과 같이 A, B, C, D, E로 구분하고 있으며, 공역 내를 비행하는 항공기에게 항공교통관제업무를 제공하기 위한 공역 범주로써 항공로, 접근관제구역, 관제권, 특별관제구역이라는 개념을 병행하여 적용하고 있다.

항공로는 계기비행 항공기의 지점 간 이동을 위하여 지정되는 비행로이며, 접근관제구역은 주요 공항에 이·착륙하는 계기비행 항공기에게 항공교통업무를 제공하기 위한 공역이고, 관제권(control zone)은 계기비행 항공기가 이·착륙하는 공항 주위에 반경 5NM 내에 있는 원통구역과 이·착륙 통로를 포함하는 공역이며, 특별관제구역은 계기비행 항공기만이 이용할 수 있도록 설정된 공역이다.

대한민국의 관제공역에는 국제민간항공기구 공역등급과 공역의 특성에 따른 분류방법이 적용되고 있다. 공역의 특성에 따른 분류에는 54개(국제항공로 11, 국내항공로 43, RNAV항공로 36)의 항공로, 14개의 접근관제구역, 31개의 관제권, 0개의 특별관제구역, 그리고 14개의 비행장교통구역(Aerodrome Traffic Zone)이 있다.

가. 관제공역등급

항공안전법 시행규칙 제221조 별표 23에서는 관제공역을 다음과 같이 정하고 있다.

〈표 5-5〉 관제공역의 종류

종 류		내 용
관제공역	A 등급	모든 항공기가 계기비행을 하여야 하는 공역
	B 등급	항공교통량이 많은 공항의 주변공역으로, 계기비행 및 시계비행을 하는 항공기가 비행가능하고, 모든 항공기에 분리를 포함한 항공교통관제업무가 제공되는 공역
	C 등급	관제탑이 운영되며 접근관제업무가 제공되는 공역으로, 모든 항공기에 항공교통관제업무가 제공되나, 시계비행을 하는 항공기간에는 교통정보만 제공되는 공역
	D 등급	관제탑이 운영되며 비행장관제업무가 제공되는 공역 및 국토교통부장관이 지정한 공역으로, 모든 항공기에 항공교통관제업무가 제공되나, 계기비행을 하는 항공기와 시계비행을 하는 항공기 및 시계비행을 하는 항공기간에는 교통정보만 제공되는 공역
	E 등급	A, B, C, D 등급을 제외한 공역으로, 계기비행을 하는 항공기에 항공교통관제업무가 제공되고, 시계비행을 하는 항공기에 교통정보만 제공되는 공역

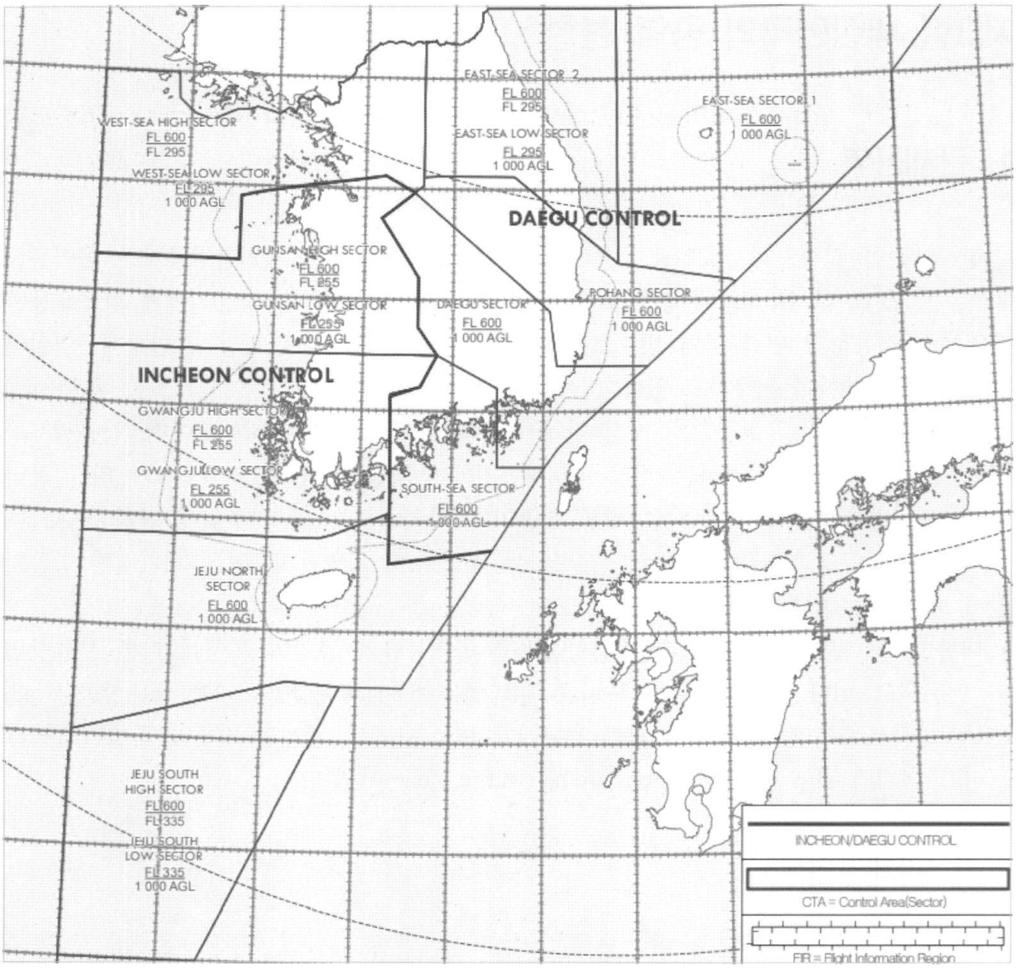

〈그림 5-4〉 관제공역

나. 항공로

항공로(airway)라 함은 "국토교통부장관이 항공기, 경량항공기, 초경량비행장치의 항행에 적합하다고 지정한 지구의 표면상에 표시한 공간의 길"을 말하며(항공안전법 제2조), 항공법상의 항공로는 조언비행로, 관제 또는 비관제비행로, 도착 또는 출발비행로 등 여러 가지 형태의 통칭으로 항공로명칭(식별부호), 중요지점사이의 항적방향 및 거리, 보고요건, 항공교통업무 기관이 결정한 최저안전고도 등으로 구성된 길을 의미한다(국토교통부 고시 제2021-1010호, 2024). 따라서 항공로는 항공기의 항행에 적합하여야 하고 공중에 설치된 통로로서 국토교통부장관의 지정(항공안전법 제78조)을 받아야 항공로로서의 요건을 갖춘다. 항공로를 설정하는 경우에 국토교통부장관은 각 항공로의 양측에 안전 공간을 두어야 하며, 그 항공로 아래에 있는 것 중 가장 높은 장애물을 고려한 최저비행고도를 설정하도록 규정하고 있다(항공안전법 시행규칙 제199조).

이와 관련하여 국제민간항공기구 부속서 4 및 11에서는 항공로를 "항행안전무선시설을 이용하여 회랑 상으로 설치한 관제구 또는 일부"라고 규정하고 있다. 따라서 부속서에서 항공로란 관제구의 일부로 생각되고 있지만, 항공안전법이나 동법 시행규칙에서는 이것과는 개별의 것으로 취급하고 있다고 볼 수 있다.

국토교통부장관은 항공기의 항행에 적합한 공중의 통로를 항공로로 지정하고 있는바, 그 항공로는 항공의 지정에 관한 공고에 의하여 명칭이나 공역의 위치 및 범위가 국토교통부장관이 발행하는 항공고시보(Notice to Airmen: NOTAM) 또는 항공정보간행물(Aeronautical Information Publication: AIP)에 구체적으로 정해진다. 이것은 국토교통부장관이 비행경로, 지리적 및 지형적 조건, 항행안전시설의 특성 등을 고려하여 항공기의 항행에 적합한 통로로서 지정한 것이다. 여기서 말하는 '항공기의 항행에 적합한'이란 당해 구간의 기상, 지형조건, 항행안전시설의 종류 및 성능 등에 의해 결정된다. 따라서 항공로는 국가가 항공기의 항행의 안정성에 관해 공인을 해준 통로이다.

항공로의 폭 등 설정 기준은 국제민간항공기구 부속서 및 편람에 규정되어 있으며, 각 체약국은 이를 기준으로 하여 자국의 설계기준을 제정하여 적용토록 되어 있다. 국내에는 항공안전법 제78조(공역 등의 지정) 및 동법 시행규칙 제199조 규정에 의거하여 항공기의 안전운항 및 국제기준에 부합하는 항공로 공역을 설정하기 위해 국토교통부 고시 제2021-1010호 비행절차업무기준에 따라 인천 비행정보구역 내의 항공로 공역을 설정하고 있다. 이 규정의 기준은 국내외 항공교통 환경을 고려하여 국제민간항공협약 부속서 11(항공교통업무)의 부록 및 국제민간항공기구 발행 항공기 운항절차(Doc. 8168)를 근간으로 항공기 안전운항이 확보되도록 국토교통부장관이 제정한다.

국내 항공로 공역은 항공로 주위에 통제공역과 주의공역이 밀집되어 있는 상황에서 항공로가 있어서 지상 장애물의 영향과 다른 항공기의 진입을 통제하는 기준인 항공로의 폭은 비행안전 상 가장 중요한 사항임에는 불구하고 국내외 기준에 비하여 협소하게 설정되어 비행안전의 저해요인이 되고 있다. 또한 항공로가 왕복 항공로로 설정되어 있어 항공로상의 항공기 분리기준 적용에 따른 지연이 발생하고, 항공로 전 구간에 걸쳐 통제공역 및 주의공역과 접촉되어 있어 해당 공역 내에서 비행하는 군 항공기와 충돌 위험이 상존하고 있으므로, 항행안전을 보장하기 위해서라도 이해당사자 간의 충분한 합의를 통하여 국내외 기준에 부합하도록 재설정 되어야 할 필요성이 있다.

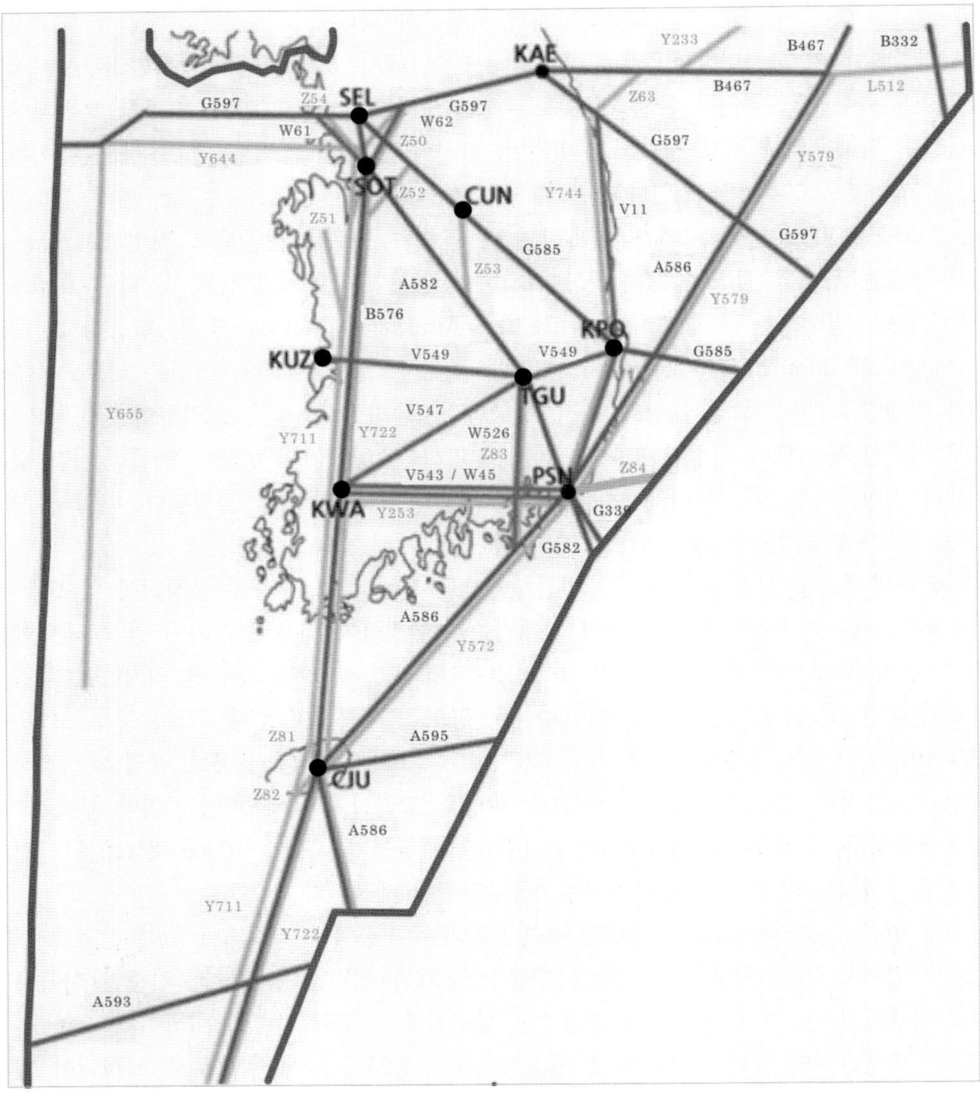

〈그림5-5〉 항공로지도

다. 접근관제구역

접근관제구역(Approach Controlled Area 또는 Terminal Control Area)은 관제구역의 일부분으로 지역관제센터(ACC)로부터 구역, 업무범위, 사용고도 등을 협정으로 위임받아 운영되며, 계기비행 항공기가 공항을 출발 후 항공로에 도달하기까지의 과정이나 도착하는 항공기가 항공로를 벗어난 후 공항에 착륙하기까지 비행단계에 대하여 항공교통업무(ATS)를 제공하기 위하여 설정된 공역이다. 이 공역은 접근관제소에서 레이더 절차나 비레이더 절차에 따라 운영하며, 이 구역 내에는 하나 이상의 공항이 포함되어 해당 접근관제소의 접근관제업무를 제공받는다.

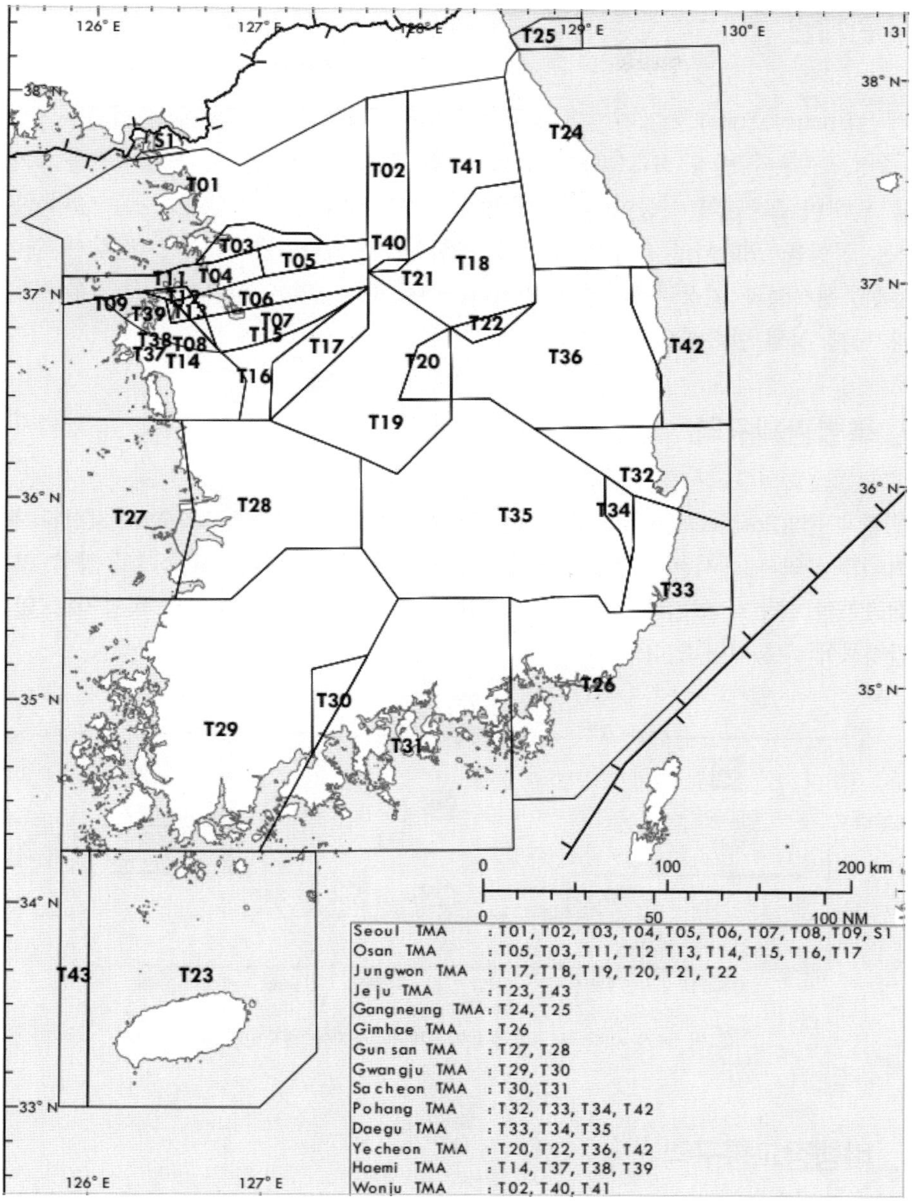

〈그림 5-6〉 접근관제구역

국내에는 14개의 접근관제구역으로 나누어져 있는데 이는 좁은 공역에 과다하게 분할되어 있어 해당 구역을 비행하는 항공기에 대한 필수적인 최초확인(initial contact), 정보제공, 관제권 이양절차 적용 등 조종사와 관제사의 업무량을 필요 이상으로 증가시켜 필요한 조언 및 정보의 제공을 제한하고 있다. <그림 5-6>는 인천 비행정보구역 내의 접근관제구역을 표시하고 있다.

라. 관제권

관제권(Control Zone)은 계기비행 항공기가 이착륙하는 공항 주위에 설정되는 공역으로 공항 중심으로부터 반경 5NM 내에 있는 원통구역과 계기출발 및 도착절차를 포함하는 공역을 말하며 그 권역 상공에 다른 공역이 설정되지 않는 한 상한고도는 없다. 관제권은 기본 공항을 포함하여 다수의 공항을 포함할 수 있다. 관제권을 지정하기 위해서는 항공무선통신시설과 기상관측시설이 있어야 하며, 이 공역은 항공지도상에 운영에 관한 조건과 함께 청색 단속선으로 표시되어 있다.

마. 특별관제구역

특별관제구역(Positive Control Area)은 항공안전법상 특별관제구역으로 지정된 공역을 말하며, 이 공역 내에서는 계기비행 항공기만이 비행할 수 있다. 옛날, 교통량이 많은 제주국제공항의 활주로 양단에 설정되어 있었다. 이 구역에 관한 정보는 항공지도 및 항공정보간행물에 수록되어 있다.

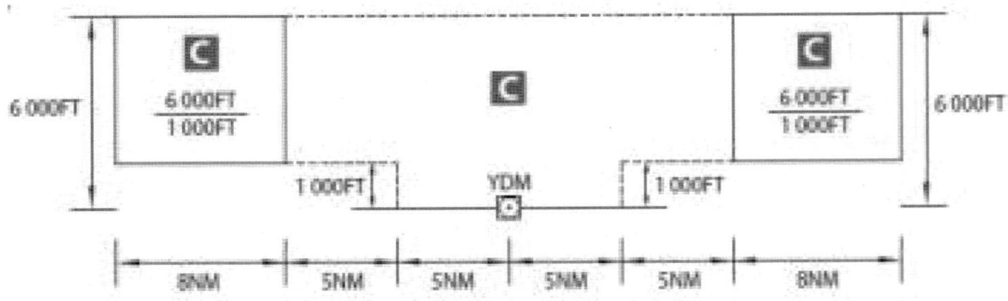

〈그림 5-7〉 제주국제공항의 특별관제구역(현재는 존재하지 않음)

바. 비행장교통구역

비행장교통구역(Aerodrome Traffic Zone)은 항공안전법상 특별관제구역으로 지정된 공역을 말하며, 이 공역으로 설정되기 위해서는 시계비행기가 운항하여야 하며, 관제탑, 출·도착 시계비행절차, 무선교신시설 및 기상측정장비가 구비되어 있어야 한다. 비행장교통구역은 수평적으로 비행장 중심으로부터 반경 3NM 내, 수직적으로 지표면으로부터 3,000ft까지의 공역이다. 전국에 13개가 설정되어 있다(2024).

2. 비관제공역

비관제공역은 관제공역 이외의 공역으로서 항공기에게 비행에 필요한 조언업무 및 비행정보만이 제공되는 공역을 말하며, 공역 분류상 F, G공역이 이에 해당한다. G등급 공역은 <그림 5-3>에 나타난 바와 같이 'A, B, C, D, E 등급을 제외하고 모든 항공기에 비행정보업무만 제공되는 공역'을 말한다.

3. 통제공역

통제공역에는 비행금지구역, 비행제한구역, 초경량비행장치 비행제한구역이 포함되며, 비행금지구역은 4개소, 비행제한구역은 86개소가 설정되어 있고, 초경량비행장치 비행제한구역은 초경량비행장치 비행구역 48개소를 제외한 공역으로 이루어져 있다. 통제공역의 구역별 제한사항에 관한 세부 정보는 항공정보간행물에 게재되어 공고되고 있다. 통제공역 중 비행금지구역이나 비행제한구역들은 대부분 군의 관리 하에 있으며 전국적으로 많은 공역을 차지하고 있어 신 항공로의 개설, 민간항공기의 비행을 위한 공역 확보, 공역의 조정 등에 많은 문제점을 내포하고 있다.

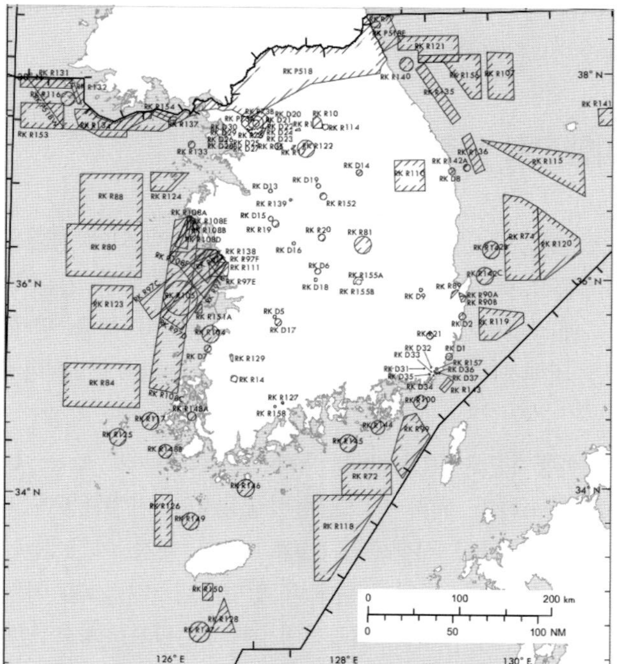

〈그림 5-8〉 통제공역

가. 비행금지구역

비행금지구역(Prohibited area: P)은 지표면상에 있는 지역과 동일한 지정 범위의 공역을 포함하며, 이 공역에서의 항공기 운항은 금지되어 있다. 이런 공역은 안전 또는 국방, 공공복리에 관련된 기타 이유 때문에 설정되었다. 이 공역은 항공정보간행물에 발간되어 있고, 항공지도에도 표시되어 있다. 예를 들어 우리나라의 휴전선 상공과 서울 상공 등 4개의 비행금지구역이 지정되어 있다.

나. 비행제한구역

비행제한구역(Restricted area: R)은 해당 공역에서 항공기의 비행은 전적으로 금지되어 있지는 않으나 제한조건 내에서 비행이 금지되는 공역으로, 이 공역 내에서의 비행활동은 그 특성상 제한시킬 때도 있고, 비행활동의 일부가 아닌 항공기 운항 상에 나타나는 제한사항 때문에 제한시킬 때도 있으며, 또는 두 가지 이유 모두로 인하여 제한될 수도 있는 공역이다. 이 제한구역은 항공사격·대공사격 등으로 인한 위험으로부터 항공기의 안전을 도모하거나 그 밖의 이유로 비행허가를 받지 아니한 항공기의 비행을 제한하기 위하여 설정되며, 이를 통하여 항공기에게 뜻하지 않은 위험이 있음을 나타낸다.

이 공역을 통제하는 기관 또는 항공교통관제기관으로부터의 허가 없이 제한구역을 침범하는 것은 항공기나 항공기 탑승자에게 대단히 위험하게 될 것이다. 국내에는 군사격장을 중심으로 86개 구역이 설정되어 있다.

다. 초경량비행장치 비행제한공역

초경량비행장치란 항공안전법상의 항공기와 경량항공기 외에 공기의 반작용으로 뜰 수 있는 장치로서 자체중량, 좌석 수 등 국토교통부령으로 정하는 기준에 해당하는 동력비행장치, 행글라이더, 패러글라이더, 기구류 및 무인비행장치 등을 말하며, 동력비행장치의 경우 좌석이 1개인 비행장치로서 해당 장치의 자체중량이 115kg 이하를 초경량비행장치로 구분한다.

초경량비행장치 비행제한구역(Ultralight Vehicle Restricted Area: URA)은 '초경량비행장치의 비행안전을 확보하기 위하여 초경량비행장치의 비행활동에 대한 제한이 필요한 공역'으로, 2004년 7월 항공법 시행규칙 [별표 16]의 개정 이전에는 '초경량비행장치 비행공역'이란 명칭으로 비관제공역에 포함되어 있었으나, 개정 후 이 공역을 제외한 모든 공역이 통제공역으로 분류되어 보다 적극적인 관리가 필요하게 되었다. 여기서 적극적인 관리의 의미는 지난 2003년 7월 25일에 개정·공포된 항공법 제23조 제②항 "초경량비행장치를 사용하여 국토교통부장관이 고시하는 초경량비행장치 비행제한구역을 비행하고자 하는 자는 미리 비행계획을 수립하여 국토교통부장관의 승인을 얻어야 한다"는 규정에 따라, 2024년 11월 현재 48개 구역(<그림 5-9> 참조)을 제외한 공역을 비행하고자 할 경우 비행계획을 수립하여 국토교통부장관에게 승인을 신청하여 승인을 받아야 함을 의미한다. 안정성 인증검사를 필요로 하는 초경량비행장치(유인기구류와 무인비행장치 포함)는 2016년 5월 31일 기준으로 국내에 약 2,056여대가 등록되어 있다.

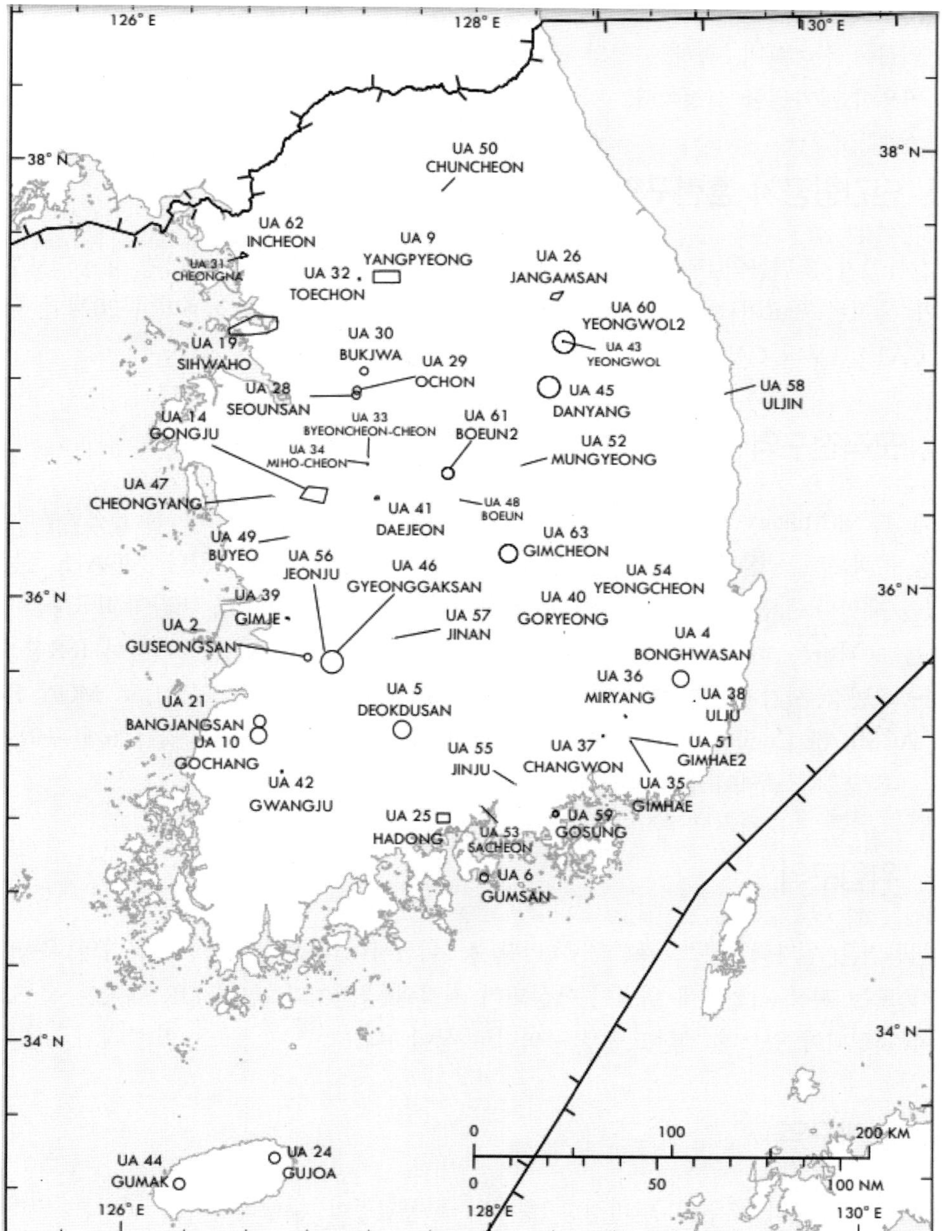

〈그림 5-9〉 초경량비행장치 비행제한공역

4. 주의공역

국내에는 민간항공기 훈련구역, 군작전구역, 위험구역, 경계구역, 초경량비행장치 비행구역이 주의공역으로 설정되어 있다. 특히 군작전구역이 항공로를 제외한 전 공역을 차지하고 있으며 항공로 전 구간에 걸쳐 경계선이 접촉되어 있고 완충 공역이 없으므로 군작전항공기의 항공로 무허가 횡단 및 양 공역 운항 항공기의 상호 침범으로 인한 공중충돌의 위험이 상존하며, 육상 공역의 군 선점으로 인해 신 항공로의 개설이나 민간항공의 공역 이용이 불가능한 실정이다.

가. 민간항공기 훈련구역

민간항공기 훈련공역(Civil Aircraft Training Areas: CATA)은 계기비행 항공기로부터 분리가 유지될 필요가 있는 공역으로, 고도는 공역별로 상이하게 적용되며 2024년 11월 현재 CATA 1부터 CATA 7H까지 총 9개 구역이 설정되어 있다.

나. 군작전구역

군작전공역(Military Operations Area: MOA)은 군 훈련 항공기를 IFR 항공기로부터 분리시킬 목적으로 설정된 수직과 횡적 한계를 규정한 공역으로 되어 있다. MOA가 운용되고 있을 때마다 항공교통관제에 의해서 IFR 분리를 받을 수 있다면, 비참여 IFR항공기는 MOA를 통과하는 허가를 받게 될 수도 있다. 그렇지 않으면, ATC는 비참여 IFR항공기를 항공로변경 시키거나 제한시킬 것이다. 2017년 8월 현재 군작적구역으로 MOA 55개 구역, ACMI(Air Combat Maneuvering Instrumen tation) 5개 구역, 공중급유 6개 구역, 헬리콥터 훈련 2개 구역이 설정되어 있다.

다. 위험구역

위험공역은 원자력발전소, 폭발물 처리장 등 위험시설의 상공으로서 항공기의 운항 시 항공기 또는 지상 시설물에 위험이 예상되어 지정된 공역이다. 인천 FIR 내에는 총 32개 구역이 설정되어 있으며 제한고도는 구역별로 상이하다.

라. 경계구역

대규모 조종사의 훈련이나 비정상 형태의 항공활동이 수행되어지는 공역을 말하며, 2004년 7월에 새로이 주의공역에 포함되었다. 2024년 11월 현재 국내에 설정되어 있는 경계구역은 총 10개 구역이 설정되어 있다.

마. 초경량비행장치 비행구역

초경량비행장치의 비행활동이 수행되는 공역으로 그 주변을 비행하는 자의 주의가 필요한 공역으로, 2022년 12월에 새로이 주의공역에 포함되었다.

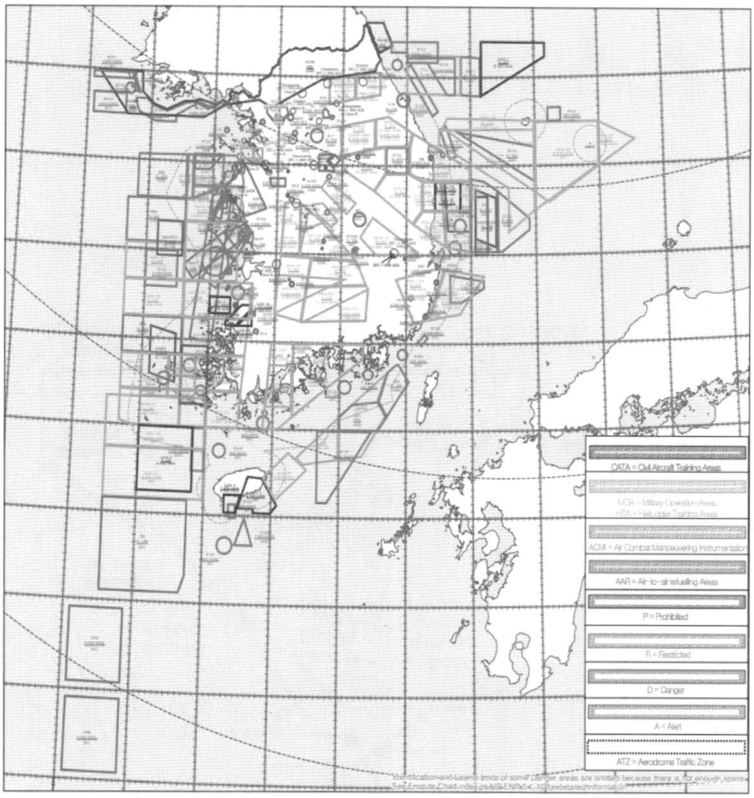

〈그림 5-10〉 통제 및 주의공역 현황

5. 유사공역

가. 방공식별구역

방공식별구역(Air Defence Identification Zone: ADIZ)은 국가 방공상의 요구에 의해 설정되어 있는 공역으로, 이 구역 내에서 비행하고자 하는 항공기는 반드시 해당 국가의 허가를 받아야 한다. 이러한 허가를 받지 아니한 항공기에 대해서는 무통보의 영공침입으로 간주하고 강제 착륙을 시킨다든지 영공으로부터 퇴거를 요구할 수 있다. 이 때문에 ADIZ 내를 비행하는 모든 항공기는 비행계획서의 제출, 위치통보 등 정해진 비행절차가 요구된다. 그러므로 민간 항공기 운항의 경우 이러한 절차에 의해 확인된 방공에 필요한 위치보고 등의 정보는 관제기관으로부터 방공관제센터에 보내진다. 일반적으로 방공식별구역과 비행정보구역은 별개의 구역으로 그 포괄범위는 일치하지 않는 것이 보통이다.

대한민국 방공식별구역은 2013년 12월 8일 방공식별구역 관련 법령을 근거로, 군 항공작전의 특수성, 항공법에 따른 비행정보구역의 범위, 국제관례 등을 고려하여 그 범위를 조정하였다. 새로운 대한민국 방공식별구역은 기존의 남쪽 구역을 국제적으로 통용되고 인접국과 중첩되지 않는 인천 비행정보구역(FIR)과 일치되도록 조정하였고, 이 구역에는 이어도 수역 상공과 마라도와 홍도 남방의 영공이 포함되었다.

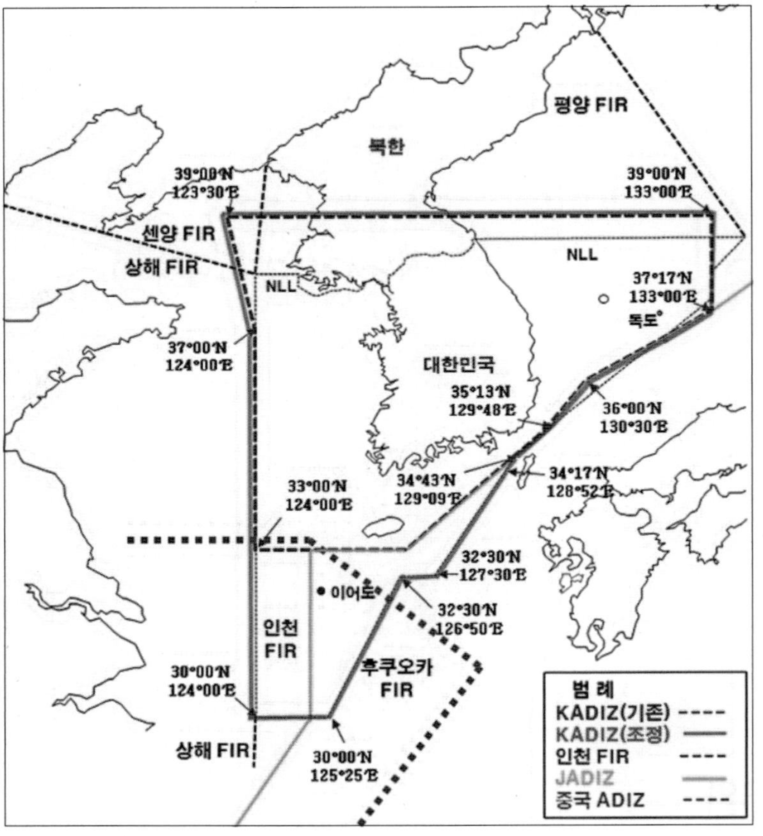

〈그림 5-11〉 대한민국 방공식별구역

나. 제한식별구역

제한식별구역(Limited Identification Zone: LIZ)은 방공식별구역 중 평시 국내 운항을 용이하게 하고 방공작전의 편의를 도모하기 위하여 설정한 구역이다. 국내는 해안선을 따라 한국제한식별구역(KLIZ)을 설정하여 국방부에서 관리하고 있다.

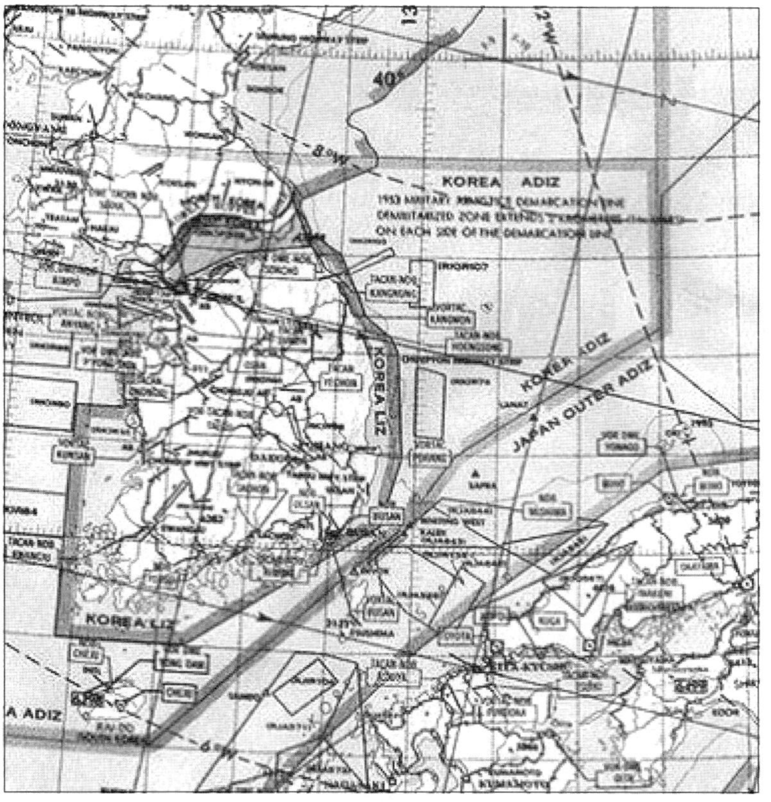

〈그림 5-12〉 제한식별구역 (구 방공식별구역 포함)

제 6 장 공역관리

제1절 공역계획

1. 공역계획의 목적과 특성

가. 공역계획의 목적

항공기가 안전하고 경제적인 운항을 하기 위해서는 공역이 이용 목적에 부합하도록 효율적으로 계획되고 설정되어야 한다. 공역계획이란 공역의 신설과 수정 및 폐기를 결정하는 과정을 말한다. 공역계획의 목적은 공역시스템의 안전유지와 효율성을 증대시키는 것을 목적으로 하며 이러한 목적을 달성하기 위해서는 공역시스템 내의 지연(delay)을 감소시키고, 시스템 운영의 유연성과 예측성을 증대시키며, 모든 공역이용자의 이용성을 제고시킴으로서 공역시스템의 생산성과 수용능력을 극대화하는 데 있다.

나. 공역계획의 특성

1) 적법성

공역계획은 국토교통부장관이 항공안전법에 따라 공역을 지정·공고하기 위한 법률행위의 사전 단계로서 이루어지는 것이다. 또한 공역계획의 결과로 지정된 공역의 이용에 관한 사항은 법률로서 강제성을 가지므로 공역을 계획함에 있어서는 관련되는 법령과 규정에 적합하여야 한다. 이와 같은 사항은 항공안전법 제2조(정의) 11호 '비행정보구역' 및 항공안전법 제78조(공역 등의 지정) 제2항에서도 공역의 지정과 이용이 국토교통부장관이 고시하는 기준에 적합할 것을 명시하고 있다.

2) 공공성

항공교통기관은 선택적 교통기관이 아닌, 공익적 교통기관이므로 공공성이 강하게 요구된다. 따라서 항공교통기관이 운영되는 기반시설로서의 공역은 사유(私有)적이거나 선택적인 이용 공간이 아니므로 공익적 목적에 따라 계획되어야 하고 설정되어야 한다. 통제공역이나 주의공역처럼 선택적 이용이 허용되는 공역이 있지만 이것도 국가안보나 조종사의 훈련과 같은 공익적 측면에서 공역 이용이 이루어진다.

3) 안전성

공역은 3차원의 입체공간으로, 항행에 필요한 모든 구역과 지점 및 항공로가 전파로 표시되어 시각적으로는 식별하기가 어렵다. 이런 공역을 다수의 항공기가 고속으로 비행하는 과정에서 안전성을 보장하기 위해서는 공역계획이 안전을 보장할 수 있도록 계획되고 설정되어야 한다.

4) 경제성

공역은 공유 자산이지만 공역의 선택적 사용은 비점유(非占有)에 의한 비용의 지출 측면에서 경제재의 역할을 한다. 예를 들어 국내의 훈련공역이 부족하여 항공사들이 조종사를 훈련시키기 위해 다른 나라의 공역에서 비행할 때, 공역사용료를 지불하는 것과 같은 것이다. 또한 공역의 혼잡으로 인한 항공기의 운항 지연으로 항공사나 여객이 엄청난 경제적 손실을 입는 것을 고려한다면, 공역의 구조나 운영은 항공운송의 경제성에 큰 영향을 주고 있다. 따라서 공역계획은 안전성이 보장되는 동시에 경제성이 보장되도록 이루어져야 한다.

5) 국제성

공역은 자국의 항공기뿐만 아니라 세계 모든 국가의 항공기들이 비행할 수 있도록 국제민간항공협약에 보장되어 있으며, 조약 부속서 11(항공교통업무)에서 각 국가는 국제적 항공운항이 안전하게 이루어질 수 있도록 공역을 설정할 의무가 있음을 명시하고 있다. 이런 측면에서 국제민간항공기구에서는 공역의 설정을 위한 설계기준과 운영방법을 표준화하여 체약국들이 준수하도록 하고 있으며 각 국가에서는 국제기준에 부합하도록 공역을 계획하고 설계하여 이용하고 있다.

6) 복잡성

공역계획은 그 절차가 여러 단계로 되어 있고, 많은 변수를 고려해야 하는 과정을 거쳐 이루어지는 복잡한 의사결정 과정이다. 공역의 설정은 법률적 행정행위이고 공역의 설정에 관련되는 많은 이해당사자들의 이해관계가 조정되어 최종적으로 공역이 공고되기까지 여러 단계의 심의와 재가가 이루어져야 한다. 또한 공역을 계획할 때에는 국가안보를 포함하여 정치적, 경제적, 사회적, 기술적 측면의 요소들과 국제적인 기술기준 및 이해관계까지도 고려해야 한다.

2. 공역계획의 단계

공역계획이 합리적으로 이루어지기 위해서는 계획과정이 적법하여야 하고, 계획에 관련된 모든 요소가 고려되어야 하며, 관련되는 이해당사자들의 의견이 적절히 반영되어야 한다. 이를 위해서는 공역계획자들이 임의로 계획해서는 공역계획의 목적을 달성하기 어려우므로 사전에 규정된 적절한 절차에 따라 공역이 계획되어야 한다. 국내에는 국토교통부장관이 공역을 설정하고 지정·공고하도록 항공법상에 명시되어 있음에도 불구하고 공역설정의 사전단계인 공역계획을 위한 절차가 마련되어 있지 않다. 그러나 미국연방항공청(FAA)에서는 공역계획과정을 규정화하여 기술지침(Procedures for Handling Airspace Matters; (구) Airspace Management HandBook)으로 제정하고 있고 이 기술지침의 절차와 단계별 고려요소에 따라 공역을 계획하도록 하고 있다. 이 교범에서 규정하고 있는 공역계획의 단계와 단계별 핵심 내용은 다음과 같다.

- 문제의 정의 : 문제의 본질과 범위
- 초기평가수행 : 대안 확인 및 평가
- 공역연구 시작 : 연구팀 구성, 연구계획
- 공역연구 수행 : 대안, METRICS, 모델
- 요약 및 결과 제출 : 결재, 결과 전달
- 현장에서의 계획 실행 : 적용, 조정
- 실행 평가 : 목적 달성 여부 확인

가. 문제의 정의 (1단계)

문제의 정의란 문제의 본질과 범위를 명확하게 인식함으로써 공역계획의 목적과 계획의 범위를 결정하여 의사결정의 완벽성과 경제성을 도모하고자 하는 과정이다. 이 단계는 문제의 제기와 제기된 문제의 조사 및 분석 과정을 거쳐 최종적으로 문제를 정의한다.

1) 문제의 제기

문제의 제기는 공역정책 및 공역관리부서와 같이 내부에서 제기될 수 있으며, 공역 이용자나 공항당국 또는 지역사회 등과 같은 외부에서도 제기될 수 있다. 문제가 제기되는 요인의 예로는 다음과 같다.

- 공역 관련 정책의 변경
- 공역의 신설, 조정, 이전, 폐쇄
- 항공교통 제한, 비행 중 또는 지상 지연
- 관제사의 과도한 업무 부담
- 안전 관련 사항
- 과도한 소음 및 환경적 우려 등

국내에서는 이러한 문제를 국토교통부의 공역위원회나 항공교통센터에 설치되어 있는 공역실무위원회에 제기할 수 있다.

2) 제기된 문제의 조사, 분석

제기된 문제를 조사하고 분석하는 방법에는 면접 수행, 자료수집 분석, 전문가 판단 등과 같은 증거에 대한 체계적 조사방법과 영향의 종류 및 범위, 계량화된 자료(spreadsheets, database 사용)를 이용하는 통계적 분석을 할 수 있으며, 비행경로와 같이 그래프 정보시스템 도구를 이용한 시각적 분석도 할 수 있다. 이러한 분석을 통하여 최종적으로 문제의 본질과 범위를 결정한다.

나. 초기평가수행 (2단계)

1) 초기평가의 목적

초기평가의 목적은 정의된 문제를 심층 조사하여 추가적인 연구의 필요성을 결정하기 위한 단계로, 초기평가를 수행하여 다양한 대안을 개발하고 필요한 조치를 지원하며, 전문적 소집단에 의한 현장평가를 실시한다.

2) 초기평가보고서 항목

<표 6-1>은 초기평가보고서 작성 시 필요한 항목들을 보여주고 있다.

〈표 6-1〉 초기평가보고서 항목

항 목	내 용
문제 설명	• 문제의 본질과 심각성, 문제와 관련된 문제점 기술
배경	• 주요 이해관련자들과 그들의 관심 사항 확인
초기평가 범 위	• 초기평가의 범위 결정(제약조건과 영향요인 고려) – 제약조건 : 시간, 비용, 자원, 도구 등 – 영향요인 : 변동사항의 복잡성, 공역의 크기, 변경사항의 잠재영향의 크기
이해관계자	• 이해관계자들과 그들의 요구사항 확인
초기평가의 기술적 접근	• 사용한 기술적 접근 방법 기술(Metrics, 모델, 자료) • 환경적 문제점들의 평가 방법 및 결과 기술
결과, 결론	• 초기평가의 결과와 도출된 결론을 문서화
권고사항	• 개발된 권고사항(적용, 추가연구, 조치 없음) 문서화

3) 초가평가결과

초가평가결과가 필요한 조치 없음으로 결정되면 이해관계자에게 공역계획의 필요가 없음을 통보하고, 추가 연구 없이도 조치가 가능하다고 결정될 때에는 관련 기관에 조치사항을 통보하고 이해관련자들에게도 결과와 결정사항의 조치에 협조할 것을 통보한다. 그러나 추가 연구가 필요한 것으로 결정되면 다음 단계의 공식적인 공역연구가 시작되며 이를 문제 제기자와 이해관계자들에게 통보한다.

다. 공역 연구 시작 (3단계)

초가평가결과가 추가 연구가 필요한 것으로 나오면 본격적인 연구를 위하여 설계팀을 구성하고 연구방향과 연구계획을 수립하여야 한다.

1) 공역설계팀 구성

설계팀의 대표는 통상적으로 해당 공역을 통제하는 정부기관의 전문가가 맡으며, 설계팀의 구성은 관련 시설이나 지역 사무소, 책임본부, 이해관계자, 공역 문제 및 설계전문가 또는 환경전문가 등으로 구성한다. 설계팀이 구성되면 설계팀의 역할과 각각의 참여자의 참여 수준을 결정해야 한다.

2) 연구방향 수립

연구방향을 수립하는 것은 설계팀의 구조와 목표를 개발(팀의 mechanism)하는 동시에 추가 구성원의 필요성을 결정하기 위함이다. 그리고 수립된 연구방향을 <표 6-2>의 예와 같이 문서화해야 한다.

〈표 6-2〉 연구방향 개요의 예

항 목	내 용
문제 설명	• 문제의 본질, 심각성과 관련된 문제점을 문서화
배 경	• 문제점에 대한 배경 설명, 이해관계자들의 관심사 확인, 공역설계팀 구성의 당위성 제시
연구 범위	• 연구범위 결정 – 제약조건 : 시간, 비용, 자원, 도구 등 – 영향요인 : 변경 사항의 복잡성, 관련 공역의 크기 및 변경 사항
공역설계팀의 목표	• 공역설계팀의 목표 기술
이해관계자와 의사결정자	• 이해관계자들 확인, 공역설계팀과 다른 조직들과의 관계 기술
역할과 책임	• 공역설계팀의 구성원 확인, 개별 및 전체 구성원의 역할과 책임 한정
제품, 일정표	• 공역연구가 완료될 최종 제품과 기한을 기술
연구 자원	• 연구수행에 예상되는 자원(직원–기간, 비용, 모델, 자료 등)을 산정

3) 연구계획수립

〈표 6-3〉 연구계획서 사례

항 목	내 용
문제 설명	• 문제의 본질과 심각성, 관련된 문제점 문서화
배경	• 문제점에 대한 배경 설명, 이해관계자들의 관심사 확인
연구 범위	• 연구의 범위, 제약 사항과 영향요인에 제약
연구의 목표	• 연구 목표를 기술
이해관계자, 의사결정자	• 이해관계자들 확인, 공역설계팀과 다른 조직들과의 관계 기술, 최종 의사결정자 확인
제품, 일정표	• 최종 제품 내용 기술, 연구 중간보고 일자와 종료 일자 수립
연구 지원	• 연구를 위한 구성원과 기타 자원 기술 • 연구 및 지원인력의 지식이나 숙련도 표시
연구 대안	• 고려할 각 대안과 배경 기술
연구의 기술적 접근	• 연구수행에 사용될 기술적 접근을 기술 – 대안을 평가하는데 사용될 metrics – 필요시 사용될 모델들 – 사용될 data 자원 • 기술적 제한 사항, 환경문제 평가결과 기술

연구계획을 수립하는 것은 연구의 성공에 중요한 요소로서 반복적인 분석과 수정을 통해서 결정되어야 하며, 수립된 연구계획은 문서화하여 유지되어야 한다. <표 6-3>은 공역연구를 위한 연구계획서의 사례다.

라. 공역연구 수행 (4단계)

공역연구의 수행은 연구가 국가공역시스템에 미치는 영향을 고려해야 하고, 새로운 비행 및 공역운영에 대한 개념 하에서 이루어져야 하며, 과학기술 및 운영 관리 기술의 발전을 고려하여야 한다. 또한 고도로 복잡한 모델링 환경 하에서 연구되어야 하며 다양한 방법에 의해서 수행되는 특성을 가지고 있다. 공역연구가 수행되는 절차와 해당 절차에서 고려해야 하는 요소는 다음과 같다.

1) 문제(상태)의 재확인

1, 2단계에서는 문제의 특성을 파악했지만 이 단계에서는 문제의 상태를 정확히 식별하고 확인하여야 하며 문제의 관심사를 확인하고 기록해 두어야 한다.

2) Metrics의 정의와 설정

Metrics의 개념은 매개변수(parameters), 연산방식(algorithms), 시스템 성능의 계량분석용 공식과 측정치 및 사용 모델의 통합 개념으로써, 공역 개선의 목적과 연구 대안에 따라 각 대안 간에 차별화가 가능토록 선택된다. 이런 metrics는 각 대안의 평가 기준으로서 역할을 하고, 시스템의 효율성과 안전성 및 보안성을 보장하도록 선정된다.

3) 대체안의 확인

대체안을 개발하기 위해서는 통상적으로 Brainstorm방식을 사용한다. Brainstorm 방식이 성공적이기 위해서는 문제 해결을 위한 창조적인 다양한 의견이 제한 없이 제시되어야 하며, 결정적인 해법은 가능한 제시하는 것을 회피하고, 제시된 대체안에 대하여 팀에 의해 평가되는 것이 억제되어야 한다.

Brainstorm방식에 의하여 제기된 개별적인 의견을 package화하여 후보 대체안을 만들고 후보 대체안 중에서 대체안을 선택해야 한다. 대체안을 선택할 때에는 연구팀의 자원의 제한, 자료수집의 난이도 및 비용, 분석 도구의 확보, 대체안 실행의 비용 효과 등과 같은 영향요인을 고려하여야 한다.

4) 분석방법의 결정

선택된 대체안을 평가하기 위해서는 분석방법이 결정되어야 하며, 다음과 같은 분석방법들이 사용된다.

- 전문적인 판단 : 전문가의 판단
- 통계적 분석 : 통계적 특성 분석 비교
- 경향분석 : 역사자료, 기록 자료를 통한 경향 예측
- 수학적 모형분석 : 수학적 관계를 통한 최적화 분석
- 시각적 도구 : 시각화한 자료 비교, Metrics원천
- 시뮬레이션 모형 분석 : 모델 조건 변화 분석
- 시뮬레이션, 인간반응 결합 분석 : 통합 분석

5) 분석도구의 선정

분석도구의 선정은 세부적인 분석 수준(level of detail analysis)에 따라 결정된다. 낮은 수준의 분석은 수학적 모델을 이용하여 개략적인 해답을 신속히 제시할 수 있어 운용이 용이한 반면, 높은 수준은 시뮬레이션 모델을 이용하여 복잡한 상황 변화와 가정을 수용하여 분석할 수 있으며 운용이 전문적이다.

운용의 범위(coverage)는 문제 및 대안의 범위에 따라 결정된다. 예를 들어 관련 공역과 공항을 통합하여 분류하는 경우에는 항공로, 접근관제공역, 최종 접근 및 활주로, 유도로와 계류장과 같이 범위를 설정할 수 있고, 국가 또는 지역의 공항시스템, 터미널공역, 항공로 섹터와 같이 넓은 운영범위를 설정할 수도 있다.

6) 입력 자료의 획득

자료는 분석의 형태와 분석 도구의 선택에 영향을 주며, 연구의 형태에 따라 서로 다른 자료가 요구된다. 또한, 연구 수준, 매트릭스, 대체안 등에 따라 결정되며 자료 획득 불가능 시 연구의 소요되는 자료나 자료의 가용성 등이 연구의 균형을 위하여 조정되어야 한다.

공역연구를 위한 전형적인 자료들은 항공로 상의 중요지점(way-points), 항공로(routes), 공항(airports), 섹터(sectors), 특수사용공역(special use airspace), 항공교통(traffic), 절차 및 규정(procedures and rule), 항행 및 감시 장비(navigational and surveillance equipage), 바람 및 기상(wind and weather), 항공기성능(aircraft performance), 지리 및 지형(geography and terrain) 등과 같은 것이 있다.

7) 기준 및 대체 시나리오 결정

기준(baseline)은 공역 변경의 효과를 평가하기 위한 척도로서 최근의 공역과 교통의 상태를 계량화하기 위한 목적으로 이용되며, 이 기준보다 공역 변경의 효과가 크면 대체안으로 선택된다. 이런 기준의 결정은 과거의 특정 날짜나 상황, 매일 측정되는 가변적 자료 또는 통계적 방법을 이용하여 통계적 특성치를 이용하기도 한다.

8) 모델의 적용, 수정, 확인

적용(adaptation)은 모델에 사용되는 자료로써 공항, 공역구조, 교통상황 등을 표시하는 자료이며, 수정(calibration)은 자료의 변경으로 모델을 수정하기 위한 조정으로 항공기 분리 기준, 교통흐름 조정 등을 말한다. 또한 확인(validation)은 모델이 신뢰할 수 있는 결과를 제시하는 단계로서 기준 및 대체안의 확인이 가능하다.

적용과 수정은 실제 시스템을 측정한 기준 시나리오에서 도출되며, 차이가 적은 경우 모델링이 실제 상황에 부합됨을 의미하고, 모델의 유효성 확인은 출력과 대체안 및 실제 시스템을 비교하여 재수정이 수행되는 반복 작업에 의하여 이루어진다.

9) 산출 실행

대체안의 분석은 연구 시나리오와 모델의 적합성을 반복적으로 검증하는 것으로, 대체안과 시나리오의 결합 분석이 필요하다.

10) 모델 출력 분석

모델 실행이 완료된 후에 대체안의 분석 결과와 기준을 비교하여야 하고, metrics의 계량분석 결과를 전문가가 분석할 필요가 있으며 대체안 간의 차이점을 분석하여야 한다.

11) 민감도(Sensitivity) 분석 수행

불확실한 기초나 정보, 가설은 예측 오류가 발생할 수 있으므로 불확실한 요소와 대체안의 가정의 수정을 통하여 전체적인 수정을 예방하여야 한다.

12) 인간과 연계된 연구 수행(Human-in-the-Loop)

실시간 분석 과정에 숙련된 조종사와 관제사의 판단 및 능력을 이용하는 것이 인적요소의 관점에서 유용하다. 조종사와 관제사의 판단 자료를 시뮬레이션이나 분석에 이용할 수 있는 모델에 사용할 수 있으나 계량화가 곤란하고 고비용이 소요되므로 대체안과 환경분석이 완료된 후에 이용하는 것이 바람직하다.

마. 결과 요약 및 제시(5단계)

연구 결과 제시는 의사결정자와 이해관계자에게 연구 과정 및 결과를 제시함으로써 의사결정과정의 합리성을 입증하고, 연구 결과의 문서화를 통해 역사적 및 연구 참고 자료로써 가치를 보존하는데 목적이 있다. 연구 결과를 제시하는 방법으로는 연구보고서를 통해 충분한 정보를 기록하여 보고할 수도 있고, 구두보고를 통하여 신속하게 정보를 전달할 수도 있다.

〈표 6-4〉 연구보고서 개요의 예

항 목	내 용
주요 요약	• 연구의 핵심 사항을 간략하게 요약
문제 설명	• 국가공역시스템의 관련 항목과 공역이용자의 교통수요특성에 나타난 문제점 기술 – 국가공역의 구조 및 운영상 특성과 이용자의 이용 특성이 표시 – 미래의 공역시스템의 예상 능력과 공역사용자의 요구 및 시스템의 효율성이 포함
배 경	• 문제의 배경, 이해관련자들의 관심사
연구의 범위	• 연구제약조건(시간, 비용, 자료, 도구 등)과 연구 범위 기술
연구의 목적	• 연구의 목적과 변경 요구 사항 기술
이해관계자, 의사결정자	• 연구에 관련된 이해관계자 및 조직, 이해관계자가 제공한 자료 및 의견 등 기술
연구 대체안	• 연구에 포함된 대체안의 내용 설명
연구를 위한 기술적 접근	• 연구 수행에 사용된 기술적 접근 설명 – 대체안 평가에 사용된 metrics – 모델 및 자료 – 기술적 한계, 환경문제 평가방법
연구 결과	• 요구 기준과 각각의 대체안들의 예상 영향력, metrics를 이용한 평가 결과 기술
결 론	• 연구결과 도출과정에서의 핵심적 관심사항 • 재음미, 연구 범위에 포함되지 않은 문제점 • 기술, 연구 결과 요약 및 결론 제시
권 고	• 최적 대체안에 포함된 권고사항, 기술적 접근 및 방법론 상의 개선에 관한 사항 기술
부 록	• 분석방법 설명과 분석 결과, 출력자료, 연구계획서, 연구 지시서, 최초 평가 보고서 등 첨부

연구 결과 준비 시에는 고려 중인 문제, 핵심 문제와 관련 사항, 의사결정자 및 이해관계자, 관련자들의 요구 정보, 제공 정보를 고려해야 한다. 또한 연구 결과를 평가 시에는 영향력의 크기 및 중요성, 영향력의 발생 빈도와 영향 대상, 가정에 내포된 의미, 결과에 내포된 불확실성, 표시되지 않은 문제점 및 관련 사항, 자료, 방법론, 모델, 도구의 한계점을 고려해야 한다. <표 6-4>는 연구보고서 개요의 예이다.

바. 현장 실행계획 수립 (6단계)

현장 실행계획을 수립할 때에는 실행계획과 이행계획을 수립하여야 한다.

1) 실행계획(Implementation Plan)

실행계획은 공역 변경에 필요한 활동의 목표를 명시하고 이행계획(transition plan)의 지침을 제공하기 위하여 수립되는 것으로, 공역 변경의 승인 후에 공역설계팀에 의하여 수립되어야 한다.

〈표 6-5〉 실행계획의 개요

항 목	내 용
협 조	• 공역 변경사항에 대한 관련자(이용자 및 서비스 제공자) 들의 주의 촉구 • 항공교통관리부서들의 시행준비를 위한 협조 • 지원부서들에 대한 사전 협조
일 정	• 공역 변경에 대한 일정 및 세부 활동, 실행 순서 및 연계성 기술
하부구조 관리	• 관련되는 하부구조의 변경 사항(공역구조, 공역등급, 항공로, 표준계기출발 및 도착절차, 항행안전시설 등) 기술
장비와 소프트웨어	• 공역 변경에 영향을 받는 장비와 소프트웨어 기술
절 차	• 공역 변경에 따른 해당 공역 및 인접공역관리 부서에서 필요한 절차 기술
지원 사항	• 지원 요구사항(시설 및 설비의 개선 및 조정, 항공지도, 참고문헌 및 각종 도면의 개정, 기타 필요한 사항) 기술
환경 지원	• 지역이나 본부에서 지원이나 협조가 필요한 환경평가 항목 기술
훈 련	• 공역 변경 전에 훈련을 필요로 하는 새로운 비행 형태, 절차 업무 요구량, 운영수단 기술
수행 Metrics	• 공역 변경의 수행과 효과를 감시할 수 있는 도구와 방법 지정
위험 완화	• 공역 변경에 따른 위험 완화 및 영향 감소 방안 기술
비상 절차	• 서비스 중단 예방방안 및 비상 계획
이행 계획	• 이행계획의 수립단계, 사전 준비기간, 이행계획의 계획 내용과 요소 명시

주요 내용에는 주 과업 및 부수(후속)과업과 과업 할당 및 이행 부서, 세부 점검사항을 명시하여야 하며, 할당 과업의 이행 및 관련 부서에 협조 사항, 각 과업의 영향과 소요 비용을 포함하여야 한다. 실행계획 시 공역 변경에 따른 위험도 감소와 전체 공역 구조의 변경은 미래의 상황에 따르나, 공역 이용자나 제공되는 업무에 대한 영향요소, 공역 변경에 관련되는 요소는 반영하여야 하며, 기타 요소는 위험도를 증가시킬 경우 추가적인 연구가 필요하나, 복잡성을 가중시킬 수 있다. <표 6-5>는 실행계획의 개요이다.

2) 이행계획(Transition Plan)

이행계획은 업무의 중단 및 혼란, 방해를 사전에 방지하고 관련 부서, 공역 사용자 및 이해관계자에 공역의 변경을 인지시키며, 이행상의 잠재적 문제에 대한 해결 방향을 제시하는 것을 목적으로 한다. 이행계획의 수립은 공역관리부서에서 수립하며 공역 설계팀이 이에 협조하여야 하고, 관련 부서나 공역 사용자 또는 이해관계자에게 통보하여야 한다. 이행계획서에는 공역 변경 이행내용, 세부사항, 일정이 제시되어야 하며, 정확한 세부 변경 내용과 시기가 명시되어야 한다.

사. 실행평가(7단계)

실행평가의 목적은 공역 변경의 효과를 검증하고, 연구 및 실행 상의 문제점을 발굴하며, 추가적 공역 연구를 위한 자료를 확보하여 공역 연구에 반영함으로써 지속적인 공역 개선을 이루는데 있다. 공역 감시 및 평가 방법에는 이해관계자로부터 반영되는 결과에 대한 의견을 이용하거나 운영 감시, 성능/수행 metrics의 검증을 통하여 평가할 수 있다.

제2절 공역관리

공역관리의 일반 원칙은 "합법적으로 공역을 사용하고자 하는 모든 사람에게 공평한 공역 사용의 기회를 제공하고 다수의 수요자가 공동으로 사용할 수 있도록 합리적인 조율을 통해 가장 탄력적인 운용체계로 편성 및 관리하여야 하며 특정 부서의 공역 사용 독점으로 인한 장기간의 공역 공동화 현상은 지양되어야 한다"라는 것이다. 그리고 국제항공을 위한 공역 운영에 있어서는 항공 활동의 고유한 국제성을 감안하여, 국제항공과 관련되는 공역 구조의 변경에 관한 사항은 반드시 관련 국가 간의 협의와 합의를 필요로 한다.

1. 공역관리

공역은 영토와 마찬가지로 확장이 불가능한 영역이다. 이와 같이 한정된 공역을 사용하고자 하는 다수의 항공기 운영 주체들의 다양한 필요성을 국가적 차원에서 효율적으로 관리할 수 있을 때 총체적인 국익을 보장받을 수 있는 것이다. 공역관리의 변천 과정에서 선점한 기득권을 계속 유지하고자 하거나 편향된 정책을 고수할 때에는 반대로 어느 한쪽이 위축되어 총체적 입장에서 국가의 발전을 기약할 수 없다.

국내 공역의 특성과 관리 정책을 이해하기 위해서는 공역(FIR)관리 주체의 변화 과정을 살펴보면 현재의 공역 특성을 이해할 수 있다. 국내에 공역의 설정 및 이용에 관한 개념이 도입된 것은 한국전쟁을 통하여 공중작전의 주체였던 미 공군에 의해서이다. 전쟁의 종반에 이른 한반도 남쪽에서의 군 작전 항공기와 군수 지원항공기의 안전한 항행을 위하여 체계적인 항공교통관제업무의 제공이 필요하면서 국제민간항공기구조약에 의해서 이미 제도화된 미국의 항공교통관리제도가 도입되었다. 이로부터 공역관리의 주체는 주한미군(1952. 07~1957. 12)을 거쳐 국방부(1958. 01~1995. 02)로, 그리고 1995년 3월 교통부(現 국토교통부)로 이관되면서 오늘에 이르렀다. 이러한 과정에서 공역의 대부분은 군에서 독점하게 되었고, 이는 민간항공의 활동에 필요한 항공로의 개설과 훈련공역의 확보가 곤란하게 되어, 세계 10위의 항공국가로 비약적인 발전을 보인 민간항공이 국내에서 훈련에 필요한 공역을 확보하지 못해 비싼 외화를 낭비하면서 외국의 공역을 이용해야 하는 실정에 이르렀다.

공역관리의 주체인 교통부는 1995년에 관리권을 이관받은 후 공역관리를 위한 최소한의 법적 근거를 1999년 2월 5일, 항공법의 개정을 통해 마련하였다. 교통부가 제시하고 있는 공역관리 기준은 국가 안전 보장 요건의 충족, 국가 관할 공역 내의 비행 안전 보장, 공역 운영의 효율과 운항 경제성의 극대화, 공역 사용자 간의 균등한 기회의 최대한 제공 등을 제시함으로써 국익 차원에서의 공역관리의 기초를 확립하고자 하였다. 그러나 이러한 기준도 공역의 대부분이 군에 의해 독점된 상황에서 국가 안전 보장을 최우선으로 하는 정책이 시행될 때 국가 항공운송산업의 발전을 위한 나머지의 기준들은 그 실효성이 의문시된다.

지금의 국토교통부에서는 효율적인 공역관리를 위하여 공역관리에 대한 중요한 사항을 심의하기 위해 항공법에 따라 공역위원회를 두고 필요한 사항을 대통령령으로 정하고 있다.

2. 국내 공역관리 현황

가. 국내 공역관리 체제 및 조직

1) 공역관리 체제

대한민국 정부조직법 및 항공안전법 제78조에 의거하여 공역에 대한 일체의 사무는 국토교통부장관이 관장한다. 국토교통부장관은 항공기의 안전하고 효율적인 비행과 항공기의 수색 또는 구조에 필요한 정보 제공을 위하여 국제민간항공협약 및 동 협약 부속서에 따라 비행정보구역을 지정·공고하고, 공역의 체계적이고 효율적으로 관리하기 위하여 필요하다고 인정하는 경우 비행정보구역을 관제공역, 비관제공역, 통제공역, 주의공역으로 구분하여 지정·공고할 수 있다(항공안전법 제78조 제1항). 이러한 공역은 필요시 국토교통부령이 정하는 바에 따라 다시 세분하여 지정·공고할 수 있으며(항공안전법 제78조 제2항), 이에 따라 지정·공고된 공역을 사용하는 항공기의 표준 출발·도착 절차, 접근 절차 및 항공로 등(계기비행절차)을 설정·공고할 수 있다(항공안전법 제78조 제3항). 각 공역의 설정기준, 지정절차 및 계기비행절차의 설정기준、공고절차、승인절차 등에 관하여 필요한 사항은 국토교통부령으로 정한다(항공안전법 제78조 제5항)고 규정되어 있는데, 이러한 일련의 모든 행위는 곧 '공역관리' 행위인 것이다.

이러한 공역관리 행위는 같은 국가 공역을 이용해야 하는 군 항공업무와 불가분의 관계에 있기 때문에 민간 항공에 소요되는 공역의 확보와 군 항공에 소요되는 공역의 확보가 동시에 대두되면 양측의 주장은 서로 대립할 수밖에 없으므로 이를 조정하기 위한 공역위원회가 운영되고 있다(항공안전법 제80조). 따라서 공역위원회는 대한민국 공역의 설정 및 관리에 관한 사항을 심의하는 기능뿐만 아니라, 민·군 간의 이견에 대한 실질적인 중앙 조정 역할을 수행하는 기구라 볼 수 있다.

공역위원회는 항공법에 그 법적 근거가 명시되기 이전부터 운영되어 왔던 것으로 조사되었다. 자료에 의하면 1960년 2월 24일 주한 미 공군사령관 주관 하에 교통부, 국방부 및 각 군 대표로 구성(의장 : 주한 미 공군)되는 '한국공역조정위원회(The Korea Airspace Coordinating Committee: KACC)'라는 명칭의 협의회가 구성되었고, 1965년 3월 17일에는 동 위원회를 교통부에서 인수(의장 : 항공국 담당과장)하였으며, 1977년 1월 1일에는 한국공역위원회 설치에 관한 협정서(교통부 항공국장, 국방부 제3국장, 주한 미 공군사령부 제314사단장 서명)가 체결되었다.

위원회의 업무 범위는 공역의 이용, 관제공역의 설정, 항행안전무선시설의 설치와 운영, 운항에 필요한 절차, 지시 및 규정의 제정 그리고 비행장 및 항공교통관제시설 등의 설치 등의 사항을 협의하고 의결하였으며, 회의는 국토교통부 주관하에 2개월마다(연 6회) 정기적으로 개최하였다.

그 후 공역위원회의 설치에 관한 법적 근거를 부여하는 항공법 개정이 이루어져(항공안전법 제80조) 현재에 이르고 있다. 공역위원회의 구성, 운영 및 기능 등에 관한 사항은 항공안전법 시행령 제10조~17조에 규정되어 있으며, 이 위원회를 보좌하는 실무 조직으로 국토교통부 항공교통센터장을 위원장으로 하는 공역실무위원회를 항공교통센터에 두고 있다. 공역실무위원회의 특징은 항공에 관련된 민·군 실무기구의 중간 실무책임자급 대표자로 구성되어 공역위원회로부터 위임받은 안건 등에 대하여 실무 수준의 논의를 할 수 있는 점에서 실질적인 민·군의 협의체라고 할 수 있다.

2) 공역관리 조직

다음은 항공안전법 시행령 제10조에서 규정한 공역위원회와 그 하부 조직인 공역실무위원회의 구성, 운영 및 기능 등을 요약 설명한 내용이다.

가) 공역위원회

공역위원회는 항공안전법 제80조에 따라 공역의 설정 및 관리에 필요한 사항을 심의하기 위하여 설치된 위원회로 그 구성과 기능은 항공안전법 시행령 제10조(공역위원회의 구성)와 제11조(위원회의 기능)에 명시되어 있다.

이 위원회의 구성은 국토교통부 항공업무담당 고위공무원을 위원장으로 하고 부위원장을 포함하여 16인 이내로 구성되어 있다. 이 위원회는 1960년 3월 10일 교통부, 한국공군, 주한미군사령부의 실무자급으로 '한국공역조정위원회'를 구성하여 대한민국 공역에 관한 제반 사항을 협의·의결하는 역할을 해왔으며, 1965년 1월 28일 제22차 회의 후 1965년 4월 20일 '한국공역위원회'로 개칭되어 1999년 6월 25일 제186차 회의를 끝으로 현재의 '공역위원회'로 바뀌었다.

당시 위원회는 건설교통부 과장급의 위원장과 건설교통부 1인, 한·미군 9명 총 10명으로 구성되어 군과 건설교통부의 협의체적 성격이 강했으며 절대 다수인 군 위원에 의해 모든 의사결정이 군 위주로 이루어졌다. 이 기간 동안 민간항공이 급속히 발전하고 국가의 주요 산업으로 부상하면서 민간항공기의 교통량과 외국 항공기의 취항이 급증하고 공역에 대한 수요가 증가하는 동시에 대형 항공사고를 통한 비행 안전에 대한 의식이 확산되면서 현재의 체제로 정착하게 되었다.

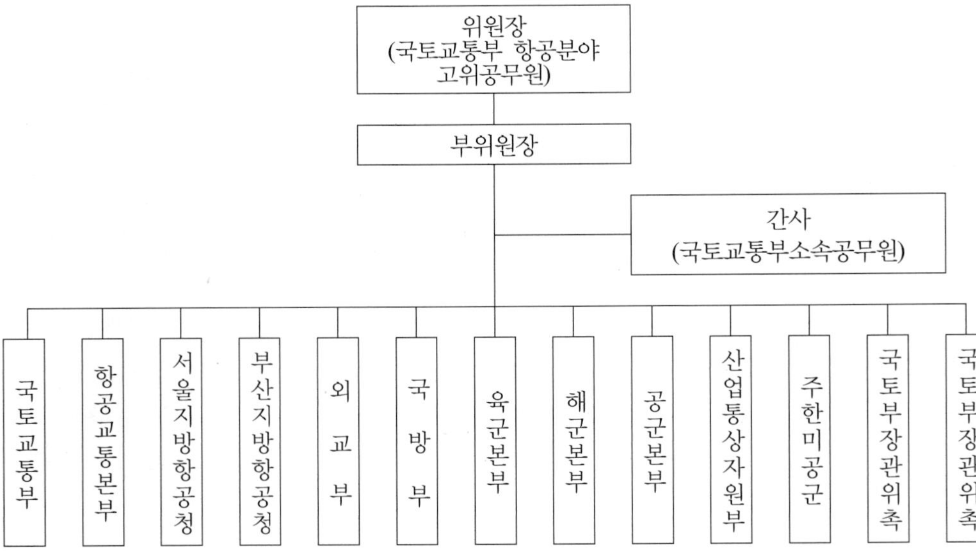

〈그림 6–1〉 공역위원회 조직도 (예시)

(1) 공역위원회의 구성 (항공안전법 시행령 제10조)

공역위원회는 위원장 1인과 부위원장 1인(위원 중에서 위원장이 지명하는 자)을 포함한 16인 이내의 위원으로 <그림 6-1>과 같이 구성한다.

- 외교부·국방부·산업통상자원부, 국토교통부 및 우주항공청의 3급 국가공무원 또는 고위공무원단에 속하는 일반직공무원이나 이에 상응하는 계급의 장교 중 해당 기관의 장이 지명하는 자 각 1인
- 대한민국과 아메리카합중국 간의 상호방위조약 제4조의 규정에 의하여 대한민국에 주둔하고 있는 미합중국 군대의 장교 중 위 규정에 상응하는 계급의 장교로서 주한미군사령관이 지명하는 자 1인
- 항공에 관한 학식과 경험이 풍부한 자 중에서 국토교통부장관이 위촉하는 자

(2) 공역위원회의 기능(항공안전법 시행령 제11조)

공역위원회의 기능으로 다음 사항을 심의한다고 규정되어 있다.

- 관제공역, 비관제공역, 통제공역 및 주의공역의 설정 · 조정 및 관리에 관한 사항
- 항공기의 비행 및 항공교통관제에 관한 중요한 절차와 규정의 제정 및 개정에 관한 사항
- 공역의 구조 및 관리에 중대한 영향을 미칠 수 있는 공항시설 · 항공교통관제시설 및 항행안전시설의 신설 · 변경 및 폐쇄에 관한 사항
- 기타 항공기가 공역 및 항공시설을 안전하고 효율적으로 이용하는 방안에 관한 사항

(3) 회의 (항공안전법 시행령 제15조)

공역위원회의 회의는 위원장이 소집하며, 위원회의 회의는 재적위원 과반수의 출석으로 개의하고, 출석위원 과반수의 찬성으로 의결한다.

나) 공역실무위원회

공역실무위원회는 항공안전법 제78조(공역 등의 지정), 동법 시행령 제10조(공역위원회의 구성)부터 제17조(운영세칙) 및 동법 시행규칙 제221조(공역의 구분·관리 등)의 규정에 따라 설치된 공역위원회를 지원하기 위해 항공교통본부장이 그 운영을 담당하는 실질적인 민、군 협의체이다.

(1) 공역실무위원회의 기능

공역실무위원회는 공역위원회로부터 위임받은 사항을 협의 결정하여 공역위원회에 보고하는 기능을 수행한다. 여기에는 다음과 같은 사항이 포함된다.

- 공역사용자에게 미치는 영향이 경미한 현 공역구조 일부의 조정에 관한 사항
- 특수사용공역의 조정 및 폐쇄에 관한 사항
- 전반적인 국가공역구조와 비행안전에 영향을 미치지 아니하는 국지적인 공항시설, 항공교통관제시설 및 항행안전시설의 신설, 변경 및 폐쇄에 관한 사항
- 위원회가 지시한 사항과 1년 미만의 기간에 한시적으로 적용되는 공역의 설정과 운용에 관한 사항
- 기타 공역위원회의 소집이 곤란하여 비행안전 목적상 신속한 조치가 필요한 경우에 위임받은 사항

(2) 공역실무위원회의 조직 및 운영

공역실무위원회는 항공교통본부장을 위원장으로 하여, <그림 6-2>와 같이 조직하여 운영하고 있다.

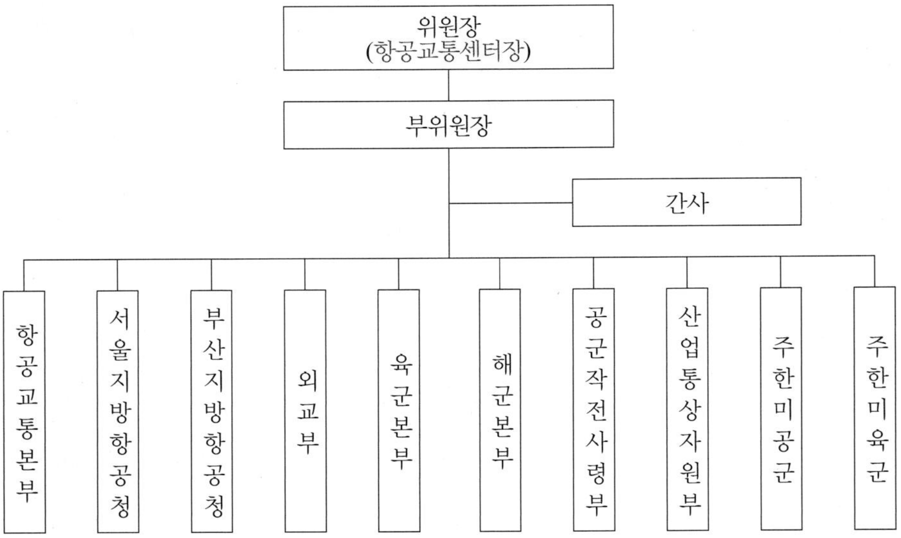

〈그림 6-2〉 대한민국 공역실무위원회 조직도 (예시)

다) 공역위원회 및 실무위원회의 의의

공역위원회와 공역실무위원회를 운영하는 배경은 민·군 간의 보다 효율적인 업무협조를 위하여, 그리고 의견이 일치하지 않을 때 타협과 합의를 통하여 최선안을 도출하기 위한 목적으로 설치 운영된 것으로 보인다.

공역위원회가 일종의 정책결정기구라고 한다면, 실무위원회는 실무책임자급 대표들로 구성되어 있기 때문에 각 분야의 전문가들이 머리를 맞대고 허심탄회하게 대화를 나누면서 문제 해결 방안을 모색할 수 있으므로 보다 용이하게 문제를 해결할 수 있는 위원회라고 판단된다. 그러므로 공역위원회는 실무위원회의 조력을 받을 수 있음으로써 보다 현실성 있는 결정을 내릴 수 있을 것이다.

제 7 장 공역의 장애물 제한

제1절 장애물 제한에 관한 국제기준

1. 국제민간항공기구(ICAO)의 기준

가. 장애물 제한근거

국제민간항공기구 부속서 14 - 비행장(Aerodrome)에서는 국제적인 공항 주위의 장애물 제한에 관한 기준으로 "국제표준 및 권고사항(SARPs)"을 다루고 있다. 특히, Volume I. Chapter 4. Obstacle Restriction and Removal(장애물의 제한 및 제거)에서는 항공기 안전운항의 확보와 공항이 사용불능 상태가 되는 것을 방지하기 위하여 공항구역에서 물체가 초과할 수 없는 구역별 제한 장애물 높이의 한계를 규정하는 일련의 공항 장애물 제한표면의 기준을 설정하고 있다. 또한, 그 적용 기준을 안내하는 세부지침으로 Airport Services Manual(Doc. 9137 AN898/2) Part 6 Control of Obstacle에 명확하게 기술되어 있다.

나. 장애물의 제한

부속서 14의 Volume I. Chapter 4. Obstacle Restriction and Removal의 주요 내용은 다음과 같다.

- 장애물의 제한 및 제거에 관한 규정의 목적은 항공기의 운항이 안전하게 되는 것을 가능케 하고, 비행장 주변의 장애물 증가에 의해 비행장이 사용 불능으로 되는 것을 피하기 위하여 비행장 주변의 장애물이 없는 공역을 규정하는 것임. 이것은, 물체가 공역에 돌출하는 한계를 규정하는 일련의 장애물 제한표면의 설정 및 비행을 위한 장애물이 없는 지대를 설정함으로써 이루어짐.
- 장애물 제한표면으로는 외부 및 내부수평표면, 원추표면, 진입표면, 및 내부진입표면, 전이표면 및 내부전이표면, 착륙복행표면, 이륙상승표면 등이 있음.
- 장애물 제한표면의 조건은 이착륙 및 진입형태에 따른 활주로 사용 목적에 따라 규정되고, 활주로가 그 목적과 같이 사용될 때 다음의 표면이 적용됨. 그리고 차폐의 원리가 어떻게 적용되는가는 Airport Services Manual, Part 6에 나타나 있음.

– 비계기 접근활주로 : 원추표면, 내부수평표면, 진입표면, 전이표면을 설정.
– 비정밀 접근활주로 : 원추표면, 내부수평표면, 진입표면, 전이표면을 설정.
– 정밀접근활주로 : 정밀접근활주로 CAT-Ⅰ에 대해서는 원추표면, 내부수평표면, 진입표면, 전이표면을 설정. CAT-Ⅱ 또는 Ⅲ에 대해서는 원추표면, 내부수평표면, 진입표면 및 내부진입표면, 전이표면 및 내부전이표면, 착륙복행표면을 설정.
– 이륙활주로 : 이륙상승표면을 설정.

- 장애물 제한표면구역의 외측에 있는 물체도 최소한 지상에서 150미터 높이 이상이 되는 물체는 항공학적인 검토로 항공기에 장애를 미치지 않는다는 것이 판명되지 않는 한 장애물로 보아야 함.

부속서 14의 Volume I. Chapter 4에서는 공항장애물제한표면의 기준을 활주로 등급별로 제한표면들의 제원과 구배(경사도)를 세분하여 나타내고 있다. (<표 7-1> 참조) 국내에서도 이러한 기준을 준용하여 적용하고 있고 외국의 경우도 대부분의 체약국들이 국제민간항공기구 부속서 14의 국제표준과 거의 동일한 내용의 장애물제한표면을 자국의 항공법규정에 규정하여 놓고 있다.

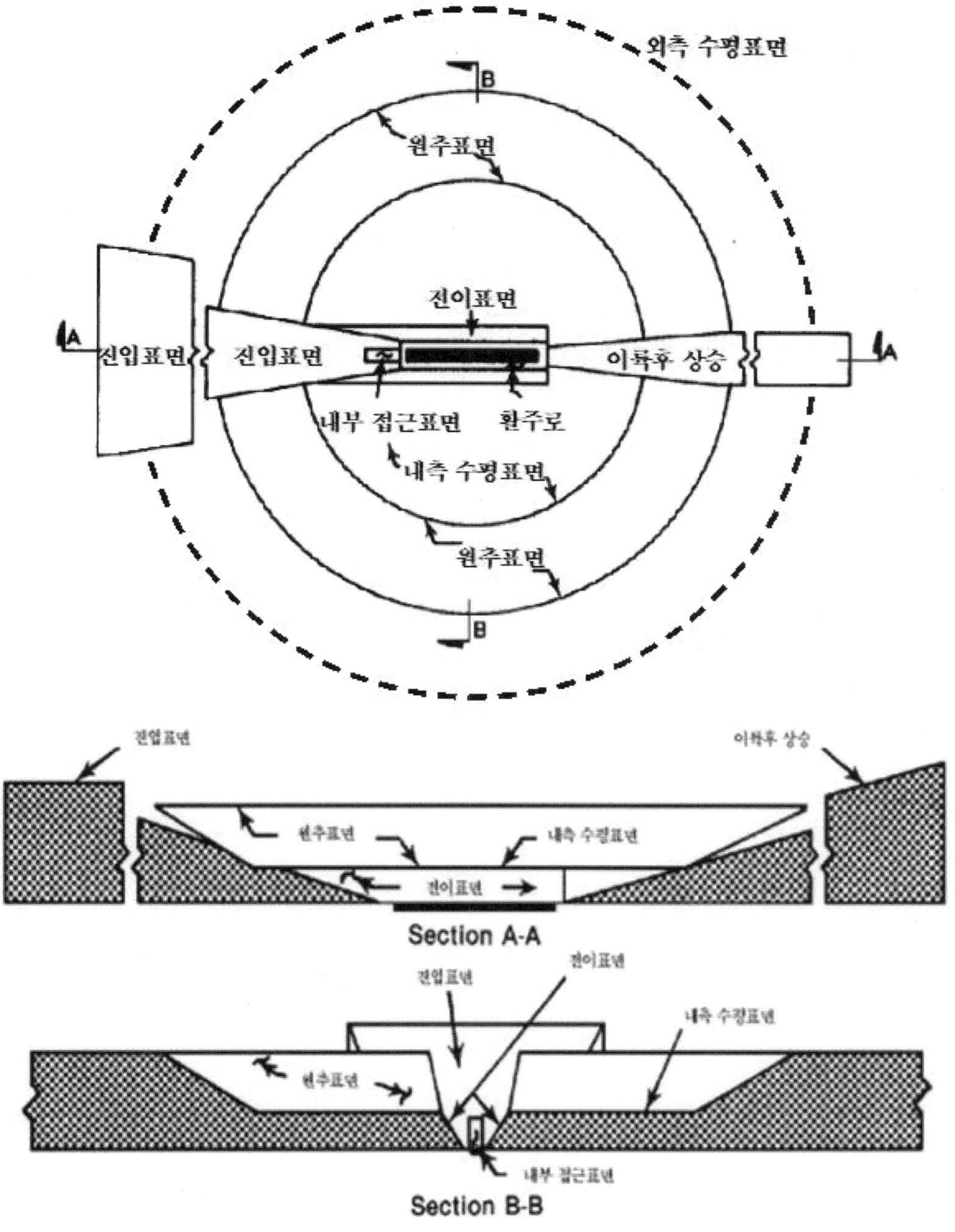

〈그림 7-1〉 장애물제한표면 - ICAO

〈표 7-1〉 장애물제한표면의 제원과 구배

표면 및 제원	진입활주로									
	비계기				비정밀접근			정밀접근CAT-I 또는 II, III		
	등급번호				등급번호			등급번호		
	1	2	3	4	1.2	3	4	1.2	3.4	3.4
	(2)	(3)	(4)	(5)	(6)	(7)	(8)	(9)	(10)	(11)
원추표면										
구배(%)	5	5	5	5	5	5	5	5	5	5
높이(m)	35	55	75	100	60	75	100	60	100	100
내부수평표면										
높이(m)	45	45	45	45	45	45	45	45	45	45
반경(m)	2,000	2,500	4,000	4,000	3,500	4,000	4,000	3,500	4,000	4,000
내부접근표면										
폭(m)	–	–	–	–	–	–	–	90	120	120
종단에서의 거리(m)	–	–	–	–	–	–	–	60	60	60
길이(m)	–	–	–	–	–	–	–	900	900	900
구배(%)								2.5	2	2
진입표면										
내측저변의 길이(m)	60	80	150	150	140	280	280	140	280	280
종단에서의 거리(m)	30	60	60	60	60	60	60	60	60	60
확장(양측)(%)	10	10	10	10	15	15	15	15	15	15
제1부분										
길이(m)	1,600	2,500	3,000	3,000	2,500	3,000	3,000	3,000	3,000	3,000
구배(%)	5	4	3.33	2.5	3.33	2	2	2.5	2	2
제2부분										
길이(m)	–	–	–	–	–	3,600b	3,600b	12,000b	3,600b	3,600b
구배(%)	–	–	–	–	–	2.5	2.5	3	2.5	2.5
수평부분										
길이(m)	–	–	–	–	–	8,400b	8,400b		8,400b	8,400b
총길이(m)	–	–	–	–	–	15,000	15,000	15,000	15,000	15,000
전이표면구배(%)	20	20	14.3	14.3	20	14.3	14.3	14.3	14.3	14.3
내부전이표면구배(%)	–	–	–	–	–	–	–	40	33.3	33.3
착륙복행표면										
내측저변의 길이(m)	–	–	–	–	–	–	–	90	120c	120c
종단에서의 길이(m)	–	–	–	–	–	–	–	c	1,800d	1,800d
확장(양측)	–	–	–	–	–	–	–	10%	10%	10%
구배	–	–	–	–	–	–	–	4%	3.33%	3.33%

a) 특별히 지정하지 않는 한 모든 제원은 수평으로 측정된다.
b) 진입표면 제2부분과 수평부분의 길이는 일정치 않음
c) 착륙복행표면 내측저변의 길이는 착륙대 끝부분까지의 거리임
d) 착륙복행표면 종단에서의 길이는 활주로의 끝 중 더 작은 쪽에서의 거리임

다. 장애물의 관리

국제민간항공기구의 장애물 적용 기준의 안내지침인 Airport Services Manual(Doc. 9137-AN/898/2) Part 6은 공항주변의 장애물의 관리(Control of Obstacles)에 관한 내용을 안내할 목적으로 만들었으며 내용의 전개과정은 다음과 같이 요약된다.

- 공항보호를 위한 효과적인 대상지역(공항구역)을 선정
- 일정 기준이상의 물체를 대상지역에서 구축할 경우 보고 의무를 부여
- 설정된 공항 장애물제한표면을 초과하는지 정면도와 측면도를 이용한 조사(초기조사, 주기조사, 공항의 특성 변경 시 수정조사 등을 포함)를 수행
- 공항주변 장애물제한표면을 초과한 장애물로 판정되면 장애물을 제거 (단, 항행안전시설은 예외로 함)
- 만일 제거할 수 없는 장애물이라면 차폐(shielding)의 원칙을 적용한 차폐표면을 적용함. 그리고 제거할 수 없는 장애물이 이미 국제민간항공기구 부속서 14의 공항 장애물제한표면을 초과하여 현존하고 있는 물체, 건축물, 자연지형일 때는 차폐를 적용함.

2. 미국연방항공청(FAA)의 기준

가. 장애물 제한의 근거

미국은 항공분야가 고도로 발달한 선진국으로 항공기 안전운항을 확보하기 위하여 일반적인 비행규칙인 14 CFR Part 91 이외에 별도로 공항 주변의 건축물이나 기타 물체의 설치 보고나 규제에 대한 기준을 14 CFR Part 77.9(보고해야 하는 건축물이나 개조물), Part 77.9(보고가 필요 없는 건축물이나 개조물), Part 77.17(장애물 설정 기준), Part 77.19(민간공항의 장애물 제한표면) 및 Part 77.21(군용 공항의 장애물 제한표면)에 장애물과 관련된 기준들을 상세하게 설정하여 놓고 이를 적용하고 있다.

그리고 공항제한표면에 대하여는 민간공항과 군공항을 구별하여 약간의 차이를 두어 규정하고 있다. 즉, 14 CFR Part 77.19(민간공항 제한표면 : Civil Airport Imaginary Surfaces)의 내용과 14 CFR Part 77.21(군공항 제한표면 : Department of Defence Airport Imaginary Surfaces)의 내용을 비교하면, 민간공항 제한표면의 적용은 국제민간항공기구와 같이 시계비행활주로, 계기비행(비정밀접근이나 정밀접근)활주로 등으로 상세하게 구분하여 기술하였고, 제한표면의 적용기준은 운용되는 항공기를 고려하여 군공항이 더 엄격하게 적용되어 있다.

14 CFR Part 77(미국연방항공규정 77조)의 Subpart C - Standards for Determining Obstructions to Air Navigation or Navigational Aids or Facilities (항공 항행 또는 항행시

설에 대한 장애물 설정기준)에 있는 Part 77.17 Obstruction standards(장애물 기준)의 내용은 <표 7-4>에 나타내었다. 그리고 14 CFR Part 77.17의 적용을 위하여 사전에 반드시 보고해야 되는 장애물 기준은 14 CFR Part 77.9과 같은 내용을 FAA Advisory Circular AC 70/7460-1에서도 상세하게 기술되어 있다.

나. 보고해야 하는 건축물 및 개조물

14 CFR Part 77.9(보고해야 하는 건축물이나 개조물)에 관한 내용은 <표 7-2>와 같다.

〈표 7-2〉 14 CFR Part 77.9 – 보고해야 하는 건축물이나 개조물 (Construction or Alternation Requiring Notice)

1. Part 77.7에 기술한 보고양식과 방법으로 다음 중 어느 것에 해당되는 건축이나 개조시에 미국연방항공청에 보고해야 한다.
   1) 물체가 위치한 지면에서부터 200피트(AGL)이상 되는 건축물이나 개조물
   2) 다음의 외측상방으로 확장된 가상의 경사면을 초과하는 경우
      a. 헬리포트를 제외한 공용목적의 공항, 군용공항에서 가장 긴 활주로의 길이가 3,200피트 이상일 때 가장 가까운 활주로의 가장 근접한 지점으로부터 수평거리20,000피트까지 외측상방으로 100분의 1이 되는 경사면
      b. 헬리포트를 제외한 공용목적의 공항, 군용공항에서 가장 긴 활주로의 길이가 3,200피트 미만일 때 가장 가까운 활주로의 가장 근접한 지점으로부터 수평거리 10,000피트까지 외측상방으로 50분의 1 이 되는 경사면
      c. 공용목적의 헬리포트, 군용헬리포트에서 가장 가까운 이착륙구역의 가장 근접한 지점으로부터 수평거리 5,000피트까지 외측상방으로 25분의 1이 되는 경사면
   3) 이동물체가 통행하는 통과로(도로, 철로, 수로)인 경우는 각 항의 기준을 다음과 같은 해당 통과로로부터 추가한 높이를 적용한다.
      a. 고속도로 표면으로부터 17피트의 높이
      b. 국도나 지방도로 표면으로부터 15피트의 높이
      c. 사유도로 표면으로부터 10피트나 이동물체의 정상 중 더 높은 높이
      d. 철로 표면으로부터 23피트의 높이
      e. 이외의 통과로나 수로에서는 이동물체(선박) 최상부의 높이가 정상적으로 통과할 수 있는 높이
   4) 다음의 공항 및 헬리포트에서의 건축물이나 개조물
      a. 미국 정부 비행정보간행물의 공항/시설 안내, 알래스카 보충판 또는 태평양 차트 보충판에 나열된 공공 사용 공항
      b. 건설 중인 군공항 또는 공공으로 사용할 수 있는 공항
      c. 연방 기관 또는 국방부가 운영하는 공항
      d. FAA 승인 계기접근절차가 하나 이상 있는 공항 또는 헬리포트
2. 1항의 보고해야 될 건축물이나 개조물을 신청하는 자는 공사 시작 전 최소한 45일 전에 보고양식에 의거하여 미국연방항공청 관할 지역사무소에 보고하여야 한다. (14 CFR Part 77.7)
3. 1항의 보고해야 될 건축물이나 개조물이 공익사업·보건·안전의 비상상황 때문인 경우 45일 전에 보고하는 것은 면제된다. 하지만 미국연방항공청에 최초 공지 후 5일 안에 보고 양식에 의거하여 보고를 해야 한다. (14 CFR Part 77.7)

다. 보고가 필요 없는 건축물이나 개조물

14 CFR Part 77.9(보고가 필요 없는 건축물이나 개조물)에 관한 내용은 <표 7-3>와 같다.

〈표 7-3〉 14 CFR Part 77.9 – 보고가 필요 없는 건축물이나 개조물 (Construction or Alternation not Requiring Notice)

다음의 건축물이나 개조물은 관련기관에 보고할 필요가 없다.

1. 차폐된 구조물이 항행에 악영향이 없다는 의심이 필요 없는 확실한 증거가 있는 도시, 도심 혹은 집단 거주지와 같은 인구 밀집지역 내에 위치하는 같거나 더 높은 높이의 자연지형, 영구적 성격의 구조물에 의해 차폐된 물체
2. 미국연방항공청이나 군업무 기준에 적합한 항행안전시설, 공항 시각접근시설 또는 착륙 보조시설, 항공기 제동시설, 기상시설
3. 다른 미연방항공 규정에 의하여 보고가 요구되는 건축물이나 개조물
4. 다른 안테나의 높이를 증가시킬 경우를 제외한 높이 20피트이하의 안테나 구조물

라. 장애물 기준

14 CFR Part 77.17(장애물 기준)에 관한 내용은 <표 7-4>와 같다.

〈표 7-4〉 14 CFR Part 77.17 – 장애물 기준 (Obstruction standards)

1. 이동장애물을 포함한 현존하거나 설치될 물체가 다음의 높이나 표면보다 높다면 공중항법에 장애물로 간주된다.
   1) 물체가 위치한 지면에서부터 499피트(AGL)가 되는 높이
   2) 헬리포트를 제외한 가장 긴 활주로의 실제 길이가 3,200피트 이상인 공항에서 설정된 공항기준점으로부터 3마일(NM) 이내에서는 설정된 공항표고로부터 200피트나 지면으로부터 200피트의 고도 중 더 높은 높이. 단, 이 높이는 공항으로 1마일당 100피트의 비율로 증가하여 최고 499피트까지 증가된다.
   3) 초기접근구역(Initial Approach Segment), 출항구역, 선회접근구역을 포함하는 공항터미널 장애물 회피구역 내에서는 물체의 최상부와 설정된 계기고도 사이의 수직거리가 요구되는 장애물 회피거리보다 작게 되는 높이
   4) 미국연방항공로나 그 이외의 항공로 상에서 선회나 항공로가 끝나는 지역을 포함한 항공로 상 장애물 회피구역 내에서는 최소 장애물 회피고도를 증가시키는 높이
   5) 공항 이 · 착륙구역의 표면이나 14 CFR Part 77.19, 77.21, 77.23에서 설정된 어떠한 공항가상표면. 단, 이 · 착륙구역에서 공항 자체 구조물은 장애물로 고려하지 않는다.
2. 공항교통관제탑의 지상교통관제업무가 제공되는 공항 상이나 근처의 통과도로를 제외한 이동물체가 통행하는 통과로(도로, 철로, 수로)의 경우는 1항의 기준을 다음과 같은 해당 통과로로부터의 추가한 높이를 적용한다.
   1) 고속도로 표면으로부터 17피트의 높이
   2) 국도나 지방도로 표면으로부터 15피트의 높이
   3) 사유도로 표면으로부터 10피트나 이동물체의 정상 중 더 높은 높이
   4) 철로 표면으로부터 23피트의 높이
   5) 이외의 통과로나 수로에서는 이동물체(선박) 최상부의 높이가 정상적으로 통과할 수 있는 높이

마. 민간공항의 장애물 제한표면

14 CFR Part 77.19(민간공항 제한표면)에 관한 내용은 <표 7-5>와 같다.

〈표 7-5〉 14 CFR Part 77.19 – 민간공항 제한표면
(Civil Airport Imaginary Surfaces)

1. 공항의 기준점과 관련하여 다음의 표면들은 모든 민간공항에 적용된다.
   1) 수평표면 : 설정된 공항 표고로부터 150피트 높이의 타원형의 평면으로 활주로 양끝의 중심선에서 아래에 명시한 반경을 가진 원호들과 (활주로와 평행한) 그 접선으로 연결된 평면이다.
      a. 소형(Utility Runway) 또는 시계비행 활주로는 5,000피트
      b. 기타 공항은 10,000피트
   2) 원추표면 : 수평표면 경계선에서 외측상방 20분의 1의 경사도로 수평거리 4,000피트까지 연장한 표면이다.
   3) 기본표면 : 활주로 양쪽 끝에서 외측으로 200피트를 더한 길이 또는 비포장일 경우에는 활주로 끝까지의 길이와 활주로 중심선으로부터 다음의 폭을 갖는 표면이다.
      a. 시계접근 전용 소형 활주로인 경우에는 250피트
      b. 비정밀 계기접근이 이루어지는 소형 활주로인 경우는 500피트
      c. 소형 활주로 이외의 활주로인 경우
         (1) 시계접근 전용 시계비행 활주로인 경우에는 500피트
         (2) 3/4 마일 이상의 시정 최저치에서 사용되는 비정밀 계기접근 활주로인 경우에는 500피트
         (3) 3/4 마일 이하의 시정 최저치에서 사용되는 비정밀 계기접근 활주로이거나 정밀접근 활주로인 경우에는 1,000피트
   4) 진입표면 : 기본표면의 양 끝에서 활주로 중심선의 연장선을 따라 외측 상방으로 확장되는 표면으로서 다음의 넓이와 길이를 갖는다.
      a. 내측의 폭은 기본표면의 폭과 같으며 외측의 폭은 다음과 같다.
         (1) 시계접근 전용 소형 활주로는 1,250피트
         (2) 시계접근 전용 기타 활주로는 1,500피트
         (3) 비정밀 계기접근에 사용되는 소형 활주로는 2,000피트
         (4) 시정 최저치가 3/4 마일 이상인 비정밀 계기접근용 기타 활주로는 3,500피트
         (5) 시정 최저치가 3/4 마일 이하인 비정밀 계기접근용 기타 활주로는 4,000피트
         (6) 정밀계기접근용 활주로는 16,000피트
      b. 기본표면의 끝으로부터 외측으로 연장되는 길이는 다음과 같다.
         (1) 소형 또는 시계접근 활주로는 20분의 1의 경사도로 5,000피트
         (2) 비정밀 계기접근용 기타 활주로는 34분의 1의 경사도로 10,000피트
         (3) 정밀 계기접근용 활주로는 10,000피트까지는 50분의 1의 경사와 추가되는 40,000피트는 40분의 1의 경사도를 갖는 길이
   5) 전이표면 : 기본표면과 접근표면에 접하는 면들을 연결한 표면으로 외측상방으로 7분의 1의 경사도를 갖는다.

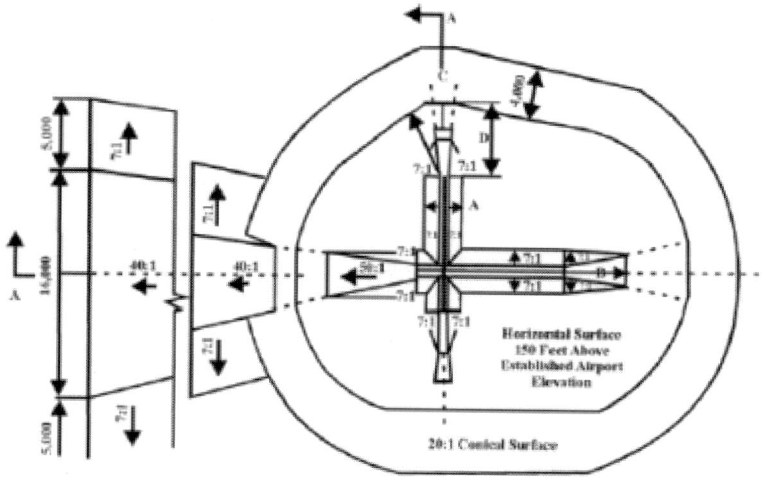

DIM	ITEM	Dimensional Standards (Feet)					
		Visual Runway		Non-Precision Instrument Runway			Precision Instrument Runway
		A	B	A	B		
					C	D	
A	Width of primary surface and approach surface width at inner end	250	500	500	500	1,000	1,000
B	Radius of horizontal surface	5,000	5,000	5,000	10,000	10,000	10,000
		Visual Runway		Non-Precision Instrument Runway			Precision Instrument Runway
		A	B	A	B		
					C	D	
C	Approach surface width at end	1,250	1,500	2,000	3,500	4,000	16,000
D	Approach surface length	5,000	5,000	5,000	10,000	10,000	*
E	Approach slope	20:1	20:1	20:1	34:1	34:1	*

A - Utility runways
B - Runways larger than utility
C - Visibility minimums greater than ¾ mile
D - Visibility minimums as low as ¾ mile
E - Precision instrument approach slope is 50:1 for inner 10,000 feet and 40:1 for an additional 40,000 feet

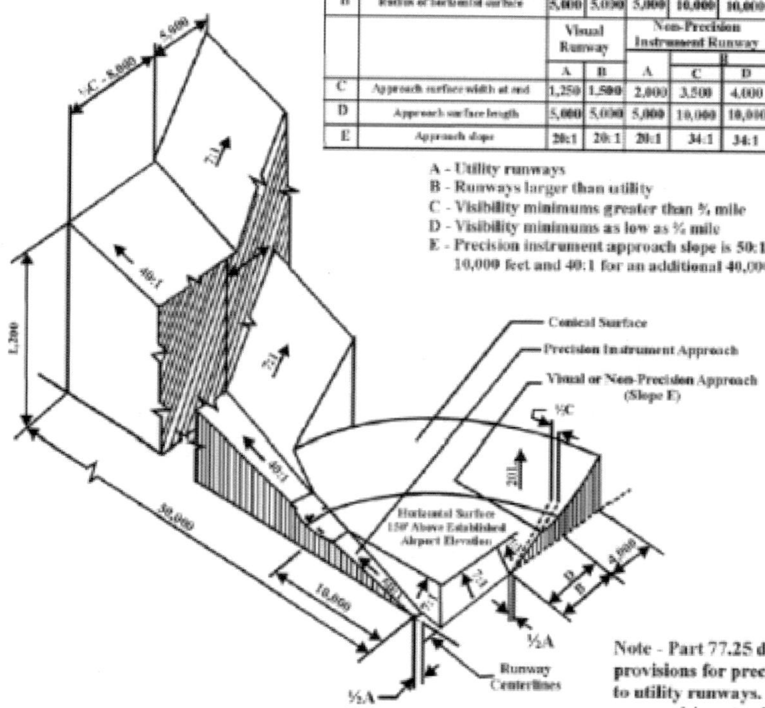

Note - Part 77.25 does not make provisions for precision approaches to utility runways. In these situations, use precision standards for other than utility runways to develop the primary, approach, and transition surfaces.

〈그림 7-2〉 장애물 제한표면 – FAA 민간공항

바. 군공항의 장애물 제한표면

14 CFR Part 77.21(군공항 제한(가상)표면)에 관한 내용은 <표 7-6>와 같다.

〈표 7-6〉 14 CFR Part 77.21 – 군공항 제한(가상)표면
(Department of Defence Airport Imaginary Surfaces)

1. 공항의 기준점과 관련하여 이 표면들은 모든 군공항에 적용된다. 이 항의 군공항은 미군에 의하여 운영되는 모든 공항을 말한다.
   1) 내부수평표면 : 설정된 공항표고로부터 150피트 높이의 타원형의 평면으로 활주로 양끝의 중심선에서 7,500피트의 반경을 가진 원호들과 (활주로와 평행한) 그 접선으로 연결된 평면이다.
   2) 원추표면 : 내부수평표면 경계선에서 외측상방 20분의 1의 경사도로, 설정된 공항표고로부터 최고 500피트 높이까지, 수평거리 7,000피트까지 연장한 표면이다.
   3) 외부수평표면 : 설정된 공항표고로부터 500피트의 높이로 원추표면의 외측경계선에서 외측으로 수평거리 30,000피트까지 연장한 표면이다.

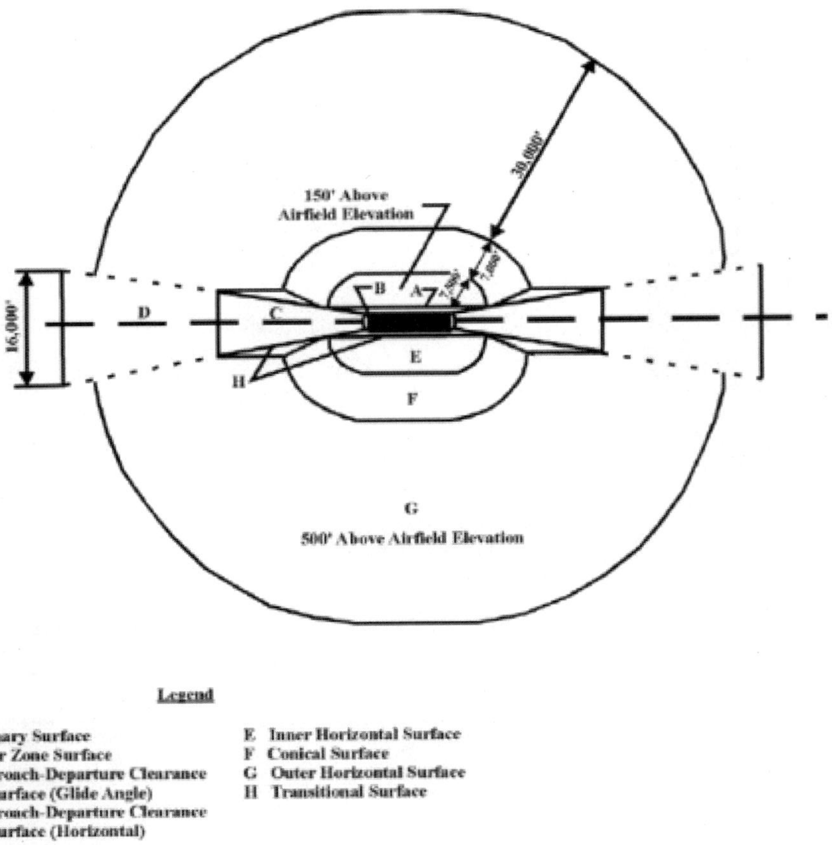

〈그림 7-3〉 장애물 제한표면 – FAA 군공항

〈표 7-6〉 14 CFR Part 77.21 - 군공항 제한(가상)표면
(Department of Defence Airport Imaginary Surfaces) (계속)

2. 활주로와 관련하여 이 표면들은 모든 군공항에 적용된다.
   1) 기본표면 : 활주로 종적중심선을 기준으로 2,000피트의 폭으로 활주로 길이와 같은 길이(활주로 양 끝단까지의 길이)를 갖는 육지나 수면의 (직사각형) 표면이다.
   2) Clear zone 표면 : 기본표면과 같은 폭을 가지며 기본표면의 끝으로부터 1,000피트의 연장된 길이를 갖는 육지나 수면의 (직사각형)표면이다.
   3) 진입허가표면 : 활주로 중앙선 표고에서 기본표면의 양끝에서 수평거리 200피트에서 시작되어 수평거리 50,000피트까지 연장되는 활주로 중심선을 기준으로 대칭이 되는 경사진 표면으로, 접근표면은 50분의 1의 경사도로 설정된 활주로 표고에서 500피트 높이까지 된 후 수평이 되고, 폭은 기본표면과 같은 폭으로 시작하여 50,000피트 거리에서 1,600피트가 된다.
   4) 전이표면 : 이 표면은 기본표면과 Clear zone 표면의 처음 200피트와 연결되고, 진입허가표면을 내부수평표면, 원추표면, 외부수평표면 또는 다른 전이표면과 연결되는 것으로, 활주로 중심선과 그 연장선을 따라 외측 상방으로 7분의 1의 경사도를 갖는다.

3. 일본의 기준

일본의 장애물 제한구역도 국제민간항공기구의 기준과 비슷하게 착륙대, 진입표면, 연장진입표면, 전이표면, 수평표면, 원추표면, 외부수평표면으로 구성되어 있어 우리보다 외부수평표면이 추가되어 더 넓은 범위까지 장애물이 제한되고 있다. 진입표면의 경사도는 50분의 1이상이고, 연장진입표면과 진입표면의 길이는 15,000미터로 국내 기준과 같다. 또한 수평표면도 비행장의 공항참조점을 중심으로 하고, 4,000미터 이하에서 국토교통성령이 정한 길이를 반경으로 하고 있어 우리와 비슷하다.

원추표면은 비행장의 표점을 중심으로 16,500미터 이하에서 동령이 정한 길이를 반경으로 하고 있고, 외부수평표면은 공항의 표점을 중심으로 24,000미터 이하에서 동령이 정한 반경으로 하고 있다. 이는 우리의 수평표면 외측으로 최대 1,100미터의 원추표면만을 적용하는 것에 비하여 훨씬 더 넓은 구역에 대하여 장애물을 제한하고 있는 것이다. 외부수평표면의 높이는 영국(150미터)과 같이 명확히 정해놓고 있지 않고 비행장 등급에 따라 다르게 적용하고 있다. 법규정에서는 원추표면의 끝에서 수평으로 연장한 연장선상의 높이를 원추표면의 높이로 규정하고 있는데, 예를 들어 A 등급 비행장의 경우 원추표면의 범위가 7500미터 정도이므로 이를 50분의 1 양의 기울기로 연장시킨 원추표면 끝부분의 높이는 대략 150미터이고, 내부수평표면의 높이와 더하면, 약 195미터 정도가 된다. 이렇게 보면 규정상으로 D 등급 비행장의 경우는 약 245미터가 외부수평표면의 높이가 되는 것이다.

4. 영국의 기준

영국은 'CAP(Civil Aviation Publication) 168 Licensing of Aerodromes'에서 장애물 제한표면의 종류와 제원을 규정하고 있으며, 이는 장애물의 종류와 제원에서 국제민간항공기구의 기준과 약간의 차이는 있으나 내용면에서는 국제민간항공기구의 기준을 약간 간소화하였을 뿐 동일한 기준을 적용하고 있다. 적용되는 장애표면은 장애물제거구역, 이륙상승표면, 접근표면, 전이표면, 내부수평표면, 원추표면, 외부수평표면이 있으며, 국제민간항공기구가 외부수평표면을 활주로 길이 1,200미터 이상인 비행장으로서 원추표면 외측에 있는 장애물이 150m 이상일 경우에 적용하는데 비해서 활주로 길이 1,100미터 이상인 모든 비행장에 외부수평표면을 설정토록 규정한 것으로 볼 때에 기준을 더 강화한 것으로 볼 수 있다.

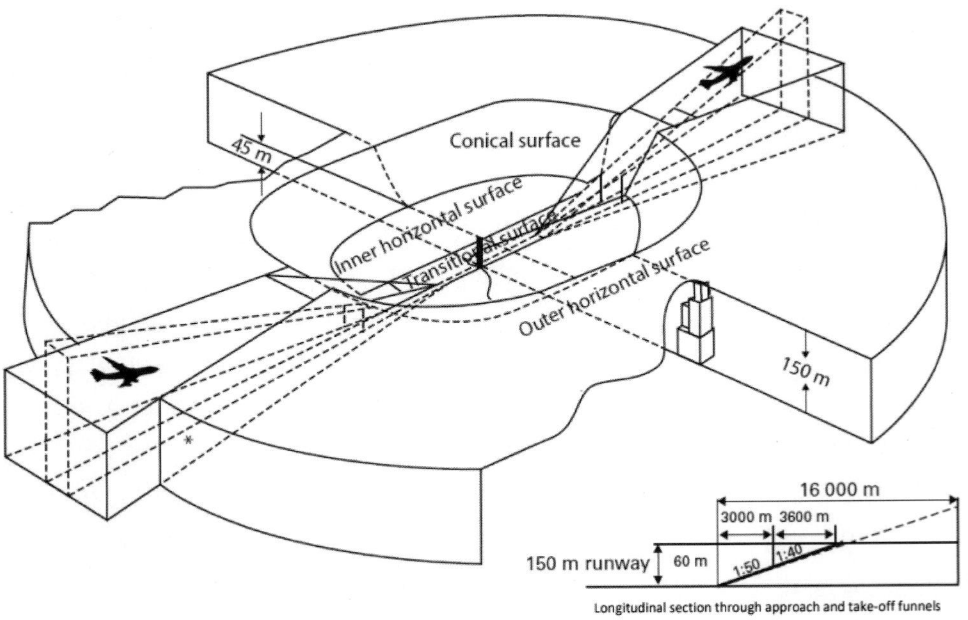

Note: The take-off funnels are shown in chain-dot line in both views. To assess clarification the vertical scale on this chart is 20 times that of the horizontal scale.

〈그림 7-4〉 장애물제한표면 – 영국의 공항

5. 기준의 비교

〈표 7-7〉 비행장 주위 장애물 제한구역의 비교

<table>
<tr><th colspan="3" rowspan="3">구 분</th><th colspan="7">구역 범위</th></tr>
<tr><th rowspan="2">ICAO</th><th colspan="2">한국</th><th colspan="2">미국</th><th rowspan="2">일본</th><th rowspan="2">영국</th></tr>
<tr><th>민간</th><th>군</th><th>민간</th><th>군</th></tr>
<tr><td rowspan="7">장애물 제한 구역</td><td colspan="2">기본표면 (또는 착륙대)</td><td>적용</td><td>적용</td><td>적용</td><td>적용</td><td>적용</td><td>적용</td><td>적용</td></tr>
<tr><td colspan="2">전이표면</td><td>적용</td><td>적용</td><td>적용</td><td>적용</td><td>적용</td><td>적용</td><td>적용</td></tr>
<tr><td rowspan="2">진입 표면</td><td>외측 폭</td><td>4,500m</td><td>4,500m</td><td>4,877m</td><td>4,877m</td><td>4,877m</td><td>4,500m</td><td>4,500m</td></tr>
<tr><td>길이</td><td>15,000m</td><td>15,000m</td><td>15,240m</td><td>11,112m</td><td>15,240m</td><td>15,000m</td><td>15,000m</td></tr>
<tr><td colspan="2">내부수평표면</td><td>4,000m</td><td>4,000m</td><td>2,286m</td><td>3,048m</td><td>2,286m</td><td>4,000m</td><td>4,000m</td></tr>
<tr><td colspan="2">원추표면</td><td>2,000m</td><td>1,100m</td><td>2,134m</td><td>1,219m</td><td>2,134m</td><td>12,500m</td><td>2,100m</td></tr>
<tr><td colspan="2">외부수평표면</td><td>(9,000m)</td><td>미적용</td><td>미적용</td><td>미적용</td><td>9,144m</td><td>7,500m</td><td>8,900m</td></tr>
<tr><td colspan="3">장애물제한구역 밖의 장애물 제한</td><td>적용</td><td>미적용</td><td>미적용</td><td>5마일 (9,260m)</td><td>미적용</td><td>미적용</td><td>미적용</td></tr>
<tr><td rowspan="4">제한 구역 비교</td><td colspan="2">원호 중심점</td><td>비행장 중심</td><td colspan="2">활주로 끝 중심</td><td colspan="2">활주로 끝중심</td><td>비행장 중심</td><td>비행장 중심</td></tr>
<tr><td colspan="2">원호구역 반경</td><td>15,000m</td><td>5,100m</td><td>4,420m</td><td>9,260m</td><td>13,564m</td><td>24,000m</td><td>15,000m</td></tr>
<tr><td colspan="2">면적(㎢)</td><td>706.85</td><td>176.07</td><td>156.27</td><td>431.01</td><td>666.84</td><td>1809.55</td><td>706.85</td></tr>
<tr><td colspan="2">ICAO 기준 대비 비율(%)</td><td>100</td><td>24.9</td><td>22.1</td><td>61.0</td><td>94.3</td><td>256.0</td><td>100</td></tr>
</table>

- 한국을 기준으로 할 때에는 장애물제한구역 밖이 됨.
- 정밀접근이 이루어지는 비행장 기준
- 미터(m) 환산 : 1m = 3.2808ft (ICAO 기준)

통계적으로 항공기 사고의 70%가 비행장 주위의 이·착륙단계에서 일어난다는 것을 고려 할 때에 비행장주위의 장애물을 통제하여 항공기 사고를 방지하고 비행장의 장기적인 생존성을 보장한다는 측면에서 장애물 제한표면은 매우 중요한 것이다. 이에 따라 국제민간항공기구가 국제적 표준을 정하고 세계 각 국가들이 법령으로서 이를 규정하고 시행하고 있다. 그러나 우리나라에서는 국제기준에 비하여 훨씬 좁은 장애물 제한구역을 설정하고 있어 비행안전에 문제가 될 수 있다. 예를 들어 활주로 길이가 1,200미터 또는 그 이상인 비행장(국제민간항공기구 3, 4등급, 항공법상 G 등급 이상)의 원추표면 외곽에 150미터 이상인 장애물이 있는 경우에 국제민간항공기구의 장애물 제한표면은 활주로 끝에서 반경 14,400미터이나 항공법상에는 5,100미터에 불과하다. 이는 우리나라에서 가장 많이 사용하는 활주로 길이 2,700미터인 비행장을 기준으로 할 때에 장애물 제한구역이 국제민간항공기구는 706.85㎢이며, 항공법상으로는 81.67㎢로 우리나라의 장애물 제한표면이 국제민간항공기구의 16%에 불과하다. <표 7-7>에서는 장애물 제한표면에 의하여 고도제한의 범위가 되는 장애물 제한표면의 범위를 국가별로 비교한 것이다.

비교 대상인 미국, 일본, 영국의 기준은 국제민간항공기구가 제시한 기준과 같거나 유사하다. 미국의 민간비행장에서 외측수평표면을 적용하지 않아 제한기준이 ICAO의 기준보다 낮은 것으로 보이나 14 CFR 77.23에서 비행장 중심에서 매 마일당 100피트씩 증가시켜 5마일까지 장애물을 제한하므로 원추표면 외측으로 비행장 중심으로부터 5마일까지는 외부수평표면을 적용하고 있는 것과 마찬가지다.

제2절 장애물 제한에 관한 국내기준

국내 공항들은 대부분 정부 소유의 공항들이며 이들 공항의 소유 및 관리는 민간공항의 경우 국토교통부에서 주관하고 있고, 군공항은 국방부에서 하고 있다. 따라서 장애물 설정기준에 관련된 법규는 민간공항은 항공법규에서 규정하고 있고, 민·군 공용공항이나 군용공항은 군사기지 및 군사시설보호법에서 규정하고 있어, 민과 군의 이원화된 체제로 관리되고 있는 것이다. 특히 군사시설보호법에서는 군항공기의 비행안전을 위하여 공항구역 내에서 장애물의 고도를 엄격히 제한하고 있다.

1. 항공법규의 장애물 관련 조항

국내에는 미국연방항공청과 같이 공항 주변의 장애물 설정기준만을 별도로 상세하게 규정하지는 않았지만 이와 관련되거나 영향을 미치는 항공법규의 규정들이 있다. 공항시설법 제34조(장애물의 제한 등), 동법 시행령 제36조(장애물 제거에 따른 손실보상 등), 동법 시행규칙 제22조(장애물의 제한에 관한 협의)에는 공항설치 고시 후부터 공항구역 내에서 공항시설법 제2조에 명시한 공항 장애물제한표면을 초과하는 장애물의 설치제한 및 제거, 장애물의 매수나 장애물 제거로 인한 손실보상, 장애물이기는 하나 설치 또는 방치가 가능한 장애물과 이러한 장애물의 관리에 관한 사항이 규정되어 있다(<표 7-8>, <표 7-9> 참조).

항공안전법 제68조(항공기의 비행 중 금지행위 등)와 동법 시행규칙 제199조(최저비행고도) 및 제200조(최저비행고도 아래에서의 비행허가)에는 이、착륙을 제외한 항공기 운항 시의 장애물로부터 최저안전고도를 설정하여 이를 적용하여 비행하도록 규정하고 있다(<표 7-10> 참조). 그리고 이·착륙을 포함한 비행장 상공 및 주변의 비행장구역에서는 공항시설법 제2조(정의) 제13호(착륙대), 제14호(장애물 제한표면), 동법 시행령 제5조(장애물 제한표면의 구분), 제31조(공항시설 및 비행장시설의 설치기준), 동법 시행규칙 제3

조(착륙대의 크기), 제4조(장애물 제한표면의 기준) 및 제4조와 관련한 [별표 2]에서 국제민간항공기구 부속서 14의 기준에 따른 공항 장애물제한표면들을 규정하여 이 제한표면에 저촉되지 않도록 장애물을 규제하고 있다(<그림 7-5>, <표 7-11> 참조).

비행장 주위의 장애물에 대한 공항시설법에서의 규제는 동법 제2조(정의)에서 장애물 제한표면으로써 착륙대, 전이표면 및 내부전이표면, 진입표면 및 내부진입표면, 수평표면과 원추표면, 착륙복행표면을 정하고 있으며 이 표면보다 높은 장애물을 제한하여 공항에 이·착륙하는 항공기가 지상 장애물과 충돌하는 것을 예방하고자 설정된 고도 제한선이다. 이는 약간의 차이가 있지만 국제민간항공기구가 착륙대(strip), 전이표면, 내부진입표면, 진입표면, 이륙·상승표면, 내부수평표면 및 원추표면으로 규정하고 있는 것과 표면의 구성과 기준은 비슷하다.

<그림 7-5>에서 도시한 것처럼, 착륙대(strip)는 활주로 주위에 설정된 직사각형의 표면으로 이착륙하는 항공기가 비행장에서 저고도로 비행하거나 활주로를 이탈 시 장애물과의 충돌을 방지하기 위하여 설정된 활주로 표고와 같은 높이의 표면으로써 활주로 주위에는 어떤 종류의 장애물도 인정하지 않는다는 의도이다. 전이표면은 착륙대 양측으로 7분의 1의 경사도로 외측 상방으로 45m 높이까지 확장된 경사표면으로써 이·착륙하는 항공기가 공항 내에서 진로 이탈 시 장애물과의 충돌을 방지하기 위하여 설정된 표면이다.

진입표면(또는 내부진입표면, 이륙·상승표면)은 활주로 중심의 연장선상에 위치한 마름모꼴의 표면으로 공항에 착륙하기 위하여 저고도로 접근하거나 출발 후에 상승하는 구간에 설정된 경사도 40분의 1 또는 50분의 1 이상의 경사면으로 비행안전에 가장 취약한 저고도, 저속, 저기동성의 항공기가 지상 장애물과의 충돌을 방지하기 위하여 설정된 표면이다. 수평표면(또는 내부 수평표면)은 전이표면 외곽으로, 활주로 중심선 끝에서 60m 연장한 지점을 중심으로 반경 4km 이하의 타원형으로 설정되어 공항표고로부터 45m까지의 높이를 제한하는 표면이다. 원추표면은 수평표면의 외측 경계선으로부터 외측 상방 20분의 1의 경사도로 1,100m의 범위 안에 설정되는 표면이다.

각 제한표면의 상세한 제원은 공항시설법 상에 비행장의 종류, 착륙대의 등급, 접근의 종류에 따라 다르게 적용되며, 이에 대한 구체적인 내용은 공항시설법 시행규칙 제3조(착륙대의 크기), 제4조(장애물제한표면의 기준)와 해당 규칙의 [별표 1, 2]에서 규제하고 있다. 또한, 이·착륙하는 경우를 제외하고 비행고도를 제한함으로써 항공안전법 제68조(항공기의 비행 중 금지행위 등)와 항공안전법 시행규칙 제199조(최저비행고도)와 제200조(최저비행고도 아래에서의 비행허가)를 통하여 비행의 종류별로 최저비행고도를 설정하여 지상 장애물로부터 항공기를 보호하고 있다.

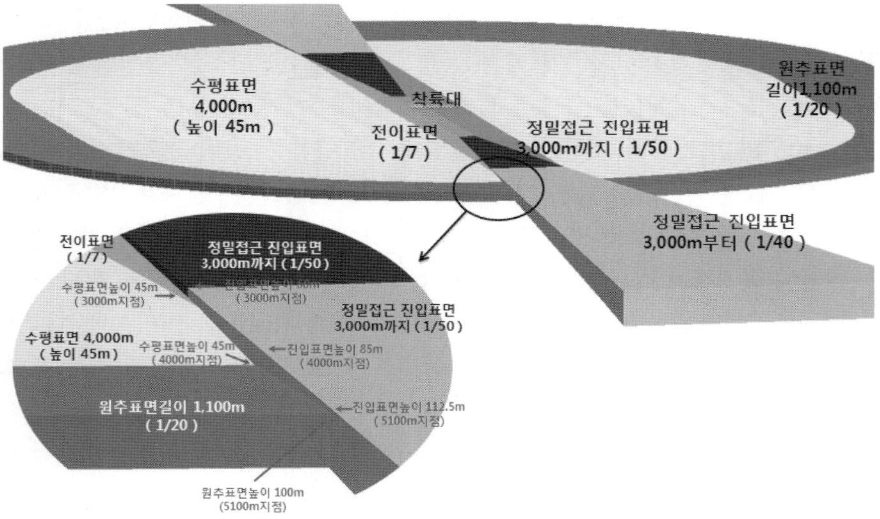

〈그림 7-5〉 비행장의 장애물제한표면 – 대한민국

〈표 7-8〉 공항시설법 제34조 (장애물의 제한 등)

공항시설법 제34조 (장애물의 제한 등)

① 누구든지 제4조제6항에 따른 기본계획의 고시 이후에는 해당 고시에 따른 장애물 제한표면의 높이 이상의 건축물 · 구조물 · 식물 및 그 밖의 장애물을 설치 · 재배하거나 방치해서는 아니 된다. 다만, 다음 각 호에 해당하는 것은 설치 · 재배하거나 방치할 수 있다.

1. 존치장애물
2. 국토교통부령으로 정하는 장애물로서 관계 행정기관의 장이 국토교통부령으로 정하는 바에 따라 국토교통부장관 또는 사업시행자등과 협의하여 설치를 허가하는 장애물
3. 국토교통부장관 또는 사업시행자등이 설치하는 공항시설 또는 비행장시설로서 국토교통부령으로 정하는 바에 따라 항공기의 안전운항에 지장이 없다고 인정되는 시설
4. 공항 또는 비행장의 사용 개시 예정일 전에 제거할 예정인 가설물
5. 국토교통부령로 정하는 항공학적 검토 기준 및 방법 등에 따른 항공학적 검토 결과에 대하여 제35조에 따른 항공학적 검토위원회의 의결로 국토교통부장관이 항공기의 비행안전을 특히 해치지 아니한다고 결정하는 장애물

② 제4조제6항에 따른 기본계획의 고시 전에 장애물 제한표면의 높이를 넘어선 장애물 중 존치장애물로 고시되지 아니한 장애물은 다음 각 호에서 정하는 기간 동안은 제1항을 위반하지 아니한 것으로 본다.

1. 제34조의2제1항에 따라 국토교통부장관 또는 사업시행자등이 해당 장애물의 제한이나 제거를 요구하여 같은 조 제2항에 따른 손실보상이나 같은 조 제4항에 따른 매수가 이루어지기 전까지의 기간
2. 제34조의2제5항에 따라 국토교통부장관이 장애물의 제한이나 제거를 명하여 같은 조 제6항에 따른 손실보상이 이루어지기 전까지의 기간

③ 사업시행자등은 항공기 안전운항에 지장이 없도록 장애물에 대한 정기적인 현황조사 등 국토교통부령으로 정하는 바에 따라 장애물을 관리하여야 한다.

④ 제1항제5호에 따른 결정을 받으려는 자는 국토교통부령으로 정하는 전문기관이 작성한 검토 결과보고서 등 국토교통부령으로 정하는 서류를 첨부하여 국토교통부령으로 정하는 바에 따라 국토교통부장관에게 신청하여야 한다. 이 경우 항공학적 검토에 드는 비용은 신청하는 자가 부담한다.

〈표 7-9〉 장애물의 제한과 관련된 항공법 시행령 및 시행규칙

공항시설법 시행령 제36조 (장애물 제한 및 제거에 따른 손실보상 등) [전문개정 2023.10.18]

① 법 제34조의2제2항에 따라 손실보상을 받으려는 자는 다음 각 호의 사항을 적은 국토교통부령으로 정하는 신청서에 그 장애물에 대한 소유권 또는 그 밖의 권리를 가진 자임을 증명하는 서류 및 장애물을 표시하는 도면를 첨부하여 국토교통부장관 또는 국토교통부장관 외의 사업시행자 및 공항시설 또는 비행장시설을 관리 · 운영하는 자(이하 "사업시행자등"이라 한다)에게 제출하여야 한다.

1. 소유자 및 그 밖의 이해관계인의 성명과 주소
2. 장애물 및 그 밖에 그와 관련되는 물건의 소재지 · 종류 · 면적 및 수량
3. 손실보상 요구 명세

공항시설법 시행규칙 제22조 (장애물의 설치에 관한 협의) [전문개정 2023.10.19.]

① 법 제34조제1항제2호에서 "국토교통부령으로 정하는 장애물"이란 다음 각 호에 해당하는 것을 말한다.

1. 「건축법」에 따른 가설건축물 및 피뢰설비
2. 건축물 옥상에 설치되어 있는 7미터 미만의 안테나(유사 구조물을 포함한다)

2의2. 「건설기계관리법 시행령」 별표 1 제27호에 따른 타워크레인

3. 삭제
4. 삭제
5. 레이저광선 발사 장치의 위치, 발사 방향 등 국토교통부장관이 정하여 고시하는 기준에 적합한 레이저광선
6. 별표 6의 장애물의 차폐기준에 적합한 건축물이나 구조물

② 법 제34조제1항제2호에 따라 협의를 하려는 관계 행정기관의 장은 별지 제15호서식의 장애물의 설치에 관한 협의요청서에 다음 각 호의 서류를 첨부하여 국토교통부장관 또는 사업시행자등에게 제출하여야 한다.

1. 사업계획서
2. 설계도

③ 제2항에 따른 협의요청서를 받은 국토교통부장관 또는 사업시행자등은 다음 각 호의 구분에 따라 처리하여야 한다.

1. 협의대상이 장애물 제한표면의 높이 미만인 경우: 설치할 수 있음을 통지할 것
2. 협의대상이 장애물 제한표면의 높이 이상이고 제1항 각 호의 어느 하나에 해당하지 않는 경우: 설치할 수 없음을 통지할 것
3. 협의대상이 장애물 제한표면의 높이 이상이나 제1항 각 호의 어느 하나에 해당하는 경우: 지방항공청장이 별표 7의 항공기의 비행안전 확인 기준에 따라 검토한 후 다음 각 목의 구분에 따라 통지할 것
   가. 검토 결과 항공기의 비행안전에 지장이 없다고 인정하는 경우: 설치할 수 있음을 통지할 것
   나. 검토 결과 항공기의 비행안전에 지장이 있다고 인정하는 경우: 설치할 수 없음을 통지할 것

④ 관계 행정기관의 장은 제3항제1호 또는 같은 항 제3호가목에 따른 통지를 받아 건축물 또는 구조물 등을 설치한 경우에는 다음 각 호의 구분에 따른 기한 내에 해당 건축물 또는 구조물의 설치 · 변경 현황을 별지 제16호서식의 현황통보서에 따라 국토교통부장관 또는 사업시행자등에게 통보하여야 한다.

1. 공사 개시 후: 5일 이내
2. 준공 또는 사용승인 전: 5일 이내
3. 준공 또는 사용승인 전: 5일 이내

〈표 7-10〉 최저비행고도

항공안전법 제68조 (항공기의 비행 중 금지행위 등) [전문개정 2017.1.17]

항공기를 운항하려는 사람은 생명과 재산을 보호하기 위하여 다음 각 호의 어느 하나에 해당하는 비행 또는 행위를 해서는 아니 된다. 다만, 국토교통부령으로 정하는 바에 따라 국토교통부장관의 허가를 받은 경우에는 그러하지 아니하다.

1. 국토교통부령으로 정하는 최저비행고도(最低飛行高度) 아래에서의 비행
2. 물건의 투하(投下) 또는 살포
3. 낙하산 강하(降下)
4. 국토교통부령으로 정하는 구역에서 뒤집어서 비행하거나 옆으로 세워서 비행하는 등의 곡예비행
5. 무인항공기의 비행
6. 그 밖에 생명과 재산에 위해를 끼치거나 위해를 끼칠 우려가 있는 비행 또는 행위로서 국토교통부령으로 정하는 비행 또는 행위

항공안전법 시행규칙 제199조 (최저비행고도) [전문개정 2017.3.30]

법 제68조제1호에서 "국토교통부령으로 정하는 최저비행고도"란 다음 각 호와 같다.

1. 시계비행방식으로 비행하는 항공기
   가. 사람 또는 건축물이 밀집된 지역의 상공에서는 해당 항공기를 중심으로 수평거리 600미터 범위 안의 지역에 있는 가장 높은 장애물의 상단에서 300미터(1천피트)의 고도
   나. 가목 외의 지역에서는 지표면 · 수면 또는 물건의 상단에서 150미터(500피트)의 고도
2. 계기비행방식으로 비행하는 항공기
   가. 산악지역에서는 항공기를 중심으로 반지름 8킬로미터 이내에 위치한 가장 높은 장애물로부터 600미터의 고도
   나. 가목 외의 지역에서는 항공기를 중심으로 반지름 8킬로미터 이내에 위치한 가장 높은 장애물로부터 300미터의 고도

항공안전법 시행규칙 제200조 (최저비행고도 아래에서의 비행허가) [전문개정 2024.9.20.]

법 제68조 각 호 외의 부분 단서에 따라 최저비행고도 아래에서 비행하려는 자는 별지 제74호서식의 최저비행고도 아래에서의 비행허가 신청서를 지방항공청장 · 국방부장관(「행정권한의 위임 및 위탁에 관한 규정」 제24조제8항에 따라 권한이 위임된 경우에는 같은 항 각 호 외의 부분에 따른 각급 부대의 장을 말한다. 이하 같다) 또는 법 제85조제1항에 따라 항공교통업무증명을 받은 자에게 제출하여야 한다.

〈표 7-11〉 비행장 장애물제한표면

공항시설법 2조 (정의) [전문개정 2024.2.13.]

이 법에서 사용하는 용어의 뜻은 다음과 같다.

13. "착륙대"(着陸帶)란 활주로와 항공기가 활주로를 이탈하는 경우 항공기와 탑승자의 피해를 줄이기 위하여 활주로 주변에 설치하는 안전지대로서 국토교통부령으로 정하는 크기로 이루어지는 활주로 중심선에 중심을 두는 직사각형의 지표면 또는 수면을 말한다.
14. "장애물 제한표면"이란 항공기의 안전운항을 위하여 공항 또는 비행장 주변에 장애물(항공기의 안전운항을 방해하는 지형 · 지물 등을 말한다)의 설치 등이 제한되는 표면으로서 대통령령으로 정하는 구역을 말한다.

공항시설법 시행령 제5조 (장애물 제한표면의 구분) [전문개정 2017.3.29]

① 법 제2조제14호에서 "대통령령으로 정하는 구역"이란 다음 각 호의 것을 말한다.

1. 수평표면
2. 원추표면
3. 진입표면 및 내부진입표면
4. 전이(轉移)표면 및 내부전이표면
5. 착륙복행(着陸復行)표면

② 장애물 제한표면의 기준 등에 관하여 필요한 사항은 국토교통부령으로 정한다.

공항시설법 시행령 제31조 (공항시설 및 비행장시설의 설치기준) [전문개정 2017.3.29]

법 제24조에 따른 개발사업에 필요한 공항시설 및 비행장시설의 설치기준은 다음 각 호와 같다.

1. 공항 또는 비행장 주변에 항공기의 이륙 · 착륙에 지장을 주는 장애물이 없을 것. 다만, 해당 공항 또는 비행장의 공사 완료 예정일까지 그 장애물을 확실히 제거할 수 있다고 인정되는 경우는 제외한다.
2. 공항 또는 비행장의 체공선회권(공항 또는 비행장에 착륙하려는 항공기의 체공선회를 위하여 필요하다고 인정하는 공항 또는 비행장 상공의 정해진 공역을 말한다. 이하 같다)이 인접한 공항 또는 비행장의 체공선회권과 중복되지 아니할 것
3. 공항 또는 비행장의 활주로 · 착륙대 · 유도로의 길이 및 폭과 각 표면의 경사도 및 공항 또는 비행장의 표지시설 등이 국토교통부령으로 정하는 기준에 적합할 것

공항시설법 시행규칙 제3조 (착륙대의 크기) [전문개정 2017.3.30]

법 제2조제13호에서 "국토교통부령으로 정하는 크기"란 다음 각 호의 구분에 따른 크기를 말한다.

1. 육상비행장: 별표 1 제1호나목에서 정하는 길이와 폭으로 이루어지는 활주로 중심선에 중심을 두는 직사각형의 지표면
2. 육상헬기장, 옥상헬기장, 선상헬기장 및 해상구조물헬기장: 별표 1 제2호에서 정하는 길이와 폭으로 활주로(최종접근 · 이륙구역) 주변에 설치하는 안전지대
3. 수상비행장: 별표 1 제8호에서 정하는 폭 및 같은 표 제1호라목에서 정하는 길이로 이루어지는 활주로 중심선에 중심을 두는 직사각형의 수면
4. 수상헬기장: 별표 1 제9호에서 정하는 길이와 폭으로 이루어지는 수면

공항시설법 시행규칙 제4조 (장애물 제한표면의 기준) [전문개정 2017.3.30]

「공항시설법 시행령」(이하 "영"이라 한다) 제5조제2항에 따른 장애물 제한표면의 기준은 별표 2와 같다.

1. 비행방식에 따른 장애물 제한표면의 종류
   가. 계기비행방식에 의한 접근(이하 "계기접근"이라 한다) 중 계기착륙시설 또는 정밀접근레이더를 이용한 접근(이하 "정밀접근"이라 한다)에 사용되는 활주로(수상비행장 및 수상헬기장에서는 착륙대를 말한다. 이하 같다)가 설치되는 비행장(수상비행장은 제외한다)
      1) 원추표면
      2) 수평표면
      3) 진입표면 및 내부진입표면

4) 전이표면 및 내부전이표면
5) 착륙복행표면(着陸復行表面, 착륙 실패 후 다시 항행을 시도하는 항공기를 보호하기 위한 표면)

나. 계기접근이 아닌 접근(이하 "비계기접근"이라 한다) 및 정밀접근이 아닌 계기접근(이하 "비정밀접근"이라 한다)에 사용되는 활주로가 설치되는 비행장. 다만, 항공기의 직진입(直進入) 이착륙 절차만 수립되어 있는 수상비행장의 경우에는 원추표면 및 수평표면에 대하여 적용하지 않는다.
1) 원추표면
2) 수평표면
3) 진입표면
4) 전이표면

공항시설법 별표1 라. (비행장의 착륙대의 등급 분류기준) [전문개정 2017.3.30]

비행장의 종류	착륙대의 등급	활주로 또는 착륙대의 길이
육상비행장	A	2,550미터 이상
	B	2,150미터 이상 2,550미터 미만
	C	1,800미터 이상 2,150미터 미만
	D	1,500미터 이상 1,800미터 미만
	E	1,280미터 이상 1,500미터 미만
	F	1,080미터 이상 1,280미터 미만
	G	900미터 이상 1,080미터 미만
	H	500미터 이상 900미터 미만
	J	100미터 이상 500미터 미만
수상비행장	4	1,500미터 이상
	3	1,200미터 이상 1,500미터 미만
	2	800미터 이상 1,200미터 미만
	1	800미터 미만

〈표 7-12〉 공항시설 및 비행장 설치기준

공항시설법 시행규칙 제2조, 3조 및 16조 관련 [별표 1]

1. 나. 육상비행장의 분류번호별 착륙대 및 활주로 설치기준

<table>
<tr><th colspan="5" rowspan="2">구분</th><th colspan="5">분류번호</th></tr>
<tr><th colspan="2">1</th><th>2</th><th>3</th><th>4</th></tr>
<tr><td rowspan="8">착륙대</td><td rowspan="2">길이</td><td colspan="3" rowspan="2">활주로 시작선 및 활주로 끝선(정지로가 있는 경우에는 정지로 끝선)에서 연장한 거리</td><td>비계기용</td><td>계기용</td><td rowspan="2">60미터 이상</td><td rowspan="2">60미터 이상</td><td rowspan="2">60미터 이상</td></tr>
<tr><td>30미터 이상</td><td>60미터 이상</td></tr>
<tr><td rowspan="3">폭</td><td rowspan="3">활주로 세로방향의 중심선에서 착륙대의 긴변까지의 거리</td><td rowspan="2">계기용</td><td>정밀</td><td colspan="2">70미터 이상</td><td>70미터 이상</td><td>140미터 이상</td><td>140미터 이상</td></tr>
<tr><td>비정밀</td><td colspan="2">70미터 이상</td><td>70미터 이상</td><td>140미터 이상</td><td>140미터 이상</td></tr>
<tr><td colspan="2">비계기용</td><td colspan="2">30미터 이상</td><td>40미터 이상</td><td>75미터 이상</td><td>75미터 이상</td></tr>
<tr><td colspan="4">최대 끝선경사도</td><td colspan="2">2%</td><td>2%</td><td>1.75%</td><td>1.5%</td></tr>
<tr><td colspan="2" rowspan="2">최대횡단 경사도</td><td colspan="2">1. 정지구역 (Grading area)</td><td colspan="2">3%</td><td>3%</td><td>2.5%</td><td>2.5%</td></tr>
<tr><td colspan="2">2. 정지구역 외의 구역</td><td colspan="2">5%</td><td>5%</td><td>5%</td><td>5%</td></tr>
<tr><td rowspan="3">활주로</td><td colspan="4">활주로 세로 방향의 중심선을 따라 최고표고와 최저표고의 차를 활주로의 길이로 나누어 산출한 최대 끝선 경사도</td><td colspan="2">2%</td><td>2%</td><td>1%</td><td>1%</td></tr>
<tr><td colspan="2" rowspan="2">최대 끝선경사도</td><td colspan="2">1. 활주로 길이의 최초 및 최종 4분의 1구간</td><td colspan="2">2%</td><td>2%</td><td>0.8%</td><td>0.8%</td></tr>
<tr><td colspan="2">2. 제1호 외의 활주로 구간</td><td colspan="2">2%</td><td>2%</td><td>1.5%</td><td>1.25%</td></tr>
</table>

* 비고

1) 분류번호는 가목의 항공기의 최소이륙거리에 따른 분류번호를 말한다.
2) 착륙대의 횡단경사도 중 활주로, 활주로 갓길 또는 정지로(Stopway)에서부터 바깥쪽으로 3미터 이내의 구간은 배수(排水)를 위하여 아래쪽으로 경사지게 하고, 5퍼센트까지 허용할 수 있다.
3) 위 표에서 "정지구역(Grading area)"이란 항공기가 활주로를 이탈하는 경우에 대비하여 착륙대 중에서 국토교통부장관이 정해 고시하는 구역을 말한다.
4) 활주로 최대 끝선 경사도 제1호란 중 분류번호 3의 경사도 0.8퍼센트는 CAT-Ⅱ 또는 CAT-Ⅲ인 정밀접근활주로의 경우만 해당한다.

〈표 7-13〉 공항시설 및 비행장 설치기준

공항시설법 시행규칙 제2조, 3조 및 16조 관련 [별표 1]

8. 수상비행장에는 착륙대의 등급별로 다음 표에 적합한 착륙대, 선회수역 및 유도수로를 갖출 것. 이 경우 세부적인 기준은 국토교통부장관이 정해 고시한다.

<table>
<tr><th colspan="2">착륙대의 등급</th><th>1</th><th>2</th><th>3</th><th>4</th></tr>
<tr><td rowspan="2">착륙대</td><td>폭</td><td>60m 이상</td><td>60m 이상</td><td>60m 이상</td><td>100m 이상</td></tr>
<tr><td>수심</td><td colspan="4">1.8m 이상 (착륙대의 길이가 200m 미만의 경우에는 1등급 착륙대의 수심은 수상항공기의 제원에 따라 1.2m까지 완화할 수 있다)</td></tr>
<tr><td>선회수역</td><td>지름</td><td colspan="4">120m 이상 (중심점은 착륙대의 긴 변과 짧은 변이 만나는 유도수로에 가까운 직각점)</td></tr>
<tr><td rowspan="2">유도수로</td><td>폭</td><td>40m 이상</td><td>40m 이상</td><td>40m 이상</td><td>45m 이상</td></tr>
<tr><td>수심</td><td>1.2m 이상</td><td>1.2m 이상</td><td>1.2m 이상</td><td>1.8m 이상</td></tr>
<tr><td>주변장애물과의 허용거리</td><td colspan="5">· 착륙대 측면과 최근접 장애물 사이의 허용거리는 최소 30m
· 선회수역 측면과 최근접 장애물 사이의 허용거리는 최소 15m
· 유도수로 측면과 최근접 장애물 사이의 허용거리는 최소 15m</td></tr>
</table>

〈표 7-14〉 장애물제한표면의 기준

공항시설법 시행규칙 제4조 관련 [별표 2]

가. 원추표면(수평표면의 원주로부터 바깥쪽 위로 경사도를 갖는 표면을 말한다. 이하 같다)

1) 원추표면의 범위는 수평표면의 원주와 수평표면의 원주 바깥쪽 위으로 정하는 경사도 및 높이에 의하여 정해지는 위쪽 가장자리를 포함하여 〈표① - 1〉과 같이 한다. 다만, 수상비행장의 경우에는 〈표① - 2〉와 같이 한다.

2) 원추표면의 경사도는 수평표면 원주의 수직인 면에서 측정해야 한다.

3) 수상비행장에 대해서는 직진입(直進入) 이착륙 절차만 수립된 경우에는 원추표면을 적용하지 않는다.

표① - 1 _ 원추표면의 거리 · 경사도 및 높이

구 분	계기접근			비계기접근			
	A, B	C, D	E, F, G, H, J	A	B	C	D, E, F, G, H, J
거리(m)	1,100	800	600	1,100	800	500	400
경사도(%)	5	5	5	5	5	5	5
높이(m)	55	40	30	55	40	25	20

표① - 2 _ 원추표면의 거리 · 경사도 및 높이 (수상비행장에 적용한다)

구 분	비계기접근			
	1	2	3	4
거리(m)	600	600	600	600
경사도(%)	5	5	5	5
높이(m)	30	30	30	30

나. 수평표면(비행장 및 그 주변의 위쪽에 수평한 평면을 말한다. 이하 같다)

1) 수평표면의 원호 중심은 다음과 같다.

가) 육상비행장에서는 활주로 중심선 끝에서 60m 연장한 지점

나) 수상비행장에서는 착륙대 중심선 끝 지점

다) 비계기접근 또는 비정밀접근에 사용되는 육상헬기장, 옥상헬기장, 선상헬기장 및 수상헬기장에서는 착륙대 중심선의 끝 지점

2) 수평표면의 범위는 가목에 따른 수평표면의 원호를 중심으로 그린 각각의 원호의 접선을 연결하는 면으로 한다.

3) 수평표면의 높이는 각 활주로 중심선의 끝(수상비행장 및 수상헬기장에서는 착륙대) 높이 중 가장 높은 점을 기준으로 수직상방 45m로 한다.

4) 수평표면의 반지름의 길이는 다음과 같다.

가) 육상비행장 및 수상비행장에서는 착륙대의 등급별로 〈표 ②〉에서 정하는 반지름

나) 비계기접근 또는 비정밀접근에 사용되는 육상헬기장, 수상헬기장, 옥상헬기장, 선상헬기장에서는 200m

5) 수상비행장에 대해서는 직진입(直進入) 이착륙 절차만 수립되어 있는 경우에는 수평표면을 적용하지 않는다.

표 ② _ 수평표면의 반지름 길이

비행장의 종류	착륙대의 등급	반지름	비행장의 종류	착륙대의 등급	반지름
육상비행장	A	4000m	수상비행장	4	2500m
	B	3500m		3	2000m
	C	3000m		2	2000m
	D	2500m		1	1800m
	E	2000m			
	F	1800m			
	G	1500m			
	H	1000m			
	J	800m			

다. 진입표면(활주로 시단 또는 착륙대 끝의 앞에 있는 경사도를 갖는 표면을 말한다.)

1) 진입표면의 범위는 다음과 같다.

가) 육상비행장에서는 진입표면의 활주로 중심선에 직각이고 수평이며 활주로 시단(始端)에서 60미터 떨어진 지점의 착륙대 폭(이하 "내측저변"이라 한다)

나) 수상비행장에서는 착륙대 중심선에 직각이고 수평이며 착륙대 끝 지점의 착륙대 폭

다) 비계기접근 또는 비정밀접근에 사용되는 육상헬기장, 옥상헬기장, 선상헬기장 및 수상헬기장에서는 착륙대 중심선에 직각이고 수평이며 착륙대 끝 지점의 착륙대 폭

라) 내측저변 양 끝을 기점으로 하고 활주로 중심선의 연장으로부터 규정된 비율로 균등하게 넓힌 2개의 측변

마) 내측저변과 평행한 바깥쪽 윗면

바) 활주로(수상비행장 및 수상헬기장에서는 착륙대) 중심선의 연장선에 중심을 두는 사다리꼴형 표면

2) 내측저변의 표고는 활주로 시단의 중앙지점(수상비행장 및 수상헬기장에서는 착륙대)의 표고와 같아야 한다.

3) 진입표면의 경사도는 수평으로 15,000m 이하에서 50분의 1 이상의 범위에는 다음과 같이 하여야 한다.

가) 계기접근 중 계기착륙시설 또는 정밀접근에 사용되는 육상비행장 및 수상비행장의 착륙대에서는 착륙대 중심선의 연장 3000m 지점까지는 50분의 1 이상, 3000m에서 15,000m 지점까지는 40분의 1 이상으로 한다.

나) 비정밀접근 및 비계기접근에 사용되는 육상비행장 및 수상비행장의 착륙대에서는 〈표 ③〉에서 정하는 경사도로 한다.

다) 비계기접근 또는 비정밀접근에 사용되는 헬기장의 착륙대에서는 8분의 1로 한다. 다만 국토교통부장관은 그 헬기장의 입지조건을 고려하여 특히 필요하다고 인정하는 경우에는 20분의 1 이상 8분의 1 미만의 범위에서 그 경사도를 따로 정할 수 있다.

4) 진입표면 긴 바깥쪽 변의 착륙대 긴 변의 연장선에 대한 경사도는 계기접근을 할 때에는 100분의 15, 비계기접근을 할 때에는 100분의 10으로 해야 한다. 다만, 헬기장에서는 그 경사도를 100분의 27로 해야 한다.

5) 진입표면의 경사도는 활주로(수상비행장 및 수상헬기장에서는 착륙대) 중심선을 포함하는 수직면 내에서 측정해야 한다.

6) 진입표면이 지표면 또는 수면에 수직으로 투영된 구역(이하 "진입구역"이라 한다)의 길이는 계기접근을 할 때에는 15000m, 비계기접근에 있어서는 육상비행장은 3000m, 수상비행장은 〈표 ③〉의 길이로 한다. 다만, 헬기장 진입구역의 길이는 1000m로 한다.

표 ③_ 비정밀접근 및 비계기접근에 사용되는 진입표면의 경사도

비행장의 종류	착륙대의 등급	경사도
육상비행장	A, B, C, D	40분의 1
	E, F	40분의 1 이상 30분의 1 이하의 범위에서 국토교통부장관이 지정하는 경사도
	G	25분의 1
	H, J	20분의 1
수상비행장	4	40분의 1 (3000m)
	3	30분의 1 (3000m)
	2	25분의 1 (2500m)
	1	20분의 1 (1600m)

라. 내부진입표면(활주로 시단 바로 앞에 있는 진입표면의 직사각형 부분을 말한다. 이하 같다)
  1) 내부진입표면의 범위는 다음과 같다.
   가) 내부진입표면의 내측저변의 위치는 진입표면의 내측저변과 일치
   나) 내측저변의 양 끝에서 시작하는 내부진입표면의 옆변은 활주로 중심선을 포함한 수직면에 대하여 평행으로 뻗은 2개의 옆변
   다) 바깥쪽 윗면은 내측저변과 평행하고 동일한 길이
  2) 내부진입표면의 규격 및 경사도는 〈표 ④〉와 같아야 한다.

마. 전이표면(착륙대의 옆변 및 진입표면 옆변의 일부에서 수평표면에 연결되는 바깥쪽 위으로 경사도를 갖는 복합된 표면을 말한다. 이하 같다.)
  1) 전이표면의 범위는 다음과 같다.
   가) 수평표면과 진입표면의 옆변 교점을 기점으로 하여 진입표면의 옆변을 따라 진입표면의 내측저변까지 내려가고, 그 곳에서부터 활주로 중심선에 평행으로 착륙대 길이를 따라 계속되는 아래쪽 가장자리
   나) 수평표면의 평면에 위치하는 위쪽 가장자리
  2) 아래쪽 가장자리 위의 임의의 점의 표고는 다음과 같다.
   가) 진입표면 옆변을 따라서는 그 점에서의 진입표면의 표고
   나) 착륙대를 따라서는 가장 가까운 활주로 중심선의 표고
  3) 전이표면의 경사도는 아래쪽 가장자리에서 바깥쪽 위으로 7분의 1로 해야 한다. 다만 수상비행장의 전이표면 경사도는 착륙대 등급 1, 2는 5분의 1(20%), 착륙대 등급 3, 4는 7분의 1(14.3%)로 한다.
  4) 헬기장의 전이표면 경사도
   가) 헬기장의 전이표면의 경사도는 2분의 1로 한다. 다만, 국토교통부장관은 그 헬기장의 입지조건을 고려하여 특히 필요하다고 인정하는 경우에는 4분의 1 이상 2분의 1 미만의 범위에서 그 경사도를 따로 정할 수 있다.
   나) 가)에도 불구하고 착륙대의 하나의 긴 변(이하 이 항에서 "갑긴변"이라 한다) 측의 전이표면의 경사도는 착륙대의 다른 긴 변(이하 이 항에서 "을긴변"이라 한다) 바깥쪽에 해당 착륙대의 짧은 변의 길이의 2배의 범위 안에 을긴변으로부터 착륙대의 바깥쪽 위으로 10분의 1의 경사도가 있는 평면의 위로 나오는 물건이 없고, 갑긴변의 바깥쪽으로 해당 헬기장을 사용할 것이 예상되는 회전익항공기의 회전지름의 4분의 3의 거리의 범위 안에 착륙대의 최고점을 포함하는 수평면의 위로 나오는 물건이 없는 경우에는 2분의 1 이상 1분의 1 이하의 경사도로 할 수 있다.
  5) 전이표면의 경사도는 활주로 중심선에 직각인 수직면에서 측정해야 한다.

바. 내부전이표면(활주로에 더욱 가깝고 전이표면과 닮은 표면을 말한다)
1) 내부전이표면의 범위는 다음과 같다.
가) 내부진입표면의 끝부분을 기점으로 하여 내부진입표면의 옆변을 따라 그 표면의 내측저변까지 내리고 그 곳에서부터 활주로 중심선에 평행으로 착륙대를 따라서 착륙복행표면의 옆변을 따라 오르고 그 옆변이 수평표면과 교차하는 점에 이르는 아래쪽 가장자리
나) 수평표면의 평면에 위치하는 위쪽 가장자리
2) 아래쪽 가장자리 위의 임의의 점의 표고는 다음과 같다.
가) 내부진입표면 및 착륙복행표면의 옆변을 따라서는 각 표면의 표고
나) 착륙대를 따라서는 가장 가까운 활주로 중심선의 표고
3) 내부전이표면의 경사도는 〈표 ④〉와 같이 하여야 한다.
4) 내부전이표면의 경사도는 활주로 중심선에 직각인 수직면에서 측정해야 한다.

사. 착륙복행표면(내부전이표면 사이의 시단 이후로 규정된 거리에서 연장되는 경사진 표면을 말한다.)
1) 착륙복행표면의 범위는 다음과 같다.
가) 활주로 시단 이후로 〈표 ④〉에서 정한 거리에 위치하고 활주로 중심선에 직각이고 수평인 내측저변
나) 내측저변의 양끝을 기점으로 하고 활주로 중심선을 포함한 수직면으로부터 〈표 ④〉에서 정한 비율로 균등하게 확장하는 2개의 옆변
다) 내측저변과 평행하고 수평표면에 위치하는 위쪽 가장자리
2) 내측저변의 표고는 내측저변의 위치에 있어서 활주로 중심선의 표고와 같아야 한다.
3) 내측저변의 규격 및 경사도는 〈표 ④〉와 같이 해야 한다.
4) 착륙복행표면의 경사도는 활주로 중심선을 포함하는 수직면에서 측정하여야 한다.

아. 장애물 제한표면의 기준을 적용할 때에는 높이와 경사도는 기준 값 이하로 해야 하고, 그 밖의 규격에 대하여는 기준 값 이상으로 해야 한다.

표 ④ _ 내부진입표면, 내부전이표면, 착륙복행표면의 규격 및 경사도

표면	규격1)	정밀접근(CAT-Ⅰ)		정밀접근(CAT-Ⅱ, Ⅲ)
		착륙대의 등급		
		F, G, H, J	A ~ E	A ~ E
내부진입표면	폭	90m	120m 2)	120m 2)
	활주로 시단에서의 거리	60m	60m	60m
	길이	900m	900m	900m
	경사도	2.5%	2%	2%
내부전이표면	경사도	40%	33.3%	33.3%
착륙복행표면	내측저변의 길이	90m	120m 2)	120m 2)
	활주로 시단에서의 거리	착륙대 종단까지의 거리	1,800m 3)	1,800m 3)
	확산율(양측)	10%	10%	10%
	경사도	4%	3.33%	3.33%

* 비고 1. 모든 규격은 특별히 지정하는 경우를 제외하고는 수평으로 측정하여야 한다.
2. 별표 1 제1호가목의 분류문자 F의 경우에는 140미터로 한다. 다만, 항공기 복행(go-around) 기동시 미리 수립된 항적을 유지할 수 있는 조종능력을 제공해주는 자동항법장치(Digital avionics)를 장착한 항공기에 대해서는 120미터로 할 수 있다.
3. 1,800미터 또는 활주로의 종단까지의 거리 중 짧은 거리를 말한다.

2. 군사기지 및 군사시설 보호법

군사기지 및 군사시설 보호법은 비행안전의 확보와 군용항공기지의 보호를 주목적으로 하고 있으며 1970년대 법률 제2225호로 제정되어 지금에 이르고 있다. 우리나라 군사기지 및 군사시설 보호법은 미국의 군용항공기지의 장애물제한표면을 기술한 14 CFR Part 77.28을 근거로 각 장애물제한표면의 거리 및 경사도를 상기 기준과 동일하게 설정하였고, 차이점으로는 장애물제한표면 중 원추표면 외측가장자리로부터 바깥쪽으로 30,000피트(9,144m) 범위 내에서 장애물제한고도를 500피트(152m)까지로 제한하는 외부수평표면은 국내 군용항공기지에서 제외시킨 점과 공항구역을 비행안전구역, 기본표면과 장애제거표면을 묶어서 장애제거구역이라고 용어로 정의한 점이다. 현재 적용되고 있는 군사기지 및 군사시설 보호법의 주요 내용은 다음과 같다.

- 이 법의 목적은 군사기지 및 군사시설을 보호하고 군사작전을 원활히 수행하기 위하여 필요한 사항을 규정함으로써 국가안전보장에 이바지하고자 함.
- 비행안전구역은 항공작전기지의 종류별로 구분하되 그 기준(전술항공작전기지의 경우)은 다음과 같음. 다만, 항공작전기지의 종류별 위치, 비행안전구역의 지정 절차 등에 관하여 필요한 사항은 대통령령으로 정함.
  - 제1구역(장애제거구역)은 활주로 양끝에서 밖으로 각각 61m의 거리에 있는 직선과 활주로 중심선 양쪽 밖으로 각각 300m의 거리에 있는 직선으로 이루어지는 직사각형 내의 구역으로 하며, 이를 그림으로 나타내면 별표 2의 제1구역과 같다.
  - 제2구역(접근경사표면)은 기본표면 양끝의 짧은 변 바깥쪽에 연접(連接)한 구역으로서 기본표면 양끝의 폭 600m를 짧은 변으로 하고, 그 짧은 변으로부터 7,620m의 거리에 있는 2,438.5m의 평행선(활주로 중심선의 연장선에서 양쪽 밖으로 각각 1,219.25m)을 긴 변으로 하여 이루어지는 사다리꼴형 내의 구역으로서 기본표면의 짧은 변에 접하고 바깥쪽 상부로 향하여 50분의 1의 경사도를 이루는 구역으로 하며, 이를 그림으로 나타내면 별표 2의 제2구역과 같다.
  - 제3구역(접근수평표면)은 제2구역의 긴 변 바깥쪽에 연접한 구역으로서 제2구역의 긴 변을 짧은 변으로 하고, 그 짧은 변으로부터 7,620m의 거리에 있는 4,877m의 평행선(활주로 중심선의 연장선에서 양쪽 밖으로 각각 2,438.5m)을 긴 변으로 하여 이루어지는 사다리꼴형 내의 구역으로서 기본표면 양 끝으로부터 152m의 높이를 이루는 구역으로 하며, 이를 그림으로 나타내면 별표 2의 제3구역과 같다
  - 제4구역 [전이표면(轉移表面)]은 기본표면의 긴 변을 짧은 변으로 하고, 활주로 중심선 양끝 지점을 중심으로 한 반지름 2,286m의 원이 제2구역 바깥쪽 변과 각각 만나는 점을 연결한 직선(활주로 중심선과 평행선)을 긴 변으로 하

여 이루어지는 사다리꼴형 내의 구역으로서 기본표면과 제2구역 외곽선으로부터 바깥쪽 상부로 향하는 7분의 1의 경사도를 이루는 구역으로 하며, 이를 그림으로 나타내면 별표 2의 제4구역과 같다.

- 제5구역(내부수평면)은 활주로 중심선 양끝 지점을 중심으로 한 반지름 2,286m의 원이 제2구역 바깥쪽 변에서 시작하여 제1구역 짧은 변 연장선 교차점까지의 두 원호를 연결(활주로 중심선과 평행하게 연결)하는 선과 제4구역의 긴 변으로 이루어지는 구역으로서 기본표면의 중심선의 높이 중 가장 높은 점을 기준으로 하여 수직상방으로 45m의 높이를 이루는 수평인 평면구역으로 하며, 이를 그림으로 나타내면 별표 2의 제5구역과 같다.
- 제6구역(원추표면)은 제5구역의 바깥쪽 변으로부터 2,134m의 폭으로 제2구역 바깥쪽 변까지 이루어지는 구역으로서 제5구역 외곽선으로부터 바깥쪽 상부로 향하는 20분의 1의 경사도를 이루는 구역으로 함. 하며, 이를 그림으로 나타내면 별표 2의 제6구역과 같다.

- 다음과 같이 비행장애물의 설치를 금지함.
  - 비행안전구역 중 제1구역에서 군사시설(민간항공기의 항행을 지원하기 위한 항행안전시설을 포함한다)을 제외한 건축물의 건축, 공작물 · 식물이나 그 밖의 장애물의 설치 · 재배 또는 방치를 하여서는 아니 됨.
  - 비행안전구역 중 제2구역부터 제6구역 안에서는 그 구역의 표면높이(이들의 투영면이 일치되는 부분에 관하여는 이들 중 가장 낮은 표면으로 한다) 이상인 건축물의 건축, 공작물 · 식물이나 그 밖의 장애물의 설치 · 재배 또는 방치하여서는 아니 됨.
  - 군용항공기를 제외한 항공기의 비행안전구역 상공의 비행
  - 항공등화의 명료한 인지를 방해하거나 항공등화로 오인할 우려가 있는 유사등화의 설치
  - 비행장애를 일으킬 우려가 있는 연막 · 증기의 발산 또는 색채유리나 그 밖의 반사 물체의 진열
  - 위 규정에도 불구하고 비행안전구역 중 전술항공작전기지의 제3구역 · 제5구역 또는 제6구역과 지원항공작전기지의 제4구역 또는 제5구역 안에서는 각 구역별로 최고장애물의 지표면 중 가장 높은 지표면의 높이를 초과하지 아니하는 범위 안에서 지표면으로부터 45m 높이 이내에서 그 구역의 표면높이 이상인 건축물의 건축, 공작물 · 식물이나 그 밖의 장애물을 설치 또는 재배할 수 있음. 다만, 지원항공작전기지의 제4구역 · 제5구역의 경계부분이 연속적으로 상승하거나 하강하는 능선형태로 되어 있어서 그 경계부분의 높이가 최고장애물의 지표면 높이의 기준이 됨으로써 본문에 따른 높이까지 건축물의 건축 또는 공작물의 설치를 할 수 없게 되는 경우에는 최고장애물의 지표면 높이가 높은 구역의 최고장애물 기준을 적용함.
  - 위 규정을 적용함에 있어서 각 구역간의 경계부분에서의 표면높이는 전술항공

작전기지 비행안전구역 제2구역과 제3구역이 접하는 부분에서는 제3구역의 바깥쪽 상방향으로 50분의 1의 경사면을 초과하지 아니하는 범위로 함. 전술항공작전기지 비행안전구역의 제4구역이 제5구역과 접하는 부분 및 지원항공작전기지 비행안전구역의 제3구역이 제4구역과 접하는 부분에서는 각각의 경계부분으로부터 상방향으로 7분의 1의 경사면을 초과하지 아니하는 범위로 함. 전술항공작전기지 비행안전구역의 제2구역이 제6구역과 접하는 부분 및 지원항공작전기지 비행안전구역의 제2구역이 제5구역과 접하는 부분에서는 제2구역의 긴 변으로부터 상방향으로 7분의 1의 경사면을 초과하지 아니하는 범위로 함.

- 관계 행정기관의 장은 다음 각 호의 어느 하나에 해당하는 사항에 관한 허가나 그 밖의 처분(이하 "허가등" 이라 한다)을 하려는 때에는 대통령령으로 정하는 협의 절차와 국방부장관이 정하는 작전성 검토 등 협의기준에 따라 국방부장관 또는 관할부대장등과 협의하여야 한다. 국가기관 또는 지방자치단체가 행하는 행위에도 또한 같음.
  - 비행안전구역 안에서 제10조제1항제2호、제4호 및 제2항에 저촉될 우려가 있는 건축물의 건축, 공작물、등화의 설치、변경 또는 식물의 재배
  - 대공방어협조구역 안에서 대통령령으로 정하는 일정 높이 이상의 건축물의 건축 및 공작물의 설치
- 국방부장관 또는 관할부대장등은 도시 지역 안의 보호구역, 농공 단지 등 작전에 미치는 영향이 경미하면서 지역사회발전 및 주민 편익을 도모할 수 있는 지역으로 대통령령으로 정하는 일정한 보호구역, 비행안전구역 또는 대공방어협조구역에 있어서의 법 제13조에 따른 협의업무를 법 제15조에 따른 소관 군사기지 및 군사시설 보호 심의위원회의 심의를 거쳐 관계 행정기관의 장에게 위탁할 수 있음. 다만, 관할부대장등이 협의업무를 위탁하려는 때에는 법 제15조제3항에 따른 관할부대 또는 관리부대 군사기지 및 군사시설 보호 심의위원회의 심의를 거친 후 합참의장의 승인을 받아야 함.
- 관할부대장등(법 제9조제1항제1호의 경우에는 주둔지부대장을 포함한다. 이하 이 조 및 제21조에서 같다)은 제9조 · 제10조를 위반한 자 또는 그 위반으로 인한 장애물의 소유자와 그 밖의 권리를 가진 자(이하 "소유자등" 이라 한다)에게 퇴거를 강제하거나 장애물의 제거, 그 밖에 필요한 조치를 명할 수 있다.

〈표 7-15〉 군사기지 및 군사시설 보호법의 주요내용 요약

조 항	제 목	주요 내용
제1조	법의 목적	군사기지 및 군사시설 보호 및 비행안전 보호
제6조	비행안전구역의 지정범위 등	제1구역(장애제거구역), 제2구역(접근경사표면), 제3구역(접근수평표면), 제4구역(전이표면), 제5구역(내부수평면), 제6구역(원추표면)의 높이, 거리범위, 경사도를 규정
제10조	비행안전구역에서의 금지 및 제한(비행장애물의 설치등의 금지)	장애물의 설치 및 재배, 방치의 금지. 비행안전구역에서의 수정된 차폐의 적용(일정 구역에서 각 구역별로 최고장애물의 지표면 높이를 초과하지 아니하는 범위 안에서 지표면으로부터 45미터 높이까지 그 구역의 표면높이 이상인 건축물 또는 구조물 설치가능).
제11조	장애물 등에 대한 조치 등	비행장애물의 제거, 비행장애물표지의 설치 또는 유사등화의 차폐 등에 관한 명령에 불응한 때에는 관할부대장이 이를 제거 가능
제13조	행정기관의 처분에 관한 협의 등	관계행정청은 장애물 설치 전에 국방부장관 또는 관할부대장과 협의
제14조	보호구역등에서의 협의업무의 위탁	국방부장관 또는 관할부대장은 군용항공기지의 비행안전에 영향이 없는 범위 안에서 협의업무를 관계행정기관의 장에게 위탁 가능

이상과 같은 군사기지 및 군사시설 보호법의 주요 내용을 요약하면 장애물 관련 사항은 국방부장관이나 관할부대장이 관장하여 협의하고, 그 업무를 위탁할 수도 있고, 장애물제한 대상지역이 되는 공항구역과 장애물제한표면을 규정하여 이러한 제한표면을 초과할 경우에는 제거명령과 명령위반시 관할부대장이 장애물을 직접 제거할 수 있도록 하였다(<표 7-15>, <표 7-16>, <그림 7-6> 참조).

〈표 7-16〉 군사기지 및 군사시설 보호법 비행안전구역의 장애물제한표면 제원

구분	(전술항공작전기지) 비행안전구역	제한표면	경사도(높이)
①	제 1 구역	장애제거구역	지표면(활주로높이), 60m
②	제 2 구역	접근경사표면	50분의1
③	제 3 구역	접근수평표면	수평면(152미터)
④	제 4 구역	전이표면	7분의1
⑤	제 5 구역	내부수평면	수평면(45미터)
⑥	제 6 구역	원추표면	20분의1

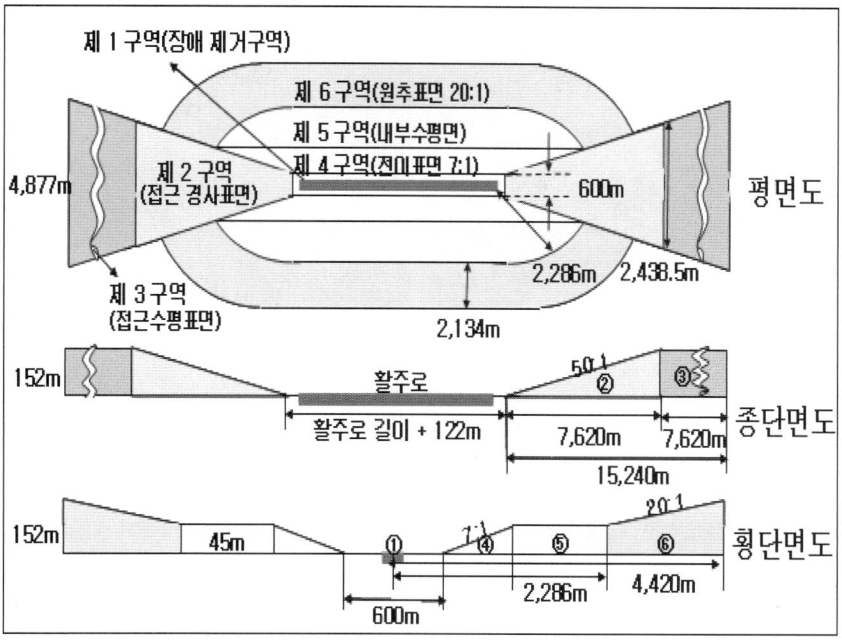

〈그림 7-6〉 군 비행장의 비행안전구역(전술항공작전기지) – 군사기지 및 군사시설 보호법 별표 2

3. 항공법규와 군사기지 및 군사시설 보호법의 비교

군사기지 및 군사시설 보호법을 항공법규와 비교하면 중요한 차이점들이 있는데 일반적으로 국방의 임무를 수행하는 군용항공기의 특성은 속도가 빠르고 무장을 하고 다니며 기동성을 필요로 하는 점 때문에 행동반경이나 위험가능성을 감안하여 미국의 경우처럼 일반적으로 항공법규에 규정한 제한표면보다 엄격한 제한기준을 적용하고 있다(<표 7-17> 참조). 단지, 수평표면(제2구역)의 반지름은 육상비행장 착륙대 등급 D와 E등급의 중간정도를 적용하였다.

〈표 7-17〉 군사기지 및 군사시설 보호법과 항공법규와의 제한표면 비교

비교항목	(민) 장애물제한표면	(군) 비행안전구역
기본표면의 폭	(반폭) 30∼140미터 이상	(반폭) 40∼300미터
접근경사표면의 경사도	20∼40분의1	20∼50분의 1
내부수평표면의 반지름	800∼4,000미터	1,500∼2,286미터
원추표면의 수평거리	400∼1,100미터	400∼2,134미터

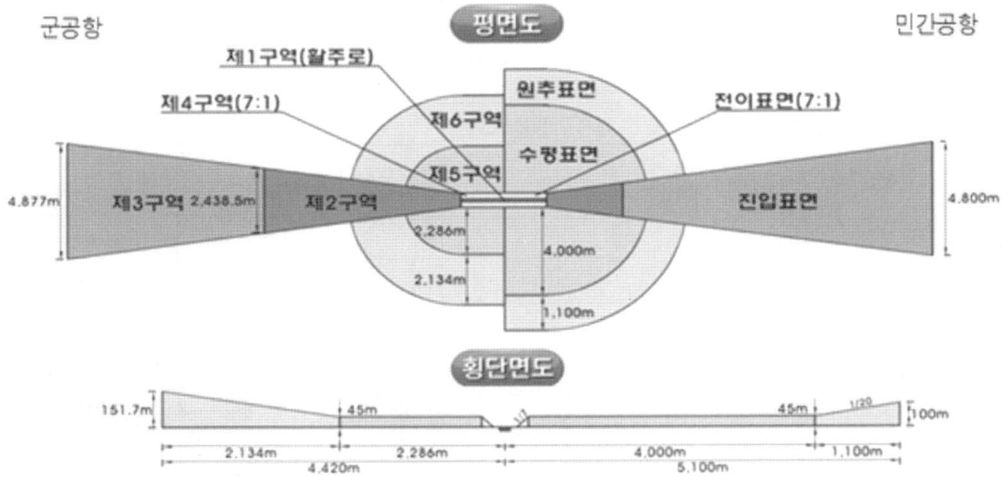

〈그림 7-7〉 비행안전구역(전술항공작전기지)과 장애물제한표면(분류번호:4/분류문자:A, 계기용)의 비교

제3절 장애물 차폐(Shielding)에 관한 국내 · 외 기준의 비교

장애물 차폐(shielding)이론은 비행안전이 보장되는 범위 내에서 비행장 주위의 장애물에 대한 제한을 완화함으로써 비행장 주위의 규제에 따른 사유재산권의 제한을 해소하고, 장애물을 관리하는데 소요되는 노력을 경감하기 위하여 개발된 이론이다. 국제민간항공기구에서 적용되는 차폐공식은 『장애물의 상단으로부터 활주로 반대방향으로 투영되는 수평면과 활주로 쪽으로는 10%의 강하면을 가지는 표면』으로, 장애물이 이 두 표면 아래에 있는 경우 차폐된 것으로 간주한다는 것이다. 이는 영구적 장애물에 의하여 차폐되는 음영면 내에서는 장애물제한표면보다 높은 장애물일지라도 장애물로 간주되지 않으므로 건물이나 구조물의 설치가 가능하다는 것을 말한다. 따라서 차폐이론은 앞서 다룬 비행장 주위의 장애물제한표면에 대한 법률적 정의에 따라 그 영향이 달라질 수 있다.

1. 국내 · 외의 차폐기준

2004년 7월 항공법 개정이전에는 민간비행장을 관할하는 건설교통부 항공안전본부(現 국토교통부)에서는 내부 지침문서를 통하여 민간비행장에는 <그림 7-8>과 같이 국제민간항공기구에서 권고하고 있는 차폐기준을 적용하고 있었다. 그러나 항공법상의 제한 조항에 대한 위임이 없는 상황에서 하위 지침 문서로 상위법의 제한을 완화하는 것으로 법리상 맞지 않았기에 항공법상에 차폐이론을 적용하는 조항을 신설하거나 위임 조항을 신설하는 것이 바람직한 실정이었다.

이러한 사실을 반영하여 2017년 3월에 개정되어진 공항시설법 시행규칙에는 제22조(장애물의 설치에 관한 협의) 제1항제6호 관련 별표 6에서 다음과 같이 규정함에 따라 국내 차폐에 관한 명확한 기준을 적용할 수 있게 되었다.

[별표 6] 장애물의 차폐기준(제22조1항제6호 관련)

1. 일반적인 기준
  가. 수평표면 또는 원추표면에서 기준장애물(법 제4조제6항에 따른 고시 또는 변경 고시 당시 법 제4조제3항제3호의2의 존치장애물 중 수목을 제외한 존치장애물을 말한다.)을 기준으로 활주로를 향한 전면 및 측면 방향으로 건축물 · 구조물을 설치하는 경우에는 장애물의 정상으로부터 가장 가까운 활주로의 중심선을 향하여 하방경사도가 10분의 1인 경사면이 수평표면 또는 원추표면과 만나는 경계면의 높이보다 낮은 건축물 · 구조물
  나. 수평표면 또는 원추표면에서 기준장애물을 기준으로 활주로를 향한 반대방향으로 건축물 · 구조물을 설치하는 경우에는 기준장애물 정상의 높이보다 낮은 건축물 · 구조물
  다. 진입표면에서 진입표면의 활주로 중심선에 직각이고 수평이며 활주로 시단에서 60미터 떨어진 지점의 착륙대 폭(이하 "내측저변"이라 한다)으로부터 3천미터 밖에서 기준장애물을 기준으로 활주로를 향한 반대방향으로 건축물 · 구조물을 설치하는 경우에는 기준장애물 정상의 높이와 같거나 낮은 건축물 · 구조물
2. 항공장애물제한구역 내의 차폐설정 세부 적용기준
  가. 전이표면: 차폐를 적용하지 않는다.
  나. 수평표면 및 원추표면에 대한 차폐기준은 다음과 같다.
    1) 차폐적용은 기준장애물의 정상에서 가장 가까운 활주로의 중심선을 향한 선(이하 "기준선"이라 한다)을 기준으로 한다.
    2) 전면 · 측면 및 후면의 구분은 기준장애물 정상에서 기준선의 좌측 및 우측으로 45도 선을 그어 전면(그림 1 "A"), 측면 (그림 1 "C") 및 후면(그림 1 "B")으로 구분한다.
    3) 차폐물로 허용할 수 있는 범위는 다음 각 호를 모두 포함해야 한다.
      가) 전면(그림 1 "A")은 기준장애물로부터 하방경사도 10분의 1의 경사면이 수평표면 · 원추표면 및 전이표면의 연장면과 만나는 아랫부분으로 한다(표 1 참조).
      나) 후면(그림 1 "B")은 기준장애물의 높이로 원추표면과 교차하거나 원추표면의 끝부분까지 연장한 평면의 아랫부분으로 한다(표 1 참조).
      다) 측면(그림 1 "C")은 후면의 경계선에서 하방경사도 10분의 1의 경사면이 수평표면 · 원추표면 및 전이표면의 연장면과 만나는 아랫부분으로 한다(표 1 참조).
      라) 전이표면 또는 진입표면의 경계부분(그림 1 "E")은 전이표면이나 진입표면 외측경계선에서 상방경사도 7분의 1의 경사면(그림 1 "E")의 아랫부분으로 한다(표 A 참조).
    4) 철탑이나 산과 같이 장애물의 정상이 구별되는 경우에는 전면과 측면의 기준을 한 지점으로 설정할 수 있으며, 그 외에는 여러 지점을 기준점으로 설정할 수 있다.
    5) 차폐를 적용하는 경우에는 국토교통부장관이 정하여 고시하는 항공학적 검토기준에 따른 항공학적 검토결과 해당 활주로에서 운용 중인 계기비행 항공기의 이착륙절차와 시계비행 항공기의 비행절차 운영 등 항공기 안전운항에 지장을 가져오지 않아야 한다.
    6) 차폐의 적용의 기준이 되는 장애물은 장애물 제한표면 내부에 존재해야 한다.
  다. 진입표면에 대한 차폐기준은 다음의 각 목의 요건을 모두 충족한 경우에만 차폐를 허용한다.
    1) 진입표면의 활주로 중심선에 직각이고 수평이며 활주로 시단에서 60 미터 떨어진 지점의 착륙대 폭으로부터 3천 미터 밖의 진입표면
    2) 진입표면의 후면(장애물의 정상에서 활주로를 향한 반대방향으로 기준선의 좌측 및 우측으로 45도 선을 그어 장애물 정상의 높이와 같거나 낮은 면을 말한다)
    3) 장애물의 후면 방향으로 수평거리 152 미터 이내인 경우

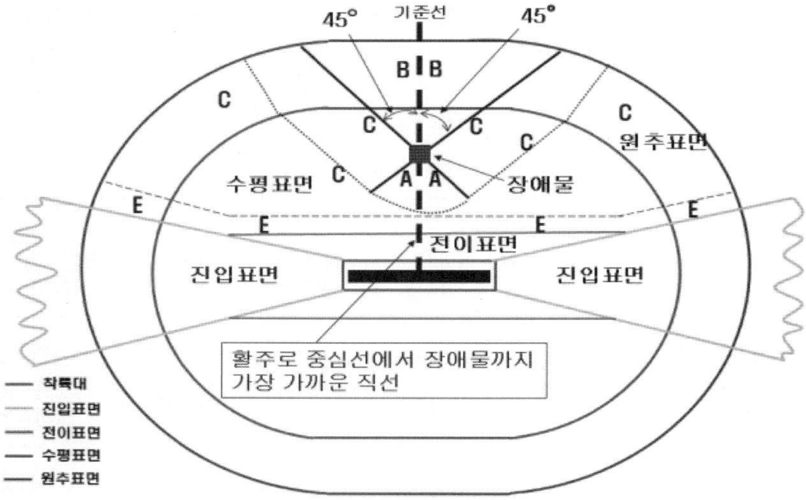

〈그림 1〉 수평표면 및 원추표면에서의 장애물 차폐적용 평면도

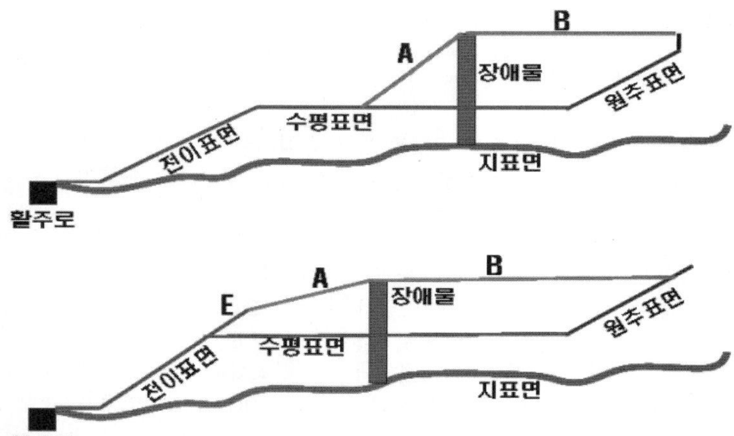

〈그림 2〉 수평표면 및 원추표면에서의 장애물 차폐적용 측면도

〈표 1〉 수평표면 및 원추표면에서의 장애물차폐

구분	명칭	경 사 도
A	전면	– 기준장애물 기준 하방 10분의 1의 경사면
B	후면	– 기준장애물의 높이와 같은 평면
C	측면	– 후면의 경계선에서 하방 10분의 1의 경사면
E	전이표면 또는 진입표면의 경계부분	– 기존의 전이표면이나 진입표면 외측에서 상방 7분의 1의 경사면

군용비행장에 적용되는 군사기지 및 군사시설 보호법의 차폐에 관련한 조항으로는 구역별 최고장애물 높이를 제한하지 않는 범위 내에서 지표면으로부터 45미터 이내까지의 제한고도 이상의 건축물 또는 구조물을 설치할 수 있도록 고도제한을 완화하였으며, 그리고 이착륙 경로상의 경계부분은 경사도 50:1 이내로, 기타구역의 경계부분은 7:1의 경사도를 넘지 않는 범위 내에서 고도제한을 하도록 하고 있어 차폐이론을 일부 적용하고 있음을 알 수 있다.

국제민간항공기구의 장애물 차폐원리에 관한 설명은 Doc 9137(Airport Service Manual) Part 6의 Chapter 2에 간략히 기술되어 있는 권고사항으로서 차폐원리 적용의 일반 원칙과 여러 국가들의 적용 사례를 소개하고 있을 뿐, 세부적인 지침을 제공하고 있지 않다. 이는 신축건물의 제한과 장애물 표지와 등화(obstacle marking and lighting) 설치규정에 대해 더욱 논리적인 접근을 할 수 있도록 하고, 신축구조물에 대한 관할 기관의 불필요한 재허가를 방지하기 위함이다.

차폐기준이 적용되는 대상은 <그림 7-8>에서와 같이 비행장 구역의 장애물 제한표면을 이미 침투하고 있는 제거가 불가능한 영구적 장애물에 의하여 차폐되어지는 음영면 이하의 장애물을 대상으로 한다. 적용되는 차폐공식은 장애물의 상단으로부터 활주로 바깥쪽으로는 투영되는 수평면과 활주로 쪽으로는 10%의 강하면을 가지는 표면에 기초한다. 어떤 장애물이라도 이 두 표면 아래에 있는 경우 차폐된 것으로 간주한다. 이는 영구적 장애물에 의하여 차폐되는 음영면 내에서는 장애물 제한표면보다 높은 장애물일지라도 장애물로 간주되지 않으므로 건물이나 구조물의 설치가 가능하다는 것이다.

또한 부속서 14(Aerodrome)의 장애물제한 조건에서는 활주로 조건 “비 계기진입, 비정밀진입, 정밀진입, 이륙활주로" 하에서 “지정된 장애물 제한표면을 침투하는 신규장애물의 신설을 금지하나 주무당국의 판단에 의해 기존의 고정된 물체에 의해 차폐되어 있는 경우 혹은 항공 기술적인 검토 결과 해당 물체가 운항안전에 악영향을 주지 않고 또한 그 규칙성에도 영향을 미치지 않는다는 것이 확정된 경우에는 예외"로 하고 있다. 이와 같은 차폐기준은 비행안전이 보장되는 한도 내에서 공항주변의 건축물의 신축을 허용하는 합리적인 규제완화 방안이라고 할 수 있으나, 이착륙경로의 측면 같은 경계가 되는 지역에서 차폐기준의 적용이 애매한 경우는 미리 대상지역을 확보하여 사전에 장애물의 발생을 방지하도록 권고하고 있다.

FAA에서는 차폐의 원칙이 차폐된 장애물 표지 및 장애등(marking and lighting)의 설치요구 조건을 최소화하고 장애물의 제거나 건축 제한 등의 요구를 최소화하기 위하여 적용되고 있다.

제거가 불가능한 영구적인 장애물은 이미 항행 안전에 고려되었으므로 이에 의하여 차폐되는 물체는 장애물로 고려하지 않는다는 입장이다. <그림 7-8>에서와 같이 미국의 차폐기준은 활주로의 착륙접근 및 출항지역 내의 영구적 장애물의 정상과 활주로 끝을 외측 방향으로 연결하여 이 선이 투사한 음영면(shadow plane)에 의해 결정되며, 어떤 장애물이 이 음영면 내에 위치할 때에 장애물로 간주되지 않으므로 장애물제한표면보다 높은 건축물이나 구조물의 설치가 가능하다는 것이다.

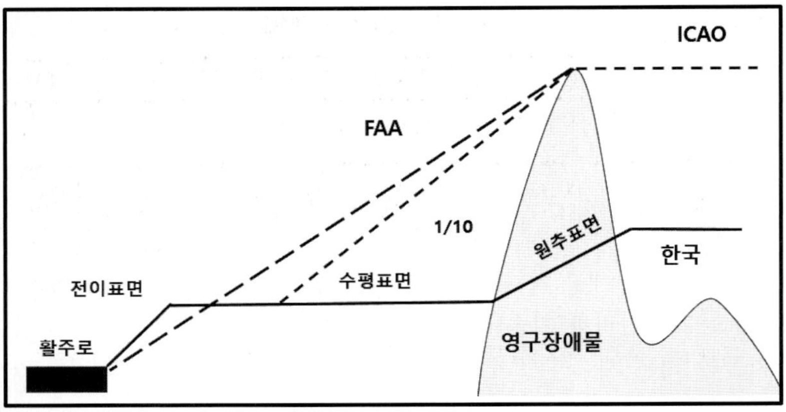

〈그림 7-8〉 ICAO, FAA 및 대한민국의 차폐판정기준면 (횡단면)

2. 차폐이론 적용상의 문제점

차폐이론은 모든 비행장에 일괄적으로 적용할 수 있는 일반적 규정은 아니며, 각 비행장별로 장애물 제한표면을 침투하는 신설 장애물이 기존의 영구적인 장애물에 의해 차폐되었을지라도 항공학적 연구를 통하여 운항안전에 악영향이 없다는 전제하에 적용되어야 한다.

국제민간항공기구에서도 권고하듯이 이·착륙경로 부근에서는 차폐된 장애물일지라도 항공기의 안전 및 효율적인 운항에 영향을 줄 수 있으므로 일정한 구역을 설정하여 차폐기준의 적용을 제한할 필요가 있다. FAA 차폐기준 적용 시 비행장의 장애물 제한표면을 침투하는 현저히 높은 영구적 장애물이 존재할 경우에는 차폐된 신설 장애물일지라도 그 영향이 심각할 것이다. 또한 CFR Part 77.23에서는 "장애물 설정기준에서와 같이 초기접근구역, 출발구역 및 선회접근구역을 포함하는 계기 이·착륙구역이나 항공로 상에서 이미 차폐된 장애물일지라도 최저강하고도(MDA/DH)나 최저비행고도의 변화를 초래할 수 있는 장애물은 장애물로 간주" 되도록 명시하고 있다.

여기에서 최저강하고도나 최저비행고도는 악기상으로 조종사가 장애물을 시각으로 확인할 수 없는 상황에서 항공기 내의 계기만을 이용하여 강하하거나 비행할 수 있는 최저고도로서 지상 장애물과의 충돌을 방지하여 비행안전을 보장하기 위한 비행고도이나 착륙의 효율과 공역의 수용력 결정에 영향을 미치는 요소이다.

3. 차폐이론의 적용이 공항의 공역 사용에 미치는 영향

차폐기준 적용 시 비행장 장애물 제한 공역 내에서 차폐된 신설 장애물의 영향을 받을 수 있는 구역에는 계기비행 기상상태에서 항공기의 이륙과 착륙을 위하여 사용되는 비행절차가 있으며, 이 중에서도 저고도에서 장애물의 영향을 많이 받는 선회접근구역(Circling Approach Area), 계기출발구역, 계기접근절차의 최종접근구역(Final Approach Segment) 및 실패접근구역(Missed Approach Segment)이 있다. 이 구역 내에서는 기존 장애물의 후면으로 차폐된 신설 장애물은 대부분 영향을 주지 않으나 활주로 쪽으로 차폐된 신설 장애물은 장애물의 높이, 위치에 따라서 영향을 줄 수 있다. 계기접근절차의 나머지를 구성하는 착륙구역(Arrival Segment), 초기접근구역(Initial Approach Segment)과 중간접근구역(Intermediated Approach)이 있으나 이 구역들은 비행장으로부터 원거리에 위치하며 위에 언급한 공역에 비하여 고도의 민감도가 낮으므로 영향을 적게 받는다.

가. 선회접근구역(Circling Approach Area)

국제민간항공기구에서는 “선회접근구역은 착륙을 위하여 계기접근을 하는 항공기가 최종적으로 직진접근(Straight-in)을 하여 착륙을 할 수 없는 조건 하에서 최종착륙을 위하여 비행장 상공을 선회한 후에 착륙하도록 설정된 구역"으로 정의하고 있다. 그 크기는 <그림 7-9>와 <표 7-18>에서 보는 바와 같이 착륙 항공기의 범주(categories)별로 해당 비행장의 모든 활주로 종단 중심선에서 지정된 반경과 접선으로 이루어지는 구역이다. 이 구역 내에서는 해당 구역 내에 있는 가장 높은 장애물의 높이에 해당 구역 최저장애물회피고도(ICAO: 90∼150미터, FAA: 300피트)를 가산하여 최저강하고도를 결정하여 해당 고도 이상에서 조종사가 육안으로 비행장이나 목표물을 확인하지 못하면 착륙을 할 수 없도록 하고 있다. 이 구역 내에서는 신설 장애물이 기존 장애물에 의해 차폐되더라도 신설 장애물이 동일 범주 구역 내에 있는 기존의 장애물보다 높을 경우에 최저강하고도를 높일 수 있어 동일한 기상 상황에서도 착륙 확률을 낮출 수 있다는 것을 의미한다.

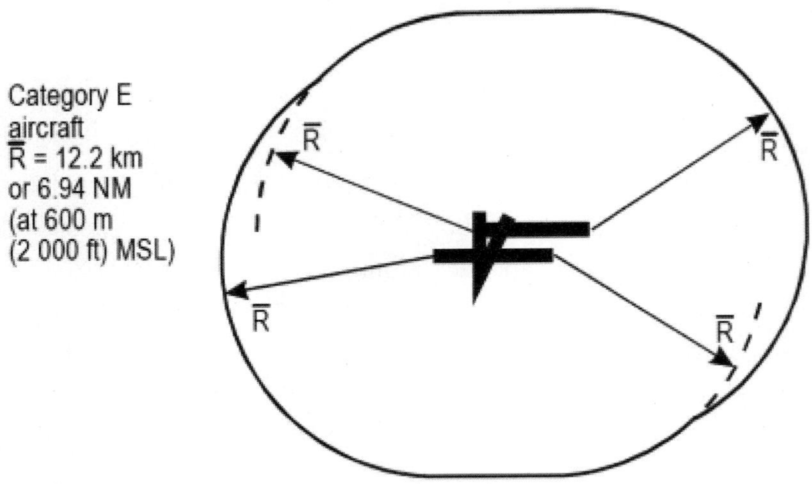

〈그림 7-9〉 선회접근구역

〈표 7-18〉 선회접근구역 반경

접근범주	구 역 반 경	
	ICAO(Km/NM)	FAA(NM)
A	3.12 / 1.68	1.3
B	4.90 / 2.66	1.5
C	7.85 / 4.20	1.7
D	9.79 / 5.28	2.3
E	12.82 / 6.94	4.5

자료 : ICAO(2020), DOC 8168-OPS/611 Volume Ⅱ-Aircraft Operations

나. 계기출발구역(Instrument Departure Area)

국제민간항공기구에서는 "계기출발구역은 계기비행기상상태(IMC)하에서 출발하는 항공기를 위한 표준계기출발절차(SID)가 이루어지는 구역"으로 설정하고 있다. 이 구역 내에서는 "통제장애물의 결정을 위한 장애물의 거리 측정 기준이 선회시작구역(turn initiation area)과 제1구역(area 1)의 경계선으로부터 장애물까지의 최단거리"이므로 활주로 쪽으로 가까운 장애물의 영향을 더 많이 받는다.

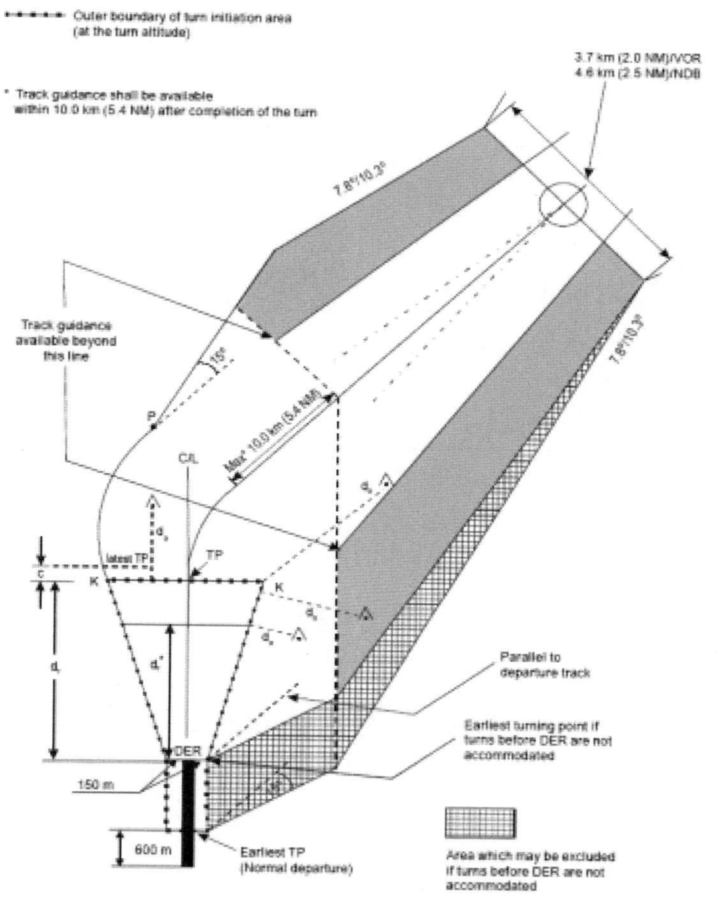

자료 : ICAO(2020), DOC 8168-OPS/611 Volume Ⅱ-Aircraft Operations
DER(Departure End of Runway) : 출발활주로의 끝,
TP(Turning Point) : 선회 시작점,
C/L(Center Line) : 중심선,
VOR : 전방향무선표지시설,
NDB(Non-Directional Beacon) : 무지향표지시설,
∧: Obstacle

〈그림 7-10〉 선회출발구역도

계기출발절차 중에 직진출발절차와 전방향 출발절차에 있어서는 기존 장애물에 의해 신설 장애물이 차폐될 때에는 영향이 적으나, 선회출발절차에 있어서는 이미 차폐된 장애물이 <그림 7-10>과 같이 선회출발구역 내에 위치할 경우에는 새로운 장애물이 될 수 있다. 이 경우에 차폐된 장애물은 선회출발절차의 선회시작점(Turning point)결정에 영향을 주며, <그림 7-11>과 같이 항공기최저순상승율(Aircraft mini -mum net climb gradient)을 결정하는 데 영향을 주어 상승률을 증가시키고 과도한 상승률이 항공기 안전운항에 영향을 줄 수도 있다.

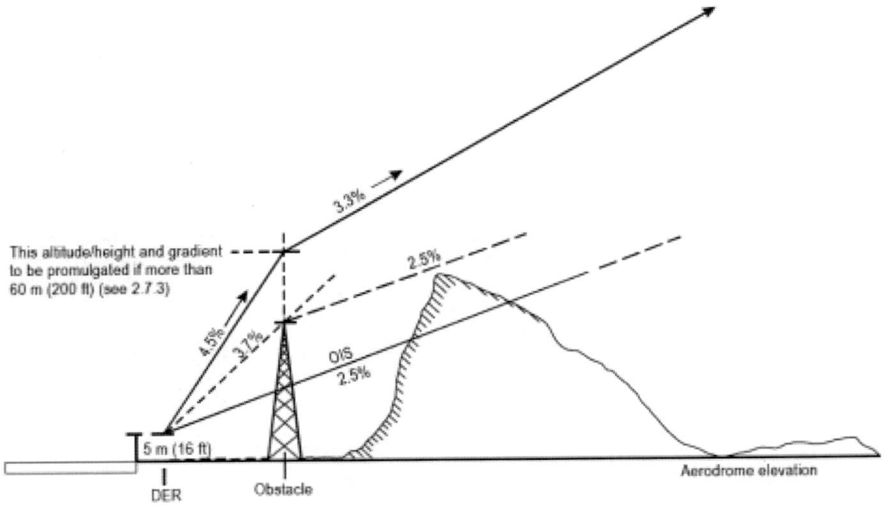

자료 : ICAO(2020), DOC 8168-OPS/611 Volume Ⅱ-Aircraft Operations
MAPt(Missed Approach Point) : 실패접근시작점

〈그림 7-11〉 계기출발 상승률 결정도

다. 계기접근절차의 최종접근구역 및 실패접근구역

국제민간항공기구에서는 <그림 7-12>에서와 같이 "계기출발절차의 최종접근구역(Final Approach Segment)의 대부분과 실패접근구역(Missed Approach Segment)의 $\frac{1}{3}$ 정도는 비행장 장애물 제한구역 내에 위치" 하게 된다.

이 구역들은 "항공기가 착륙을 위한 항공기 자세 및 진로 유지와 최종 고도강하, 출력의 감소와 증가가 이루어지는 단계로서 항공기가 지상에 근접하고 조종 안정성의 유지가 어려우므로 지상 장애물에 민감하고 비행안전에 가장 중요한 구역"이다. 이 두 구역의 크기는 계기접근절차에 이용되는 항행안전시설의 종류에 따라 다르나 실패접근지점(Missed Approach Point)에서 서로 연결되는 구역으로서 각각의 구역에 있는 장애물의 영향을 상호 간에 미치며, <그림 7-13>과 같이 최종접근구역의 최저강하고도(MDA/DH)와 실패접근고도를 결정하게 된다. 최저강하고도는 해당 절차를 이용하는 항공기의 계기비행 강하한계 고도로서 이 고도 이상에서 조종사가 육안으로 비행장이나 기타 목표물을 식별하지 못하면 착륙에 실패한 것으로 간주하여 실패접근절차에 따라 다시 상승하여 복행하게 되는 것이다. 실패접근지점에서의 넓이는 절차에 이용되는 항행안전시설의 종류, 실패접근지점의 위치에 따라 다르나 장애물에 대한 제한이 가장 높은 전이표면이나 진입표면을 포함하여 더 넓은 구역이므로 장애물의 영향을 더 많이 받게 된다.

이 구역 내에서는 원추표면이나 수평표면의 기존 장애물에 의해 차폐된 신설 장애물일지라도 통제장애물(Controlling Obstacle)이 될 가능성이 높고 이로 인하여 비정밀절차의 최저강하고도나 정밀접근절차의 결심고도를 높여 비행안전과 효율적 운항에 영향을 미칠 수 있으므로 신설 장애물의 설치에 심층적인 연구를 통하여 비행안전이나 효율적인 운항이 보장되어야 한다.

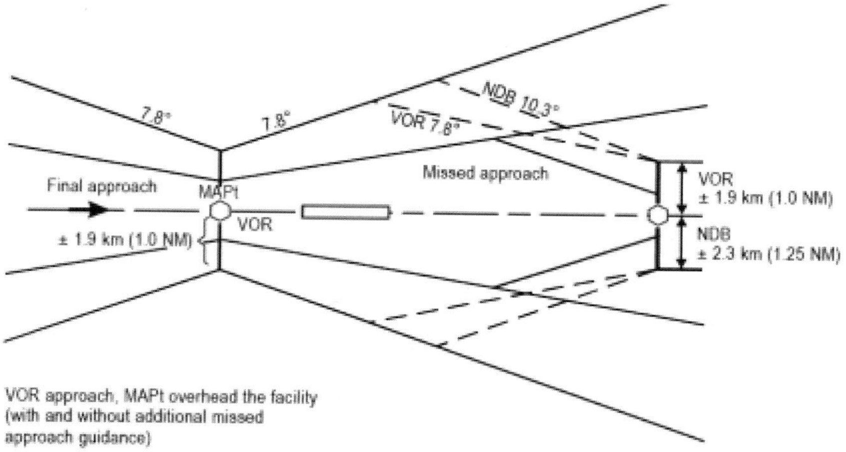

자료 : ICAO(2020), DOC 8168-OPS/611 Volume Ⅱ-Aircraft Operations
MAPt(Missed Approach Point) : 실패접근시작점

〈그림 7-12〉 최종접근 구역도

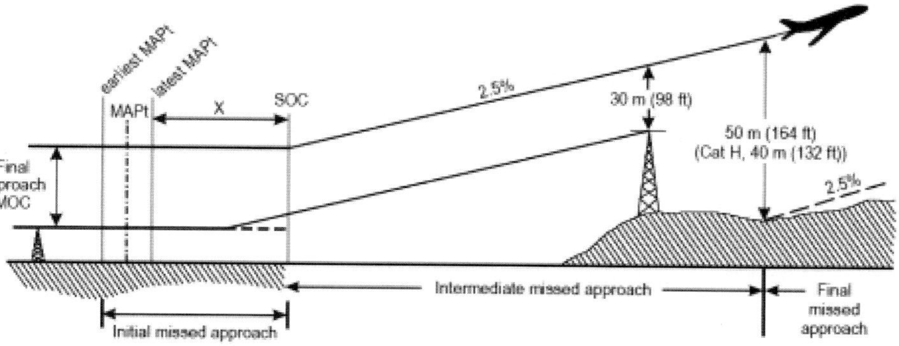

자료 : ICAO(2020), DOC 8168-OPS/611 Volume Ⅱ-Aircraft Operations
SOC(Start of Climb) : 상승 시작점

〈그림 7-13〉 실패접근고도

제4절 항공학적 검토 및 위험평가에 관한 국내·외 기준

1. 항공학적 검토 및 위험평가의 의미

항공안전이란 항공분야에서 손실을 가져오는 위험요소를 감소시키고, 위험요소의 확인, 위험평가 그리고 위험관리의 연속적인 과정에서 검토하는 위험을 수용할 수 있는 수준 이하로 유지하는 상태를 말한다.

위험평가를 하기 위해서는 먼저 '위험(risk)'이라는 개념을 정량적으로 정의할 필요가 있는데, 국립국어원이 펴낸 '표준국어대사전'에서는 '위험이란 해로움이나 손실이 생길 우려가 있음 또는 그런 상태'로 정의하고 있다. 그러나 이와 같은 위험의 정의는 정성적이어서 위험평가에는 사용될 수 없으므로 위험평가를 위하여 정량적으로 위험을 정의할 필요가 있고, 이런 의미에서 '위험'은 '미래에 발생 가능한 손실'로 정의할 수 있다. 문제는 100% 정확하게 미래를 예견할 수가 없다는 것으로, 일반적으로 무엇을 예측한다는 것은 불확실성을 갖게 되며, 위험이란 미래의 불확실성을 측정하는 데 사용되는 개념으로 이해할 수 있다.

위험평가는 위험요소로 인한 잠재적인 손실을 발생빈도(Frequency)와 영향/심각도(Consequence/Severity)로 평가하여 위험(Risk)을 도출하는 것으로 수학적 정의는 다음과 같다.

$$\text{위험}(Risk_i) = \sum F_i \times C_i$$

F_i : 사고 발생빈도

C_i : 사고 발생 시 영향(심각도)

결정론적 위험평가 방법에서는 C_i가 중시되지만, 확률론적 위험평가방법에서는 F_i도 함께 중요하게 고려된다. 가령, C_1이 C_2보다 크나 F_1이 F_2에 비해 현저하게 작을 경우, 관리대상이 되는 위험은 $C_1 \times F_1$에 의한 위험($Risk_1$)보다는 $C_2 \times F_2$에 의한 위험($Risk_2$)이 될 수 있다.

확률론적 위험평가에서 위험평가의 정의는 주어진 환경하에서의 위험빈도 및 위험 영향분석을 통하여 위험 프로파일을 산출하는 것을 의미하며, 위험관리는 주어진 환경에서의 대안을 제시하고 각 대안의 위험 및 장단점을 평가하여 그 결과에 따라 최적의 대안을 선정하는 과정을 의미한다.

항공분야에서의 특정사안에 대한 안전 확보는 위험평가를 수행하여 수용할 수 있는 위험 프로파일을 확인하는 일련의 과정 및 결과에 그 근거를 두고 있으며, 확인된 위험 프로파일을 통해 위험을 평가하고 수용할 수 없을 경우 그 위험요소를 제거하거나, 위험을 수용할 수 있는 수준 이하로 줄일 수 있는 대안을 과학적으로 찾아가는 것을 의미한다. 따라서 항공학적 검토 및 위험평가는 항공분야에서 손실을 가져올 수 있는 위험요소를 확인하고 위험평가를 통하여 위험 수준을 산출하며 위험관리를 통하여 수용할 수 있는 안전수준을 유지하면서도 그 위험을 제거하거나 줄이는 대안을 찾기 위해 계획되어진 검토 및 평가로 정의할 수 있다.

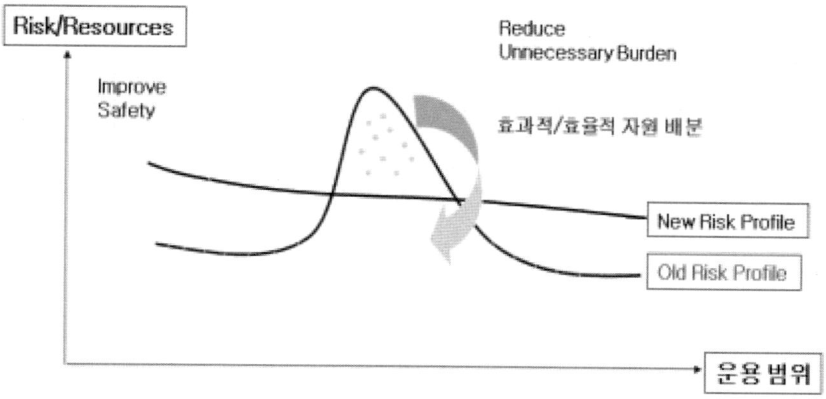

〈그림 7-14〉 위험평가와 위험관리의 개념도

항공기의 활동에 이용되는 3차원적 무한대의 장소를 공간(airspace)이라 한다면, 공역(navigable airspace)은 공간 중에서 비행에 적합하도록 '통제(control)'를 통한 안전조치가 이루어진 장소를 의미한다. 이처럼 통제되고 한정된 공역 자원을 어떻게 하면 효율적으로 활용할 것인가에 대한 관심은 마치 한정된 재화를 어떻게 배분해야 이윤을 극대화할 수 있을 것인가와 같은 의미일 것이다. 문제는 공역이라는 자원의 효율적 활용의 바탕에는 공역 내에서의 충분한 안전성을 제고하기 위한 노력이 반드시 뒷받침되어야 한다는 것이다.

공역이 한정된 자원이다 보니 공역의 이용 활동을 재산권의 개념으로 파악하고 공역 이용권과 고도제한 규제를 받고 있는 당사자 간의 관계가 재산권 충돌이라는 특성을 갖게 되어 법적인 조율이 불가피해지고, 따라서 공항시설법 제34조 '장애물의 제한 등' 및 동법 시행규칙 제22조 '장애물의 설치에 관한 협의' 조항은 시대의 요구에 따라 2004년 이후 수차례에 걸쳐 개정, 보강되었다.

현재 국내에는 항공기 안전운항을 위하여 공항 주변의 활주로를 기준으로 장애물 제한 표면을 설정하여 관리하고 있고 신규 구조물의 경우 이러한 장애물제한표면의 높이 이하로만 설치할 수 있도록 제한하고 있으며, 만약 장애제한표면을 침범하는 기존의 고정 장애물이 있을 경우에는 차폐를 적용하여 장애물의 주변에 신설 장애물을 설치할 수 있도록 허용하고 있다.

그러나 국제민간항공기구(ICAO)는 장애물제한표면 중 수평표면과 원추표면에서는 기존 장애물의 존재 여부와 관계없이 항공학적 검토(aeronautical study)를 통하여 그 안전성이 확보되면 구조물의 설치를 허용하고 있고 미국을 비롯한 항공선진국들은 국가마다 적용 범위와 방법에는 차이가 있으나 공통적으로 항공학적 검토를 거쳐 구조물의 신설 여부를 판단하고 있다. 이처럼 항공학적 검토는 국민의 재산권 행사와 항공기 운항의 안전성 확보라는 두 이해당사자 간의 주장이 충돌할 때 최적의 합의점을 찾을 수 있는 기준이 되는 것이다.

따라서 항공학적 검토는 이러한 이해관계를 상호 충족시키기 위해 엄격하고도 합리적으로 규정되고 수행되어야 한다. 그러나 국제적으로 마련된 검토기준이 명확하지 않고 ICAO에서도 항공학적 검토가 수행되어야 한다고는 하나 어떻게 수행해야 하는지에 관하여 세부내용을 제시하고 있지 않아, 국내에서는 이러한 사안이 발생할 경우 이 분야에 경험이 많은 FAA 등과 같은 기관에 검토를 의뢰하고 있으나 앞에서 언급한 엄격하고도 합리적인 국내기준의 적용이 이루어지는 것이 아니므로 그 검토 결과의 수용을 두고 다시 이해당사자 간의 갈등을 심화시키는 결과를 가져오는 것도 사실이다.

2. 항공학적 검토 및 위험평가 관련 국내 · 외 규정 검토

가. 국제규정의 검토

공항 분야 특히 비행장시설 및 장애물 제한과 관련된 문제의 제기는 비단 국내에만 국한된 상황은 아니다. 대다수의 ICAO 체약국들은 부속서 14(비행장)와 관련하여 국가마다 항공학적 검토를 통해서 제기된 문제를 해결하도록 규정하고 있고, 표현의 차이가 있기는 하나 그 의미는 ICAO Doc 9774(비행장인증매뉴얼)에서 규정한 다음과 같은 항공학적 검토 정의를 수용하고 있다.

“항공학적 문제에 관한 검토로 안전을 저해하지 아니하면서도 수용 가능한 해결방법을 찾기 위한 연구(An aeronautical study is a study of an aeronautical problem to identify possible solutions and select a solution that is acceptable without degrading safety).”

이 기술지침에서 규정하고 있는 항공학적 검토의 목적은 국제민간항공협약 부속서 14(비행장) Vol. I (비행장 설계 및 운영)에 명시된 비행장 기준에 대한 면제 및 예외사항의 영향을 평가하고, 항공기 운항 상의 안전을 확보할 수 있는 대안을 설명하며, 각 대안의 효과를 추정하고 면제 및 예외사항으로 인한 안전수준 감소를 보완할 수 있는 절차를 권고하기 위함에 있다. 따라서 정부 당국은 공항운영규정에서 SARPs와 차이를 보이는 사안에 대하여 유사한 안전수준을 유지할 수 있는 조건 및 절차를 검증하는 항공학적 검토가 공항운영증명에 포함되도록 규정하고 있다.

ICAO Doc 9734(안전감독매뉴얼)에서는 위험분석/항공학적 검토(risk analysis/ aeronautical study)를 다음과 같이 정의하고 있다.

"특정 환경에서의 위험을 평가(심각도와 빈도)하는데 사용되는 안전관리시스템의 한 부분으로, 특정 SARPs 또는 자국 내 규정에 의한 안전수준과 분석을 통한 안전수준을 비교하여 의도된 안전수준 이하로 안전을 저해하지 않는 해법을 찾는데 사용되는 기법(A mechanism, part of a Safety Management System, used to assess the risk (combination of event or hazard severity and probability of occurrence) posed by a particular set of circumstances. It is used to compare the outcome of such an analysis against the intended outcome of a particular Standard, Recommended Practice or national requirement so that a solution can be selected that will not degrade safety below that which is intended)."

이 기술지침에서는 국제표준 및 권고사항(SARPs)에 따르는 것은 선택적 사항이 아닌 필수사항임을 강조하고 있으나, 부득이한 경우 명확한 근거가 있고 ICAO SARPs의 목적 또는 안전사항에 저촉이 되지 아니하면 제한사항 또는 보충적 방안을 통해 문제점을 해결할 수도 있다고 규정하고 있다. 단, 면제 및 예외사항을 일반적이지 아니한 조건을 수용하기 위하여 이용하거나 조건의 수용을 선택적으로 하기 위한 것은 아니라고 규정하여 체약국이 자의적으로 적용하지 않도록 경고하고 있다.

따라서 면제 및 예외사항은 명확한 이론적 근거를 바탕으로 하여야 하며 이를 위한 안전관리시스템(Safety Management System: SMS)의 한 부분으로서 위험분석 또는 항공학적 검토 기법이 개발되어야 한다. 또한, 공항운영자 또는 서비스제공자는 가능한 면제 및 예외사항의 제거관점에서 정기적으로 재검토해야 하고, 위험완화방안의 타당성에 대해서도 검토해야 할 의무가 있다. 정부 당국은 면제 및 예외사항을 승인하기 전에 면제 및 예외사항과 SARPs가 차이점을 가지고 있는지, 만약 차이가 있다면 정부 당국에 의해 적절한 공지가 이루어지고 있는지를 평가해야 한다.

ICAO Doc 9859(안전관리매뉴얼)에서는 안전(Safety)을 다음과 같다.

"인명이나 재산 등의 손실을 가져오는 위험요소를 감소시키고 위험요소의 확인과 위험관리의 연속적인 과정에서 발생하는 위험을 수용할 수 있는 수준 이하로 유지하는 상태(The state in which the risk of harm to persons or of property damage is reduced to, and maintained at or below, an acceptable level through a continuing process of hazard identification and risk management)."

위험(risk)은 위험요소(hazard)로 인한 잠재적으로 평가된 부정적 결과이고, 위험평가는 이러한 부정적 결과(risk)의 빈도(frequency) 및 영향(consequence)을 모두 고려한 잠재적 손실을 말한다. 그리고 위험관리(risk management)는 가능한 모든 위험요소를 확인하고 분석하며 이를 제거하거나 수용할 수 있는 수준까지 최소화하기 위한 적절한 조치를 취하는 것을 말한다.

캐나다(TP13011E) 및 호주(AC71-1)의 기술지침에서는 항공학적 검토를 항공안전상 수용할 수 없는 위험을 설명하기 위한 유일한 방법으로 규정하고, 일정 수준의 위험을 수반하는 활동이 가치를 부여하고 있는 여러 가지 요소들(건강, 재산 또는 안전 등)에 발생할 수 있는 잠재적 손실을 어느 정도 수용할 수 있겠는가 평가를 통해 확인하는 일련의 행위로 정의하고 있다. 또한, 영국 기술지침 CAP 760(위험평가 관련 매뉴얼)에서는 위험평가(risk assessment)를 "위험요소를 확인하고 이로 인한 위험의 확률 및 심각도를 평가하기 위한 과정(A process that for identified hazards, evaluates their risk in terms of probability and severity of consequences)"으로 정의하고, 위험평가기법으로 브레인스토밍기법, 이상위험도분석(FMECA)기법, 위험요인과 운용분석(HAZOP), 결함수분석(FTA), 사건수분석(ETA) 등을 제시하고 있다.

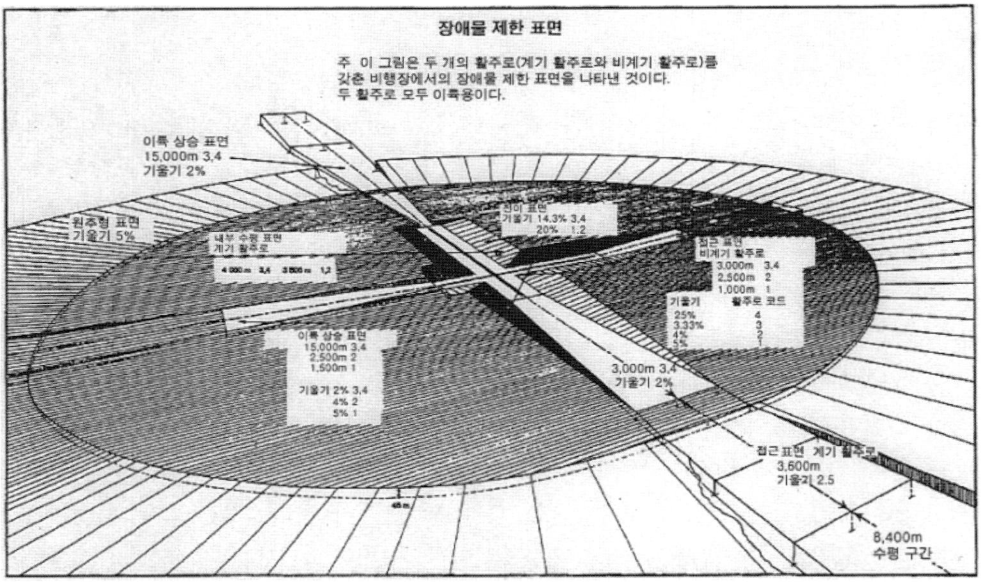

〈그림 7-15〉 장애물제한표면

차폐의 적용은 국가마다 그 차이가 있기는 하나 ICAO가 권고하는 10% 음의 기울기 적용이 이미 일반화되어 있기는 하나, 사안에 따라 필요하다고 인정될 경우 항공학적 검토를 반드시 거치게 하고 있는데, ICAO 부속서 14의 권고사항을 살펴보면, 4.2.20에서 "신설되는 구조물 또는 기존 구조물의 확장할 경우 원추표면 및 내부수평표면을 침범해서는 아니 된다. 다만, 해당 항공당국의 판단에 의해 기존의 고정 장애물에 의해 차폐되어 있는 경우나 또는 항공학적인 검토 결과, 그 물체가 항공기 안전운항에 악영향을 주지 않고, 정상적인 운항(regularity of operation of aeroplane)에도 현저한 영향을 미치지 않는다고 확인된 경우는 제외한다"라고 규정하고 있다. 또한, 4.2.21에서는 "진입표면, 전이표면, 원추표면 및 내부수평표면을 침범하는 기존 장애물은 가능한 제거되어야 한다. 다만, 해당 항공당국의 판단에 의해 기존의 고정 장애물에 의해 차폐되어 있는 경우나 또는 항공학적인 검토 결과 해당 장애물이 항공기 안전운항에 악영향을 주지 않고 정상적인 운항에도 현저한 영향을 미치지 않는다는 것이 확인된 경우는 제외 한다"고 규정하고 있다.

한편 ICAO의 공항설계 매뉴얼 Part 6 및 PANS-OPS에서도 항공기의 안전운항 및 정상적인 운항(safety and regularity)을 근거로 항공학적 검토를 수행한 후 장애물의 설치 및 확장을 결정할 것을 권고하고 있다.

미국은 14 CFR Part 77. Objects Affecting Navigable Airspace를 통하여 항공학적 검토에 관한 내용을 규정하고 있다. Subpart C에서는 민간공항과 군 공항을 대상으로 장애물로 인정되는 기준을 제시하고 있고, 특히 Subpart D에서는 공역에 영향을 주는 구조물에 대한 항공학적 검토에 관하여 범위 및 검토의 수행에 관한 개괄적인 내용을 규정하고 있다. 보다 구체적인 내용은 FAA 기술지침(order) 7400.2G -Procedures for Handling Airspace Matters, 제6장 항공학적 검토에서 규정하고 있는데, 장애물에 대한 검토(Study)에 관한 규정을 비롯하여 검토과정, 항공학적 영향에 대한 평가 등을 포함하여 보다 상세히 규정하고 있다. 또한 장애물 제한과는 다소 차이는 있으나 Part 6. 특수사용공역(Special Use Airspace)에서는 항공학적 검토에 관련하여 참조한 자료 중 기준범위 설정에 가장 도움을 줄 수 있는 규정을 포함하고 있다.

영국, 캐나다, 뉴질랜드, 호주 등 대다수의 국가들은 ICAO 부속서 14의 규정을 근거로 항공학적 검토의 수행을 명문화하고 있으나 그 수행범위 및 이행방법에 대한 구체적인 규정은 마련해 놓지 못하고 있다. 다만, UAE의 경우 2002년도에 항공정보회람(Aeronautical Information Circular)을 통하여 항공학적 검토의 배경, 정책 사항과 더불어 간략하나마 UAE만의 검토기준 범위를 설정하고 있다.

나. 국내규정의 검토

국내에서는 그동안 장애물 제한과 관련하여 항공학적 검토의 필요성에 대해서는 공감하고 있었으나 이에 대한 법 규정은 마련되어 있지 않았다. 그러나 규정으로 명문화되어 않았을 뿐 전술한 대부분의 국가들과 마찬가지로 ICAO의 표준 및 권고사항을 준용하여 FAA와 같은 이 분야에 경험이 많은 기관에 사안에 따라 자문 등의 형식을 통하여 항공학적 검토를 수행하였다. 차폐적용의 경우는 '항공장애물관리규정(안) 개발에 관한 용역(2004)'을 바탕으로 2004년 7월에 항공법 시행규칙 별표로 규정되어 별도의 항공학적 검토를 거치지 않아도 되도록 명문화되었다. 그러나 차폐의 적용대상이 되지 아니한 사안이 이후로도 꾸준히 제기되고 특히 항공학적 검토에 관한 신뢰성의 이견에 따른 갈등의 과정을 거치면서 2006년 8월에 항공학적 검토사항에 관하여 다음 <표 7-19> 및 <표 7-20>과 같이 명문화하게 되었다.

〈표 7-19〉 물건제한의 특례

• 공항시설법 제34조(장애물의 제한 등)
제1항, 2. 국토교통부령(시행규칙 제23조, 별표 8)으로 정하는 항공학적 검토 기준 및 방법 등에 따른 항공학적 검토 결과에 대하여 제35조에 따른 항공학적 검토위원회의 의결로 국토교통부장관이 항공기의 비행안전을 특히 해치지 아니한다고 결정하는 장애물

〈표 7-20〉 항공학적 검토사항

• [별표 8] 항공학적 검토 기준 및 방법
항공기의 비행안전 여부를 판단하기 위하여 항공학적 검토에는 다음 각 호의 사항을 포함해야 한다. 이 경우 항공학적 검토 기준 및 방법 등에 관하여 필요한 세부사항은 국토교통부장관이 정하여 고시한다. 1. 기존 또는 계획된(Proposed) 시계비행절차, 교통장주(Traffic Pattern: 비행장 상공을 도는 경로), 시계비행 보고지점에 대한 안전성 2. 기존 또는 계획된(Proposed) 계기비행절차에 대한 안전성 가. 도착절차구역, 착륙절차구역, 출발절차구역, 선회접근구역 및 레이더 유도(Vector) 비행구역과의 안전 분리[정밀접근절차인 경우에는 충돌위험모델(CRM)에 의한 위험성을 포함한다] 나. 최저항공로고도(MEA), 최저장애물회피고도(MOCA), 최저레이더유도고도(MVA), 최저 계기비행규칙 고도(MIA), 최저안전고도(MSA), 최저통과고도(MCA), 최저체공고도(MHA)의 영향 3. 시각(Visual Approach)의 영향 4. 공항 중장기개발계획(Airport Master Plan)에 대한 영향 5. 기존 또는 계획된 항행안전시설, 통신, 레이더 및 관제시스템 시설에 대한 물리적 · 전자기적 또는 가시선(Line of Sight) 간섭에 대한 영향 6. 관제탑으로부터 활주로 · 유도로 · 헬기장 또는 항공교통장주에 대한 시야 제한으로 인한 영향 7. 공항 수용 용량 영향 8. 공항 효율성 감소 영향 9. 기존 또는 계획된 활주로의 사용 가능거리에 대한 영향 10. 항공교통량에 따른 영향 가. 1일 한 번 이상 정기적으로 사용하는 활주로인 경우, 정기 및 지속성을 지닌 것으로 판단할 것 나. 1주일에 한 번 사용하더라도 해당 활주로에 진출입하기 위한 주 절차인 경우, 중요한 절차로 판단할 것 11. 공항의 특성과 취항 항공기의 특성에 따른 영향 12. 인구밀집지역으로 인한 항공기 소음의 영향 13. 공항 주변의 비행금지 및 제한구역 등의 영향 14. 그 밖의 사항 가. 구조물에의 항공장애표시등 설치 여부 나. 항공정보간행물(AIP)에의 고시 여부

국내 항공학적 검토 및 위험평가 규정은 2008년 2월에 예규로 제정되어 동년 5월14일 항공안전본부 고시 제2008-57호로 고시되었다가 국토해양부 조직개편에 따른 항공안전본부 행정규정 폐지 후 2009년 6월11일 국토해양부고시 제2009-360호로 제정되었다. 이 규정의 목적은 공항시설법 시행규칙 제22조(장애물 제한에 관한 협의), 제23조(항공학적 검토 기준 및 방법), 제31조(공항운영규정의 수립 인가), 제32조(공항운영규정의 변경)에 따라 공항개발사업(공항시설의 신설·증설·정비 또는 개량 등)과 공항운영 시 항공기 안전을 확보하기 위하여 비행장설치자, 공항운영자 및 정부 등에서 시행하는 항공학적 검토 및 위험평가에 필요한 방법 및 절차를 정하는데 있다. 또한 이 규정은 국제민간항공협약 부속서 14(비행장), Vol. I (비행장설계 및 운영)과 관련된 국내 항공법령에서 규정하는 공항시설 및 장애물에 대하여 적용된다.

현재 개정된 국토교통부고시 제2018-267호(항공학적 검토 및 위험평가 규정)에서 정의하는 항공학적 검토 및 위험평가는 항공안전과 관련하여 항공학적 검토에 참여한 자가 위험을 확인하고 수용할 수 있는 안전수준을 유지하면서도 그 위험을 제거하거나, 줄이는 방법을 찾기 위해 계획되어진 검토 및 평가를 말한다. 이를 위한 위험평가 과정은 총 6단계로, 문제가 되는 사항 및 잠재적 이해관계자 등을 확인하는 착수단계, 위험문제의 기본 범위를 설정하고, 잠재적 위험에 대해 개략적으로 확인과 분석, 평가를 수행하는 예비분석단계, 모든 잠재적 손실의 빈도 및 영향을 추정하는 위험추정단계, 제안사항의 비용 대비 효과를 분석하고, 제안사항의 이점과 영향을 받는 이해관계자들의 쟁점사안에 대해 위험의 수준을 평가하는 위험평가단계, 예상되는 손실을 줄이기 위한 실행 가능한 위험완화대안을 확인하는 위험관리단계, 그리고 위험완화 대안을 이행하고 의사결정과정에 대한 유효성을 평가하는 점검단계로 이루어져 있다.

[수행 6단계]	[수행 내용]
1. 항공학적 검토의 착수(Initiation)	▷ 문제정의, 항공학적 검토 팀 구성, 잠재적 이해관계자 확인 등
⬇	
2. 예비분석(Preliminary analysis)	▷ 문제범위/분석체계설정, 위험요소 확인, 위험의 대략적 분석
⬇	
3. 위험추정(Risk estimation)	▷ 시나리오의 잠재적 손실 빈도/영향 추정
⬇	
4. 위험평가(Risk evaluation)	▷ 위험 수용성 평가
⬇	
5. 위험관리(Risk control)	▷ 대안확인 및 대안별 비용/효용성 평가
⬇	
6. 점검(Inspection)	▷ 대안의 이행, 항공학적 검토과정 유효성 평가 등

〈그림 7-16〉 항공학적 검토 수행단계

3. 항공학적 검토기준 범위의 비교

항공학적 검토에 관한 내용은 국내외 규정을 살펴본 바와 같이 국제민간항공기구(ICAO)에서 정의하고 설정한 개념에 따라 각국은 장애물제한표면을 설정하고 관리하여야 하고 이를 침범하는 경우 항공학적 검토를 통하여 타당성 여부를 검토하도록 하고 있으나 사실상 ICAO 규정 어디에서도 항공학적 검토에 관한 세부 기준범위 및 수행방법에 대한 언급은 찾아볼 수 없다. 따라서 항공학적 검토기준을 규정하고 있는 나라 중 가장 잘 정비되어있는 미국과 아랍 에미리트의 규정을 중심으로 국내규정과 비교하여 살펴보고자 한다.

가. 미국의 항공학적 검토기준

미국에서 규정하는 항공학적 검토는 엄밀히 말하자면 장애물평가 및 공항 주변 공역 분석(Obstruction Evaluation/Airport Airspace Analysis: OE/AAA)을 통한 검토를 의미하고 있다. 14 CFR Part 77에서 설정한 장애물 제한에 관한 기준을 근거로 이를 침범하는 경우 사안에 따라 항공학적 검토 즉 OE/AAA를 수행하게 되는데, FAA 기술교범 7400.2G-Procedures for Handling Airspace Matters 제6장 3절 항공학적 검토에서는 그 대상이 되는 내용을 다음과 같이 규정하고 있다.

- 기존 또는 계획된 군/민 공항 또는 관련 시설(Aeronautical Facility)이 미칠 수 있는 영향
  - 항공기의 운항
  - 공항 설계(Layout)변경 등과 같은 공항개발계획에 대한 영향
  - 항공 장애물 관련 등화 및 마킹의 적절성 등
- 기존 또는 계획된 각종 시계비행절차 및 계기비행절차, 최저비행고도(Minimum Flight Altitude) 등이 미치는 영향
  - 절차 관련 : 항공교통관제절차, 교통장주(Traffic Pattern), 전이(Transitions), 레이더유도(Vectoring), 체공절차, 계기출발 및 도착절차 등
  - 최저비행고도 관련 : 최저항공로고도(MEA), 최저장애물회피고도(MOCA), 최저레이더유도고도(MVA), 최저 계기비행규칙 고도(MIA), 최저안전고도(MSA), 최저통과고도(MCA), 최저체공고도(MHA)
- 기존 또는 계획된 항행안전시설, 통신, 레이더 및 관제시스템 시설에 대한 물리적 · 전자기적 또는 Line-of-Sight 간섭에 대한 영향
- 기존 또는 계획된 구조물이 공항용량(Airport Capacity)에 미칠 수 있는 영향

OE의 검토 대상이 되는 내용은 항공활동의 양(Volume of Aeronautical Activity) 즉 항공교통량과 관련 있는 것이 아니라 그보다는 해당 항공활동이 정기적으로 지속되는(regular and continuing) 활동인가, 그리고 이러한 항공활동이 각종 절차 또는 최저고도에 영향을 주는가와 관련이 있다.

한편 장애물 제한과 관련하여 다소 차이가 있기는 하나, 동 기술지침(FAAO 7400-2G)의 Part 5. 특수사용공역(Special Use Airspace) 제6절에서는 이러한 SUA에 관하여 항공학적 검토기준 범위의 대상을 계획된 사안이 영향을 미칠 수 있는 기존 공역, 공항, 항공활동(aeronautical activities)의 종류 및 교통량 등으로 규정하고 있으며 각 대상을 정리해 보면 다음과 같다.

- 기존 또는 계획된 IFR 절차, VFR 절차가 미치는 영향
  - 도착 및 출발절차
  - 표준계기접근절차
  - 교통장주 및 주변 공역 등
- 공항에 미치는 영향
  - 항공기종 및 운항횟수
  - 공항용량 등
- IFR 항공로 운항에 미치는 영향
- VFR 운항에 미치는 영향
- 기 공항개발계획, 섹터 재편(resectorization), 다른 새로운 공역 및 항공로 등과 같은 현재 계류 중인 사안에 미치는 영향
- 기 인접공역, 지리적 환경 및 항공안전에 따른 영향
- 영향을 완화시킬 수 있는 대안
- 항공교통관제시설에 미치는 영향
- 항공교통업무에 미치는 영향

나. UAE의 항공학적 검토기준

FAA에서 제시하고 있는 내용과 같이 구체적이지는 아니하나, UAE가 항공정보회람(AIC)을 통하여 제시하고 있는 항공학적 연구의 범위를 정리하면, ICAO에서 제시하는 표준 및 권고사항과 UAE 항공법규정에서 정하고 있는 규정을 바탕으로 다음의 내용이 포함되어야 한다고 제시하고 있다.

- 항공교통관리(ATM)를 포함하는 운영상 고려사항
- 항행안전무선시설 및 항공등화를 포함하는 항행안전시설에 대한 영향
- 환경과 관련된 사항
- 완화 요소
- 위험분석(Risk Analysis)

다. 국내기준과의 비교 분석

앞에서 살펴본 미국 및 UAE의 항공학적 검토 기준범위와 <표 7-20> 국내 항공학적 검토사항을 비교해 보면, 국내기준은 양 국가가 제시하고 있는 내용을 적절하게 분석하여 국내실정에 맞는 항목들로 설정하고 있고, 또한 장애물 제한에 관련된 내용으로만 국한하지 않고 항공학적 검토에 관한 전반적인 사항을 하나의 규정으로 통합하고 있음을 알 수 있다. 즉, 장애물 제한과 관련된 FAA 기술지침의 내용에서 국내에 필요한 항목들을 선별

하여 규정하고 있고, 기타 항목들은 UAE 및 기타 국내 경험을 통하여 얻어진 내용으로 구성하고 있다.

다만 국내 검토기준에서 찾아볼 수 있는 아쉬운 점이라면, 우선 용어의 선택문제이다. '9. 항공교통량에 따른 영향'의 경우, 만약 그 의도가 항공교통량의 증감에 따른 공역의 운영에 관한 영향이라면 '판단 기준'의 설정은 그 의미가 없다고 판단된다. 한편 FAA 규정에서와 같이 항공활동이 정기적으로 지속되는(regular and continuing) 활동인가 또는 항공활동이 각종 절차 또는 최저고도에 영향을 주는가에 관한 문제라면, '항공교통량에 따른 영향'이라는 항목보다는 '항공활동(Aeronautical Activity)에 따른 영향'으로 개정함이 적절하다고 사료되어진다. 또한 '3. 시각(Visual Approach)의 영향'은 '시각접근 시 영향'으로 수정할 필요가 있다고 본다.

둘째로, 그 기준항목이 내용상 중복되는 면이 있다는 것이다. '4. 공항중장기 개발계획(Airport Master Plan)에 대한 영향'에서 'Airport Master Plan' 이란 공항확장 및 신설함에 있어 최종단계의 개발개념을 의미하는 것으로 계획단계에서 발생할 수 있는 모든 경제적/기술적/재정적 타당성 분석들이 포함되어 있다. 따라서 이 항목은 이러한 계획에 새로운 구조물이 어떠한 영향을 미치는가에 관한 사항으로 이해할 수 있다. 한편 'Airport Project Plan'은 Airport Master Plan 상의 특정계획에 대한 구체적인 단기 시행계획을 의미한다. 만약 이러한 의미대로라면 '중장기'라는 용어로 국한시킬 필요가 있겠는가 하는 문제와 그렇다면 '4'항목은 '7. 공항 수용용량 영향' 및 '8 공항 효율성 감소 영향'을 모두 포함한 의미를 지닐 수 있다는 것이다. 따라서 'Airport Master Plan'이란 용어보다는 기간의 구분 없이 통상 지칭하는 '공항개발계획(developing 또는 improvement)'이라는 용어로 정리하고, '7 및 8'항목은 '기존 또는 계획된 구조물에 의한 공항수용용량 또는 공항 효율성에 미치는 영향'으로 구분함이 더 명확하다고 판단된다.

셋째로 모호한 의미를 지니는 항목이다. 제14항 기타의 '나. 항공정보간행물(AIP)에 고시 여부' 항공학적 검토 결과로 장애물로 인정되었을 때 그 내용을 고시한다는 것인지, 항공학적 검토 내용을 고시한다는 것인지가 모호하다. 만일 전자라면 항공학적 검토기준에 포함될 사항은 아니라고 판단된다. 왜냐하면 항공학적 검토 결과 장애물로 인정되면 당연히 AIP에 고시되어야 함이 마땅하기 때문이다. 다음으로 후자라면, AIP보다는 AIP를 포함하는 종합항공정보집(integrated aeronautical information package)에 게재 여부로 변경함이 보다 타당하며 이 역시도 항공학적 검토사항에 포함 되어야할 사항은 아니라고 판단된다.

4. 항공학적 검토의 수행절차

가. FAA의 이행절차

<그림 7-16>에서 보는 바와 같이 미국의 경우, 우선 항공학적 검토의 주체는 FAA로서, 제안된 사안의 검토(기본적인 데이터 및 정보의 수집을 포함하여)를 거친 후, 관련 전문가를 소집하고, 항공학적 검토에 착수하게 된다. 항공학적 검토가 시작되면 먼저 FAA에서 규정하고 있는 장애물 제한에 관한 기준에 따라 장애물평가 및 비행장공역분석(OE/AAA) 평가를 통한 확인단계를 거치게 되고 평가결과를 바탕으로 이해당사자 간의 회의를 실시하게 된다. 이러한 과정을 거쳐 관련 기관 및 이해당사자 간의 합의가 도출되면 이로써 항공학적 검토는 종료하게 된다. 그러나 이의가 있을 경우 이의 신청자는 결과 고시 후 30일 이내에 FAA의 장에게 해당 검토 결과에 대하여 탄원할 수 있으며 FAA의 장이 검토결과자료 및 각종 보고서, 관련 자료를 바탕으로 재검토를 받아들일 경우 최종으로 공청회라는 절차를 거치게 된다.

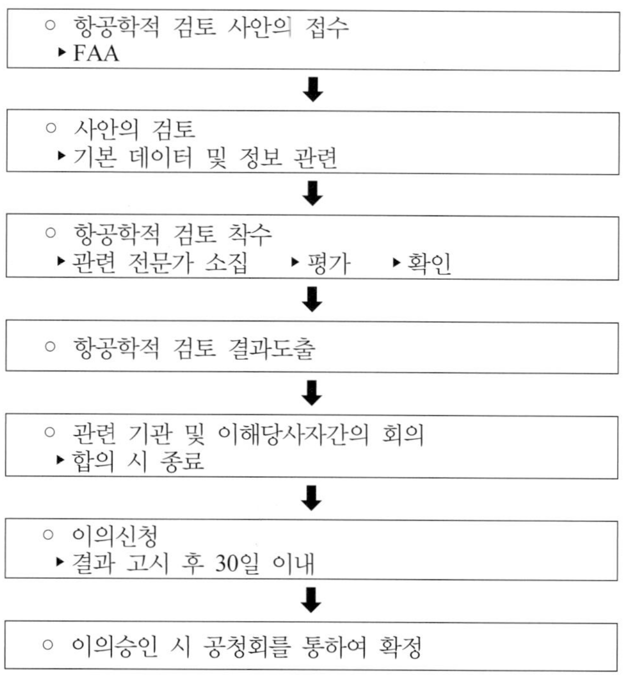

〈그림 7-17〉 FAA 항공학적 검토 이행절차

한편 미국에서는 장애물과 관련하여 'Airport Obstruction Standards Committee (AOSC)'가 구성되어 FAA를 위한 공항장애물 관련 기준 및 TERPS와 관련된 정책적 지원을 하고 있고, 장기적으로 운영상의 안전을 확보하면서 효율성과 경제적 이점을 균형 있게 유지할 수 있는 기준마련을 위해 노력하고 있다.

나. 국내 적용

국토교통부고시 제2018-267호(항공학적 검토 및 위험평가 규정)에서 제시하는 공항운영 시 공항시설법 시행규칙 제22조(장애물의 제한에 관한 협의)에서 규정한 물건제한의 특례와 관련된 항공학적 검토의 수행절차는 다음의 세 가지 경우로 구분한다.

- 공항시설법 시행규칙 제22조 등에 따라 항공학적 검토가 불필요한 경우
- 항공학적 검토가 필요하나 지방항공청에서 항공학적 검토가 가능한 경우
- 지방항공청에서 항공학적 검토가 어려운 경우

공항시설법 시행규칙 제22조 장애물 제한에 관한 협의에 관한 협의요청이 있는 경우에 비행장설치자가 먼저 항공학적 검토 대상 여부를 검토하고 추가적인 항공학적 검토가 불필요한 경우는 비행장설치자는 협의요청자에게 장애물설치 승인한다.

[흐름도]	[업무처리절차]
물건제한의 특례 등의 협의요청 (공항시설법 시행규칙 별지 제15호서식 사용)	▷ 특례 등의 협의요청자 – 공항시설법 시행규칙 제22조 등
⬇	
항공학적 검토 대상 여부 검토	▷ 비행장설치자 – 공항시설법 시행규칙 제22조 등
⬇	
장애물설치 승인 (항공학적 검토 불필요한 경우)	▷ 비행장설치자가 특례 등의 협의요청자에게 승인 – 공항시설법 시행규칙 제22조 등

〈그림 7-18〉 항공학적 검토가 불필요한 경우

비행장설치자가 항공학적 검토 대상 여부를 검토한 결과, 항공학적 검토 시행이 필요한 경우, 비행장설치자는 관할 지방항공청에 항공학적 검토를 요청한다. 지방항공청장은 자체적으로 항공학적 검토가 가능하다고 판단하는 경우 업무담당부서로 하여금 항공학적 검토를 수행하고 그 결과를 장애물심사 소위원회에서 재검토토록 한다. 관할 지방항공청장으로부터 재검토결과 항공기 안전운항에 악영향을 미칠 우려가 없다고 인정되는 경우에 비행장설치자는 관련 규정에 따라 장애물설치를 승인하여야 한다.(<그림 7-19> 참조)

[흐름도]	[업무처리절차]
물건제한의 특례 등 협의요청 (공항시설법 시행규칙 별지 제15호서식 사용)	▷ 특례 등의 협의요청자가 행장설치자(한국공항공사, 인천국제공항공사)에게 장애물 설치가능 여부 협의요청 – 공항시설법 시행규칙 제22조 등
⬇	
항공학적 검토 대상 여부검토	▷ **비행장설치자** – 공항시설법 시행규칙 제22조 등
⬇	
항공학적 검토 요청 (항공학적 검토 필요한 경우)	▷ 비행장설치자가 지방항공청장에게 요청 – 공항시설법 시행규칙 제22조 등
⬇	
항공학적 검토 시행	▷ **지방항공청(업무담당부서 자체평가)** – 공항시설법 시행규칙 제22조 등
⬇	
항공학적 검토에 대한 재검토	▷ **지방항공청(장애물심사소위원회 심사)** – 공항시설법 시행규칙 제22조 등
⬇	
항공학적 검토에 대한 재검토 결과 통보	▷ 지방항공청장이 비행장설치자에게 통보 – 공항시설법 시행규칙 제22조 등
⬇	
장애물설치 승인	▷ 비행장설치자가 원인제공자 또는 지방자치단체에게 승인

〈그림 7-19〉 지방항공청에서 수행 가능한 항공학적 검토 절차

비행장설치자의 요청으로 항공학적 검토를 요청받은 관할 지방항공청장은 업무담당부서로 하여금 자체적으로 항공학적 검토를 수행하도록 하고, 장애물심사 소위원회에서 재검토를 요청한다. 재검토 결과, 기술적 측면에서 전문가의 항공학적 검토가 필요하다고 판단되는 경우에 비행장설치자에게 그 결과를 통지하고 비행장설치자는 물건제한의 특례 요청자에게 전문가의 항공학적 검토가 수행되도록 조치한다. 전문가의 항공학적 검토 결과, 항공기 안전운항에 악영향이 없다는 결과가 나오면 최종적으로 관할 지방항공청의 장애물심사위원회에서 이를 재검토한 후 결과를 관련자에게 통지한다(<그림 7-20> 참조).

[흐름도]	[업무처리절차]
물건제한의 특례 등 협의요청 (공항시설법 시행규칙 별지 제15호서식 사용)	▷ 원인제공자 또는 지방자치단체가 비행장설치자(한국공항공사, 인천국제공항공사)에게 장애물 설치가능여부 협의요청 – 공항시설법 시행규칙 제22조 등
⬇	
항공학적 검토 대상 여부 검토	▷ **비행장설치자** – 공항시설법 시행규칙 제22조 등
⬇	
항공학적 검토 요청 (항공학적 검토 필요한 경우)	▷ 비행장설치자가 지방항공청장에게 요청 – 공항시설법 시행규칙 제22조 등
⬇	
항공학적 검토 시행	▷ **지방항공청(업무담당부서 자체시행)** – 공항시설법 시행규칙 제22조 등
⬇	
항공학적 검토에 대한 재검토	▷ **지방항공청(장애물심사소위원회 심사)** – 공항시설법 시행규칙 제22조 등
⬇	
전문가의 항공학적 검토 대상 통보	▷ 지방항공청장이 비행장설치자에게 통보 – 공항시설법 시행규칙 제22조 등
⬇	
전문가의 항공학적 검토 대상 통보	▷ 비행장설치자가 원인제공자 또는 지방자치단체에게 통보 – 공항시설법 시행규칙 제22조 등
⬇	
전문가의 항공학적 검토 시행	▷ **특례협의 등 요청자**(원인제공자의 비용부담)
⬇	
전문가의 항공학적 검토 결과 제출	▷ 특례협의 등 요청자가 비행장설치자에게 제출
⬇	
전문가의 항공학적 검토 재검토 요청	▷ 비행장설치자가 지방항공청장에게 요청
⬇	
전문가의 항공학적 검토 재검토	▷ **지방항공청(장애물심사위원회)**
⬇	
항공학적 검토에 대한 재검토 결과 통보	▷ 지방항공청장이 비행장설치자에게 통보
⬇	
장애물설치 승인	▷ 비행장설치자가 특례협의 등 요청자

〈그림 7-20〉 지방항공청에서 항공학적 검토가 어려운 경우

제 3 부

항공교통업무(ATS)

제 8 장 항공교통업무의 일반 규정

제1절 항공교통업무의 개요

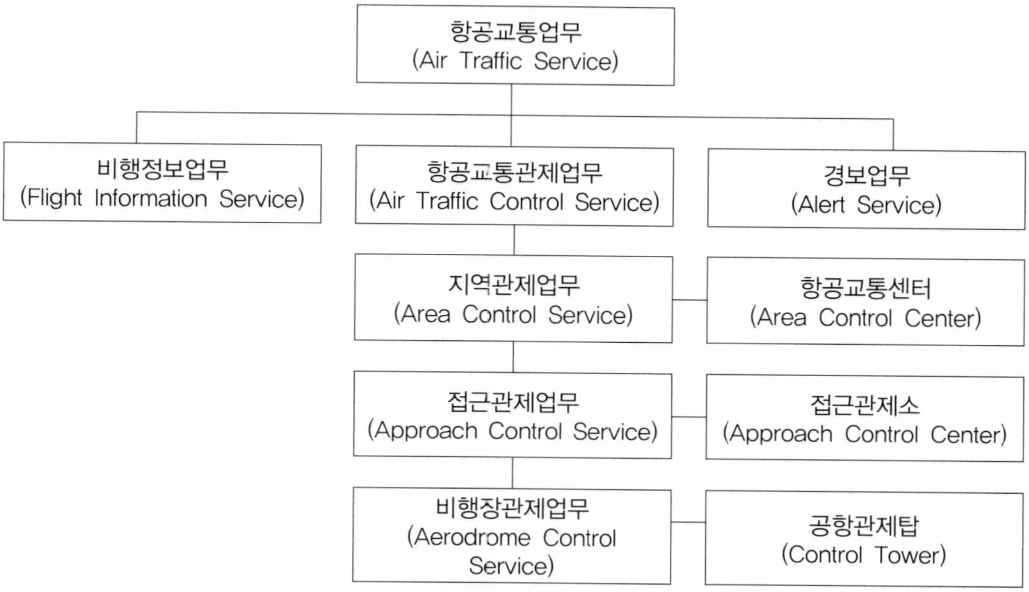

〈그림 8-1〉 항공교통업무의 체계

항공교통업무(Air Traffic Service)라 함은 다음의 목적을 위해 제공되는 업무를 말한다.

- 항공기간의 충돌방지(to prevent collisions between aircraft)
- 기동지역 내 항공기와 장애물간의 충돌방지(to prevent collisions between aircraft on the maneuvering area and obstructions on that area)
- 항공교통의 신속한 처리와 질서 있는 흐름유지(to expedite and maintain an orderly flow of air traffic)
- 안전하고 효율적인 비행에 유용한 조언 및 정보의 제공(to provide advice and information useful for the safe and efficient conduct of flights)
- 수색 및 구조를 필요로 하는 항공기에 대한 지원(to notify appropriate organizations regarding aircraft in need of search and rescue aid, and assist such organizations as required)

항공교통업무(ATS)는 항공교통관제업무, 비행정보업무, 경보업무로 나누어지고, 항공교통관제업무는 지역관제업무, 접근관제업무, 비행장관제업무로 세분되어진다. 국내에서 항공교통업무의 제공범위는 인천비행정보구역 내로, 이 구역은 국토교통부장관이 항공안전법 제78조(공역등의 지정), 제83조(항공교통업무의 제공 등), 제84조(항공교통관제업무 지시의 준수) 및 동 법 시행규칙 제227조(항공교통업무 제공영역 등) 및 국제민간항공협약 부속서 11에 따라 정한 구역이다.

인천비행정보구역 내 공해 상의 공역에 대한 항공교통업무 제공은 항공교통업무기준(국토교통부고시 제2017-368호), 지역항행협정, 국제민간항공협약 부속서 2 및 11에 따라 항공교통업무를 제공하여야 하며, 항공교통업무제공자는 항공교통업무에 관한 정보를 항공정보간행물 등으로 고시하여야 한다. 항공교통업무의 제공여부는 대상 지역에서의 관련 항공교통의 항공기 종류, 항공교통량, 기상상태, 기타 필요한 사항을 고려하여 결정되며 항공교통업무의 수행을 위해 필요한 정보의 확보체계, 통신요건, 관련 기관과의 원활한 협조체계의 구축이 필요하다.

본 장에서는 항공교통관제업무에 대한 일반사항에 대하여 언급할 것이고, 비행정보업무와 경보업무는 제12장과 제13장에서 보다 자세히 다루어질 것이다.

제2절 항공교통관제업무의 일반규정

1. 항공교통관제업무에 관한 책임

가. 지역관제업무(Area Control Service)의 제공

지역관제업무(Area Control Service)는 계기비행항공기에 대하여 행하는 항공교통관제업무로서 비행장관제업무 및 접근관제업무 외의 관제업무를 말한다. 지역관제업무의 제공은 항공교통센터(Area Control Center: ACC)에서 제공하거나, 항공교통센터(ACC)가 없는 곳에서는 접근관제업무 제공을 위해 지정된 일정 범위의 관제권 또는 관제구역의 접근관제업무를 제공하는 기관에서 제공하여야 한다.

나. 접근관제업무(Approach Control Service)의 제공

접근관제업무(Approach Control Service)는 관제권 또는 접근관제구역에서 비행하는 계기비행항공기와 접근관제구역 내에서 출발 또는 도착하는 항공기에 대해 행하는 항공교통관제업무로서 비행장관제업무 외의 관제업무를 말한다. 접근관제업무의 제공은 항공교통센터(ACC)와 함께 같이 배치된 기관 또는 항공교통센터 내 관제섹터에 의해 제공된다. 그러나 접근관제업무기능과 비행장관제업무 또는 지역관제업무기능을 단일 기관의 책임하에 통합 운영하는 것이 필요하거나 바람직한 경우에는 비행장관제탑이나 항공교통센터(ACC)에서 제공하고, 또한 독립된 기관에서 업무를 수행하는 것이 필요하거나 바람직한 경우에는 접근관제소에서 이를 제공한다.

다. 비행장관제업무(Aerodrome Control Service)의 제공

비행장관제업무(Aerodrome Control Service)는 비행장 안의 이동지역 및 비행장 주위에서 운항하는 항공기와 당해 비행장의 업무에 종사하는 인원 및 장비에 대하여 행하는 관제업무를 말한다. 비행장관제업무는 비행장 관제탑에서 제공한다.

2. 항공교통관제기관간의 관제책임 분할

항공교통관제업무 당국은 각 항공교통관제기관의 책임구역을 설정하고, 가능하면 항공교통관제기관의 개별 관제섹터도 설정해야한다. 하나의 기관 또는 섹터 내에 항공교통관제업무 좌석(Position)이 한개 이상인 지역에서 개별 업무위치의 임무와 책임도 정의되어야 한다. <그림 8-2>는 항공교통본부 내 대구 및 인천 지역관제센터(ACC)의 분할된 관제섹터를 나타낸다.

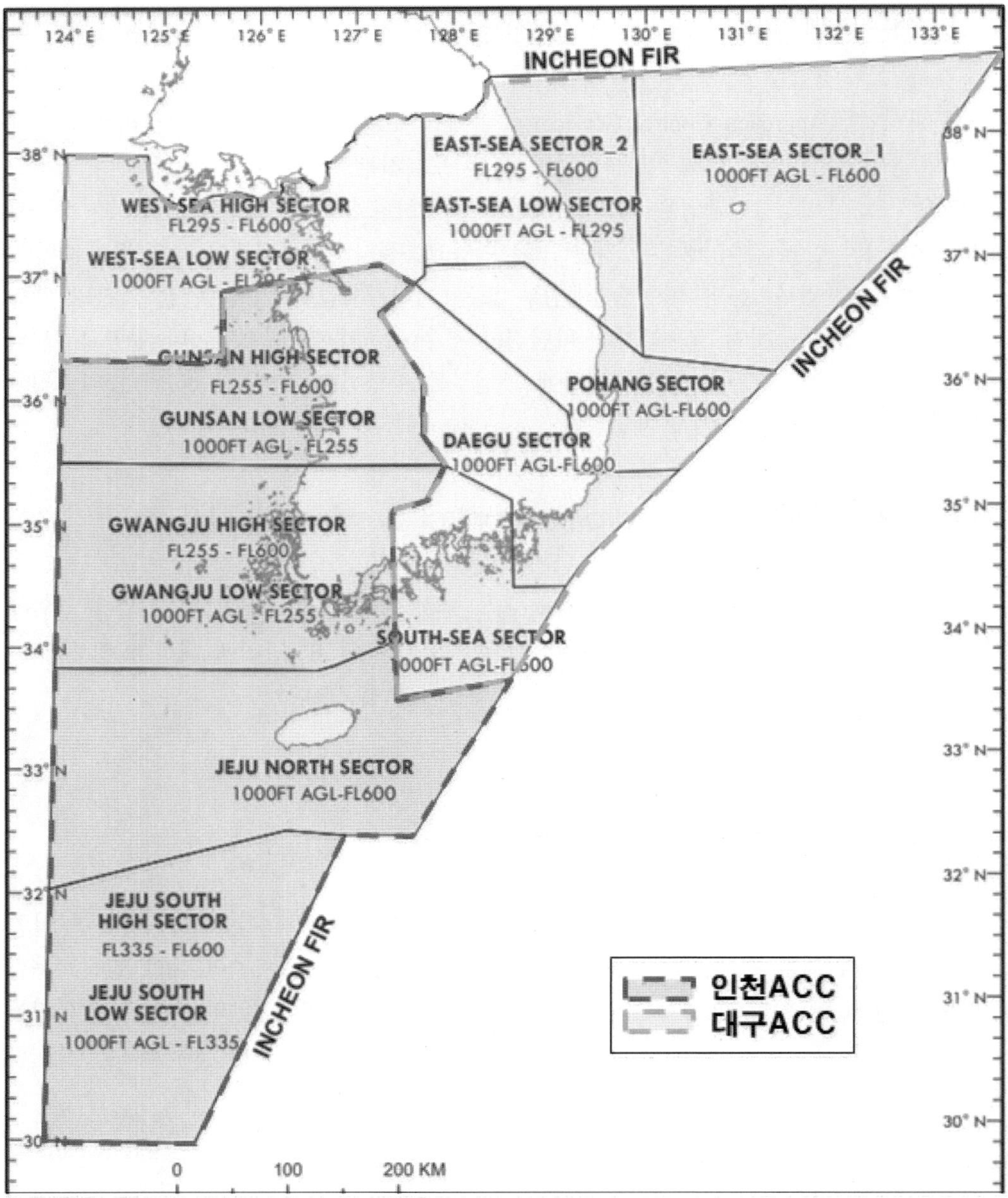

〈그림 8-2〉 인천비행정보구역의 관제섹터

가. 비행장관제업무를 제공하는 기관과 접근관제업무를 제공하는 기관 간

비행장관제업무만을 제공받는 항공기를 제외하고, 이착륙 항공기의 관제는 비행장관제업무를 제공하는 기관과 접근관제업무를 제공하는 기관 간에 다음과 같이 분할하여 수행된다.

1) 도착항공기

착륙을 위해 접근하는 항공기의 관제책임은 다음 중 가장 빠른 시기에 접근관제업무를 제공하는 기관으로부터 비행장관제업무를 제공하는 기관으로 이양되어야 한다.

가) 항공기가 비행장 주위에 있을 때
  (1) 조종사가 지상을 육안으로 식별하여 접근 및 착륙이 가능하다고 판단되는 경우, 또는
  (2) 시계비행기상상태 이상인 경우,

나) 합의서에 의해 미리 지정된 지점이나 고도에 도달했을 때

다) 착륙을 마쳤을 때

비행장 관제사로의 통신이양은 착륙허가 또는 교체지시, 본질적인 주변지역 교통에 대한 정보가 순차적으로 발부될 수 있는 지점, 고도, 시간에 영향을 받게 된다. 한편, 접근관제소가 있다하더라도, 항공교통센터나 비행장관제탑에서 접근관제업무의 관련부문을 제공하도록 관련 기관 간에 사전협의가 이루어진 경우에는 항공교통센터에서 비행장관제탑으로(또는, 그 반대로) 직접 항공기를 이양할 수도 있다.

2) 출발항공기

출발항공기의 관제책임은 다음의 경우에 비행장관제업무를 제공하는 기관에서 접근관제업무를 제공하는 기관으로 이양되어야 한다.

가) 비행장 주위의 기상상태가 시계비행기상상태(Visual Meteorological Condition: VMC)일 때,
  (1) 항공기가 비행장 주위를 떠나기 전
  (2) 항공기가 계기비행기상상태로 진입하기 전
  (3) 항공기가 합의서에 의해 미리 지정된 지점이나 고도에 있을 때

나) 비행장이 계기비행기상상태(Instrument Meteorological Condition: IMC)일 때, 합의서에 미리 명시된 대로,
  (1) 항공기가 이륙한 직후
  (2) 항공기가 합의서에 의해 미리 지정된 지점이나 고도에 있을 때

나. 접근관제업무를 제공하는 기관과 지역관제업무를 제공하는 기관 간

지역관제업무와 접근관제업무가 동일 항공교통관제기관에 의해서 제공되지 않을 경우, 항공교통관제책임은 지역관제업무를 제공하는 기관에 있다. 그러나 다음 항공기에 대한 관제책임은 접근관제업무를 제공하는 기관에 있다.

- 항공교통센터에 의해 접근관제업무기관으로 이양된 도착항공기
- 항공교통센터로 이양될 때까지의 출발항공기

한편, 지역관제업무를 제공하는 기관은 관제이양을 위해 설정도 지점, 고도, 시간에 항공기를 중계해야하고 공항으로 접근하는 동안 관제업무를 유지하여야 한다.

다. 두 개의 지역관제업무를 제공하는 기관 간

항공기의 관제책임은 하나의 관제구역에 지역관제업무를 제공하는 기관에서 인접한 다른 지역관제기관에 두기관의 인접 경계지역을 지나가는 시간 또는 미리 합의한 지점, 고도, 시간에 이양되어야 한다.

라. 동일 항공교통관제기관 내

동일한 항공교통관제기관 내의 관제섹터/위치 간 항공기의 관제책임은 항공교통업무기관의 규정(시설 내규)에 명시된 지점, 고도, 시간에 하나의 섹터/위치에서 다른 섹터/위치로 이양되어야 한다.

3. 비행계획

가. 비행계획양식

비행계획의 양식은 비행계획 작성을 위하여 항공사 및 항공교통업무기관에게 제공되고, 이들에 의해 해당 국가의 언어와 영어원문이 함께 인쇄되어 사용된다. 다음 <그림 8-3>, <그림 8-4>는 국제민간항공기구에서 제시하는 비행계획서 양식을 국내에서 항공안전법을 통해 적용하는 사항을 보여주고 있다.

FLIGHT PLAN
비행계획서

PRIORITY 전문우선순위 ADDRESSEE(S) 수신처

<<≡ FF→ <<≡

FILING TIME 제출시간 ORIGINATOR 발신처

→ <<≡

SPECIFIC IDENTIFICATION OF ADDRESSEE(S) AND/OR ORIGINATOR
수신처 및 발신처의 특정 식별부호

3 MESSAGE TYPE 전문종류 | 7 AIRCRAFT IDENTIFICATION 항공기 식별부호 | 8 FLIGHT RULES 비행규칙 | TYPE OF FLIGHT 비행의 종류

<<≡ (FPL – – <<≡

9 NUMBER 댓수 | TYPE OF AIR CRAFT 항공기 형식 | WAKE TURBULENCE CAT. 최대이륙중량 등급 | 10 EQUIPMENT 탑재장비

– / – <<≡

13 DEPARTURE AERODROME 출발비행장 | TIME 출발예정시간

– <<≡

15 CRUISING SPEED 순항속도 | LEVEL 고도 | ROUTE 예정비행항공로

– →

<<≡

TOTAL EET 총예상소요비행시간

16 DESTINATION AERODROME 목적비행장 | HR MIN 시간 분 | ALTN AERODROME 주 교체비행장 | 2ND. ALTN AERODROME 부 교체비행장

– → → <<≡

18 OTHER INFORMATION 기타정보

–

)<<≡

SUPPLEMENTARY INFORMATION (NOT TO BE TRANSMITTED IN FPL MESSAGE)
비행계획 전문에 포함되어 전송되지 않는 보충 정보

19 ENDURANCE 연료탑재량 | EMERGENCY RADIO 비상 무선통신장비

HR MIN 시간 분 | PERSONS ON BOARD 탑승인원수 | UHF | VHF | ELBA

–E/ →P/ →R/ U V E

SURVIVAL EQUIPMENT/구급용구 | JACKETS/구명동의

POLAR Polaire | DESERT Desert | MARITIME Maritime | JUNGLE Jungle | LIGHT 등화 | FLUORES 형광 | UHF | VHF

→ S / P D M J → J / L F U V

DINGHIES/구명보트

NUMBER 수량 | CAPACITY 수용인원 | COVER 덮개 | COLOUR 색상

→ D/ → → → <<≡

AIRCRAFT COLOUR AND MARKINGS 항공기 색상 및 무늬

A/

REMARKS 기타

→ / <<≡

PILOT-IN-COMMAND 기장

C/)<<≡

FILED BY/제출자 | 탑승객 명단(별도첨부 가능) :

〈그림 8-3〉 비행계획서 양식 (ICAO 모델, 항공안전법시행규칙 별지 제71호 서식)

반복비행계획서
REPETITIVE FLIGHT PLAN LISTING

A OPERATOR (운영자)	B ADDRESSEE(S) (주소)	C DEPARTURE AERODROME(S) (출발비행장)	D DATE (일자) ------ (연월일) yymmdd	E SERIAL NO (일련번호) -- --	F PAGE OF (쪽수) -- / --
			G SUPPLEMENTARY DATA(항목19)AT: 보충정보		

H	I	J	K							L	M	N	O	P	Q
+ -	VALID UNTIL (유효일자) (연월일) yymmdd	VALID UNTIL (만료일자) (연월일) yymmdd	DAYS OF OPERATION (운항요일)							AIRCRAFT IDENTIFI-CATION (항공기 식별부호) (항목 7)	TYPE OF AIRCRAFT AND WAKE TURBULENCE CATEGORY (항공기 형식 및 최대이륙중량 등급) (항목 9)	DEPARTURE AERODROME AND TIME (출발비행장 및 출발예정시간) (항목 13)	ROUTE(항목 15) (예정비행항공로) CRUISING SPEED (순항속도) LEVEL (고도) ROUTE (비행로)	DESTINATION AERODROME AND TOTAL ESTIMATED ELAPSED TIME (목적비행장 및 총예상소요비행 시간) (항목 16)	REMARKS (비고)
			1	2	3	4	5	6	7						

〈그림 8-4〉 반복비행계획서양식 (ICAO 모델, 항공안전법시행규칙 별지 제72호 서식)

나. 비행계획 제출

비행계획서가 항공교통관제업무를 제공받기 위하여 제출되었다면, 항공교통관제절차에 따라 비행하기 전에 항공기는 항공교통관제허가를 받기 위하여 대기하여야 한다. 만일 비행계획이 항공교통조언업무를 제공받기 위하여 제출되었다면, 조언업무를 제공하는 관제기관의 접수확인을 기다려야 한다.

1) 출발 전

반복비행계획서 제출을 위한 다른 방안이 수립되었을 경우를 제외하고는 출발 전에 제출하는 비행계획은 출발비행장의 항공교통업무보고취급소에 직접, 또는 전화로 제출해야 한다. 만약 출발비행장에 그와 같은 기관이 없으면 비행계획을 전화나 전신타자기로 제출해야 하지만, 그것도 여의치 못하면 출발비행장을 지원하거나 지원하도록 지정된 기관에 무선으로 제출하여야 한다. 비행계획이 제출된 관제항공기의 이동개시예정시간이 30분을 초과하여 지연되거나, 또는 비관제항공기의 경우 1시간을 초과하여 지연될 때에는 비행계획을 수정하거나 새로운 비행계획을 제출하고 기 제출된 비행계획을 취소하여야 한다.

2) 비행 중

비행 중에 제출해야 할 비행계획은 항공기가 비행중이거나 비행하고자 하는 비행정보구역, 관제구역, 조언구역 또는 조언비행로를 담당하는 항공교통업무기관의 항공통신국에 전달되어야 한다. 이와 같은 방식이 적절하지 않을 경우, 해당 항공교통업무기관에 요청하는 것과 같이 재송신 목적으로 다른 항공통신국에 비행계획이 전달되어야 한다. 항공교통관제기관이 고·중밀도 공역에서 업무를 제공하는 경우, 해당 ATS 당국은 비행 중 비행계획서 제출에 대해 조건 또는 제한을 설명해야 한다.

3) 비행계획의 승인

비행계획 또는 비행계획의 변경을 접수한 첫 번째 항공교통업무기관은 자료양식 및 자료입력규칙의 준수여부를 확인해야 하고, 완전성 및 정확성 여부를 확인해야하며, 필요한 경우 항공교통업무에 적합하도록 적절한 조치를 해야 한다. 그리고 발신처로 비행계획 또는 변경사항에 대한 승인사항을 알려주어야 한다.

4. 항공교통관제허가

가. 범위와 목적

관제허가는 항공기 운항에 영향을 주는 교통상황(항공기, 기타 차량 및 장애물)에 근거하여 주로 항공교통의 촉진 및 분리를 위하여 발부된다. 항공기 기장은 발부된 항공교통관제허가가 부적절하다고 판단될 때 필요한 경우 관련 사항을 요청하여 수정허가를 받을 수 있다. 관제허가는 항공교통관제기관에서 발부한 항공기의 진행에 대한 권한을 부여한다. 항공교통관제허가는 비행안전 증진이나 기타 목적을 위하여 적정 규정을 위반해도 된다는 타당성을 부여하는 것은 아니며, 또한 발생 가능한 해당 규정 및 규칙의 위반사항에 대한 조종사의 어떠한 책임도 경감시키지 않는다. 항공교통관제기관은 충돌방지 및 항공교통의 신속성과 질서유지가 되도록 항공기가 순응할 수 있는 충분한 시간을 두고 미리 항공교통관제허가를 발부하여야 한다.

나. 비행단계 중 항공교통관제를 받는 항공기

비행계획이 비행초기에 관제를 받지 않고 비행 다음 단계에 항공교통관제를 적용받는 경우에 항공기는 관제 비행을 시작하게 되는 지역의 해당 항공교통관제기관에 허가를 획득하도록 조언되어야 하며, 비행초기에 항공교통관제를 받고 비행 다음단계에 관제를 받지 않은 경우에는 항공기는 일반적으로 관제 비행이 종료된 시점까지 허가를 받게 된다.

다. 중간 기착지를 거치는 비행

항공기가 출발비행장에서 중간기착 등 비행의 여러 단계를 비행계획으로 제출한 경우, 최초의 허가 한계점이 첫 번째 목적비행장이 될 수 있고 새로운 관제허가는 최초 허가 한계점 이후의 부분에 대해 발부되어야 한다. 중간기착 등 비행의 두 번째 및 그 다음 각 단계비행을 위한 비행계획은 항공기가 관련 출발비행장을 이륙했다고 해당 항공교통업무기관에 통보되었을 경우에만 항공교통업무 및 수색구조 목적의 활동이 시작된다. 항공교통관제기관과 운영자간의 사전협의에 의하여, 정기적으로 운항하는 항공기에게 중간기착지 모두를 허가할 수도 있으며, 계획된 비행로가 하나 이상의 관제구역을 통과하는 경우 정기운항항공기는 관련된 항공교통센터간의 조정에 의한 경우에만 타 관제구역내에서의 중간기착을 허가받을 수 있다. 이 경우에는 각 단계비행의 시작 시 항공교통업무 및 수색구조 목적의 활동이 자동적으로 시작된다.

라. 출발항공기

항공교통센터(ACC)는 표준출발허가의 사용에 관한 절차가 이행되고 있는 경우를 제외하고, 접근관제소나 관제탑에 지연을 최소화하여 해당 기관에서 요청이 수락된 후 또는 사정이 허락된다면 그러한 요청이 있기 전에 허가사항을 통보하여야 한다.

마. 비행중인 항공기

1) 일반사항

항공교통관제기관은 일정 기간에 특정 지점까지의 비행을 허가하기 위하여 인접 항공교통관제기관에 항공교통관제허가를 요청할 수도 있다. 출발지점에서 항공기에게 관제허가를 처음 발부한 이후에 교통정보 발부 및 필요시 관제허가 수정발부에 대한 책임은 해당 항공교통센터에 있다. 조종사의 요구 시, 교통상황 및 협조절차가 허락이 되는 경우 항공기에게 순항 상승토록 허가되어야 하며, 이러한 경우 특정 고도들 사이 또는 특정고도 위로 순항 상승토록 허가될 수 있다.

2) 초음속(Supersonic) 비행과 관련된 허가

초음속 비행을 하려는 항공기는 출발 전에 천음속 가속(transonic acceleration) 단계에 대하여 허가를 받아야 한다. 천음속 및 초음속 비행단계에서는 관제허가의 수정을 최소화해야 하며, 항공기의 운영제한사항을 고려해야만 한다.

바. 항공교통관제허가에 관한 설명

관제허가는 가능한 명확하고 간결해야하고, 표준방식으로 표현되어야 하는데 그 내용은 다음과 같다.

- 비행계획서 상의 항공기 식별부호
- 허가한계점
- 비행로
- 비행로의 전부 또는 일부에 대한 고도 및 고도의 변경
- 필요시 접근 또는 출발절차, 통신 및 허가의 시효 등에 관한 지시나 정보

1) 허가한계점

허가한계점은 적절한 보고지점, 비행장, 관제공역 경계의 명칭을 부여하여 묘사된다. 항공기 관제가 이루어질 다음 관제기관과 사전협의가 이루어졌거나, 또는 관제업무를 수행 전에 충분한 시간이 있을 거라고 확신이 서면 허가한계점은 목적비행장으로 되지만, 그렇지 않을 경우에는 적절한 중간지점이 되며, 목적비행장까지의 허가를 가능한 빨리 발부하기 위하여 신속한 협조가 이루어져야 한다. 항공기가 인접 관제구역내의 중간지점까지 허가받았을 경우, 해당 항공교통센터는 가능한대로 빨리 목적비행장까지의 허가를 수정 발부할 책임이 있다. 목적비행장이 관제구역 밖에 위치해 있을 때, 항공기가 마지막으로 통과하게 될 관제구역의 항공교통센터는 그 관제구역의 한계점까지 비행토록 허가를 해야 한다.

2) 비행로

필요하다고 판단되는 경우, 각 관제허가에 비행로가 상세히 포함되어야 한다. “Cleared Via Flight Planned Route”는 관련 비행경로에 대하여 명확하고 상세히 서술되어지고 관련 비행경로나 비행구간들이 비행계획에 제출된 그것과 동일한 경우에 사용할 수 있다. “Cleared via (designation) departure” 혹은 “Cleared via (designation) arrival”은 표준출발 또는 도착절차를 관계 항공교통업무당국이 수립하여 항공정보간행물에 등재하였을 때 사용할 수 있다. “Cleared via Flight Planned Route”라는 어휘는 허가를 재발부할 때 사용해서는 안 된다. 공역통제는 항공교통관제업무와 교통밀도로 제한을 받고, 이에 대한 협조가 시간에 따라 이루어진다면, 항공기는 가능할 때마다 직항공로가 제공되어야 한다.

3) 고도

관제허가에 포함된 고도와 관련한 지시사항은 다음과 같다.

- 순항고도, 순항상승, 고도범위, 필요시 해당고도에서 허가가 유효하게 되는 지점
- 특정지점에서 통과해야 하는 고도(필요시)
- 상승 또는 강하를 시작하는 장소 또는 시간(필요시)
- 상승 또는 강하율(필요시)
- 출발 또는 접근고도와 관련된 세부지침(필요시)

4) 비행계획 변경요구에 대한 허가

항공로나 고도 등의 비행계획 변경허가를 발부할 경우, 변경에 관한 정확한 사항이 허가사항에 포함되어야 한다. 교통상황으로 인하여 비행계획변경을 허가할 수 없을 경우에는 "Unable to clear"라는 말을 사용하며, 상황이 허락되면 대체비행계획이 제공되어져야 한다. 여기에 언급된 절차 하에서 운항승무원에 의해 교체항공로가 제기되고 받아질 때, 수정된 관제허가의 전체, 또는 대체사항에 대한 관제허가의 일부분이 포함되어야 한다.

5) Read Back

운항승무원은 항공교통관제사가 음성으로 전달한 ATC 허가나 지시 중에 안전과 관련된 부분은 복창(read-back)을 하여야 한다. 항상 read-back 되어야 하는 허가는 다음과 같다.

- ATC 항공로 허가
- 유도로의 진입, 착륙, 이륙, 정지, 횡단 그리고 활주로상의 backtrack에 대한 허가나 지시
- 사용 활주로, altimeter setting, SSR 코드, 고도지시, 방향과 속도지시, 관제사에 의해 발부되었거나 ATIS 방송에 포함된 내용, 전이고도

조건부 허가를 포함하는 다른 허가나 지시는 명확히 이해되고 수행될 것이라는 의미로 read-back이나 acknowledge 해야 하고, 관제사는 조종사가 올바르게 응신 하는지 확인하고, 올바르게 read-back하지 않을 경우 즉시 조치를 취해야 한다.

5. 속도 조절

가. 수평속도 통제지시

항공기는 해당당국이 상술하는 조건에 따라 안전하고 질서 정연한 교통의 흐름을 위하여 속도 조정지시를 받을 수 있다. 속도 조정시에는 속도의 빈번한 변경이나 교체속도의 증감과 같은 지시를 피하여 지시하되 이러한 속도지시에 따를 수 없을 경우 관련 항공교통관제기관에 알려야 한다. 일반적인 속도 조정은 FL240 또는 그 이상의 고도에서 0.01 마하의 배수로 나타내고 FL240미만에서의 속도 조정은 지시대기속도(Indicated Air Speed: IAS)를 기준으로 10 knots의 배수로 나타내어야한다.

속도 통제 지시를 하여 간격을 유지하기 위해서는 일정 속도가 모든 항공기에게 동일하게 제공 되어야 하는데, 둘 또는 그 이상의 연속되는 항공기간의 간격을 분리하기 위해서 관제사는 마지막 항공기의 속도를 줄이게 하거나 가장 앞선 항공기의 속도를 증가시킨 후 순서에 따라 다른 항공기 속도를 조정해야 한다.

도착 하는 항공기에 대해서는 최대, 최저속도 또는 일정 속도가 유지되도록 지시를 받을 수 있는데, 가능한 한 오랫동안 Clean 비행상태로 운영하도록 하되 250 knots 이하로의 감소는 조종사의 동의하에 적용되어야 한다. 또한 항공기가 동시에 높은 강하율과 감속을 유지하게 하는 지시는 항공기 성능에 위배되는 지시이므로 피하여야 하며 중간과 최종접근단계에서는 ±20 knots 지시대기속도(IAS)를 초과하지 않는 작은 감속이 사용되고 최종접근단계 활주로 종단으로부터 4NM지점을 통과한 이후에는 적용되지 아니한다.

나. 수직속도 통제지시

수직속도 통제지시는 항공기의 안전하고 질서 정연한 교통의 흐름을 위하여 항공기에게 상승률 또는 강하율 지시를 발부하는 것으로, 일정 수직 분리최저치를 유지하기 위하여 두 대의 상승 항공기 또는 두 대의 강하 항공기간에 제공되며 체공 패턴에 진입하거나 체공중인 항공기에게는 적용되지 아니한다.

수직속도 통제지시를 발부할 때에는 속도의 빈번한 변경이나 교체속도의 증감과 같은 지시를 발부하여서는 안 되며, 조종사가 속도 지시를 따를 수 없을 경우에는 항공교통관제기관에 알려야 한다.

상승하거나 하강하는 항공기는 일정한 강하율/상승률, 수치, 그 이상 또는 그 이하의 강하율/상승률을 유지하도록 지시받을 수 있으며, 이러한 지시를 발부한 관제사는 상승 또는 하강하는 항공기가 주어진 강하율/상승률을 유지하고 있는지 확인해야 하고, 필요하다면 분리유지를 위한 대체방법도 시간에 따른 방법으로 적용할 수 있는지 확인해야 한다.

6. 후류요란(Wake Turbulence)

항공기의 '후류요란'이란 항공기가 지상이나 공중에서 기동함으로써 항공기의 날개에서 발생하는 공기의 소용돌이(vortex)를 말하는 것으로써 후면이나 하방 쪽에 위치한 항공기의 지상 활주나 비행에 크게 양향을 미친다.

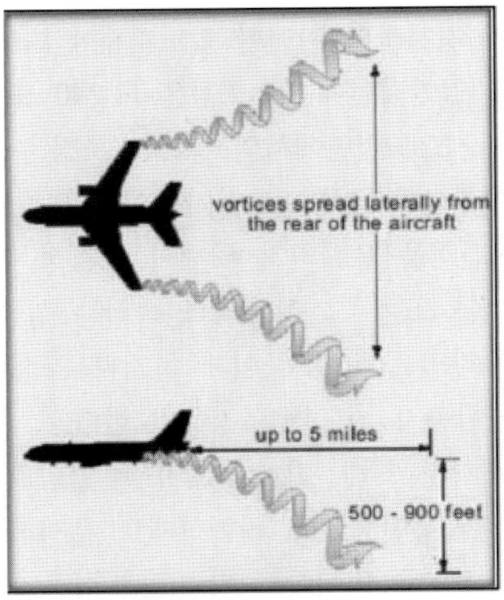

〈그림 8-5〉 항공기 후류요란 범위

이런 후류요란의 크기는 항공기의 크기에 관계가 있으며 그 영향의 크기를 등급으로 표시할 때에 그 등급은 다음과 같다.

- Super(Super) – A380-800 항공기
- Heavy(Heavy) – 최대이륙중량이 136,000kg 이상인 항공기
- Medium(Medium) – 최대이륙중량이 7,000kg 초과 136,000kg 미만인 항공기
- Light(Light) – 최대이륙중량이 7,000kg 이하인 항공기

또한 Super, Heavy 항공기의 경우는 항공기 식별 부호 다음에 Super, Heavy라는 단어를 포함 시켜 주어야 하고, 회전익 항공기는 Hovering 또는 Air taxi 할 때, Light 항공기로 간주해야 한다.

미국 FAA Order 7110.65에서는 항적난기류 항공기 등급을 Super, Heavy, Large, Small로 분류하고 있다.

ICAO, 유럽 등에서 후류요란 기준을 항공기 중량과 주 날개폭을 기준으로 새롭게 적용(RECAT)하고 있는데, 이렇게 항적난기류 그룹(Aircraft Wake Turbulence Group)을 적용하는 경우 후류요란 분류 기준은 다음과 같다.

- Group A – 최대이륙중량이 136,000kg 이상이고, 주 날개폭(Wing Span)이 74.68m 초과 80m 이하인 항공기
- Group B – 최대이륙중량이 136,000kg 이상이고, 주 날개폭(Wing Span)이 53.34m 초과 74.68m 이하인 항공기
- Group C – 최대이륙중량이 136,000kg 이상이고, 주 날개폭(Wing Span)이 38.1m 초과 53.34m 이하인 항공기
- Group D – 최대이륙중량이 18,600kg 초과 136,000kg 미만이고, 주 날개폭(Wing Span)이 32m를 초과하는 항공기
- Group E – 최대이륙중량이 18,600kg 초과 136,000kg 미만이고, 주 날개폭(Wing Span)이 27.43m 초과 32m 이하인 항공기
- Group F – 최대이륙중량이 18,600kg 초과 136,000kg 미만이고, 주 날개폭(Wing Span)이 27.43m 이하인 항공기
- Group G – 주 날개폭(Wing Span)에 관계없이, 최대이륙중량 18,600kg 이하인 항공기

그룹 A(Group A)는 기존 항공기 등급의 '초대형(super)', 그룹 B, C(Group B, C)는 기존 항공기 등급의'대형(heavy)'과 동일하다.

7. 고도계수정

가. 고도의 표현

일반적으로 전이고도(transition Level) 이하에서는 고도(altitude)로 표현하고 전이고도 이상에서는 비행고도(Flight Level)이라고 표현하며, 전이고도를 통과하는 항공기의 경우 상승 시에는 비행고도로, 하강 시에는 고도라는 말을 사용한다.

항공로 상을 비행하는 항공기에 대해서는 사용가능한 최저 비행고도 이상일 경우에는 비행고도 미만일 경우에는 고도를 사용하고 QFE를 사용하여 접근 시도하는 항공기에 대해서는 공항표고 고도를 제공해야 한다.

이러한 전이고도는 QNH 및 평균해면기압 예보를 근거로 설정하되 전이비행고도는 당해 공항에 대해 설정된 전이고도 이상을 사용하기 위해 활용 가능한 최저 비행고도이어야 한다.

나. Altimeter Setting

최신의 고도계 수정치는 직접 계기를 읽거나 기상대/항공기상청에서 받는다.

전이 고도 미만에서의 고도계 수정치는 항공기 관할 구역 내에서 최소 1회 발부하며, 항공기가 항공로를 따라 비행하면서 위치 보고를 해야 할 지역의 고도계 수정치를 발부한다.

또한 모든 출발 항공기에게 고도계 수정치를 발부하며 도착 항공기의 경우에는 최초 교신시 또는 교신 후 가능한 신속하게 고도계 수정치를 발부한다. 항공기가 항공로에 있을 경우에는 접근 관제시설이 없는 목적 공항으로부터 50NM 떨어진 지점에 접근 하고 있을 때 목적 공항의 고도계 수정치를 발부하며, 전이고도 미만으로 강하를 허가할 경우에는 강하 지점에서 가장 가까운 기상대/항공기상청 고도계 수정치를 발부한다.

기압계의 압력이 31.00 Inch Hg 보다 크면 현재의 고도계 수정치를 발부하고, 항공로 상이나 도착하는 항공기에게는 최종 접근 구역까지 31.00 Inch Hg로 맞추도록 하며, 출발 항공기에게는 강제(mandatory)/통과(cross)고도 혹은 1,500피트 AGL중 더 낮은 고도에 도달할 때 까지 31.00 Inch Hg에 맞추도록 조언한다.

〈표 7-1〉 29.92를 기준으로 한 FL140 이하에서의 고도계 수정치

고도계 수정치	최저사용가능비행고도	고도계 수정치	최저비행고도조정요인
29.92 이상	FL140	29.92 이상	0
29.91~29.42	FL145	29.91~29.42	500FT
29.41~28.92	FL150	29.41~28.92	1,000FT
28.91~28.42	FL155	28.91~28.42	1,500FT
28.41~27.92	FL160	28.41~27.92	2,000FT
27.91~27.42	FL165	27.91~27.42	2,500FT
27.41~26.92	FL170	27.41~26.92	3,000FT

8. 위치 보고

가. 위치보고의 송신

지정된 중요지점으로 설정된 항공로 상에서의 위치보고는 각 필수보고지점의 상공에서 또는 통과 즉시 이루어져야 한다. 타 지점에서의 추가 위치보고가 항공교통업무목적으로 필요시에는 해당 항공교통업무기관에서 요구할 수 있다. 지정된 중요지점으로 설정되지

않은 항공로 상에서의 위치보고는 비행시작 30분후에 가능한 빨리, 그리고 그 이후에는 매 시간 간격으로 이루어져야 한다. 짧은 시간 간격의 추가위치보고가 항공교통업무목적으로 필요시에는 해당 항공교통업무기관에서 요구할 수 있다. 관계항공교통업무당국에 의하여 규정된 조건하에서, 항공기는 지정된 각 필수보고지점에서 또는 지정된 보고간격으로 위치를 보고하지 않을 수 있다. 이 조항을 적용함에 있어 일상적인 항공기 관측의 실시 및 보고를 필요로 하는 기상학적 필요조건을 고려하여야 한다.

위의 규정에 의한 위치보고는 항공기가 운항하는 공역을 담당하는 해당 항공교통업무기관에 하여야 한다. 또한, 해당 항공교통업무당국에 의하여 항공정보간행물에 명시가 되었거나 해당 항공교통업무기관이 요구하였을 경우에는 한 비행정보구역 또는 관제구역에서 인접 비행정보구역 또는 관제구역을 통과하기 전에 항공기가 진입하게 될 공역의 항공교통업무기관에 마지막 위치보고를 하여야 한다. 위치보고가 예상시간에 접수되지 않았다면 차후의 관제를 예상시간이 정확하다는 가정 하에 하여서는 안 되며, 타 항공기 관제에 어떤 영향이 끼칠 것으로 예상되면 위치보고 접수를 위한 즉각적인 조치가 이루어져야 한다.

나. 위치보고의 내용

항공기의 위치보고 시에 포함되어야 할 사항들은 다음과 같다.

- 항공기 식별부호
- 위치
- 시간
- 비행고도 또는 고도
- 다음 통과지점 및 시간
- 다음 중요지점

비행고도 또는 고도는 새로운 무선 주파수로 전환한 후 첫 교신 시 포함되어야 한다. 유지하여야 할 속도가 배정되었을 때, 운항승무원은 그들의 위치보고시 해당 속도를 포함하여야 한다. 배정된 속도는 모든 위치보고가 요구되든 안 되든 간에 주파수 변경 후에 항공교통관제기관에 첫 교신 시 조언되어야 한다.

9. 운항 및 기상정보의 보고(PIREP)

가. 일반사항

위치보고가 요구되는 시간 또는 지점의 비행중인 항공기에 의하여 운영상 정해진 기상정보가 보고되는 경우, 위치보고는 일상적인 항공기보고형태로 이루어져야 한다. 특별항공기관측은 특별항공기보고형태로 보고되어야 하며, 모든 항공기보고는 가능한 빨리 보고되어야 한다.

나. 항공기보고의 내용

자동항행감시가 운용되지 않아서 음성 또는 데이터링크로 송신되는 일상적인 항공기보고는 다음의 정보사항들이 포함되어야 한다.

1) Section 1. 위치정보

- 항공기 식별부호
- 위치
- 시간
- 비행고도 또는 고도
- 다음 통과할 비행지점 및 시간
- 위치확인용 중요지점

2) Section 2. 운항정보

- 도착예정시간
- 비행가능시간

3) Section 3. 기상정보

- 대기온도
- 풍향
- 풍속
- 대기난기류
- 항공기 결빙
- 습도(가능한 경우)

항공기보고의 위치정보(section 1)는 의무적이지만, 지역항공항행협정에 명시가 되었다면 위 항공기보고의 내용 중 '다음 비행지점 및 시간' 및 '위치확인용 중요지점'은 생략해도 된다. 항공기보고의 운항정보(section 2)는 운영자 또는 운영자가 지정한 대리인이 요청하거나, 항공기 기장이 필요하다고 여겨질 경우에 보내져야 하며, 항공기보고의 기상정보(section 3)는 국제민간항공기구 부속서 3의 5.3.2 규정에서와 같이 음성통신을 사용할 경우 정시 항공기 관측은 항공교통업무 절차에 따라 정규 위치통보가 필요한 지점 또는 1시간 비행에 상당하는 거리로 분리된 지점에서 이루어져야 한다.

다. 특별 항공기보고의 내용

모든 항공기는 다음의 상태를 조우하였거나 또는 관측하였을 경우에 특별 항공기보고를 하여야 한다.

- 심한 대기난기류
- 심한 착빙
- 심한 산악파
- 우박을 동반하지 않은 뇌우(흐리며, 깊고 넓게 퍼져있고, 스콜전선 안에 형성)
- 우박을 동반한 뇌우(흐리며, 깊고 넓게 퍼져있고, 스콜전선 안에 형성)
- 심한 먼지폭풍, 또는 심한 모래폭풍
- 화산재 구름
- 폭발 전 화산활동, 또는 화산폭발

천음속 및 초음속 비행의 경우에는 위 내용에 다음 내용을 추가한다.

- 중간 정도의 대기난기류
- 우박
- 적란운

공지 데이터링크(data link) 방식이 사용되는 경우 특별 항공기보고는 다음 요소를 포함하여야 한다.

- 전문형식지정어
- 항공기 식별부호

자료항목 1

- 위도
- 경도
- 기압고도
- 시간

자료항목 2

- 풍향
- 풍속
- 기온
- 대기난기류(가능한 경우)
- 습도(가능한 경우)

자료항목 3

- 위의 특별 항공기보고를 하게 만드는 상태

음성통신이 사용되는 경우, 특별 항공기보고는 다음 사항들을 포함하여야 한다.

전문형식지정어

Section 1. 위치정보

- 항공기 식별부호
- 위치
- 시간
- 비행고도 또는 고도

Section 3. 기상정보

- 위의 특별항공기분리에 제시된 상태중, 특별 항공기보고를 하게 만드는 상태

라. 화산활동에 관한 특별항공기 보고

화산활동관측을 포함한 특별 항공기보고는 특정 보고양식에 기록되어야 한다. 특별 항공기보고양식은 화산재구름의 영향을 받을 수 있는 항공로를 비행하는 운항승무원들에게 제공되어야 한다.

마. 기상정보의 통보

기상정보를 포함하고 있는 자동항행감시 보고를 접수하였을 경우, 항공교통업무기관은 자동항행감시 기본정보 및 기상정보를 지연 없이 세계지역예보센터(WAFCs) 및 적절한 경우, 국지지역예보센터(RAFCs)로 중계하여야 한다. 데이터 링크(data link) 통신에 의해 특별 항공기보고를 접수하였을 경우 항공교통업무기관은 지연 없이 이 정보를 관련 기상관측소, 세계지역예보센터 및 해당 국지지역예보센터로 통보하여야 한다. 음성통신에 의해 항공기보고를 접수하였을 경우, 항공교통업무기관은 이 정보들을 지연 없이 관련 기상관측소로 통보하여야 한다.

10. 발음과 숫자의 사용

가. 국제민간항공기구 발음법 (ICAO Phonetics)

문자 및 숫자는 국제민간항공기구(ICAO) 발음법을 사용해야 한다.

문 자	단 어	발 음	숫자	단 어	발 음
A	Alfa	**AL** FAH	0	Zero	ZE–RO
B	Bravo	**BRAH** VOH	1	One	WUN
C	Charlie	**CHAR** LEE or **SHAR** LEE	2	Two	TOO
D	Delta	**DELL** TAH	3	Three	TREE
E	Echo	**ECK** OH	4	Four	FOW–er
F	Foxtrot	**FOKS** TROT	5	Five	FIFE
G	Golf	GOLF	6	Six	SIX
H	Hotel	HOH **TELL**	7	Seven	SEV–en
I	India	**IN** DEE AH	8	Eight	AIT
J	Juliett	**JEW** LEE ETT	9	Nine	NI–er
K	Kilo	**KEY** LOH	.	Decimal	DAY–SEE–MAL
L	Lima	**LEE** MAH	100	Hundred	HUN–dred
M	Mike	MIKE	1000	Thousand	TOU–SAND
N	November	NO **VEM** BER			
O	Oscar	**OSS** CAH			
P	Papa	PAH **PAH**			
Q	Quebec	KEH **BECK**			
R	Romeo	**ROW** ME OH			
S	Sierra	SEE **AIR** RAH			
T	Tango	**TANG** GO			
U	Uniform	**YOU** NEE FORM or **OO** NEE FORM			
V	Victor	**VIK** TAH			
W	Whiskey	**WISS** KEY			
X	X–ray	**ECKS** RAY			
Y	Yankee	**YANG** KEY			
Z	Zulu	**ZOO** LOO			

주) 발음시 강세를 두어야 할 음절은 볼드체로 되어 있음.

나. 숫자 사용법 (Numbers Usage)

숫자는 다음과 같이 읽는다.

1) 일련번호

분리된 숫자

숫 자	읽 기
11,495	"One one four niner five"
20,069	"Two zero zero six niner"

2) 고도 또는 비행고도

가) 고도

100 또는 1,000단위로 "HUNDRED" 또는 "THOUSAND"를 적절히 붙여 각각 분리하여 읽는다.

고 도	읽 기
10,000	"One zero thousand."
11,000	"One one thousand, eleven thousand"
12,900	"One two thousand niner hundred."

주) 관제사가 선호하는 경우, 더욱 명확히 하기 위해 고도는 그룹으로 읽을 수 있음.

나) 비행고도

"Flight Level"뒤에 비행고도를 각각 분리하여 읽는다.

비행 고도	읽 기
140	"Flight level one four zero."
275	"Flight level two seven five."

다) MDA/DH 고도

MDA/DH 고도를 하나씩 각각 분리하여 읽는다.

MDA/DH(고도)	읽 기
1,320	"Minimum descent altitude, one three two zero."
486	"Decision height, four eight six."

3) 시간

가) 일반적인 시간정보

국제표준시간(UTC)으로 시간 및 분의 4자리 단위로 각각 분리하여 읽는다.

시간 (12HR)	UTC	읽 기
1:15 A.M.	0115	"Zero one one five."
1:15 P.M.	1315	"One three one five."

나) 요구시

국제표준시 형식의 4자리 분리된 시간 다음에 같은 지역표준시간을 말하거나 같은 지역시간만 말한다. 지역시간은 24시간 체제에 기초한 것이며 "Local"이라는 말은 UTC 이외의 것이 참조될 때 언급된다. "Zulu"라는 용어는 국제표준시를 표시하기 위해 사용된다.

UTC	시간(24HR)	시간(12HR)	읽 기
0530	1430 KST	2:30 PM	"Zero five three zero, one four three zero local." 또는 "Two-thirty P-M."

다) 시간점검

"Time"이란 말 다음에 가장 가까운 1/4분은 "15초 단위" 4자리 분리된 숫자로 읽는다. 8초 미만의 1/4분은 그전 1/4분 단위로 읽고, 8초 이상의 1/4분은 다음의 1/4분 단위로 읽는다.

시 간	읽 기
1415 : 06	"Time, one four one five."
1415 : 10	"Time, one four one five and one-quarter."

라) 약식시간

분 단위만의 분리된 숫자로 표시

시 간	읽 기
1415	"One five."
1420	"Two zero."

4) 공항표고

"Field Elevation"이란 말 다음에 표고의 분리된 숫자로 읽는다.

표 고	읽 기
17feet	"Field elevation, one seven."
817feet	"Field elevation, eight one seven."
2,817feet	"Field elevation, two eight one seven."

5) 숫자 "0"

허가된 항공기 호출부호 및 고도를 제외하고 "Zero"로 읽는다.

"Zero" 로 읽을 경우	"Group" 으로 읽을 경우
"Field elevation one six zero." "Heading three zero zero." "One zero thousand five hundred."	"Western five thirty." "EMAIR one ten." "Ten thousand five hundred."

6) 고도계 수정치

"Altimeter" 또는 "QNH"란 말 다음에 고도계 수정치를 분리된 숫자로 읽는다.

수 정 치	읽 기
30.01 1013	"Altimeter, three zero zero one." "QNH, one zero one three."

7) 지상풍

"Wind"란 단어 다음에 풍향을 10°단위로 분리된 숫자로, "AT"란 말과 knots로 지시된 풍속을 분리된 숫자로 읽는다.

예 : "Wind zero three zero at two five."
"Wind two seven zero at one five gusts three five."

8) 기수방향

"HEADING"이란 단어 다음에 각도를 3자리의 분리된 숫자로 읽고 "DEGREES"란 단어는 생략한다. 북쪽을 표시할 때는 HEADING 360°로 읽어야 한다.

방 향	읽 기
5 degrees	"Heading zero zero five."
30 degrees	"Heading zero three zero."
360 degrees	"Heading three six zero."

9) 레이더 비컨코드

4단위의 분리된 숫자로 읽는다.

코 드	읽 기
1000	"One zero zero zero."
2100	"Two one zero zero."

10) 활주로

"Runway"란 단어 다음에 활주로 번호를 분리된 숫자로 읽는다. 평행활주로에서는 "L", "R" 또는 "C"라고 부여되어 있으면 "LEFT", "RIGHT" 또는 CENTER"라고 읽는다.

명 칭	읽 기
3	"Runway Three."
8L	"Runway Eight Left."
27R	"Runway two Seven Right."

11) 주파수

주파수는 분리된 숫자로 읽으며, 소수점이 있는 곳은 "Point" 또는 "Decimal"이라는 단어를 삽입하여 읽는다.

- 소수점 아래 두 자리까지는 읽고 그 이하 숫자는 생략한다.
- 주파수가 L/MF 주파수대일 때는 "Kilohertz" 라는 단어를 포함한다.

주파수	읽 기
126.55MHz	"One two six point five five." or "One two six decimal five five."
369.0MHz	"Three six niner point zero." or "Three six niner decimal zero."
121.5MHz	"One two one point five." or "One two one decimal five."
135.275MHz	"One three five point two seven." or "One three five decimal two seven."
302KHz	"Three zero two Kilohertz."

공군 · 미공군/해군 · 미해군 : 군항공기 및 ATC 시설에서 같은 채널을 사용하는 국지절차가 수립되어 있을 때는 국지 항공기에게 주파수 대신에 국지 채널번호를 사용할 수 있다.

주파수	읽 기
275.8MHz	"Local channel one six."

TACAN 주파수는 2개 또는 3개의 지정 된 채널 숫자를 읽어서 발부한다.
예 : "TACAN channel nine seven."

12) 속도

속도를 나타내는 숫자 다음에 "knots"를 붙여 읽는다.

속 도	읽 기
250	"Two five zero knots."
190	"One niner zero knots."

마하 표시는 "Mach" 다음에 속도를 나타내는 분리된 숫자로 읽는다.

Mach 속도	읽 기
1.5	"Mach one point five."
0.64	"Mach point six four."
0.7	"Mach point seven."

13) 마일

마일 표시는 거리를 나타내는 분리된 숫자 다음에 "Mile"을 붙여 읽는다.
예 : "Three zero mile arc east of Kwangju."
"Traffic, one o'clock, two five miles, northbound, D-C eight, flight level two seven zero."

14) 항공로

항공로 표시는 저고도 항공로일 경우 접두어로 Victor, 제트항공로일 경우 Juliet 그리고 지역항법을 이용한 항공로일 경우 Romeo를 접미어로 붙여 읽는다.

항 로	읽 기
V12	Victor twelve
J97	Juliett ninety-seven
J244R	Juliett two forty-four romeo

주) 미국의 경우, J-항공로를 'Jay'로 발음함.

제3절 항공교통업무(ATS) 안전관리

각국은 항공교통업무(ATS)의 수준, 통신, 항법 및 감시 그리고 공역 혹은 관련 비행장에 적용할 수 있는 항공교통업무 절차가 항공교통업무 조항의 안전 허용 수준 유지에 적합하고 적절하도록 유지해야 하며, 공역과 비행장에 적용할 수 있는 서비스, 시스템, 절차 측면에서의 요구사항은 인접 공역에서 항공교통업무의 조화를 촉진하기 위해 정기적인 지역항공 협정의 기초 위에서 확립되어야 한다. 항공교통업무 조항의 안전이 유지되도록 하기 위해서, 적절한 항공교통업무 당국(관계자)이 권한 내에서 항공교통 업무를 위한 공식적이고 체계적인 안전관리 프로그램들을 실시해야할 것이다. 항공교통업무 안전관리 프로그램들은 지역항공 협정에 근거하여 확립되어야 한다.

1. 항공교통업무 안전관리

항공교통업무 안전관리의 목적은 공역 혹은 비행장 내에서 항공교통업무 조항에 적용할 수 있는 안전의 수준이 충족되도록 하는 것이고 안전관련 부문의 증진이 필요한 곳에서 실시되는 것이다.

항공교통업무(ATS) 안전관리 프로그램은 특별히 항공교통 업무의 조항에 관한 다음사항들을 포함하여야만 한다.

- 전반적인 안전 수준의 감시와 어떠한 반대 성향의 탐지
- 항공교통업무 기관의 안전평가
- 공역의 재구성의 계획적 구현, 새로운 장비 시스템 혹은 시설의 소개, 새롭거나 혹은 변경된 항공교통업무 절차 측면에서의 안전평가
- 안전증진 방법에 대한 필요성 식별 메커니즘

항공교통업무 안전관리 프로그램에 주어진 모든 활동들은 상세히 기록되어야 할 것이고, 모든 문서화는 적절한 관계기관에 의해 지정된 기간 동안 보존되어야 할 것이다.

2. 안전수준의 감시

가. 안전관련 데이터의 수집과 평가

안전감시 프로그램의 사용을 위한 데이터는 준사고가 발생한 후까지 인지되지 않을 수 있는 특정 절차들 혹은 시스템의 안전관련 결과들처럼 가능한 한 폭넓은 범위로부터 수집되어야 한다. 적절한 항공교통업무 관련 기관은 항공로구조, 절차, 통신, 항법, 감시시스템, 기타 중요한 안전시스템과 장비 그리고 관제사 업무부하(workload)를 포함하는 항공교통업무 조항과 관련된 실제 혹은 잠재적 안전 위험이나 취약점에서 정보의 수집을 용이하게 하기 위하여 항공교통업무 요원들에 대한 공식적 준사고 보고 시스템을 확립하여야 한다.

나. 준사고 및 기타 안전관련 보고서 검토

항공교통 준사고 보고서를 포함한 항공교통 업무의 운영과 관련한 안전 관련 보고서는 발생하는 준사고의 수와 형태에서 어떤 반대 흐름을 탐지하기 위해 적절한 항공교통업무 기관에 의해 체계적으로 검토되어야 한다. 통신, 감시 및 기타 안전에 중요한 시스템과 장비의 실패와 성능 저하와 같은 항공교통업무 시설과 시스템의 서비스 능력에 관한 보고서는 안전에 역효과를 가져올 그러한 시스템의 운영에서의 어떤 흐름을 탐지하기 위해 적절한 항공교통업무 기관에 의해 검토되어야 한다.

3. 안전평가의 범위

가. 일반 요구사항

항공교통업무 기관의 안전평가는 훈련, 경험 그리고 전문적인 지식과 관련 표준과 권고사항(SARPs)에 완전한 이해와 자격을 가지고 있는 요원에 의해 정기적이고 체계적인 근거를 가지고 수행되어야 할 것이다.

나. 범위

항공교통업무 기관 안전평가의 범위는 최소한 다음 사항들을 포함해야 한다.

1) 다음의 안전을 위한 규정문제

- 항공교통업무운영 설명서, 항공교통업무기관 교육 그리고 항공교통관제(ATC) 조정 절차들은 완전하고, 간결하고, 현대적임.
- 항공교통업무 항공로구조의 제공 사항들 : 적절한 항공로 간격 유지, 그리고 상호 협조와 관제사간 조정에 대한 필요성을 감소시키기 위해 설치된 항공교통업무 항공로 교차점.
- 공역 또는 비행장에서 사용된 분리 최저치는 적절해야하고 그러한 최저치에 적용할 수 모든 조항들은 일치되어야 함.
- 적용할 수 있는 곳에서, 조항은 기동지역의 적절한 영상 혹은 레이더 관측에 대하여 활용하게 되고, 그리고 부주의한 활주로 침범에 대한 잠재요소를 최소화하기 위한 절차와 방법이 적절해야 함.
- 가시거리가 짧은 비행장 운영에 대한 적절한 절차가 있어야 함.
- 교통량과 관련 관제사의 업무부하는 정의된 안전수준을 초과하지 말아야 하고 필요하다면 교통량을 규정하기 위한 절차가 적절해야 함.
- 통신, 항법 및 감시 시스템을 포함한 항공교통업무시스템의 실패 혹은 성능저하 시 적용되는 절차들은 실용적이고 안전 허용 수준을 제공해야 함.
- 준사고와 다른 안전관련 사고에 대한 절차가 실시되고, 그러한 준사고 보고는 촉진되어야 하며, 그러한 보고는 어떤 개선 행위에 대한 필요를 식별하기 위해 검토됨.

2) 운영적, 기술적 문제들

- 작업환경 조건은 온도, 습도, 환기, 소음, 그리고 조명에 대한 설정된 수준을 충족해야 하고, 관제사의 성능에 악영향을 주지 않아야 함.
- 자동화 시스템은 비행 계획, 시기적절한 데이터 통제와 조정, 정확하고 쉽게 이용할 수 있는 방법 그리고 인적요인 원리에 따라 생성되고 전시되어야 함.
- 자동화 시스템을 위한 입/출력 장치들을 포함한 장비는 인간공학적 원리에 따라 작업 위치가 정해지고 설계되어야 함.
- 통신, 항법, 감시, 그리고 기타 안전에 중요한 시스템과 장비는 정기적으로 정상작동의 유무를 알기 위해 검사되어야 하고, 적절한 관계기관에 의해 정의된 신뢰성과 가용성 요구수준을 충족해야 함. 시스템 고장과 성능 저하의 적시에 적절한 탐색과 경고를 제공해야 하며, 시스템, 서브시스템 그리고 장비 고장과 성능 저하 결과에 대한 문서화를 포함해야 함. 또 고장과 성능 저하를 제어하기 위한 방법을 포함해야 함. 시스템 고장 혹은 성능 저하 사건에 대한 적절한 back-up 시설과 절차를 포함해야 함. 시스템과 장비 서비스 성능의 상세한 기록들은 보존되고 정기적으로 검토되어야 함.

3) 다음을 확보하기 위한 면허와 훈련 문제

- 관제사는 적절히 훈련되고 유효한 등급으로 면허가 인가됨.
- 관제사 능력은 고장이 발생하고 성능 저하된 시설과 시스템을 가진 조건 하에서 항공기 비상상황과 운영을 다루는 것을 포함하여 적절하고 적합한 보수 훈련을 유지하여야 함.
- 항공교통업무기관/관제구역이 팀으로 이루어진 관제사들은 효율적인 team work을 유지하기 위한 적절한 훈련이 제공되어야 함.
- 새로운 혹은 개선된 절차, 새로운 혹은 개선된 통신, 감시 및 기타 안전에 중요한 시스템과 장비의 실행은 적절한 훈련과 교육에 의해 선행되어야 함.
- 관제사 영어능력은 국제항공교통에 대한 항공교통업무 제공과 관련해서 만족스러워야 함.
- 표준 무선통신용어를 사용해야 함.

4. 안전평가

가. 안전평가 필요성

안전평가는 중요한 공역 재구성, 공역 혹은 비행장에 적용할 수 있는 항공교통업무 절차 조항의 중요한 변화, 그리고 다음과 같은 새로운 장비, 시스템, 시설의 소개에 대한 제안 측면에서 수행되어야 할 것이다.

- 공역 또는 비행장에서 적용되는 감소된 분리 최저치
- 출발·도착 절차를 포함한 공역 혹은 비행장에서 적용되는 새로운 운영절차
- 항공교통업무 항공로 구조의 재구성
- 공역의 재분할
- 비행장에서 활주로와 유도로 설계의 물리적 변화
- 새로운 가능성 그리고 능력 제공을 포함한 새로운 통신, 감시 혹은 안전에 중요한 시스템과 장비의 실행

제안은 평가가 안전허용 수준이 충족될 것으로 판단될 때 실행될 것이다.

나. 안전에 중요한 요인

안전평가는 안전에 중요한 다음 사항들을 위해 결정된 모든 관련 요인들을 고려할 것이다.

- 항공기 형태와 항공기 항법 능력과 항법 성능을 포함한 항공기 성능 특성
- 교통 밀집도와 분배
- 공역 혼잡도, 항공교통업무 항공로 구조와 공역 분류
- 활주로 배치, 활주로 길이와 유도로 배치를 포함한 비행장 설계
- 공지통신 형태와 관제사 통제 능력을 포함한 통신 대화에 대한 시간 변수
- 감시시스템의 형태와 능력, 그리고 관제사 지원과 경보기능을 제공하는 시스템의 유용성
- 어떠한 중요한 지역 혹은 지방의 기상현상

5. 안전 강화방법

항공교통업무 안전관리 활동 혹은 다른 수단을 통해 식별된 공역 혹은 비행장에서 항공교통업무의 조항과 관련된 실제 혹은 잠재적 위험은 위험 수용성에 대해 적절한 항공교통업무 관련 기관에 의해 평가되고 분류될 것이다. 위험이 허용할 수 있는 것으로 분류된 때를 제외하고, 관련 항공교통업무 기관은 우선순위에 따라 그리고 가능한 한 실용적이게 위험을 제거하거나 허용할 수 있는 수준으로 위험을 줄일 수 있는 적절한 방법을 실행할 것이다. 만약 공역 혹은 비행장에 적용할 수 있는 안전 수준이 분명하지 않거나 이루지지 않는다면, 적절한 항공교통업무 관련 기관은 우선순위에 따라 그리고 가능한 한 실용적이게 적절한 개선 방법을 실행할 것이다. 어떤 개선 방법의 실행은 위험을 제거하거나 혹은 완화시키는 방법의 효과성 평가에 의해 수행될 것이다.

항공교통업무의 항공안전 목표(acceptable level of safety)를 달성하기 위한 국내 항공교통업무에 관한 안전관리는 항공안전법 제58조(항공안전프로그램 등) 및 국가항공안전프로그램(국토교통부고시 제2023-495호)에 따르도록 하고 있다. 항공교통업무 집행총괄부서는 「국가항공안전프로그램」에 따라 다음의 안전관리 이행실적을 항행업무 규제기관에게 제출하여야 한다.

- 위험요인식별·위험평가·위험경감대책 등 안전위험관리 실적
- 월별 안전성과모니터링·안전검토·안전감사·안전평가 등 안전보증활동 실적
- 안전정책위원회 결과·연별 안전관리보고서 등 안전증진활동 실적 등

항공교통업무제공자는 예를 들어 분리최저치 축소 또는 새로운 절차 이행 등 항공교통업무시스템(ATS system)에 대한 안전관련 중요한 사항을 변경하려는 경우, 안전평가(safety assessment)를 통하여 허용가능한 안전수준이 확보된 이후에만 운영하여야 하며, 허용가능한 안전수준이 유지되는지에 대하여 사후 감시 및 환류활동이 이루어져야 한다.

제 9 장 항공기 분리 방법과 최저치

제1절 항공기 분리 방법 및 최저치

1. 항공기 분리와 최저치의 개념 및 목적

가. 분리와 최저치의 개념 및 목적

항공교통관제업무의 가장 중요한 목적은 항공기의 충돌을 방지함으로써 항공기 운항의 안전을 확보하는 것이다. 항공기의 충돌을 방지하기 위해서는 지상에서 주행 중이거나 공중에서 비행 중인 항공기가 근접하지 않도록 적절한 간격(interval 또는 space)을 유지시켜주는 것이다. 안전을 위하여 항공기를 가능한 멀리 떨어져서 운항하도록 하는 것이 좋으나 과도한 간격을 유지하는 것은 공항이나 공역의 수용능력을 감소시키고 이로 인하여 지연이 발생하므로 항공기 운항의 효율성을 저하시켜 바람직하지 않다. 따라서 항공교통업무에서는 항공기의 안전을 보장할 수 있는 최저의 간격을 규정으로 정하고 있으며 이 간격 이하로 항공기가 접근하는 것을 제한하고 있다. 이때에 적용되는 최저 간격을 '최저치(minima 또는 separation minima)'라 하고, 이런 최저치에 따라 항공기간에 간격을 유지시키는 것을 '분리(separation)'라고 하며, 관제사가 판단하여 적절한 안전거리를 유지하도록 간격을 유지하도록 할 때에는 '분리(spacing)'라고 한다.

나. 적용 대상

항공교통관제기관은 다음의 항공기간의 분리를 유지하기 위하여 허가를 발부하여야 한다.

1) 등급 A, B 공역내의 모든 항공기 간
2) 등급 C, D, E 공역내의 계기비행항공기(IFR) 간
3) 등급 C 공역내의 계기비행 항공기(IFR)와 시계비행항공기(VFR) 간
4) 특별 시계비행항공기(VFR)와 계기비행항공기(IFR) 간
5) 관련 항공교통업무 당국이 정하는 경우 특별 시계비행항공기(VFR) 간
6) 공항 내의 지상에서 주행(Taxi) 중인 항공기간

단, 조종사가 요구하고 등급 D, E 공역 내 상기 2) 경우, 주간에 시계기상조건으로 항공기간 자체분리를 유지하면서 상승 또는 강하하도록 허가 받는 때에는 예외.

다. 분리 방법

항공교통관제기관은 다음 중 한 가지 이상의 방법으로 항공기를 분리시켜야 한다.

1) 수직분리(vertical separation) : 항공기에게 서로 다른 고도를 비행하게 함으로써 항공기간에 수직으로 간격을 유지시키는 방법을 말한다.
2) 수평분리(horizontal separation) : 서로 다른 방향이나 진로로 비행하거나 항공기간의 간격(시간, 거리)으로 비행하도록 분리하는 방법을 말한다.
   가) 종적분리(longitudinal separation) : 동일, 반대 또는 수렴(converging) 진로를 비행하는 항공기에게 시간이나 거리로서 간격을 유지시키는 분리 방법으로써 서로 다른 고도에 있는 항공기에게도 적용된다.
   나) 횡적분리(lateral separation) : 항공기에게 다른 진로나 지점을 향하여 비행하도록 분리하는 방법을 말한다.
3) 혼합분리(composite separation) : 수직분리와 수평분리 방법을 혼합한 형태의 분리방법을 말한다.

2. 수직분리

가. 수직분리 적용

수직 분리는 <표 9-1>과 같이 부속서(annex) 2, 부록(appendix) 3에 명시되어 있는 순항비행 고도표에 따라 또는, <표 9-2>와 같이 FL410 이상으로 비행하는 항공기는 수정된 순항비행 고도표에 따라 서로 다른 고도를 배정하는 방법을 말한다. 이와 달리 관련 항공교통관제허가에 지정되어 상기 고도표에 게재된 비행방향별 고도관계를 적용하지 아니할 경우는 예외로 한다.

나. 수직분리최저치

지역항공협정에 의거 지정된 공역 내에서의 FL410 미만이거나 FL410이상이더라도 특정 조건하에서 적용토록 명시가 된 경우에는 수직분리최저치는 300m(1000ft)이고, FL410 이상에서는 600m(2000ft)이며, 기타 공역에서는 FL290미만에서 300m (1000ft), FL290이상에서는 600m(2000ft)의 분리 최저치(VSM)을 적용한다.

다. 상승, 강하중인 항공기의 수직 분리

항공기에 의한 심한 후류요란이 존재한다고 알려 졌거나, 더 높은 고도에 있는 항공기가 순항 상승에 영향을 주고 있고, 항공기의 성능차이가 적용할 수 있는 분리 최저치보다 적게 될 경우를 제외하고는 다른 항공기가 해당고도를 벗어남을 보고한 후에 이미 다른 항공기가 점유했던 고도로 배정될 수 있다. 이러한 경우 고도 배정허가는 해당 고도를 벗어난 항공기가 요구된 최저치까지 분리된 다른 고도를 지나거나 진입했다는 보고가 있을 때까지 보류되어야 한다.

〈표 9-1〉 축소수직분리최저치(RVSM) 기준을 적용한 순항비행 고도표

TRACK**											
From 000 degrees to 179 degrees***						From 180 degrees to 359 degrees***					
IFR Flights			VFR Flights			IFR Flights			VFR Flights		
	Altitude			Altitude			Altitude			Altitude	
FL	Metres	Feet	FL	Metres	Feet	FL	Metres	Feet	FL	Metres	Feet
-90			–	–	–	0			–	–	–
10	300	1 000	–	–	–	20	600	2 000	–	–	–
30	900	3 000	35	1 050	3 500	40	1 200	4 000	45	1 350	4 500
50	1 500	5 000	55	1 700	5 500	60	1 850	6 000	65	2 000	6 500
70	2 150	7 000	75	2 300	7 500	80	2 450	8 000	85	2 600	8 500
90	2 750	9 000	95	2 900	9 500	100	3 050	10 000	105	3 200	10 500
110	3 350	11 000	115	3 500	11 500	120	3 650	12 000	125	3 800	12 500
130	3 950	13 000	135	4 100	13 500	140	4 250	14 000	145	4 400	14 500
150	4 550	15 000	155	4 700	15 500	160	4 900	16 000	165	5 050	16 500
170	5 200	17 000	175	5 350	17 500	180	5 500	18 000	185	5 650	18 500
190	5 800	19 000	195	5 950	19 500	200	6 100	20 000	205	6 250	20 500
210	6 400	21 000	215	6 550	21 500	220	6 700	22 000	225	6 850	22 500
230	7 000	23 000	235	7 150	23 500	240	7 300	24 000	245	7 450	24 500
250	7 600	25 000	255	7 750	25 500	260	7 900	26 000	265	8 100	26 500
270	8 250	27 000	275	8 400	27 500	280	8 550	28 000	285	8 700	28 500
290	8 850	29 000				300	9 150	30 000			
310	9 450	31 000				320	9 750	32 000			
330	10 050	33 000				340	10 350	34 000			
350	10 650	35 000				360	10 950	36 000			
370	11 300	37 000				380	11 600	38 000			
390	11 900	39 000				400	12 200	40 000			
410	12 500	41 000				430	13 100	43 000			
450	13 700	45 000				470	14 350	47 000			
490	14 950	49 000				510	15 550	51 000			
etc.	etc.	etc.				etc.	etc.	etc.			

* Except when, on the basis of regional air navigation agreements, a modified table of cruising levels based on a nominal vertical separation minimum of 300 m (1 000 ft) is prescribed for use, under specified conditions, by aircraft operating above FL 410 within designated portions of the airspace.

** Magnetic track, or in polar areas at latitudes higher than 70 degrees and within such extensions to those areas as may be prescribed by the appropriate ATS authorities, grid tracks as determined by a network of lines parallel to the Greenwich Meridian superimposed on a polar stereographic chart in which the direction towards the North Pole is employed as the Grid North.

*** Except where, on the basis of regional air navigation agreements, from 090 to 269 degrees and from 270 to 089 degrees is prescribed to accommodate predominant traffic directions and appropriate transition procedures to be associated therewith are specified.

Note.— Guidance material relating to vertical separation is contained in the *Manual on Implementation of a 300 m (1 000 ft) Vertical Separation Minimum Between FL 290 and FL 410 Inclusive* (Doc 9574).

〈표 9-2〉 통상적인 수직분리최저치(CVSM) 기준을 적용한 순항비행 고도표

TRACK*											
From 000 degrees to 179 degrees**						From 180 degrees to 359 degrees**					
IFR Flights			VFR Flights			IFR Flights			VFR Flights		
	Altitude			Altitude			Altitude			Altitude	
FL	Metres	Feet	FL	Metres	Feet	FL	Metres	Feet	FL	Metres	Feet
–90			–	–	–	0			–	–	–
10	300	1 000	–	–	–	20	600	2 000	–	–	–
30	900	3 000	35	1 050	3 500	40	1 200	4 000	45	1 350	4 500
50	1 500	5 000	55	1 700	5 500	60	1 850	6 000	65	2 000	6 500
70	2 150	7 000	75	2 300	7 500	80	2 450	8 000	85	2 600	8 500
90	2 750	9 000	95	2 900	9 500	100	3 050	10 000	105	3 200	10 500
110	3 350	11 000	115	3 500	11 500	120	3 650	12 000	125	3 800	12 500
130	3 950	13 000	135	4 100	13 500	140	4 250	14 000	145	4 400	14 500
150	4 550	15 000	155	4 700	15 500	160	4 900	16 000	165	5 050	16 500
170	5 200	17 000	175	5 350	17 500	180	5 500	18 000	185	5 650	18 500
190	5 800	19 000	195	5 950	19 500	200	6 100	20 000	205	6 250	20 500
210	6 400	21 000	215	6 550	21 500	220	6 700	22 000	225	6 850	22 500
230	7 000	23 000	235	7 150	23 500	240	7 300	24 000	245	7 450	24 500
250	7 600	25 000	255	7 750	25 500	260	7 900	26 000	265	8 100	26 500
270	8 250	27 000	275	8 400	27 500	280	8 550	28 000	285	8 700	28 500
290	8 850	29 000	300	9 150	30 000	310	9 450	31 000	320	9 750	32 000
330	10 050	33 000	340	10 350	34 000	350	10 650	35 000	360	10 950	36 000
370	11 300	37 000	380	11 600	38 000	390	11 900	39 000	400	12 200	40 000
410	12 500	41 000	420	12 800	42 000	430	13 100	43 000	440	13 400	44 000
450	13 700	45 000	460	14 000	46 000	470	14 350	47 000	480	14 650	48 000
490	14 950	49 000	500	15 250	50 000	510	15 550	51 000	520	15 850	52 000
etc.	etc.	etc.	etc.	etc.	etc.	etc.	etc.	etc.	etc.	etc.	etc.

* Magnetic track, or in polar areas at latitudes higher than 70 degrees and within such extensions to those areas as may be prescribed by the appropriate ATS authorities, grid tracks as determined by a network of lines parallel to the Greenwich Meridian superimposed on a polar stereographic chart in which the direction towards the North Pole is employed as the Grid North.

** Except where, on the basis of regional air navigation agreements, from 090 to 269 degrees and from 270 to 089 degrees is prescribed to accommodate predominant traffic directions and appropriate transition procedures to be associated therewith are specified.

Note.— Guidance material relating to vertical separation is contained in the *Manual on Implementation of a 300 m (1 000 ft) Vertical Separation Minimum Between FL 290 and FL 410 Inclusive* (Doc 9574).

3. 수평분리

가. 횡적분리

횡적분리는 항공기에게 서로 다른 비행로 또는 지역으로 항공기를 비행하게 하여 분리를 하는 것을 말하는데 계획된 항공로 일정 부분간의 거리에서 항공기의 부정확한 항법 원인을 완화하기 위하여 설정된 기준보다 많이 분리가 이루어져야 한다. 또한 이 완화기준은 관계당국에 의해서 결정되어야 하며, 그 이후의 전 구간에는 횡적분리최저치를 적용하여야 한다.

항공기의 횡적분리는 시계관측, 항행안전시설의 사용 또는 RNAV장비의 사용에 의해 결정되어진 다른 항공로 또는 다른 지리적 위치상에서의 운항 요청에 따라 이루어진다.

나. 종적분리

종적 분리는 동일, 수렴 또는 역방향의 비행로로 비행하는 항공기간에 시간 또는 거리 간격을 유지함으로써 항공기를 분리시키는 것을 말한다.

1) 종적분리 적용

종적분리는 규정된 최저치 이상으로 항공기간 분리를 취해야 하며 동일 진로 혹은 분기되는 진로의 항공기간 종적분리에 대하여 지역항공항행협정에 규정되어 있는 경우 음속 비행 적용이 가능하다. 동일 항적을 따르는 항공기간 시간 또는 거리에 의한 종적 분리를 적용 할 때 후행항공기가 선행 항공기보다 더 빠른 속도를 유지할 때마다 분리 최저치가 위배되지 않는지 확인해야 하며 항공기가 최저 분리치에 이를 것으로 예상되면 항공기 속도통제가 같이 이루어져야한다.

종적분리에서 사용되는 동일 진로, 반대 진로, 교차진로란 다음의 <그림 9-1>로 이해할 수 있다.

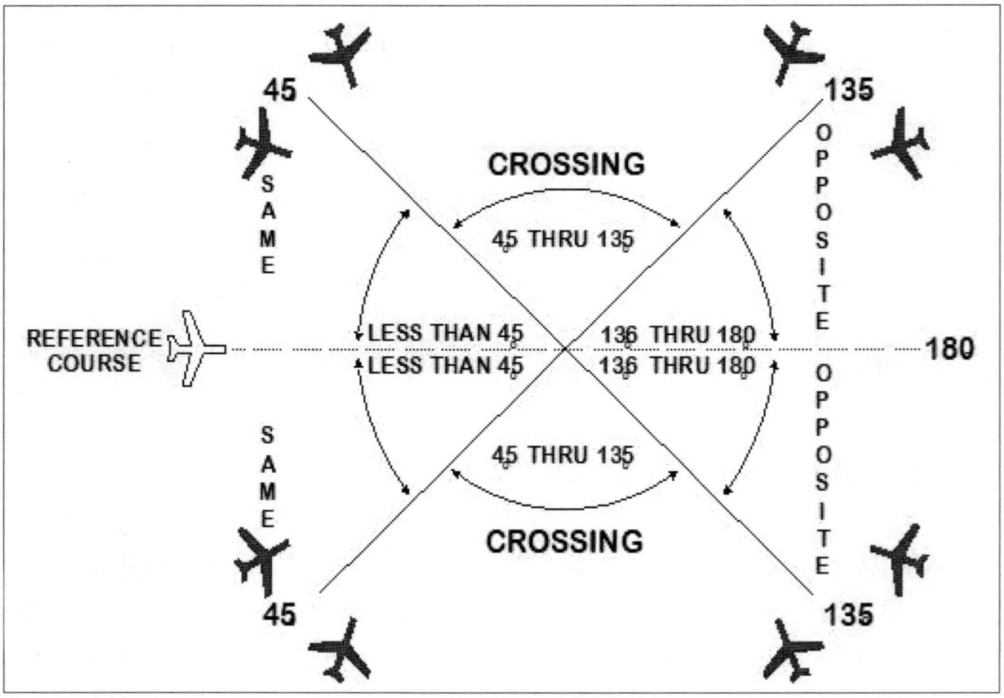

〈그림 9-1〉 진로의 정의

2) 종적분리 최저치

가) 시간에 의한 종적분리 최저치

(1) 동일 순항고도의 항공기

동일진로상의 항공기 운항 최저치는 15분 또는 항행안전시설을 이용하여 위치 및 속도 판단을 하는 경우에는 10분, 같은 비행장을 출발 했거나 같은 보고 지점을 통과한 항공기간 또는 항공로비행 항공기가 출발지점과 관련한 어느 지점에서 보고를 마친 항공로상의 항공기와 출발 항공기간에서 선행 항공기가 후행 항공기보다 20knots이상 빠른 경우에는 5분, 선행항공기가 후행항공기보다 40knots이상 빠른 경우에는 3분 시차 분리를 적용한다.

교차진로상의 항공기 운항 최저치는 15분 또는 항행안전시설을 이용하여 위치 및 속도 판단을 하는 경우 10분 시차 분리를 적용한다.

(2) 항공기의 상승 또는 강하

동일진로상의 항공기 운항 최저치는 15분 또는 항행안전시설을 이용하여 위치 및 속도 판단을 하는 경우 10분, 보고지점 상에서 보고를 한 두 번째 항공기가 10분 이내에 고도 변경을 시작하는 경우에는 5분 시차 분리를 적용한다.

교차진로상의 항공기 운항 최저치는 15분 또는 항행안전시설을 이용하여 위치 및 속도 판단을 하는 경우 10분 시차분리를 적용한다.

반대방향의 항공기 운항 최저치는 횡적 분리가 적용되지 않는 경우 항공기 통과예정시간 전후 최소 10분 시차 분리를 적용하며 두 항공기가 서로 지나친 후에는 이 최저치를 적용하지 않는다.

나) 마하 단위 기법에 대한 시간기준의 종적분리 최저치

터보제트 항공기는 항공교통관제기관에서 허가한 마하단위를 계속 유지하여야 하며, 속도변경을 하기 전에 항공교통관제기관으로 허가를 요청하여야 한다.

해당항공기가 동일한 보고지점에서 보고를 하였고 다른 형태의 분리가 제공될 때까지 동일 진로나 계속적으로 분기되는 진로를 따르는 경우 또는 해당 항공기가 동일한 보고지점에서 보고를 하지 않았고, 레이더 또는 다른 방법에 의하여 동일 진로이거나 계속적으로 분기되는 진로상의 어느 한 지점에서 적절한 시간간격의 확인이 가능한 경우에 종적 분리 최저치를 적용한다.

마하단위기법이 적용될 때 터보제트항공기간의 종적분리 최저치는 <표 9-3>과 같이 적용된다.

〈표 9-3〉 터보제트항공기간의 종적분리 최저치(마하단위기법)

시간	항공기 속도
10분	일반적인 분리
9분	선행항공기가 후행항공기보다 Mach 0.02빠른 경우
8분	선행항공기가 후행항공기보다 Mach 0.03빠른 경우
7분	선행항공기가 후행항공기보다 Mach 0.04빠른 경우
6분	선행항공기가 후행항공기보다 Mach 0.05빠른 경우
5분	선행항공기가 후행항공기보다 Mach 0.06빠른 경우

마하 단위기법으로 10분 종적분리최저치가 적용되는 경우 선행항공기는 후행항공기보다 마하단위가 같거나 커야한다.

다) DME 거리를 이용한 종적분리최저치

(1) 동일 순항고도의 항공기

동일진로상의 항공기 운항 최저치는 각 항공기가 DME국의 "On Track"를 이용하고 최저치를 준용하기 위하여 항공기로부터 DME 기록을 잦은 간격으로 동시에 얻음으로서 분리 확인이 되는 경우에는 20NM을 적용하고 선행항공기가 후행항공기보다 20knots빠른 경우에 각 항공기가 DME국의 "On Track"를 이용하고 설정된 최저치를 준용하기 위하여 항공기로부터 일정 시간간격의 DME 기록을 동시에 얻음으로써 분리 확인 되는 경우에는 10NM을 적용한다.

(2) 교차진로상의 항공기

항공기간 90°미만의 진로상에서 교차점에 위치한 Station을 기준하여 각 항공기가 보고한 거리를 적용하며 동일 진로 상에서 상승 혹은 강하하는 항공기의 경우 각 항공기가 DME국의 "On Track"을 이용하고 수직분리가 이루어지지 않지만 항공기 한대가 일정한 비행고도를 유지하며, 항공기로부터 DME기록을 동시에 얻음으로써 분리가 이루어지는 경우 상승 혹은 강하하는 항공기의 고도가 교차할 때 10NM을 적용한다.

(3) 반대진로상의 항공기

On Track DME를 이용하는 항공기에게는 항공기가 서로 통과하여 최소 10NM 또는 해당 항고교통업무기관이 정한 기준치의 분리가 이루어졌을 경우 On Track DME를 이용하는 다른 항공기의 고도를 통과 혹은 상승, 강하하도록 허가할 수 있다.

라) 지역항법(Area Navigation: RNAV)을 이용한 거리기준 종적분리최저치

터보제트 항공기는 항공교통관제기관에서 허가한 마하단위를 계속 유지하여야 하며, 속도변경을 하기 전에 항공교통관제기관으로 허가를 요청하여야 한며 항법장비의 결함을 통보 받은 경우에는 RNAV 거리기준 분리최저치를 적용해서는 안 된다.

RNAV 거리기준 분리는 VOR을 이용한 ATS 항공로나 지정된 RNAV 항공로 상을 운항하는 RNAV 장착 항공기간에 적용되며 이 RNAV 거리정보를 조종사에게 바로 제공하기 위하여 항공기의 앞쪽에 위치한 공동의 Way-Point를 기준하여 위치보고를 하도록 한다.

RNAV 거리기준 분리최저치(80NM)는 각 항공기가 동일 "On Track" Way-Point로부터의 거리를 보고하고 최저치의 준용확인을 위하여 항공기로부터 RNAV 거리를 잦은 간격으로 동시에 얻음으로서 분리 확인 되는 경우, 항공기로부터 RNAV거리를 동시에 얻음으로서 분리가 이루어지는 경우와 동일진로상의 상승 또는 강하하는 경우 한 항공기가 수직분리가 없는 동안 한 고도를 유지 하는 경우에 동일 방향 진로상의 항공기에 대한 종적분리최저치 10분 시차분리를 대신하여 적용할 수 있다.

종적분리최저치(80NM)가 적용될 때 선행항공기는 후행항공기가 유지하는 마하수보다 같거나 크게 유지하여야 하며 RNAV를 이용하는 항공기에게 RNAV를 이용하는 다른 항공기의 고도를 상승, 강하 또는 통과하도록 허가하기 위해서 동일 진로상의 Way-Point로부터 양 항공기가 RNAV거리로 최소 80NM 이상 분리가 되어야 한다.

제2절 출발항공기의 분리

1. 동일 활주로 상의 분리

가. 선행 항공기가 이륙하여 활주로 종단을 통가 하였거나 충돌을 회피 할 수 있도록 선회를 완료한 경우

1) CAT Ⅰ 항공기간 - 3,000ft
2) 선행 항공기가 CAT Ⅱ이고 후행 항공기가 CATⅠ일 경우 - 3,000ft
3) 후행 항공기 또는 두 항공기가 모두 CAT Ⅱ일 경우 - 4,500ft
4) 둘 중 하나가 CATⅢ일 경우 - 6,000ft(단, 민간전용공항은 8,000ft 적용)
5) 후행 항공기가 헬리콥터일 때에는 거리최저치 사용대신 육안 분리 적용

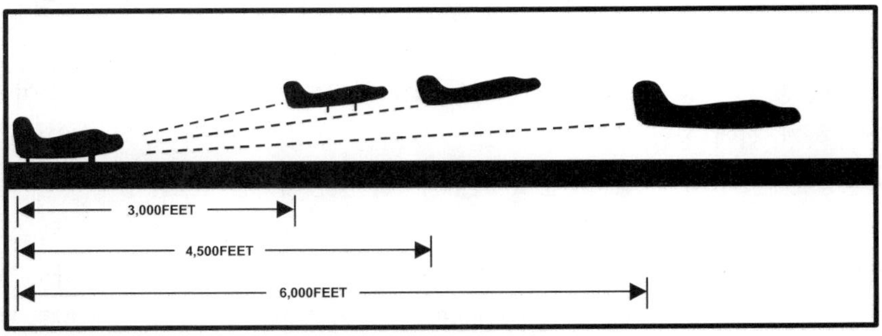

〈그림 9–2〉 동일 활주상의 분리

나. 착륙을 완료한 선행 항공기가 활주로를 개방한 후에야 후행항공기를 이륙 시킬 수 있다.

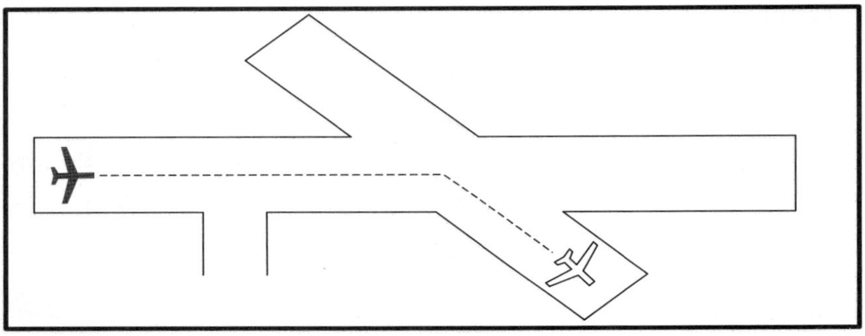

〈그림 9–3〉 선행항공기의 활주로 개방

다. 후류요란의 적용

1) 동일 활주로나 활주로 중심선 간이 2,500ft미만으로 분리된 평행활주로 상에서 대형 제트 항공기 출발 후 이륙하는 VFR/IFR항공기는 2분 시차분리를 적용한다.

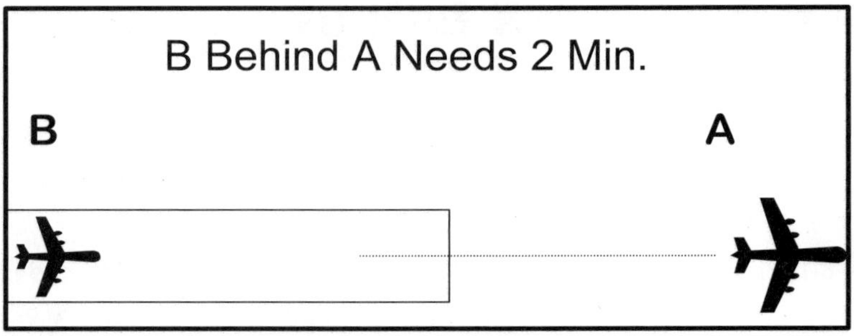

〈그림 9–4〉 동일 활주로 2분 시차 분리

2) 동일 활주로 또는 활주로 중심선 간이 2,500ft미만의 간격으로 분리된 평행 활주로 상에서 반대방향으로 이륙하거나 착륙하는 경우에는 이륙하거나 Low/ Missed Approach 하는 대형 제트항공기/B757를 따라 후행하는 항공기에게 3분 시차분리를 적용한다.

2. 중간이륙을 위한 후류요란의 적용

동일 활주 상에서 선행하는 중형 이륙 항공기와 후행하는 소형 이륙항공기간 동일 활주 상 및 활주로 중심선 간이 2,500ft 미만인 평행 활주로상의 중간 이륙 지점으로부터 이륙하는 항공기를 분리시킬 때, 동일 활주로 상에서 선행하는 소형 이륙항공기를 뒤따라 중간 이륙하는 소형 항공기에게는 최소한 3분 시차 분리를 적용한다.

3. 교차 활주로 상의 분리

가. 선행 항공기가 이륙하여 교차점이나 이륙 활주로 끝을 통과 하였거나 또는 이륙 후 충돌을 회피하기 위해 선회를 하는 경우에 후행항공기가 이륙활주를 시작하지 못하도록 분리 시켜야한다.

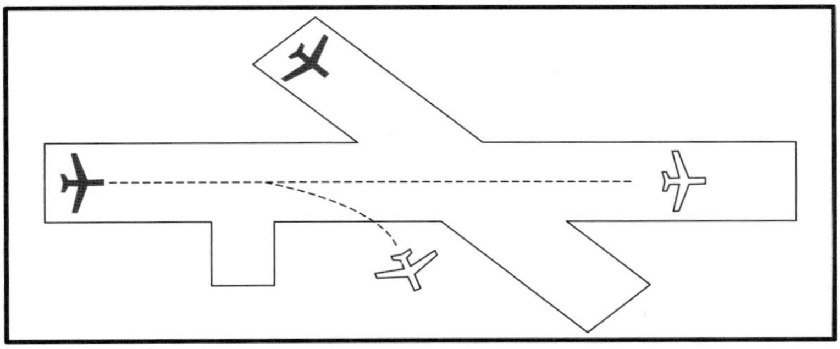

〈그림 9-5〉 교차 활주로 상의 분리 1

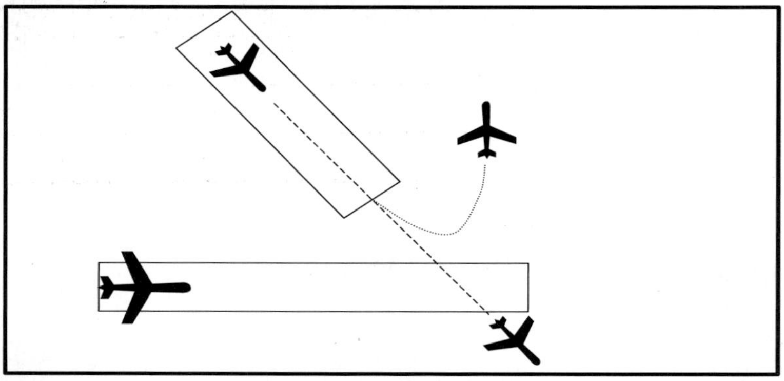

〈그림 9-6〉 교차활주로 상의 분리 2

나. 선행 항공기가 착륙 활주로를 완전 개방 할 때까지 또는 착륙 활주를 완료하고 교차지점 전에서 대기하거나, 교차지점을 통과, 또는 이륙 활주로 상공을 완전히 통과 할 때까지 후행항공기가 이륙활주를 시작하지 못하도록 분리 시켜야한다.

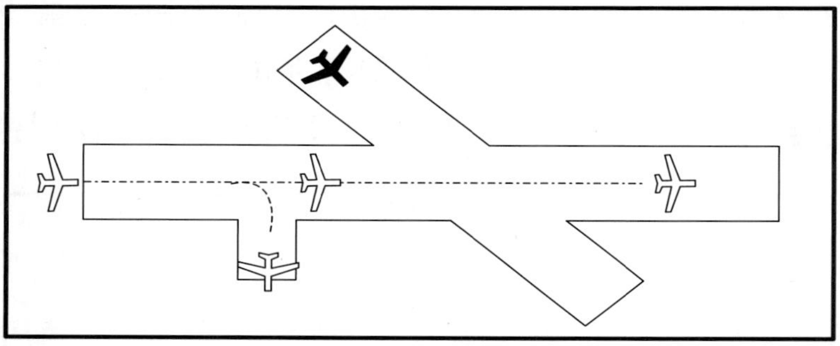

〈그림 9-7〉 교차 활주로 분리 3

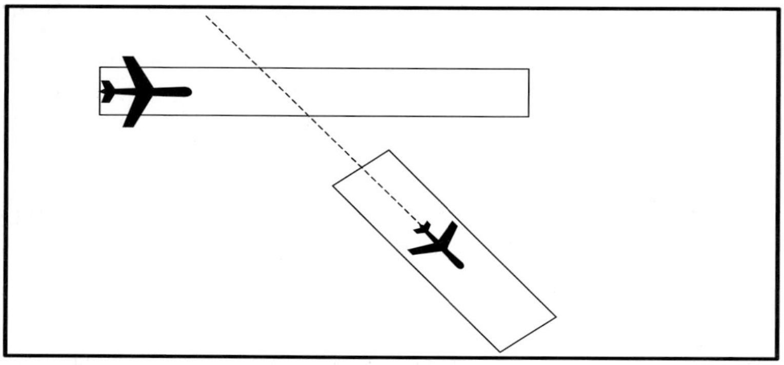

〈그림 9-8〉 교차 활주로 분리 4

다. 계획된 비행로가 서로 교차되는 교차 활주로는 2분 시차 분리 적용한다.

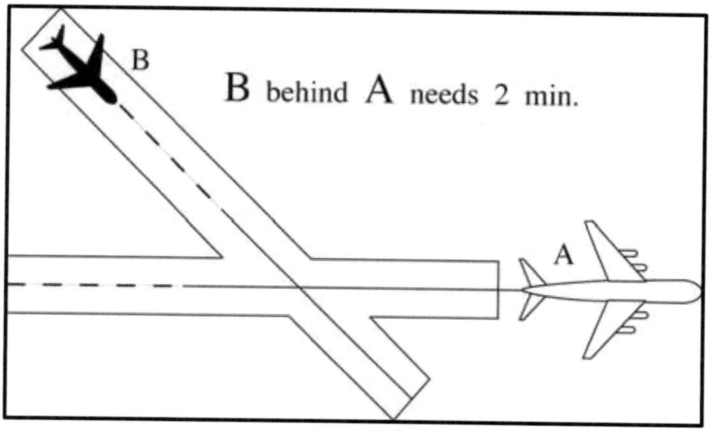

〈그림 9-9〉 교차 활주로 분리 5

라. 계획된 비행로가 교차하는 2,500피트이상 분리된 평행 활주로 상에서는 2분 시차 분리를 적용한다.

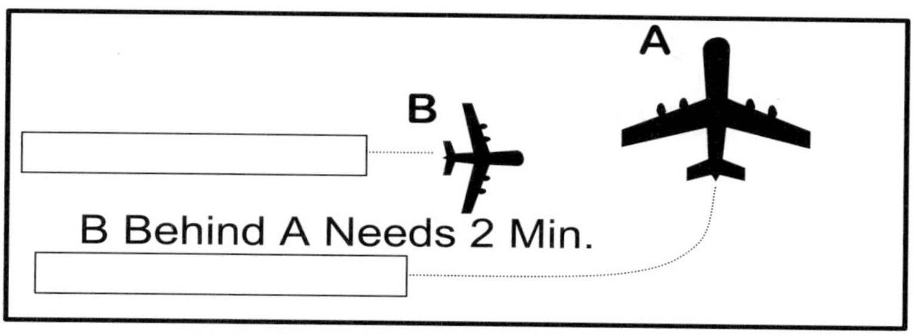

〈그림 9-10〉 평행 활주로 분리

마. 이륙하는 항공기가 앞서 착륙하는 항공기의 비행로를 통과하는 경우 또는 교차활주로 상으로 착륙하는 대형 제트항공기/B757 뒤에 출발하는 VFR이나 IFR항공기는 2분 시차 분리를 제공한다.

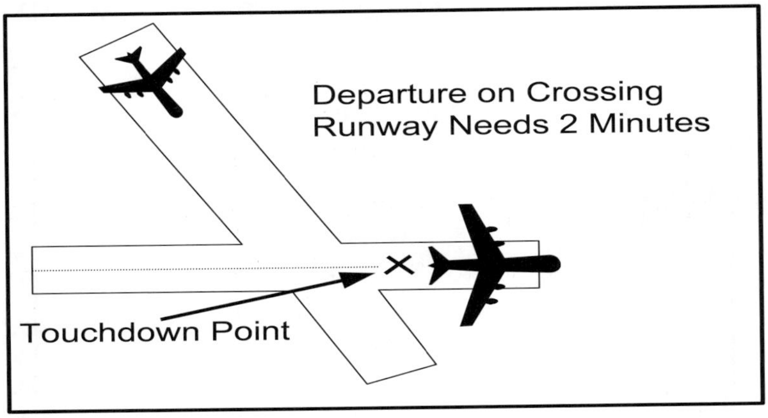

〈그림 9-11〉 교차 활주로 분리 6

제3절 도착 항공기의 분리

1. 동일 활주로 상의 분리

가. 다른 항공기가 이미 착륙해서 활주로를 개방한 경우

1) CAT I 항공기가 CAT I 이나 CAT II 항공기 뒤를 따라 착륙 할 때 – 3,000ft

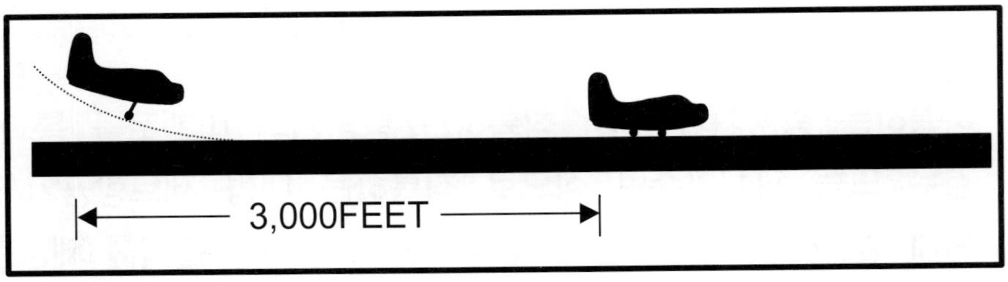

〈그림 9-12〉 동일 활주로 상에서의 분리 1

2) CAT Ⅱ 항공기가 CAT Ⅰ 항공기나 CAT Ⅱ 항공기 뒤를 따라 착륙 할 때 - 4,500ft

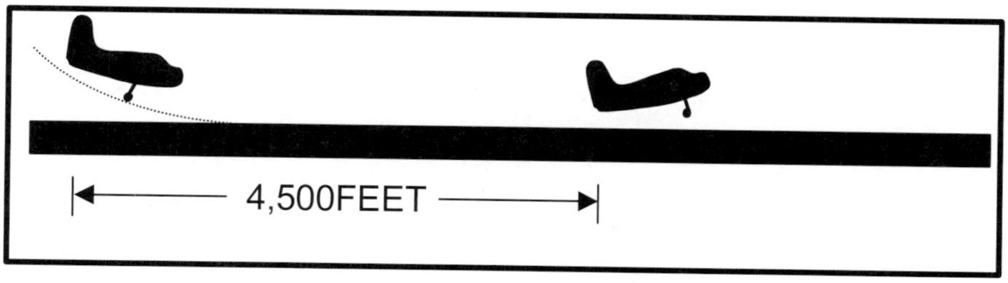

〈그림 9-13〉 동일 활주로 상에서의 분리 2

나. 다른 항공기가 출발해서 활주로 종단을 통과 했을 경우

1) CAT Ⅰ 항공기가 CAT Ⅰ 항공기나 CAT Ⅱ 항공기 뒤를 따라 착륙 할 때 - 3,000ft
2) CAT Ⅱ 항공기가 CAT Ⅰ 또는 CAT Ⅱ 항공기 뒤를 따라 착륙 할 때 - 4,500ft
3) 양쪽 항공기중 하나라도 CAT Ⅲ 항공기 일 때 - 6,000ft(단, 민간전용공항은 8000ft 적용)
4) 후행 항공기가 헬리콥터일 경우 거리최저치 대신 육안 분리를 적용한다.

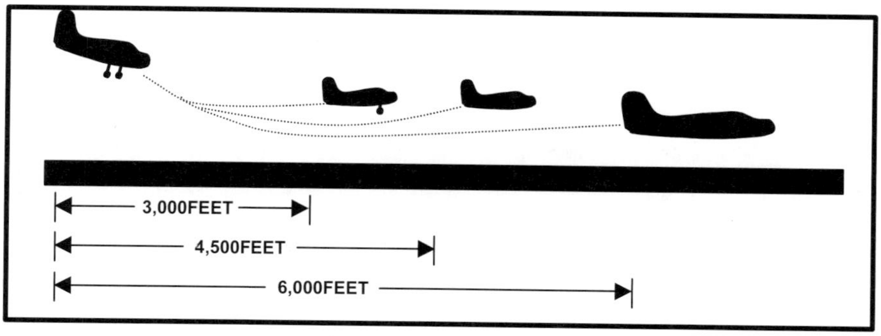

〈그림 9-14〉 동일 활주로 상에서의 분리 3

다. 후류요란의 적용

2,500ft 미만으로 떨어진 평행 활주로나 동일 활주로 상에서 출발 하거나 도착 하는 대형 항공기/B757 뒤를 따라 도착하는 항공기에게 후류요란 주의 정보와 대형 제트항공기의 위치, 고도, 및 비행방향 등을 통보해 주어야 한다.

2. 교차 활주로 상의 분리

가. 비행진로가 서로 교차할 경우 도착항공기가 활주로 시단이나 다른 항공기의 비행진로를 지나가지 않도록 분리 시켜야 한다.

1) 선행 항공기가 이미 출발해서 교차지점 비행로를 지났거나 이륙하여 충돌 회피 선회를 할 경우

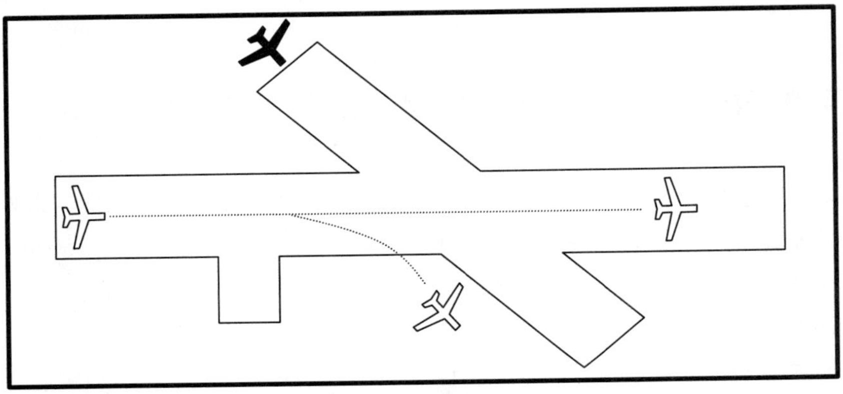

〈그림 9-15〉 교차 활주로분리 1

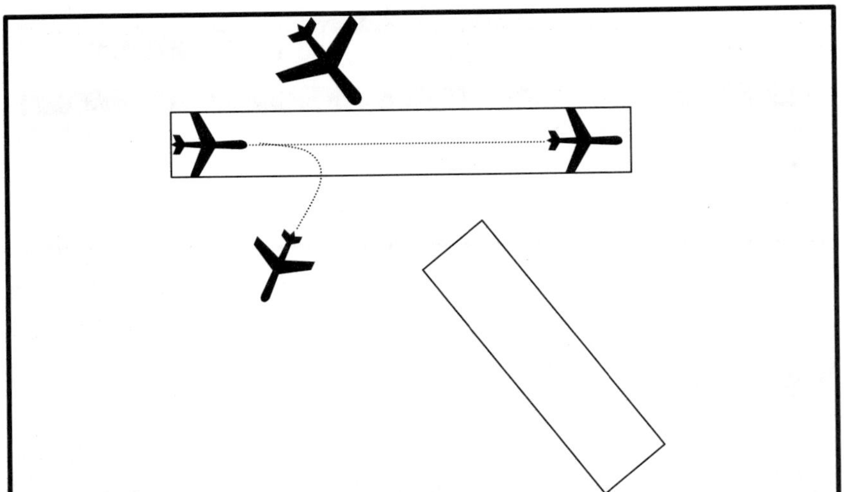

〈그림 9-16〉 교차 활주로 분리 2

2) 선행 항공기가 착륙활주를 완료하여 착륙활주로를 개방하고 교차지점/비행로에 대기할 예정 또는 이미 통과한 경우

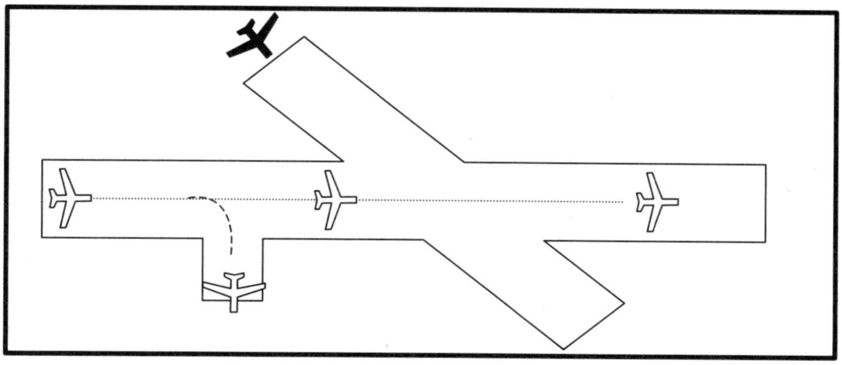

〈그림 9-17〉 교차 활주로 분리 3

나. 후류요란의 적용

1) 도착 항공기가 이륙항공기의 출발경로를 따라 비행할 경우 교차활주로에서 출발하는 대형 제트항공기/B757 뒤를 따라 착륙하는 VFR/IFR 항공기를 2분 또는 레이더 분리최저치에 의해 분리해야 한다.

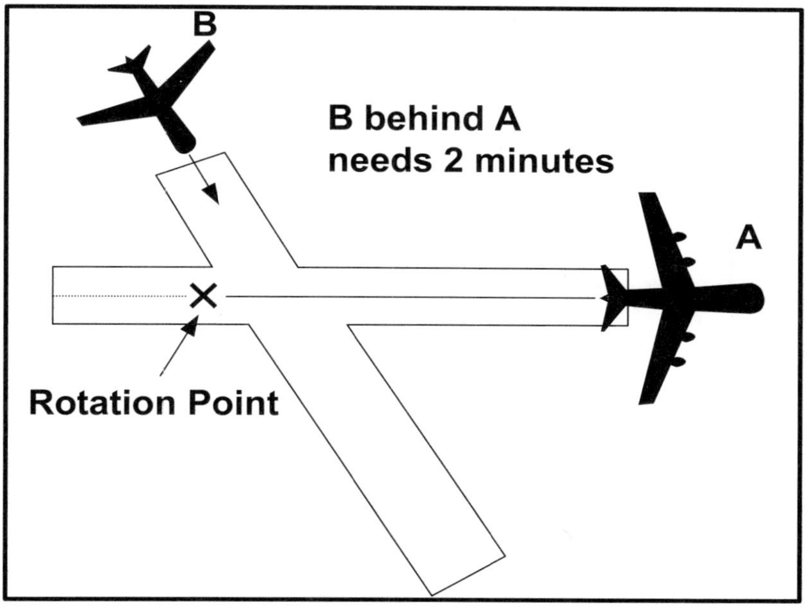

〈그림 9-18〉 교차활주로 분리 4

2) 도착 비행로가 대형제트항공기의 이륙경로 및 기수부양지점 뒤로 통과할 경우에 교차 활주로 상에서 이륙하는 대형 제트항공기/B757 뒤에 착륙하는 VFR이나 IFR항공기

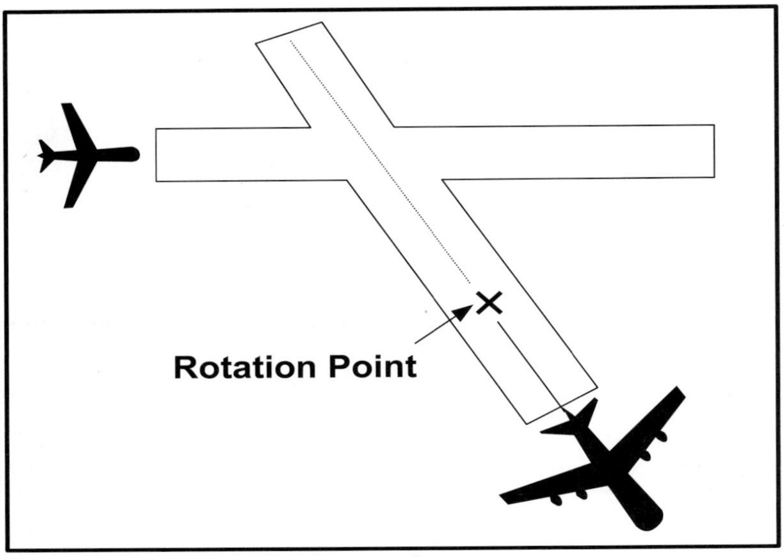

〈그림 9-19〉 교차 활주로 분리 5

3) 도착하는 항공기와 비행로가 교차할 경우에 도착하는 대형 제트항공기/B757 뒤에서 교차 활주로 상에 착륙하는 VFR항공기 간

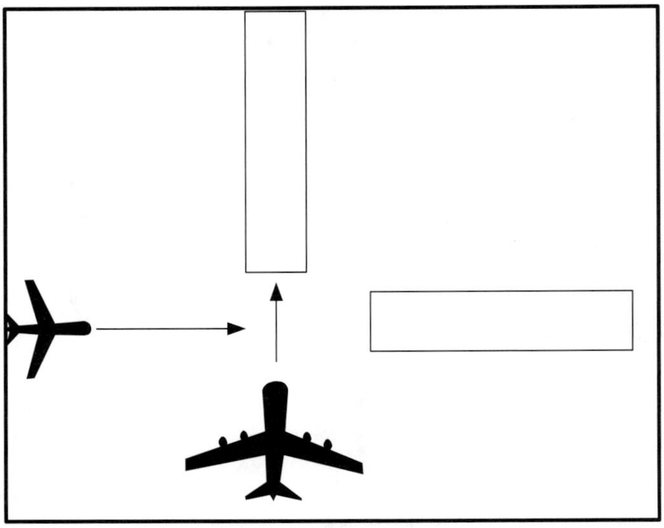

〈그림 9-20〉 교차 활주로 분리 6

제10장 비행장 관제업무

제1절 비행장 관제업무의 개념 및 구성

1. 비행장 관제업무의 개념

비행장(공항) 관제업무(Aerodrome Control Service)는 비행장 관제탑의 각 좌석별 관제사에 의해 비행장 내(內)의 지상이동지역, 일정범위의 공역(통상 관제권이라 함) 및 비행장 주위를 운항하는 항공기와 당해 비행장 지상업무에 종사하는 인원, 장비 및 차량에 대하여 비행장 관제탑의 관제사에 의해 제공되는 관제업무로서 주요업무로는 비행장 지상이동지역의 감시 및 통제, 이·착륙 항공기와 관제권 통과 항공기에 대한 비행허가발부, 항공교통관제허가(ATC clearance)의 중계(delivery) 등이 포함된다.

〈그림 10-1〉 항공교통관제업무

가. 비행장 관제업무 좌석의 구성

비행장 관제업무 좌석은 다음과 같이 크게 5가지로 볼 수 있다.

- 허가중계업무(Clearance Delivery Service)
- 계류장관제업무(Apron Control Service)
- 지상관제업무(Ground Control Service)
- 국지관제업무(Local Control Service)
- 비행정보업무(Flight Data)

위의 내용과 같이 비행장 관제업무는 관제탑의 각 근무좌석별 업무에 해당 되는 관제사에 의해 계획된 절차상에 따라 업무가 진행되어 비행장의 지상이동지역 내의 항공기간 충돌 방지와 장애물간의 충돌방지 및 지상조업의 효율적인 운영에 대한 유용한 조언 및 정보제공을 목표로 한다.

나. 비행장 관제업무의 범위

비행장 관제업무가 제공되는 구역은 일반적으로 공항 중심으로 수평범위 반경 5마일(약 9km), 수직범위 지상으로부터 3,000피트~ 5,000피트 이하의 "원통형 모양"을 하고 있으며 각 공항마다 차이가 있다.

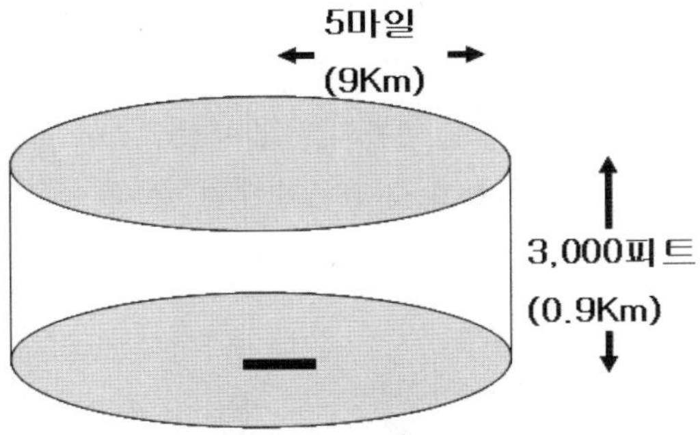

〈그림 10-2〉 비행장 관제업무가 제공되는 구역의 예

2. 비행장 관제탑의 기능

가. 비행장 관제탑의 기능

비행장 관제탑에서 근무하는 관제사는 공중 또는 지상 이동하는 항공기와 차량 등의 충돌을 방지하고, 비행장 주변의 안전과 신속하고 질서정연하게 항공교통의 흐름이 유지되도록 하기 위해, 다음의 경우 관련 항공기에게 정보와 허가를 발부하여야 한다.

- 비행장 장주(Traffic Circuit)를 포함하는 관제탑의 관제 책임지역 내에서 비행을 하는 항공기 간의 경우
- 이동지역에서 이동 중인 항공기 간의 경우
- 이륙 및 착륙하는 항공기 간의 경우
- 이동지역에서 이동 중인 항공기와 차량 간의 경우

위와 같은 경우 비행장 관제탑 관제사는 항공기 이동지역 내에서 이동하는 사람 또는 예인되는 항공기를 포함한 차량에 대해 그들 자신 또는 착륙, 지상유도 및 이착륙 항공기에 대한 위협을 피하기 위해 필요에 따라 통제를 해야 하며, 이동지역에서의 차량과 지상조업 인원뿐만 아니라 비행장 주변의 모든 운항을 끊임없이 관찰 및 감시하여야 한다. 이러한 관찰 및 감시는 주로 관제사의 시계 관측(visual observation)으로 이루어지며, 시계 관측이 어려운 저시정절차(low visibility procedure) 운영 시에는 공항지상감시레이더 장비(Airport Surface Detection Equipment: ASDE)를 이용하여 이동지역 내의 항공기 이동과 지상조업 차량 및 인원에 대해 지속적으로 감시하여야 한다.

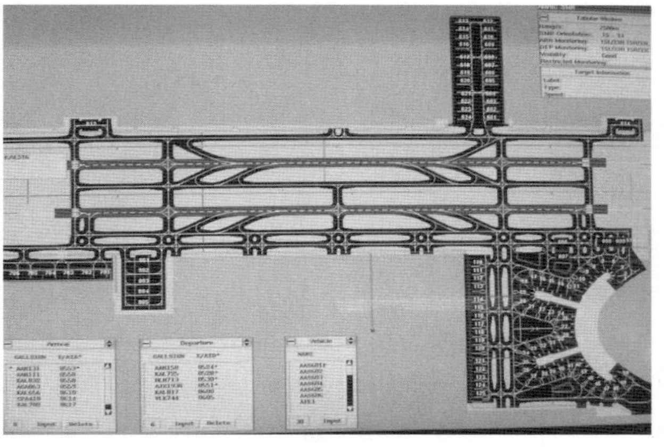

〈그림 10-3〉 인천국제공항 지상감시레이더(ASDE)

저시정절차가 적용되고 있는 경우에는 비행장 기동지역 내에서 지상조업을 시행하고 있는 차량과 작업인원을 최소한으로 제한하여야 하며, CAT Ⅱ 또는 CAT Ⅲ의 정밀계기접근을 이용한 착륙이 이루어지는 경우 계기착륙시스템(ILS) 임계지역(Critical Area) 및 민감지역(Sensitive Area)을 보호하기 위한 기준에 대해 각별한 주의가 요망되어지고 "조난 항공기의 구조를 위하여 운행하는 비상차량에게는 지상에서 이동하는 어떠한 것보다 우선권을 부여해야한다"는 규정에 따라 차량과 지상 유도 중인 항공기간의 분리 최저치는 가능한 보조물을 고려하여 관계기관이 정하여야한다.

또한 ILS와 MLS CATⅡ, CATⅢ 절차가 동일 활주로에서 계속적으로 혼용될 경우 ILS 또는 MLS 보호공역이나 임계공역을 보호하기 위해 더 많은 제한이 이루어져야만 한다.

이러한 저시정절차의 적용기간은 국지지시에 따라 결정되고 저시정하에서의 공항운영지침은 Manual of Surface Movement Guidance & Control System(SMGCS) (Doc 9476) 규정에 수록되어 있다.

기동지역 내의 차량은 다음의 규칙을 준수해야만 한다.

- 차량 및 항공기 예인(견인)차량은 착륙, 이륙 또는 지상유도중인 항공기에게 진로를 양보
- 차량은 항공기 예인(견인)차량에게 진로를 양보
- 차량은 관제지시를 따르고 있는 다른 차량에게 진로를 양보
- 상기 규정에 불구하고, 차량 및 항공기 예인(견인)차량은 관제탑에서 발부하는 지시를 준수

나. 사용 활주로의 선정

사용 활주로는 「특정시간에 비행장에서 이·착륙하는 항공기의 스케일과 종류에 따라 가장 적합한 활주로 사용을 위해 비행장 관제탑에 의해 결정되는 활주로」를 말한다. 일반적으로 항공기는 항공기의 안전과 활주로 배치, 기상의 상태, 계기접근절차 또는 항공교통상황 등을 고려하여 정풍을 타고 이·착륙을 한다. 그러나 비행장 관제업무를 제공하는 시설은 사용 활주로 선정 시에 지상의 풍속과 풍향, 비행장 장주(traffic circuit), 활주로의 길이, 접근 및 착륙보조시설과 같은 부수적인 요소도 고려하여 선정해야만 한다. 만약 사용 활주로가 항공기 운항에 부적합한 것으로 판단되는 경우, 조종사는 다른 활주로 사용을 위한 승인을 요구할 수 있으며 주변 환경이 허락된다면 그에 맞게 허가가 이루어져야만 한다.

활주로 선정과 관련하여 선정절차가 별도로 수립되어 있는 경우를 제외하고 풍속이 5노트 이상일 때는, 풍향과 가장 가까이 정대 되는 활주로를 선택하여 사용하고, 풍속이 5노트 미만일 때는, 무풍활주로를 사용하여야 한다.

단, 다음의 경우는 예외로 취급되어진다.

- 항공기 운항상 더 편리함을 주는 활주로, 또는
- 조종사가 요구한 활주로

만약 조종사가, 사용 중인 활주로와 상이한 활주로의 사용을 원하는 경우에는 관제기관에 별도로 요청해야 한다.

"활주로 사용계획"이 수립된 공항에서는 소음의 영향이 가장 적다고 판단되는 활주로를 항공관제기관에서 배정하게 된다. 그러나 비행 안전상 배정 활주로보다 다른 활주로의 사용이 안전에 바람직하다고 판단될 경우, 조종사는 그 사항을 항공교통관제기관에 요구하게 되며 관제사는 조종사의 의사를 존중하여 그 요구를 허가하되, 요구한 활주로가 소음민감지역과 관련 된다는 사실을 조언해야만 한다.

〈그림 10-4〉 착륙중인 항공기와 활주로 전경

또한 단거리 이착륙 활주로(STOL Runway)를 사용하여야할 경우 조종사가 단거리 이착륙 활주로 이용 요구 시 또는 항공기 운영자와 합의서가 체결되어 있는 경우에만 허가할 수 있다. 단, 조종사 요구 시에는 단거리 이·착륙 활주로의 측정된 길이를 통보해야 한다.

활주로 선정시에 주의해야할 사항으로는 활주로의 사용을 허가할 때 배풍(tailwind) 요소가 있다면, 풍향과 풍속을 반드시 조종사에게 통보해주어야 한다. 일상적으로 풍향풍속이 무풍상태라면 “Wind Calm"이라고 통보할 수 있다.

3. 비행장 관제탑에 의한 항공기 운영에 관한 정보

가. 항공기 운영에 관련된 정보

1) 항공기 엔진 시동(Start-up) 시간 절차

항공기 엔진 시동 이전에 관제사는 조종사의 요구에 의하여 엔진 시동 시간 절차가 적용되지 않는다면, 출발유보해제시간(release time)을 제공한다. 항공기 엔진 시동 시간은 기동지역에서의 혼잡과 과도한 지연을 피하는 데에 필요한 것이나 ATFM(Air Traffic Flow Management) 규정에 의해 보장될 때 이행된다. 항공기 엔진 시동 시간 절차는 국지 지침서에 포함되어 있어야 하며, 출발 비행에 언제, 어떻게 시동 시간이 계산되고 발부되는지를 결정하는 기준과 상황을 명시하여야 한다. 또한 항공기가 항공교통흐름관리(ATFM) 규정에 좌우될 때 할당된 운영시간에 따라 시동할 것을 알려야 한다.

항공기의 출발 지연이 관계 항공교통업무 당국에 의해 명시된 시간 여유보다 짧아질 것이 예상될 때, 조종사는 자신의 판단 하에 엔진시동에 대해 관제사에게 허가를 받아야 하며, 시간을 초과할 경우에는 지상관제사 또는 램프관제사에게 시동을 요구하는 항공기에 대해 예상 항공기 엔진시동 시간을 발부하여야 한다. 그리고 항공기 엔진 시동 허가시 관계 항공교통업무당국에 의해 명시된 주위 환경이나 상황 하에서만 보류되고 만약 시동허가가 보류되면 조종사는 그 이유를 통보하여야 한다.

2) 비행장과 기상 정보

항공기 이륙을 위한 지상활주에 앞서, 관제사는 이미 수신된 정보를 제외하고 다음의 정보를 아래의 순서대로 통보하여야 한다.

가) 사용될 활주로
나) 중요 변수를 포함한 지상의 풍향과 풍속
다) QNH 고도계 수정과 지역협정에 따르는 표준 기준 또는 항공기가 요구하는 QFE 고도계 수정치
라) 터빈 엔진 항공기의 경우 사용될 활주로의 기온
마) 시정이 10Km 이하인 경우, 이륙과 추가상승방향을 나타내는 시정, 또는 해당되는 경우, 사용될 활주로에 대한 활주로가시거리(RVR) 수치

관제사는 이륙에 앞서서 주어진 지상의 풍향과 풍속, 기온, 시정 또는 활주로가시거리(RVR) 수치에 대한 현저한 변화를 항공기에게 통보해주어야 하며 항공기가 이미 통보된 정보를 알고 있는 경우를 제외하고 이륙과 상승에 있어서의 중요 기상조건에 대해 통보해 주어야 한다.

중요 기상 조건의 내용은 다음과 같이 분류할 수 있다.

- 이륙지역과 상승지역의 적란운 또는 뇌우
- 보통 또는 심한 난기류와 전단풍
- 우박 또는 착빙
- 심한 스콜라인(squall-line), 착빙성 강우
- 심한 산악파, 모래폭풍, 먼지폭풍, 눈보라
- 회오리바람, 바다 회오리발생 또는 예상발생에 해당되는 기상정보를 관제사는 조종사에게 직접 통보해주어야 하며 항공고시보로도 고시를 해야 한다.

또한 관제사는 착륙을 위해 비행장 장주(traffic circuit)에 진입하는 항공기에게 사전에 수신된 정보를 제외하고 다음의 정보를 통보해야만 한다.

- 사용될 활주로
- 사용될 활주로부터의 착륙 중요 변수를 포함하는 지상의 풍향과 풍속
- QNH 고도계 수정과 지역협정에 따르는 기준 또는 항공기가 요구하는 QFE 고도계

3) 필수 국지교통정보

필수 국지교통정보란 안전에 관한 정보를 필요로 하거나 항공기가 요구할 시, 비행장 관제사의 판단으로 직접 또는 접근관제소를 통해 적시에 발부되는 정보를 말하며 필수 국지교통이란 항공기와 관련된 위험요소를 구성할 수 있는 기동지역 내 또는 주위의 항공기, 지상조업차량, 지상조업인원, 비행장 지역 내에서 이동하는 모든 인원, 장비 차량 등을 포함한 교통을 말한다. 필수 국지교통은 조종사가 쉽게 인식할 수 있도록 기술되어야 한다.

4) 장애물이 있는 활주로

이륙허가 또는 착륙허가가 발부된 후에 항공기의 이착륙에 있어 안전을 저해하는 활주로상의 어떤 장애물이라도 비행장 관제사가 관찰한 경우 활주로상의 장애물과 그 위치를 항공기에게 통보해야하며 아직 계류장에서 움직이지 않는 항공기에 대해 이륙허가를 취소해야하며 착륙 항공기에게는 우회하도록 지시해야한다.

5) 비행후류와 제트분사에 대한 위험

비행장 관제사는 적용 가능한 경우 비행후류분리 최소기준을 적용해야 한다. 항공기 기장과 함께 비행후류 회피에 대한 책임이 있을 때마다, 비행장 관제사는 난기류 후류에 의한 위험 예상발생이 적용되는 지역의 항공기에게 통보하여야 한다.

허가 및 지시 발부 전에 비행장 관제사는 교차되는 활주로에서 지상활주 항공기, 이착륙 항공기의 제트분사와 프로펠러 후류에 의한 위험, 비행장에서 운용 중인 지상조업차량과 지상조업원에 대한 위험을 고려하여야 한다.

6) 비정상적 항공기의 형태 및 상태

항공기의 착륙장치가 작동불능이거나 부분적으로 작동되는 상태에 놓인 비정상적 항공기의 형태 또는 상태와 항공기 엔진에서 분사되는 후류연기를 제외한 항공기체나 항공기 부품으로부터의 연기 방출이 비행장 관제사에 의해 관찰되거나 보고될 경우 해당 항공기에게 지체 없이 통보하여야 하고, 출발 항공기의 운항차질과 항공기의 손상이 우려가 예

상되는 항공기의 조종사로부터 주변 관찰 및 감시에 대한 요구가 들어올 경우 관제사는 사용되어질 활주로의 상태를 관찰하여 조종사에게 통보해야만 하고 조종사는 활주로상의 항공기 및 부품의 잔해, 새 또는 동물의 잔해 등을 발견할 시에는 지체 없이 신속한 방법으로 관제사에게 통보해야만 한다.

나. 비행장 상태에 관한 필수 정보

어떤 시설이나 이동지역에 관련된 비행장 상태에 관한 주요 정보는 항공기의 안전운항에 필요한 정보이다. 예를 들어, 공사장 주변을 항공기가 지상활주를 하는 경우를 제외하고 사용 활주로와 연결되지 않은 유도로상의 건설공사에 대한 정보는 항공기에게는 필요하지 않다, 또 다른 예로서, 모든 교통이 활주로에 제한되는 경우, 비행장 정보는 그 비행장에 익숙하지 않은 항공기에게 중요한 비행장 정보로 간주되어야 한다.

비행장 상태에 관한 중요 정보는 다음의 8가지로 분류할 수 있다.

- 이동지역과 근접하거나 이동지역상의 건설 또는 보수공사
- 표시의 유무, 활주로, 유도로 또는 계류장 지면의 상태
- 활주로, 유도로 또는 계류장의 지면에 쌓인 눈, 진창눈 또는 얼음
- 활주로, 유도로 또는 계류장 지면에 고인 물
- 활주로, 유도로 또는 계류장 인접의 눈 더미 또는 휘날림
- 계류된 항공기와 지상 또는 공중의 조류를 포함한 위험요소
- 비행장 등화시설의 일부 또는 전체의 고장 또는 불규칙한 운영
- 기타 적절한 정보

주기장의 상태에 관한 최신 정보가 비행장 관제탑으로부터 항상 가능한 것은 아니다. 주기장과 관련된 비행장 관제탑의 책임은 위 사항을 고려하여 주기장에 대한 책임이 있는 관계당국이 제공하는 정보를 항공기에 제출하는 것이 제안된다.

비행장 상태에 관한 필수 정보는 NOTAM 정보, ATIS(Automatic Terminal Information Service) 정보를 포함한 이미 다른 제공처로부터 전부 또는 일부의 정보를 수신하여 알고 있는 경우를 제외하고는 모든 항공기에게 정보가 제공되어야한다. 항공기가 정보를 적절히 활용할 수 있도록 몇 시간 전에 제공되어야 하며, 위협요소는 가능한 명확하게 표시되어야 한다. 그리고 기동지역에서 항공기의 안전운항과 관련하여 사전에 통보된 조건이 관제사에게 보고되거나 관제사에 의해 관찰되었을 때 관계 관제당국으로 통보해야 하며 그 기동지역 일부에서의 운항은 관계 관제당국에 의해 통보되지 않는 한 종결되어야 한다.

4. 비행장 교통관제

일반적으로 항공기의 조종실에서의 시야는 제한되기 때문에 관제사는 조종사가 시계탐지, 인식, 관찰을 필요로 하는 지시와 정보가 명확하고 간결하게 표현될 것을 확실히 해야 한다.

항공 교통 및 지상 활주로에서 항공기 위치는 일반적으로 항공기가 비행장 관제탑의 허가를 수신하는 위치이다. 항공기가 적절한 허가를 지체 없이 발부되도록 각 위치의 접근에 따라 관제사는 자세히 관찰해야한다. 그리고 가능하다면 모든 허가는 항공기에게 신속하게 발부해야한다.

가. 기동지역에서의 교통관제

비행장의 관제탑에서 지상활주 항공기를 관제하기 위해 taxi 허가를 발부한다. 하지만 관제사는 허가 발부에 앞서 항공기를 비행장의 어디에 주기해야할 것인가를 결정해야한다. 지상활주 허가는 조종사가 정확한 지상활주 노선을 따라가는 것을 돕기 위해, 그리고 타 항공기 또는 물체와의 충돌을 방지하기 위해 사용 중인 활주로에 진입하는 항공기에 대한 잠재성을 최소화하기 위해 간결한 지시와 적합한 정보를 포함하여야 한다. 항공교통업무 관계당국은 가능하다면 비행장에서 사용되는 항공정보간행물(Aeronautical Information Publication: AIP)에 표준 지상활주 노선에 대한 정보를 발행해야한다.

사용 활주로에서 지상활주의 교통을 신속하게 처리하기위해 다른 항공기에게 지연이나 위험이 없는 경우 사용 활주로에서의 지상활주 허가를 발부할 수 있다. 지상활주 항공기의 관제는 지상관제사에 의해 제공되고, 활주로 운용에 관한 관제는 국지관제사에 의해 제공되므로, 지상활주 항공기의 활주로 사용은 국지관제사와 조화를 이루어져야 하며 국지관제사에 의해 승인되어야 한다. 항공기와의 교신은 항공기가 활주로에 진입하기 전에 지상관제로부터 비행장 관제사에게 관제이양 되어야 한다.

나. 헬리콥터의 지상활주(Ground Taxi) 관제

헬리콥터의 지상활주 운항허가를 위해 관제사는 바퀴가 달린 헬리콥터 또는 수직 이·착륙 항공기의 지상활주가 필요하다고 예상될 시에는 공중활주(air/hover taxi)보다 연료소비가 적고 난기류발생을 최소화하기위해 지상활주를 허가한다. 하지만 고르지 못한 지면과 특정한 조건으로 안전상의 문제가 고려될 시에는 지상 활주보다는 공중활주를 허가하고 기체의 심한 손상 내지는 기체 파손을 방지하기 위해 갑작스런 수직이륙을 지시할 수 있다. 헬리콥터는 일반적으로 20노트(37km/h) 이하의 속도로 지면상공에서 느린 속도로 진행하는 것이 요구되거나 필요할 경우 공중활주를 허가할 수 있다.

지상활주 관제를 시행하는 비행장 관제사는 지상활주를 시행하는 헬리콥터의 주변에 소형 항공기 또는 다른 헬리콥터의 지상활주 허가 발부를 피해야하며, 도착 또는 출발하는 소형 항공기의 위에서 공중활주를 시행하는 헬리콥터가 있을 경우 해당 항공기에게 헬리콥터 로터에 의한 난기류에 대한 통보 및 적절한 지시가 요구된다. 기체에 대한 빈번한 위치에 대한 지시는 Hovering 비행 또는 공중활주를 하는 단 좌석 헬리콥터에게는 발부되지 않는다. 그 이유는 대부분의 경량 헬리콥터는 1명의 조종사에 의해 비행이 이루어지고 저공비행 동안에는 기체통제를 위해 조종사는 지속적인 동작이 요하기 때문에 주파수 변경 또는 기체 자세 변화에 대한 빈번한 지시는 뜻밖에 지면과의 충돌 등 조종능력의 상실의 결과를 가져올 수 있다.

5. 기타 항공기 교통관제

기동지역으로 진입하기 전에 모든 지상조업인원과 지상조업차량을 포함한 모든 차량은 비행장 관제탑으로부터 진입허가를 받아야 한다. 하지만 활주로와 활주로 착륙대와 같은 구역의 경우 별도의 허가를 받아야만 진입이 가능하다. 기동지역에 대한 진입 허가 우선권의 경우 위험에 처한 항공기를 원조하러 가는 비상차량이 우선권을 받으며, 이러한 특수 상황을 제외하고는 모든 차량과 지상조업인원 및 보행자는 착륙, 지상활주, 이륙하는 항공기에게 양보하여야 한다.

항공기가 이 · 착륙할 때, 차량은 다음 사항에서 보다 사용 활주로에 더 가까이 대기하는 것이 허가되지 않는다.

- 유도로 및 활주로의 교차점
- 유도로 및 활주로의 교차점이 아닌 다른 위치

비행장에서 관제하는 기동지역 내에서 차량이 가끔 사용되는 경우와 다음 경우를 제외하고는 기동지역 내에서 있는 모든 차량은 비행장 관제탑과 상호 무선통신을 취한다.

- 필요 통신장비를 갖춘 차량과 함께 상호 통신이 이루어지는 경우
- 비행장 관제탑에 의해 작성된 사전 준비 계획에 따르는 경우

또한 시각적인 신호에 의한 통신이 적합한 경우 또는 무선통신의 고장으로 인한 통신 불능시 시각적인 신호를 이용하여 통신을 할 수 있으며, 대부분 빛총(light gun)에 의해 이루어진다. 각 빛의 신호와 의미를 보게 되면 아래의 표와 같다.

〈표 10-1〉 ATC 빛총 신호(Light Signals) (항공안전법 시행규칙 194조 별표26)

신호의 종류	의미		
	비행중인 항공기	지상에 있는 항공기	차량 · 장비 및 사람
연속되는 녹색신호	착륙을 허가함	이륙을 허가함	통과하거나 진행 할 것
연속되는 적색신호	다른 항공기에 진로를 양보하고 계속 선회할 것	정지할 것	정지할 것
깜박이는 녹색신호	착륙을 준비할 것	지상활주를 허가함	–
깜박이는 적색신호	착륙하지 말 것	사용중인 착륙지역 또는 활주로로부터 벗어날 것	활주로 또는 유도로에서 벗어날 것
깜박이는 백색신호	착륙하여 계류장으로 갈 것	비행장안의 출발지점으로 돌아갈 것	비행장안의 출발지점으로 돌아갈 것
적녹적녹	일반적인 경고신호 - 최대한 주의할 것		

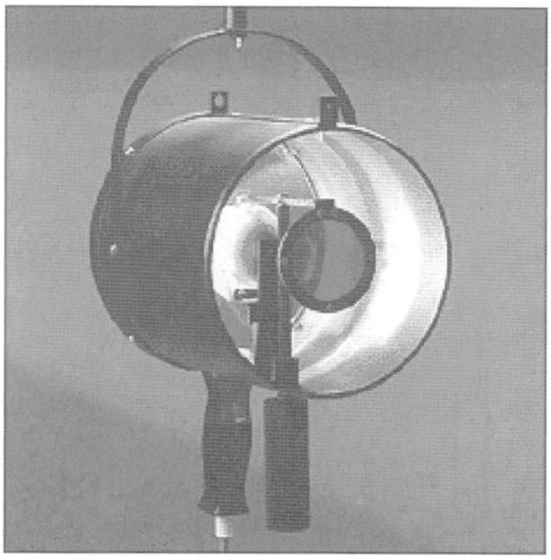

〈그림 10-5〉 빛총(Light Gun)

긴급 상황 또는 위의 표의 신호를 관측하지 못한 경우, 신호는 활주로 또는 유도로에 설치된 등화시설로 이용되며, 의미는 다음 <표 10-2>와 같다.

〈표 10-2〉 항공등화시설에 의한 빛 신호

빛 신호	의 미
점멸되는 활주로등 또는 유도로등	활주로에서 이탈하고 관제탑의 빛 신호에 주시할 것

비행장 관제탑의 사전 준비계획에 따르는 경우 건설 또는 보수 관계자는 비행장관제탑과 상호 무선통신을 유지해야할 필요는 없다.

6. 교통 장주(Traffic Circuit) 내에서의 관제

가. 교통장주의 개념과 종류

교통장주는 비행장에 착륙하고자 하는 항공기가 비행장 주위의 공역에서 착륙에 필요한 고도 강하, 항공기간의 분리 및 착륙순서의 결정 등을 하기 위하여 설정된 비행로이다. 이런 교통장주는 항공기의 성능 특성에 따라 각각의 항공기들에게 적합한 장주를 이용하도록 하고 있으며, 교통장주의 종류 및 사용 항공기는 다음과 같다.

- 직진형 접근장주(Straight−in approach pattern) : 모든 항공기
- 장방형 교통장주(Rectangular traffic pattern) : 일반 항공기
- 선회접근 교통장주(Overhead approach pattern) : 군용 전투기형 항공기
- 비상 교통장주(Flame−out pattern) : 군항공기로서 고고도에서 급강하 착륙을 하거나 엔진이 정지된 비상 상황을 훈련하기 위한 항공기 또는 비상상황의 항공기

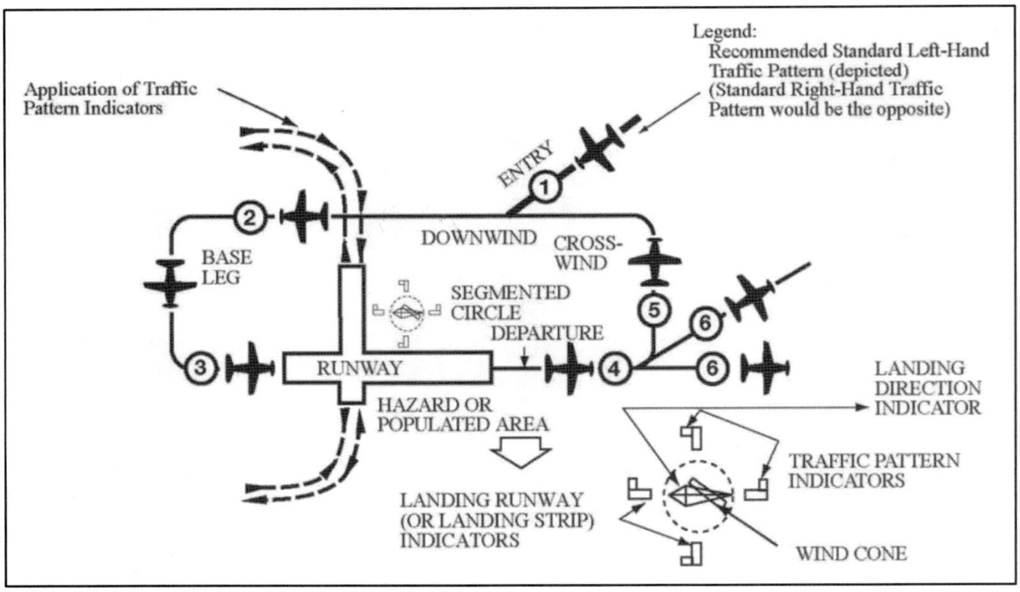

〈그림 10−6〉 Rectangular Traffic Pattern

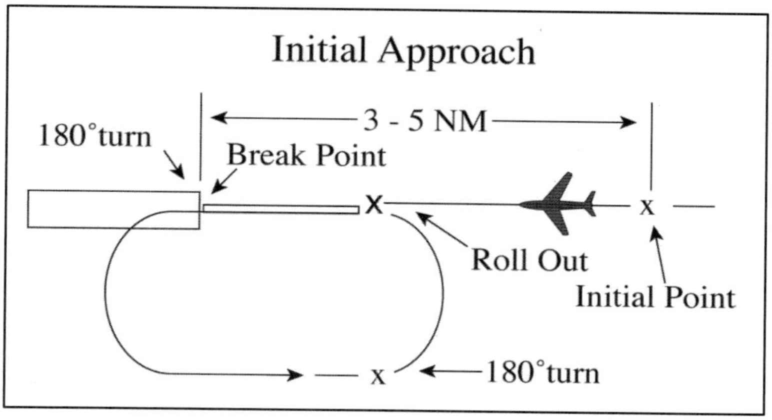

〈그림 10-7〉 Overhead Approach Pattern

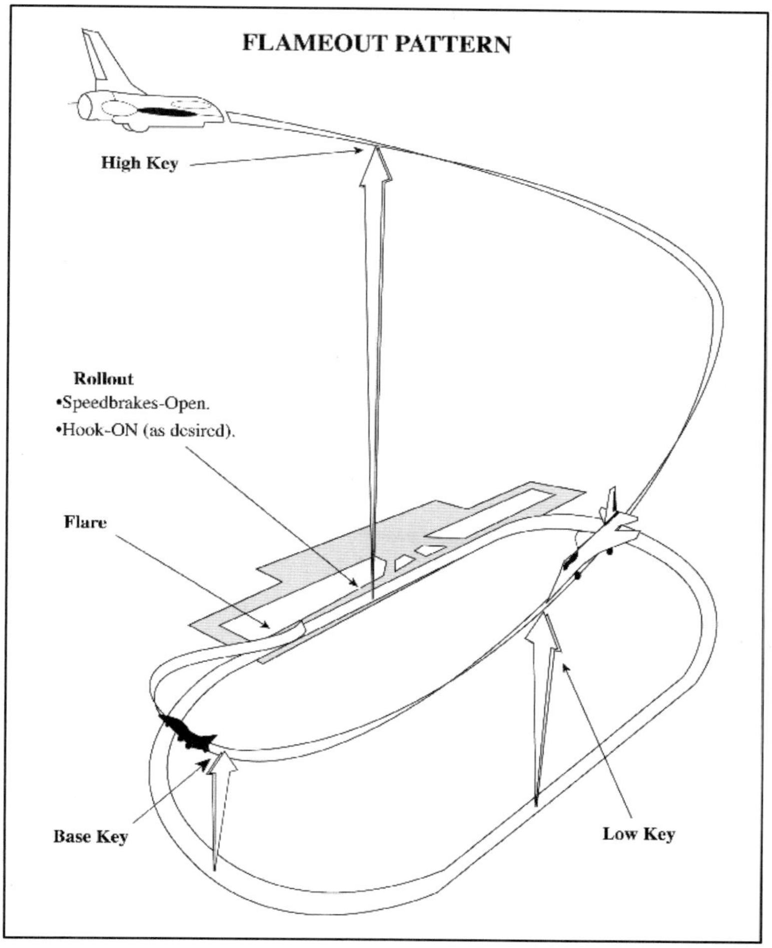

〈그림 10-8〉 전형적인 Flame-out Pattern

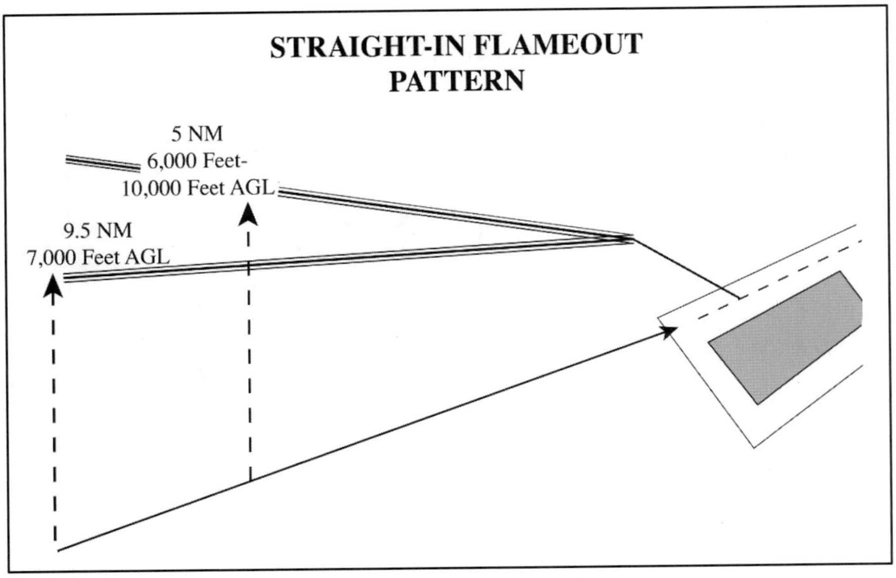

〈그림 10-9〉 직진형(Straight-In) Flameout Pattern

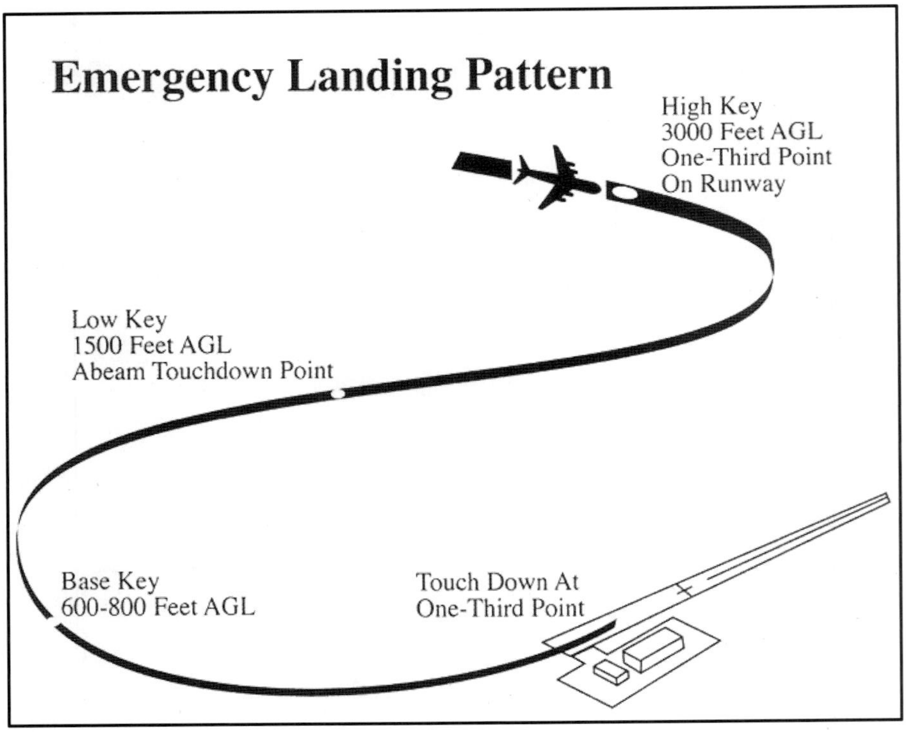

〈그림 10-10〉 비상착륙 Traffic Pattern

나. 일반사항

비행장 교통장주(traffic pattern) 내의 항공기는 다음 사항을 제외하고, 제10장에서 기술된 분리 최저치 기준을 적용하여 관제하여야 한다.

1) 편대비행 항공기의 경우 편대내의 다른 항공기간의 분리
2) 동시 이착륙에 적합한 다른 지역 또는 다른 활주로에서 운용되는 항공기
3) 군의 필요에 의해서 운영되는 항공기

다. 교통장주로의 진입

교통장주로의 진입 허가는 교통장주를 따라 착륙지역에 접근하고 있는 항공기에게 발부되나 아직 착륙허가가 발부되지 않은 경우 항공기가 요구할 때마다 발부되어야 한다. 주변 상황과 교통상태에 따라 항공기는 교통장주의 어느 한 위치에서 합류하도록 허가될 수 있다. 최초 진입 구간은 일반적으로 장방형 교통장주에서는 downwind leg나 base leg이며, 선회접근 교통장주는 initial, 비상교통장주는 high key 지점으로 진입한다.

계기 접근으로 도착하는 항공기는 착륙 활주로에서 시계접근을 요구되지 않는 한 직진입(Straight-in) 착륙하도록 허가된다.

라. 착륙에 대한 우선권

항공기가 정식허가 없이 비행장 교통장주로 진입하는 경우, 착륙을 요구한다면 착륙하도록 허가된다. 주변 교통상황이 허락하는 경우, 관제사와 교신하는 항공기는 허가되지 않은 항공기의 운항에 의한 위험요소를 되도록 빨리 제거하도록 관제사에 의해 해당 항공기에게 양보할 것이 지시된다. 허가가 무기한으로 보류되는 경우는 없다.

비상시의 경우에는 안전을 고려하여 항공기가 정식허가 없이 교통장주로 진입하여 착륙하는 것이 요구된다. 관제사는 비상시 행동의 가능성을 인지하여야하고 가능한 모든 지원을 하여야한다.

항공기 우선권은 다음 사항에 대해 주어진다.

1) 엔진 고장, 연료부족 등의 항공기의 안전운항에 영향을 미치는 요소로 인한 불가피한 착륙이 예상되는 항공기
2) 응급조치가 요구되는 환자 또는 심한 부상자를 이송하는 항공기 또는 병원 항공기
3) 수색과 구조활동 중인 항공기
4) 관계당국에 의해 결정되어지는 다른 항공기

7. 저시정 운영절차(Low visibility operations procedure)

저시정 운영절차란 활주로 접지대(touch-down), 중간(Mid-point), 말단(Roll-out)의 활주로 가시범위(RVR)중 어느 한 지점의 값이 550미터 미만 또는 운고(Ceiling)가 60미터(200피트) 미만 시 적용하도록 수립된 운영절차를 말한다. 저시정 상태의 비행장 지상 교통의 관제 절차는 관제탑으로부터 육안 식별이 불가능한 기동지역의 부분이나 전 지역이 이러한 상태일 경우 적용한다.
저시정 운영절차는 항공기 간, 항공기와 차량 간의 육안 분리를 적용하지 못하는 비행장 관제탑의 시계조건을 가지는 기동지역에서 운영하기 위해 유도로의 교차점에서 또는 유도로상의 항공기나 차량에 대해 서로 다른 유도로에서 ICAO Annex 14, Volume 1, Chapter 5의 세부규정을 따르는 clearance bar, stop bar, 유도로 교차지점 표시등 에 의해 규정된 위치의 한계점보다 더 가까이 있을 수 없도록 한다.

유도로상의 종적분리는 항공교통업무관계당국에 의해 각 특정 비행장에 대해 명시되어야 하고 이러한 분리는 지상교통감독과 관제가 가능한 보조장비, 비행장 구조의 복잡성 및 비행장을 이용하는 항공기의 특성을 고려해야 한다. 저시정 운영절차에 활용되는 보조장비로는 지상이동유도통제시스템(Surface Movement Guidance and Control Systems: SMGCS)이 있다. 이 시스템은 공항의 이동지역에서 항공기 및 모든 지상이동용 차량과 사람의 움직임을 유도·통제하는데 필요한 각종 보조시설, 설비, 절차, 규정 등으로 구성되는 시스템을 말한다.

CATⅡ, CATⅢ에 해당되는 접근이 사용되는 비행장의 항공교통관제절차는 항공안전법 제83조(항공교통업무의 제공) 및 동법시행규칙 제248조(비행장 내에서의 사람 및 차량에 대한 통제 등)의 규정에 따라 활주로가시범위(RVR) 조건이 550m이하에서의 출발뿐만 아니라 정밀접근 CATⅡ, CATⅢ의 운영의 시작과 지속적인 운영이 가능하도록 준비해야한다.

저시정 운영에 대한 준비는 다음 사항을 명시하여야 한다.

- 저시정 운영절차에서의 RVR 수치 측정이 행해질 것
- CAT Ⅱ, CATⅢ을 위한 최소의 ILS/MLS 장비 설치
- 지상항공등화를 포함하는 CAT Ⅱ, CATⅢ의 운영에 필요한 다른 시설들은 일상 운영을 위해 관찰될 것
- 관련 장비의 고장이나 기능저하를 지체 없이 해당 조종사, 접근관제소, 기타 관련 기관에 보고

제2절 비행장 항공등화시설

1. 항공등화시설의 기원과 현재

초기 항공등화시설은 비행장의 활주로 이착륙지점 표시 또는 제한 및 위험구역 등을 표시하는데 있어, 단순한 등화시설로서의 기능으로 사용되었지만 오늘날의 항공등화는 빛, 색채 및 배열로 구성되어 주위 밝기(bright), 시정(visibility) 및 운고(ceiling)등에 따라 적정한 광도조절(intensity setting)을 하여 조종사에게 이착륙에 필요한 모든 시각정보를 제공하고 있다. 특히 최종 착륙단계에는 조종사의 시각에 의한 매뉴얼 착륙절차를 위한 안전한 이착륙의 상태를 결정짓는 요소로써 항공등화시설의 역할은 대단히 중요하다고 할 수 있다. 이런 점에서 오늘날 비행장(공항)의 항공등화시설은 일반 조명과는 달리 특수한 형태와 목적에 따라 고도의 기술 집약적인 최첨단 장비운용으로 항공기 조종사와 그 밖의 관련 업무에 정보 제공을 하고 있다.

또한 항공등화시설 운영의 적합성은 항공기 안전 운항에 직접적인 영향을 미치고 있으므로 국내 법규, 국제민간항공기구(ICAO) 및 미국연방항공청(FAA)등에서는 설치 및 운영에 대한 기준을 제시하고 있으며, 국내 공항에서도 제규정에 적합하게 설치되어 운영하고 있다.

2. 항공등화시설의 분류 및 종류

본 장에서는 국내에 설치되어 있는 항공등화시설을 중심으로 분류 및 종류, 그리고 운용에 대해 설명하도록 하겠다.

가. 진입등화(Approach Lights)

진입등화는 주간 또는 야간에 항공기 조종사에게 활주로의 방향을 알려주며 항공기가 활주로에 안전하고 정확하게 착륙할 수 있게 활주로 진입상태 등을 포함하여 시각적 유도 정보를 조종사에게 제공해주는 등화시설이다.

진입등화의 종류는 다음과 같다.

- 진입등(Approach Lighting System: ALS)
- 진입각지시등(Precision Approach Path Indicator: PAPI)
- 활주로 시단식별등(Runway Threshold Identification Lights: RTIL)
- 선회등(Circling Guidance Lights: CGL)

〈그림 10-11〉 진입등

〈그림 10-12〉 진입각지시등

〈그림 10-13〉 활주로시단식별등

〈그림 10-14〉 선회등

나. 활주로 등화(Runway Lights)

항공기가 활주로를 이탈하지 못하도록 불빛 또는 색상으로 활주로 지역에 대한 정보를 제공해주는 등화시설이다.

〈그림 10-15〉 활주로등

〈그림 10-16〉 활주로중심선등

〈그림 10-17〉 활주로시단등

〈그림 10-18〉 활주로종단등

〈그림 10-19〉 활주로 거리등

- 활주로등(Runway Edge Lights: REDL)
- 활주로중심선등(Runway Center Line Lights: RCLL)
- 활주로시단등(Runway Threshold Lights: RTHL)
- 활주로종단등(Runway End Lights: RENL)
- 활주로접지대등(Runway Touchdown Zone Lights: RTZL)
- 활주로거리등(Runway Distance Marker Sign: DMS)

다. 유도로 등화(Taxiway Lights)

항공기가 유도로 주행 시에 안전하고 빠르게 지상 이동이 가능하도록 지상유도정보를 제공해주는 등화시설이다.

〈그림 10-20〉 유도로등

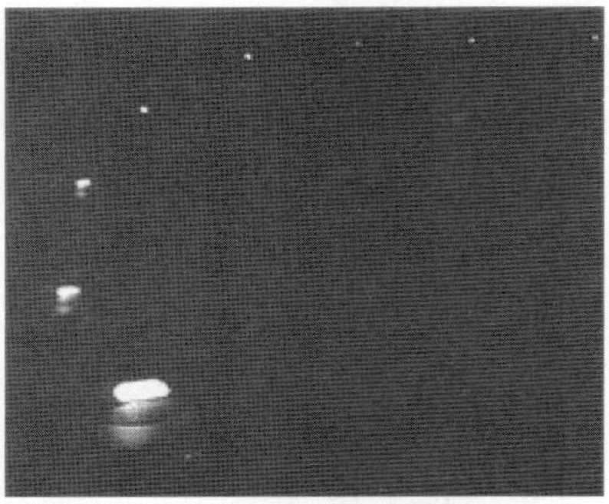

〈그림 10-21〉 유도로 중심선등

- 유도로등(Taxiway Edge Lights: TEDL)
- 유도로중심등(Taxiway Center Line Lights: TCLL)
- 정지선등(Stop Bar Lights: SBL)
- 유도로안내등(Taxiway Guidance Sigh: TGS)
- 유도로교차등(Taxiway Intersection Lights: TIL)
- 활주로경계등(Runway Guard Lights: RGL)

〈그림 10-22〉 유도로 안내등

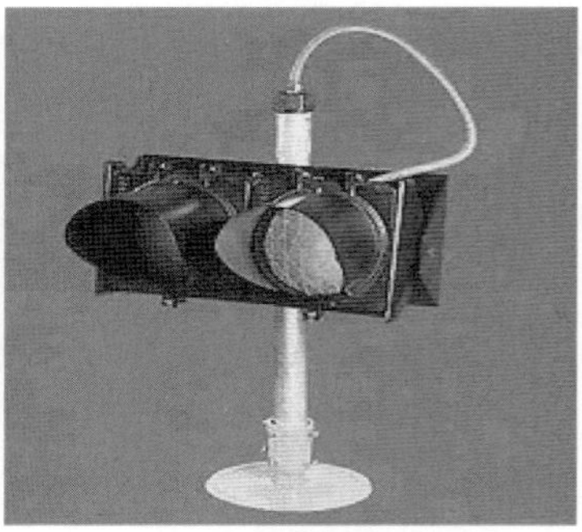

〈그림 10-23〉 활주로 경계등

라. 지시 · 신호등화(Indicator · Signal Lights)

항공기가 비행 중이거나 이동 지역상에 있는 조종사에게 활주로 지역의 바람방향과 착륙방향 및 비상시 수동으로 어떤 목표지점에 대한 정보를 제공해주는 등화시설이다.

- 풍향등(Illuminated Wind Direction Indicator: IWDI)
- 지향신호등(Signalling Lamp Lights Gun: SIGL)
- 착륙방향지시등(Landing Direction Indicator: LDI)

〈그림 10-24〉 풍향등

마. 위치등화(Position Lights)

운항하는 항공기에게 비행장의 위치 정보 등을 제공하는 등화시설이다.

- 비행장등대(Aerodrome Beacon: ABN)

〈그림 10-25〉 비행장 등대

제 11 장 레이더 및 비레이더 관제업무

제1절 레이더의 원리 및 구성

1. 레이더의 원리

RADAR는 Radio Detection And Ranging의 약자로서 2차 세계대전 중에 개발된 시스템으로 항공교통관제 및 항공기 정밀접근을 위한 보조시설로 이용되며 1940년대 말에 미국연방항공청(FAA)에 의해 공항에 설치되기 시작하여 현재까지 항공교통관제(ATC)에서 빼어놓을 수 없는 주요장비로 자리하고 있다.

레이더의 기본원리는 Radio Energy(short pulse)가 지향성 안테나에서 발사되어 어느 목표물에 부딪히면 energy의 일부가 되돌아 나오는 반사파가 생기고 이 반사파를 수신, 검파하는 장비로 그 목표물에 대한 방위(bearing)를 알 수 있게 되는 원리이다. 즉 전파를 목표물에 보내어 그 전파 energy의 반사파를 수신하고 전파의 직진성과 정속성을 이용하여 그 왕복시간과 안테나의 지향특성에 의해 목표물의 위치(방위 및 거리)를 측정하는 장비인 것이다. 따라서 전파가 지상 안테나에서 전 방향으로 발사되고 수신되는 것은 그 소요시간이 거리에 비례 하므로 목표물의 방위(bearing)로 위치확인과 동시에 거리도 알 수 있게 되며 이는 거리측정시설(DME)의 원리에도 이용되고 있다. 또 음의 전파와 같이 360° 전방향으로 회전하고 있는 레이더 안테나가 있다면 전파가 도달되는 지역은 그 지역 내의 모든 목표물이 레이더 탐지권(radar coverage)에 속하게 되는 것이다.

목표물에서의 반사파는 보강된 점(dot)으로 목표물의 표시를 CRT(Cathode Ray Tube)라고 부르는 scope상에 선명하게 나타내고 이 형태의 target표시를 PPI(Plan Position Indicator)라고 한다. 레이더를 사용하면 어두운 밤이나 안개 그리고 비와 같은 사람의 시계를 방해하는 환경에서도 주위의 지형이나 장애물을 뚜렷하게 관측할 수 있기 때문에 선박 또는 항공기의 유도등 안전 확보를 위한 기본시설이 되어 야간이나 악천후 상에서도 눈으로 볼 수 없는 계기비행기상상태(IMC)하에서 매우 중요한 장비로 등장하였다.

2. 레이더의 구성

레이더는 동력원 이외에 타이머, 송신기, 안테나, 수신기, 표시기로 구성된다.

- 타이머(timer) : 변조기의 역할을 하는 이 부분은 레이더시스템의 중심부로서 다른 장비가 pulse의 송·수신을 정확히 담당할 수 있도록 전체 시스템을 운영한다.
- 송신기(transmitter) : radio 송신기와 비슷하나 사용주파수밴드(UHF – Ka밴드)에 따라 용도의 차이가 다르며, 극히 단기간에 동작하는 것이 다르다.
- 안테나(antenna) : 전파에너지의 송·수신을 담당하며 특히 송신은 Searching light와 같이 conical(원뿔) beam으로 반사하는 parabolic dish(포물면 접시) 형태이다.
- 수신기(receiver) : 송신기와 마찬가지로 radio의 수신기와 비슷하고 특히 안테나로 되돌아온 약한 echo(전파에너지)를 증폭하는 기능을 갖는다.
- 표시기(indicator) : 레이더의 표시장치는 텔레비전의 브라운관과 같은 기능인 CRT에 표시가 된다. 요즈음에는 디지털 기술의 발달로 일반 컴퓨터 모니터와 같은 형태의 장치에도 표시된다.

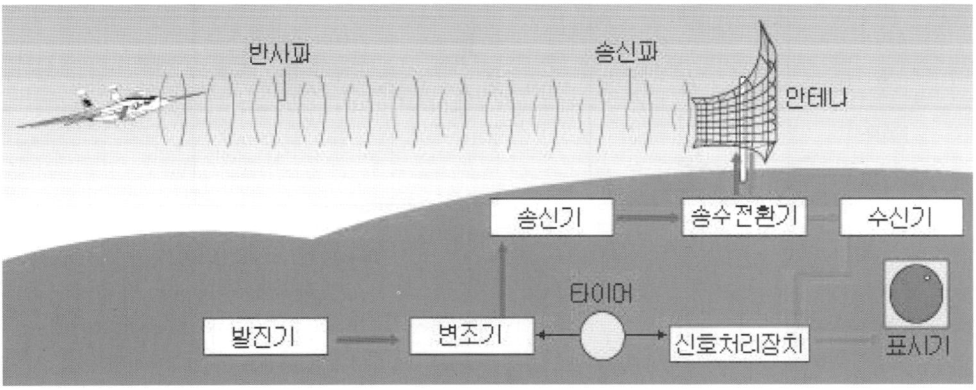

〈그림 11-1〉 레이더의 원리 및 구성

제2절 항공교통업무에 사용되는 레이더의 종류

미국연방항공청(FAA)의 항공체계에 사용되는 레이더는 다음과 같다.

- ARSR(Air Route Surveillance Radar) : 항공로감시레이더
- ASR(Airport Surveillance Radar) : 공항감시레이더
- ASDE(Airport Surface Detection Equipment) : 공항지상감시레이더
- TDWR(Terminal Doppler Weather Radar) : 공항도플러기상레이더
- PAR(Precision Approach Radar) : 정밀진입레이더

레이더는 운영상 기본 형태인 1차 감시(primary)와 2차 감시(secondary) 레이더로 구분하고 있으며, 항공교통관제에는 그 업무에 따라 여러 종류의 레이더가 있는데 그 종류는 대략 다음 <표 11-1>과 같다.

〈표 11-1〉 레이더의 종류

구분	지역관제	접근관제	착륙유도관제	공항지상관제
ARSR	O	O		
ASR		O	O	
SSR	O	O	O	
PAR			O	
ASDE				O

1차 감시레이더는 레이더 탐지거리권내에 있는 항공기에서 반사되어온 신호를 계산하여 거리 및 방위정보를 지상의 관제사에게 제공하여 항공기를 유도할 수 있도록 하는 장치이다.

동일한 지상레이더시스템인 항공로감시레이더 (Air Route Surveillance Radar: ASRS)는 ASR에 비해 항공로(route)만을 위주로 하도록 변형시킨 것이고, 지상감시레이더-Airport Surface Detection Equipment(ASDE)는 air target보다 지상을 중심으로 scanning하도록 변형시킨 것이다. 따라서 ASDE는 항공 수요가 많거나 공항 규모가 큰 곳에서 공항지역(활주로, 유도로, 계류장 등)의 이동물체(항공기, 지상조업차량 등)의 감시 및 통제기능으로 사용하며, 특히 악기상 조건이나 야간에 매우 유용하게 사용되는 시설이다.

Precision Approach Radar(PAR)는 정밀진입용 레이더로 항공기의 고도에 대한 정보까지 얻을 수 있으며, 주로 정밀진입용 레이더로 최종접근절차(final approach)에 이용된다.

1. 항공로감시레이더(Air Route Surveillance Radar: ARSR)

항공로감시레이더는 장거리 영역 레이더로서, 안테나를 중심으로 반경 200NM이내의 공역에 있는 항공로의 항공기를 감시 및 관제하기 위한 것으로, 관제공역이나 분담된 레이더 및 2차 감시레이더(SSR)정보를 비디오 맵(Map) 영상과 조합시켜 레이더 관제실에 정보를 제공하고, 여기에서 얻어진 정보에 따라 항공교통관제사는 통신 제어장치를 통하여 항공기의 관제업무를 수행한다.

ARSR은 장거리 항공로용 레이더이기 때문에 사용주파수는 대기권 전파감쇠가 적은 비교적 낮은 주파수 사용이 바람직하며, 또 방위 분해능, 경제성 및 송신 출력관의 입수가 용이한 점 등으로 보아 대략 1.0 ~ 2.0GHz 대역(L-Band)이 많이 사용되고 있다.

항공로감시레이더는 항공로에 있는 모든 항공기를 탐지하는 것이 본래의 목적이므로 가급적 멀고, 높은 곳에 이르기까지 탐지영역으로 정하는 것이 바람직하지만 안테나의 특성, 송신출력, 수신감도의 제약으로 인하여 보통 레이더의 유효 단면적은 15㎡ 에 대하여 탐지거리는 200NM, 고도 70,000ft, 앙각 30°까지를 전 방위에 걸쳐 탐지 가능한 범위로 하고 있다. 현재에는 반도체의 기술의 발달로 solid state방식의 반도체 방식도 많이 사용되고 있는 상황이다.

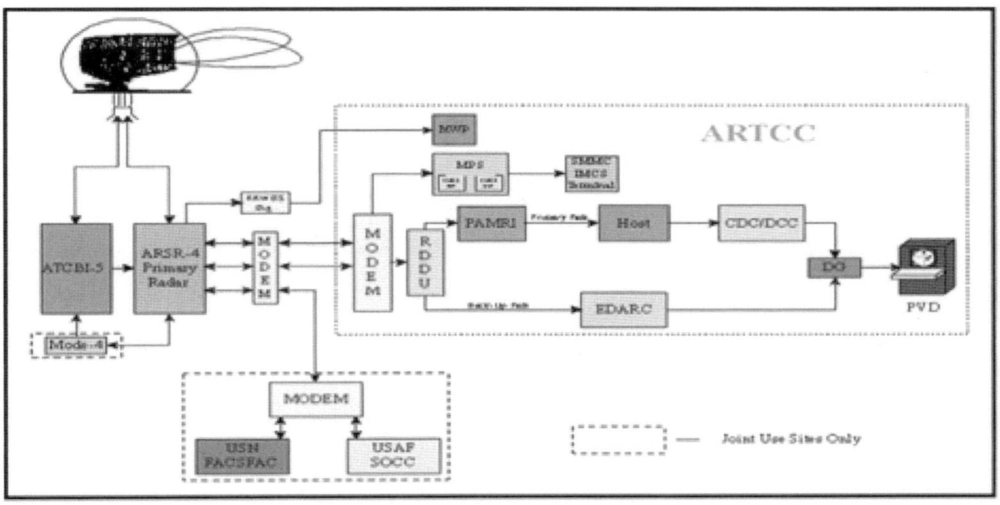

〈그림 11-2〉 항공로감시레이더 신호체계

2. 공항감시레이더(Airport Surveillance Radar)

가. 1차 감시레이더 (Primary Surveillance Radar: PSR)

1) 개요

공항감시레이더는 공항주변의 공역에 있는 항공기의 진입 및 출발관제를 수행하는 것으로, 공항터미널에서 60～70NM 이내에 있는 항공기의 거리 및 방위 정보에 의하여 항공기를 안전하게 이·착륙할 수 있도록 유도한다.

ASR 송신주파수는 미국이나 유럽에서는 L-Band로 사용하는 곳도 있으나 대부분 S-Band(2～4 GHz)을 많이 사용하고 있다. 이것은 안테나의 회전수가 15rpm정도 되어야 하는 제약으로 안테나의 크기를 줄이기 위하여 주파수를 높인 것이다.

ASR의 설치 높이는 평탄한 지표면에서 약 15m 정도 되어야 하며, 최고 높이는 40m 이하가 되어야 한다. ASR에 대한 국제민간항공기구(ICAO) 규격(Annex-10)에 의하면 표적의 유효반사 단면적은 15m²의 항공기에 대하여 앙각은 0.5°～30°사이 그리고 거리는 25NM까지, 고도는 10,000ft까지의 공역을, 방위는 360°가 탐지가능 하도록 되어야 한다. 그러나 근년에 이르러 항공기의 고속화와 터미널 관제공역의 확대로 인하여 거리는 60～70NM까지, 고도는 25,000ft까지 탐지영역이 확대되었다.

2) 구성

송신관은 선택기준에 의해서 선정되지만 과거에는 통상 값이 저렴하기 때문에 magnetron이 많이 사용되었으며, S-대역에서는 일반적으로 가변 동조형의 magnetron이 사용되었으나, MTI 특성을 향상시키기 위해서 Klystron화가 보편화(普遍化)되어 왔다. 근래에 와서는 반도체 기술의 발달과 소형 경량화가 가능하며 높은 신뢰도를 유지 할 수 있는 solid state 송신기를 점차로 사용하고 있는 실정이다.

송신기의 첨두출력은 송신관의 선택에 따라 결정되지만 수백 kw～1mw 정도가 많으며, 펄스폭은 ASR의 경우는 거리 분해능은 높을수록 좋다. 그러나 분해능을 높이기 위해서는 펄스폭을 짧게 하여야 하나, 탐지영역 면에서는 이와 반대가 되므로 펄스폭은 보통 0.8～1.2㎲ 정도이다. 펄스 반복 주파수는 최대탐지거리에 의하여 결정된다.

수신기는 저잡음 고주파 증폭기를 사용하는 경우가 많다. ASR의 경우에는 고주파 증폭기로 저잡음 트랜지스터 증폭기가 사용되어 S-대역에서는 2dB 정도의 잡음지수를 얻고 있다. ASR 안테나는 공항 내 또는 공항부근에 설치되는 경우가 많으므로 신호의 전송은 케이블로 할 때가 많다.

나. 2차 감시레이더(Secondary Surveillance Radar)

1) 개요

2차 감시레이더는 지상설비인 interrogator(질문기)로부터 질문신호를 발사하면 항공기의 transponder(응답기)가 질문신호에 대응하는 응답신호를 지상설비로 반송하는 system을 말한다.

레이더가 탐지한 에코 신호만으로 항공기의 기종이나 특정항공기의 식별 및 비행고도 등의 정보를 얻는다는 것이 그리 쉬운 일이 아니다. 그래서 지상에서는 어떤 부호펄스를 전파를 통해 공중으로 송신하게 되면 항공기에서는 이것을 수신한 후 자동적으로 응답신호를 특정한 부호펄스로 송신한다. 이때 지상에서 이것을 수신하여 해독함으로서 항공기의 식별과 정보를 쉽게 얻을 수 있다.

이 SSR은 원래 군용의 피아식별에서부터 발전하기 시작하여 현재는 민간 항공기에 이르기까지 다양한 비행고도 정보를 제공함으로서 항공기 관제에 매우 중요하게 사용되고 있다.

2) 기본적인 동작 원리

SSR은 크게 송신기, 수신기, Decoder로 구성되어 있으며 안테나는 interrogation antenna와 SLS(Side Lobe Suppression) antenna 두 종류로 구성되어 있다.

질문 Mode는 Mode 1, Mode 2, Mode 3/A, Mode B, Mode C, Mode D등 6종류가 있으며, Mode 3/A는 군, 민항에서 공통으로 사용하는 것으로 항공기의 식별코드를 얻기 위한 code이며, Mode C는 민항에서 사용하는 것으로 항공기의 고도정보를 얻기 위한 신호이다.

interrogation 주파수는 1030MHz±0.2㎒이고, reply transmission 주파수는 1,090㎒±3㎒이며, 질문은 P1과 P3로 구성된 두개의 pulse로 이루어지며, SLS 억제 pulse인 P2는 질문 pulse의 P1보다 2㎲ 지연된 다음에 송신된다. reply pulse code train은 기본적으로 20.3㎲인 두개의 framing pulse로 구성되며, pulse 정보는 첫 framing pulse로부터 1.45㎲씩 증가한다.

또한, SPI pulse는 관제사가 특정 항공기에 대한 식별부호(ID)를 재확인하고자 할 때, 음성통신으로 조종사에게 요구하면 조종사는 SPI 동작 버튼을 눌러 약 10초 동안 항공기 고유 식별부호를 지상으로 송신되도록 Mode 3/A 응답의 last framing pulse로부터 4.35㎲ 간격을 두고 나타난다.

3) 구성 및 특성

송신 안테나는 지향성(directional) 안테나와 무지향성(omni-directional) 안테나로 구성되며, 일반적으로 1차 레이더의 파라볼라 안테나 상단에 설치되며, 1차 레이더와 동시에 회전한다. 무지향성(omni-directional) 안테나는 P2 펄스를 송신하는 Side Lobe Suppression(SLS)으로 사용된다.

4) Mode S

현재 운용되고 있는 SSR system은 지상국 질문기로부터 질문에 대하여 transponder가 일제히 질문에 대한 응답을 하기 때문에 교통량이 많은 공역에서는 응답 pulse가 공간에서 중첩되어 간섭의 우려가 있다. 이것을 보완하기 위해 Mode S 지상국과 Mode S가 장착된 각 항공기에 개별 질문으로 1:1의 data link를 구성함으로써 SSR의 단점을 보완한 것이다.

Mode S는 1970년대 주로 미국에서 개발되었으며, 같은 모양의 system이 각국에서 제안되어 국제민간항공기구 통신부회의에서 1981년 SSR Mode S라고 명칭이 통일되었다. 여기서 Mode S 특유의 기술은 monopulse이다. monopulse를 사용하면 정확한 항공기 방위가 단일 응답으로부터 얻어지므로 질문 횟수를 줄일 수 있다. Mode S의 동작은 현재 운용되고 있는 SSR과 같이 지상의 질문기와 항공기의 transponder로 구성된다. 현재 운용되는 SSR 형식(Mode A, C)에서 Mode S로의 점진적인 전환을 위하여 현재의 SSR주파수 (up-link 1030㎒, down-link 1090㎒)를 사용하고 신호형식도 현 SSR과 양립성을 갖도록 설계되었다. 따라서 Mode S 지상국은 Mode A, C와 Mode S의 질문을 일정한 주기로 송신하고, Mode S transponder는 SSR 질문기로 부터 Mode A, C 질문을 수신하면 Mode A, C의 응답을 보내야만 한다.

Mode S는 SSR System과 혼용되는 조건에서 운영되는 것이나, Mode S로의 전환을 위하여 지상국과 항공기의 transponder가 Mode S 방식을 위한 장비를 갖추어야 한다. Mode S 지상국은 SSR 질문과 같은 형식의 all call(모든 항공기호출 : 일괄질문)로 질문을 하여 항공기의 transponder가 응답한 신호에서 Mode S transponder를 장착한 항공기를 먼저 포착한다.

현재 SSR transponder에서는 일괄질문(all call)에 대하여 Mode A 또는 Mode C 응답을 보낸다. 그러나 Mode S transponder는 질문신호에서 P4 pulse의 유무를 조사하여 P4가 없으면 Mode S의 질문이 아닌 것으로 판정하여 Mode A, C의 응답을 보내고, P4 pulse를 검출하였을 경우 Mode S interrogation으로 판정하여 Mode S format에 의해 자기 항공기의 고유 address를 통보한다.

Mode S 지상국은 all call에 의하여 Mode S 항공기를 포착하면 이 항공기를 roll call (개별질문)대상으로 한다. roll call의 pulse 간격은 2㎲의 pulse대로써 P2가 Mode A, C 질문의 SLS 제어 pulse 위치에 있으므로 SSR transponder는 이 질문을 SSR 지상국의 Side lobe에 의한 질문으로 판단하여 응답하지 않는다. 따라서 개별질문에는 data block중에 고유 address로 지정된 Mode S transponder만이 응답한다. 즉, roll call(개별질문)/응답의 data link가 성립되면 Mode S 항공기에 lockout을 지시하여 all call에 대한 응답을 금지한다. 이렇게 함으로써 Mode S 방식은 항공기의 증가에 따라서 공간에 발사되는 응답 신호가 점차 감소하여 간섭이 줄어들게 된다.

3. 공항지상감시레이더(Airport Surface Detection Equipment)

공항지상감시레이더(Airport Surface Detection Equipment: ASDE)는 큰 규모의 공항에 있어 악천후 시 또는 관제탑의 위치가 활주로나 유도로 등을 명료하게 눈으로 관측하기 곤란한 경우 공항 지표면의 교통량을 감시하고 지상을 주행 중인 항공기와 차량 등을 관제하는데 사용하는 레이더이다. 이 레이더는 분해력이 강한 성능을 가지고 활주로, 유도로, 항공기, 차량 등을 지시장치에 식별하여 표시할 수 있다. 레이더 안테나는 항상 공항전면을 전망할 수 있는 관제탑상에 설치하며 또한 지시장치는 관제탑 내에 설치되어 있다.

요즘에는 항공기를 이용하는 사람들이 점점 많아짐에 따라 공항의 대규모화, 항공기의 발착회수 증대, 공항 활주로 부근에서 교통의 복잡화 등으로 인하여 관제원의 운용에 의한 항공관제는 점점 곤란하여지고 있으며, 더욱이 야간이나 악천후에 의한 시계불량에서도 공항 지상만을 전담하여 탐지하는 레이더가 절대 필요하게 되었다. 이와 같은 목적에 사용되는 레이더를 공항지상감시레이더(ASDE)라 한다.

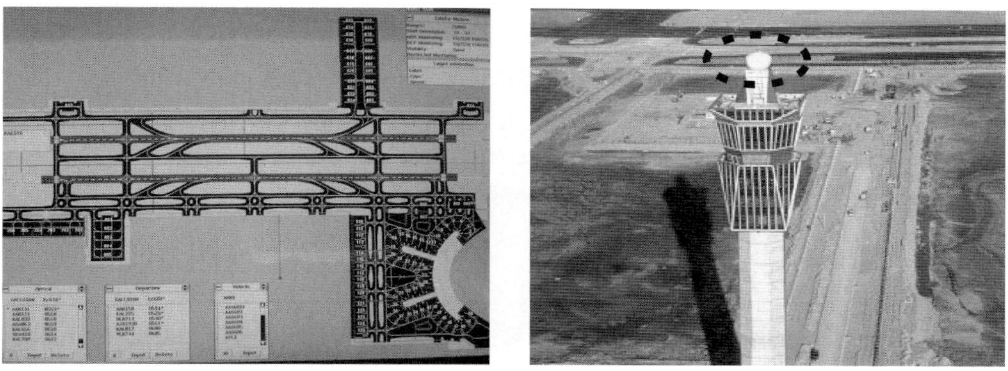

〈그림 11-3〉 인천공항의 ASDE 화면

이 레이더는 공항지상만을 탐지하기 때문에 단거리(약 3해리 이내), 고분해능(거리 분해능 0.5해리에서 12ft, 방위 분해능 0.5해리에서 15ft정도)이 요구되며, 또 매우 짧은 파장으로 예리한 빔을 사용하여 짧은 펄스로 송신하고, 광대역 수신기, 대형의 고분해능 지시기 등을 필요로 하고 있다.

인천공항 ASDE의 경우 주파수는 15.9GHz(채널1), 16.4GHz(채널 2)이고, 안테나 회전수는 60 rpm이다. ASDE시스템은 항공기와 공항 운송 매개체를 감시한다. 항공기 이동지역 내에서 교통량이 많은 공항에서는 항공기와 지상 운송 물체에 대한 레이더 감시는 안전을 위해 필수적이다. 항공기와 운송 물체의 정보는 야간이나 많은 눈, 비 또는 안개가 있는 동안에도 ASDE를 통하여 볼 수가 있다.

4. 공항도플러기상레이더(Terminal Doppler Weather Radar)

사람들은 시시각각 변화하는 비, 눈, 구름의 이동상황 그리고 돌풍이나 태풍의 진로등 기상정보를 정확하게 관측하고 예보하기 위해서 이를 탐지할 수 있는 장치가 필요하게 되었고 이러한 사고(思考)에서 탄생한 것이 기상레이더이다. 기상 레이더와 일반 탐색(探索)레이더의 차이점은 어떤 표적들을 탐지 목적으로 하느냐하는 기준인데 일반 레이더에서는 이러한 기상표적들을 클러터로 처리하고 있으나 오히려 기상 레이더에서는 지면이나 항공기 등의 표적들을 클러터로 처리하기 때문에 상반된 개념으로 이해해야 하겠다.

이와 같이 기상표적을 탐지하는 목적에 사용되는 레이더를 일반적으로 통틀어 기상레이더라 부르고 세부적으로 분류하면 목적에 따라 우량측정에 사용되는 레이더나 번개구름을 탐지하는 레이더 등 여러 가지가 있다.

5. 정밀접근레이더(Precision Approach Radar)

민간항공분야에서의 정밀접근레이더(PAR)는 계기착륙시설(Instrument Landing System: ILS)의 예비용으로 사용하는 경우가 많다. 공항감시레이더(ASR)에 의하여 진입활주로 연장선상 약 10NM까지 유도된 항공기는 다시 정밀접근레이더(PAR)에 의하여 활주로 착륙전 가까운 거리까지 관제 유도된다. 즉, PAR의 역할은 일정방향으로 향하고 있는 고도 및 방위면내에서 주사하는 2개의 안테나가 있는데 그 안테나의 움직임은 공간을 입체적(AZ : 좌우, EL : 상하)으로 주사하여 항공기의 위치를 파악하는데 이때 최종 진입상태에 있는 항공기의 진입로 및 강하로 상 경로 기준점으로부터의 위치를 AZ-EL(방위-고도) 지시기로 불리는 레이더 현시장치에 표시되는 정보를 무선전화를 통해서 항공기에 전달하여 조종사로 하여금 항공기가 최적의 진입로와 강하로에 따라 착륙 및 이탈 할 수 있도록 유도하는 기능을 가졌다.

근래에 와서는 공항을 진입하는 항공기의 착륙 경로에 대하여 이 PAR 대신에 전자파에 의한 강하로를 형성해서 이 강하로에 따라 항공기를 직접 유도하는 계기착륙 시스템(ILS)이 주류를 이루고 있다. 군용의 경우에는 두 레이더를 하나로 묶어서 ASR과 PAR에 의한 착륙 유도를 GCA(Ground Controlled Approach) operation이라 하고, 또 ASR과 PAR를 각각 분리 설치하여 항공기의 출발과 도착관제를 하는 것을 RAPCON(Radar Approach Control)이라고도 한다.

제3절 레이더 분리

1. 항공기 식별

가. 1차 감시 레이더 식별

1차 감시레이더는 다음 중 한 가지 방법을 사용함으로써 항공기를 식별한다.

1) 이륙활주로 종단 1마일 이내의 출발항공기

- 음성을 통해 이륙상황이나 이륙시의 이양지점을 통보
- 음성이 아닌 다른 방법(수동 또는 전기 "drop tube")을 통해 이륙상황이나 이륙시의 이양지점을 통보할 수 있는 장비가 있을 경우

2) fix나 시계보고지점에 연계된 표적의 위치가 항공기로부터 직접 인수된 위치보고와 일치하는 경우와 관찰된 항적이 보고된 기수방향(heading)이나 비행로와 서로 일치 하는 경우

3) 다음 조건이 일치 된다면 항공기 식별을 위해 선회 또는 30°이상의 선회를 시켜 항공기 관찰

- 항공기 포착을 상실한 경우를 제외하고, 항공기가 레이더 범위에 내에 있으며 이 범위 안에 있다는 것을 인식시켜 주는 조종사의 보고를 입수했을 때
- 한 대의 항공기만이 선회를 실시하는 것을 관찰했을 때
- IFR로 비행하는 항공기에게 증가된 IFR 최저고도 지역을 벗어나도록 기수방향을 지시하거나 기수방향 지시를 주기 전에 증가된 최저비행고도 이상으로 항공기를 상승시켜야 할 때

나. 2차 감시 레이더의 식별

표적을 식별하기 위해 Mode 3/A 레이더 비컨만을 사용할 경우 다음 방법 중 한 가지 방법을 사용한다.

1) 항공기에게 응답기의 IDENT를 작동하도록 요구하고, 전시되는 표적을 관찰.
2) 항공기에게 적절한 Discrete 또는 Non-discrete code로 변경하도록 요구 후 표적이나 코드전시의 변화를 관찰. 코드변경이 필요한 경우, 코드변경 지시.
3) 항공기에게 응답 식별기의 위치를 Stand-By위치로 변경하도록 요구.

2. 레이더 식별의 이양

항공기에게 레이더 업무를 계속해서 제공하고 항공교통의 안전, 질서 그리고 신속한 흐름을 촉진하기 위해서 한 관제사로부터 다른 관제사에게 레이더 식별을 해야 한다.

가. 용어

1) Hand-off(관제이양) : 공역의 범위를 넘은 항공기의 무선통신이 인계될 경우 인계관제사와 인수관제사 간 항공기의 레이더 식별을 이양하기 위해 취하는 조치
2) Radar contact(레이더 포착) : 항공기가 식별 되었고 인수관제사의 공역에 진입인가가 부여될 것이라는 사실을 통보하는 용어
3) Point-out : 타 관제권 또는 보호된 공역으로 진입하는 경우 무선통신은 인계되지 않고, 항공기를 관제 이양 시키는 용어
4) Point-out approved : 협의된 바에 따라 무선통신의 인계 또는 적절한 허가가 부여되었다는 사실을 인계 관제사에게 통보하기 위해 사용하는 용어
5) Traffic : 분리조치를 협의할 목적으로 다른 관제사에게 항공기의 식별을 제공하기 위해 사용되는 용어
6) Traffic observed : 항적이 식별되고 발부된 제한사항이 이해되고 이를 준수한다는 사실을 관제사에게 통보하기 위해 사용하는 용어

나. Hand-off 절차

인계관제사는 인수관제사에게 위임된 공역에 항공기가 진입하기 전에 레이더 이양을 완료해야한다. 관제의 이양이 합의서나 운영내규에 명시되어 있지 않으면 인계관제사는 인계를 할 때 인수관제사에게 허가를 구두로 획득하여야 한다. 인계 관제사는 관제를 이양하기 전에 관할 공역내의 충돌 가능성을 해결하고, 분리를 보장하기 위해 발부된 제한사항 등은 인수 관제사에게 인계해야한다.

인수 관제사는 표적의 위치가 인계 관제사에 의해 제공된 위치와 서로 일치하는지 또는 레이더의 이양을 승인하기 전에 자동 자료란과 인계될 표적 간에 적절한 연관이 있는가를 확인하고 또한 레이더 이양을 승낙하기 전에 관할 책임 구역에 안전하게 진입 할 항공기에게 필요한 제한사항을 발부해야한다.

다. Point-out 절차

인계 관제사는 위임된 공역에 항공기가 진입하도록 허가하기 전에 인수 관제사에게 구두허가를 받아야 하며, point-out이 승인된 후 항공기의 비행로, 고도 또는 정보를 변경하기 전에 인수관제사의 허가를 받아야한다. 인계 관제사는 인수관제사에 의해 동의되지 않거나 합의서에 명시되지 않은 한 계속적인 레이더 이양 및 통신인계에 대한 책임이 있다.

인수 관제사는 point-out를 승인하기 전에 인계관제사에 의해 보고된 위치와 일치하는지 또는 인계될 표적 간에 관련성을 더 확인해야 한다. point-out중인 항공기와 분리책임을 가진 타 항공기간 분리를 유지해야할 할 책임이 있다. 또한 관할 구역 내의 타 항공기로부터 분리를 제공하기 위해 필요한 제한 사항들을 발부해야 한다.

3. 일반 레이더 분리

레이더분리는 FL450 이하의 임의 비행경로 상에서 비행하는 모든 RNAV 항공기에게 제공 되는데 이때 레이더 분리는 레이더 식별이 되어 있는 항공기간, 이륙하는 항공기의 경우에는 이륙활주로 종단 1마일 이내에서 레이더 식별이 될 때 이륙 항공기와 다른 레이더 식별된 항공기간에, 레이더 식별이 된 항공기와 식별이 되지 않은 항공기간에는 레이더 분리가 적용되는 공역 내에서 1차 레이더 표적이 전시 될 경우와 분리가 적용되는 지역에서 적절한 기본표적으로 나타나는 레이더 식별되지 않은 항공기의 비행자료가 있을 때 적용된다. 또한 레이더 분리가 적용되는 공역이 레이더 가장자리의 안테나로부터 40마일 미만일 시에는 6마일, 40마일 이상일 시에는 10마일 분리를 적용하며 narrow band 레이더 운용 시에는 10마일 분리를 적용한다.

가. 최저치

다음의 최저치에 따라 항공기를 분리한다.

1) Broad band 레이더장비 또는 Full digital terminal 레이더장비

- 안테나로부터 40마일 미만 : 3마일
- 안테나로부터 40마일 이상 : 5마일

* 비고: ASR-9 레이더장비는 안테나로부터 60마일 미만일 때 3마일 분리

2) 항공로 상에서 Stage A/DARC 및 MEARTS Mosaic Mode 분리

- FL600 미만 : 5마일
- FL600 이상 : 10마일
- 안테나로부터 40마일 이내 및 FL140미만 : 3마일로 명시
- 접근관제에서 지역관제로 전환될 때 다음의 경우에 3마일에서 5마일 이상으로 증가하여 종적분리를 제공해야한다.
  - 항공기가 분기된 비행로 상에 있을 때
  - 선행 항공기가 뒤따르는 항공기보다 빠르게 유지될 경우
  - 구역을 출발하기 전에 적절한 분리가 설정된 경우
  - 절차가 해당되는 시설 간에 합의서를 통해 명시된 경우

3) MEARTS Mosaic Mode

- 안테나로부터 40마일 미만 : 3마일
- 안테나로부터 40마일 이상 : 5마일

후류요란(wake turbulence)이 적용될 때에는 다음의 표와 같은 분리치를 제공한다.

〈표 11-2〉 정, 후방 또는 정, 후방에 위치하면서 1000FT미만의 고도를 유지하는 항공기 및 계기접근 항공기를 뒤따르는 항공기

항공기 범주		레이더 분리최저치
선행 항공기	후행 항공기	
Heavy	Heavy	4NM
	Medium	5NM
	Light	5NM
B-757	Heavy/Medium	4NM
	Light	5NM

〈표 11-3〉 동일 활주로에 착륙 또는 Touch and Go, Stop and Go, Low Approach를 하는 항공기와 그 뒤를 따르는 항공기 간에 선행항공기가 착륙 활주로 시단에 도착 했을 때의 분리치

항공기 범주		레이더 분리최저치
선행 항공기	후행 항공기	
Heavy	Light	6NM
B-757	Light	5NM
Medium	Light	4NM

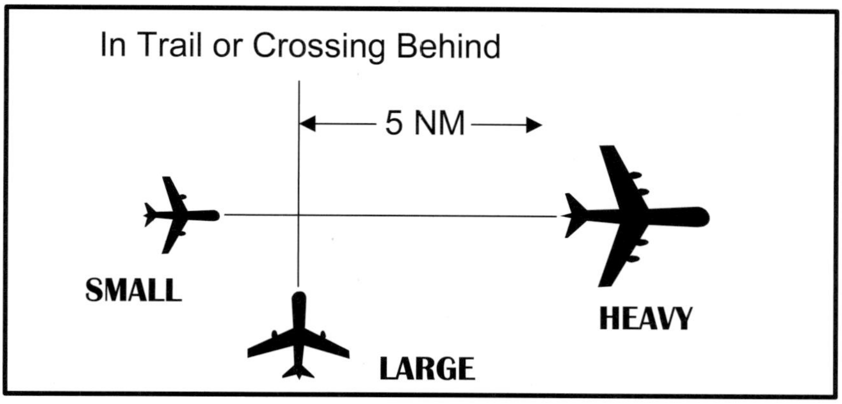

〈그림 11-4〉 항공기 분리 1

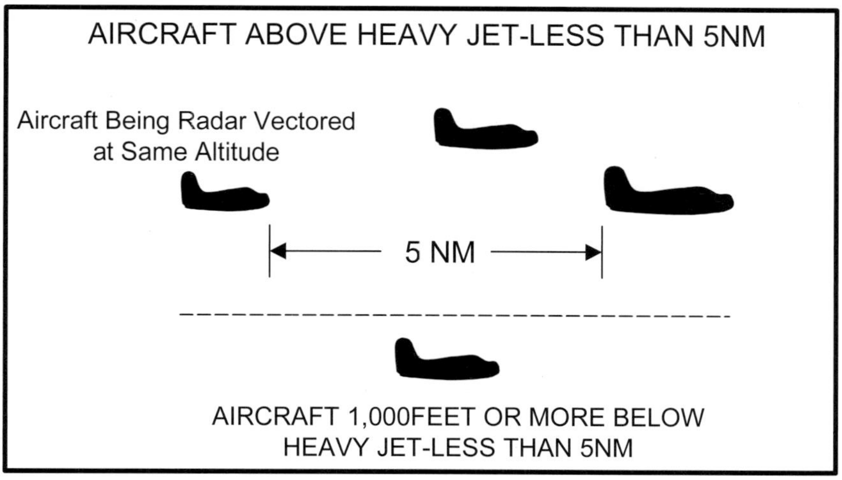

〈그림 11-5〉 항공기 분리 2

나. 레이더 유도

레이더 유도는 관제 공역 내에서 비행하는 항공기에 대해서 제공하는 업무로 교통 분리, 안전, 소음감소, 또는 운영상 이득을 도모할 목적으로 제공되거나 또는 자체 항법을 이용하여 비행하는 항공기에게는 그들이 자체 항법으로 복귀하는 것을 도와주기 위한 목적으로 제공된다. 또한 B, C, D 등급 공역 또는 E 등급공역 공항교통구역(surface area) 내에서 비행하는 Special VFR 항공기에게만 레이더 유도를 해주어야 하고 G 등급 공역 내에서 비행하는 항공기에 대해서는 조종사의 요구에 의하여 레이더 유도를 해주어야 한다.

레이더 유도할 때에는 항공기의 선회 방향, 선행 각도 등으로 항공기를 유도하며 항공기 유도 시에는 조종사에게 그 목적을 명시 해주어야 하며 자이로 고장으로 유도 시에는 레이더 유도의 유형, 선회방향, 선회정지시기를 명시 해주어야 한다. 그리고 이미 발부된 허가에 통과 제한 사항이 포함되거나 레이더 유도를 받는 항공기가 계기 접근, SID절차, Flight Management System Procedure(FMSP)등과 같이 고도 제한사항이 포함되어 있는 배정된 절차를 벗어나도록 유도하게 될 경우에는 비행고도와 함께 레이더 유도해야 한다.

다. 속도 조절

속도 조절 지시는 항공기 사이에 필요한 또는 적당한 공간을 확보, 유지하는데 필요한 최소한의 수준으로 하여야 한다. 속도 조절지시를 할 때, 감속증속을 번갈아 가며 요구하는 것은 피해야 한다. 그리고 속도 조절이 더 이상 필요하지 않을 때에는 조종사에게 정상 비행속도로 전환하도록 지시 하여야 하며 조종사에게 더 이상 속도 조절이 필요하지 않음을 알려주어야 한다.

속도 조절을 지시할 때에는 요구되는 간격과 그 간격이 취해질 점을 같이 고려해야 하며 속도 조절은 후행 항공기에게 먼저 감속을 시킨 후 선행항공기에게 증속을 시키고, 그 이후에는 두 항공기간의 간격이 지속 유지 되게 하여야한다. 그러나 높은 비행고도나 빠른 비행속도 clean configuration과 같은 경우에는 더 많은 시간과 거리가 필요함을 고려해야 한다.

하지만 모든 항공기에게 속도 조절을 행하는 것이 아니라 관제사의 동의를 받지 않은 FL390이상의 항공기나 발간된 고고도 계기접근절차를 따라 접근하는 항공기, 체공 장주에 있는 항공기 및 최종접근 진로 상의 첫접근지점-Initial Approach Fix(IAF) 또는 활주로로부터 5마일 되는 지점 중에서 활주로에 더 가까운 지점 내에 있는 항공기에게는 속도 조절을 하지 않는다.

이러한 속도 조절은 속도 조절이 더 이상 필요하지 않을 때 까지 행하여지며 종료 시에는 이를 조종사에게 알려 주어야 한다.

제4절 레이더 출발 절차

1. 일반 사항

협조 절차를 간소하게 하기 위하여 표준계기출발절차(SID, Standard Instrument Departure Proaedures) 및 이미 정해져 있는 고도를 사용하되 가능한 한 레이더 고장 또는 통신 두절시 만을 대비하여 출발 비행로를 배정 하여서는 안 된다. 또한 출발 항공기가 이륙 후 즉시 레이더 유도 되는 경우에는 당해 항공기가 출발하기 전에 최초 이륙방향을 배정해 주어야 한다.

2. 연속 또는 동시 출발

가. 동일 활주로에서 이륙하는 항공기간 또는 두 활주로 간격이 2,500ft미만인 평행 활주로/헬리콥터 이륙 진로로 이륙하는 항공기 간에 두 항공기가 이륙 직후 진로가 서로 분기된다면 두 항공기간에는 1마일 분리를 적용.

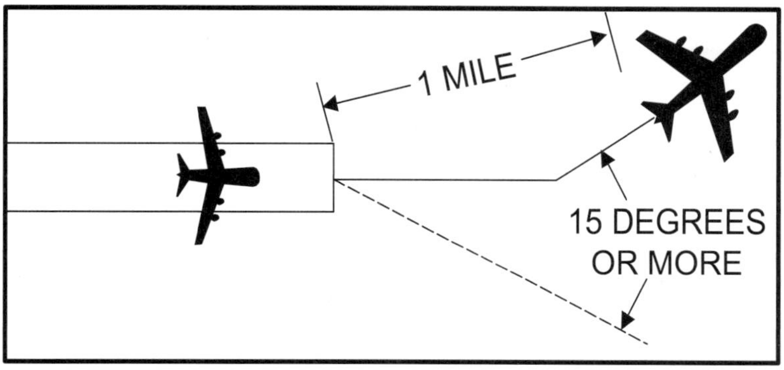

〈그림 11-6〉 연속적인 출발

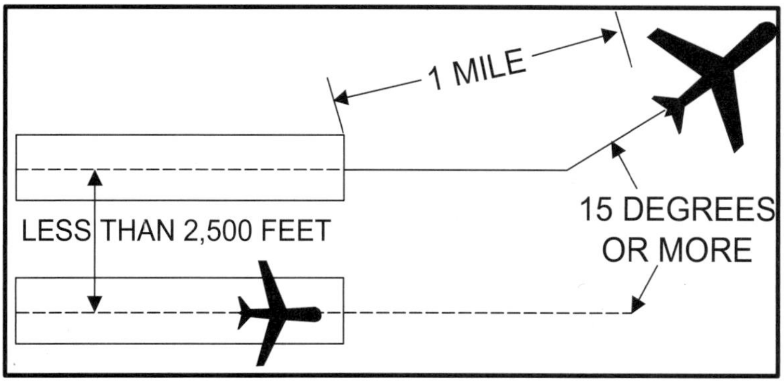

〈그림 10-7〉 동시 출발 1

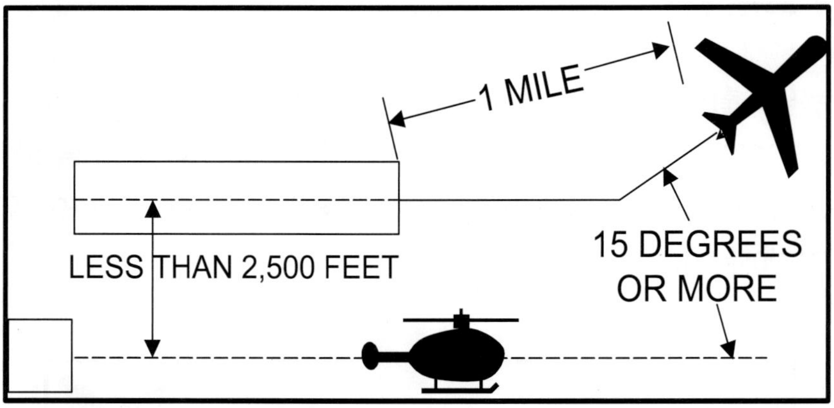

〈그림 11-8〉 동시 출발 2

나. 분기된 활주로로부터 이륙하는 항공기 간

1) 교차하지 않는 활주로에서 두 활주로의 분기 각도가 15° 이상이라면 동시 이륙을 인가한다.

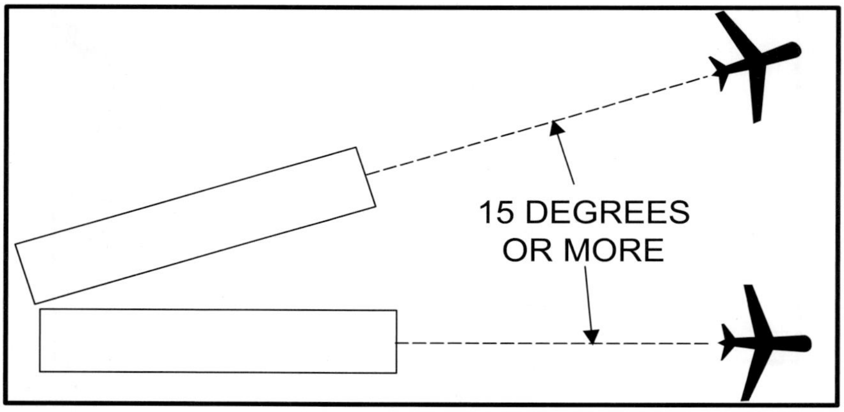

〈그림 11-9〉 교차하지 않는 활주로

2) 이륙진로가 15° 이상으로 분기되는 활주로에서는 선행 항공기가 활주로 교차점 또는 이륙진로 교차점을 통과하면 후행 항공기의 이륙을 허가 한다.

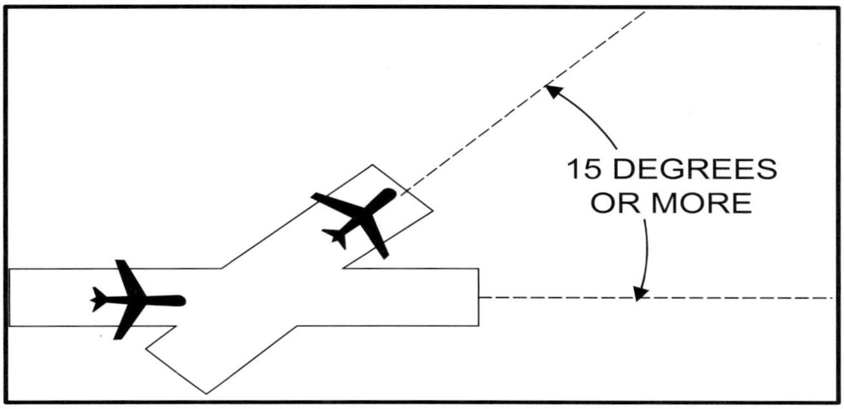

〈그림 11-10〉 교차활주로 출발

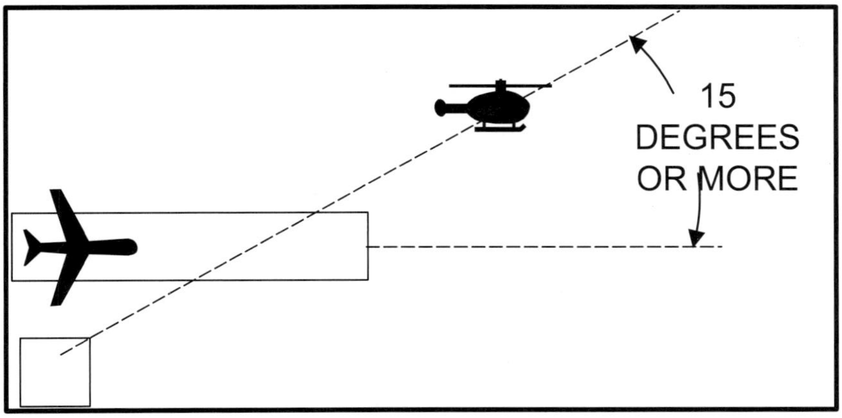

〈그림 11-11〉 교차 헬기경로 출발

3) 평행 활주로 이륙진로로부터 동일 방향으로 이륙하는 항공기 간에는 활주로 중심선 사이의 간격이 최소 2,500ft 이상이고 두 이륙 진로가 이륙 즉시 15° 이상 분기된다면 두 항공기의 동시 이륙을 허가한다.

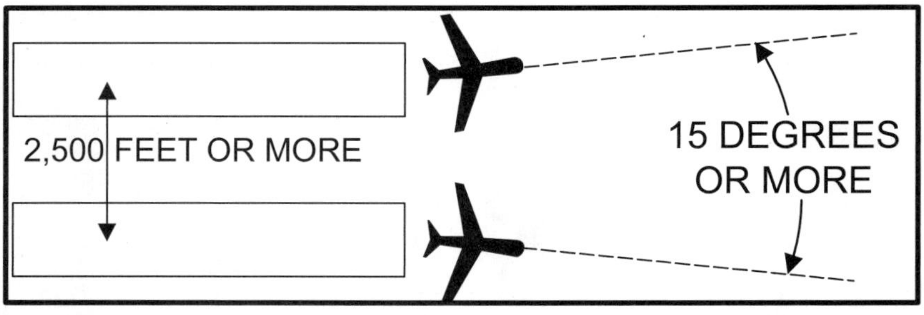

〈그림 11-12〉 평행 활주로 출발

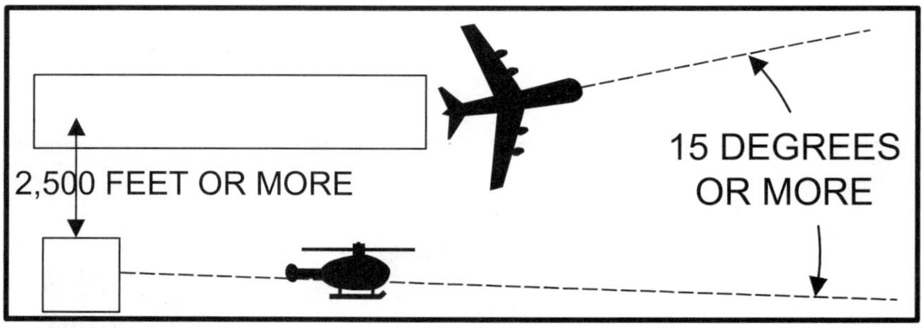

〈그림 11-13〉 평행 헬기 출발

다. 평행 또는 교차되지 않은 분기 활주로상의 출발 및 도착

1) 두 평행 활주로의 시단(threshold)이 동일선상에 놓여 있는 경우, 두 활주로 중심선사이의 간격이 최소 2,500ft이상 떨어져 있어야 한다.

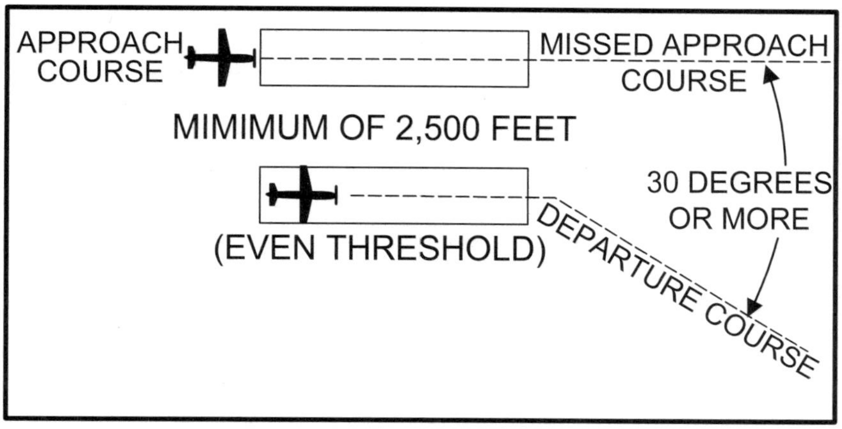

〈그림 11-14〉 평행 활주로 출발

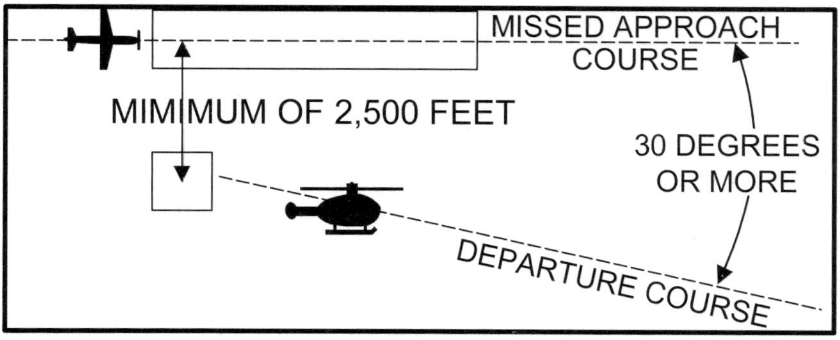

〈그림 11-15〉 평행 헬기 출발

2) 두 평행 활주로 시단이 동일선상에 놓여 있지 않은 경우

가) 도착 항공기가 더 가까운 쪽의 활주로 상으로 접근 하는 경우에는 두 활주로 중심선간의 간격이 최소 1.000ft이상 2.500ft미만인 조건을 만족 할 때 2.500ft를 기준으로 하여 활주로 중심선 간격이 100ft 좁아 질 때 마다 두 평행 활주로 시단 위치는 최소한 500ft의 비율로 떨어져야한다.

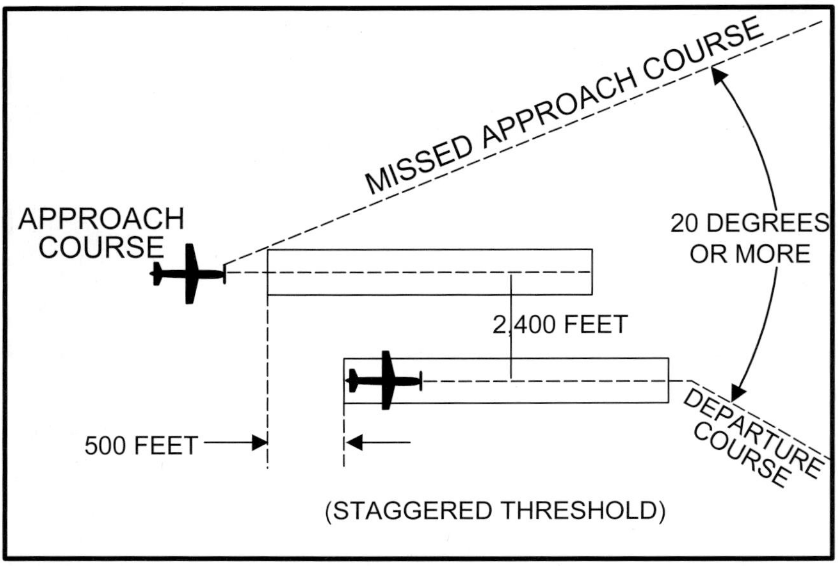

〈그림 11-16〉 두 활주로 시단이 동일선상에 놓여 있지 않은 경우 1

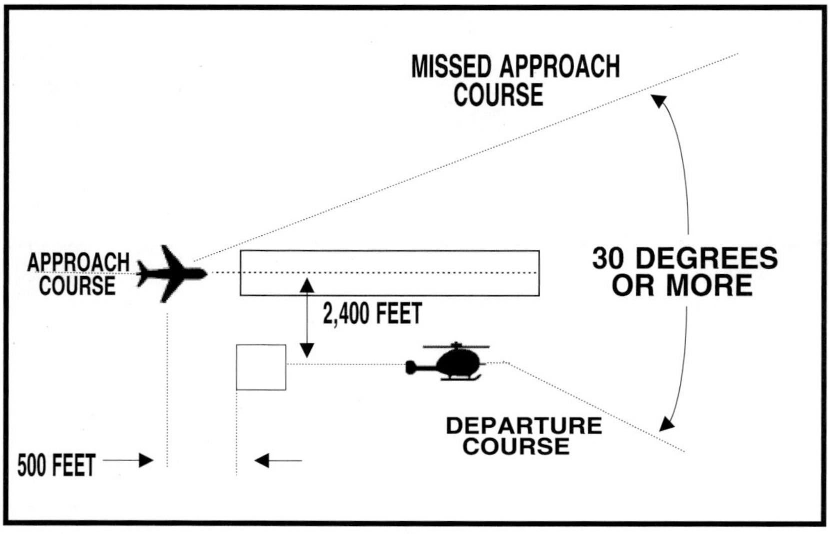

〈그림 11-17〉 두 평행활주로 시단이 동일선상에 놓여 있지 않은 경우 2

나) 도착하는 항공기가 두 평행 활주로 중 더 먼 활주로 상으로 접근하는 경우에는 두 평행 활주로 중심선간의 간격을 2,500ft를 기준으로 하여 엇 놓인 활주로 시단이 500ft 좁아 질 때마다 두 평행 활주로 중심선간의 간격은 100ft씩 넓어져야한다.

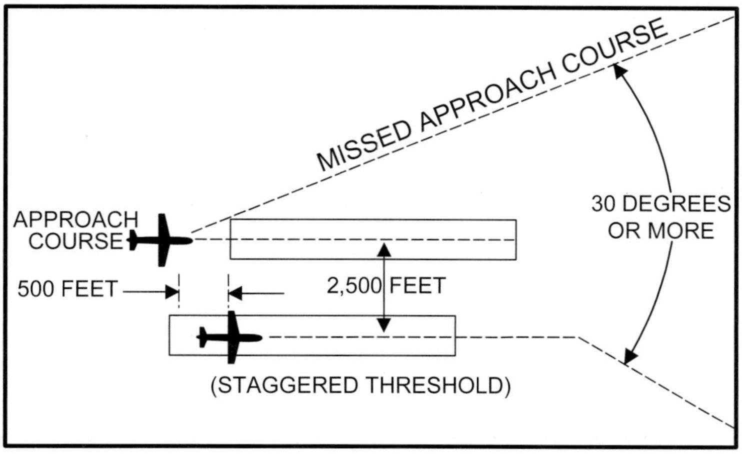

〈그림 11-18〉 두 평행활주로 시단이 동일선상에 놓여 있지 않은 경우 2

다) 두 활주로의 끝이 서로 닿지 않고 15° 이상의 분기각을 가지며 교차하지 않는 활주로의 경우

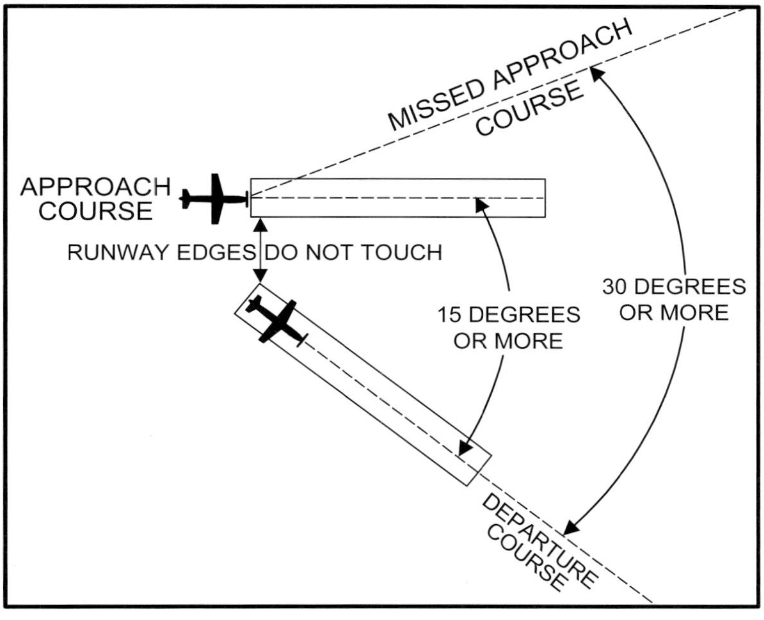

〈그림 11-19〉 교차되지 않는 분기 활주로의 경우

제5절 레이더 도착 절차

1. 최종 접근 진로로의 레이더 유도

시각접근(Visual Approach)을 위한 레이더 유도를 제외하고 도착하는 항공기를 최종접근진로로 교차하도록 레이더 유도하여야 한다.

일반적으로 관제사는 항공기를 approach gate로부터 최소 2마일 밖에서 최종접근진로와 교차하도록 레이더 유도를 하여야 한다. 다만, 조종사에 의해 보고된 운고가 MVA/MIA보다 최소한 500ft 이상 높고 시정이 최소한 3마일 이상일 때에는 도착 항공기를 approach gate 밖 2마일 이내가 되는 곳에서 최종접근진로에 교차하도록 유도할 수 있다. 이때 조종사에 의해 특별히 요청되어 도착하는 항공기를 approach gate 안쪽에서 최종접근진로에 교차하도록 유도할 수 있으나 어떠한 경우에도 최종접근픽스(FAF)보다 안쪽에서 최종접근진로와 교차 시킬 수는 없다.

정밀접근인 경우에는 활공각 이하의 고도 또는 접근절차 도면에 명시되어 있는 최저 활공로 교차고도보다 낮은 고도로 최종접근진로와 교차하도록 유도해야 하며, 비 정밀 접근인 경우에는 발간된 절차에 따라 정상 강하가 가능한 고도에 최종접근진로에 진입하도록 유도하여야 한다.

항공기가 최종접근진로를 가로질러 레이더 유도되는 경우에는 해당 조종사에게 그 사실과 이유를 알려주어야 한다.

2. 최종 접근 진로로의 진입

아래의 표와 같이 명시되어 있는 교차각도 기준을 초과 하지 않는 최종접근진로와 교차 할 수 있도록 항공기의 비행기수(heading)를 배정해야 하는데 첫 진로 교차 후 최종접근진로로부터 이탈함을 목격하였을 경우에 항공기가 approach gate 바깥쪽에 있는 경우에는 <표 11-4>의 내용을 적용하고 항공기가 approach gate 안쪽에 있는 경우에는 해당 항공기의 조종사에게 항공기의 위치를 알려주고 조종사의 의도를 물어보아야 한다.

〈표 11-4〉 접근진로 교차각도

최종접근 진로 교차지점으로부터 Approach Gate까지 거리 (NM)	최대 허용 교차각
2마일 미만 또는 3중 ILS 동시 접근 운용시	20도
2 마일 이상	30도 (헬리콥터인 경우 45도)

3. 도착 지시

항공기가 approach gate에 도달하기 전에 최종접근진로 상에 있는 fix를 기준으로한 항공기의 위치와 필요한 경우에는 최종접근진로로 교차하기 위하여 레이더 유도를 행하여야 하고, 레이더 접근을 하지 않은 경우에는 접근 허가를 발부해야한다는 사실을 해당 항공기의 조종사에게 알려주어야 한다.

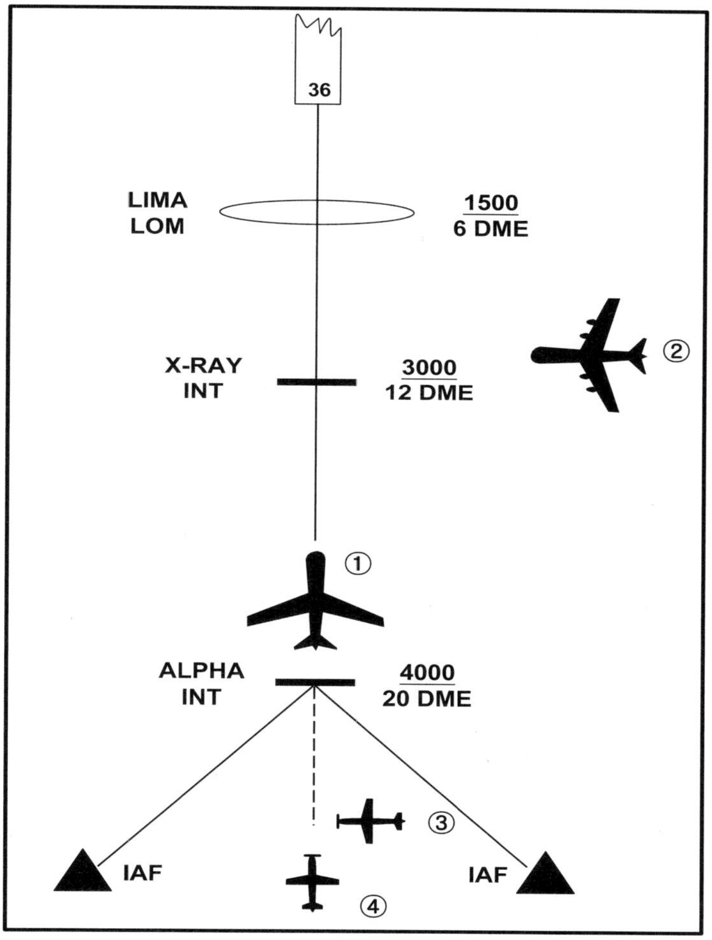

〈그림 11-20〉 도착 지시 1

• 예) 1. "항공기①" 은 최종접근 진로로 레이더 유되었으나 접근 허가는 유보되었으며, 고도는 4000피트이고 계기접근 절차의 한 부분 상에 위치한다.

"Seven miles from X-Ray. Cleared I-L-S Runway Three Six approach"

2. "항공기 ②" 는 발간된 최종접근 진로 부분으로 레이더 유도되고 있으며 고도 2,000피트로 LIMA 지점으로부터 4마일 떨어져 있다. 이 지역의 최저유도고도(MVA)는 2,000피트이다.

"Four miles from Lima. Turn right heading Three Four zero maintain two thousand until established on the localizer Cleared I-L-S Runway Three SIX approach"

3. "항공기 ③" 은 접근 구역 밖에서 최종접근 진로로 교차하기 위하여 레이더 유도 중이며, 고도 5,000피트로 ALPHA 지점으로부터 5마일 떨어져 있다. 이 지역의 MVA는 4,000피트이다.
   "Five miles from alpha. Turn right heading Three Three ZeroCross Alpha at or above four thousand CLeared I-L-S Runway Three Six approach"
4. "항공기 ④" 는접근 구역 밖이나 최종접근 진로 연장선상에 있고, 고도 6,000피트로 Alpha 지점으로부터 8마일 떨어져 있다. 이 지역의 MVA는 4,000피트이다.
   "Eight miles from Alpha. Cross Alpha at or above four thousand Cleared I-L-S Runway Three Six approach"

- 주1) 배정되는 고도는 접근 허가가 발부되는 지점으로부터 발간된 비행로 또는 계기접근 절차의 보호 공역 구역에 항공기가 위치하게 될 때까지의 계기비행 장애물 회피 기준을 충족하는 고도여야 한다.
  주2) 만약 배정한 고도가 운상 시계비행(VFR-ON-TOP)이라면, 착륙이 가능한 고도로 FAF를 통과하기 위한, 선회 강하가 요구되는 FAF 상공에 도착할 때까지 조종사는 높은 고도로 VFR-On-Top 상태에 머물러 비행하게 될 것이라 생각할 수 있다.

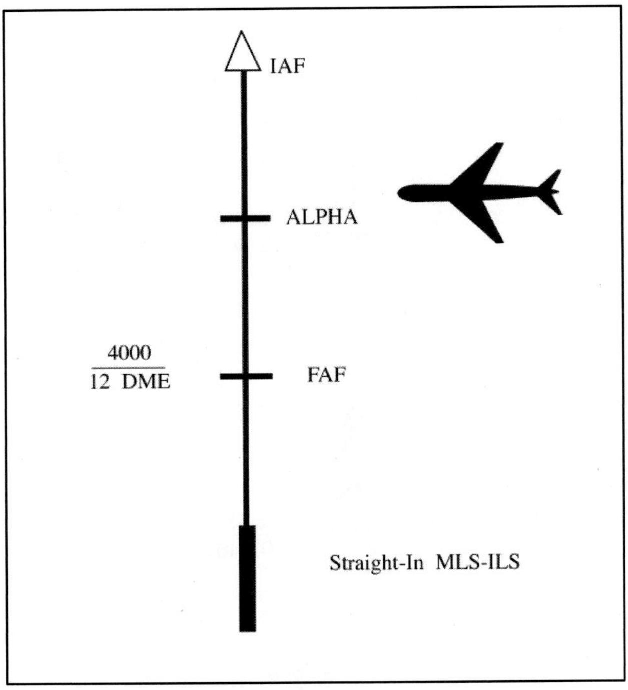

〈그림 11-21〉 도착 지시 2

- 예) 1. "항공기①" 은 항공기가 TAA 내로 직진입 할 경우
  "Seven miles from CENTER, Cleared R-NAV Runway One Eight approach."
  2. "항공기 ②" 는 항공기가 TAA base area의 좌측에 있을 때
  "Fifteen Miles From LEFTT,Cleared GPS Runway One Eight approach."
  3. "항공기 ③" 은 항공기가 TAA Base Area의 우측에 있을 때
  "Four milesfrom WRITE, Cleared FMS Runway One Eightapproach."

제6절 비레이더(Non-Radar) 분리

1. 일반사항

가. 인접공항운영

일반적으로 대형 제트항공기/B757에게 관제업무를 제공하며 인접 공항들에 대한 관제 관할권을 지닌 항공교통관제기관은 도착 또는 출발 IFR 항공기가 대형 제트항공기/B757의 진로 후면을 통과하게 될 경우에는 "2분 시차 분리"를 적용한다.

나. 도착 분리 최저치

도착하는 대형 제트항공기/B757와 그 뒤를 따라 도착하는 IFR 항공기 간에는 다음의 경우 "2분 시차 분리" 를 적용한다.

1) 동일활주로에 도착시(대형 제트항공기/B757 뒤 소형항공기는 3분 적용)
2) 2500피트 미만으로 분리된 평행활주로에 도착시
3) 예정된 비행로가 겹치게 될 것으로 예상되는 교차활주로에 도착시

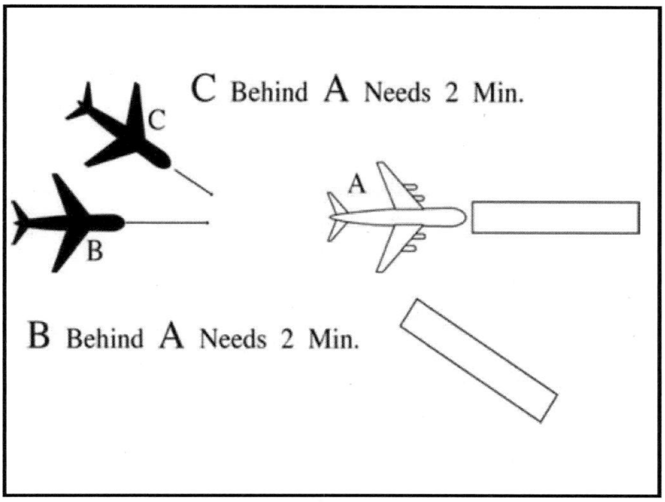

〈그림 11-22〉 대형 제트항공기/B757 뒤에 착륙할 때 도착분리 최저치

2. 연속적인 출발 항공기의 최초 분리

가. 분기된 진로상의 최저치

동일 또는 인접공항에서 이륙 후 45° 이상으로 분기되는 방향으로 비행하게 되는 항공기 사이에는 다음 중 하나의 최저치를 적용하여 분리한다.

1) 항공기가 서로 벌어지는 진로 상으로 비행할 경우

가) 이륙 후 곧 진로가 분기될 때 : 진로가 분기될 때까지 1분 분리 적용

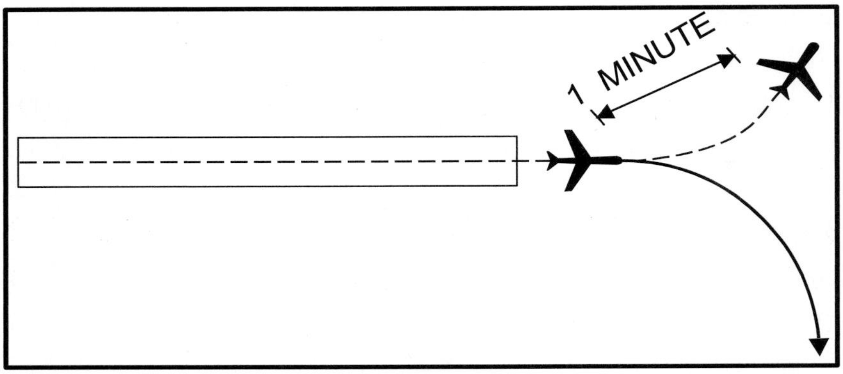

〈그림 11-23〉 분기된 진로상의 최저치

나) 이륙 후 5분 이내에 진로가 분기될 때 : 진로가 분기될 때까지 2분 적용

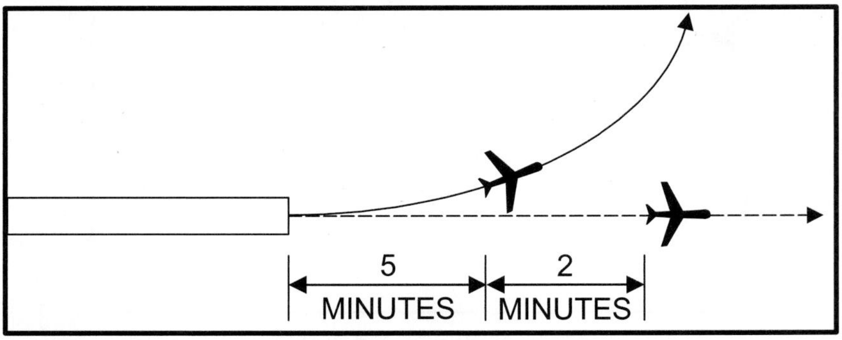

〈그림 11-24〉 분기된 진로상의 최저치

다) 이륙 후 DME/ATD 13마일 이내에서 진로가 분기될 때 : 진로가 분기될 때까지 3마일 적용

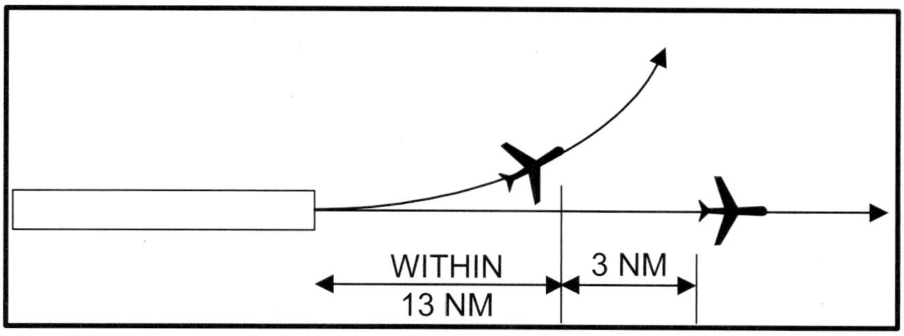

〈그림 11-25〉 분기된 진로상의 최저치

2) 활주로 중심선간 간격이 3,500피트 이상인 다른 평행활주로로부터 같은 방향으로 이륙하는 항공기 간에는 이륙 후 즉시 분기된다면 동시 이륙을 허가할 수 있다.

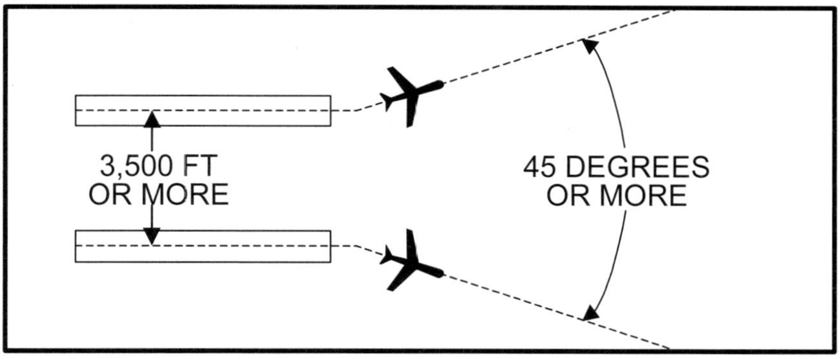

〈그림 11-26〉 분기된 진로상의 최저치

3) 서로 분기된 활주에서 이륙 후 즉시 분기되는 진로 상으로 비행하는 항공기간에는

가) 교차하지 않는 활주로에서는 그 활주로가 30° 또는 그 이상으로 벌어져 있을 때, 활주로 중심선간의 거리가 최소 2,000피트이고 활주로가 15° 에서 29° 이하로 서로 분기 될 때와 활주로 중심선간의 거리가 최소 3,500피트이고 활주로가 15° 미만으로 서로 분기 될 때 동시 이륙을 허가 한다.

나) 교차하는 활주로에서는 선행항공기가 활주로 교차점을 통과하고 다음의 조건을 충족하면 후행 항공기의 출발을 허가 할 수 있다.

(1) 활주가 30° 또는 그 이상으로 분기될 때

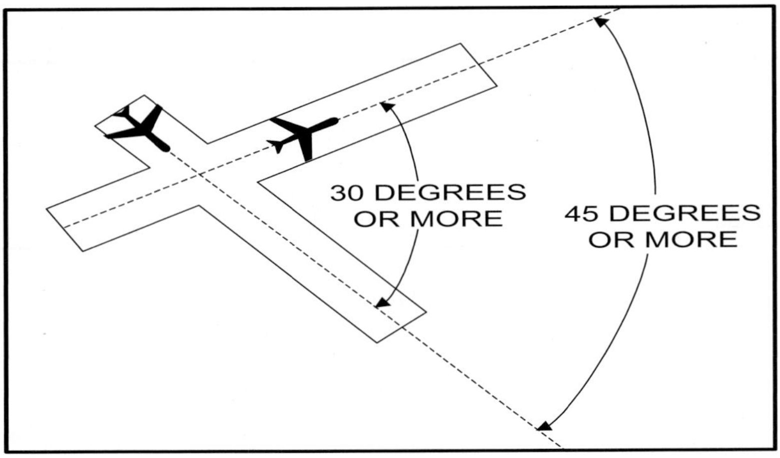

〈그림 11-27〉 분기된 진로상의 최저치

(2) 활주로가 15° 이상에서 29° 이하까지 분기되고 선행 항공기가 선회를 시작할 때

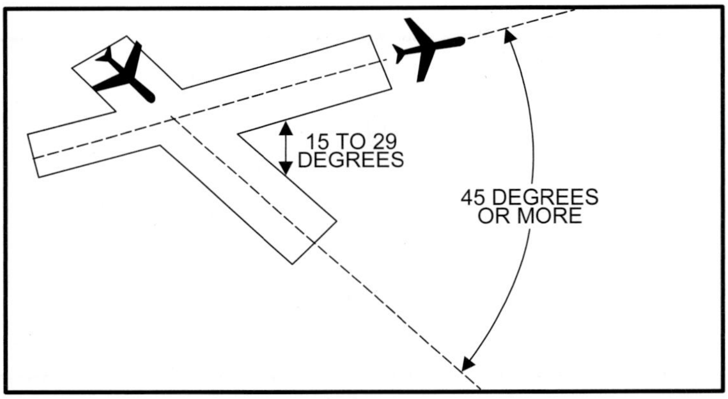

〈그림 11-28〉 분기된 진로상의 최저치

나. 동일 진로상의 최저치

후행하는 항공기가 선행하는 항공기의 배정고도를 통과하여 상승하면서 동일 방향으로 비행하게 되는 경우에는 후행하는 항공기가 선행하는 항공기의 배정고도를 통과 할 때까지, DME를 장착한 두 항공기간이나 ATD를 이용하는 RNAV 장착 항공기간 또는 DME 장착 항공기가 1,000피트 이하에 있거나 DME 시설로부터 10마일 밖에 있을 경우 DME와 ATD를 장착한 항공기 사이에는 "최소 5마일 분리"를 적용하고 이 외의 항공기에게는 "최소 3분 시차분리"를 적용한다.

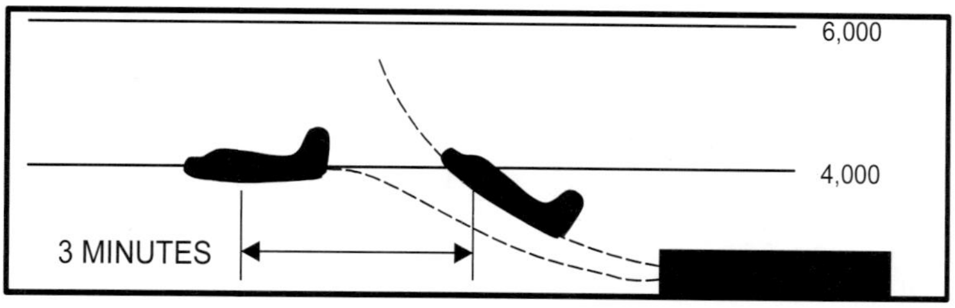

〈그림 11-29〉 동일 진로상의 최저치

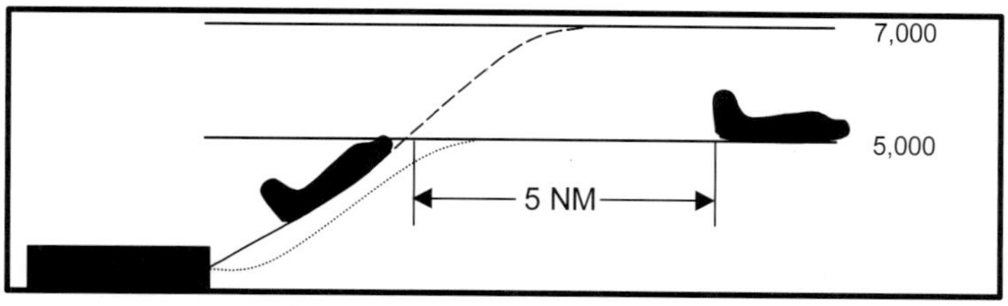

〈그림 11-30〉 동일 진로상의 최저치

3. 출발 및 도착 항공기간의 최초 분리

가. 분리 최저치

이륙하는 항공기와 같은 공항으로 계기접근을 하는 항공기 사이에는 두 항공기 사이에 수직 또는 횡적 분리가 취해질 때까지 다음 중 하나의 최저 분리간격을 적용한다.

1) 적절한 Fix가 있을 때

가) 이륙방향이 최종접근 진로와 정반대되는 방향으로부터 최소한 45° 이상의 차이가 나는 경우, 도착하는 항공기가 공항으로부터 4마일 이상 떨어진 inbound fix를 통과하기 전에 출발 항공기를 이륙시켜야 한다.

나) 이륙방향이 가)항이 아닌 경우, 도착하는 항공기가 공항으로부터 4마일 이상 떨어진 inbound fix를 통과하기 전에, 출발하는 항공기가 최종 접근 진로와 정반대되는 진로로부터 적어도 45° 이상의 차이가 나는 진로 상으로 비행 할 수 있도록 이륙 시켜야 한다.

2) 적절한 Fix가 없을 때

다) 적절한 fix가 없어서 가) 또는 나)항을 적용할 수 없을 때, 그리고 접근관제업무가 제공되지 않은 공항일 경우, 다음 라) 또는 마)항을 적용한다.

라) 이륙방향이 최종접근 진로와 정반대되는 방향으로부터 45° 이상 차이가 나는 경우, 도착하는 항공기의 공항 도착 예정 시간 3분전에 출발 항공기를 이륙시켜야한다.

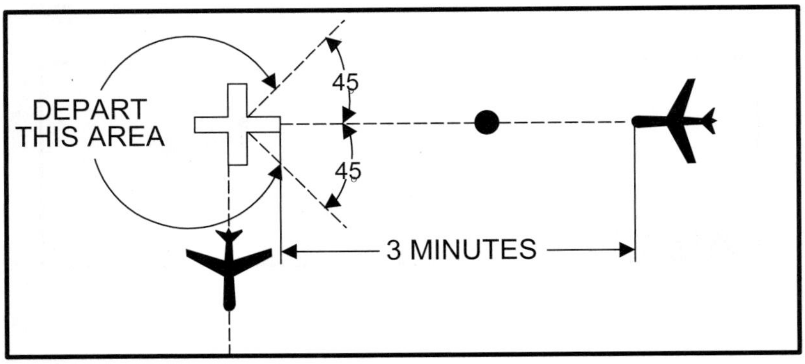

〈그림 11-31〉 분리최저치

마) 이륙방향이 라)항 이외일 경우 도착하는 항공기의 공항 도착예정시간 5분전 또는 절차선회를 시작하기 전까지 출발 항공기가 최종 접근 진로와 정반대되는 방향으로부터 최소한 45°도 이상 차이가 나는 진로 밖으로 비행 할 수 있도록 이륙시켜야 한다.

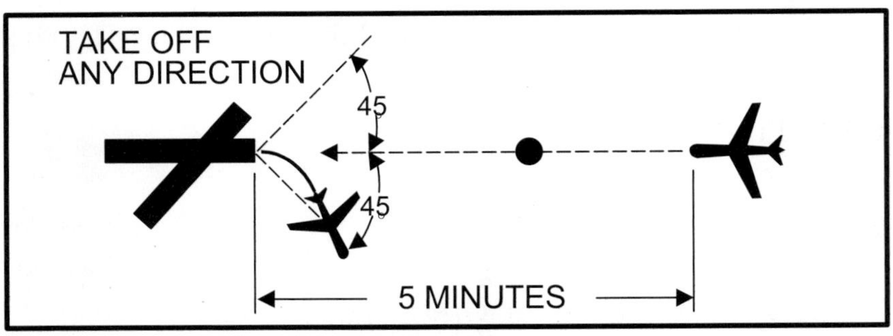

〈그림 11-32〉 분리최저치

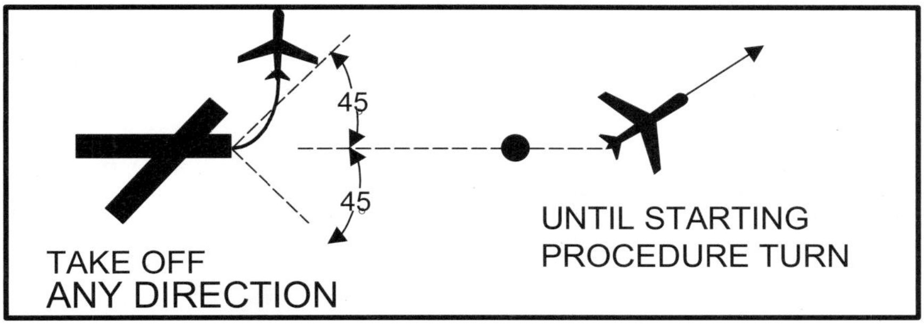

〈그림 11-33〉 분리 최저치

4. 종적 분리

종적 분리는 특정 시간에 항공기를 이륙시키거나, 혹은 특정 시간에 특정 fix에 도착하도록 하거나 특정 시간까지 fix에서 체공하도록 할 수 있으며, 특정 시간 또는 fix에서 고도를 변경하는 비행을 허가함으로써 상대 항공기와 종적으로 분리가 되도록 하는 것이다.

가. 동일진로, 수렴 진로, 교차진로 항공기간 최저 분리

1) 선행 항공기가 후행항공기의 비행 속도보다 최소한 44knots 이상 빠를 때

- "5NM 거리 분리" 또는 "최소 3분 분리"를 적용

가) 동일진로

뒤따라 이륙하는 항공기가 같은 공항 또는 인접 공항에서 이륙한 선행 항공기를 뒤따라 갈 때

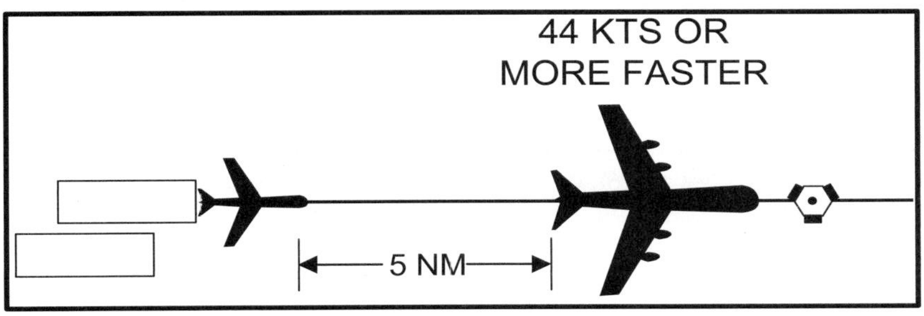

〈그림 11-34〉 동일 진로에서 최소 44knots 이상 빠를 때

나) 수렴진로

이륙하는 항공기가, 이륙공항의 fix 상공을 통과했다고 보고한 선행 항공로 비행 항공기를 뒤따라 갈 때

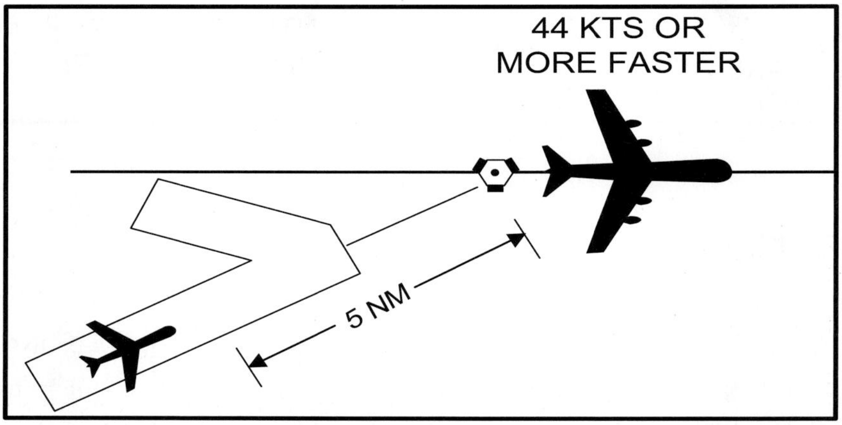

〈그림 11-35〉 수렴 진로에서 최소 44knots 이상 빠를 때

다) 교차진로

뒤따라 항공로 비행을 하는 항공기가, 동일 fix 상공을 통과했다고 보고한 선행 항공기를 뒤따라 갈 때

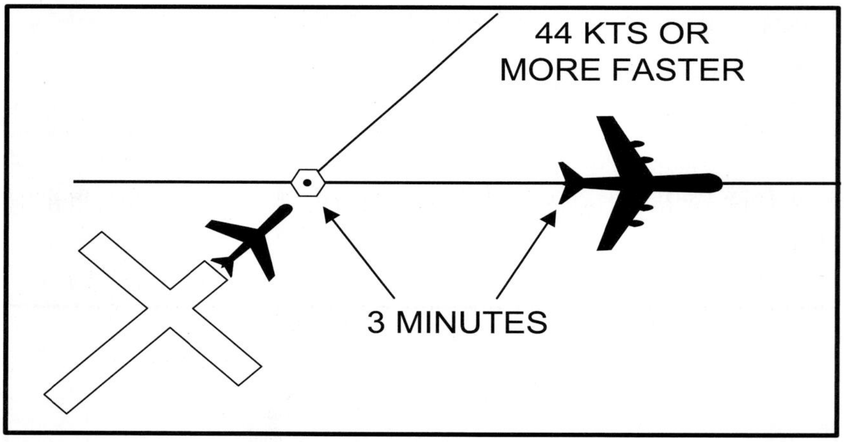

〈그림 11-36〉 교차진로에서 최소 44knots 이상 빠를 때

2) 선행 항공기가 후행 항공기의 비행속도보다 최소한 22knots 이상 빠를 때

- 최소 10NM 거리 분리 또는 5분 시차 분리를 적용

가) 동일진로

뒤따라 이륙하는 항공기가 같은 공항 또는 인접 공항에서 이륙한 선행 항공기를 뒤따라 갈 때

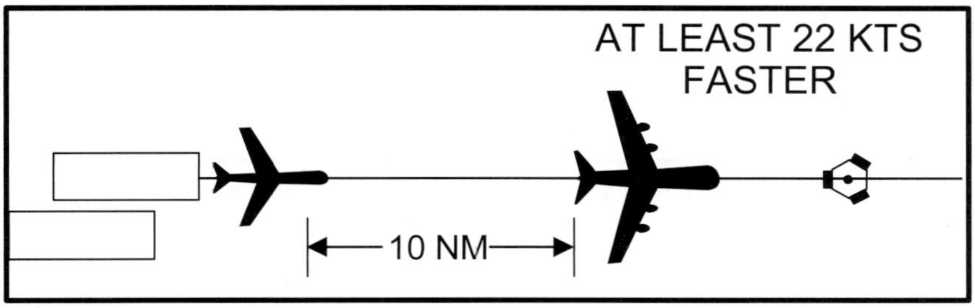

〈그림 11-37〉 동일 진로 상에서 최소 22knots 이상 빠를 때

나) 수렴진로

이륙하는 항공기가, 이륙공항의 fix상공을 통과했다고 보고한 선행 항공로 비행 항공기를 뒤따라 갈 때

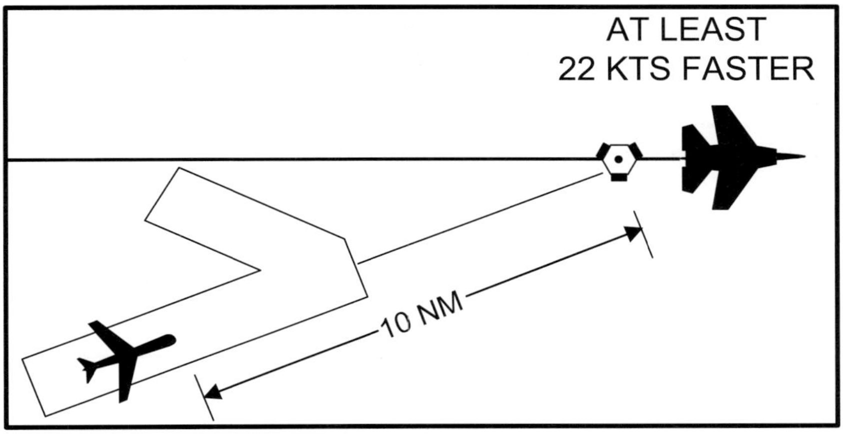

〈그림 11-38〉 수렴 진로에서 최소 22knots 이상 빠를 때

다) 교차진로

뒤따라 항공로 비행을 하는 항공기가, 동일 fix 상공을 통과했다고 보고한 선행 항공기를 뒤따라 갈 때

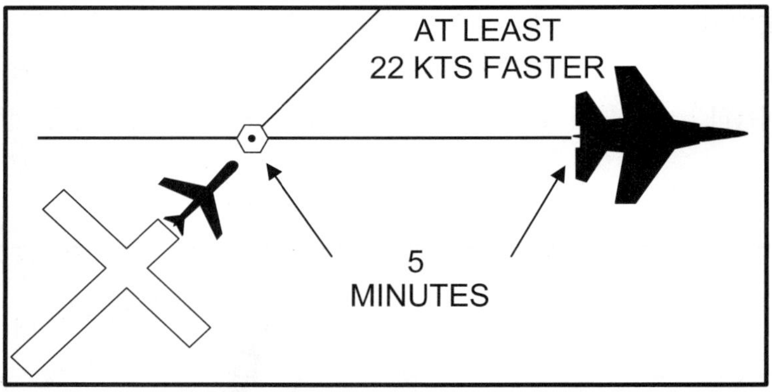

〈그림 11-39〉 교차 진로에서 최소 22knots 이상 빠를 때

3) 한 항공기가 다른 항공기의 고도를 통과하여 상승하거나 강하 할 때

가) DME 장착 항공기간/ATD를 이용하는 RNAV 장착 항공기간/DME 항공기가 10,000피트 이하에 있거나 DME 시설로부터 10NM 밖에 있을 경우 DME와 ATD 장착 항공기 사이에 만일 선행항공기가 강하하거나 뒤따라가는 항공기가 상승 한다면 10NM 분리를 적용한다.

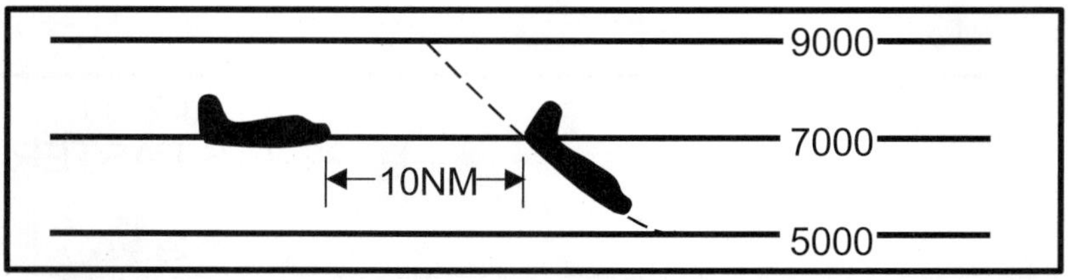

〈그림 11-40〉 다른 항공기의 고도를 통과하여 강하할 때 DME 분리치

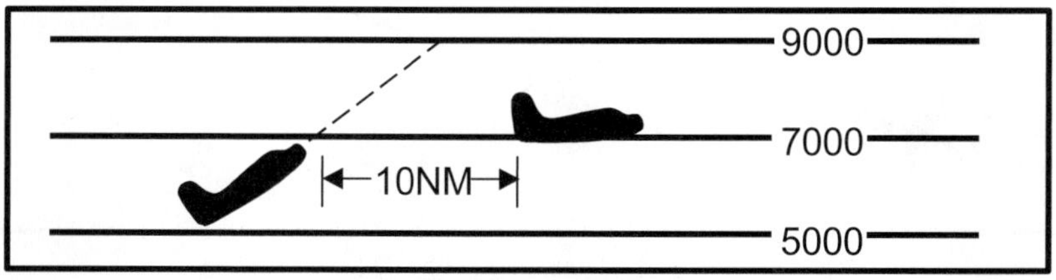

〈그림 11-41〉 다른 항공기의 고도를 통과하여 상승할 때 DME 분리치

나) 기타 항공기간에 강하하는 항공기가 선행하거나, 상승하는 항공기가 후행하는 경우, 고도 변경이 시작될 당시 두 항공기간의 수직 간격이 4,000피트 이내이어야 하고 선행 항공기가 통과한 fix를 후행하는 항공기가 통과한 후 10분 이내에 고도 변경이 시작되거나 동일 fix를 정해진 시간에 통과되도록 허가 되었을 때에는 5분 시간 분리를 적용한다.

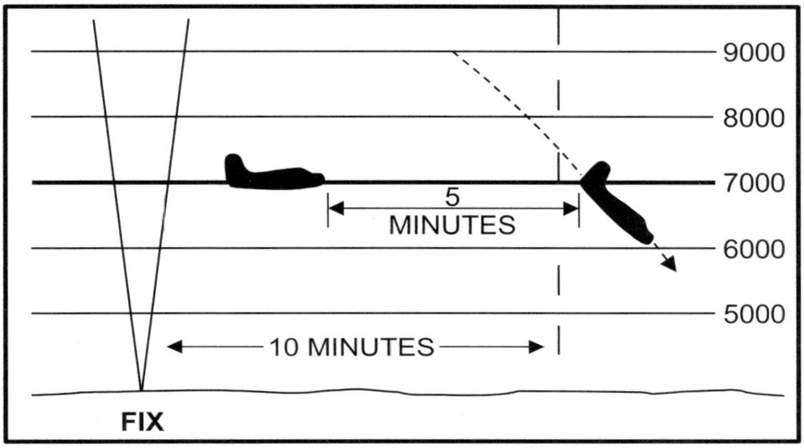

〈그림 11-42〉 다른 항공기의 고도를 통과하여 강하할 때 시차분리

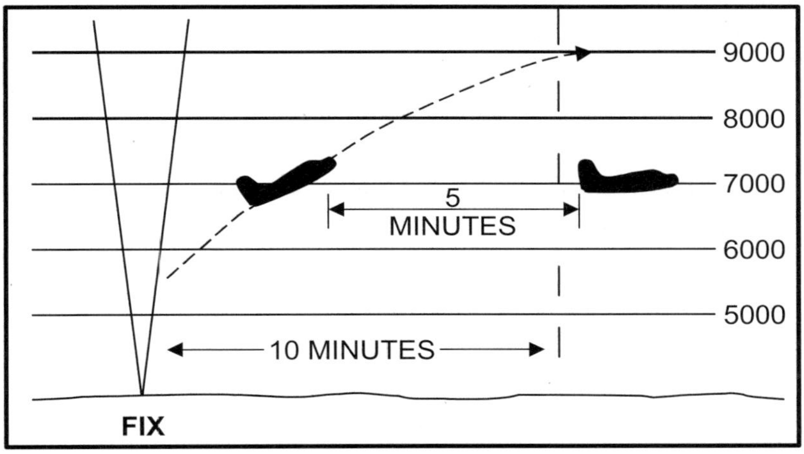

〈그림 11-43〉 다른 항공기의 고도를 통과하여 상승할 때 시차 분리

다) 비행로의 폭이 8NM 이하인 RNAV 비행로에서 비행하는 지역항법 항공기 사이에 강하하는 항공기가 선행하거나, 상승하는 항공기가 후행하는 경우, 고도 변경이 시작될 당시 두 항공기간의 수직 간격이 4,000ft 이내인 경우 "최소 10NM 거리 분리"를 적용한다.

4) 상기 '3)' 항의 가), 나), 다)항의 조건이 충족되지 않은 경우에는 DME 장착 항공기간/ATD를 이용하는 RNAV 장착 항공기간/DME 항공기가 10,000ft 이하에 있거나 DME 시설로부터 10NM 밖에 있을 경우 DME와 ATD 장착 항공기 사이에 "20NM 거리 분리", 기타 항공기 간에는 "10분 시차 분리"를 적용한다.

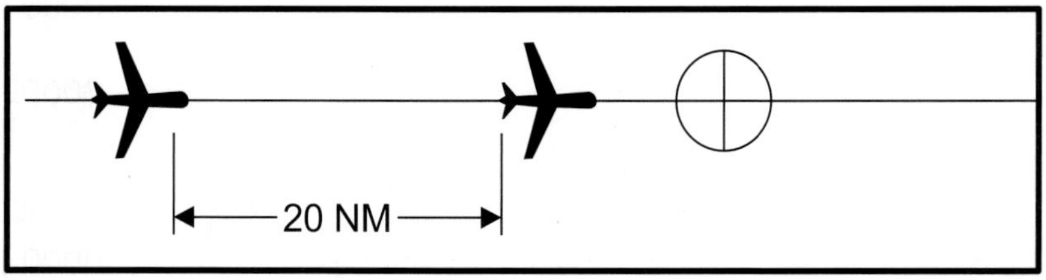

〈그림 11-44〉 동일 진로에서 분리최저치

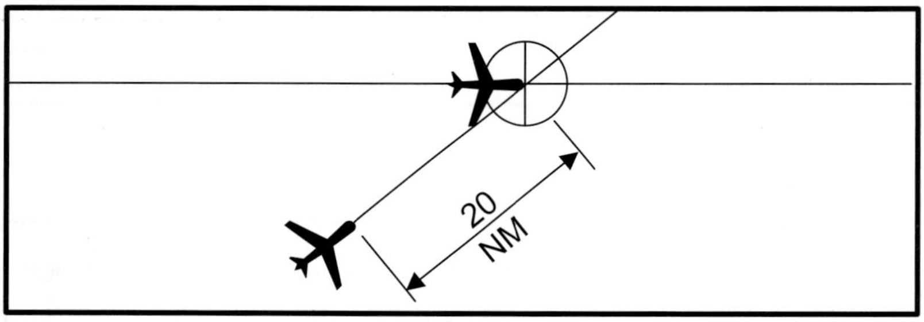

〈그림 11-45〉 교차진로에서의 분리 최저치

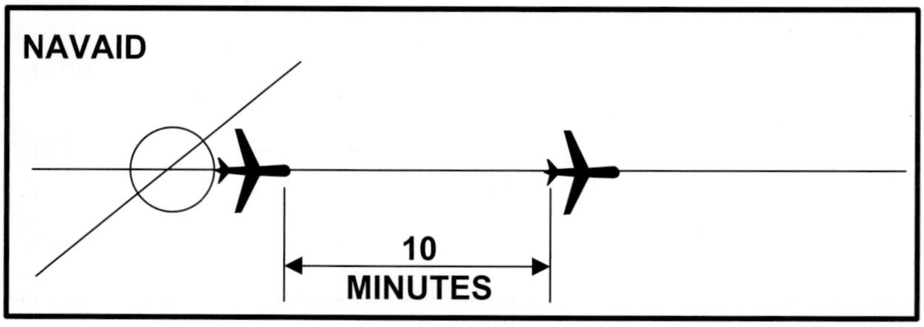

〈그림 11-46〉 동일 진로에서의 분리 최저치

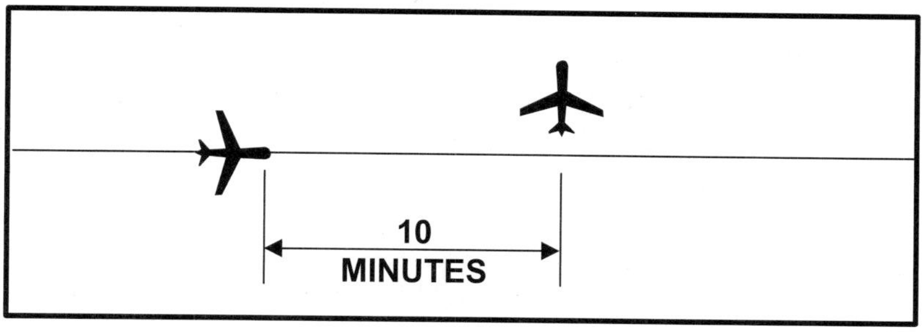

〈그림 11-47〉 교차 진로에서의 분리 최저치

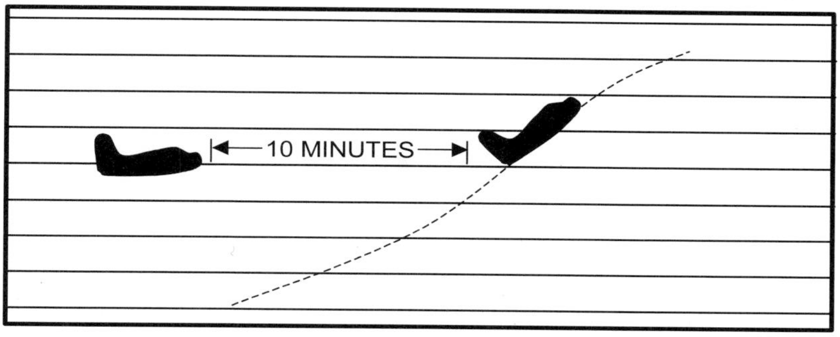

〈그림 11-48〉 다른 항공기의 고도를 통과하여 상승할 때의 분리

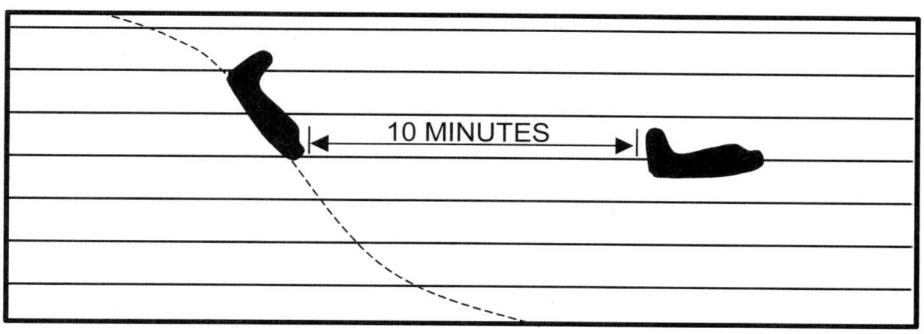

〈그림 11-49〉 다른 항공기의 고도를 통과하여 강하할 때의 분리

5) DME/ATD를 사용하는 항공기와 DME/ATD를 사용하지 않는 항공기 간에는 DME/ATD를 사용하는 항공기가 DME/ATD를 사용하지 않는 항공기로부터 보고된 동일 항행안전시설(NAVAID)/Way-point로부터 거리 정보를 얻을 수 있는 경우와 DME/ATD를 사용하지 않는 항공기가 그 항행안전시설로부터 15분 비행 거리 내에 있는 경우에는 "최소 30NM 거리 분리"를 적용한다.

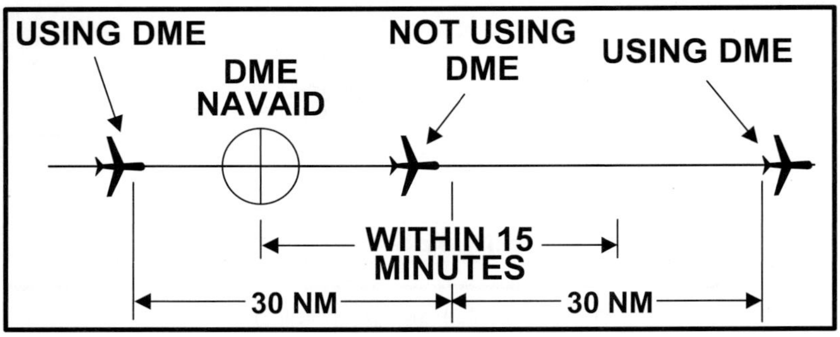

〈그림 11-50〉 동일 진로에서의 분리 최저치

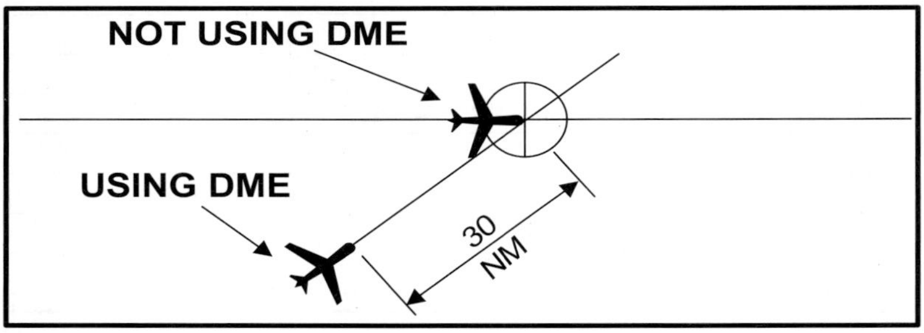

〈그림 11-51〉 교차진로에서의 분리 최저치

나. 반대진로 항공기간 분리 최저치

서로 반대 진로로 비행하는 두 항공기 사이에는 두 항공기가 서로 통과할 것으로 예상되는 시각 10분 전부터 10분 후까지의 각각 다른 고도를 배정하여 수직 분리를 시켜야 한다.

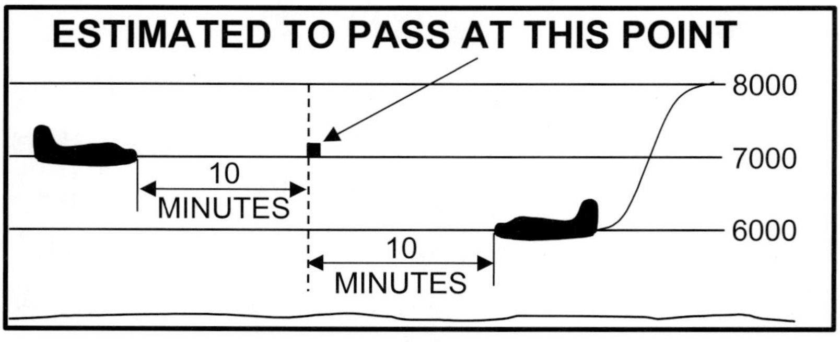

〈그림 11-52〉 반대 진로에서의 분리 최저치

다. 조종사에 의한 분리

동일 진로로 비행하는 항공기의 조종사들이 서로 동의하고 두 조종사간에 직접 무선 교신이 가능한 경우에는, 후행하는 항공기로 하여금 선행항공기와 "최소 10분 시차 분리" 또는 "최소 20NM 거리 분리"를 유지하도록 허가 할 수 있다.

5. 횡적 분리

횡적 분리의 방법으로는 항공로의 폭이나 보호공역이 서로 겹치지 않는 다른 airway/route로 비행하도록 허가 하거나 FL200이하의 고도로 비행하는 항공기에게 육안 식별 또는 항행안전시설을 참고하여 결정되어지는 각각 다른 지리적 위치로 비행하여 보고하도록 하거나 그 위치에서 체공하도록 하는 방법이 있고 체공장주 보호 공역이 서로 겹치지 않거나, 체공장주 보호 공역과 기타 보호 공역이 서로 겹치지 않는 각각 다른 fix 상공에서 체공하도록 허가하는 방법 그리고 이륙하는 항공기를 각각 최소 45° 이상 분기되는 비행 기수 방향으로 비행하도록 하는 방법이 있다.

가. 분기 Radial 상의 최저치

1) 동일 항행안전시설로부터 최소 15°각도로 분기되는 각각 다른 radial을 따라 비행하는 항공기 중 한 항공기가 다른 항공기를 위하여 보호되어야 하는 공역을 통과하면 두 항공기는 서로 횡적 분리가 이루어진 것으로 간주한다.

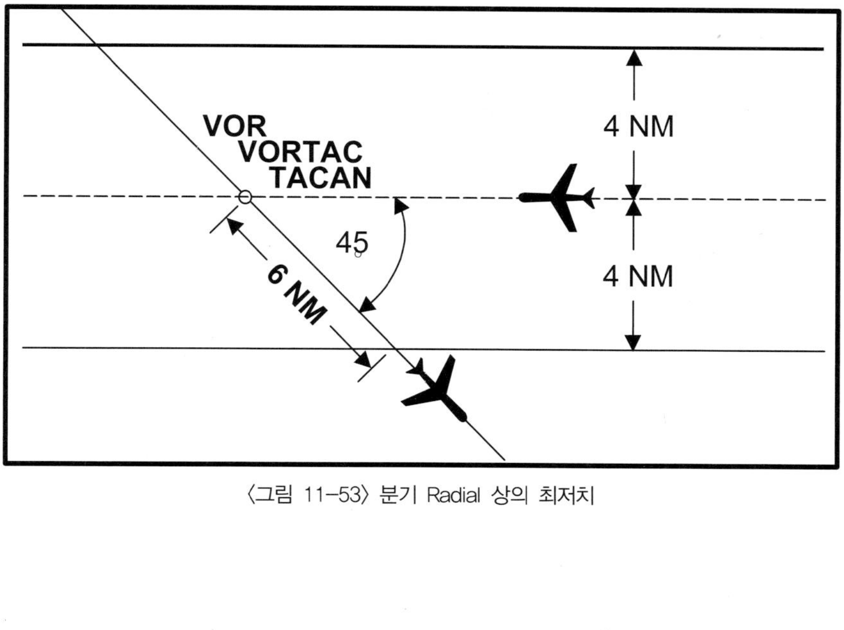

〈그림 11-53〉 분기 Radial 상의 최저치

2) 보호되어야 하는 공역으로부터 항공기를 분리시키기 위한 여러 가지 분기각에 대한 요구되는 거리는 다음의 표를 따른다. 만일 두 분기각의 값이 사이에 해당하는 값이라면 더 낮은 값의 거리 값을 사용한다.

〈표 11-5〉 Non-DME 이탈거리 최저치

이탈(각도)	거리(NM)
15	16
20	12
25	10
30	8
35	7
45	6
55	5
90	4
• 주) 이 목록은 Non-DME 적용시	

〈표 11-6〉 DME 이탈거리 최저치

이탈(각도)	거 리(NM)	
	FL 220 이하	FL 220 - 450
15	17	18
20	13	15
25	11	13
30	9	11
35	8	11
45	7	11
55	6	11
90	5	11
• 주) 이 목록표는 DME 사선거리 오차에 대한 DME 적용 및 수정시		

다. DME에 의한 원호비행 최저치

DME를 사용하는 항공기에게 다음의 최저 횡적분리간격을 두고 어떤 항행안전시설의 원호 상을 따라 비행하도록 함으로써 DME 횡적분리가 취하여야 한다.

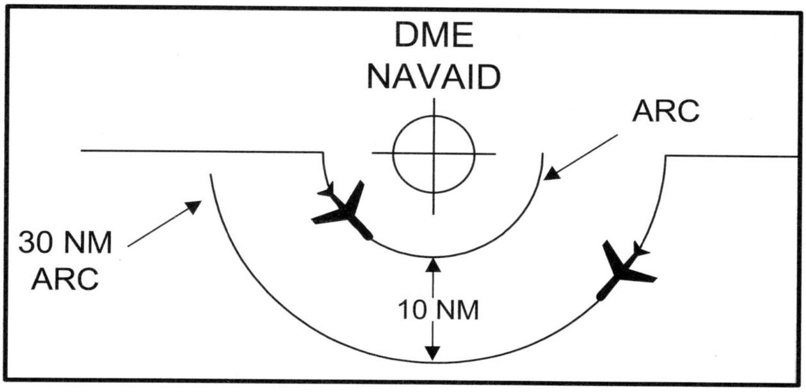

〈그림 11-54〉 DME Arc 최저치

1) 비행방향 관계없이 동일 항행안전시설의 각각 다른 원호 상을 비행하는 항공기 간에 항공기가 항행안전시설로부터 35NM 이내에서 비행하면 10NM, 35NM 밖에서 비행한다면 20NM을 적용한다.
2) 어떤 항행안전시설의 원호 상을 비행하는 항공기와 기타 보호되어야할 공역 경계선 사이에 항공기가 항행안전시설로부터 35NM 이내에서 비행하는 경우는 5NM을, 35NM 밖에서 비행하는 경우는 10NM을 적용한다.

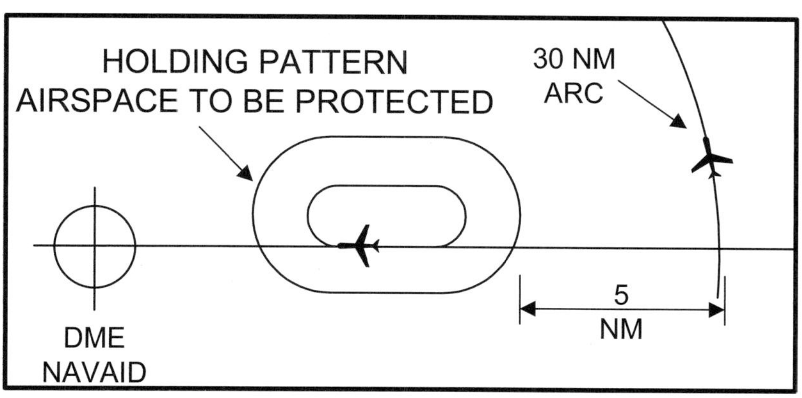

〈그림 11-55〉 DME Arc 최저치

6. 수직 분리

수직분리는 먼저 그 고도를 비행하고 있던 선행 항공기가 그 고도를 떠났다고 보고된 이후에 그 고도에 다른 항공기를 배정하는 것이다. 단 심한 난기류가 보고되거나 군 항공기가 공중급유 중이거나 이전에 그 고도에서 비행하던 항공기에게 조종사의 임의로 상승/강하 허가가 발부되었을 경우에는 먼저 당해 고도를 비행하고 있던 항공기가 적절한 기준으로 분리된 비행고도에 도착 또는 통과 중임을 보고한 때, 당해 고도를 다른 항공기에 배정한다.

조종사에 의한 수직 분리가 이루어질 수도 있는데, 예를 들어 상승 또는 강하 중에 있는 두 항공기가 서로 직접 무선 교신이 되고 두 조종사가 모두 동의한다면, 낮은 고도에 있는 항공기가 상승하는 경우에는 낮은 고도로 비행하는 항공기에게, 높은 고도의 항공기가 강하하는 경우에는 높은 고도로 비행하는 항공기에게 상대 항공기와의 수직 분리 유지를 허가할 수 있다.

제12장 비행정보업무(FIS)

제1절 비행정보업무(FLIGHT INFORMATION SERVICE)

1. 일반 사항

비행정보업무(Flight Information Service)는 안전하고 효율적인 비행을 위하여 동 정보에 의하여 영향을 받을 가능성이 있는 항공교통관제업무를 제공받는 항공기 또는 관련 항공교통업무기관이 달리 알고 있는 항공기 및 모든 항공기에게 제공하는 업무를 말하며, 항공교통업무기관이 비행정보업무 및 항공교통관제업무를 모두 제공하는 곳에서는 필요할 경우 언제든지 비행정보업무의 제공에 우선하여 항공교통관제업무를 제공하여야 하며, 비행정보업무에는 다음과 같은 범위가 포함된다.

- SIGMET와 AIRMET 정보
- 화산활동, 화산폭발, 그리고 화산재구름에 관한 정보
- 방사선물질 또는 독성 화학물질의 대기 중 방출에 관한 정보
- 항행안전시설의 실용성 변경에 관한 정보
- 비행장 이동지역의 상태
- 무인자유기구에 관한 정보 및 안전에 영향을 미칠 가능성이 있는 기타 정보
- 출발, 도착비행장 및 교체비행장의 기상상태 및 예보
- C, D, E, F, G에서 비행하는 항공기에 대한 충돌 위험
- 공해상을 비행하는 항공기에 대해, 조종사가 요구할 때, 또는 제공이 가능할때 항해 중인 선박의 무선호출부호, 위치, 진로, 속도 등의 제공

비행정보업무는 경보업무와 마찬가지로 비행정보구역 내에서 업무 제공책임이 적절한 항공교통관제기관에 지정되지 않은 경우 비행정보센터(FIC)에서 제공한다. 관제구역내 및 비행장에서는 관련 항공교통관제기관에 의해서 제공된다.

이밖에 비행정보업무를 포함한 보다 포괄적인 의미로 모든 기타 항공안전과 관련한 정보를 제공하는 업무(항공정보간행물, 항공고시보, 항공정보회람, AIRAC, 비행전 · 후 정보 등)를 통칭하여 일반적으로 항공정보업무(Aeronautical Information Services: AIS)라고 한다.

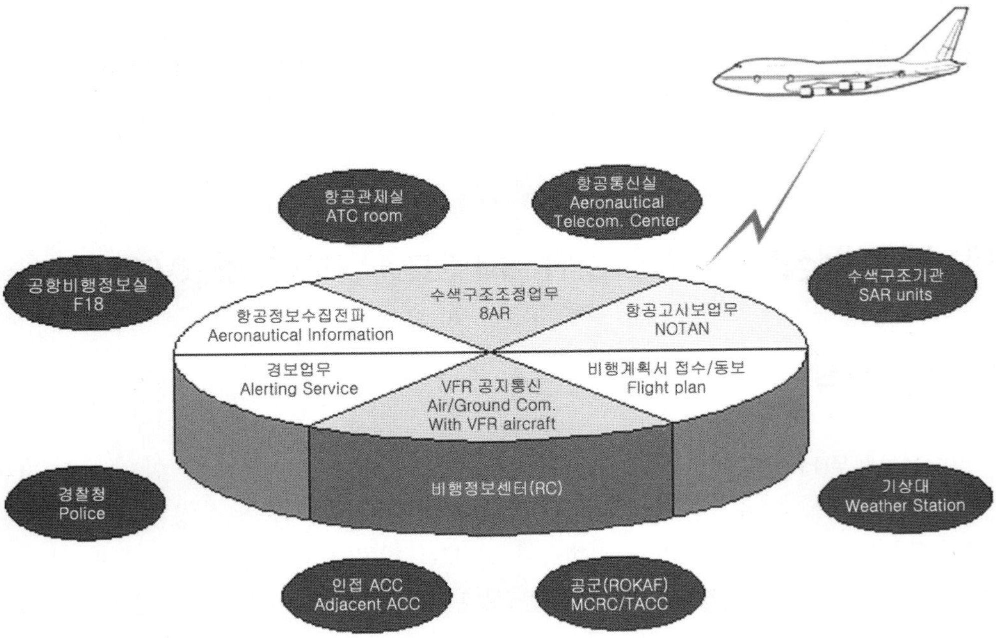

〈그림 12-1〉 비행정보업무 체계도

2. 비행정보의 송신

비행정보에 포함되는 기상정보와 항행안전시설 및 비행장에 관련한 비행정보는 가능한 종합된 형태로 제공하여야 하며, 종합된 비행정보를 항공기에게 방송할 경우, 여러 가지 비행단계에 적절한 내용을 지정된 순서대로 방송하여야 한다. 비행정보방송은 여러 가지 비행단계에 적절한 실용요소 및 기상요소에 관한 종합된 정보로 구성하여야 하며, 이러한 방송에는 HF, VHF 및 ATIS 등 세 종류가 있다.

가. 비행정보(Operational Flight Information Service) 방송

1) HF 비행정보(OFIS) 방송

HF 비행정보방송(Operational Flight Information Service: OFIS)에 포함되는 수록정보와 기상상태 및 예보가 방송될 비행장, 방송 참여하는 방송국의 방송순서 등은 지역항공항행협정에 따라 결정된 것이어야 하며, 방송내용은 할당된 시간을 초과하지 않아야 하고 송신속도가 방송내용을 이해하는데 지장을 주지 않아야한다. 또한, 방송에 필요한 정보를 입수하지 못하였을 경우나 중요한 변경이 있을 경우 방송내용을 최신의 것으로 하며, 가능하면 해당방송국에 할당된 시간 범위 내에서 전체 방송내용을 반복하여 방송한다.

국제항공업무에 사용하도록 지정된 비행장에 관련하는 HF OFIS방송은 영어로 하며, 둘 이상의 언어로 HF OFIS방송을 할 경우 각 언어별로 서로 다른 채널을 사용하여야 한다.

HF OFIS방송은 다음의 정보를 순서대로, 또는 지역항공항행협정에 의거 결정된 순서대로 방송해야한다.

- 비행장 명칭
- 관측 시간
- 필수 정보
- 지상풍향 및 풍속 ; 필요한 경우 최대풍속
- 시정 및 가능한 경우, 활주로가시거리(RVR)
- 현재 기상
- 구름이 1,500미터(5,000ft) 또는 가장 높은 최저구역고도보다 낮은 경우, 둘 중 더 높은 구름, 소나기구름(적란운), 하늘이 맑지 않을 경우 수직 시정
- 비행장 예보

2) VHF 비행정보(OFIS) 방송

VHF비행정보(OFIS)에 기상상태 및 예보가 방송될 비행장은 지역항공항행협정에 따라 결정되어야 하고, 각 비행장별 방송내용은 해당 비행장의 명칭에 의하여 식별되도록 한다. 방송에 필요한 정보를 입수하지 못한 경우에는 가장 최신의 정보를 관측 시간과 함께 방송하며 변경이 있을 경우 즉시 최신의 정보로 교체하고 계속하여 반복적으로 방송한다.

VHF OFIS 방송내용은 인적성능을 고려하여 가능한 5분을 초과하지 않으며, 송신속도가 방송내용을 이해하는데 지장을 주지 않아야 하고, 국제 항공업무에 사용하도록 지정된 비행장에 관련하는 VHF OFIS방송은 영어로 하여야 한다.

VHF비행정보 방송은 다음의 정보를 순서대로 방송하여야 한다.

- 비행장 명칭
- 관측 시간
- 착륙 활주로
- 중요한 활주로 표면상태 ; 필요한 경우 제동 상태(braking action)
- 필요한 경우 무선 항행업무의 운영 상태 변경사항
- 필요한 경우 체공 지연
- 지상풍향 및 풍속 ; 필요한 경우 최대풍속
- 시정 및 가능한 경우, 활주로가시거리(RVR)
- 현재 기상
- 구름이 1,500미터(5,000ft) 또는 가장 높은 최저구역고도보다 낮은 경우, 둘 중 더 높은 구름, 소나기구름(적란운), 하늘이 맑지 않을 경우 수직 시정

- 대기 온도
- 노점 온도
- QNH 고도계 수정치
- 운영상 중요한 최근 기상 추가 정보 필요한 경우 wind shear
- 이용할 경우 경향 예보(trend forecast)
- 최신 SIGMET의 내용

3) Data link-ATIS방송

데이터링크 자동공항정보방송(D-ATIS)가 음성 자동공항정보방송(Voice-ATIS)의 효과를 보충할 때, 음성 ATIS의 내용 및 형식과 동일해야 하며, 중대한 변화 기준치 안에 실시간으로 전해야 할 기상정보가 있을 때, 동일한 식별부호를 유지할 목적으로 동일하게 작성되어야 된다.

자동공항정보방송(ATIS)의 음성 ATIS 및 D-ATIS 방송의 단일정보는 단일 비행장에 관한 것과, 중요한 변경사항이 발생할 경우 즉시 최신의 것으로 하며, 항공교통업무기관의 책임 하에 자동공항정보방송(ATIS) 내용을 준비하고 방송하여야 한다. 각 자동공항정보방송(ATIS) 내용은 ICAO 알파벳 발음법에 의한 단일문자의 식별부호로 식별되도록 하고, 항공기는 접근관제업무 또는 비행장관제업무를 제공하는 ATS 기관과 첫 교신 시 자동공항정보방송(ATIS)의 수신 사실을 통보해야한다.

자동공항정보방송(ATIS) 내용은 가능한 한 간단해야 하고, ATS 기관은 ATS 당국이 정하는 시간 이외에는 도착항공기에 대하여 위에 대한 응답시 최신의 고도계 수정치를 제공해주며, 기상정보는 해당지역의 기상자료나 특별보고로부터 제공된다.

자동공항정보방송(ATIS) 내용은 가능한 간단하여야 하고, 이미 항공정보간행물 및 항공고시보에 수록된 내용들을 꼭 필요하다고 인정될 경우에만 예외적으로 포함시킬 수 있으며, 자동공항정보방송(ATIS)의 순서는 음성 ATIS와 같은 순서로 방송된다.

4) 음성-자동공항정보(VOICE-ATIS) 방송

음성-자동공항정보방송은 ATS VHF 공지통신 채널의 통신량을 경감시킬 필요가 있는 비행장에서 제공하며, 한 개의 도착 및 출발항공기용 방송, 또는 도착 및 출발항공기용 방송의 길이가 너무 긴 비행장에서 두 개의 방송을 도착 및 출발 항공기용으로 각각 분리한다.

음성 ATIS 방송용으로 가능하면 별도의 VHF 주파수를 사용하여야 하며, 별도의 주파수를 사용할 수 없을 경우에는 통달거리 및 이해성이 적절하며 식별부호가 방송내용과 번갈아 삽입됨으로써 방송내용이 삭제되지 않는 조건으로 가장 적절한 국지항행안전시설의 음성채널을 사용할 수 있다. 하지만 음성 방송용으로 ILS의 음성 채널을 사용하여서는 아니 된다.

ATS 기관이 방송의 내용을 준비하지 못한 경우, 방송에 포함된 정보는 즉시 접근 착륙 및 이륙에 관한 정보를 항공기에게 제공하는 ATS 기관에 통보하며, 음성 ATIS 방송의 내용은 가능한 한 30초를 넘지 않아야 한다. 송신 속도 또는 ATIS 송신용으로 사용되는 항행안전시설의 식별신호가 방송내용을 이해하는데 지장을 주지 않도록 주의해야 한다.

- 비행장 명칭
- 도착 또는 출발 indicator
- D-ATIS로 교신할 경우 Contract type
- 식별부호
- 필요할 경우 관측시간
- 예정된 접근의 종류
- 사용 활주로, 또는 잠재적인 위험을 발생하는 제동장치의 상태
- 중요 활주로 표면상태 및 필요할 경우 제동상태
- 가능하다면 전이고도
- 기타 필수 정보
- 주요 변동 상태를 포함한 풍향 및 풍속
- 시정 및, 필요할 경우 활주로 가시거리(RVR)
- 현재 기상
- 구름이 1,500미터(5,000ft) 또는 가장 높은 최저구역고도보다 낮은 경우, 둘 중 더 높은 구름, 소나기구름(적란운), 하늘이 맑지 않을 경우 수직 시정
- 대기 온도
- 노점 온도
- 고도계 수정치
- 접근 및 상승지역의 wind shear를 포함한 중요한 기상현상에 관한 정보와 운영상 중요한 최근 기상에 관한 정보
- 가능한 경우 경향 예보
- 특정 ATIS 지시사항

5) VOLMET 방송과 D-VOLMET(유보)

VOLMET 방송이란 비행 중인 항공기에게 지속적으로 기상정보를 제공하는 방송업무(Routine broadcast of meteorological information for aircraft in flight)를 말한다. HF 또는 VHF VOLMET방송 및 D-VOLMET 업무는 지역항공항행협정에 의하여 결정되어지며, VOLMET 방송은 표준 무선통신용어를 사용해야 한다.

3. 항공통신업무

원활한 항공교통업무를 수행하기 위해서는 일정기준 이상의 통신요건이 갖추어져야 한다. 항공교통업무를 지원하는 항공통신업무는 항공이동통신업무(Aeronautical mobile service), 항공고정통신업무(Aeronautical fixed service), 항공무선항행업무, 항공방송업무로 나뉘며, 항공이동통신업무는 항공국과 항공기국 간 또는 항공기국 상호 간의 이동통신업무를 말하며 비상위치지시용 무선표지국도 지정된 조난 및 비상주파수로 참여할 수 있다. 한편, 항공고정통신업무는 항행의 안전 및 질서가 있고 효율적이며 경제적인 항공교통업무를 위하여 제공되는 정해진 고정지점 간의 통신업무를 말한다.

항공고정통신업무는 항공고정통신망(Aeronautical Fixed Telecommunication Network: AFTN) 및 전문 자동배분 시스템(Automatic message switching system)을 이용하여 국내외 관련부서와 비행계획, 기상정보 및 항공고시보전문등을 송수신하며, 전산시스템에 필요한 정보를 입력한다. 전문 자동배분 시스템은 항공고정통신국간 또는 국내 항공교통, 기상 및 군 관련기관과 항공사간에 교환되는 전문을 자동 배분하는 비행장치로서 비행정보센터에 설치되어 있다.

항공고정통신업무에서 취급하는 정보(managing data)는 다음과 같다.

- 비행계획 전문
- 기상관측 및 예보 전문
- 항공고시보 전문
- 행정 전문

제2절 항공정보업무(AIS)

항공정보업무는 국제 항공의 안전, 효율성을 위해 필요한 항공정보 및 자료를 책임 관할 구역 내에 제공하는 업무로써, 국제 항공교통관리시스템(Global ATM System)에 대하여 안전성·정규성·경제성 및 효율성을 가지고 필요한 항공자료 및 항공정보 흐름을 유지하고 보장하는데 그 목적이 있다.

항공자료 및 항공정보의 역할과 중요성은 지역항법(RNAV), 성능기반항행(PBN), 항공기 탑재 컴퓨터기반 항법시스템, 데이터링크시스템(data link system) 등의 도입과 함께 크게 변화되었으며, 부정확하거나 잘못된 항공정보/자료는 잠정적으로 항행안전에 영향을 미칠 수 있기 때문에 정확성을 유지하여야 한다. 컴퓨터 항행시스템에 의해 운항에 사용되어지는 항공정보/자료가 일관성을 지니기 위해서는 각 국가들은 국제적으로 사용되도록 설정된 국제 표준 및 권고 이외의 것은 피해야한다.

비행정보실에서의 항공정보업무는 비행업무에 종사하는 자가 적시에 필수적으로 알아야 하는 항공시설, 업무, 절차 또는 장애물의 신설, 상태 및 변경에 관한 정보(NOTAM)의 고시와 공항 내 · 외의 항공종사자에게 필요한 제반 정보를 항공정보간행물(AIP), AIRAC, 항공정보회람(AIC) 등을 통하여 제공한다.

1. 항공고시보(NOTAM)

가. 항공고시보의 정의 및 목적

항공고시보(NOTAM)는 항공업무에 종사하는 자가 적시에 필수적으로 알아야 하는 항공시설, 항공업무, 비행규정 또는 항공장애의 신설, 상태 또는 그 변경에 관한 정보를 수록하고 있는 단문의 공고문으로 불가피한 경우를 제외하고 상황이 발생되기 전에 관련된 정보를 단문의 설명문으로 작성하여 모든 항공종사자에게 신속 · 정확하게 고시하는 것을 그 기본 목적으로 한다.

나. 국제항공고시보 취급소(INTERNATIONAL NOTAM OFFICE)

국제항공고시보 취급소(우리나라는 항공교통본부 항공정보센터)는 외국의 국제항공고시보취급소로부터 각 국가의 NOTAM 및 관련 항공정보를 수집하고, 국내의 NOTAM 사항 중 국제적으로 발행 할 사항에 대하여 국제적으로 전파할 책임이 있으며, 접수한 국제 NOTAM 및 관련 항공정보를 각 국가별로 정리하여 최신의 정보 상태로 관리한다.

Priority Indicator	우선 순위 (GG)	→
Address	수신처 주소(국내:RKZZNAXX, 국제:RKZZNKXX - 일괄배포주소)	
		≪≡
Data and time of filing	노탐작성일시(일,시,분 순으로 총 6자리 표기)	→
Originator's Indicator	발신처 주소(RKRRYNYX - 인천NOF 주소)	≪≡(

Massage Series, Number and Identifier				
NOTAM containing new information	신규번호/년도2자리 (series and number/year)	NOTAMN (신규)		
NOTAM replacing a previous NOTAM	신규번호/년도2자리 (series and number/year)	NOTAMR (대체)	대체할 노탐번호/년도 2자리 (series and number/year of NOTAM to be replaced)	
NOTAM cancelling a previous NOTAM	신규번호/년도2자리 (series and number/year)	NOTAMC (취소)	취소할 노탐번호/년도 2자리 (series and number/year of NOTAM to be cancelled)	≪≡

Qualifiers								
FIR	NOTAM Code	Traffic	Purpose	Scope	Lower Limit	Upper Limit	Coordinates, Radius	
Q)R K R R /	Q C O D E /	교 통 /	목 적 /	범 주 /	하 한 고 도 /	상 한 고 도 /	생 략	≪≡

Identification of ICAO location indicator in which the facility, airspace or condition reported on is located	A)노탐사항이 발생한 장소 or 공역의 ICAO 지명부호	→

Period of Validity		
From(date-time group)	B) 발효 일시 (년, 월, 일, 시, 분) 총 8 자리	→
To(PERM or date-time group)	C) 만료 일시 (년, 월, 일, 시, 분) 총 8 자리 EST' PERM	≪≡
Time Schedule (if applicable)	D) 특정의 DAY-TIME GROUP (발효일시부터 만료일시까지 지속적이지 않고 특정한 일시에만 NOTAM 사항이 적용될 때 사용)	→ ≪≡

Text of NOTAM : Plain Language Entry (using ICAO Abbreviations)	
E) NOTAM 사항을 평문으로 간략하게 작성(약어 사용 가능) ※ 평문 작성 시 주의사항 - NOTAM은 신속하고 정확하게 전파되어야 하므로, NOTAM취급자들이 각기 그 의미를 해석하지 않고, 모든 취급자가 동일하게 그 의미를 이해할 수 있도록 단문(ONLY 영어)으로 작성하여야 함	≪≡

Lower Limit	F) 하한고도 (적용되어질 경우, 적용되는 고도가 없으면 생략)	→
Upper Limit	G) 상한고도 (적용되어질 경우, 적용되는 고도가 없으면 생략)	)≪≡
Signature	작성자 약명	

〈그림 12-2〉 NOTAM양식 작성요령

다. 항공고시보의 발행

항공정보업무기관은 항공정보의 발효기간이 일시적이며 단기간이거나 운영상 중요한 사항의 영구적인 변경 또는 장기간의 일시적인 변경사항이 짧은 시간 내에 고시가 이루어질 때에는 신속히 항공고시보를 작성·발행하여야 한다. 항공고시보 발생과 관련한 세부기준은 항공교통본부장이 수립하여야 한다.

항공고시보로 발행되어야할 정보사항은 다음과 같다.

- 비행장 또는 활주로의 설치, 폐쇄 또는 운용상 중요한 변경
- 항공업무(AGA, AIS, ATS, COM, MET, SAR 등)의 신설, 폐지 및 운영상 중요한 변경
- 항행안전시설 및 비행장시설의 설치 또는 철거. 이에는 항공보안무선시설 및 공지통신업무의 운용중지 및 복구, 주파수변경, 운용시간변경, 식별부호변경, 방위(orientation)변경(방향성시설인 경우), 위치변경, 50%이상의 출력증감, 방송스케줄 또는 내용에 대한 변경, 운용의 불규칙성 또는 불확실성 등이 포함된다.
- 시각보조시설(Visual aids)의 설치, 철거 또는 중요한 변경
- 비행장 등화시설 중 주요 구성요소의 운용중지 또는 복구
- 항공항행절차의 신설, 폐지 또는 중요한 변경
- 기동지역 내 중요한 결함 또는 장애의 발생 또는 제거
- 연료, 기름 및 산소공급의 변경 또는 제한
- 수색구조시설 및 업무에 대한 중요한 변경
- 공항시설법에서 정한 항공장애등의 설치, 철거 또는 복구
- 즉각적인 조치를 필요로 하는 규정변경
- 항공항행에 영향을 미치는 장애요소의 발생 (장애물, 군사훈련, 전시비행, 비행경기, 공고된 장소 이외에서의 낙하산 강하를 포함)
- 이륙 및 상승지역, 실패접근지역, 접근지역 및 착륙대상의 항공장애물의 설치, 제거 또는 변경
- 금지구역, 제한구역 또는 위험구역의 설정 또는 폐지(발효 또는 해제를 포함) 또는 상태의 변경
- 요격의 가능성이 상존하는 지역과 VHF 위험주파수 121.5 Mhz가 필요한 지역 또는 항공로, 부분의 설치 및 해제
- 위치부호의 부여, 취소 또는 변경
- 비행장 소방구조능력의 중요한 변경. 등급변경의 경우에 한하여 항공고시보를 발행할 수 있으며, 등급변경사실이 명확히 표시되어야 한다. (부속서 14, 제9장 및 첨부A 제17절을 볼 것)
- 이동지역내 눈, 진창, 얼음 또는 물로 인한 장애상태의 발생, 제거 또는 중요한 변경

- 예방접종 및 검역기준의 변경을 필요로 하는 전염병의 발생
- 태양우주방사선에 관한 예보(가능한 경우에 한함)
- 항공기 운항과 관련된 화산활동의 중대한 변화, 화산분출의 장소, 일시, 이동방향을 포함한 화산재 구름의 수직/수평적 확대, 영향을 받게 되는 비행고도 및 항로 또는 항로의 일부
- 핵 또는 화학 사고에 수반되는 방사성 물질 또는 유독화학물의 대기중 방출, 사고 발생 위치, 일자 및 시간, 영향을 받게 되는 비행고도 및 항공로 또는 그 일부와 이동방향
- 항공항행에 영향을 주는 절차, 제한사항과 함께 UN의 원조 하에 수행되는 구호활동과 같은 인도주의적 구호활동의 전개
- 항공교통업무 및 관련 지원업무의 중단 또는 부분적인 중단 시의 단기간의 우발대책의 시행

또한 다음의 정보는 항공고시보로 공고되어서는 아니 된다.

- 계류장 및 유도로의 일상적인 보수작업으로서, 항공기의 안전이동에 영향을 미치지 않는 경우
- 활주로표시(marking)작업으로서 항공기가 다른 활주로를 이용할 수 있거나 또는 필요한 경우 작업 장비를 제거시킬 수 있을 때
- 항공기 안전운항에 영향을 미치지 않는 비행장주위의 일시적인 장애물
- 항공기 운항에 직접적으로 영향을 미치지 않는 비행장 등화시설의 부분적인 고장
- 일부 공지통신의 일시적인 장애발생으로서 사용 가능한 대체주파수가 알려져 있을 경우
- 계류장 유도업무(marshalling) 및 도로교통통제에 관한 사항
- 비행장 이동지역 내 위치표지, 행선지표지 또는 기타 지시표지의 고장
- VFR 하의 관제공역 내에서, 그리고 관제공역의 경우 장소 또는 위험구역이나 금지구역 내에서 실시하는 낙하산 강하
- 기타 이와 유사한 일시적인 상태에 관한 사항

라. 항공고시보의 배포

항공고시보는 동 정보가 직접적으로 필요한 자에게 배포하고 그 밖의 종사자에게는 적어도 7일 이전에 사전 통보를 해야 한다. 이동지역 내 눈, 얼음 또는 고인 물에 관한 정보는 설빙고시보로, 화산활동, 화산 분출과 화산재 구름에서의 운영상 중요한 변화에 관한 정보는 ASHTAM으로 부속서 15(항공정보업무) 부록에 제시된 양식에 따라 공고되어야 한다.

배포하고자 하는 항공고시보는 적절한 국제민간항공기구 통신절차의 규정에 부합되게 작성하고 가능한 한 항공고정통신망(AFTN)으로 배포하여야 한다. 만약 항공고정통신망 이외의 방법으로 발송할 경우, 6단위로 된 발행일시 및 발행처 식별부호를 본문 앞에 명시하고, 무선통신이 아닌 국제통신으로 송신하는 항공고시보는 필요에 따라 국제민간항공기구 약어, 표시부호, 식별부호, 명칭, 호출부호, 주파수 및 문어체로 부연 또는 보충된 국제민간항공기구 항공고시보 코드(NOTAM Code)로 구성하여 배포한다. 단, 적절한 국제민간항공기구 NOTAM Code 또는 국제민간항공기구 약어가 없는 경우는 평문(plain language)을 사용한다.

항공고시보 발행국은 국제 배포할 항공고시보를 선정하고 국제적 교환은 국제항공고시보취급소 간의 상호합의에 의해 수행한다. 국제항공고시보취급소 간에 교환되는 항공고시보는 가능한 한 최소한의 국제비행용 및 국내비행용으로 각각 구분함으로써 이를 수신하는 국가가 필요로 하는 것만 교환되도록 하여야 한다.

우리나라는 "항공고시보의 유효기간이 3개월을 초과할 것으로 예상되거나 또는 3개월 이상 계속하여 발효 중인 경우에는 항공정보간행물 보충판(AIP Supplement)으로 대체 발행하여야 한다"고 규정하고 있다.

2. 항공정보간행물(AIP)

항공정보간행물(Aeronautical Information Publication)은 항행에 필수적이고 영속적인 항공정보의 교환에 관한 국제기준을 충족시키기 위한 것으로 가능한 한 비행중 사용이 용이한 형태로 만들어진 발간물로 가장 신속한 수단을 통하여 배포되어진다.

가. 항공정보간행물의 내용

ICAO 부속서 15(항공정보업무), 제4장에서는 항공정보간행물의 일반사항(GEN)에 수록되어야 할 내용으로 다음과 같이 서술하고 있다.

- 항공정보간행물에 수록되어 있는 항행안전시설, 업무, 절차에 대한 책임 있는 관할 당국에 대한 서술
- 업무 또는 시설의 국제적인 사용에 필요한 일반 조건
- 이용자가 자국의 기준과 관련 ICAO 표준 및 권고사항 그리고 절차와의 주요 차이점에 대한 일정한 형식의 목록
- ICAO 표준 및 권고사항, 절차 중 선택의 여지가 있는 중요한 사항에 대해 국가가 취한 선택

또 다음의 항공지도 중 지정된 국제공항에 관한 사항은 항공정보간행물에 수록하거나 별도로 각 수신처에 배포하여야 한다고 명시하고 있다.

- Aerodrome/Heliport Chart — ICAO
- Aerodrome Ground Movement Chart — ICAO
- Aerodrome Obstacle Chart — ICAO, Type A
- Aircraft Parking/Docking Chart — ICAO
- Area Chart — ICAO
- Instrument Approach Chart — ICAO
- Precision Approach Terrain Chart — ICAO
- Standard Arrival Chart — Instrument(STAR) — ICAO
- Standard Departure Chart — Instrument(SID) — ICAO
- Visual Approach Chart — ICAO

한편, 국내 국토교통부고시 제2021-1190호 항공정보 및 항공지도 등에 관한 업무기준에서는 항공정보간행물(AIP)에 수록되어야 하는 사항들로 ICAO 부속서 15 및 관련 편람에서 제시하는 내용과 동일하게 설정하고 있다.

나. 항공정보간행물의 발행요건

항공정보간행물의 발행요건은 다음과 같다.

- 항공정보간행물은 독점적으로 발행되어야 하며 목차를 수록하여야 함
- 항공정보간행물 내에는 동일한 정보를 중복하여 기록되어서는 아니 됨
- 항공정보간행물은 전체를 쉽게 가제할 수 있는 형태(loose-leaf)이어야 함
- loose-leaf 형식으로 발간되는 항공정보간행물에 있는 주석은 명확히 표시되어야 함
  - 항공정보간행물임을 나타내는 표시
  - 담당 영역 범위
  - 발간국가 및 소관 당국의 명칭
  - 쪽번호/제목
  - 정보가 의심스러울 경우 그 신뢰도
- 용지 크기는 210×297㎜이하 이어야 하며, 이보다 큰 용지의 경우 이와 동일한 크기로 접어야 함
- 항공정보간행물의 중대한 변경은 AIRAC절차에 따라 발간되어야 하며 AIRAC 약어는 명확히 표시되어야 함

다. 항공정보간행물의 개정요건

항공정보간행물의 개정요건은 다음과 같다.

- 항공정보간행물의 영구적인 변경은 수정판으로 발간
- 각 항공정보간행물 수정판에는 연속되는 일련번호를 부여
- 표지를 포함한 각 항공정보간행물 수정판페이지에는 발간일자를 표시
- 표지를 포함한 각 항공정보간행물 수정판페이지에는 유효일자를 표시
- 수정판으로 영향 받게 되는 사항에는 항공정보간행물 수정판 표지에 간략한 표시
- 정해진 기간 또는 발행일자에 항공정보간행물 수정판을 발행하지 않을 경우, NIL공고를 매달 NOTAM 인쇄형태로 된 평문개요서를 발행하여 배포

라. 항공정보간행물 보충판(AIP Supplements)의 발행요건

AIP Supplements의 발행요건은 다음과 같다.

- 전체 본문 및/또는 도표에 포함되어 있는 정보 및 일시적인 변경(3달 이상)사항은 AIP 보충판으로 발간
- AIP 보충판은 역년기준으로 연속적인 일련번호를 부여
- AIP 보충판의 페이지가 시행중인 내용인 경우에는 AIP상에서 계속 유지
- AIP 보충판이 항공고시보를 대체하여 발송하는 경우 항공고시보 일련번호에 언급
- 현재 유효한 AIP 보충판의 점검표는 1달 정도의 간격으로 발간
- AIP 보충판의 페이지가 눈에 띄게 하기 위해서는 가능하면 황색으로 표시
- AIP 보충판의 페이지는 AIP Part상에서 제1항으로 계속 기록

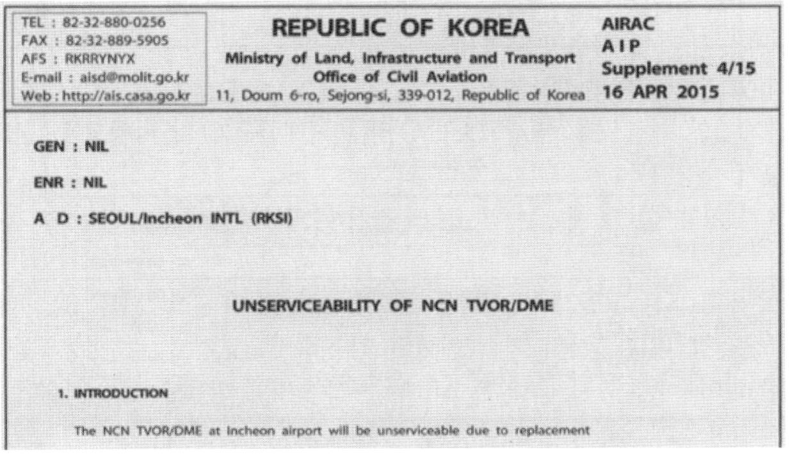

TEL : 82-32-880-0256
FAX : 82-32-889-5905
AFS : RKRRYNYX
E-mail : aisd@molit.go.kr
Web : http://ais.casa.go.kr

REPUBLIC OF KOREA
Ministry of Land, Infrastructure and Transport
Office of Civil Aviation
11, Doum 6-ro, Sejong-si, 339-012, Republic of Korea

AIRAC
AIP
Supplement 4/15
16 APR 2015

GEN : NIL
ENR : NIL
A D : SEOUL/Incheon INTL (RKSI)

UNSERVICEABILITY OF NCN TVOR/DME

1. INTRODUCTION

The NCN TVOR/DME at Incheon airport will be unserviceable due to replacement

〈그림 12-3〉 AIP 보충판의 예

3. Aeronautical Information Regulation and Control(AIRAC)

항공정보규정과 관리(AIRAC)은 항공기 운항과 관련된 항공정보 내용이 항공종사자에게 사전에 통보될 수 있도록 국제민간항공기구(ICAO)가 정한 일정한 일자에 발효시키는 것을 말한다. 즉 1998년 1월 29일을 포함, 28일 간격으로 일련의 공통유효일자에 시설의 설치 제거 및 중대한 변경사항을 공고하는 발간물이다.

중요한 변경이 계획되고 사전통지가 바람직할 경우, 문서 또는 전문형태로 제공된 정보는 적어도 유효일자로부터 56일 전에는 이용할 수 있도록 만들어져 배포되어야 할 것이다.

국토교통부고시 제2021-1190호 항공정보 및 항공지도 등에 관한 업무기준에서는 AIRAC 발행대상으로 다음과 같이 규정하고 있다.

- 다음사항의 설정, 폐지 및 사전계획에 의한 중요한 변경(시험사용 포함)
  - 공역의 범위(수평 및 수직), 규칙 및 절차 : 비행정보구역, 관제구역, 관제권, 조언지역, 항공로, 상설하는 위험구역, 비행금지구역 및 비행제한구역(종류 및 발효기간 포함) 및 방공식별구역
  - 항행안전무선시설 및 통신시설의 위치, 주파수, 호출부호, 운용의 불규칙성 및 정비기간
  - 체공 및 접근절차, 도착 또는 출발절차, 소음감소절차 및 기타 적절한 항공교통업무절차
  - 기상시설(기상방송 포함) 및 절차
- 필요시 AIRAC을 발행할 수 있는 경우로는 다음사항의 설정, 폐지 및 사전계획에 의한 중요한 변경이 있을 때
  - 항공장애물의 위치, 높이 및 표시등
  - 활주로, 정지로, 유도로 및 계류장
  - 공항, 시설 및 업무의 운영시간
  - 세관, 출입국관리 및 검역업무
  - 일시적인 위험구역, 비행금지구역 및 비행제한구역 및 항행장애, 군훈련 및 항공기 대량이동
  - 요격 가능성이 존재하는 임시로 설정된 공역 또는 비행로 또는 그 일부분

항공정보업무기관 또는 항공자료제공자는 종합항공정보집의 구성간행물 등의 발간자료를 종합항공정보집 발간일자로부터 최소한 14일 전(자료제출일)까지 각 항공교통관제소장에게 통보(제출)하여야 한다. 관제소장은 AIRAC 발효일자에 발효될 정보가 없는 경우 관련 AIRAC 발효일자로부터 최소한 28일 이전에 NIL(통보사항 없음) 공고를 항공고시보 또는 그 밖의 적절한 수단을 사용하여 발행·배포하여야 한다. 항공정보업무기관은 도면작업

(cartographic work) 및 항행 데이터베이스의 갱신을 필요로 하는 사전에 계획된 운영상 중요한 변경에 대해서는 AIRAC 발효일자 이외의 이행일자를 사용하여서는 안 되며, 매년 12월 21일부터 1월 17일까지의 AIRAC 발효일자를 AIRAC 체제상의 중요한 변경을 이행하는 발효일자로 사용하는 것을 자제하여야 한다.

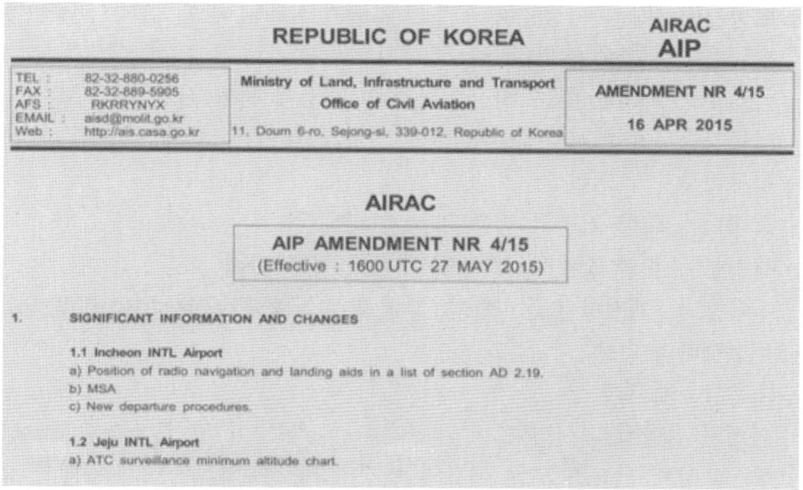
REPUBLIC OF KOREA

AIRAC AIP

TEL : 82-32-880-0256
FAX : 82-32-889-5905
AFS : RKRRYNYX
EMAIL : aisd@molit.go.kr
Web : http://ais.casa.go.kr

Ministry of Land, Infrastructure and Transport
Office of Civil Aviation
11, Doum 6-ro, Sejong-si, 339-012, Republic of Korea

AMENDMENT NR 4/15
16 APR 2015

AIRAC

AIP AMENDMENT NR 4/15
(Effective : 1600 UTC 27 MAY 2015)

1. SIGNIFICANT INFORMATION AND CHANGES

1.1 Incheon INTL Airport
a) Position of radio navigation and landing aids in a list of section AD 2.19.
b) MSA
c) New departure procedures.

1.2 Jeju INTL Airport
a) ATC surveillance minimum altitude chart.

〈그림 12-4〉 AIRAC의 예

4. 항공정보회람(AIC)

항공정보회람(AIC)은 비행안전 · 항행 · 기술 · 행정 · 규정개정 등에 관한 내용으로서 항공고시보 또는 항공정보간행물에 의한 전파의 대상이 되지 않는 사항을 수록한 공고문을 말한다. 인쇄본으로 발행되는 AIC는 역년(calendar year)을 기준한 연속적인 일련번호를 부여하고 둘이상의 시리즈로 배포할 경우 각 시리즈는 문자로 구분해야 한다. 발효 중인 AIC의 대조표는 1년에 1회 이상 발행하여 AIC 수신처로 배포해야 하는데 국제배포용 AIC는 AIP와 동일한 수신처로 배포되어진다.

항공정보회람으로 발행되어야 할 대상은 다음과 같다.

- 법률, 규정, 절차 또는 시설의 중요한 변경에 관한 장기계획
- 비행안전에 영향을 미칠 수도 있는 단순한 설명 또는 조언에 관한 정보
- 기술적, 법률적 또는 순수하게 행정적인 사항에 관한 설명 또는 조언의 성격을 띠고 있는 정보 또는 통보로 다음과 같은 사항들이 있다.
  - 항공항행절차, 업무 및 시설에 대한 중요한 변경 예고
  - 새로운 항행체제의 시행예고

- 비행안전에 관련이 있는 항공기사고 조사에 관한 중요한 정보
- 불법행위로부터 국제민간항공을 보호하기 위한 규정에 관한 정보
- 조종사에게 특별히 해당되는 의료안내
- 물리적 장애의 회피에 관한 조종사에 대한 경고
- 특정한 기상현상이 항공기운항에 미치는 효과
- 항공기취급기술에 영향을 미치는 새로운 장애에 관한 정보
- 항공운송 제한품목에 관한 규정
- 국내규정에 의한 기준 및 국내규정의 개정에 관한 사항
- 항공기승무원 면허시험계획
- 항공종사자의 훈련
- 국내법에 의한 기준의 적용 또는 면제
- 특정한 종류의 장비의 사용 및 정비에 관한 안내
- 신규 또는 개정판 항공지도의 실제 또는 계획된 유용성(availability)
- 무선장비의 탑재
- 소음감소에 관한 설명
- 선정된 감항성 개선명령
- 항공고시보 시리즈 또는 배포의 변경, 항공정보간행물의 신규발간 또는 그 내용, 범위 또는 형태에 대한 중요한 변경
- 설빙계획에 관한 사전정보
- 기타 이와 유사한 정보

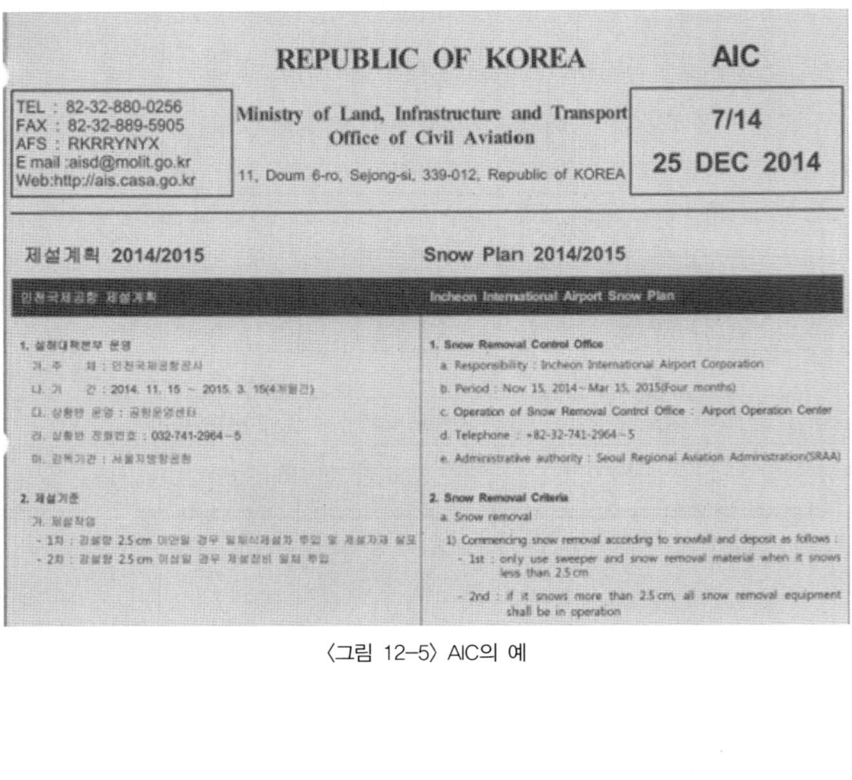
REPUBLIC OF KOREA

AIC

TEL : 82-32-880-0256
FAX : 82-32-889-5905
AFS : RKRRYNYX
E mail :aisd@molit.go.kr
Web:http://ais.casa.go.kr

Ministry of Land, Infrastructure and Transport
Office of Civil Aviation
11, Doum 6-ro, Sejong-si, 339-012, Republic of KOREA

7/14
25 DEC 2014

제설계획 2014/2015

Snow Plan 2014/2015

Incheon International Airport Snow Plan

1. Snow Removal Control Office
a. Responsibility : Incheon International Airport Corporation
b. Period : Nov 15, 2014~Mar 15, 2015(Four months)
c. Operation of Snow Removal Control Office : Airport Operation Center
d. Telephone : +82-32-741-2964~5
e. Administrative authority : Seoul Regional Aviation Administration(SRAA)

2. 제설기준

2. Snow Removal Criteria
a. Snow removal
1) Commencing snow removal according to snowfall and deposit as follows :
- 1st : only use sweeper and snow removal material when it snows less than 2.5cm
- 2nd : if it snows more than 2.5cm, all snow removal equipment shall be in operation

〈그림 12-5〉 AIC의 예

제 13 장 경보 및 구조업무(ALERTING & SAR SERVICE)

제1절 경보업무

1. 경보업무의 개념

경보업무(Alerting service)라 함은 수색구조가 필요한 항공기 즉, 항공교통관제를 받고 있는 모든 항공기, 비행계획서를 제출했거나, 항공교통관제기관이 인지하고 있는 모든 항공기, 불법간섭을 받고 있다고 알려졌거나, 의심이 가는 항공기에 관하여 그 수색구조의 필요함을 해당기관에 맡기고 필요시 그 기관을 협조하고 지원하는 업무이다.

이러한 경보업무 발령 시에 비행정보센터 또는 항공교통센터는 비행정보구역(FIR) 또는 관제구역내에서 비행하는 항공기의 비상상황에 관한 모든 정보를 수집하고 이를 관련 구조조정센터로 보내는 중심부서로서의 임무를 수행하여야하며, 비행장 관제탑의 관제 하에 있는 항공기에게 비상상황이 발생하였을 경우, 동기관은 즉시 구조조정센터에 통보할 책임이 있는 비행정보센터 또는 구조조정센터에 통보하여야 한다. 단, 비상의 상태가 항공교통센터, 비행정보센터 또는 구조조정센터에 통보할 필요가 없는 경우는 제외된다. 하지만 사태가 긴급할 시에는 비행장 관제탑은 먼저 즉시 필요한 도움을 줄 수 있는 모든 지역구조 및 비상 기구를 동원하는데 필요한 조치를 취하여야 한다.

항공기 구조와 소방업무의 경보에 관한 절차는 국지 지침서에 따라 제공하도록 하고, 항공기의 종류와 비상상황의 종류, 그리고 가능한 경우 탑승인원과 항공기가 수송하던 위험물을 포함하는 정보의 종류를 명시하여야 한다.

2. 수색구조조정업무

국토교통부장관은 우리나라 수색·구조구역에서 지원(경보, 감시 등) 업무를 24시간 제공하기 위하여 항공교통본부내에 구조조정센터를 설치하고 실종 또는 조난항공기에 대한 신속한 정보획득을 위하여 지역별로 경보소를 설치한다. 구조조정센터는 비상항공기에 관한 정보가 항공교통업무기관이 아닌 다른 곳으로부터 접수되었을 경우, 그 상황이 어느 비상단계에 해당되는지를 결정하여야 한다.

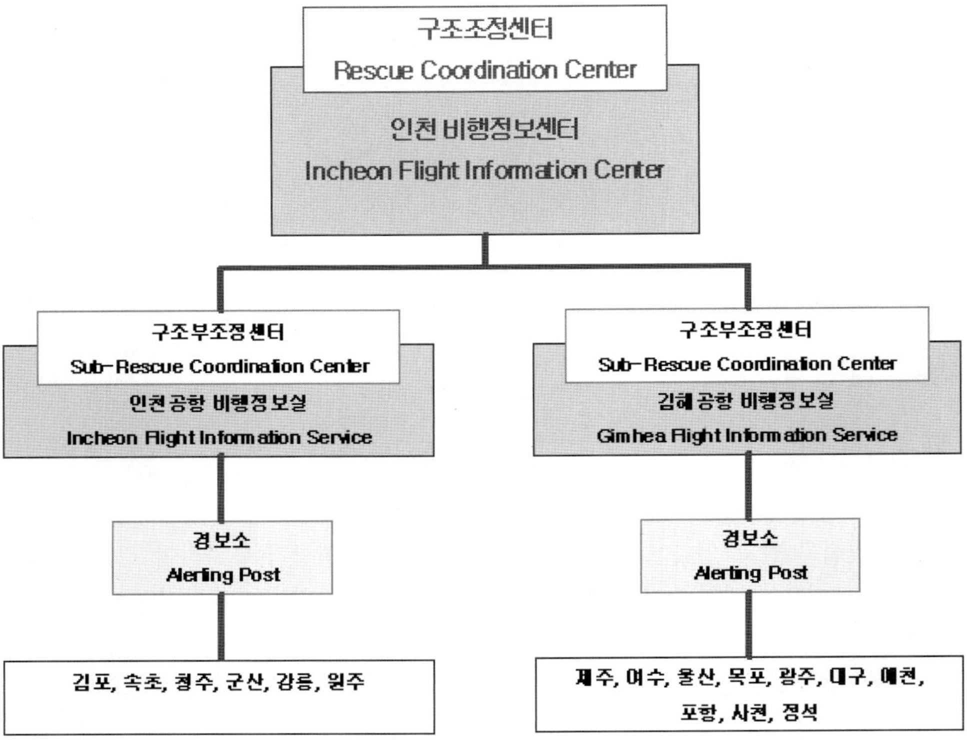

〈그림 13-1〉 구조조정센터 구성도

3. 비상상황의 구분

가. 불확실단계(INCERFA)

연락이 있어야할 시간 또는 동 항공기와의 첫 번째 교신시도가 실패한 시간 중 더 빠른 시간으로부터 30분 이내에 연락이 없거나, 최후로 통보한 도착예정시간 또는 항공교통업무기관이 예상한 도착예정시간 중 더 빠른 시간으로부터 30분 이내에 없을 경우 적용되는 단계이다. 단, 항공기 및 탑승자의 안전이 의심스럽지 않을 경우는 제외한다.

나. 경보단계(ALERFA)

불확실 단계에 뒤 이은 항공기와의 교신시도 또는 다른 관련된 기관에 대한 조회로도 동 항공기의 소식을 알아내는데 실패할 경우, 항공기가 착륙허가를 받고도 착륙예정시간으로부터 5분 이내에 착륙하지 않고 통신이 두절되었을 경우, 항공기의 비행능력이 손상되었으나, 불시착하였을 가능성은 없음을 나타내는 정보가 입수되었을 경우, 항공기가 불법간섭을 받고 있는 것으로 믿어졌거나 멀어지는 경우 적용되는 단계이다.

다. 조난단계(DETRESFA)

조난단계는 경보단계에 뒤 이은 추가적인 항공기와의 교신시도가 실패하고, 탑재연료가 고갈되거나, 항공기의 안전을 유지하는데 불충분하다고 간주될 경우, 또는 항공기가 불시착하려고 하거나, 하였다는 정보가 입수되거나 상당히 확실시 되는 경우를 나타내는 단계이다. 단, 항공기 및 탑승자에게 중대하고 절박한 위험이 임박하지 않았으며, 긴급한 도움이 필요하지 않다는 상당한 확신이 있는 경우는 제외한다.

비상단계를 통보할 경우에는 아래와 같은 방법으로 통보한다.

- INCERFA, ALERFA 또는 DETRESFA 중 비상의 단계에 적절한 용어
- 비상의 성질
- 비행계획 중 중요한 정보
- 마지막으로 교신한 기관, 시간 및 사용주파수
- 마지막 위치보고 및 결정방법
- 항공기의 색깔 및 특성
- 통보하는 기관이 취한 조치
- 기타 적절한 사항

4. 항공교통업무기관의 역할

가. 구조조정센터의 업무

1) 비상상황

구조조정센터는 비상상황 발생시 각 상황에 따라 적정한 단계를 선포하고(센터장 또는 근무팀장) 출발공항에 원본비행계획서를 요구하며, 비상용 공지통신주파수(121.5Mhz/243.0Mhz)를 통한 통신수색을 실시하여야 한다. 또한, 구조부조정센터(RSC) 및 경보소에 운항경로상에 위치한 공항 및 항공교통관제기관을 통한 위치파악을 요구하고, 경찰청등의 기관을 통한 목격자 정보수집, 공군중앙방공통제소(MCRC)에 항공기 위치확인 요청, 구조부조정센터 및 경보소로부터 수집된 정보의 분석, 위성수색구조 단말기(local user terminal)검색, 항공기 항적을 추정하여 수색대상지역 설정, 수색구조기관 및 구조대의 활동에 적극 협조해야하며, 상황 종료시 그 내용을 관계부서에 통보해야 한다.

〈그림 13-2〉 수색구조조정업무 처리절차

2) 경보단계

구조조정센터는 경보단계의 경우 1)항에 의한 조치에 추가하여 경찰청 상황실, 필요시 해양경찰청 상황실, 긴급구조본부(119구조대)상황실, 공군 전술항공통제센터(Tactical Air Control Center: TACC) 등의 기관에 그 상황을 통보하여야 한다.

3) 조난단계

구조조정센터는 조난단계의 경우 2)항의 상황통보에 추가하여 해당 항공사에 진행상황 통보, 필요한 경우 인접국가 구조조정센터에 통보 및 협조, 비상에 관한 정보가 항공교통 업무기관이 아닌 다른 기관으로부터 접수되었을 경우, 관련항공교통업무기관에 통보하고, 필요한 경우 1)항에 포함되지 않는 적절한 항공기, 선박, 해안국, 또는 기타 기관에 다음과 같이 요청하며,

- 조난 항공기, 생존무선장비, 또는 비상위치지시용 무선표지시설(ELT)로부터 송신감청
- 가능한 한 조난항공기에게 지원제공
- 진행상황을 구조조정센터에 통보

가능한 정보를 이용, 필요한 수색구조조정계획을 작성하여 수색구조업무를 직접감독하는 기관에 참조토록 통보하고, 항공기의 등록국과 사고조사위원회에 통보한다.

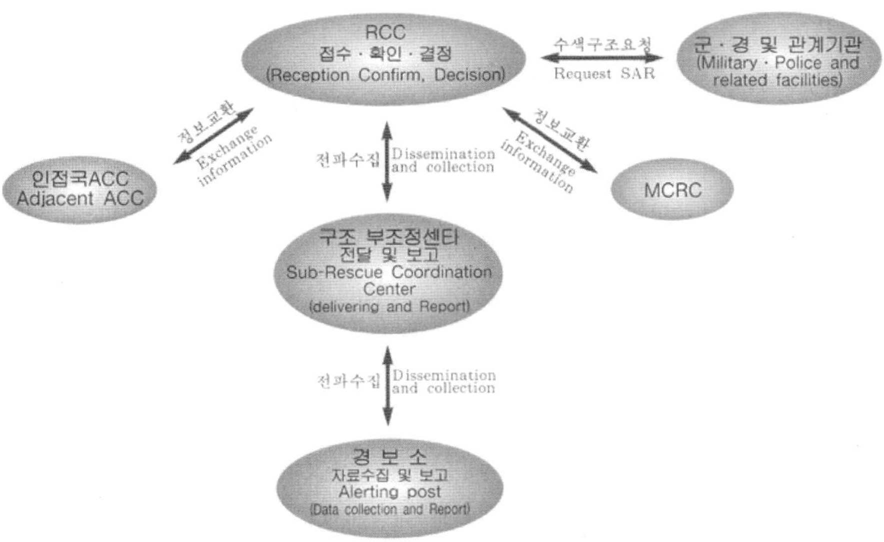

〈그림 13-3〉 조난 예상시 업무처리 절차

나. 구조조정센터의 업무

구조부조정센터는 비상상황 발생시 구조조정센터로부터 불확실한 단계를 통보받으면 즉시 관할경보소에 해당 항공기에 대한 정보문의 후 그 결과를 구조조정센터에 통보하며, 기타 구조조정센터의 요구사항에 적극 협조해야 한다.

다. 경보소(Alerting post)의 업무

경보소는 비상상황발생시 통신수색실시, 출발/목적공항의 비행정보실 및 관제시설에 확인, 운항경로상의 공항에 확인, 항공기 위치발견시는 구조조정센터·구조부조정센터에 통보하고, 기타 구조조정센터·구조부조종센터의 요구사항에 적극 협조한다.

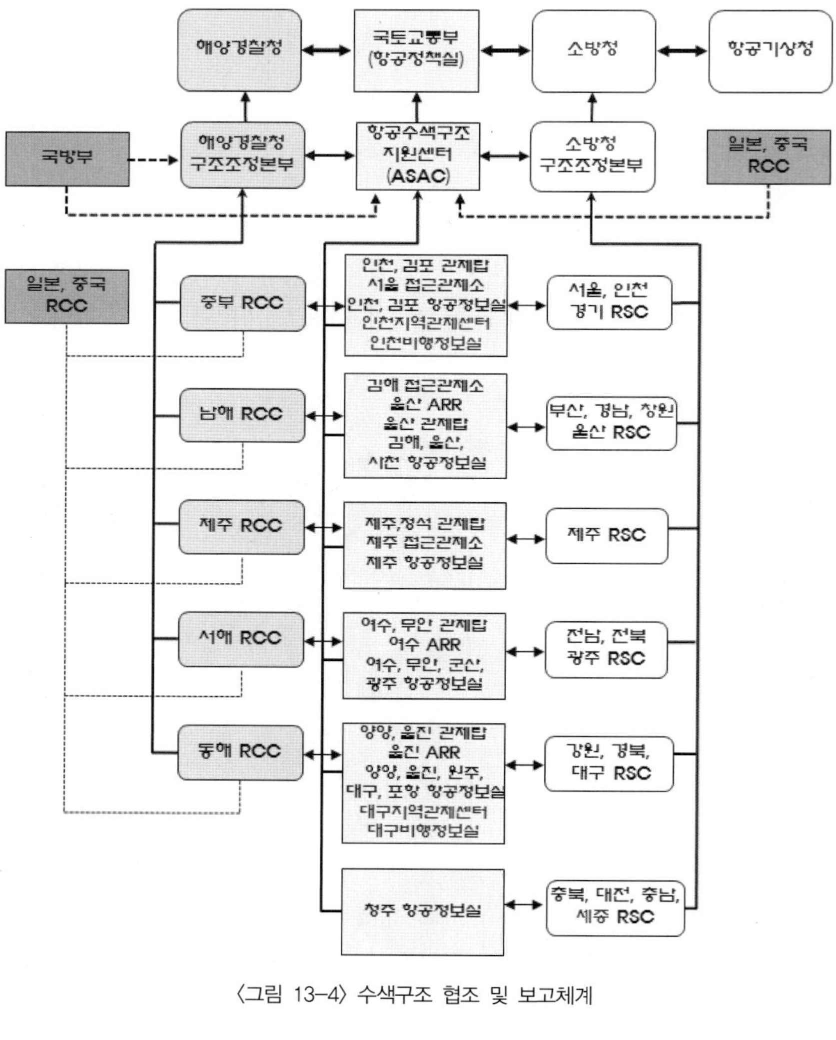

〈그림 13-4〉 수색구조 협조 및 보고체계

라. 항공교통업무기관의 책임

한개 이상 비행정보구역(FIR) 또는 관제구역을 통과비행하는 항공기에 대해 경보업무가 필요할 때와 항공기의 위치가 의문시 될 때, 동 업무에 관한 조정책임은 다음의 비행정보구역 또는 관제구역의 항공교통업무기관에 있다.

- 마지막 공지통신 교신이 이루어진 시간에 항공기가 비행하고 있던 비행정보구역 또는 관제구역
- 두개 비행정보구역 또는 관제구역의 경계선 상이나 이와 가까운 지점에서 마지막 공지통신 교신이 이루어졌을 때에 항공기가 진입하려던 비행정보구역 또는 관제구역
- 항공기가 적절한 양방향 무선통신장비를 장착하지 않았거나, 항공기가 위치보고를 할 의무가 없을 경우에 항공기의 중간 기착지 또는 최종목적지가 위치해 있는 비행정보구역 또는 관제구역

제2절 항공사고조사

1. 항공사고의 개념

'항공사고'라 함은 항공안전법 제2조제6호에 따른 항공기사고, 같은 조 제7호에 따른 경량항공기사고 및 제8호에 따른 초경량비행장치사고를 말하며, '사고조사'라 함은 항공사고와 관련된 정보·자료 등의 수집·분석, 원인 및 또는 기여요인의 규명, 안전권고 등 사고예방을 목적으로 위원회가 수행하는 과정을 말한다.

항공기 사고는 사람이 항공기에 비행을 목적으로 탑승한 때부터 탑승한 모든 사람이 항공기에서 내릴 때까지(무인항공기의 경우에는 비행을 목적으로 이동할 준비가 된 때로부터 비행이 종료되어 발동기가 정지되는 순간까지) 항공기의 운항과 관련하여 발생한 것으로서 다음에 해당되는 것을 말한다.

- 사람의 사망·중상 또는 행방불명
- 항공기의 중대한 손상·파손 또는 구조상의 고장
- 항공기의 위치를 확인할 수 없거나 항공기에 접근이 불가능한 경우

경량항공기 사고는 항공기 외에 공기의 반작용으로 뜰 수 있는 것으로서 국토교통부령으로 정하는 비행기, 헬리콥터 등의 비행과 관련하여 발생한 것으로 다음에 해당되는 것을 말한다.

- 경량항공기에 의한 사람의 사망·중상 또는 행방불명
- 경량항공기의 추락·충돌 또는 화재발생
- 경량항공기의 위치를 확인할 수 없거나 경량항공기에 접근이 불가능한 경우

초경량비행장치 사고는 항공기와 경량항공기 외에 공기의 반작용으로 뜰 수 있는 것으로서 국토교통부령으로 정하는 동력비행장치, 행글라이더, 기구류 및 무인비행장치 등의 비행과 관련하여 발생한 것으로 다음에 해당되는 것을 말한다.

- 초경량비행장치에 의한 사람의 사망·중상 또는 행방불명
- 초경량비행장치의 추락·충돌 또는 화재발생
- 초경량비행장치의 위치를 확인할 수 없거나 초경량비행장치에 접근이 불가능한 경우

2. 항공사고조사의 목적

항공사고조사의 근본적인 목적은 사고와 그 사고에 이르게 한 요인들의 재발방지를 위한 적절한 조치가 취해질 수 있도록 가능성 있는 사고의 원인을 찾아낼 목적으로 사고와 관련 있는 제반 사실과 조건 상황들을 규명하는 데에 있다. 또 다른 중요한 목적의 하나는 탑승자의 생존, 사망, 그리고 항공기의 내 충격과 관련한 제반 사실과 조건 상황을 규명하는 것이다.

항공사고조사의 목적은 처벌행위보다는 치유책을 강구하기 위한 것이기 때문에 고발에 본질이 두어져서는 안 된다. 마찬가지로 항공사고에 대한 책임이나 문책에 대한 판단이 항공사고조사당국의 임무에 포함되어서는 안 된다. 왜냐하면 이는 일반적으로 해당 국가의 사법당국의 권한이기 때문이다. 그럼에도 불구하고 개인이나 조직에 의한 작위 또는 부작위가 명백히 드러나는 것은 불가피한데, 이러한 경우에는 그렇게 말하는 것이 조사자의 의무이다. 이러한 설명 때문에 항공사고조사의 목적이 사고의 원인제공자의 규명보다는 사고원인의 규명에 있다는 사실에 혼동을 가져와서는 안 된다.

사고의 근본원인과 재발방지에 필요한 개선조치는 항상 눈에 보이는 사고사례의 사실에서만 나오는 것은 아니다. 예를 들면, 어떤 기계 부품의 고장의 경우에는, 공장 또는 정비공장에서 그 결함부품을 발견하여 사용 도중에 고장이 발생하지 않도록 하였어야 했음에도 불구하고 검사의 소홀 또는 잘못된 검사방법으로 인하여 고장이 야기될 수도 있다. 마찬가지로 인적과오가 사고의 가능원인으로 나타나면 그 행위에 영향을 미쳤을지 모를 모든 요소에 대하여 조사가 이루어져야 한다. 인적과오가 있었다는 사실이 확인되었을 때 또는 확인이 되었을지라도 조사를 중단하여서는 안 된다. 왜 그러한 과오가 일어났는지 확인하기 위한 노력이 조사에서 있어야 한다. 잘못된 설계, 인체공학에 대한 무관심, 불충분하거나 부적절한 운항절차가 사람에게 혼란을 초래하였거나 오해를 불러 일으켰을 수도

있다. 경험에 의하면, 대부분의 항공기 사고는 인적과오와 종종 인적과오를 유발시킨 주변 환경, 즉 설계, 제작, 시험, 정비, 검사, 그리고 지상 및 공중에서의 운항절차에 의하여 발생 또는 악화되고 있는 것으로 나타나고 있다. 이러한 요소에 대한 확인은 자주 어려움에 직면하지만 주의 깊고 숙련되고 끈기 있는 조사방법을 이용하면 밝혀낼 수도 있다.

사고의 원인이 분명치 않을 때, 가능성 있는 원인으로 생각되는 가능한 많은 가정을 설정하고, 각각에 대해 어디까지가 유용한 것인지 또는 어디까지를 가능성에서 제외시킬 것인지를 찾아낼 필요가 있다. 이러한 접근방법은 종종 어느 정도의 추론과 상당기간의 탐색이 요구되지만 이것이 사고조사관들에게 허용되는 유일한 방법이다. 도출된 증거에 비추어 각 가능성을 세심히 연구하고 현재 가지고 있는 항공지식을 활용하면 많은 가정은 제외시킬 수 있을 것이다. 이렇게 하여 남은 가정의 신뢰성은 증대되고 경험한 바에 비추어 보면 이러한 가정들이 대개는 한 특정분야 또는 그룹의 가능성과 연계되어 있음을 알게 된다. 여러 방면에 대한 조사를 통하여 도출된 사실들, 그리고 여러 사람이 각자 독자적인 추론을 하고 그 추론에 의하여 얻어진 사실들은 하나의 좁은 분야에 대한 집중조사를 통하여 내려진 결론보다 더 정확성이 높을 것이다.

〈그림 13-5〉 항공사고현장

3. 항공사고조사의 실시

항공·철도사고조사위원회 운영규정(2024. 11. 28) 제4장에서 규정하는 항공사고조사의 실시에 관한 내용을 살펴보면 <표 13-1>과 같다.

〈표 13-1〉 항공사고조사의 실시에 관한 규정

제28조(사고조사의 개시 등) ① 위원회는 제22조에 따라 항공 · 철도사고등이 발생한 사실을 접수하거나, 그 사실을 알게 된 경우에는 제29조에 따라 구성된 사고조사단원 중에서 사고조사단장을 임명하고, 신속하게 법 제19조제1항 각 호의 사항 중 사고조사에 필요한 조치를 하게 하는 등 사고조사를 개시하여야 한다.

② 위원회는 항공 · 철도사고등 조사를 수행하는 중에 조사범위 이탈(항공안전장애로 재분류 등) 등 정당한 사유가 발생한 경우에는 위원장의 판단 하에 조사를 중단할 수 있다. 이 경우, 위원회는 조사를 중단한 날부터 28일 이내에 모든 가용수단을 이용하여 그 사유 등을 관련 기관 등에 알려야 한다.

③ 위원회는 대한민국 국적 항공기의 항공사고등이 발생한 위치가 어느 국가의 관할 영역인지 명확하게 구분할 수 없을 때에는 등록국의 지위로서 사고조사를 실시하여야 한다. 다만, 위원회는 다른 국가 또는 지역사고조사기구(Regional Accident Investigation Organization)와의 상호 합의나 협정에 따라 그 조사의 전부 또는 일부를 위임할 수 있다.

④ 위원회는 대한민국이 국제수역(international waters)에서 발생된 사고 현장으로부터 가장 가까이 위치한 국가인 때에는 그 항공기 등록국의 요청이 있는 경우 가능한 지원을 제공하여야 한다.

⑤ 위원회는 대한민국이 등록국, 운영국, 설계국 또는 제작국이 되는 항공기에 사고 또는 준사고가 발생하였으나, 만약 발생국이 ICAO 비체약국이고 또한 그 국가가 부속서13에 따른 사고조사를 기피하는 때에는 직접 그 사고에 대한 조사를 실시할 수 있다.

⑥ 위원회는 항공사고등이 발생한 체약국에서 대한민국이 등록국, 운영국, 설계국 또는 제작국이 되는 항공사고등이 발생한 경우로서 발생국이 조사대상이 아니거나, 조사의향이 없는 경우 발생국으로부터 사고 또는 준사고 조사권한을 위임 받아 조사를 진행할 수 있다. 또한 발생국이 조사의향이 없으며 사고조사 권한도 관련국에 위임하지 않을 경우에는 발생국에 서면으로 사고조사 권한 위임을 요청할 수 있으며, 발생국이 동의하거나 30일내에 회신이 없는 때에는 가용(可用)한 정보를 토대로 사고조사를 직접 실시할 수 있다.

⑦ 위원회는 긴급하게 사고조사관을 현지에 파견하고자 할 경우에는 구두로 지시한 후 사후에 서면으로 조치한다.

⑧ 위원회는 제8항에 따라 사고조사관을 현지에 파견하고자 할 경우에는 군부대 등 현지 관계기관 등과 사전 전화 또는 서면 등으로 출입 등 필요한 사항에 협조하여 원활하게 사고조사가 이루어지도록 조치하여야 한다.

⑨ 위원회는 항공사고등 조사에 비행기록장치의 자료를 효과적으로 활용할 수 있도록 지체 없이 비행기록장치의 자료 인출을 위한 조치를 취하여야 한다.

⑩ 위원회는 활용 가능한 지상기록 자료(Ground-based Recordings)가 있을 경우, 사고조사 시 이를 효과적으로 이용할 수 있도록 조치하여야 한다.

⑪ 사고조사단장은 항공기 잔해와 비행기록장치 및 항공교통업무(ATS) 기록을 비롯한 모든 관련 자료에 완전한 접근이 가능하며, 조사에 참여한 관계자가 지체 없이 세부조사를 수행할 수 있도록 이에 대한 포괄적 통제권을 가진다.

⑫ 위원회는 항공 · 철도사고등을 조사하기 위하여 「국가재정법」 제31조 및 제32조에 따라 충분한 재원을 확보하여야 한다.

⑬ 위원회는 대형사고 등으로 인하여 추가 예산 확보가 필요한 경우에는 지체 없이 「국가재정법」 제51조에 따라 예비비를 확보하여야 한다.

⑭ 외국의 영토 내에서 대한민국 국적 항공기의 항공사고등이 발생한 경우 국제민간항공협약 및 사고발생국의 법을 따른다.

제29조(사고조사단의 구성) ① 위원회는 법 제20조제2항 및 영 제5조제4항에 따라 위원회의 위원, 사고조사관, 직원과 다음 각 호의 국가 · 기관 등의 사고조사관 · 신임대표 · 신임대표 자문관 · 전문가 · 직원으로 조사단을 구성하여 운영할 수 있다. 이 경우에 사고 당사자 및 이해관계자는 제척해야 한다.

1. 항공기의 등록국, 운영국, 설계국, 제작국
2. 항공기의 엔진 또는 주요 장비품의 설계국, 제작국
3. 항공사, 철도 운영자
4. 항공기 · 철도차량 및 시설물의 설계사, 제작사

② 위원회는 제1항에 따른 조사단을 다음 각 호의 분야별로 구성하여 운영할 수 있다.

1. 항공분야: 운항분야(운항그룹, 증인그룹), 운항관리 · 기상분야(현장조사그룹, 기상그룹, 사진/비디오그룹), 관제 · 공항분야(항공교통그룹), 정비기체엔진분야(구조그룹, 엔진그룹), 정비전기전자분야(시스템그룹), 객실 · 구조 · 인적요소분야(생존그룹, 객실안전그룹, 의학/인적그룹), 비행기록장치분야(비행기록그룹)
2. 철도분야: 운전분야, 관제분야, 운행기록분석분야, 차량분야, 신호분야, 전철전력분야, 정보통신분야, 궤도분야, 시설분야, 안전분야
3. 그 밖에 항공 · 철도사고조사등의 조사에 필요하다고 위원장이 인정하는 분야

③ 위원회는 제1항 및 제2항에 따른 조사단의 구성을 사고의 규모 및 유형에 따라 조정할 수 있다. 이 경우에는 반드시 사고조사 경험이 있는 숙련된 위원회의 사고조사관이 1명 이상 참여해야 한다.

④ 위원회는 대형사고 발생 시에 대비하여 사고조사 예상 소요인원을 판단하고, 사고조사 경험자 또는 사고조사 관련 교육이수자 중 필요 대상인원을 사전 지정하여 필요 시 즉시 활용가능토록 조치해야 한다.

⑤ 위원회는 제1항에 따라 항공정책실, 철도국 및 국내외 기관의 전문가 등이 위원회로 파견된 조사관(이하 "파견조사관"이라 한다)을 활용하는 경우에는 다음 각 호와 같이 조치해야 한다.

1. 위원회에 파견 기간 동안에는 파견기관의 고유 업무를 면제해 주도록 파견기관과 사전 협의 또는 협정을 체결
2. 파견조사관이 파견기관의 고유 업무를 수행하지 않도록 공지하고, 이를 따르지 않는 경우에는 사고조사 배제
3. 파견조사관이 위원회와 이해 상충을 피하도록 공지하고, 이를 따르지 않는 경우에는 사고조사 배제 또는 제한
4. 파견조사관이 파견기관 고유 업무로 복귀 시 해고 · 전보 · 징계 · 부당한 대우 또는 그 밖에 신분이나 처우 관련 불이익 금지

⑥ 제1항에 따라 구성된 조사단은 최단기간 내에 효율적으로 사고조사를 마칠 수 있도록 노력해야 한다.

⑦ 위원회는 사고조사 업무의 효율성과 전문성을 높이기 위하여 그 사고와 관련된 분야의 전문가를 조사단에 포함시킬 수 있다.

제30조(조사권한 등) ① 위원회는 법 제4조제2항에 따라 다음 각 호의 사항을 포함하여 사고조사를 독립적으로 수행할 수 있는 권한을 갖는다.

1. 해당 항공 · 철도사고등에 대한 모든 관련 정보의 수집, 기록 및 분석
2. 해당 항공 · 철도사고등에 대한 조사기록의 보호

2의2. 해당 항공 · 철도사고등에 대한 사실 정보의 공표

3. 안전권고 발행

4. 사고 원인 또는 기여요인의 결정
5. 최종보고서 완료
6. 사고현장 방문, 잔해 조사 및 목격자 진술 등 관련 정보 획득

② 위원회는 사고조사로부터 얻는 효과가 안전제고에 미치는 영향 등을 고려하여 조사범위와 절차를 결정할 수 있다.

③ 위원회는 사고조사 정책, 절차 및 업무 등에 관한 사항을 제21조제5항에 따라 위원장이 정하여 운영하는 매뉴얼에 상세히 기술해야 한다. 또한, 그 매뉴얼에는 조사단 구성, 사고조사 계획 및 이행, 보고서 작성 등에 관한 사항을 포함시켜야 한다.

④ 위원회는 법 제19조에 따라 조사단이 사고조사와 관련된 모든 증거물에 지체 없이 무제한으로 접근할 수 있도록 보장해야 한다.

⑤ 위원회는 법 제30조에 따라 사법당국과 협력을 도모하여야 하며, 이는 조사가 행정적 또는 사법적 조사 또는 절차로 인해 방해받지 않도록 보장해야 한다.

⑥ 위원회는 대중적인 관심도가 높은 사고 또는 사건으로 판단되는 경우, 사고조사 초기에 관련 사실 정보를 공표할 수 있다.

⑦ 위원회는 대중적인 관심도가 높은 사고 또는 사건으로 판단되는 경우, 사고 발생 30일 이내에 제41조에 따른 예비보고서를 서면으로 발간할 수 있다.

제31조(사고조사의 재개) ① 조사팀장은 법 제27조에 따라 사고조사가 종결된 이후에 사고조사 결과가 변경될 만한 중요한 증거가 발견된 경우에는 재조사 필요성 등을 사무국장 및 위원장에게 보고해야 한다. 이 경우 "사고조사가 종결된 이후에 사고조사 결과가 변경될 만한 중요한 증거가 발견된 경우"란 공식 수색작업이 종료된 후 행방불명된 것으로 간주했던 항공기의 위치가 파악된 경우 등을 말한다.

② 위원장은 재조사 심의를 위해 분과위원회의 회의를 소집하고 이후 분과위원회 의결을 거쳐 이를 결정한다.

③ 외국에서 발생한 항공기 사고에 대한 사고조사를 재개하려는 경우에는 제2항에 따른 재조사 결정 이후에 사고조사를 개시했던 국가의 동의를 얻어 사고조사를 다시 할 수 있다.

제32조(관계기관과의 협조) ① 위원회는 효율적인 사고조사를 위해 필요할 경우 항공기 및 철도 부품 또는 구성품의 검사 또는 시험 등 사고조사에 필요한 장비를 관계기관 또는 업체 등으로 부터 제공받을 수 있도록 다음 각 호와 같이 협조체계를 갖추어야 한다.

1. 해상, 내수면, 육상 등에서 항공 · 철도사고등 발생 시 위원회 보유 능력을 초과하는 경우에 대비하여, 예상 소요되는 장비의 종류, 보유 기관 또는 업체, 소재지, 연락수단, 이동 소요시간, 장비가용성 등을 확인하고 필요 시 즉시 사용가능토록 사전 협조하여야 한다.
2. 제1호에서 정한 내용의 변동사항을 주기적으로 확인하여 최신화 하고, 필요 시 대상 기관 및 업체의 대체 지정 등을 조치하여야 한다.
3. 위원회 이외에서 항공기 및 철도 부품 또는 구성품의 검사 또는 시험을 실시하는 경우에는 위원회 소속의 사고조사관 또는 직원이 입회하여야 한다.

② 위원회는 경찰 · 소방 등 관계기관과 협조체계를 갖추어 신속하고 효율적인 사고조사를 수행할 수 있도록 하고, 조사과정에서 항공보안 관련 불법행위가 확인되거나 의심될 경우 항공보안을 책임지는 기관(국토교통부 항공보안과)에 그 사실을 지체 없이 통보하여야 한다.

③ 위원회는 법 제23조에 따른 사망자 검시, 생존자 검사 등 의학적 검사를 위하여 전문가의 도움을 받을 수 있도록 가능한 사고조사 경험이 있는 내과의사, 전문가나 전문단체와 협조체계를 갖추어야 한다.

④ 위원회는 항공 · 철도사고등이 발생하였으나 위원회에 사고조사를 위한 적절한 자격을 갖춘 인력이 충분하지 않을 경우를 대비하여 다른 국가 또는 국내외 전문기관에 신속하게 필요한 인력을 지원받을 수 있도록 협정을 체결하여야 한다.

⑤ 위원회는 사고조사가 행정 또는 사법적 조사 · 절차로 인하여 방해받지 않도록 관련 당국과 상호 협조체계를 구축하여야 한다. 특히, 희생자에 대한 검시 · 식별 및 비행기록장치의 해독과 같이 신속한 기록 및 분석이 요구되는 증거물을 취급할 경우에는 특별히 주의하여야 한다.

제33조(정보제공) ① 위원회는 항공사고등 조사를 담당하는 국가로부터 요구가 있는 경우 가능한 관련 모든 정보를 제공하여야 한다.

② 위원회는 항공사고등이 발생되기 전에 관련 항공기가 대한민국의 시설을 실제 이용하였거나 또는 통상적으로 이용한 경우 및 사고조사 관련 정보를 가지고 있을 경우 그 정보를 조사를 담당하는 국가에 제공하여야 한다.

③ 위원회는 대한민국이 등록국 또는 운영국이 되는 항공기가 외국에서 발생한 항공사고등에 관련되고 항공사고등 발생국이 아닌 국가에 착륙한 경우로서 사고조사를 담당하는 국가로부터 요청이 있는 때에는 비행기록장치에 기록된 내용과 필요시 해당 비행기록장치를 그 국가에 제공하여야 한다. 또한, 필요한 경우 비행기록장치의 복구를 위하여 다른 국가에 협력을 요청할 수 있다.

④ 위원회는 대한민국이 외국에서 발생된 항공사고등 관련 항공기의 등록국 또는 운영국인 경우에 사고조사를 담당하는 국가로부터 요청이 있는 때에는 그 항공기의 운항에 직간접적으로 영향을 미쳤을 가능성이 있는 항공사 등의 조직(organization)에 관한 정보를 제공하여야 한다.

⑤ 위원회는 항공 · 철도사고 등과 관련한 생존자와 유가족에게 사고조사 진행에 관한 정보를 적시에 제공하여야 한다. 다만, 국토교통부 또는 다른 정부기관에서 제공하는 경우에는 아니할 수 있다.

⑥ 위원회는 항공사고등 사고조사를 목적으로 국가간 정보교환이 이루어 질 경우 정보공개의 범위 또는 그 사용의 제한 여부를 결정하기 위해 협력하여야 한다.

⑦ 위원회는 항공사고등과 관련된 항공기의 비행기록장치 데이터를 보유하고 있는 경우, 조사수행국에게 보유하고 있는 가용 데이터를 지체없이 제공해야 하며, 조사수행국의 동의 없이 해당 데이터를 누설해서는 안 된다.

제34조(정보공개 금지 등) ① 위원회는 법 제28조 및 영 제8조에 따른 공개금지 정보를 다음 각 호의 정보보호 및 정보공개의 원칙에 따라 보호하여야 한다.

1. 정보보호의 원칙
   가. 사고조사과정에서 얻은 정보(예비보고서 및 최종보고서 초안 등 포함)가 공개됨으로써 현재 또는 장래의 정확한 사고조사에 영향을 줄 수 있거나, 국가의 안전보장 및 개인의 사생활이 침해될 우려가 있는 경우에는 이를 공개하여서는 아니 된다.
   나. 위원회는 비행기록장치 등에 기록된 정보(조종실 및 열차기관실의 영상 · 음성기록 및 그 녹취록 등)가 외부에 공개되지 않도록 일반 정보보다 강화된 수단으로 보호하여야 한다.
   다. 사고조사과정에서 얻은 정보를 관계자의 처벌이나 민 · 형사상 책임규명 또는 행정처분을 위하여 사용하여서는 아니 된다.
   라. 위원회는 최종보고서 초안을 공표하거나 외부로부터 입수한 경우에는 그 보고서 초안이 외부에 공개되지 않도록 일반 정보보다 강화된 수단으로 보호하여야 한다.

2. 정보공개의 원칙(공개 가능한 정보의 범위)
   가. 고의적이거나 사고 등이 발생할 것을 인지한 상태에서 부주의한 행위, 중대한 과실, 고의적인 위법행위 등으로 사고 등을 발생시켰다는 증거가 있을 경우
   나. 사법기관이 법원에서의 정보공개가 사고조사를 위한 정보 수집에 미치는 영향보다 공익과 국가의 이익에 더 중요하다고 판단한 경우
   다. 개인정보 보호법 등 사생활 보호 관련 법규에 저촉되지 않는 경우
3. 정보보호의 책임
   가. 위원회는 사고조사과정에서 얻은 정보를 보호하기 위하여 제1호에 따른 정보보호의 원칙에 따라 정보가 공개되지 아니하도록 가능한 모든 조치를 취하여야 한다. 다만, 제2호에서 규정한 정보공개의 원칙을 충족시키고 정보 생성자(예, 조종실음성기록장치에 기록된 음성의 소유자인 조종사 등)의 동의가 있을 경우에는 그러하지 아니한다.
   나. 위원회는 사고조사 관련 정보의 유치와 보호에 대한 책임을 진다.
   다. 위원회는 가능하다면 사고조사과정에서 입수한 기록의 사본만을 보유해야 한다.
   라. 위원회는 위원회에 유치 또는 통제 하고 있는 기록에 대해 공개를 요청받은 경우 가능하다면 원래 출처(원본소유자)에게 제공 받도록 해야 한다.
   마. 위원회는 법 제25조제1항 및 영 제8조에 따른 사고조사보고서에 포함된 내용 이외의 정보를 공개하고자 할 경우에는 제1호 및 제2호에 따른 정보보호 원칙 등을 고려하여 위원회 의결(공개내용, 방법 및 시기 등)에 따른다.

② 위원회는 정보공개에 관한 결정을 위해 이익형량심사(Balancing Test) 집행 관할기관을 지정하는 경우 부속서13 부록 2(별표 5 사고 및 사건조사기록의 보호)의 사건 및 사고조사기록의 보호를 준수하도록 조치해야 한다.

③ 위원회는 영 제8조의 정보를 항공 · 철도사고 등의 조사 · 분석과 관련이 있을 경우에만 최종보고서 또는 부록에 포함시켜야 한다. 또한, 그 정보가 분석과 관련이 없을 경우에는 공개해서는 안 된다.

제35조(사고조사의 위임) ① 위원회는 대한민국에서 발생한 외국항공기의 항공사고등에 대한 원활한 사고조사를 위하여 필요한 경우 해당 항공기의 소속 국가 또는 지역사고조사기구(Regional Accident Investigation Organization)와의 합의나 협정에 따라 사고조사를 그 국가 또는 지역사고조사기구에 위임할 수 있다.

② 위원회는 공해상에서 대한민국이 사고조사 책임을 가지는 항공사고등 발생 시 원활한 사고조사를 위하여 필요한 경우 다른 국가 또는 지역사고조사기구와의 합의나 협정에 따라 사고조사를 그 국가 또는 지역사고조사기구에 위임할 수 있다.

③ 제2항에 따라 국가 또는 지역사고조사기구가 사고조사의 권한을 위임받은 경우 그 국가 또는 지역사고조사기구는 최종보고서의 발행 및 항공기사고 자료보고서(ADREP: Accident and Incident Data Reporting) 보고를 포함한 조사 전반에 책임을 진다. 다만, 국가 또는 지역사고조사기구가 사고조사의 권한 중 일부만을 위임받았을 경우에는 사고 발생국이 조사수행에 관한 책임을 진다.

④ 위원회는 제1항, 제2항 및 제3항에 따라 사고조사를 위임하였을 경우 해당 사고조사에 필요한 사항을 협조해야 한다.

⑤ 위원회는 대한민국이 운영국, 설계국 또는 제작국이 되는 항공사고등이 발생한 경우, 등록국이 ICAO 비체약국이고 또한 부속서13에 따른 사고조사를 기피하는 때에는 직접 그 사고에 대한 조사를 실시할 것을 고려해야 한다. 이 경우, 위원회는 원활한 사고조사를 위해 필요한 경우 상호 합의나 협정에 따라 다른 국가에게 조사 권한의 전부 또는 일부를 위임할 수 있다.

제36조(대한민국이 담당하는 항공사고등에 대한 조사에 신임대표의 임명 등) ① 위원회는 대한민국이 조사권한을 가지는 항공사고등을 조사하는 경우 항공기의 등록국, 운영국, 설계국 및 제작국에게 신임대표 임명권한을 부여해야 한다.

② 위원회는 위원회가 조사하는 항공사고등에 위원회의 요청에 따라 정보, 시설 또는 전문가를 제공하는 국가에게 신임대표 임명권한을 부여해야 한다.

③ 위원회는 항공사고등 발생 시 항공기의 등록국 또는 운영국이 신임대표를 임명하지 아니하는 경우에는 대한민국의 조사절차를 따르는 조건으로 그 국가의 항공기 운영자를 사고조사에 참여시킬 수 있다.

④ 위원회는 항공기의 설계국 또는 제작국이 신임대표를 임명하지 아니할 경우에는 대한민국의 조사절차를 따르는 조건으로 항공기 형식설계자와 최종조립자를 사고조사에 참여시킬 수 있다.

⑤ 위원회는 대한민국이 조사권한을 가지는 사고를 조사하는 경우 해당 항공기의 등록국 및 운영국에게 항공기 운영자가 추천하는 사람 1명 이상을 신임대표를 보조할 신임대표 자문관으로 임명할 권한을 부여해야 한다.

⑥ 위원회는 대한민국이 조사권한을 가지는 사고를 조사하는 경우 해당 항공기 설계국 및 제작국에게 항공기 형식설계자 및 최종조립자가 추천하는 사람 1명 이상을 신임대표를 보조할 신임대표 자문관으로 임명할 권한을 부여해야 한다.

⑦ 위원회는 대한민국이 조사권한을 가지는 사고를 조사하는 경우 신임대표 자문관에게는 신임대표의 감독 하에 신임대표가 사고조사에 참여하는데 필요한 범위까지만 사고조사 참여를 허용해야 한다.

⑧ 위원회의 사고조사에 참여한 신임대표 및 신임대표 자문관은 위원회에 항공사고등과 관련된 모든 정보를 제공해야 하며, 위원회의 동의 없이 조사 진행상황 및 조사결과(findings) 등을 누설해서는 안 된다.

⑨ 위원회는 사고 피해 상황 등을 고려하여 신임대표 또는 신임대표 자문관의 파견 기간을 변경할 수 있다.

⑩ 위원회는 대한민국이 조사권한을 가지는 사고를 조사하는 경우 해당 항공기의 엔진 또는 주요부품에 대한 설계국 또는 제작국에게 신임대표 임명권한을 부여하여 조사에 참여시킬 수 있다.

⑪ 위원회는 대한민국이 조사권한을 가지는 사고를 조사하는 경우 현장 조사를 위한 운영본부를 제공하거나 수색 · 구조 또는 잔해복구 작업에 참여하거나 편명 공유(Code Share) 또는 제휴(Alliance Partner) 항공사 소속 국가에게 신임대표 임명권한을 부여하여 조사에 참여시킬 수 있다.

제37조(신임대표 등의 조사 참여 범위) ① 등록국, 운영국, 설계국, 제작국 등의 지위로서 사고조사에 참여한 신임대표, 신임대표 자문관, 자문위원 또는 전문가 등은 조사단장의 통제 하에 다음 각 호를 포함한 모든 조사 분야에 참여할 수 있다.

1. 사고현장의 방문
2. 잔해의 조사
3. 목격자 정보 획득 및 질문 분야 제안
4. 사고조사에 관련되는 모든 증거물에 대한 완전한 접근
5. 사고조사에 관련되는 모든 문서 사본의 취득
6. 기록된 자료의 해독에 참여
7. 부품 검사, 브리핑, 시험 및 모의시험의 조사활동에 참여

8. 시험 · 분석 결과, 조사 중 발견사실, 사고발생 원인 및 기여요인, 안전권고 검토 등을 포함한 조사 진행회의 참여
9. 조사의 여러 가지 요소에 관련한 제안의 제출

② 제1항에도 불구하고 사고조사를 위한 정보, 시설 및 전문가 등을 제공한 등록국, 운영국, 설계국, 제작국이 아닌 국가의 조사 참여 범위는 제공한 정보 및 자료와 관련된 사항의 조사활동으로 그 범위를 제한한다.

제38조(외국이 담당하는 항공사고등의 조사에 대한민국의 신임대표 임명 등) ① 위원회는 외국 또는 지역사고조사기구(Regional Accident Investigation Organization)가 조사하는 항공사고등 중 대한민국이 항공기의 등록국, 운영국, 설계국 또는 제작국의 지위를 가지는 경우 신임대표(accredited representative)를 임명할 수 있다. 다만, 이 경우 항공기의 최대중량이 2,250킬로그램을 초과하고 사고조사를 담당하는 국가가 특별히 참여를 요청하는 때에는 신임대표를 임명해야 하며, 또한 조사에 적극적으로 임해야 한다.

② 위원회는 제1항 외에 외국의 요청에 따라서 관련 정보, 시설 또는 전문가를 제공하는 경우에는 신임대표를 임명하여 조사에 참여하게 할 수 있다.

③ 위원회는 대한민국이 항공기의 설계국 또는 제작국의 지위를 가지는 경우, 사고조사를 담당하는 국가가 제1항 외에 조사 지원을 요청하는 때에는 지원할 수 있다.

④ 위원회는 대한민국이 항공기의 등록국 또는 운영국의 지위로서 신임대표를 임명하는 경우에는 항공기 운영자가 추천하는 사람 1명 이상을 신임대표를 보조할 신임대표 자문관으로 임명해야 한다.

⑤ 위원회는 대한민국이 항공기의 설계국 또는 제작국의 지위로서 신임대표를 임명할 때에는 항공기 형식설계자 또는 최종조립자가 추천하는 사람 1명 이상을 신임대표를 보조할 신임대표 자문관으로 임명해야 한다.

⑥ 위원회는 외국이 담당하는 항공사고등의 조사에 참가하는 경우 신임대표 자문관에게는 신임대표의 감독 하에 신임대표가 사고조사에 참여하는데 필요한 범위까지만 사고조사 참여를 허용해야 한다.

⑦ 신임대표 및 신임대표 자문관은 사고조사를 담당하는 국가에 항공사고등과 관련한 모든 정보를 제공해야 하며, 그 국가의 동의 없이 조사 진행상황 및 조사결과(findings) 등을 누설해서는 안 된다.

⑧ 신임대표는 위원회에 소속된 직원 중에서 임명함을 원칙으로 한다.

⑨ 신임대표는 소속 국가가 안전개선 조치를 적시에 취할 수 있도록 해당 사고와 관련하여 수집한 정보를 보안이 유지되는 통신시설을 이용하여 위원장에게 보고할 수 있다. 이 경우 보고 정보는 조사를 담당하는 국가가 공개하였거나 그 국가와 사전에 협의된 것에 한한다.

⑩ 신임대표 또는 신임대표 자문관에 대하여 반드시 사고현장에 파견되어 상시 체류할 것이 요구되지는 않는다.

⑪ 위원회는 대한민국이 현장 조사를 위한 운영본부를 제공하거나 수색 · 구조 또는 잔해복구 작업에 참여하거나 편명 공유(Code Share) 또는 제휴(Alliance Partner) 항공사 소속 국가인 경우, 신임대표를 임명하여 조사에 참여하게 할 수 있다.

⑫ 위원회는 대한민국이 항공기 엔진 또는 주요부품에 대한 설계국 또는 제작국인 경우, 사고조사를 담당하는 국가가 효율적인 사고조사 수행 및 안전증진 효과를 위하여 사고조사의 참여를 요청하는 때에는 신임대표를 임명할 수 있다.

⑬ 위원회는 신임대표를 임명할 경우 1명 이상의 그 사고와 관련된 분야의 전문가를 신임대표를 보조할 신임대표 자문관으로 임명할 수 있다.
⑭ 신임대표는 외국에서 조사가 완료되어 공표된 조사보고서를 항공사고조사통합관리시스템(KAIMS, Korea Accident Investigation Management System)에 입력하고 위원회의 인터넷 홈페이지에 공표해야 한다.

제39조(기술회의 개최) ① 위원회는 사고조사 관련 또는 위원회 업무의 발전을 위하여 관계기관 등의 전문가 등이 참석하는 기술회의(Technical Meeting)를 개최할 수 있다.
② 제1항에 따라 기술회의를 개최하는 경우에는 회의록을 작성 · 유지해야 한다.

제40조(공청회 개최) ① 위원회는 정확한 사고원인 규명과 사고조사의 공정성 및 객관성 확보를 위해 공청회를 개최하여 관계인 또는 전문가로부터 의견을 들을 수 있다.
② 공청회 개최방법 및 절차 등은 「공청회 운영지침」(위원회 훈령)을 따른다.

4. 항공사고조사 결과에 따른 후속조치

항공·철도사고조사위원회 운영규정(2024. 11. 28) 제6장 및 제7장에서 규정하는 항공사고조사 결과에 대한 후속조치에 관한 내용을 살펴보면 <표 13-2>와 같다.

〈표 13-2〉 항공사고조사 결과에 따른 후속조치 규정

제6장 안전권고

제46조(안전권고) ① 사고조사단장은 항공 · 철도사고등에 대한 사고조사의 모든 단계에서 항공 · 철도의 안전을 향상시키고 유사사고의 재발방지를 위해 긴요하다고 판단되는 안전권고사항을 신속하게 서면으로 작성하여 위원장에게 보고해야 한다. 특히, 재발방지를 위해 긴급한 조치가 필요한 안전권고사항은 가능한 한 사고조사 개시 1개월 이내에 보고해야 한다.
② 위원회는 제1항의 안전권고 사항을 법 제26조제1항에 따라 해당되는 국내외 조사당국 및 관련되는 기관 · 업체에 그 안전권고의 발행일자와 회신기한을 포함하여 서면으로 통보해야 하며, 부속서 또는 기술지침 등(Document)과 관련된 조치가 요구되는 사항에 대해서는 이를 사고조사보고서와 별도의 서신으로 동 기구에 통보해야 한다.
③ 위원회는 다른 국가의 사고조사당국에서 대한민국으로 통보되는 안전권고를 신속하게 수집해야 한다.
④ 위원회는 외국으로부터 안전권고를 접수하는 경우에는 그 안전권고에 대한 대응조치 진행사항을 모니터링하고, 발행일로부터 90일 이내에 동 권고를 발행한 국가에 다음 각 호의 사항을 통보해야 한다.
1. 안전권고를 이행했을 경우에는 그 내용
2. 조치 중일 경우에는 진행사항
3. 조치를 취하지 아니하였을 경우에는 그 사유
4. 위원장이 필요하다고 판단하는 경우, 안전권고 외에 사고예방 조치를 위한 건의사항

⑤ 위원회는 법 제26조제2항에 따른 관계기관의 장 또는 제2항에 따른 국내외 조사당국 및 관련 기관 · 업체로부터 안전권고에 대한 조치계획 및 결과를 통보받거나, 제6항에 따라 조치한 경우에는 다음 각 호의 사항을 이행해야 한다.

1. 조치계획 및 검토 결과를 별지 제16호서식에 기록 · 유지
2. 조치가 완료되지 않은 경우에는 조치완료 예정일 또는 통보일로부터 3개월보다 적은 날짜 이전에 이행여부를 모니터링
3. 조치계획에 따른 이행이 정당한 사유 없이 지연되는 경우에는 이의 시정을 요구

⑥ 위원회는 제5항에 따라 법 제26조제2항에 따른 관계기관의 장 또는 제2항에 따른 국내외 조사당국 및 관련 기관 · 업체로부터 통보받은 조치계획 및 결과를 검토하여 그 내용, 조치 시기 등이 해당 안전권고의 취지와 일치하지 아니한 경우에는 다음 각 호와 같이 조치해야 한다. 다만, 회신기한까지 통보받지 못하는 경우에는 재통보 한다.

1. 그 사유가 타당한 경우에는 안전권고를 철회 또는 변경
2. 그 사유가 타당하지 아니한 경우에는 이의 시정을 요구. 다만, 특별히 중대한 사안인 경우에는 위원회의 심의를 거쳐 관계기관의 장 또는 국내외 조사당국 및 기관에 재권고

⑦ 안전권고 발행권한은 우선적으로 조사담당국에 있다. 다만, 대한민국이 조사참여국으로서 위원장이 안전을 위하여 필요하다고 판단하는 경우에는 조사수행국과의 협의를 통하여 안전권고를 발행 할 수 있다.

⑧ 위원회는 다른 국가의 기관 · 업체에게 안전권고를 발행할 경우 해당 국가의 사고조사당국에도 통보해야 한다.

⑨ 위원회는 국제적 안전권고(SRGC)를 발행한 경우 발행일자 및 안전권고 내용과 그 회신사항을 ICAO에 통보해야 한다.

제47조(이행 불능사항의 처리) 위원회는 안전권고가 발행된 이후 여건의 변화 등으로 이행이 불가능하게 되거나 이행의 실익이 상실되었다고 판단되는 경우로서 해당 관계기관의 장의 요청이 있는 경우에는 그 이행을 면제할 수 있다. 이 경우 특별히 중대한 사안인 경우에는 위원회의 심의를 거쳐야 한다.

제7장 사고예방 등

제48조(안전정보의 교환) ① 위원회는 항공 · 철도체계의 모든 사용자 사이에 안전정보 공유망 구축을 촉진하여야 하며 안전저해요소(Safety Deficiencies) 정보에 대한 자유로운 이용이 가능하도록 하여야 한다.

② 위원회는 안전연구 및 사고조사기법 개발을 위하여 외국과 정보를 교환할 수 있다.

제49조(데이터베이스 분석 · 활용) ① 위원회는 법 제29조에 따라 항공 · 철도사고등과 관련한 자료를 수집, 분석, 연구 및 전파하기 위해 구축한 사고조사관리시스템(항공사고조사 통합관리시스템(KAIMS, Korea Accident Investigation Management System), 철도사고조사관리시스템(RAIMS, Railway Accident Investigation Management System))을 유지 · 관리해야 하며, 사고조사관은 사고조사 진행에 따라 사고조사와 관련된 자료를 해당 시스템에 입력 · 관리해야 한다.

② 위원회는 제1항에 따른 데이터베이스시스템이 ICAO에서 권장하는 ADREP / IDREP (Accident/Incident data report), ECCAIRS(European Coordination Center for Aviation Incident Reporting System), 또는 CICTT(Commercial Aviation Safety Team / ICAO Common Taxonomy Team)와 호환되는 표준분류체계를 사용해야 하며, 다음 각 호에 따라 분석 및 분류하여야 한다.

1. 별표 8에 따른 항공기사고등의 이벤트 유형 분류코드 및 별표 9에 따른 항공기 고장 · 결함에 관한 분류코드
2. 별표 10에 따른 항공기사고등이 발생한 비행단계 분류코드
3. 별표 11에 따른 항공기사고등의 인명피해 및 항공기파손 정도를 구분하는 분류코드
4. 인적요인으로 인하여 발생한 항공기사고등에 대한 별표 12에 따른 분류코드

③ 위원회는 제1항에 따른 데이터베이스 내의 정보에 대한 연구 · 분석결과 다른 나라에도 해당되는 내용이라고 판단될 경우에는 관련 안전정보를 해당 국가에 가능한 한 빨리 알려주어야 한다.

④ 위원회는 실제적 또는 잠재적인 안전저해요소(Safety Deficiencies)을 해소하는데 요구되는 예방조치가 파악될 경우 이를 시행하고, 그 이행현황과 효과를 모니터링하는 체계를 갖추어야 한다.

⑤ 위원회는 안전책임을 다할 수 있도록 항공안전프로그램 구축의 책임이 있는 항공당국에게 데이터베이스시스템 접근권한을 부여할 수 있다.

⑥ 제44조제5항에 따른 최종보고서에는 제1항에 따른 예방 조치의 근거가 되는 정보를 포함할 수 있다.

제50조(사고조사 연구 · 교육기관 등의 지정) ① 위원회는 법 제5조제5호 및 제29조제2항에 따라 사고조사 기술지원 및 교육에 적합하다고 인정되는 기관을 사고조사 연구 · 교육기관(이하 "연구기관"이라 한다)으로 지정할 수 있다.

② 위원회는 연구기관 지정 시 지정 기간을 별도로 정할 수 있으며, 지정 기간이 만료될 경우 필요 시 지정 기간을 연장할 수 있다.

③ 연구기관으로 지정 받기를 원하는 기관은 별지 제17호서식의 신청서에 지정 받고자 하는 분야에 대한 능력을 증명할 수 있는 서류를 첨부하여 위원회에 제출해야 한다.

④ 위원회는 제3항의 신청에 의하여 연구기관을 지정할 경우에는 별지 제18호서식의 지정서를 교부해야 한다.

⑤ 위원회는 연구기관으로 지정받은 기관이 적절한 연구 · 교육체계를 유지하고 있는지 여부를 정기(매년 1회) 또는 수시로 검사하여야 한다.

제50조의2(사고조사 연구 · 교육기관 등의 지정해제) ① 위원회는 다음 각 호에 해당하는 경우에는 연구기관 지정을 해제하여야 한다.

1. 거짓이나 그 밖의 부정한 방법으로 지정을 받은 경우
2. 위원회의 정기 또는 수시 검사 등에 따른 보완 · 시정 요구를 정당한 이유 없이 이행하지 않은 경우
3. 지정기관이 지정해제를 요청하는 경우
4. 지정 기간이 만료된 경우

② 위원회는 제1항에 따라 연구기관의 지정을 해제하는 경우에는 지정서 반납을 명하여야 한다.

제51조(시험 · 분석체계) ① 법 제23조에 따라 위원회는 효율적인 사고조사를 위해 다음 각 호의 시험 · 분석체계를 갖추어야 한다.

1. 비행기록장치 해독 · 분석체계
2. 항공교통관제 데이터자료 및 음성기록 분석체계
3. 열차운행기록장치 분석체계
4. 재료 시험분석체계

② 위원회는 위원회에 제1항제1호에 따른 해독체계가 갖추어져 있지 않거나 필요하다고 판단되는 경우에는 다음 각 호를 고려하여 다른 기관 또는 설계국, 제작국 및 운영국 등의 국가가 제공하는 시설을 이용할 수 있다.

1. 해독시설의 능력
2. 해독작업의 적시수행 가능 여부
3. 해독시설의 위치

注. 항공교통관제 레이더 자료 및 통신의 기록 관련 세부 기준은 부속서 11 제6장 및 항공교통업무기준(국토교통부고시) 등에서 정한 규정에 따른다.

③ 제1항제1호에 따른 비행기록장치의 해독 · 분석에 관하여는 별표 6을 준용한다.

④ 법 제23조제2항에 따라 위원회는 제1항제4호에 따른 항공기 · 철도차량 등의 구성품 등에 대한 검사 · 시험 · 분석을 할 수 있는 시설 · 장비가 없는 경우에는 검사 · 시험 · 분석 등의 업무를 국내외 관계 전문가 · 전문기관 등에 의뢰할 수 있다.

⑤ 제1항제4호에 따른 재료 시험 · 분석에 관하여는 「항공 · 철도사고조사위원회 시험분석 업무규정」에 따른다.

제52조(검시 · 의학적 검사) ① 위원회는 법 제23조에 따라 사고조사와 관련하여 사상자에 대하여 가급적 경험이 있는 병리의사가 신속하고 철저하게 이들을 검시 · 검사할 수 있도록 조치해야 한다.

② 위원회는 법 제23조에 따라 사고조사와 관련하여 필요하다고 판단되는 경우 해당 승무원, 승객 및 관련 항공업무종사자에 대하여 가급적 경험이 있는 내과의사가 신속하고 철저하게 의학적 검사를 할 수 있도록 조치해야 한다.

注. 동 검사를 통해 운항승무원 및 그 밖의 사고와 직접적으로 관련된 자의 신체적 또는 심리적 건강상태가 조사에 기여할 수 있을지 여부를 확인할 수 있다.

③ 제1항 및 제2항에 따른 검시 및 의학적 검사에 관한 세부 기준은 ICAO Doc 8984 (Manual of Civil Aviation Medicine) 및 Doc 9756 (Manual of Aircraft Accident and Incident Investigation)에 따른다.

제53조(사고조사 장비) ① 위원회는 사고조사관에게 사고조사 수행에 필요한 다음 각 호의 장비(이하 "조사장비"라 한다)와 사용방법을 모두 제공해야 하며, 조사장비의 세부 사항 및 사용방법 등은 사고조사매뉴얼로 정할 수 있다. 다만, 직접 구입하거나 보유하기 힘든 장비는 임대, 관련 기관과의 협정 등으로 사고조사 발생 시 사용할 수 있도록 조치할 수 있다.

1. 사고조사장비
2. 사무장비
3. 통신수단
4. 운송수단
5. 보호장비
6. 현장조사 키트
7. 필수 개인장비품
8. 그 밖에 사고조사에 필요한 것

② 위원회는 제1항에 따른 조사장비는 별지 제19호서식에 따른 목록을 만들고 구입, 수리, 처분, 보관방법, 사용자 및 관리자 등의 관리 내용을 기록해야 한다.

③ 위원회는 제1항에 따른 조사장비의 사용훈련 기회를 사고조사관에게 적절히 제공해야 한다. 다만, 사용자격이 있거나 원활히 사용할 수 있는 사고조사관에게는 그러하지 아니할 수 있다.

④ 사고조사관은 제3항에 따른 훈련에 적극적으로 참여하여 조사장비를 원활하게 사용할 수 있어야 한다.
⑤ 사고조사관은 항공사고등 발생 시 현장으로 지체 없이 출동할 수 있도록 조사장비 보관장소에 상시 출입할 수 있어야 하며, 현장조사 키트와 필수 개인장비품을 상시 준비하고 있어야 한다.
⑥ ~ ⑨ 〈삭 제〉

제53조의2(사고조사 기술자료) ① 위원회는 사고조사관이 직무 수행과 사고조사에 필요한 최신 국내외 규정, 연구 · 통계자료 등(이하 "기술자료"라 한다)에 상시 접근할 수 있도록 관리해야 하며, 기술자료의 범위는 다음 각 호와 같다.
1. 항공 · 철도사고조사 관련 법령, 훈령, 고시, 지침, 매뉴얼 및 기관 간 협약
2. 국제민간항공기구(ICAO) 부속서(ANNEX), Document 및 Circular 등
3. ICAO 총회, 이사회 및 각종 위원회 보고서
4. ICAO 연구 · 통계자료 및 기타 문서류
5. 항공 · 철도 관련 국내외 매뉴얼, 간행물, 연구 · 통계자료 및 기타 교육 · 학술자료 등 위원회에서 사고조사관의 직무 수행에 필요하다고 판단하는 자료

② 기술자료 관리담당자는 사무국장이 별도로 지정하지 않는 한 기준팀의 담당 주무관(이하 "관리담당자"라 한다)으로 하며, 관리담당자는 기술자료 및 이에 관한 정보에 대해 수집, 배포 및 관리 등을 수행해야 한다.
③ 기술자료는 국가법령정보센터(law.go.kr), 국토교통부(molit.go.kr), 온나라(gdrive.gcloud.go.kr), ICAO 포탈(portal.icao.int) 등에 등재된 전자파일로 접근하는 것을 원칙으로 하며 업무 효율성을 위해 책자 형태로도 제공할 수 있다.
④ 관리담당자는 매년 1회 이상 기술자료의 최신화 유지 여부를 점검하여야 하며, 기술자료의 분류, 접근 및 관리 방법에 관한 사항은 별표 6의2를 따른다.
⑤ 사고조사관은 제3항에 따른 기술자료를 해당 웹사이트 등에서 확인하여 다음 각 호와 같은 방법으로 최신본으로 유지해야 하며, 사고조사관 및 사무국 직원은 기술자료의 변경사항이나 필요한 최신 기술자료 등을 확보 또는 인지하였을 경우에는 관리담당자에게 그 사실을 통보해야 한다.
1. 소책자(handbook) 형태로 사고조사관 개인별 보관
2. 전자적 형태로 사고조사관 사무용 및 개인용 노트북에 보관
3. 관련 웹사이트 전자파일에 접근가능한 계정 확보
4. 이동식저장장치 등 기타 형태로 보관

제54조(기술적 예방 연구) 위원회는 사고조사 결과 기계, 금속, 화학 등 공학적 연구 · 분석이 필요한 경우 전문연구기관이나 전문가에게 예방 관련 연구를 의뢰할 수 있다.

제55조(안전저해요소 발견 시 조치) ① 사고조사관은 사고조사업무 수행 중에 해당 사고 또는 그 원인과 관련 없는 안전저해요소(safety deficiencies)가 발견되는 경우 이를 별지 제20호 서식으로 위원장에게 보고해야 한다.
② 위원회는 제1항에 따른 안전저해요소 발견 보고가 있는 경우 이를 별지 제21호서식으로 다음 각 호의 관련기관에 통보하여 안전감독업무에 참고하도록 해야 한다.
1. 정부기관인 경우 : 해당 기관 또는 그 상급기관에 통보
2. 공단, 공사, 항공기운영자 또는 철도운영자인 경우 : 정부 감독기관에 통보

제56조(항공 · 철도사고 통계) 위원회는 다음 각 호의 통계를 작성하여야 한다.

1. 항공 · 철도사고 발생 통계
2. 항공 · 철도사고 조사 통계
3. 시험분석 통계

제57조(사고현장 안전) 항공 · 철도사고등 현장에 접근하는 사고조사관, 사고조사에 참여하는 위원회 소속이 아닌 국내외 기관의 분야별 관계 전문가(Participant or Observer)(이하 "외부참가자"라 한다) 등은 「산업안전보건법」과 국제기준 등에 따라 사고현장의 생물학적, 방사능 및 그 밖에 위험으로부터 보호받기 위하여 다음 각 호와 같이 조치해야 하며, 세부사항은 사고조사매뉴얼을 따른다.

1. 사고현장 안전관리자(조사단장 또는 기체엔진시스템조사관)
   가. 사고현장 안전관리자는 사고현장 안전에 대한 책임이 있으며, 개인보호구(PPE) 사용을 감독한다.
   나. 사고현장의 현존 및 잠재 위험요소를 평가하고, 소방본부 또는 위험물 전문가의 도움을 받아 사고조사관, 외부참가자 등에게 설명한다.
   다. 사고조사관, 외부참가자 등에게 이미 알려진 모든 잠재적 위험요소를 설명하여 적절한 안전조치를 취하도록 한다.
   라. 사고조사관, 외부참가자 등이 보건과 안전에 관련된 사고조사매뉴얼의 내용을 준수토록 해야 한다.
   마. 사고조사관, 외부참가자 등의 개인보호구 교육훈련 기록과 예방접종 기록을 확인한다. 이 경우 기록이 없는 자는 현장접근을 차단할 수 있다.
2. 사고조사관 및 외부참가자 등
   가. 사고현장에 접근하기 전에 사고현장의 잠재적인 위험을 파악하고 이에 대한 대비책 준비
   나. 건강과 안전관리 절차 및 안전관리자 지시 및 통제 준수
   다. 파상풍 등 감염 예방접종을 하여야 하며 접종기록을 소지해야 한다.
   라. 혈인성 병원균과 같은 생물학적 위험요소에 대비하기 위하여 개인보호구를 착용해야 한다.
3. 외부참가자의 권한 · 임무, 신분증(Credential) 발급 방법, 절차 등 필요한 사항은 「항공 사고조사 외부참가자 매뉴얼」에 따른다.

제 4 부

항공교통흐름관리 (ATFM)

제14장 항공교통 용량관리

제1절 항공교통업무(ATS)의 용량관리

항공교통은 공항 출발에서 도착에 이르기까지 모든 과정이 관제사의 관리를 통해 이루어진다. 항공교통 수용량(capacity)이 부족하면 공중과 비행장에서 항공기의 지연이 발생하게 되므로 항공교통 수용량 관리는 항공기의 경제적 운항과 안전에 많은 영향을 미친다. 수용량은 공항, 접근관제구역, 항공로 등 수평적, 수직적 범위의 물리적 범위 내에서 특정 시간당 수용할 수 있는 최대 항공기 대수를 말한다. 이는 항공로의 구조와 공역의 복잡도, 항공기 간의 최소분리 기준, 기상현상, 항공기 탑재 장비와 항행안전무선시설의 성능뿐 아니라 관제사의 업무량(workload) 등 다양한 요인에 따라 결정된다.

수용량은 공간적 범위에서 따라 다르게 결정되는데 공역에서의 수용량과 공항의 수용량으로 구분될 수 있으며 각각의 수용량을 결정하는 변수에는 차이가 있다. 공역 수용량은 섹터(항공로) 수용량(이하 '섹터 수용량'이라 한다)과 터미널 수용량으로 구분된다. 본 장에서는 항공교통업무가 중요한 변수로 작용하는 공역 수용량, 특히 섹터(항공로) 수용량을 중심으로 수용량 산정 방법과 모델 그리고 다양한 변수들 사이의 관계를 설명하였다. 공항 수용량은 주기장 수용량, CIQ 수용량 및 활주로 수용량으로 세분할 수 있으나 항공교통의 관점에서 볼 때, 공항 수용량은 대체로 활주로 수용량을 말한다.

유럽의 Eurocontrol에서는 수용량에 대하여 '항공기 분리 및 표준 분리, 항행안전시설을 이용한 항공로로 이동하는 경로 및 기타 요인을 고려하여 항공교통업무를 처리할 수 있는 최대 항공기 대수'로 정의하며, 국제민간항공기구(ICAO)는 '항공로의 구조, 항행안전시설의 정확성, 기상요소, 관제사의 업무량에 따라 달라지는 값으로 일반적인 항공교통량과 최대 항공교통량으로 구분하며, 항공교통관제기관이 안전 수준에 저촉되지 않는 범위에서 보장할 수 있는 용량'으로 정의한다. 따라서 공역 수용량이란 공역이라는 수평적, 수직적 공간 범위에 일정 구역별로 나눈 섹터를 관할하는 관제기관에서 수용할 수 있는 최대 항공기 대수라고 말할 수 있다. 이 경우 공역 수용량은 항공기 간 최소분리 기준에 영향을 받으며, 항공기의 최소분리 기준은 항공기와 항행안전무선시설의 성능에 따른 정확도에 영향을 받는다.

만약 항공기의 비행이 정해진 항공로에서 정해진 분리 간격과 속도 조절에 따라 일정한 거리를 유지할 수 있다면 수용량을 단순히 공간적인 분리에 따라 사용할 수 있을 것이다. 그러나 항공기가 3차원 공간을 비행하는 동안, 운항에 영향을 미치는 기상현상, 즉 항적 난기류, 적란운 또는 뇌우 등 다양한 기상 상황에 의해 정해진 항공로 또는 비행경로, 사전에 정한 속도를 벗어나기도 한다. 항공교통은 기상과 같은 운항에 영향을 주는 불확실성이 존재하고 속도 또는 고도의 변환, 항공로의 교차 등 다른 패턴으로 비행하는 항공기들이 혼재되어 비행하므로 수용량을 분석하기 위해서는 항공기 운항에 영향을 미치는 다양한 요소를 면밀하게 고려해야 한다. 특히, 비행안전을 위한 관제사의 관리 및 감시업무는 공역 수용량을 결정하는 중요한 요소로 작용한다는 점에서 관제사 인적요소 또는 업무포화(업무량, Workload)에 관한 연구가 필요하다.

1. 일반 원칙

항공교통업무(ATS) 시스템에 적용되는 수용량(이하 '항공교통 수용량'이라 한다)은 ATS 항공로 구조, 공역을 사용하는 항공기의 항법 정확도, 기상 관련 요인, 관제사 업무부하를 포함한 많은 요인에 의해 결정되며, 정상 수준의 교통량과 최고 수준(peak-time)의 교통량을 수용할 수 있도록 충분한 용량을 제공하도록 만들어져야 한다. 그러나 용량을 증가시키기 위한 어떤 방법을 채택할 때에는 책임 있는 항공교통업무 관련기관은 안전 수준이 위험하지 않도록 해야 한다.

항공교통업무에서 제공할 수 있는 항공기 수는 정상적 상황 하에서 관련 항공교통관제(ATC)기관에 의해 안전하게 다뤄질 수 있는 기준을 초과하지 말아야 한다. 안전하게 수용될 수 있는 최대 비행 수를 규정하기 위해, 해당되는 항공교통업무 관련기관은 공항 또는 관제구역에서 수용할 수 있는 항공교통 수용량을 명시하고 평가해야 한다. 이러한 항공교통 수용량은 관련 공역과 비행장에서 주어진 시간의 시간에서 수용할 수 있는 최대 항공기 수로 표현되어야 한다. 가장 적절한 수용량 측정 방법은 서비스를 계속 제공할 수 있는 시간당 교통량이 되며 이러한 시간당 교통량에 의해 일, 월 또는 연간 교통량을 계산할 수 있다.

2. 용량 평가

항공교통 수용량을 평가하기 위해서는 다음과 같은 요소들이 고려되어야 하며, 관제공역 또는 특정지점의 용량을 추정하는 데 사용되는 기법들은 Air Traffic Service Planning Manual(Doc 9426)에 포함되어 있다.

- 항공교통업무(ATS)가 제공되는 형태와 수준
- 항공교통업무(ATS)가 제공되는 관제구역, 관련 비행장의 구조적 복잡성

- 수행되어야 하는 관제와 조정 직무를 포함한 관제사 업무 부하
- 사용 중에 있는 통신 형태, 항법 및 감시 시스템, 기술적 신뢰도와 가용성의 정도 그리고 back-up 시스템과 절차의 유용성
- 관제사 지원과 경보 기능을 제공하는 항공교통관제(ATC) 시스템의 가용성
- 관제사 업무 부하와 관련해서 고려되는 어떤 다른 요인 혹은 요소

3. 항공교통 수용량 및 교통량 관리

교통수요가 매일 또는 주기적으로 상당히 변하는 시점에서, 시설과 절차들은 일반적인 수요 및 미래 수요에 대처하기 위한 관제사의 업무 위치 또는 운용 구역의 수를 변경할 수 있어야 하고 적용할 수 있는 절차들이 교육에 포함되어야 한다. 또한 공역 또는 비행장의 명시된 용량에 부정적인 영향을 주는 특정 사건이 발생하는 경우 관련 공역 또는 비행장의 수용량은 감소할 것이다. 가능하다면 그러한 사건들에 알맞은 수용량이 미리 결정되어야 한다.

공역 혹은 비행장에서 교통수요가 이용할 수 있는 항공교통 수용량을 초과할 것으로 예상되는 경우, 해당 시간에 대해 안전이 손상되지 않도록 교통량을 규정하는 방법이 실행될 것이다.

항공교통은 악기상 상황과 같은 운영상에 크게 영향을 주는 불확실성이 존재하고, 다른 특성을 가진 항공기들이 혼합되어 속도 또는 고도 변화, 항공로의 교차 등이 이루어지므로 안전 운항을 위한 관제사의 관리 및 감시업무가 매우 중요하게 고려되어야 한다. 항공교통 수용량은 관제사가 수행하는 업무부하(workload)에 따라 교통수요가 제한되는 특징이 있다. 따라서 항공교통관제 섹터의 수용량은 공간적 분리나 운용 형태(항공기 혼합률 등)에 의하여 결정되는 섹터의 최대 교통량을 의미하지 않고, 관제사가 허용할 만한 업무부하 수준 하에서 주어진 섹터에서 안전하게 처리할 수 있는 시간당 최대 항공기 처리 대수로 표현할 수 있다

4. 항공교통 수용량 증진

항공교통 수용량을 증진하기 위해서 항공교통업무 관계기관은 정기적으로 교통수요에 관한 ATS 수용량을 검토해야 하며, 운용의 효율성을 높이고 수용량을 증가시키기 위해 공역의 융통성 있는 사용을 제공해야 한다. 또한 지속적이고 빈번한 교통 지체의 결과를 낳는 교통수요가 규칙적으로 수용량을 초과하는 경우, 혹은 예상 교통수요가 수용량을 초과할 것이 확실한 경우에는 항공교통업무 기관은 가능한 범위에서 운용 중인 시스템 용

량을 최대로 확대하고, 실제 혹은 예상 수요를 감당할 수 있는 수용량 증가 계획을 개발해야 한다.

공역의 탄력적 운용은 해당되는 관계기관들 사이에 협력과 조정을 통해 공역 수용량을 개선하고 결과적으로 항공기 운항의 효율성을 향상할 수 있다. 공역의 탄력적 운용을 위해서는 이용자 간의 합의된 규정과 절차가 마련되어야 한다.

공역의 탄력적 사용을 위해 제공되는 협정과 절차에는 다음과 같은 사항들이 지정되어야 한다.

- 관련 공역의 수평 및 수직적 한계
- 민간 항공 교통의 사용을 위해 이용할 수 있도록 만들어진 어떤 공역의 분류
- 공역의 이동에 책임이 있는 기관 혹은 관계기관
- 관련 항공교통관제(ATC) 기관에 공역의 이동에 대한 조건
- 관련 항공교통관제(ATC) 기관으로부터 공역의 이동에 대한 조건
- 공역의 유효성 주기
- 관련 공역의 사용에 대한 제한 사항
- 다른 관련 절차 혹은 정보

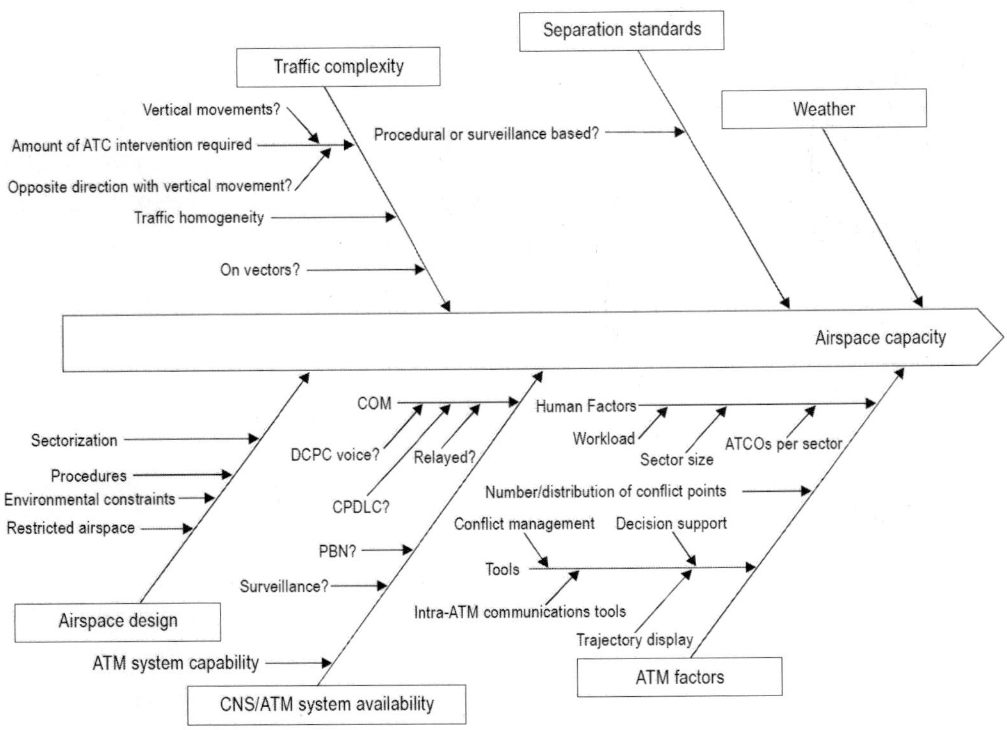

〈그림 14-1〉 공역 수용량 정의 시 고려해야 하는 요소

공역 수용량은 교통흐름의 복잡성, 항공기 간의 분리 기준, 기상 상황, 공역의 설계, CNS/ATM 시스템의 가용성 및 ATM 요소 등 다양한 요인에 의해서 결정된다. 항공기가 출발하려는 공항에서 이륙하여 항공로를 통해 비행한 뒤 도착 공항에 착륙하는 과정까지는 공항에서 공역 그리고 다시 공항으로 이동하는 연결선 상에 있으므로 공항 수용량과 공역 수용량은 서로 연결선 상에 있다고 볼 수 있다. 다만, 공역 수용량에는 단순히 국내 공항에서 출발하여 국내 공항으로 도착하는 경로뿐만 아니라 국내 공역의 항공로를 따라 통과 비행하는 항공편도 있으므로 이와 같은 사항도 공역 수용량 산정에 추가하여 고려되어야 한다.

공항 수용량이란 하나의 공항에서 활주로의 구성과 개수, 공항의 지리적 특성에 따른 이착륙 제한요인 등이 종합되어 시간당 항공기를 이륙 및 착륙할 수 있는 능력을 항공기 대수로 환산하였을 때의 최댓값이 되는 수치를 의미한다. 공항 수용량을 정의할 때 일반적으로 참고해야 할 여러 요소는 <그림 14-2>와 같다.

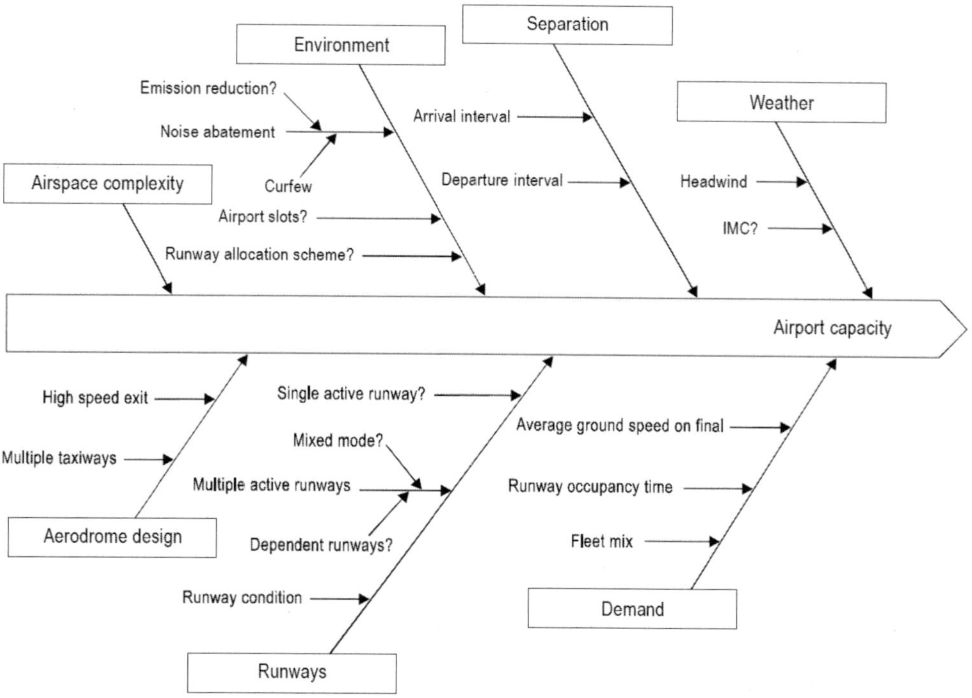

〈그림 14-2〉 공항 수용량에 영향을 주는 요소

ICAO가 발간한 Doc 9971-항공교통흐름관리 매뉴얼(Manual on Collaborative Air traffic flow management)에서는 항공교통흐름관리를 시행함으로써 발생하는 이점을 운영적 측면과 사회적 측면으로 분류하고 있다.

첫째, 운영적 측면에서는 항공교통관리(ATM) 시스템의 안전성뿐 아니라 협력적 의사결정(Collaborative Decision Making: CDM)을 통한 효율성과 예측성을 제고하고, 데이터분석 및 계획을 통한 수용량의 효율적 관리, 연료 및 운영비 절감, 일상적이지 아니한 운영 및 시스템 제약에 대한 효과적 관리를 도모하는 한편 이해관계자 간 상황인식 증가 등의 장점이 있다. 둘째, 사회적 측면에서는 항공기 여행의 품질 제고, 항공교통의 비용효과 개선에 따른 경제적 효과, 온실가스배출 감소, 그리고 예측하지 못한 상황 또는 수용량 감소로 인한 문제 발생 시 효과적이고 신속한 해결책 제시가 가능하다는 이점이 있다.

마지막으로 이용자 관점에서 항공교통흐름관리의 시행으로 운항 지연 발생 시 기내에서 대기하기보다는 공항 또는 다른 장소에서 기다리면서 시간을 활용할 수 있다는 점에서 기회비용이 감소하는 효과를 누리게 된다. 또한 흐름관리에 따른 항공사의 유연한 대처로 연착된 항공기보다 더 빨리 출발할 수 있는 항공기로의 좌석 교환이 가능할 수도 있고, 환승 고객의 경우 효율적으로 연결편 탑승 문제를 해결할 수 있다는 점도 매력적이다.

제2절 공역 수용량과 관제사 업무부하

증가하는 항공 수요에 적절히 대처하기 위해서는 공역 수용량의 정의와 그에 따른 측정 방법의 선택이 중요하다. 육상교통의 용량은 단순히 차량의 성능에 따른 차량 간의 공간 분리 기준으로 정의할 수 있다. 이러한 기준에 따라 항공로의 용량을 정의하면 주어진 기간에 특정 공역에 진입할 수 있는 최대 항공기 대수라고 말할 수 있다. 그러나 항공교통의 경우, 공간 분리 기준만을 고려한 공역 수용량 측정은 무의미하며 관제사가 항공기를 관제할 때 발생하는 정신적, 육체적 업무인 업무부하에 입각하여 공역 수용량을 측정하는 것이 바람직하다.

공역 수용량은 관제사 업무부하와 관련 있으며 관제사 업무부하의 한계가 공역의 용량을 결정하는 요인이 된다. 이러한 의미에서 공역 수용량은 관제사 업무부하 허용 수준에서 지정된 시간에 특정 관제 섹터에서 항공교통업무가 제공되는 최대 항공기 대수로 정의할 수 있다. 따라서 본 절에서는 공역 수용량의 개념, 관제사 업무, 관제사 업무부하 및 업무부하 측정 방법, 업무부하와 공역 수용량과의 관계에 대해 살펴보기로 한다.

1. 공역 수용량의 정의

항공 수요의 증가에 따른 효율적인 국가공역관리와 항공 안전을 위해서는 공역 수용량의 명확한 정의, 측정 방법 및 예측이 선행되어야 한다. 또한 공역의 효과적인 사용을 위해서는 현재 시스템의 부하(load)를 예측하고 항공교통 수요의 원활한 지원을 위한 개별 공역 수용량을 측정할 필요가 있다.

항공기가 비행하게 되는 공간은 항공로, 터미널 및 일련의 공항으로 구성된 연속적 개념이므로 공역 수용량은 항공교통이라고 하는 거시적 시스템 또는 네트워크의 수용량 내에서 이해되어야 한다. 공역의 최대용량은 네트워크가 원활히 운영되는 범위에서 결정되어야 하며 여러 수용량 중에서 제약이 가장 큰 수용량을 최대용량으로 설정함이 타당하다. 공역 수용량과 그 분석은 교통수요 특성, 기상, 개별 관제사 특성과 같은 많은 변수와 계획된 경로, 경로 수정, 하위 통제기관 및 인접 공역 수용량에 의해 많은 제약을 받는다.

수용량 측정의 목적은 정상적 운영 상황에서 혼잡시간에 운영적, 경제적, 환경적 손실 없이 교통수요를 수용할 수 있는 충분한 용량을 제공하는 것으로 공항과 공역 및 서비스에 대해 계획의 예측성, 운용의 탄력성, 비행 효율성, 지연, 네트워크 효과 등이 서로 얽혀있는 복잡한 개념이다. 따라서 공역 수용량 측정 시에는 관제사 업무부하, 기상 상태, 통신 능력, 항법 및 감시 시스템, 그리고 많은 다른 요인들이 포함되어야 한다.

일반적 관점에서 공역 수용량은 단순히 안전 및 운용 표준의 위반 없이 공역 내에 얼마나 많은 수의 항공기를 처리하거나 수용할 수 있는가의 문제로써 단위 시간당 최대 처리량과 표준의 위반 없이 처리할 수 있는 최대 동시 항공기 수로 정의할 수 있다. 그러나 공역 수용량의 산출에서는 공역관리의 주체인 관제사의 업무부하가 중요하게 고려되어야 한다.

공역 수용량은 일반적으로 관제사 업무부하의 상한과 일치하는 시간당 처리하거나 수용할 수 있는 항공기 대수로 정의하고 용량을 최대용량과 실용용량으로 구분할 수 있다. 그러나 협의의 개념에서 수용량은 기관 또는 연구자에 따라 다르게 정의하고 있으며 그에 따라 다른 방법으로 수용량을 분석한다. 수용량에 관한 용어는 정의에 따라 처리용량, 순간용량, 항공교통관제(ATC) 용량 또는 명목용량, 선언용량 등 다양하게 사용하고 있으나 공역에 대한 수용량은 단위 시간 동안 섹터에 진입하는 항공기 대수(=특정 진입지점을 통과하는 항공기의 대수) 또는 관제사가 동시에 관제할 수 있는 최대 항공기 대수로 정의한다(<표 14-1> 참조).

이와 같은 공역 수용량의 정의와 측정에는 다양한 방법이 시도되고 있지만 항공분야에서 허용할 수 있는 정의 및 방법은 아직 없는 형편이다. 또한, 공역의 수용량 측정 시 모든 영향 요인을 고려한 방법은 현실적으로 불가능하기 때문에 인적요인, 기상, 공역 밀집도, 공역 구조와 같은 중요한 특정 변수를 고려한 연구가 수행되고 있다. 따라서 공역 수용량은 연구목적에 따라 다른 형태의 영향 변수를 고려하여 측정하는 것이 타당하며 연구자의 연구 의도에 따라 다른 개념으로 이해할 필요가 있다.

2. 관제사 업무

항공교통관제를 위한 장비와 시설이 갖추어지지 않은 1920년대 중반에는 깃발이나 빛총(light gun)을 사용한 조종사와의 통신을 이용하여 관제업무를 수행하였다. 대다수 항공기가 기상이 양호한 주간에만 비행을 수행하였고 야간과 시정 불량인 상태에서는 비행할 수 없었기 때문에 항공교통관제를 위한 조직적 시스템이 필요하지 않았을 뿐만 아니라 관제사 업무는 상대적으로 단순하였다. 그러나 Cleveland, Ohio 공항에서 무선통신을 사용한 현대적 항공교통관제시스템이 시작된 이래 항공교통업무에 대한 자동화가 가속되었으며 업무는 복잡해지기 시작했다.

항공교통업무의 목적은 항공기 간 충돌방지 및 항공기와 지상 장애물 간의 충돌방지, 항공교통의 촉진 및 질서를 유지하는 것이다. 항공교통업무는 일반적으로 비행정보업무, 경보업무, 항공교통관제업무로 구분되며 우리나라는 항공안전법 제83조(항공교통업무의 제공 등)에 항공교통업무를 규정하고 있다. 항공교통관제업무는 다시 업무 제공범위와 그 방법에 따라 지역관제업무, 접근관제업무 또는 비행장관제업무 등으로 세분된다. 그러나 관제사의 업무부하 측면에서 볼 때, 관제사 업무는 항공기 관제 시 실제 관제사에게 부과되는 객관적인 직무로써 다음과 같이 분류하고 있다.

- 관제지시, 조언, 정보제공
- 비행 데이터 관리(Flight Data Management)
- 협조(Coordination)
- 충돌 탐지(Conflict Search)
- 통신(R/T Communication)
- 레이더 조작(Radar Tasks)

〈표 14-1〉 공역 수용량의 개념

구분	정 의	연구자(년도)
광의의 개념	• 안전 및 운영 표준 위반 없이 공역이 처리할 수 있는 항공기 대수	Bruce A. Mcdonald (1992)
	• 관제사 업무부하의 상한과 일치하는 시간당 처리할 수 있는 항공기 수 – 최대용량과 실용용량	Tofukuji (1993)
협의의 개념	• 단위 시간당 특정 지역(지상 혹은 공중)에 있는 항공기 수 – ATC 용량 : 단위 시간당 공역에서의 항공기 수 – 항공로 용량 : 최대 허용 관제사 업무부담 생성 교통흐름 양 – TMA 용량 : 관제사가 시간당 60% 이상 바쁜 상태에 있는 교통흐름 비율 – 섹터 용량 : 연속 시간선상의 한 시점에서 관제사가 처리할 수 있는 최대 항공기 수	D Baseley (1999)
	• 섹터 용량 : 과도한 업무부담 없이 주어진 시간에 대한 시간당 섹터 진입 비행 수 • 선언적 섹터용량 : 최대 섹터 진입율	Eurocontrol CEF user guide (2002)
	• 관제사 업무부담 허용 수준에서 지정시간에 특정관제 섹터에 진입하는 최대 항공기 수	RAMS User Manual (2002)
	• 정상운항 동안 항공기에게 서비스를 제공하기 위한 ATC 시스템, 하부시스템, 혹은 운영 위치의 능력으로 주어진 시간 기간에 공역의 특정 지역에 진입하는 항공기 수	ICAO ATFM Handbook (1994)
	• 시간당 섹터 진입, 통과 비행, 비행장 출발, 도착 항공기 수로 용량은 시간에 따라 다르다	Basic CFMU Handbook
	• 주어진 공역에서 항공교통 수요를 대처하기 위한 ATM 시스템 용량	EATMP glossary
	• 하나의 섹터에서 과도한 업무부담 생성 없이 ACC에 진입할 수 있는 규칙적인 시간당 교통량 – 명목 용량 : ACC내 개별 섹터의 선언적 용량으로부터 계산된 용량 (포화용량, Zero delay 용량) – 제공 용량 : 일중 모든 설계특성의 평균에 대한 명목 ACC 용량 – ACC 관찰 용량 : 항공교통 및 지체 관찰로부터 평가된 효과적 용량 – 최적 용량 : 비용관점에서 정당화될 수 있는 최대 ATC 용량 – 계획 용량 : 기준용량으로부터의 증가비율로서 절대 값으로 표현	Eurocontrol CEF user guide (2002)

3. 관제사 업무부하

가. 업무부하의 정의

항공분야에서 업무부하 평가에 관한 연구는 1950년 말과 1960년 초부터 수행되기 시작했으며 업무부하 평가를 위한 초기 적용 분야는 항공교통관제분야였다. 관제사 업무부하는 다양한 개념을 가지고 있어 명확한 정의가 곤란하고 기존 연구의 모형에서 확인할 수 있듯이 일관된 관제사 업무부하의 측정 방법은 존재하지 않는다.

업무부하는 직접적으로 표출되지 않는 과정 및 경험으로 표면화될 수 있는 것 또는 측정될 수 있는 것으로부터 산출되어야 하는 것으로써 업무부하에 관한 연구, 이론, 모형, 정의는 상호 관련 있고 업무부하에 관한 많은 검토와 측정 방법이 있으며 이론적 기반, 평가기법, 실행에 관한 많은 연구가 수행되고 있다. 그러나 현재까지 업무부하에 대한 명확한 정의가 형성되지는 않았으나 수용량 혹은 자원 개념에 기초한 업무부하 이론이 제안되고 있다. 이 이론들은 직무가 효율적 임무 수행을 위한 운영자의 자원 배분을 요구하고 운영자 업무부하가 자원에 대한 종합적인 요구수준을 나타낸다는 가정을 내세운다.

업무부하는 관제사 직무에 대한 반응, 기술 수준, 직무관리 전력 및 개성 등에 따라 다르나 공통적 의미에서의 업무부하는 운영자(human operator)에게 부과되는 객관적인 직무 요구, 이러한 요구를 충족하기 위해 인간 운영자에 의해 행해지는 정신적 노력, 운영자의 수행, 운영자의 정신 생리학적 상태 그리고 운영자의 노력에 대한 주관적 인식으로 정의한다. 따라서 업무부하는 운영자에게 부과되는 환경적 요구와 그러한 요구를 충족하기 위한 운영자 능력 사이의 관계를 나타낸다고 볼 수 있다.

나. 업무부하 모델 (Shrinavas M. Sale, 1998)

새로운 시스템이나 공역에 도입될 예정인 하드웨어와 소프트웨어의 효과를 예측하기 위해서는 시스템의 사용 주체인 관제사의 업무부하를 평가해야 한다. 관제사 직무와 관련된 많은 업무부하 모델이 있으며 그 중 대표적인 모델은 다음과 같다.

첫째, 타임라인 분석(time-line analysis)은 가장 일반적으로 사용된 모델 중 하나로서 업무부하는 총 이용 가능 시간에 대한 직무수행 시 필요한 시간비율 함수로 나타난다. 특정 시간 간격에서의 업무부하는 해당 기간에 수행된 각 직무의 시간 분선의 합과 시간 간격의 분할에 의해 결정된다.

둘째, Lauderman과 Palmer의 확장된 타임라인 분석 개념(extended time-line analysis)에서는 직무 완성 시 필요한 시간 동안 업무부하 증가함수를 사용한다. 이 모델에서 각 직무에 대한 업무부하 함수의 합에 의해 업무부하가 계산되고 이 일반적 업무부하 함수 상에 있는 구역은 업무부하 지수로 사용된다.

셋째, Kip Smith 동적 밀집도 매트릭스 분석(Kip Smith Dynamic Density Metric Analysis)에서 동적 밀집도는 항공교통 상황 통제에서 관제사의 인지적 복잡도에 영향을 주는 요인들의 함수로 표현되고 관제사의 정신적 업무부하와 상황에 대한 인식된 복잡도의 측정방법을 제시한다. 또한 이 매트릭스는 충돌위험 예측 시 가장 중요한 단일 요인으로 분리(separation)에 초점을 두고 있으며 관련 식은 다음과 같다.

$$K_t = \sum_{i=1}^{N-1} \sum_{j=i+1}^{N} \frac{1}{(\frac{dij(t)}{c})^a}$$

N : 항공기 수
dij : 고도분리가 아닌 항공기 사이의 거리
c : 현 FAA 규칙에 의한 최소 허용 수평분리(5NM)
a : 근접 항공기와 원거리 항공기의 상대적 영향요소에 의한 적절한 균형을 위한 가중 매개변수

마지막으로, Laudeman의 동적 밀집도 매트릭스 분석은 2분 단위의 시간증가와 20분 후의 항공기 위치 예측을 이용한 매트릭스로 9개의 교통량 변수로 구성된다. 이 매트릭스에서 두 항공기가 20분 후의 위치 예측에서 분리거리 5NM 이내에 있는 경우 충돌할 것으로 간주한다.

$$D_t = N_t + N_{\triangleright h(t-2,t)} + N_{\triangleright v(t-2,t)} + N_{\triangleright \Psi(t-2,t)} + N_{out(t-2,t)} + N_{\varepsilon(t) < 5,\, d(t+20 > 5} + N_{\varepsilon(t) \in (5,10),\, d(t+20) > 5} + N_{d(t) < 25,\, d(t+20) < 5} + N_{d(t) \in (25,40),\, d(t+20) < 5} + N_{d(t) \in (40,70),\, d(t+20) < 5}$$

Nt : 현재 섹터 내에 있는 모든 항공기 수
N△h(t-2,t) :이전 2분 동안 고도 변경한 항공기 수
N△v(t-2,t) :이전 2분 동안 속도 변경한 항공기 수
N△ψ (t-2,t) :이전 2분 동안 방위 변경한 항공기 수
Nout(t-2,t) :섹터 내 평균 항공기 속도가 150knots인 항공기 수
Nε (t)〈5,d(t+20)〉5 :거리가 5NM 이하인 항공기 쌍 수
Nε (t)∈(5,10),d(t+20)〉5 :거리 5-10NM 사이에 있는 항공기 쌍 수
Nd(t)〈25,d(t+20)〈5 :거리 25NM 이내에서 충돌이 예상되는 항공기 쌍 수
Nd(t)∈(25,40),d(t+20)〈5 :거리 25-40NM에서 충돌이 예상되는 항공기 쌍 수
Nd(t)∈(40,70),d(t+20)〈5 :거리 40-70NM에서 충돌이 예상되는 항공기 쌍 수

4. 업무부하와 공역 수용량과의 관계

항공교통에서의 공역 수용량은 육상교통에서의 용량과 달리 단순히 항공기 성능을 기준으로 한 항공기 사이의 국제적 분리 기준에 의해 정의되지는 않는다. 유럽과 같은 항공교통 밀집도 높은 지역에서의 경험에 비추어 볼 때, 공역 수용량은 관제사 업무부하를 토대로 측정하는 것이 바람직함을 알 수 있다. 즉 공역 수용량은 관제사 업무부하와 관련 있으며 업무부하는 섹터 수용량 결정의 제한요인이 된다.

이러한 측면에서, 항공교통관제(ATC)를 위한 섹터 수용량은 관제사 업무부담 허용 수준에서 정해진 시간에 특정 ATC 섹터에서 관제업무가 제공되는 최대 항공기 대수로 정의될 수 있으며 수용량은 섹터를 진입, 이탈, 통과하는 항공기가 아닌 섹터 내에서 관제 중인 항공기 수를 처리하는 것이다.

항공교통은 특정 섹터에 대해 책임이 있는 항공교통관제사의 감시로 이루어진다. 관제사는 레이더 전시화면에 시선을 고정하고 잠재적 충돌을 해결하기 위해 조종사와 지속적으로 의사소통하며 비행 운영 감시가 순조롭게 지속되도록 인접 섹터 내의 담당자와 상호 조치에 관해 협조한다.

관제사에게 부과되는 업무부하는 특정 시간 동안 섹터를 통과하는 비행 수, 잠재적 충돌 비행 수, ATC 장비 자동화 수준, 각 충돌 비행기 간의 충돌 기하학에 의해 좌우될 것이다. 충돌 탐지 시간, 충돌 해결전략, 인적요인 변수와 같은 간접적 직무 부하는 또한 업무부하 평가에 있어 중요한 역할을 한다.

항공교통관제사 업무부하는 항공교통을 효과적으로 다루기 위한 관제사의 능력과 직접적으로 관련된다. 항공교통관제사의 직무 복잡성 연구에서는 처리해야 할 항공기 수가 많아질수록 업무부하는 더욱 커지고 또한 높은 업무부하는 관제사 성능에 부정적 영향을 주며 항공교통 처리용량의 상위 한계를 결정짓는 중요변수가 된다.

이러한 문제를 해결하기 위한 섹터 크기와 관제사 수의 조정은 단기적으로는 효과가 있을지 모르나 섹터 내에서 관제사 간 협조 또는 의사소통을 증가시키기 때문에 반드시 직면한 문제를 해결해주는 것은 아니다. 섹터 크기의 축소는 각 항공기 관제 시간과 관제사가 교통상황을 평가하기 위한 인식 시간을 줄여줄 것이다. 높은 교통량은 업무부하를 증가시키지만 낮은 교통량으로 인한 업무부하는 지루함을 야기하고 경계심을 낮춰 비상상황에 대처하기 위한 관제사 능력을 저하시킬 것이다.

업무부하의 정의나 측정 방법과는 상관없이 관제사 업무부하는 기본적으로 공역의 크기 또는 항공로의 배치 형태, 상승 또는 강하와 같은 교통흐름에 따른 항공교통관제(ATC)의 복잡성(complexity)에 의해 결정된다. 이는 장비의 수준, 관제 능력의 편차, 관제사 상태 등의 복잡한 상호작용에 영향을 받는다. 이러한 매개변수들은 업무부하와 공역 수용량의 결정요인으로 간주되며 용량을 증가시키기 위한 실질적 전략 실행을 위해서는 이러한 매개변수들의 효과를 고려해야 한다(<그림 14-3> 참조).

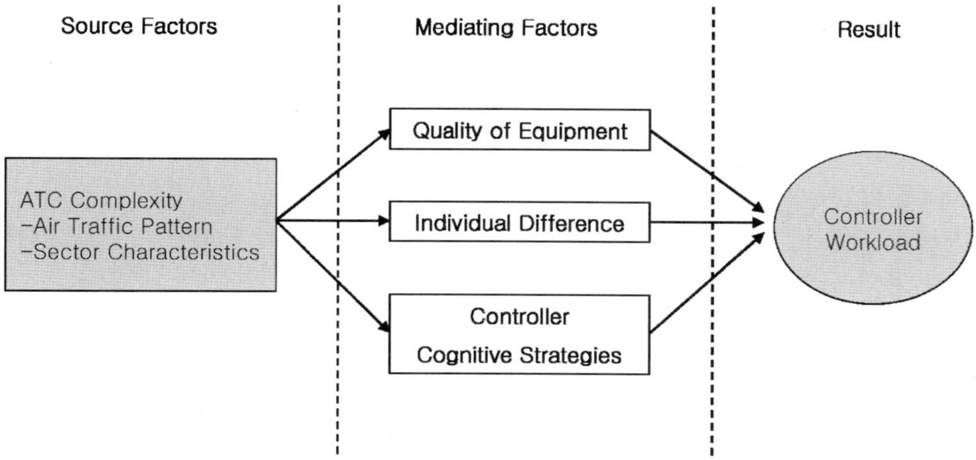

자료 : Arnab Majumdar, Washington Ochieng(2001)

〈그림 14-3〉 업무부하에 영향을 주는 요인

5. 공역 수용량에 관한 기존 연구

항공교통 시스템의 용량을 증진하기 위한 연구는 주로 공항의 활주로, 유도로, 게이트 등의 최적화에 집중되어 있었으나 1990년대 이후에는 공항보다는 새로운 항공교통관제(ATC) 시스템의 도입에 따른 터미널 공역 및 항공로 구역에서의 용량 증대를 위한 연구에 관심이 집중되었다.

우선 항공로에서의 공역 수용량 증진을 위한 연구는 항공 교통량이 많은 미국을 중심으로 활발히 연구가 진행되었으며 유럽에서는 Eurocontrol을 중심으로 유럽 전역에서의 공역 수용량 개선과 관제사 업무부하 감소를 위한 연구를 수행하였다.

미국의 공역 시스템 향상을 처음으로 시도한 Weiss와 Shapiro(1970)는 공지 데이터 링크, 공지 통신, 공중과 지상에서의 항공기 분리 확보, 항공교통 흐름 규칙을 사용한 고정형(closed-loop) 관제 시스템으로 구성된 시간빈도기법(time frequency technique)을 사용하여 공역 수용량 개선을 위한 기술적/경제적 타당성을 평가했으며 주파수 채널의 최대 이용을 통해 안전을 향상하고 항공교통 처리용량을 증가시키고자 하였다. Sakaguchi(1979)는 항공로의 형태, 항공기 순서 배분, 모의 관제사 조치에 의한 분리 유지 기능이 포함된 항공기 비행 시뮬레이션으로 항공교통관제 환경에서의 지연을 측정하였다.

이전의 다른 연구자와는 달리 Tofukuji(1993)는 관제사의 업무부하 한계에 기초한 동적 시뮬레이션(dynamic simulation)을 이용하여 항공로에서의 수용량 측정 방법을 제시하였다. 또한 교통 패턴과 항공로 설계 특성에 따라 각 공역의 용량이 다르다는 사실을 확인하고 항공로에서 항공교통의 병목현상을 분석하였다. 또한 1996년에는 Tokyo 국제공항의 확장을 설계하기 위해 항공교통관제 시뮬레이션을 개발하여 항공로에 대한 공역 구조를 평가하였고 공역 수용량을 증가시키기 위한 대안으로 비행로 특성을 분석하였다. Ringel과 Mode(1994)는 Monte Carlo 시뮬레이션을 기반으로 한 객체 모형을 통해 항공로 섹터에서의 교통흐름을 모형화하여 공역관리 시스템의 문제점을 해결하였다.

Bertsimas와 Stock(1998)은 항공로 수용량과 교통흐름관리 문제(TFMP)에 중점을 두고 항공로 공역에서 용량의 한계에 다다른 대형공항에서 흐름관리 문제 해결을 위한 정수계획 모형을 개발하였다. 또한 지상과 공중에서 처리될 수 있는 최대 항공기 수를 결정하여 공항 주변 공역에서의 지연 비용을 최소화하는 방안을 제시하였다.

Magill(1998)은 FLAME(Flexible Airspace Modeling Environment) 시뮬레이션을 이용한 직선 항공로(direct route)의 효과를 연구하여 유럽 공역에서 직선 항공로 도입에 따른 공역 수용량 증가와 이익을 분석하였다. David Dugail(2002)은 오늘날 항공은 안전에 대한 과도한 관심으로 인해 항공교통관제(ATC) 시설에서 제공하는 서비스 성능에 대해서는 상대적으로 관심이 적다고 지적하고 있다. 이 연구는 항공기 교차흐름 분석을 위한 두 가지 방법인 분산화 및 집중화(centralized)의 차이를 보여주었고 최적화 소프트웨어인 CPLEX를 이용하여 공역 수용량을 계산했으며 공역 수용량을 섹터에 의해 처리될 수 있는 항공기 수로 정의하고 있다.

두 번째로 터미널 공역에서는 공항이 안고 있는 지체와 혼잡 문제를 해결하기 위한 대안으로 많은 연구가 진행되고 있다.

Gabrieli(1976)는 대형공항에서 터미널 공역의 운영 향상을 위해 새로운 ATC 시스템 특성을 시험하기 위한 시뮬레이션 모형을 구축하였다. 이 모형은 항공기가 도착 픽스(fix)로부터 활주로까지의 이동 효율성에 대한 정량적 측정 방법을 제공하고 있으며 수요와 전후 분리 기준 변화에 따른 지연을 측정하였다.

Freedman(1996)은 항공기 간의 최소 전후(in-trail) 분리를 위한 안전 규정을 준수하면서 공항 용량을 증가시키는 위한 것으로 터미널 지역의 항공기 분리는 항공기 후류(wake vertex) 위험에 의해 제약된다는 사실을 입증했다. 또한, 다양한 항공기 분리 기준에 따른 도착 처리용량을 측정하고 AVS 분리 적용으로 인한 직접적 운영비용 절감 효과를 산출하였다.

Ballin과 Erzberger(1998)는 터미널 공역 자동화를 통한 공역 수용량의 증가, 항공기 운항의 지연감소, 항공교통흐름상에서의 효과를 측정하고 혼잡시간(rush-hour)에 발생하는 비사용 착륙 기회(unused landing opportunities)를 측정함으로써 공역 수용량을 개선하고자 하였다. Moheleji는 최단시간 착륙을 허용하기 위해 각 비행 단계에 대한 최대 허용 속도를 가정하여 하강, 선회, 감속하는 동안의 비행시간을 예측하기 위한 알고리즘을 구축하고 여기에 Route Oriented Planning Control(ROPAC)의 개념을 적용하여 공항 수용량을 최대화하는 방법을 제시하고 있다.

항공로와 터미널 공역에서의 용량 측정에 관한 해외 연구를 요약하면 <표 14-2>와 같다.

〈표 14-2〉 공역 수용량 측정에 관한 연구(국외)

연구 분야	주요 연구 내용	연구자(연도)
항공로	• 공역항법의 기능적 정의를 통한 교통 처리용량 최대화 • 항공교통 시뮬레이션의 기능적 정의 • 공역 용량 정의, 측정 및 예측 • 관제사 업무부담 한계에 기초한 항공로용량의 측정 • 공역 수용량관리 시스템에서 발생하는 문제 해결 • 공역 수용량 증가를 위해 설계된 비행로 및 공역 분석 • 항공로용량을 이용한 교통흐름관리 • ATC용량에서 직선항공로(direct route)의 효과 연구 • 항공교통 흐름분리에서 항공로공역 용량 • 관제사 업무부담 시뮬레이션을 이용한 공역 수용량 측정 • 항공기 운동역학 및 공역섹터 특성을 고려한 항공교통 관리문제 연구	Weiss & Shapiro(1970) Sakaguchi(1979) Bruce A(1992) Tofukuji(1993) Ringel & Mode(1994) Tofukuji(1996) Bertsimas & Patterson (1998) Magill(1998) A. Majumdar & J. Polak (2001) David Dugail(2002)
터미널 공역	• 터미널 지역에서의 지체 측정 • 용량 결정변수 고려한 터미널 공역 수용량 • 다양한 분리에 관한 도착 처리용량 측정 • 터미널 공역 자동화에 의한 공역 수용량 증가 이익 측정 • 최소 전후(in-trail) 분리 및 공항용량 향상	Gabrieli(1976) Janic. M(1982) Freedman(1996) Mohleji(1996) Ballin & Erzberger(1998)

제3절 공역 수용량 측정 시뮬레이션

1. 시뮬레이션 개요

수용량과 지연은 항공교통관리(ATM) 시스템의 성능을 측정하는 주요 방법으로 1950년대 후반 처음 모형이 개발된 이래 상당히 많은 모델이 개발되었고 현재도 개발이 진행 중이다. 이러한 수용량 및 지연 모델은 크게 분석수준, 방법론, 분석범위의 세 가지 관점에서 분류하는 것이 바람직하다(MIT, 1997).

분석수준에 의한 분류는 다시 거시적(macroscopic), 중시적(mesoscopic), 미시적(microscopic) 분석으로 구분되는데 거시적 분석은 광범위한 대안들 사이의 상대적 성능을 평가하거나 세부적 항공교통 수요 예측이 아닌 정책분석, 전략 개발, 비용-이익 평가 등을 분석범위로 하며, 중시적 분석은 거시적 분석보다 더 세부적 분석을 실행하는 것으로 ATM 시스템의 하나 이상의 요소에서의 시간당 총 교통량 등에 관심을 가지며, 전술적 문제를 다루기 위해 설계된 미시적 분석은 항공기의 개별 특성을 고려한 충돌 탐색, 공항 유도로 및 게이트 선택 등을 다룬다.

〈표 14-3〉용량 및 지체 모델 분류

<table>
<tr><th>Model 범위
분석수준</th><th>Apron &
taxiways</th><th>Runway and final
approaches</th><th>Terminal area
airspace</th><th>Enroute
airspace</th></tr>
<tr><td>거시적(Macroscopic)
(정책분석, 비용-이익 연구)</td><td></td><td>LMI Runway
Capacity Model*
FAA Airfield
Capacity Model*
DELAYS*
AND*</td><td></td><td>ASIM
SDAT*
DORATASK</td></tr>
<tr><td>중시적 (Mesoscopic)
(교통흐름분석,비용-이익분석)</td><td></td><td colspan="3">NASPAC
TMAC
FLOWSIM
ASCENT</td></tr>
<tr><td rowspan="2">미시적(Microscopic)
(세부적 분석 및예비설계)</td><td colspan="4">TAAM
SIMMOD</td></tr>
<tr><td colspan="2">The Airport Machine
HERMES</td><td colspan="2">RAMS</td></tr>
</table>

자료 : MIT(1997)　　주)* : 분석적 모델을 나타냄

방법론적 측면에서는 분석적 모델과 시뮬레이션 모델로 나눌 수 있다. 분석적 모델은 공항 및 공역 운영에 대한 단순 수식을 사용하여 공항 및 공역에서의 수용량과 지연 측정법을 유도한다. 시뮬레이션 모델은 관련 공항과 공역을 이동하는 항공기를 가상으로 생성하여 수용량과 지연을 측정한다. 또한 방법론은 입력변수가 시간 종속적(time-dependent)이냐 확률적이냐에 따라 동적(dynamic) 모형과 확률(stochastic) 모형으로 구분할 수 있다. 또한 분석범위의 관점에서 볼 때 공역과 지연 모델의 분류는 계류장 및 유도로, 활주로 및 최종접근 구간, 터미널 공역, 항공로로 구분된다. 분류 방법에 따른 용량과 지체 모델을 요약하면 <표 14-3>에서 보는 바와 같다.

항공로 공역에서의 수용량 및 지연을 측정하는 모델을 분석수준에 따라 분류하면, 거시적 분석모델에는 ASIM, SDAT 및 DORATASK 등이 있고 중시적 분석모델에는 NASPAC, TMAC, FLOWSIM, ASCENT가 있으며, 마지막으로 미시적 분석모델은 TAAM, SIMMOD, The Airport Machine, HERMES, RAMS로 구분할 수 있다. 이처럼 공역 수용량 및 지연을 측정하기 위한 모델은 다양하나 분석 수준별 활용도가 높은 모델은 중시적 모델 중 NASPAC과 FLOWSIM이며 미시적 모델에서는 TAAM, SIMMOD, RAMS가 대표적이다.

2. 시뮬레이션 모델 비교

가. 거시적 모델

수용량 분석 방법 중 거시적(macroscopic) 방법은 일정 시간 동안 관제사에 의해 수행되는 업무 과정에서 감시, 지시 또는 허가발부 등의 발생빈도와 요구되는 시간을 측정하고 이를 수리적 모형을 통해 공역 수용량을 결정하는 방법이다. 관제사의 업무를 관찰하고 분석하는 방법에 따라 관제사의 업무에 관한 다양한 요소를 정확하게 반영하기 어려운 단점이 있지만 미시적 기법과 비교해볼 때 결과값을 얻기까지 비교적 짧은 시간이 소요된다는 장점이 있으며, 분석에 사용되는 수리적 모형에 관한 직관적인 이해가 가능하다. 분석 시간이 비교적 짧다는 장점을 활용하여 국내 공역의 형태를 변경한 후 수용량을 측정하는 일련의 과정을 통해 공역의 적합한 형태를 찾기에 수월하다.

1) Sector Design Analysis Tool(SDAT)

SDAT 모델은 항공교통관제사 분석 도구로 다양한 측정 기준을 적용하여 공역 내 섹터 수용량 및 항공교통흐름의 복잡성에 따른 공역 수용량 변화에 대한 값을 평가한다. FAA에서 개발된 모델로 미국 내 대부분의 공역 및 항적 자료를 제공하고 공역 환경을 감시하기 위해 사용된다.

일반적으로 관제 상황에 대한 녹화자료와 관제 교신 분석자료 그리고 관제사의 영상녹화를 통한 분석을 통해 관제업무 중 일상 관제업무와 충돌 해결을 위한 업무, 섹터 감시 및 계획업무로 나눠 관제사 업무부하를 측정한다. 미국의 다양한 공역 환경에서 적용되어 검증된 모델로 녹화자료를 기반으로 값을 측정함으로써 녹화에 참여하지 않은 전체 관제사의 업무부하량 산정에 대해서는 대표성이 부족하며, 기존의 녹화자료를 토대로 작성되므로 미래의 항공교통흐름 상황에 대해서는 분석이 어렵다는 단점이 있다. 그러나 관제사가 추가로 입력하는 과정 없이 자료 분석을 통해 진행되며, 미시적 기법에서 사용되는 시뮬레이션 기법에 비해 비교적 신속하게 관제사 업무부하량을 결정할 수 있다는 장점이 있다.

2) DORATASK

DORATASK 모델은 영국 내 항공로 및 터미널 공역의 수용량 산정을 위해 영국 항공청(Civil Aviation Authority)에서 개발된 거시적 기법이다. 수용량 산정은 관측 가능한 일상 관제업무, 충돌방지 업무, 관제 계획시간 및 회복시간으로 나뉘어 값을 구한다. 일반적으로 공역의 특정 섹터에 대한 항공교통흐름을 분석하고 관제사의 업무에 대한 관찰 및 영상녹화 그리고 해당 섹터에 적용되는 관제 절차를 고려하여 수집한다. 이후 분석

결과를 토대로 관제사의 근무 연수에 따른 차이 및 특정 업무별로 구분된 소요 시간에 대한 조정이 필요하며, 해당 작업을 수행하기까지 비교적 많은 시간이 필요하다.

관측 가능한 일상 관제업무는 일반적으로 관제를 제공받는 모든 항공기에게 일괄적으로 적용되는 관제절차를 말한다. 따라서 공역 내 모든 섹터에 공통적으로 적용되는 업무시간으로 가정하며, 총 업무시간의 계산은 개별업무시간에 일정 수준의 업무량을 곱한 총합으로 표현된다. 고려되는 업무로는 항적에 대한 관제 인수와 인계, 비행 스트립 확인, 주파수 이양 등 주변으로 다른 항적이의 존재와는 상관없이 개별 항공기에게 반드시 수행되는 업무를 말한다.

충돌방지 업무는 충돌의 형태에 따라 다른 업무부하로 표현하는 범주화 작업이 필요하다. 일반적으로 고려되는 사항은 레이더 유도, 항공기 고도의 상승과 강하, 교통정보제공 등 항적 분리를 위해 수행되는 업무를 말한다. 통상적으로 교차(crossing), 추월(overtake), 고도 배정(altitude assignment)으로 분류된다. 충돌방지 업무에 대한 세부 적용기준은 관할 섹터 내 항공로의 복잡성과 관제사 관할구역의 범위에 따라 다르게 적용된다. 관제 계획시간의 경우 관제 화면에 표시되는 항공기를 감시하여 앞으로 취할 수 있는 행위를 계획하는 데 필요한 시간을 말한다. 일반적으로 인수, 인계받은 항공기에 대한 스트립 확인 및 관제지시 표기 등이 있다. 회복시간은 관제업무를 계속 유지하기 위해 관제 능력을 회복하는 데 필요한 시간을 말한다.

DORATASK 모델은 영국의 정상적인 교통흐름 상황을 기준으로 공역 수용량을 계산하기 위해 사용된 것으로 해당 모델에 관한 검증은 아직 보고된 바 없으나 현재 영국의 터미널 공역과 섹터의 공역 수용량 산정에 사용되고 있다. 또한, 국내 인천 비행정보구역의 공역 수용량 계산에도 사용되고 있는 모델이나 개발자가 아닌 사용자가 사용하기에 변수 간의 상호관계에 대한 명확한 이해가 어려운 단점이 있고 결과를 해석함에 있어 분석이 난해하다는 단점이 있다.

나. 중시적 모델

1) NASPAC(National Airspace System Performance Capability)

NASPAC은 국가의 공항 및 공역 수용량 제약조건과 관련된 문제를 분석하고 잠재적 해결책을 평가하기 위해 MITRE와 FAA에 의해 개발된 시뮬레이션으로서 특정 ATM 시스템에서의 지연과 혼잡의 확산을 연구하기 위해 고안된 최초의 모델이다. 또한 NASPAC은 용량 한계를 식별하고 대안 및 매개변수 분석을 이용한 시스템 향상을 도모하기 위해 컴퓨터 모델과 운영분석을 이용한 도구로서 시스템의 변화가 발생하기 전과 후의 예상 지연을 계산할 수 있으며 공역 계획과 의사결정을 위한 정량적 정보를 제공한다.

NASPAC은 개별공항에서 수요 혹은 수용량 변화에 대한 효과를 예측하기 위해 설계된 analytical queuing model과 국가 항공교통관제(ATC) 네트워크를 통한 개별 항공기의 진행 과정을 추적하는 이산사건 시뮬레이션(discrete-event simulation)을 제공한다. 그러나 모델의 원활한 사용을 위해서는 많은 훈련 및 비용과 인력 측면에서 상당한 지원이 필요하고 시뮬레이션의 실행을 위해서는 광범위한 데이터가 필요하다는 단점을 지니고 있다.

2) FLOWSIM

FLOWSIM은 항공기 비행계획과 공항 수용량 제약식 함수를 이용하여 비행 지연을 예측하기 위해 사용된 실험 도구이다. 모델의 단순성은 시뮬레이션 실행시간을 단축하며 짧은 시뮬레이션 실행시간은 다양한 형태의 비행계획에 대한 평가를 신속히 내릴 수 있다는 장점이 있다. 그러나 지체를 결정하기 위해 공항 수용량 모델을 사용하나 항공기 운항 시 항공기 간의 상호작용 혹은 항공기의 동적인 특성을 제공하지 않는다는 단점을 가지고 있다. 또한 시뮬레이션이 항공로 운영을 지원하지 못한다는 단점을 보완하기 위해 섹터 수용량에 제한을 두지 않는다.

다. 미시적 모델

1) TAAM(Total Airport Airspace Modeller)

TAAM Plus는 상업적 목적으로 CAA와 The Preston Group(TPG)에 의해 개발된 fast-time 시뮬레이터로써 공역 및 공항에 대한 의사결정 지원, 계획, 설계 및 분석을 할 수 있도록 공역과 공항을 모사하는 시뮬레이션 모델이다.

안전을 보장하는 범위 내에서의 공역 수용량 향상, 복잡한 공항의 지상 용량 문제 식별, 최적의 기반 시설 개발을 위한 계획, 그리고 항공교통관리를 위한 전술적 의사결정 지원을 목적으로 하는 이 시뮬레이션은 분석을 비용 효과적으로 수행하기 위한 항공교통 시스템을 진단할 수 있고 항공교통의 각 부분을 상세히 고려하여 항공교통 시스템을 모사할 수 있다. 또한 신속한 결과 산출과 비용효과 면에서 도움이 될 것이다. 그러나 가격이 매우 비싸고 rule set이 고정되어 있어서 새로운 ATM 알고리즘과 개념을 시험하는 데에는 부적합하다. 또한 프로그램이 복잡해서 연구 수행을 위해서는 상당한 학습이 필요하다.

2) SIMMOD

미국연방항공청(FAA)과 ATAC에 의해 개발된 SIMMOD는 일반적으로 단일 공항, 근접 공항의 작은 집단 또는 단일 항공교통센터에서 시스템 개선의 영향을 분석하기 위해 사용된다. SIMMOD는 이산-사건 시뮬레이션(discrete-event simulation)으로서 항공로(enroute) 항공교통, 터미널 구역 및 공항 지상 운영 등의 연구에 탁월한 기능을 발휘하며 구축된 네트워크의 물리적인 크기에 제한을 두지 않는다. 또한 지상과 공중에서 항공기

비행을 세부적으로 묘사하는 2차원 생성기(animator)를 제공하며, 노드-링크 구조를 중심으로 다른 프로그램과도 호환이 용이한 개방형 구조로서 응용프로그램의 개발에도 유리하다.

SIMMOD 내에서 공항 및 공역 시스템은 링크에 의해 연결된 여러 가지 노드에 의해 표현되는데 노드는 SIMMOD가 시스템 내 다른 항공기에 대해 항공기의 위치를 평가하기 위한 조정 시스템 내의 한 지점이며 링크는 두 노드 사이의 경로로서 항공기는 정의된 링크를 따라 한 노드에서 다른 노드로 이동한다.

SIMMOD는 공중과 지상의 지연 및 여행시간 통계, 섹터 점유 통계를 계산하며 도착, 출발, 순항을 포함한 시뮬레이션 내 총 비행 편수, 총 운항 지연 통계, 활주로 교차 지연 통계, 활주로 수요 및 출발 대기 지연, 도착 및 출발 흐름, 그리고 게이트 사용통제와 같은 다른 통계도 계산할 수 있다. 그러나 위도와 경도만을 나타내는 2차원 디스플레이에 노드-링크 구조에서 일정 경로를 따라서 모사가 이루어지므로 융통성이 없으며 자유비행(free flight)과 같은 새로운 개념을 모사할 수 없다. TAAM과 마찬가지로 시뮬레이션 수행을 위한 장기간의 학습이 필요하다.

3) RAMS(Reorganized ATC Mathematical Simulator)

RAMS Plus는 유럽에서 공역 구조와 섹터 설계에 대한 변경 제안의 평가에 15년간 사용된 Eurocontrol의 시뮬레이션 도구인 EAM(Euro-control Airspace Model)을 개선한 소프트웨어로써 Eurocontrol에 의해 개발되고 ISA Software에 의해 상용화되었다. RAMS는 공역 구조, 항공교통관제 시스템, 미래 ATC 개념의 연구 및 분석을 위한 기능을 제공하는 fast time 이산사건 시뮬레이션이자 항공교통관제 시스템을 위한 컴퓨터 기반 시뮬레이션 도구로써 기존 ATM 시스템과 미래 ATM 시스템 개념 도입에 따른 영향을 평가할 수 있도록 이륙에서 착륙에 이르는 비행 전 단계를 평가한다.

비용 절감 효과가 우수한 RAMS Plus의 목적은 데이터 준비시간을 단축하고 비교분석에 더 많은 시간을 허용하면서 단시간 내에 분석 결과를 생성하는 한편, ATC 개념의 전반을 모형화하는 것이다. 이 시뮬레이션 결과의 모형화는 상위 수준의 거시적 분석으로부터 심도 있는 미시적 분석에 이르기까지 ATM 계획 및 조직적 제안에 대한 식견을 제공한다. RAMS의 주요 적용 분야는 관제사 업무부하, 자유비행 경로 조사, 자유비행 조사, 공역 수용량, 밀집도 등이다. 특징은 통합 편집기 및 전시 도구, fast-time 데이터 개발, 확률적 교통량 생성, 4차원 비행 profile 계산, 4차원 구역 분할, 4차원 공중충돌 탐색, AI 지식기반 충돌 해결, 4차원 해결 기동, 업무부하 할당, TMA 활주로/대기 장주(holdstack), 공역 경로, 자유비행(free-flight), 수직분리축소(RVSM) 구역, 그래픽 영상을 포함한다.

다. 시뮬레이션 모형의 장 · 단점

위에서 언급한 시뮬레이션 도구 중 중시적 모델인 NASPAC과 FLOWSIM은 공역 수용량보다는 지연의 예측과 분석에 적합하다. 항공로 구역에서의 공역 수용량을 측정하고 분석하기에 적합한 미시적 분석 모델인 TAAM, SIMMOD, RAMS의 주요한 차이와 장 · 단점은 다음과 같다(<표 14-4> 참조).

첫째, TAAM은 공항이나 혹은 공역에서 다양한 형태의 교통수요를 지원할 수 있고 실제 항공교통 시스템을 정확하게 반영할 수 있지만 프로그램이 복잡하여 사용 제한요소가 되며 규칙(rule set)이 고정되어 있어서 새로운 ATM 알고리즘과 개념을 평가하는데 부적합하다. 또한 시뮬레이션의 가격이 상당히 비싼 관계로 특정 연구기관을 제외하고는 사용이 불가능하다.

둘째, SIMMOD는 공항 운영, 항공기 지연, 비행시간 및 연료 소모 분석에 유용하며 Excel, Access, Freelance 등과 같은 다른 응용프로그램과 더불어 쉽게 운용될 수 있는 개방형 구조를 제공하나 2차원의 노드-링크 구조에서 일정 경로를 따라서 시뮬레이션이 진행되므로 융통성이 없고 자유비행(free flight)과 같은 신개념을 모사할 수 없다는 단점을 가지고 있다.

마지막으로 RAMS는 현재 스페인, 불가리아, 스웨덴, 프랑스, 영국, 독일, 벨기에 등과 FAA와 Eurocontrol 등 여러 기관에서 사용되고 있다. 1995년 상용화된 RAMS Plus는 동적(dynamic) 직무기록을 통해 높은 신뢰성을 구현하며 사용이 간편하고 미래지향적이라는 특성이 있다. 또한 새로운 ATC 개념의 타당성을 분석하는데 적합한 시뮬레이션 도구이다. RAMS의 장점은 시뮬레이션 내의 복제(Cloning) 기능을 이용하여 특정 항공로 혹은 터미널 공역에서 교통량의 증감을 통해 사용자가 정의한 교통 패턴을 반영하여 미래 항공교통 수요 증가에 따른 항공로 및 터미널 공역의 공역 수용량 분석에 효과적이다. 또한 항공기 간의 전후 분리 거리를 사용자가 정의할 수 있고 현재의 기상 특성을 반영할 수 있다는 장점을 가지고 있다. 그러나 아직 공항 air-side의 세부적 분석을 수행할 수 없다는 단점이 있다.

〈표 14-4〉 시뮬레이션 모형 비교

S/W	Simmod_Plus	TAAM	RAMS Plus
제작사	FAA/ATAC	PRESTON/CAA	ISA/Eurocontrol
범위	공항 및 공역(제한적)	공항 및 공역	공항 및 공역
그래픽	2D	4D	4D
적용 분야	• 공항에서의 용량 및 지체 측정 • 터미널 공역의 재설계 • 연료 소모율 감소 • 운항 효율성 증진	• 현재/미래 ATM시스템 모사 • 공항용량 • 소음 영향 • 이착륙절차 및 관제섹터 설계 • 관제사 업무부하 평가 • 비용/이익 연구 • 시스템의 지체	• 관제섹터 업무부하 • 공역 수용량/밀집도 측정 • 관제섹터 분할 • 새로운 ATM시스템 평가 (RVSM,Free Flight) • 새로운 ATC 절차 평가 • 공역에서의 지체 측정
장점	• 사용자 실수 감소를 위한 시뮬레이션 데이터점검 • 시뮬레이션 데이터를 저장, 관리 • 각 세그먼트별 분석 비교가 용이 • 공항 운영, 항공기 지연, 비행시간 및 연료소모 분석 • 링크의 길이 계산 자동으로 수행 • 다른 응용프로그램(Excel, Access 등)과 쉽게 호환	• 다양한 형태의 교통 수요 지원 • 시뮬레이션 도중 수정가능 • 다양한 그래픽 제공 • 항공교통 시스템을 정확히 반영	• 공역 수용량 분석에 용이 • 역동적 직무기록 • 사용이 간편 • 미래 지향적
단점	• 2차원 노드-링크 구조 • 융통성 없음 • 새로운 ATM 개념 모사 불가능 • 사용이 복잡	• 높은 가격 • rule set이 고정 • 프로그램이 복잡	• 다양한 정보 취급 부족

결과적으로, SIMMOD와 같은 노드-링크 모델은 자유비행과 같은 새로운 ATM 개념을 평가하기 위한 환경구축이 허용되지 않는다. 반면 TAAM과 RAMS와 같은 3차원 모델은 노드-링크 모델의 장점을 바탕으로 새로운 개념을 평가하기 위한 융통성을 지니고 있어 관제사 업무부하를 고려한 섹터의 수용량을 측정하는데 상대적으로 적합한 도구라고 볼 수 있다. 그러나 TAAM은 사용자가 사용법을 터득하기에 상당한 시간이 걸리고 시뮬레이션 규칙이 고정되어 있어 새로운 규칙을 적용한 시스템 평가가 곤란하다는 단점과 사용료가 고가로서 현실적으로 우리나라에서는 구하기가 힘든 형편이다. 그러나 RAMS는 관제사 업무부하에 중점을 두고 섹터 분할, free-flight, RVSM과 같은 새로운 항공교통관리 기법의 효과와 타당성을 분석하는 유용한 도구이다.

시뮬레이션 중 어떤 것이 항상 최선의 시뮬레이션 모델이라고는 말할 수 없으며 시뮬레이션은 각각의 장단점을 가지고 있어 사용하고자 하는 목적에 따라 적절히 선택할 필요가 있다.

3. 시뮬레이션 적용사례

위에서 비교 분석한 모델 중 RAMS 시뮬레이션을 적용한 연구에 관한 적용사례를 살펴보면 다음과 같다(<표 14-5> 참조).

〈표 14-5〉 RAMS 시뮬레이션 적용 사례

연구자	주요 연구 내용
P. Humphreys(1998)	• 관제섹터의 최적화 및 관제사 업무부하 측정 지역 비행로 네트워크 도입 효과
Diarmuid Houlihan(1998)	• 지역 비행로 네트워크 구조 평가 및 고려요소 산출
Steve Bradford(1998)	• FAA의 OPGEN과의 연계
Leif Lundqvist(1999)	• 표준계기출발절차(SID)와 도착절차(STARs) 분석 • 터미널 공역 및 ACC 섹터의 최적분할
J. Tewes(1999)	• 두 항공교통센터의 재구성 효과 분석 • 업무부하 균형을 위한 섹터분할
F. Vergne(1999)	• 공역구조 및 관제섹터와 위치 분석 • RVSM 실행 타당성
F. Dowling(1999)	• 터미널공역 구조 변경에 따른 관제사 업무부하 • 관제섹터 분할 및 RVSM 도입효과 분석
Ray Dowdall(2001)	• 지역 비행로 네트워크와 섹터분할 • RVSM 실행에 따른 관제사 업무부하 변화
Arnab Majumdar(2002)	• 항공기 비행단계에 따른 ATC 섹터에 대한 공역 수용량 측정방법
Victoria Williams(2002)	• 순항고도 제한에 따른 관제사 업무부하 변화 • 공역에서의 항공기 이산화탄소 배출량 측정
D.Clorec(2003)	• 데이터 링크 서비스 수준에 따른 업무부하 변화 • 섹터용량 특성에 따른 관제사별 업무부하 차이 분석

RAMS는 항공교통량과 관제사 업무시간을 이용하여 관제사 업무부하를 측정할 뿐만 아니라 공역 수용량 측정 및 새로운 ATM 개념의 평가 등을 수행하는 데 유용하게 사용되는 fast-time 시뮬레이션 도구로서 상당히 많은 연구가 수행되고 있고 시뮬레이션 도구의 기능향상을 위한 연구가 꾸준히 진행되고 있다. 1991년 처음 시뮬레이션이 만들어진 이후 Eurocontrol을 중심으로 국가 차원에서 공역의 효율성 증진을 위한 연구에 사용하였고 미국과 기타 국가에서도 많은 관심을 가지고 연구에 활용하고 있다.

RAMS를 이용한 초기 연구는 주로 예상되는 교통량 증가에 대처하기 위한 대안을 찾기 위한 것으로 ACC의 최적화와 현재의 항공교통관제 시스템에서의 관제사 업무부하 및 항공교통량 증가에 따른 업무부하의 변화 측정에 목적을 두고 수행되었다(P. Humphreys,

1998). 그리고 관제사 업무부하 관점에서 두 공항 간의 항공기 운영 형태 변경 및 새로운 공역 구조에서 항공로 네트워크 구조의 영향을 평가하고 고려해야 할 요소를 도출하였다(Diarmuid Houlihan, 1998). Leif Lundqvist(1999)는 터미널 공역 접점에서의 표준계기출발(SID) 절차와 표준도착절차(STARs)를 포함한 현재의 비행로 구조를 분석했으며 항공로 네트워크의 실행과 2003년 교통량 예측에 따른 영향과 국경선에 관계없이 터미널 공역과 ACC 섹터의 최적 구역 분할과 비행로 구조의 조화를 시험했다.

J.TEWES(1999)는 1997년 불가리아 항공국의 공역 모델 시뮬레이션 연구 요청에 따라 RAMS 시뮬레이션 도구를 이용하여 1998년 시뮬레이션을 수행했다. 이 연구는 두 관제소에 대한 재구성의 효과를 평가하기 위한 것으로 공역 수용량 계산을 통해 다른 관제위치에서의 관제사 업무부하 균형을 위한 새로운 섹터분할 계획 평가를 시험했다. Arnab Majumdar(2002)는 관제사 업무부하에 영향을 주는 요인과 적절한 분석 기법을 이용하여 공역 수용량을 측정하기 위한 모델을 제시했으며 공역 수용량이 섹터 내의 다른 형태의 항공교통량 흐름에 기초하여 측정될 수 있음을 밝혔다. 여기서 사용된 모델은 항공교통관제(ATC) 섹터에 대한 공역 수용량 측정 및 이용 방법을 제공하는 사용될 수 있다.

최근의 연구 경향은 초기 연구 내용에 새로운 항공교통관리(ATM) 시스템의 도입에 따른 여러 영향을 평가하는 방향으로 연구가 진행되고 있고 RAMS 활용을 확대하기 위해 기존의 다른 시뮬레이션과의 연계에 관한 연구가 수행되고 있다. Steve Bradford(1998) 등은 RAMS와 FAA에 의해 개발된 비행계획 도구인 OPGEN 간의 inter-process communication 사용을 제시하면서 RAMS를 확장하기 위한 기능을 개발하였으며 두 도구 간의 연계를 위한 완전한 기능 개발을 위한 향후 연구 과제를 제시하고 있다.

F. VERGNE(1999)는 공역 사용자 요구와 교통량 증가에 대비하기 위해 Czech 공역에서의 ATM 시스템의 최적화를 위해 현재와 미래의 공역 구조, 관제 섹터와 위치, RVSM 실행의 타당성을 연구하였으며, F. Dowling(1999)은 Warsaw FIR 내에서 터미널 관제구역의 변경에 따른 관제사 업무부하 효과를 시험하고 ACC 섹터의 분할과 RVSM 도입에 따른 영향을 평가했다. Ray Dowdall(2001)은 유럽 5개국에 관한 연구에서 1997년과 2005년 교통량 표본을 이용하여 새로운 지역 비행로 네트워크, 새로운 섹터 분할, RVSM의 실행에 따른 비행고도 변환에 따른 관제사 업무부하 영향을 평가하여 공역의 재구성과 RVSM이 관제사 업무부하의 감소에 긍정적 영향을 준다는 것을 밝혔다.

Victoria Williams(2002) 등은 상업용 항공기의 순항고도 제한에 따른 항공에서의 기후변화 영향 감소를 위한 연구에서 순항고도의 제한으로 인한 관제사 업무부하의 변화를 확인하고 공역에서 항공기 운항에 따른 이산화탄소 배출 양을 측정하기 위한 시뮬레이션으로 RAMS를 사용하였다. D. Clorec(2003) 등은 AFAS(Aircraft in the Future Air Traffic Management System) 서비스의 도입에 따른 업무부하의 변화를 평가하기 위해 RAMS 시뮬레이션을 사용하였는데 데이터링크(data link) 서비스 수준에 따른 관제사 직무 목록을 만들었고 섹터 수용량 특성에 따른 전술/계획 관제사의 업무부하를 사용하여 항공로 섹터에 대한 미래 항공교통관리 시스템 상에서의 항공기(AFAS)의 영향을 평가했다.

제 15 장 항공교통흐름관리(ATFM)

제1절 항공교통흐름관리의 특성 및 절차

1. 항공교통흐름관리의 개념 및 특성

가. 개념

항공교통흐름관리(Air Traffic Flow Management: ATFM)는 각 공항, 항공로 픽스 또는 관제 섹터에 지정된 수용능력의 범위 내에서 항공교통량을 할당함으로써 공중과 지상에서의 항공기의 지연(delay)을 효과적으로 관리하고 항공기 운항의 경제성을 증진하고자 하는 일련의 과정이다. ATFM은 항공교통관제 수용능력을 최대화하고 항공교통업무기관에서 정한 수용능력과 교통량 간의 균형을 통하여 항공안전과 원활한 교통흐름을 제공하기 위한 목적으로 수행된다. 항공기 상호 간은 물론 장애물 또는 비행제한/금지구역으로부터 항공기를 안전하게 분리되도록 하는 항공교통관제 기능과 함께 ATFM은 항공교통관리 시스템의 핵심 요소의 역할을 담당한다.

나. 수행 원칙

ATFM은 주어진 시간에 항공교통 수요가 ATC 용량을 초과하거나 초과가 예상되는 공역 및 악기상 또는 우발 사태 등으로 인하여 항공기가 30분 이상 지연 운항이 예상되는 경우 수행될 것이며, 지역항공항행협정에 근거하여 혹은 가능하다면, 다자 협정에 의해 실행되며 하나의 지역 혹은 다른 한정된 지역에서의 ATFM 서비스는 중앙 집권화된 ATFM 조직에 의하여 개발되고 실행되어야 한다. 그리고 지역 혹은 적용 가능 지역에서는 각각의 지역관제센터(ACC)에 지정된 흐름관리 관리부서에 의해 지원되어야 한다. 어떤 항공기는 ATFM 서비스가 제공되지 않거나 혹은 다른 비행보다 우선순위가 주어질 것이다. ATFM 업무를 수행하기 위한 세부적인 절차와 지역 혹은 영역 내에서의 서비스는 지역 ATFM 지침서 또는 편람에 지정되어야 한다. 국제민간항공기구에서 발간한 ATFM에 관한 국제기준은 다음과 같다.

- 국제민간항공협약 부속서 제11권(Air Traffic Services)
- 국제민간항공협약 Doc 4444(Air Traffic Management)
- 국제민간항공협약 Doc 9426(Air Traffic Services Planning Manual)

다. ATFM의 특성

ATFM은 항공교통관제의 보조 역할로서 공역과 공항 수용능력을 최대한으로 이용할 수 있도록 해야 한다. 장기적으로 볼 때 결코 완벽한 상황이란 있을 수 없지만 변화하는 주변 환경에 능동적으로 적극 대응하여 운항 소통을 원활히 해주는 것이 무엇보다도 중요하다. 터미널 공역에서의 체공(holding)이나 지연(delay) 상황은 바람직하지 않으나 공역과 공항의 수용능력을 극대화하기 위한 약간의 체공이나 지연 사태는 불가피할 것이다.

미래의 시스템을 이용해서 운항 관리를 하는 데에는 실시간(real time) 관리를 위한 자동화 수단이 필요하고, 자동화를 통해 많은 정보를 처리하고 상황 변화에 즉각 대처할 수 있도록 운항 정보를 즉각 주고받을 수 있어야 한다. 그런 점에서 지상 항공교통관제(ATC) 시스템과 자동적으로 교신할 수 있는 항공기의 비행관리시스템(FMS)은 의사결정 과정에서 없어서는 안 될 필수적인 도구이다.

ATFM의 업무처리 과정은 실제 상황 속에서 짧은 시간 안에 접하게 되는 공역과 공항 수용능력에 의해 크게 좌우된다. 공역의 수용능력은 공역의 구조와 각 관제섹터의 수용능력(control sector capacity), ATC 시스템의 지원 능력, 그리고 운영절차에 의해 결정된다. 그리고 공항의 수용능력은 환경적인 요소와 활주로 상태, 이용 가능한 시설들의 작동 상태, 활주로 이용 절차, 소음관계, 운항 중인 항공기의 후류요란(wake turbulence)에 따른 분리조건, 유도로 및 대기 지역의 가용 상태 등 여러 가지 요인들에 의해 좌우된다. 일반적으로 공항의 수용능력은 활주로/유도로 처리용량, 계류장/gate 처리용량, 여객터미널 처리용량 및 항공교통관제업무 처리용량을 산출하여 가장 작은 용량을 전체 공항의 수용능력으로 설정한다. 미래의 시스템은 현재의 상황은 물론이고 예견되는 인접 공역이나 공항 수용능력에 대한 관련 데이터들도 실시간으로 최대한 이용할 수 있도록 하여야 한다.

2. 흐름관리 단계

ATFM 실행은 계획수립 및 수행의 시간적 차이에 따라 전략계획 수립단계와 전- 전술계획 수립단계 및 전술적 운영단계의 세 단계로 구분되고 실행되어야 한다. ATFM의 모든 단계 동안에 책임이 있는 기관은 유효하고 정당한 서비스를 유지하기 위해 항공교통관제(ATC)기관과 항공기 운영자와 밀접한 연락을 취해야 한다.

가. 전략계획 수립(Strategic planning)

전략적 계획은 최소한도 2개월에서 6개월 이전에 수립되는 항공교통 흐름관리 계획으로써 항공교통관제(ATC)와 항공기 운영자의 상호 협의에 의해 계획되어야 한다. 전략적 계획은 다가오는 계절의 수요와 이용할 수 있는 ATC 용량을 산정하고, ATC 용량을 초과하는 시설과 시간을 평가하여 불균형을 해결하기 위한 다음과 같은 실행사항으로 구성되어야 한다.

- 흐름관리가 요구되는 장소와 시간에 적절한 용량을 제공하기 위한 ATC 관계기관과의 협정 사항
- 특정 교통흐름 변경(교통 우회)내용
- 적절한 항공기 운항 스케줄링 혹은 리스케줄링
- 전술적 ATFM 방법의 명시

교통우회계획(Traffic Orientation Scheme: TOS)이 필요한 곳에서는 해당되는 항공로들은 가능하면 관련 비행에 대한 시간과 거리의 제한을 최소로 하고, 특히 장거리 비행에서의 항공로 선택에는 어느 정도의 융통성을 허용해야 한다. 교통우회계획(TOS)가 합의되었을 때에는 이에 대한 세부사항을 모든 관련 국가에 공표하여야 한다.

나. 전-전술 계획(Pre-tactical planning)

전-전술 계획은 실행 하루 전에 작성되는 것으로서 최신의 수요자료에 따라 익일 적용될 전략계획을 정밀하게 조정한 계획이다. 이 계획에서는 특정한 교통흐름에 대한 비행로 재배정, 흐름계획에 포함되지 않은 비행로의 교통량 조정, 전술적 운영 방법의 결정 및 다음 날의 ATFM 계획에 대한 세부 사항 작성 및 공고가 포함된다.

다. 전술적 운영(Tactical operations)

전술적 ATFM 운영은 ATFM이 적용되는 당일의 운영을 전략계획이나 전-전술 계획을 기초로 하여 당일의 변동사항을 고려하면서 운영하는 것으로서 다음 사항들이 포함되어야 한다.

- 수요가 용량을 초과하는 곳에서의 교통흐름을 제공하기 위한 합의된 전술적 실행 방법
- 적용된 ATFM 방법이 바람직한 효과를 가지도록 유지하고, 장기 지체가 보고될 때, ATC 용량이 최대 범위로 이용되도록 하기 위한 교통의 항공로 재배정과 비행고도 할당을 포함하는 개선 조치를 시작하기 위한 항공교통 상황의 전개를 감시

교통 수요가 특정 공역 혹은 공항의 용량을 초과하거나 초과할 것으로 예측될 때, 비정상 상황(악기상, 비상사태, 활주로 폐쇄 등)이 발생하거나 발생이 예상되어 흐름관리가 필요하다고 판단될 때 항공교통관제(ATC) 기관은 신속하게 ATFM를 담당하는 기관에 흐름관리 통제 요청을 하고 다른 관련 ATC 기관을 조언해야 한다. 영향을 받는 지역 내에서의 비행을 계획한 항공기 비행 승무원과 운영자는 가능하다면 제한사항 혹은 예상 지체에 대한 조언을 받아야 한다.

ATFM를 시행하는 경우 지연에 관한 조언이나 흐름 제한에 관한 사항을 관련 시설과 항공사에 전문 또는 구두로 전파하여야 한다. 지연에 관한 조언은 예정된 시간에 특정지점에서 출발하거나 도착하는 항공기에 대하여 심각한 수준의 지연이 예상될 때, 조종사 및 관련 항공기, 공항 운용자들은 예상되는 지연시간과 제한사항에 대해서 다음의 내용을 포함한 조언을 한다.

- 지연을 부과하는 항공교통관제기관의 명칭
- 지연이 예상되거나 제한사항 적용이 예상되는 지역의 위치
- 관련 항공교통에 대한 정보 (비행로, 도착지 등등)
- 관련 비행고도
- 이용 가능한 미지정 비행로 (명칭, 상태)
- 예상 지연시간, 제한사항, 제한 기간

다음으로 흐름 제한은 항공교통업무기관이 특정 지역을 비행하는 항공교통에 대해 제한사항 발부가 필요하다고 판단 시, 상황에 대한 인접 항공교통업무기관의 이해를 도울 수 있는 상세한 이유를 명시하여, 다음의 내용을 포함한 흐름 제한을 관련 항공교통업무기관에 전파한다.

- 흐름 제한을 발부하는 항공교통관제기관의 명칭
- 흐름 제한이 적용되고 있는 지역의 위치
- 관련 항공교통에 대한 정보 (비행로, 도착지)
- 관련 비행고도
- 이용 가능한 미지정 비행로 (명칭, 상태)
- 흐름에 대한 제한내용 및 제한 예상 적용 시간
- 기타 사항

제2절 선진국의 사례

세계적으로는 미국과 유럽 지역에서 교통흐름관리가 대표적으로 시행되고 있으며, 이 두 지역을 제외한 지역이나 국가에서는 도입단계나 제한적으로 시행되고 있다. 이는 ATFM 서비스가 장·단기적 교통량 및 변동량의 예측, 공역 및 공항의 수용능력의 평가, 항공교통관제기관의 업무능력의 평가 및 조정, 비행 가능 편수의 할당 및 조정, 비정상 상황에서의 조정 등 ATFM에 관련되는 모든 사항을 체계적으로 접근하고, 실시간으로 통합 관리할 수 있는 능력이 있어야 하기 때문이다. 따라서 우리나라에서도 아직 ATFM이 효율적으로 이루어지고 있지 못하는 실정이다. 이 절에서는 ATFM이 효율적이며 광범위하게 시행되고 있는 미국과 유럽의 교통흐름관리 실태를 살펴보고자 한다.

1. 미국의 사례

오늘날 미국의 국가공역시스템(NAS)에 대한 항공교통관리는 국가 기구로 전국적 시스템으로 구축한 항공교통관리기구에 의해 수행되고 있다. 미국의 항공교통관리 시스템의 중앙 통제 기구로는 항공교통관제시스템통제센터(ATCSCC), 이하 편의상 "통제센터"라 한다)가 설치 운영되고 있다. 이 기구는 워싱톤 DC 근교인, 버지니아 주 헌돈(Herndon) 시에 위치하고 있다.

가. 항공교통관제시스템통제센터

1) 설립 배경과 기능

이 기구는 미국 국가공역시스템(NAS)의 수용량과 항공교통 수요가 적절히 조화를 이루고, 공역 운용의 효용 가치를 극대화하기 위한 목적으로 설립된 기구이다.

1990년대까지의 항공교통관제 목표는 항공기 간의 분리, 즉 안전 운항의 최대화를 목표로 하였다. 그러나 항공 수요가 급증하고 그에 따라 항공교통량이 점진적으로 증가함에 따라 항공 소통의 지연 사례 발생을 최소화하고, 경제적 운항 비행로의 개발과 방안에 관한 연구도 중요시되었다. 즉 안전 운항을 견지하면서 경제적 이득까지 극대화할 수 있는 방향으로 추구 목표가 자연스럽게 발전된 것이다.

통제센터는 이러한 지향 목표를 달성하기 연구 결과로 설립되고 운영되고 있는 기구로서 1994년 5월에 운영 개시하였다. 통제센터는 일종의 대형 종합 컴퓨터 처리 시스템이라 말할 수 있다. 운항하는 항공기 위치를 실시간으로 파악하기 위해 모든 가용 지상 레이더 탐색 자료가 수집되고 전산 처리된다. 모든 공항, 항공사 및 관련 기관으로부터 모든 비행계획서 자료와 비행자료가 수집되고 전산 처리된다. 모든 항행안전시설(Naviaids) 현장으로부터 시설의 현황 자료가 실시간으로 수집되고 관리된다. 모든 기상레이더 및 기상 기구로부터 현 기상 및 예보 기상자료가 수집되고 전산 처리된다. 이상과 같은 정보처리를 위하여 이 통제센터는 최첨단의 다양한 자동화 도구를 이용한다. 미국 내의 모든 항공교통관제소, 접근역관제소(TRACON), 정기여객기가 입·출항하는 모든 공항관제탑, 그리고 정기 여객 운송업무에 참여하는 모든 항공사를 하나의 중앙집중식 통제 센터 내에 직통 통신망으로 상호 연결함으로서, 각 공항/지역 수준은 물론 전국 수준의 항공교통 흐름을 통제하고 관리하도록 구축되었다.

이 기구에서는 동-서로는 일본에서 영국까지(태평양 및 대서양 포함), 남-북으로는 멕시코에서 캐나다까지 통제 대상 지역 전역에서 운항하는 모든 항공기의 운항 위치를 매 1분 간격으로 갱신(update)하여 현시함은 물론, 대상 지역 전역에 걸친 기상 현황과 항행안전 시설의 운영 실태 및 항공고시보 상황을 실시간으로 파악하여 11개의 대형스크린에 현시한다. 이 기구의 운영실(operation room)에는 소정 기간(6개월)의 특수 교육을 이수하고 국가 공인 자격을 받은 교통관리 전문가(traffic management specialists)가 배치되어 연중무휴로 운영된다.

2) 통제센터와 접속된 시설

통제센터와 연결된 각 지역별 기구로는 우선 22개소의 항공교통센터가 통제센터와 연동되는 체제로 구축되었으며, 이 중 20개소에 교통관리기구(Traffic Management Unit: TMU)가 설치되어 기구마다 4∽7명의 교통관리 협조관(traffic management coordinator)이 배치되어 있다.

또한 통제센터와 연동 체제로 구축된 접근관제소는 192개소에 달하며, 이 중 28개소의 접근관제소에는 교통관리기구를 두고, 1∽4명의 교통관리 협조관을 배치하고 있다. 공항관제탑은 300여 개소가 통제센터와 연동 체제로 구축되어 있고, 그 중 5개 관제탑에는 1∽2명의 교통관리 협조관을 배치하고 있다. 모든 교통관리업무는 개량된 교통관리시스템(Enhanced Traffic Management System: ETMS) 워크스테이션과 기타 수종의 자동화 도구들로 수행하도록 전산화되어 있다. 호스트 컴퓨터는 통제센터에 설치되고 전국 전산망으로 구축되었다.

- 미합중국 항공교통센터 22개소
- 미합중국 접근관제소 192개소
- 공항 관제탑 352개소
- 비행정보소 67개소
- 주요 항공사 운항관리본부
- 항공로 및 공항 감시레이더 전체
- 기상 레이더 전체

- 항행안전시설 전체
- AFTN 부서

3) 통제센터의 주요 수행 기능

통제센터는 항공 수요가 국가공역시스템의 수용량에 적절히 조화되도록 일체의 기능을 수행한다. 이 기구의 기능을 요약하면 CFCF(Central Flow Control Facility)이고, CARF (Central Altitude Reservation Facility)이며, 미합중국의 NOTAM Office이고, 미 국방성의 ATSC(Air Traffic Service Cell)의 기능을 수행하는 기구라고 말할 수 있다. 다음은 현재 수행 중인 여러 기능 중에서 중요하다고 판단되는 기능들을 요약한 내용이다.

가) 개선된 항공교통관리시스템(ETMS) 운영

개선된 항공교통관리시스템(ETMS)는 전국적인 범위 또는 지역 단위로 당시 항공교통의 밀집 상황, 항공기 상호간의 간격, 교통량 등을 실시간으로 현시한다. 교통관리 요원들은 특정 공항 또는 섹터로 향하는 교통의 흐름을 분석하고, 교통 수요가 시스템 용량을 초과하지 않도록 보장하기 위해 취할 수 있는 최소한의 제약 조치 방안을 결정한다.

ETMS의 일부 기능인 Monitor Alert 장치는 미국 내륙에 있는 모든 공항별, 섹터별 및 주요 지점별로 처리 가능한 교통 수요 한계를 예측하고, 수요가 용량을 초과할 것으로 예측되는 경우에는 자동적으로 경고를 발하게 된다. 이러한 경고가 발생하는 경우에는 교통관리 요원들은 적절한 대응관리가 되도록 항공기 간의 운항 간격을 조절하거나 항공로를 조절하는 수단으로, 발생한 문제를 해결하는 방안을 강구하게 된다.

나) 협력적 의사결정(Collaborative Decision Making: CDM) 원칙

협력적 의사결정이란 항공교통흐름의 관리 및 지상 지연 요인 분석 프로그램의 이용 결과를 알리는 정보의 교환을 통하여 교통관리 업무는 개선된다는 사실에 대한 FAA와 관련 항공 산업계 간의 상호 이해와 신뢰를 기반으로 한다는 개념이다.

협력적 의사결정이라고 하는 개념에서 교통관리 요원들이 가장 신속하고 정확한 정보를 활용하여 교통관리에 관한 최적의 결정을 내릴 수 있도록 모든 항공사는 자사에 속한 실시간 정보를 FAA에 즉각 통보하는 체제를 운영한다.

항공교통관리 기능은 FAA 단독으로 결정하고 처리하는 것이 아니며 사용자인 여러 항공사와 함께 공동으로 상황을 인식하고(common situational awareness), FAA와 항공사 모두 분산계획(distributed planning)과 성능분석(performance analysis)을 통해 협력적 의사결정에 도달하게 되며 관련 정보는 협력적 의사결정(CDM) 네트워크를 통해 상호 교환됨으로써 지상의 지연을 해소하게 된다.

통제센터 운영실에는 5∼6명으로 조직되는 Top Desk(Strategic) Team을 배치하고 운영한다. 이 팀원들은 미국 국가공역시스템(NAS)에서 발생한 문제점을 파악하고, 최선의 해결 방안을 검토하며 매일 05:00부터 23:00까지 매 2시간 단위로 통제센터와 연결된 전국의 부서 관계관들과 현안 사항을 협의하는 회의를 진행한다. Top Desk에서는 thunderstorm 등 악기상 지역을 회피하여 비행할 수 있는 비행로 운용에 관한 지침을 전달하고, 제트 기류 상황을 분석하여 가장 이상적인 임의의 항공로(random routes)를 조언한다. 항공 수요가 시스템 용량을 초과할 것으로 예측되어 불가피하게 특정 노선에 대해 항공편을 줄여야 하는 경우, 해당 항공사 스스로 어떤 편명의 항공기 운항을 취소할 것인가를 결정하도록 조치한다. 이 경우 해당 항공사들은 대형 항공기 대신 commuter급의 소형 항공기 운항을 취소하는 것이 통례이다.

다) 중앙 집중의 고도 유보 기능(Central Altitude Reservation Function: CARF)

중앙 집중의 고도 유보 기능(CARF)은 미합중국의 평시 및 전시 계획 목표와 기타 특수 비행 활동을 지원하며, 국가공역체제 내의 모든 군용과 민간 이용 목적의 고도 유보를 조정 협의하는 책임을 진다.

CARP 요원들은 군사 활동이나 국가 보안 임무를 수행하는 항공기가 비행하는 경우 또는 민간 항공기가 비상에 처한 때에는 특별한 교통관리 협조가 필요하다는 것을 인식해야 한다. 또한 CARF는 모든 오픈스카이(Open Skies Treaty) 운영을 위한 NAS 협조 부서의 기능도 수행한다.

Military Coordination Room에서는 전국의 각 군 기관의 소요를 FAA와 협의하고 해결하며, 이 근무실에는 군 보안 유지를 위해 민간인의 출입을 통제하고 있다.

라) 국가유지보수통제센터(National Maintenance Control Center: NMCC)

국가유지보수통제센터(NMCC)는 각종 국가공역시스템(NAS) 시설의 복구활동에 관한 협조 기능을 수행하고, 모든 NAS 장비에 대한 현황 정보를 파악하여 실시간 정보를 공급한다.

마) 악기상 현황 분석

기상 데스크(weather desk)에서는 전국의 각 기상관측소, 기상청 기상 전산망, NASA, NOAA 등으로부터 기상 정보를 수신하고 이를 교통 통제에 적절히 활용토록 지원한다. 특히 악기상으로 인한 영향을 최소화하기 위한 기능을 수행한다. 이들은 항공교통 소통을 원활히 하고 항공기 지연을 최소화하기 위하여 악기상 현황을 신속히 파악하여 항공교통 관제시스템 통제업무를 지원한다.

바) 공항 예약부서(ARO)의 운영

항공교통이 밀집하는 공항(high density traffic airport)의 계기비행 항공편의 예약 요청을 처리하고 관리한다. 예약 요청은 선착순 원칙의 처리를 표준으로 한다. 현재 공항 예약부서(ARO)에서 HDTA로 취급 중에 있는 공항으로는 뉴욕 JFK 국제공항과 LaGuadia 공항, 시카고 O'Hare 국제공항, 워싱톤 National 공항 등이다. 또한 공항 예약 기구에서는 올림픽과 같은 특별한 행사로 항공교통량이 평상 수준 이상으로 급증할 것으로 예측되는 공항에 대한 예약 업무도 수행한다.

- CVRS(Computerized Voice Reservation System)을 운용하며 조종사나 운항관리사가 전화나 모뎀을 이용하여 이착륙 예약을 하도록 구축되어 있다.
- 또한 STMP(Special Traffic Management Program)을 이용하여 항공사가 관련 ARTCC와 협의하며 공항 이용 예약을 할 수도 있다.

사) 항공고시보(NOTAM) 관리부서 운영

항공고시보 관리부서는 국가공역체제 내에서 잠정적으로 비행에 위험이 되는 사항 또는 위협이 되는 정보를 수집하여 이들 정보가 항공정보간행물 또는 항공고시보로 발간될 때까지 관련 부서에 전파하는 기능을 수행한다.

나. 주요 조치 방법

항공교통흐름은 다음의 방법을 활용하여 관리되고 통제된다.

1) 지상 지연 프로그램(Ground Delay Program: GDP)

이 조치 방법은 항공기가 목적 공항의 상공에서 공중 대기 없이 도착할 수 있도록 출발 공항에서 출발을 지연시키는 프로그램이다. 지나친 공중 대기를 방지하기 위하여 적절한 출발 지연시간을 계산하여 항공사와 항공교통관제기관 등에 통보한다. 통제된 출발 인가 시간이나 예상 출발인가 시간은 통제센터의 시스템에 의해 계산되고 할당되어 관련 기관에 전달된다. 현재 개량된 지상 지연 프로그램이 개발되고 있다.

2) 지상 정지 프로그램(Ground Stop Program: GSP)

이 프로그램은 통제센터에 의해서 특정 목적공항으로 출발하는 모든 출발 비행을 정지하게 한다. 이러한 경우는 활주로 사용불가, 통신장비 고장, 폭설이나 태풍 등의 기상 악화 등으로 공항 운영이 마비된 상태로 이때 지상 정지 프로그램이 운용된다.

3) 국가 항공로 프로그램(National Route Program: NRP)

이 프로그램은 FAA에서 정한 일반적인 항공로 대신에 비행을 계획하는 당사자가 원하는 특정 항공로를 사용하는 것을 요청할 수 있게 해 준다.

4) 도착 유보 관리 프로그램(Managed Arrival Reservoir Program: MAR)

FAA에서 사용하는 항공교통흐름관리 기법으로 이 프로그램은 항공기가 착륙하기 전에 최대 15분 동안 공중에서 대기하도록 허용한다. 이를 통해 항공교통 혼잡을 관리하고 공중 지연을 줄이며 공항으로의 항공교통흐름을 최적화하여 도착의 효율성을 높일 수 있다. 통제센터는 참여 공항을 지정하기 위하여 해당 국지 기구와 협조하며, 공중 대기의 실제 사용에 관하여 감시한다.

2. 유럽의 사례

가. 교통흐름관리 기구

유럽의 교통흐름관리(TFM) 기능은 1980년대 후반기에서 1990년대 초기 사이에 유럽 상공을 통과 비행하는 항공교통의 급격한 성장으로부터 태동하였다. 1980년대 말에 급격히 증가한 항공교통량은 여러 국가의 다양한 항공교통관제시스템의 결집을 불러왔고, 항공교통관제 능력의 획기적인 증대를 이루기 위해서는 유럽의 교통흐름관리 기능을 중앙집중화해야 한다는 필요를 공감하도록 하였다. 만일 유럽 상공을 통과하는 항공교통 수용능력을 획기적인 개선하지 않았다면, 대륙 간 항공교통은 일찍이 정체 상태에 도달했을 것이다.

1988년에 개최된 유럽 국가 간 운송 장관급 회의에서 "1990년대를 대비한 ECAC 전략"이 수립되고, 교통흐름관리 기능의 중앙집중화에 합의하였다. Eurocontrol에는 이러한 기능을 담당하는 기구를 운용하고 실행하는데 필요한 조치를 수행할 책임이 부여되었다. 그 결과 현재의 교통흐름관리 기구로는 벨기에 브뤼셀에 교통흐름중앙통제기구(Central Flow Management Unit: CFMU)가 설치 운용되고 있으며, 그 하부 조직인 최초 비행계획 통합관리 기구(Integrated Initial Flight Plan Management Unit)가 벨기에 브뤼셀과 프랑스 파리 근교 브레티니(Bretigny)에서 운영되고 있다.

나. 유럽지역의 교통흐름관리 운영 개념과 목표

1) 운영 개념

유럽에서의 교통흐름관리는 사용자의 관점에서 최적의 운항이 보장될 수 있도록 충분한 시간을 두고 사용자가 계획하여 제출하는 항공로와 비행시간에 기초를 두고 이루어진다. 피할 수 없는 지연(delay) 상황이 발생하는 때에는 공중 대기(holding) 또는 비경제적 고도를 비행함으로써 초래되는 불필요한 연료 손실을 줄이기 위하여 항공기가 지상에 대기하는 동안 가능한 한 신속하게 전파하고 통지한다는 원칙이 적용된다.

2) 교통흐름 중앙통제기구(CFMU)의 기본 목적

CFMU의 기본 목적은 ;

- 비행안전을 제고하고,
- 항공교통량이 공항과 공역에서 해당 관제시설의 용량을 초과하는 것을 예방하며, 항공교통의 원활한 흐름을 보장하는 데 있다.

교통흐름 중앙통제기구(CFMU)의 제2차적인 목적은 다음과 같은 사전 대비 활동을 통하여 항공교통관제시스템의 용량 한계 때문에 항공기 운영자가 당하게 되는 지연 상황의 발생을 감소하려는 데 있다.

- 이용 가능한 공역과 항공관제 용량의 이용을 최적화하는 일체의 활동
- 공중에서의 지연을 줄이고, 최적의 경제 고도를 사용하게 함으로써 운항 경비를 최소화하는 활동(예를 들면, 연료를 절감하기 위해 할 수 있는 한 항공기가 이륙하기 전에 모든 지연 상황이 처리되어지도록 하며, 일단 이륙하고 나면 그 항공기로 하여금 최적의 경제고도로 순항하게 하는 활동 등)

3) ATFM 절차

ATFM(ATFM) 절차로는 다음과 같이 3단계의 절차로 이루어진다.

가) 전략(strategic) 단계

전략 단계에서의 ATFM 활동은 운항 계획일 이전의 수개월 전부터 2일 이전까지 수행되는 활동으로 유럽 공역의 이용 가능한 구조를 확인하고 항공기 운용자를 위해 이용할 수 있는 항공로 구조를 개선 등의 노력과 활동을 시행한다.

항공로 구조 개선은 모든 이해관계자/기관/부서가 협조하며, 국가 방위 등 필수적인 전략 목표를 침해하지 않는 범위에서 가장 유용하다고 판단되는 공역을 필요한 때에 민 항공기가 사용할 수 있는 공역으로 유보해 둔다. 개선 과정은 Eurocontrol 주관 하에 유럽 각국의 항공교통업무에 관계된 기관과 sub-그룹 및 task-force 실무반 등의 정례 회의를 통하여 이루어진다.

나) 전-전술(pre-tactical) 단계

이 단계에서의 활동은 운항 계획일 2일 전부터 운항 전날까지 수행되며 단계로 운항 당일에 실행되는 ATFM 조치에 관한 정보에 주안점을 둔다.

주요 활동에는 배정할 항공로, 항공기가 이용할 수 없는 공역에 관한 설명, 그리고 출발시간 배정 절차 등이 포함된다. 관제시설은 흐름관리 근무석(Flow Management Position: FMP)을 배치하여 관할공역을 사용하기 위한 사용자의 요구에 협조하고, 조건부 항공로 배정 메시지(Conditional Route Allocation Message: CRAM) 등 공역 할당과 인가에 관한 정보를 전파는 역할을 수행한다.

다) 전술(tactical) 단계

전술 단계의 활동은 운항 당일에 수행되며, 슬롯 배정과 항공로 재계획 등의 활동이 진행된다. 공역 제한에 관한 상황이 발생하면 항공기가 이용할 수 있는 항공로를 배정하고(가능한 한 해당 항공기가 운항 개시를 계획하기 이전까지) 연관되는 항공교통관제시스템 용량을 역동적으로 조정한다.

4) 출발시간 배정에 관한 CFMU의 역할

CFMU는 중앙에서 출발시간을 통제하고 관리한다. 출발시간을 받기 위해서는 반드시 비행계획을 제출하도록 하고, 비행계획을 제출하지 않는 경우 무효로 처리한다. 이를 기초로 항공기의 출발시간 배정은 '출발시간 할당 컴퓨터(Computer Aided Slot Allocation: CASA)'를 통하여 완전히 자동 처리되도록 한다.

5) 초기 비행계획 통합 처리 시스템

이 시스템은 유럽의 흐름관리를 위한 중앙통제 시스템으로서 비행계획의 접수, 최초의 처리 및 유럽 내의 모든 항공교통관제기관에 전파하며 비행계획을 중앙 통제하는 기능을 수행한다. 교통흐름관리 계획과 감시 및 출발시간 배정을 위해 모든 비행계획과 레이더 자료는 이 시스템에 접수되고 저장된다. 교통자료의 예측, 실제 교통 상황의 현시, 컴퓨터에 의해 지원되는 출발시간 배정 그리고 각각의 비행과 교통흐름에 대한 비행로 재배정에 관한 평가에는 특정 도구가 사용된다.

항공교통의 흐름은 출발공항으로부터 이륙 시간을 특정하는 방법으로 통제된다. 출발시간 배정을 위해 비행계획은 최소 이륙 2시간 전까지 제출되어야 한다. 반복비행계획(Repetitive Flight Plan: RPL)도 사용된다. 반복비행계획는 수정 조치를 하지 않는 한, 운항편마다 개별적으로 비행계획을 제출하지 않아도 출발시간 2시간 전에 자동으로 시스템에 입력된다. 슬롯 배정 메시지(Slot Allocation Message: SAM)는 항공기 비행경로 상의 모든 관제시설과 해당 공항관제탑을 포함하여 해당 항공사에 직접 전파된다.

각 항공교통흐름업무 기구(지역관제센터, 접근관제소, 공항관제탑 등)는 각 섹터, 비행로 또는 항공로의 수용량에 관한 정보(capacity data)를 제공하여야 하며 이 정보는 특정 위치 보고지점(fix)이나 항공로에 대해 수용할 수 있는 시간당 항공기 대수의 형식으로 제공된다. 시간당 수용량 정보는 통상적으로 1시간당 몇 대라는 형식으로 표현되며, 때에 따라서는 10분 당 몇 대 이상의 항공기를 진입시켜서는 안 된다는 부가적인 제한사항이 첨가되기도 한다. 이러한 교통흐름의 비율은 각 기구에 의해 역동적으로 관리되며, 교통상황이나 기상 상태의 변화에 따라 변경되기도 하고 조정될 수도 있다. 영향을 미치는 가변 요인으로는 안개, 뇌우, 활주로 폐쇄, 근무 요원의 부족, 장비 고장 등이며, 이 모든 요인은 교통흐름 비율의 변화에 영향을 미칠 수 있다. CFMU는 이러한 교통흐름 비율이 결코 초과되는 상황이 발생하지 않도록 교통흐름을 관리한다.

항공기는 출발시간 5분 전부터 10분 후까지 이륙해야 한다. 이 허용되는 출발시간 안에 이륙할 수 없는 항공기는 반드시 새로운 출발시간을 배정받아야 한다. 게이트에서의 후진(gate push-back) 시간으로부터 30분 이내의 시간 동안에, 예를 들어 항공기 지상 처리 문제와 같은 이유 등으로 이륙 지연이 초래되고, 그로 인하여 새로운 출발시간이 필요한 상황에서는 항공교통관제기관에 의하여 처리된다. 그 이외의 경우들, 즉 사전에 인지되는 지연 상황들은 항공기 소속 항공사에 의해 처리된다.

제3절 대한민국의 ATFM

우리나라는 ATFM의 효율적인 운용을 위해 시스템과 절차를 발전시키기 위한 노력을 계속하고 있다. 2017년말 기준 항공교통본부 내 ATFM 센터는 ATFM 기능 수행에 필요한 자동화 기능도 설치하였으며 지속적인 항공교통 수요의 증가와 기술 수준의 향상에 따라 기능을 지속 개선하고 있다.

우리나라 ATFM 시스템을 선진국 수준의 완벽한 흐름관리 시스템으로 구축하려면 막대한 예산이 투입되어야 하고, ATFM 전략의 개발은 물론, 실제 수혜자인 항공사까지 적극적으로 참여하는 범국가적인 사업으로 추진되어야 한다. 국제민간항공기구는 각 체약국에게 교통흐름관리를 적극 시행하도록 권고하고 있다. 우리나라는 ATFM의 시행에 적극

동참하고 있으나 세계 ATFM 기술 및 절차는 더욱 효과적으로 발전하고 있다. 개선된 교통흐름 관리 시행으로 우리나라의 항공교통업무(ATS)가 개선되도록 하기 위해서는 다음과 같은 사항들이 이루어져야 한다.

1. ATFM를 위한 중앙 통제기구의 구축

미국의 통제센터, 유럽의 교통흐름 중앙통제기구(CFMU) 형태의 ATFM 통제기구의 설립은 중요하다. 우리나라는 규모가 작고, 흐름관리에 필수적인 요소인 비행계획서 자료나, 항공고시보 자료, 기상 자료, 각 공항 및 항행안전시설 운영 상태에 관한 자료들이 항공교통본부를 중심으로 접ㆍ수발되는 체제가 구축되어 있으므로, 우리나라의 교통흐름 중앙통제 기능은 항공교통본부 내 조직으로 수행되도록 구축하는 것이 효과적이다.

국내 ATFM는 인천 비행정보구역 내에서 제공되며 항공교통업무를 수행하는 자, 공항운영자, 항공기 운영자 및 계기비행방식으로 비행하는 항공기에 적용된다. 2017년 하반기 시범운영을 거쳐 2018년 1월 정상적으로 운영하는 ATFM 업무는 항공교통통제센터(Air Traffic Command Center: ATCC)에서 총괄하며 대구・인천지역관제소, 서울・김해・제주 접근관제소 및 인천・김포・제주관제탑에 흐름관리석(Flow Management Unit: FMU)에서 수행한다.

항공교통통제센터가 효율적이고 합리적인 흐름관리를 제고하기 위해서는 협력적으로 의사결정을 할 수 있는 실무협의체가 필요하다. 국내에서는 실무조정협의회(Collaborative Decision Making Meeting: CDM)라는 이름으로 운영되며, 이 협의회에는 군, 기상청, 관제기관, 항공기 운영자 및 공항운영자가 참여하여 흐름관리계획서(ATFM Daily Plan) 및 흐름관리 메시지를 회의 결과로 전파하게 된다. 흐름관리계획서란 익일 예상되는 흐름관리 내용을 사전 공지하는 것으로 매일 19시(KST)에 발행하는 계획서를 말하며, 흐름관리 메시지란 흐름관리 조치시행을 위해 전파되는 메시지로 여기에는 적용시간, 적용구역, 사유 및 기타 필요한 내용 등을 포함한다.

2. 공역구조의 개편

ATFM을 위해서는 공역의 구조와 운영 방법을 개선하여 탄력적이고 유연한 공역 운영이 선행되어야 한다. 우리나라 공역처럼 공역이 협소하고 복잡하며 고정형 공역 구조(fixed airspace system)에서는 항공 교통수요 변동에 따라 우회 비행로나 대체 비행로를 신설하거나 조정하고 비행시간을 단축할 수 있는 자유비행(Free Flight)을 할 수 없기 때문이다. 따라서 공역의 구조를 미국이나 유럽처럼 실시간 이용이 가능한 탄력적 공역 구조(flexible airspace system)로 바꿔야 한다.

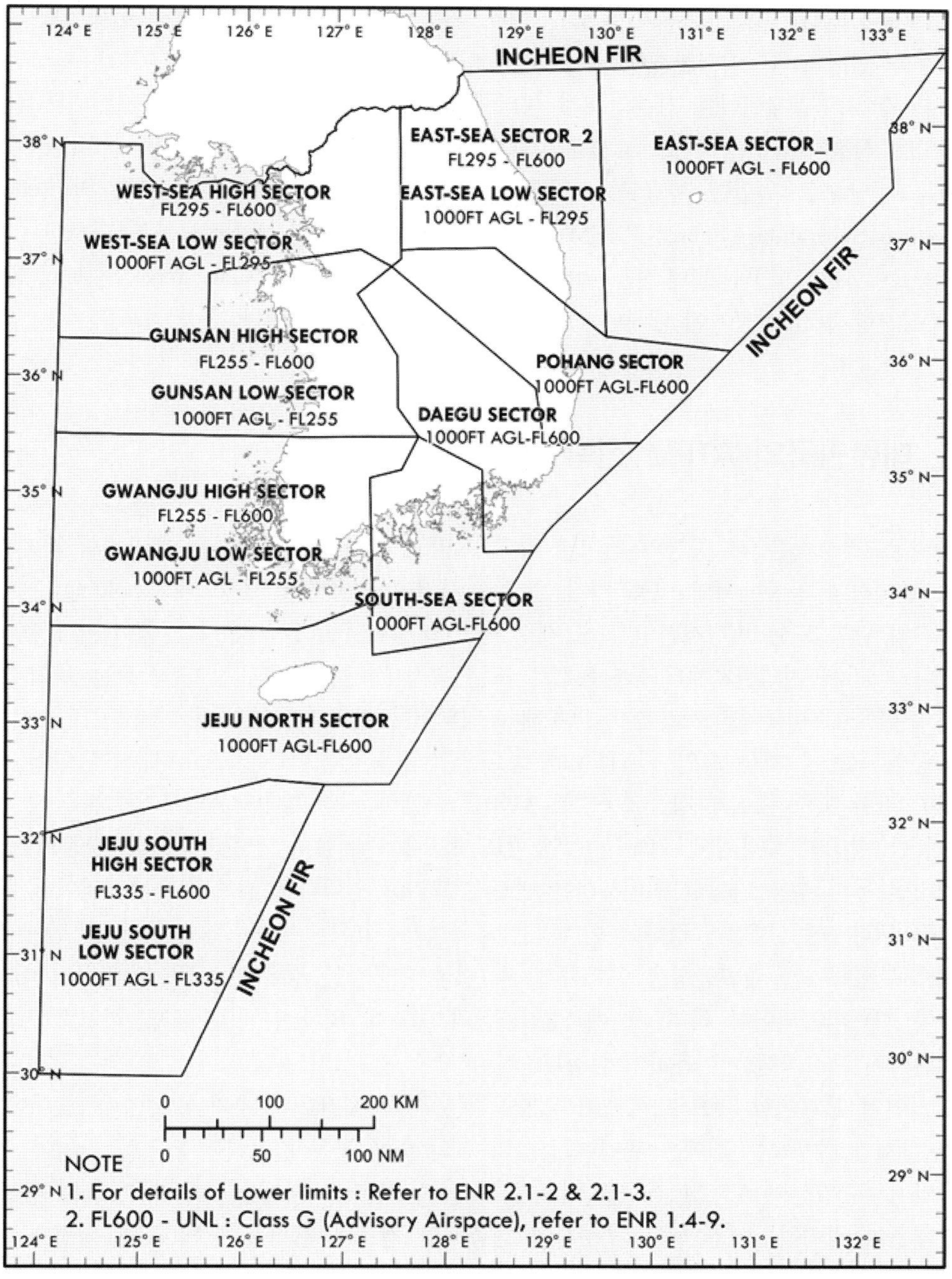

〈그림 14-4〉 인천비행정보구역과 관제섹터의 구분

1963년 국내 비행정보구역이 생긴 이래 처음으로 2017년 말에 인천 비행정보구역을 대구와 인천의 두 지역관제센터(ACC)로 분리하여 운영하게 되었다(<그림 14-4> 참조). 또한 각 지역관제센터를 기존의 8개 섹터에서 15개의 섹터로 세분하였고 각 섹터 간 수용량을 설정하여 안정적이고 효율적인 ATFM이 유지될 수 있는 공역 기반을 마련하였다. 이를 바탕으로 원활한 항공교통흐름을 위한 방법으로 수직분리간격 축소기법(Reduced Vertical Separation Minima: RVSM)을 운용 중에 있고 인천 비행정보구역 내 일부 혼잡 항공로에 대한 항공안전 증진을 위하여 비행관리시스템(Flight Management System: FMS)을 장착한 민간 항공기에 대하여 offset 절차 등을 적용하고 있다.

3. 대한민국의 ATFM 전략 개발

항공교통흐름은 각 공항과 터미널 공역 그리고 항공로를 비행하는 항공기를 유기적으로 통제하여 공중에서의 교통 밀집 현상을 사전에 예방하고, 공중 대기(holding)나 비행 속도의 감속 또는 비경제적인 고도 배정 등으로 인한 비효율적 운항을 줄이는 데 목적이 있다. 따라서 지역관제센터의 단독으로 또는 특정 접근관제소의 참여만으로는 목적 달성이 곤란하며, 범국가적으로 참여를 통해 운영되어야 한다.

공역 요소와 기상 요인도 ATFM에 중요한 비중을 차지한다. 또한 ATFM에 있어 기본적인 판단 기준은 실제 항공교통업무(ATS)를 수행하는 각 항공교통업무기관의 동시 처리 가능한 항공기 수용량에 기반을 두게 됨으로, 각 관제탑, 접근관제소, 각 항공교통센터 섹터별 동시 수용 가능한 최대용량은 반드시 그리고 엄격하게 검토되고 결정되어야 한다. 특정 섹터 또는 지역에 정해진 한계량을 초과하게 된다는 예측은 충분한 시간 전에(일반적으로 항공기가 출발공항을 이륙하기 전, 입국 항공기일 경우에는 FIR 진입하기 이전이어야 함) 파악되어야 하며 그 예측은 사람의 인지에 의한 분석이 불가능하므로 부득이 전산화된 프로그램을 이용하여야 한다.

지연이 불가피할 것으로 예측되어 항공기는 이륙 시간을 늦추거나, 편수를 줄여야 하는 문제가 발생하는 때에는 관련 항공사의 협의 하에 공동 결정하는 과정을 거쳐야 한다. 이와 같은 일련의 ATFM 전략을 세우기 위해서는 선진국 사례를 수집하고, 모든 민·관·군 관계관이 참여하는 연구팀을 구성하여 심층적인 검토와 협의를 통해 국내 실정에 가장 이상적인 ATFM 전략과 절차를 개발해야 한다.

4. ATFM 전산시스템의 구축

국내 ATFM 센터는 항공기 운항의 장애요인(공항의 상태, 계기비행절차, 공역 상태 등)을 실시간으로 접수하여 항공교통흐름에 미치는 영향을 분석할 수 있는 기본적인 관리시스템의 구축이 필요하다. 또한 해당 섹터 및 공항의 항공교통량을 예측하고 장애요인을 고려하여 출발시간을 조정할 수 있는 지상 지연 프로그램과 혼잡항로 회피 및 공역의 효율적 사용을 위한 항로 재조정 프로그램 등 자동 계산 시스템의 구축도 필요하다.

따라서 미국의 교통흐름관리 시스템에서 채용하고 있는 개량된 항공교통관리시스템(Enhanced Traffic Management System: ETMS)과 같은 시스템을 도입하여 교통흐름관리에 참여하는 모든 ATS 기구 및 항공사에 설치 운영하여야 한다. 또한 모든 슬롯 배정은 슬롯 배정컴퓨터(Computer Aided Slot Allocation: CASA)와 같은 시스템을 통하여 완전히 자동 처리되도록 하여야 한다.

흐름관리가 정상적으로 유지되지 못하고 특정 구역에서 수요가 수용량을 초과하는 상황이 발생하는 경우 수요를 수용량에 맞추기 위한 조정이 필요하게 되는데 이를 흐름관리조치(Traffic Management Initiative: TMI)라 한다. 이러한 흐름관리조치는 크게 슬롯기반 흐름관리조치(Slot based TMI)와 의사결정 흐름관리조치(Secision support TMI)로 구분할 수 있으며, 슬롯기반 흐름관리조치의 경우 출발가능시간(Calculated Take-Off Time: CTOT)이 주요 산출물이지만 의사결정 흐름관리조치는 CTOT와 상관없이 효율적 의사결정을 위한 지원 프로그램으로 사용된다는 차이가 있다. 국내 적용 가능한 흐름관리조치는 다음과 같다.

가. 슬롯기반 흐름관리조치

- 지상 지연 프로그램(GDP) : ATFM에서 가장 핵심적이고 자주 사용되는 조치로, 항공편의 출발시간을 지상에서 지연시킨 후 조정된 도착시간에 도착할 수 있도록 하는 출발시간을 조정(CTOT)하는 프로그램
- 지상 정지 프로그램(GSP) : 특정 공항에서의 모든 항공기 이·착륙을 금지하는 프로그램으로, 이 프로그램은 예측이 불가능한 갑작스러운 상황에서 전술적으로 재빠른 조치가 필요할 때 적용됨
- 공역흐름 프로그램(Airspace Flow Program: AFP) : 시간 분리 프로그램이라고도 불리며, 이 프로그램은 공항을 중심으로 발생하는 상황이 아닌 공역 또는 픽스를 중심으로 시간 분리 간격을 지정(인수하는 관제기관이 요청하는 분리 시간에 따라 분리 간격 적용)하여 적용하는 프로그램

나. 의사결정 흐름관리조치

- 항공로 우회 프로그램(Route De-tour) : 공역의 한 지점에서 기상악화 또는 군사훈련 등 특수한 상황이 발생될 것으로 예상될 때, 해당 지역을 통과하는 항공기가 지연되기보다는 그 구역을 우회할 수 있는 항공로를 제공하는 프로그램
- 레벨 캐핑 프로그램(Level Capping) : 항공로 우회와 상황은 동일하나, 이 프로그램은 해당 지역에서 다른 고도를 배정함으로써 지속적인 운항을 할 수 있게 하는 프로그램
- 픽스 밸런싱 프로그램(Fix Balancing Program) : 특정 픽스에 항공기가 너무 많이 통과할 것으로 예상되는 경우 수요를 조정하기 위한 프로그램으로 주로 도착공항의 접근관제 시에 적용 예상

5. 기타 공역관리시스템의 보강

주요 접근관제소 레이더와 ACC 레이더 간에 자동 레이더 hand-off가 이루어질 수 있도록 보강되어야 하고, 전국의 기상레이더 탐색 자료도 ATFM가 이루어질 수 있는 중앙통제기구에 시현되도록 할 필요가 있다. 전국 공역의 실시간 현황 파악 및 관리에 필요한 시스템도 추가되어야 한다.

이상의 사항들처럼 대한민국도 완벽한 항공교통관리 시스템이 구축되어 계속 증가하는 항공교통량의 신속한 처리와 안전도 제고 및 경제적 운항을 증진할 수 있도록 하여야 한다.

대구 지역관제센터는 증가하는 항공교통량을 효율적으로 처리하고, 인천국제공항에 설치된 인천 지역관제센터의 비상사태 발생 시 중단 없는 항공교통관제업무 제공을 목표로 하고 있다. 또한 대구 항공교통본부의 구축에는 원활한 ATFM가 이루어질 수 있는 시스템 구축에도 각별한 관심을 기울이고 있다.

지역관제센터의 운영은 국내 관제공역을 동·서로 구분(<그림 14-4> 참조)하여 평상시에는 동쪽을 인천 지역관제센터가 담당하고 서쪽은 대구 지역관제센터가 담당하며, 만약 어느 한쪽 지역관제센터에 장애가 발생하면 정상 운영되는 측에서 전체공역에 대하여 항공교통관제업무를 수행하게 된다. 항공교통본부의 운영은 현재 항공로 상에서의 항공교통관제업무 부담을 감소시키고 보다 효율적인 ATFM를 위한 초석이 될 것으로 기대한다.

제 5 부

미래의 항공교통관리

제16장 미래항행시스템

제1절 미래항행시스템의 개념 및 특성

1. 배경 및 목적

경제 성장과 더불어 국제 항공운송 수요는 갈수록 급증하는 추세이다. 국제민간항공기구(ICAO)의 통계에 의하면 전 세계 항공교통량은 연 평균 약 4.7%로 증가하여 2030년경에는 현재보다 약 2배 정도로 증가할 것으로 예측되고 있다.

그러나 현재 운영 중인 시설과 시스템들은 그 성능과 정확도 및 신뢰도 측면에서 제한적 요소가 있을 뿐 아니라, 시스템이 서로 상이하여 상호 호환성 유지가 곤란하고, 각종 정보의 이용 범위와 정보전달의 용량에 한계점이 노출되는 등, 현재 사용되는 시설과 장비 및 시스템으로서는 21세기 항공 수요를 충분히 감당할 수 없다는 결론이 내려졌다. 이에 국제민간항공기구를 중심으로 전 세계 항공선진국들은 경제성이 높고 정밀도와 성능 면에서 무한한 잠재력을 지닌 새로운 개념의 차세대 시스템이 필요하다는데 인식을 같이하였다.

꾸준한 연구를 통하여 인공위성을 이용하는 완전히 새로운 차원의 시스템 개발이 가장 적합하다는 결론에 도달한 국제민간항공기구는 1971년 항공용 위성기술개발과 연구를 위한 권고안을 채택하였으며, 국제항공 공동체에서 향후 필요로 하는 요건에 부응하는 전 세계적인 CNS/ATM 개념을 수립하도록 하였다. 1983년에는 미래항행시스템 특별위원회(FANS Committee)를 구성하고, 주로 1940 ~ 1950년대에 개발된 개념으로 구성된 현행 시설의 근본적인 문제점을 해결함과 아울러, 21세기의 항공 교통수요에 적절히 대응할 수 있는 새로운 시스템의 개발에 역점을 두고 활동을 하도록 하였다. 이 결과 FANS Committee에 의하여 인공위성을 이용한 새로운 항공 통신·항행·감시 및 항공교통관리 시스템(CNS/ATM System)의 개념이 정립되었고, 이 시스템은 1991년 85개 국가 및 13개 국제기구가 참석한 제10차 ICAO 항공항행회의에서 차세대 시스템으로 인준하기로 결의하였다. 이어 열린 몇 차례의 ICAO총회에서는 현재의 시설을 차세대 CNS/ATM System으로 전환하는 데 필요한 여러 가지의 결의안을 채택되었다. 국제민간항공기구 회원국들은 전 세계적인 CNS/ATM 개념을 승인했으며, 이 시스템의 이행에 동참하기로 합의하였고 2010년을 시스템의 이행 완료시기로 계획하였으나 각 국가의 사정에 따라 지연되고 있는 실정이다.

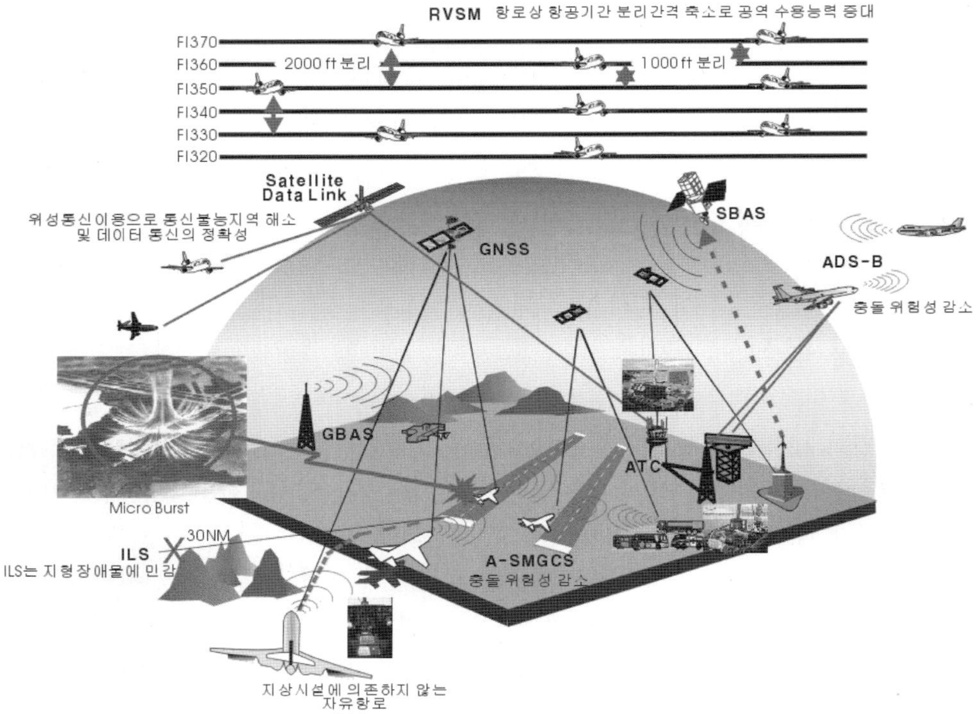

〈그림 16-1〉 미래항행시스템의 개념도

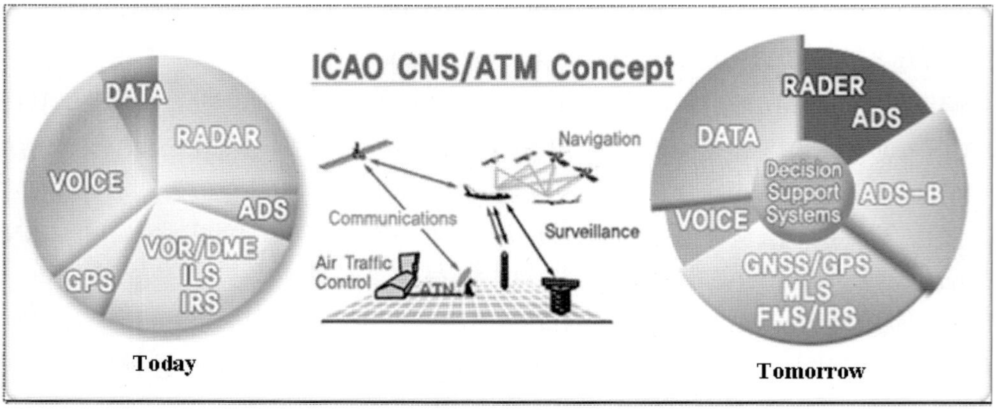

〈그림 16-2〉 국제민간항공기구의 CNS/ATM 전망

2. 미래항행시스템의 개념 및 구성

이 새로운 개념은 인공위성을 이용한 새로운 항공 통신(Communication)·항행(Navigation)·감시(Surveillance) 및 항공교통관리 시스템 (CNS/ATM System)의 개념으로서 항공교통업무를 제공하기 위한 기반시설로서 위성 시스템과 지상 시스템에 기반을 두었으며 종래의 항공교통업무를 보다 전략적인 방법으로 개선하는 데에 목적을 두고 있다. 이 새로운 개념의 시스템으로 인하여 종래의 항공교통 운영과 관련한 비효율적이고 제한적인 요소들이 상당 부분 해결되고, 비용이 절감되는 방식으로 향후의 제반 요건이 충족될 수 있을 것으로 기대되고 있다. 이 시스템의 분야별 변화 및 개선사항은 다음과 같다.

〈표 16-1〉 시스템의 변화

분 류	현행시스템	위성항행시스템
통신(Communication)	VHF 음성 HF 음성	VHF 음성 / 데이터 AMSS 음성/ 데이터 HF 음성(극지역) SSR Mode-S Data Link
항법(Navigation)	OMEGA / LORAN-C NDB VOR / DME 기압고도 INS /IRS	RNAV / RNP PBN, GNSS 기압고도 GNSS 고도 INS / IRS
감시(Surveillance)	레이더(ASR / SSR) 음성위치보고	SSR Mode-S ADS

가. 통신(Communication)

향후의 항공교통업무(ATS)는 아날로그 공지통신 시스템에서 디지털 공지통신을 통합한 시스템으로 전환될 것이다. 지상의 특정 지대지(ground-to-ground) 통신은 통합 디지털 전화통신 기반시설로 통합될 것이다.

나. 항행 및 착륙 시스템(Navigation)

이 기술의 핵심은 종래의 지상 기반 항행안전무선시설(Navigation aids)에서 보다 개선된 위성 기반의 시스템인 위성항행시스템(GNSS)으로 전환될 것이다. GNSS 그 자체로는 항공 운항에 필요한 모든 기능을 제공할 수 있는 것이 아니므로, 모든 항행을 가능하게 하려면 추가 과업이 요구된다. 개선된 위성 기반의 항행 시스템과 착륙 시스템은 보다 나은 직항공로 개발을 가능케 하고, 정밀 접근에 필요한 유도 신호를 제공하며, 항공기에 필요한 다양한 항공기 탑재 전자 장비의 수를 감소할 수 있도록 허용할 것이다.

다. 감시(Surveillance)

조만간 현재의 1차 감시레이더와 2차 감시레이더에는 항공로 공역과 터미널 공역의 기상 상태를 탐지하는 기상 탐지 기능이 추가될 것이며, 공항 지표면에 대한 레이더 감시기능까지도 완전히 지원할 수 있게 될 것이다. 또한 ADS(Automatic Dependence Surveillance) 기능도 점진적으로 확대 시행될 것이다(기존의 레이더는 백업 장치로서 존속하게 됨).

라. 항공교통업무(Air Traffic Services: ATS)

현재의 항공교통업무(ATS) 시스템은 비행자료 관리와 감시 데이터 처리, 관제사/조종사 데이터 링크 통신(CPDLC) 및 자동화된 비행정보구역(FIR) 간 메시지 처리를 위한 새로운 도구를 포함하도록 개량된다.

마. 공역관리(Airspace Management: ASM)

공역 관리를 개선하기 위하여 공역 사용의 최적화 방법을 찾아내어 이를 이행하기 위한 프로그램에 의하여 통합관리 될 것이다. 이 프로그램에는 지역항법(RNAV), 요구되는 항행 성능(RNP) 비행로와 공역의 구현, 인접 FIR간 협조 절차의 수립, 가능한 범위 내에서 항공기 분리 기준의 완화 및 융통성 있는 공역절차의 이행 평가 등이 포함된다.

바. ATFM(Air Traffic Flow Management: ATFM)

ATFM 시스템은 역 흐름관리통제센터의 역할을 수행할 수 있도록 구축되며, 항공기 비행순서의 결정을 지원하고, 높은 수준의 항공교통관제에 필요한 도구를 갖추어 개량된다.

3. 개선 효과

미래항행시스템은 선진국의 경우 이미 실용화 단계에 접어들었다. 이 차세대 시스템은 지금까지 지상에 설치 운영하던 시설의 운영 개념이 아닌, 인공위성을 기반으로 하는 시스템으로 개발되어 종전의 시스템이 지니고 있던 문제점인 통달 거리의 제한, 정밀도 저하 그리고 항공기의 수용능력 한계 등을 획기적으로 개선함으로써, 21세기 항공교통 수요에 충분히 대처할 수 있으리라 믿어진다.

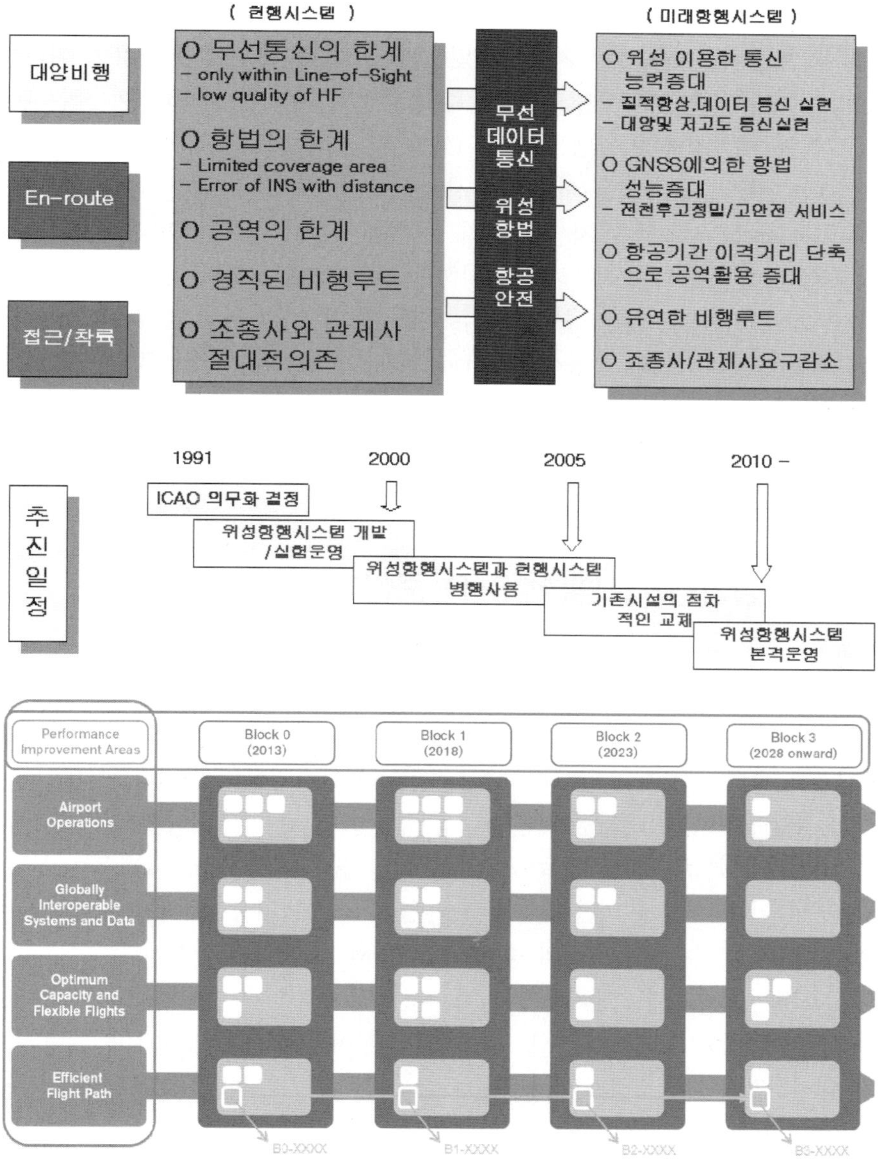

〈그림 16-3〉 미래항행시스템의 추진일정 및 개선효과

그 중에서 통신(Communication) 시스템은 현재까지의 아날로그 통신방식을 디지털 전송방식으로 채용하였다. 그리하여 전파 장애나 유효 통신거리 제한 등의 문제가 해결되도록 함으로서, 조종사와 관제사간의 통신 소통이 크게 개선될 것이다.

항행(Navigation) 시스템은 지금까지 지상에 필요한 장비를 설치하는 대신 인공위성을 이용한 항행 시스템으로 전환된다. 예를 들면, 지금까지는 저 운고 저 시정 기상 상태 하에서 항공기의 안전한 착륙을 위한 제1차 정밀접근 시스템인 계기착륙시설(ILS)이 각 공항 활주로 주변에 설치 운영되어 왔었으나, 이 시스템은 주변 지형지물에 의한 영향과 제약이 너무 많을 뿐 아니라, 부지 확보 및 정지 요건 등 장비설치 비용이 과다하게 소요되고, 장비 내구 수명 때문에 13∼15년 주기로 장비를 교체 운영하여야 하는 문제점이 많았다. 그러나 이ㆍ착륙 시스템은 인공위성과 각 지역별로 인공위성의 오차를 보정해 주는 오차보정 시스템(DGPS)을 이용하는 시스템으로 구축될 것이다.

감시(Surveillance) 시스템은 지상에 설치 운영하던 레이더 대신 전파 통달거리 제한을 거의 받지 않는 인공위성을 이용하여 감시하는 시스템으로 전환하여, 대양지역을 운항하는 항공기까지 감시할 수 있는 성능을 갖추게 될 것이다.

이상과 같이 차세대 시스템은 통신(Communication), 항행(Navigation), 및 감시(Surveillance) 능력이 혁신적으로 개량되는 시스템이며, 이와 동시에 항공교통관리(Air Traffic Management) 시스템에도 큰 혁신이 있을 것으로 전망된다.

4. 차세대위성항행시스템(ADS-B 중심으로) 연구사례

가. ADS-B의 개요

ADS-B는 일종의 감시기술(surveillance technique)로 디지털 데이터링크를 통하여 항공기 및 지상차량이 자신의 벡터정보(위치정보, 속도정보) 및 기타 항공기 정보를 주기적으로 방송하는 시스템으로 일반적으로 ADS-B out 기능을 의미한다. ADS-B는 공역이용을 개선하고, 구름이나 시정에 의한 제한사항을 완화시키며, 지상감시기능의 강화와 항공안전의 향상을 도모할 수 있는 미래의 중요 CNS/ATM 기술 중 하나이다.

초기 ADS-B는 항공교통관제기관에 의해 감시 및 상황인식 강화가 그 목적으로, 특히 기존의 레이더에 비해 저비용이면서도 공중 및 지상이동 감시에 탁월하며, 레이더 통달범위 밖의 레이더감시업무 소외지역(remote area) 또는 산악지역에서 효과적으로 적용할 수 있어 일반항공(General Aviation)의 ACAS(공중충돌방지시스템 ; Airborne Collision Avoidance System)을 구현하기 위하여 개발되었다. 일례로 호주에서는 기존에 레이더업무가 제공되지 않는 소외지역에서 ADS-B를 이용한 감시업무를 제한적으로 적용하고 있다.

감시(S) 개념은 RTCA(Radio Technical Commission for Aeronautics)에서 다음과 같이 정의하고 있다.

“안전하고 효율적인 운항을 위하여 항공기, 기타 차량 및 기상현상을 탐지(detection)하고 추적(tracking)하며 그 특성을 부여(characterization)하고, 관측(observation)함 (Detection, tracking, characterization and observation of aircraft, other vehicles and weather phenomena for the purpose of conducting flight operations in a safe and efficient manner)”

ADS-B는 이러한 감시기능을 수행하기 위해 <그림 16-4>에서 보는 바와 같이 항공기 정보 메시지를 만들고 송수신하는 처리과정을 말하므로 결과적으로 이러한 기능은 보다 확장된 지역에서의 감시정보, 상황인식 및 의사결정을 개선하게 되어 관제상의 항공기 분리업무를 지원하게 된다. 이런 개념이 함께 들어있는 ADS-B 데이터는 현재의 레이더비컨 시스템, Mode S, TCAS(Traffic alert & Collision Avoidance System) 및 항공교통관제 레이더와 함께 사용될 수도 있고 혹은 단독으로 감시기능을 수행할 수도 있게 되는 장점을 부가적으로 지니게 된다.

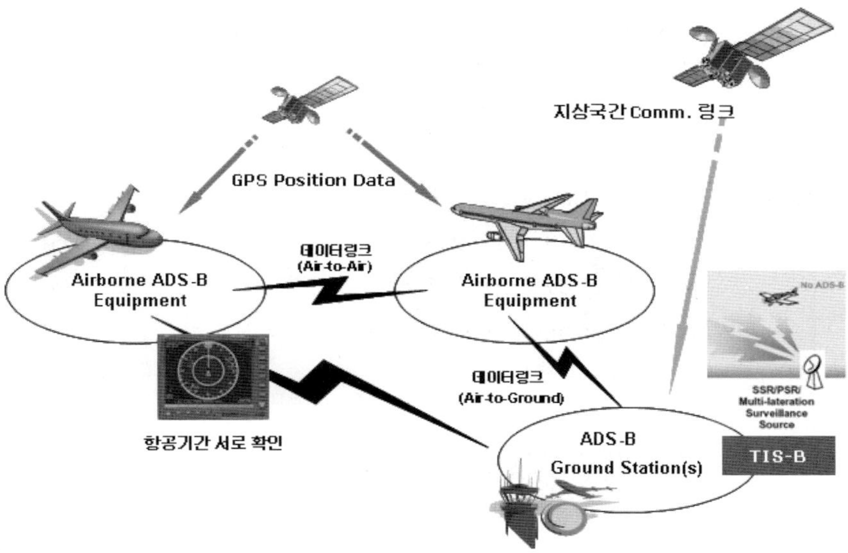

〈그림 16-4〉 ADS-B 개념도

감시 성능면에서 기존의 레이더와 비교하면 <그림 16-5>에서 보는 바와 같이 미연방항공청(FAA)에서 실시한 B727 비행시험을 통하여 기존 레이더보다 ADS-B 데이터가 더욱 정밀함이 입증된 바 있다.

지상감시를 위한 ADS-B는 항공기의 ADS-B Out(전송)만 있으면 되고, ADS-B In(수신)은 부가적으로 적용되어 ADS-B의 응용 가능성을 크게 향상시키게 된다. ADS-B In 성능과 관련한 장비와 업무는 다음과 같다.

- CDTI(Cockpit Display of Traffic Information) : 다른 항공기와 지상시설로부터 송신된 ADS-B 정보를 바탕으로 주변 항공기를 현시.
- TIS-B(Traffic Information Services-Broadcast) : ADS-B 비탑재 항공기 또는 다른 형태의 데이터 링크로 전송하는 항공기에 대해 지상시설에 의해 uplink된 정보를 방송.
- FIS-B(Flight Information Services-Broadcast) : 지상에 기반을 둔 비행정보업무 및 기상데이터 uplink.

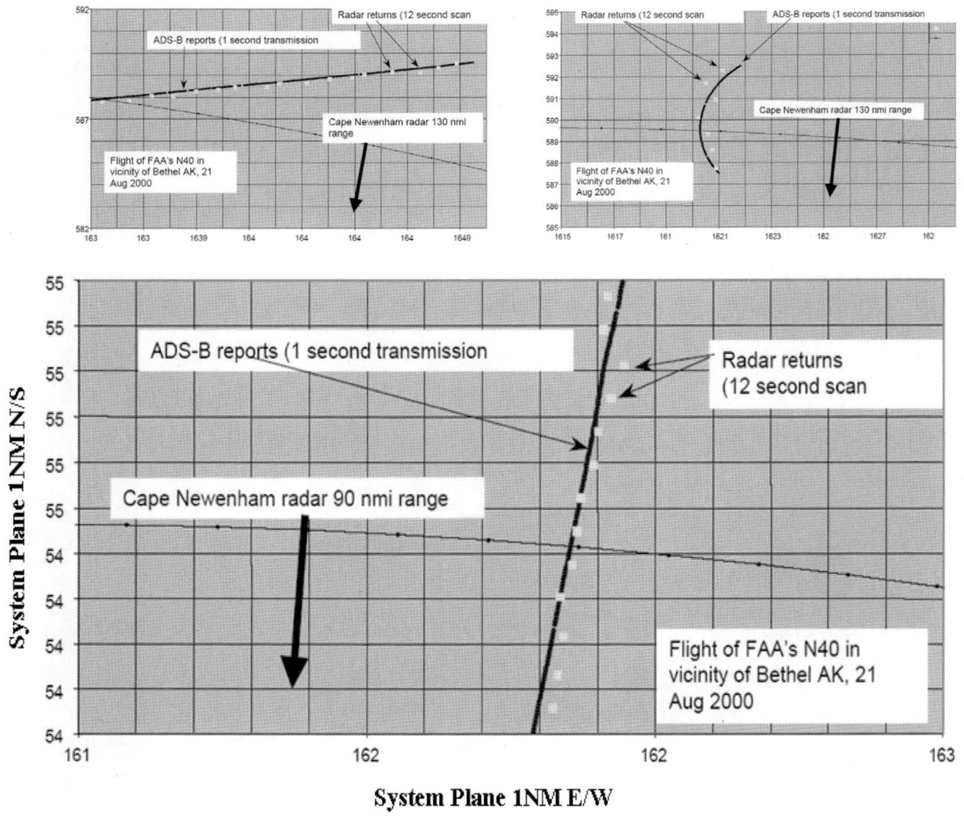

〈그림 16–5〉 감시레이더와의 비교

또한 ADS-B 위치 정보(report)를 중계하기 위해 제안되고 있는 데이터링크 방법은 다음과 같다.

- 1090MHz Mode S Extended Squitter(ES)
- Universal Access Transceiver(UAT)
- VHF Digital Link(VDL) Mode 4

미국연방항공청(FAA)은 2002년도에 미국 내에서 ADS-B 시스템을 위한 데이터링크 방법으로 1090 MHz ES와 UAT를 선정하였고, 구체적으로 1090 MHz ES는 정기운송 항공기 및 고성능 운송용 항공기의 기본 매체가 되고, UAT는 일반항공 항공기의 기본 매체가 될 것이라 발표하였다. 반면 유럽은 아직 공식적으로 어느 매체를 선정할 것인지 결정하지 못한 상태이며 다양한 데이터링크 방법이 연구 중에 있고, Eurocontrol CASCADE 프로그램에서는 1090 MHz ES를 독자적으로 선정하여 사용하고 있다.

1090 ES는 지금의 Mode S 트랜스폰더가 ES 메시지로 알려진 메시지 형태를 지원하는 것을 말하는 것으로, 이 메시지는 주기적으로 항공기의 위치, 속도, 진로, 시간은 물론 미래의 비행하고자 하는 의도 역시 제공해주는 메시지이다. 물론 기본형 ES는 현재의 FMS 시스템에 경로변경지점(trajectory change points)이라 불리는 데이터가 제공되지 않기 때문에 아직까지 비행의도까지는 제공되지 않는다.

항공기가 ES메시지를 전송하기 위해서는 트랜스폰더가 개선되어야 하고 항공기 위치와 기타 항공기 상태정보가 개선된 트랜스폰더로 보내져야 한다. 항공교통관제 지상국과 TCAS를 장착한 항공기는 이미 이러한 정보를 수신할 수 있는 1090MHz 수신기를 가지고 있고, 추가적인 ES 정보를 수신하고 처리하기 위한 기능만 강화하면 된다. 하지만 1090ES는 FIS-B를 지원하지 않는다는 문제가 있다.

UAT 시스템은 ADS-B 운영을 위해 특별히 고안된 시스템으로 1090ES에 비해 비용이 저렴하고 대용량 uplink를 장점으로 하고 있다. 비록 978MHz대가 TACAN에 배정되어 있는 대역이기는 하나 미국에서 978MHz는 공중 ADS-B 정보(report)의 전송과 지상항공정보의 방송을 위해 이용되고 있다. UAT 사용자는 지상에서 보내주는 항공테이터에 접속하고 주변 항공기로부터 정보(FIS-B 및 TIS-B report)를 수신할 수 있고 여기서 TIS-B는 1090ES 탑재 항공기 및 Non ADS-B 항공기의 레이더정보를 위한 ADS-B 정보를 다중 링크(multi-link) 게이트웨이를 통하여 근접항공기의 정보를 제공해 주게 된다.

VDL Mode 4 시스템은 지금의 VHF 주파수 1개 또는 그 이상을 ADS-B 전송을 위한 무선주파수대로 이용하며, VDL Mode 4는 주요 지상국(master ground station)을 필요로 하지 않고도 스스로 연결체계를 세우는 프로토콜방식(STDMA)을 사용한다.

STDMA 방식이란 Self-organized Time Division Multiple Access의 약어로, VHF 데이터링크를 위한 프로토콜을 말한다. 항공 및 해운에서는 감시목적의 레이더시스템을 대체할 방법으로 GNSS를 이용한 효율적인 데이터링크 방법을 모색하고 있는데, 그중 VHF 채널활용의 극대화를 위하여 사용되는 방식 중의 하나가 STDMA 방식이다. 이 방식은 하나의 기준시간 동안 지상 및 항공 무선국들이 시간간격 할당(time-slot allocation)을 하도록 하는 방식으로, 주로 GPS 시간을 이용하여 설정한다. 즉, 동일한 하나의 무선주파수 채널을 여러 개의 time slot으로 나누어 각 무선국에 할당하고, 각기 주어진 시간간격으로 정보를 송신하면 다른 무선국에서는 동시에 이들 정보를 수신하게 되는데 송수신은 항공기 및 선박의 속도, 선회각 등의 항행조건에 따라 위치보고 주기가 정해지고 송신을 위한 적절한 time slot을 상호간 송신충돌을 피하면서 자율적으로 정할 수 있게 하는 것을 STDMA 방식이라 한다.

이 링크방식은 많은 사용자로부터 짧은 메시지를 전송할 때 가장 효과적인 방식으로 L 밴드 Mode S(1090MHZ)나 UAT시스템에 비해 이용 범위를 증가시킬 수 있다는 장점과 2~20W의 낮은 출력으로도 긴 전파의 도달거리(200NM)를 제공한다는 장점을 가지고 있으나 VHF 주파수의 추가 할당이 어려운 국가에서는 VDL을 이용한 ADS-B의 구현에 부정적 시각을 가지고 있는 것도 사실이다.

나. ADS-B의 선진 연구사례

1) 미국 RTCA(Radio Technical Commission for Aeronautics) 연구

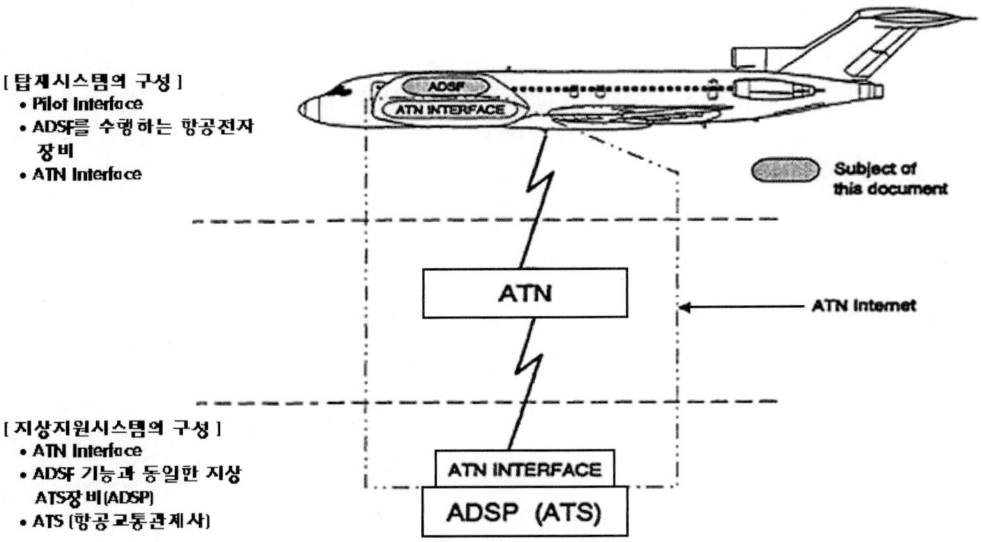

* ADSF : Automatic Dependent Surveillance Function
** ADSP : ADS Processor

〈그림 16-6〉 ADS 시스템 개괄도

1992년부터 RTCA는 ADS에 관한 연구를 통하여 구체적인 기준들을 제시하기 시작하였다. 그 첫 결과물이 1992년도 『DO-212 Minimal Operational Performance Standards for Airborne ADS Equipment』로 이 연구에서 제시하는 ADS 기능의 목적은 항공기의 안전분리치를 유지하기 위한 감시데이터를 제공하고 공역 수용량을 개선하며 보다 다양한 용도로 활용하기 위함에 있다고 명시하고 있다. 이러한 기능의 수행은 지상시설인 ADS 프로세서가 항공기의 현재위치는 물론 단/장기적인 위치를 예측한 정보를 제공함으로써 가능하다고 말하면서 이러한 ADS 기능을 수행하는데 필요한 탑재장비의 최소운영성능에 관한 구체적인 기준을 제시하고 있다. <그림 16-6>은 ADS 시스템을 구성하는 두 요소인 탑재장비와 지상지원장비를 나타내고 있으며 이 장비는 ATN (Aeronautical Telecommunications Network)에 의해 지원됨을 보여주고 있다.

2002년 6월에 특별위원회(Special Committee 186 ; SC-186)에 의해 마련되고 RTCA에 의해 승인된 『DO-242A Minimum Aviation System Performance Standards for ADS-B』 보고서는 ADS-B의 최소 항공시스템 성능기준을 제시하고 있다. 이 기준은 국제적으로 사용될 ADS-B 시스템의 미래 사용자에게 유용한 운영상의 특성을 나타내며 또한 전체적인 개괄을 설명하고 있는데, <그림 16-7>은 ADS-B 항공시스템 성능기준과 SC-186 기술지침과의 관계를 설명하고 있고. 이러한 구도를 바탕으로 이 보고서는 Link 설계시 고려사항, 시스템 용량과 성능의 평가 그리고 적용개발을 위한 자료가 되고 있다.

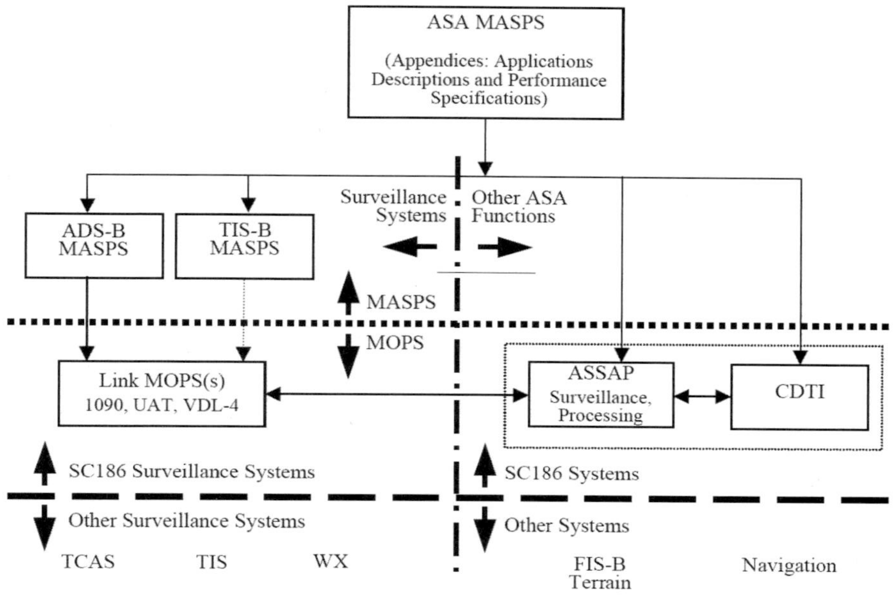

* ASA : Airborne Separation Assurance
** ASSAP : Airborne Surveillance Separation Assurance Processing

〈그림 16-7〉 ADS-B MASPS와 SC-186 간의 관계

ADS-B는 항공기 및 이동지역 내 지상차량이 위치정보 및 속도, 고도정보를 포함하여 기타 운항상의 정보를 주기적으로 방송하게 되는데 이를 위해 송, 수신을 위한 하위시스템은 <그림 16-8>과 같이 구성되어야 한다고 이 보고서에서는 제시하고 있다. 또한 송신 하위시스템으로 메시지 생성기와 항공기/차량의 전송기능이 포함되며 송신과 수신 하위시스템을 연결해주는 전송매체 그리고 수신 하위시스템으로 항공기/차량 또는 지상시스템에 연결된 메시지 수신 및 정보제공(report) 기능이 있고 이에 대한 기술지침을 제시하고 있다. 이 보고서에서는 ASD-B 시스템이 기존의 레이더에 기반을 두 항행감시 시스템의 보조역할을 벗어나 두 시스템이 병행되는 과도기를 나타내고 있는데 그 내용은 <그림 16-9>와 같다.

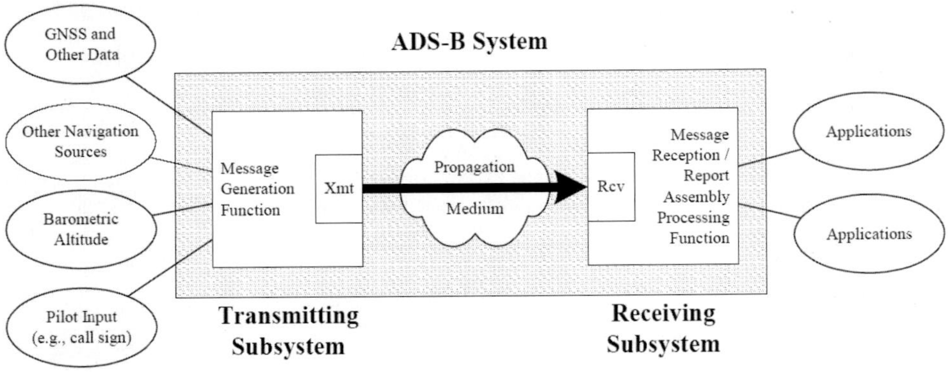

〈그림 16-8〉 ADS-B와 Surveillance 간의 기능적 관계

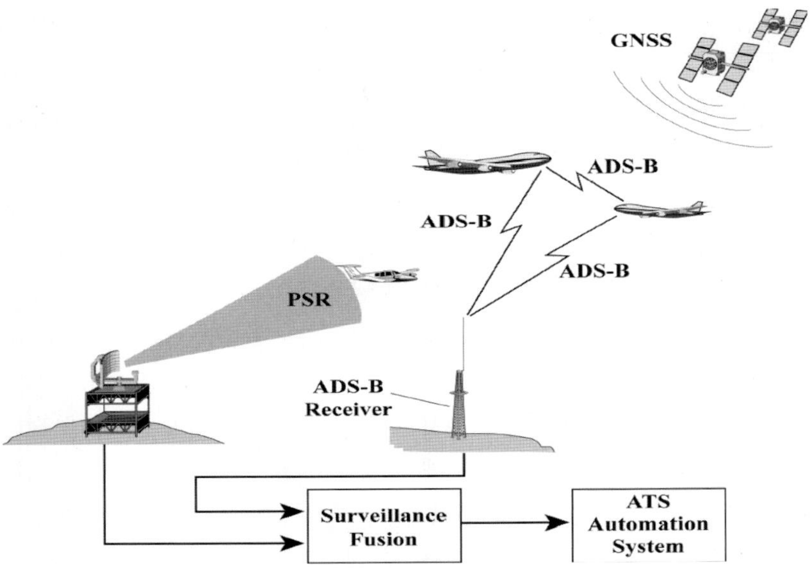

〈그림 16-9〉 항공교통업무(ATS) 지상 감시 구성도

그 밖에도 RTCA에서는 지금까지 ADS-B 관련 다수의 연구보고서를 발표하였는데 그 목록은 다음과 같다.

- RTCA DO-243 Guidance for Implementation of Cockpit Display of Traffic Information(CDTI)
- RTCA DO-259 Applications Descriptions for Initial CDTI Applications
- RTCA DO-260A Minimum Operational Performance Standards for 1090 MHz Extended Squitter ADS-B and Traffic Information Services - Broadcast (TIS-B)

- RTCA DO-282A Minimum Operational Performance Standards for Universal Access Transceiver(UAT) ADS-B
- RTCA DO-267A Minimum Aviation System Performance Standards for FIS-B
- RTCA DO-282A Minimum Operational Performance Standards for UAT ADS-B
- RTCA DO-286A Minimum Aviation System Performance Standards for TIS-B 등1090MHz Mode S Extended Squitter(ES)

2) 미국 Safe Flight(SF) 21 프로그램

이 프로그램은 정부와 기업이 공동으로 참여하여 실제 환경 하에서 CNS의 성능과 Free Flight와 관련된 절차를 검증하기 위하여 9개의 기능으로 나누어 수행되고 있다. SF21에 참여(RTCA SF21 위원회)하고 있는 기관은 FAA를 주축으로 United Airline, Delta, 화물항공사협회(CAA), 조종사관제사협회 등이 있고 1999년부터 FAA와 CAA는 오하이오 밸리 프로그램을 운영하면서 ASDE-X 프로토타입의 mutilaterarion, ADS-B, 각종 감시데이터를 통합하는 인프라시설을 설치하여 ADS-B 성능을 확보하고 CDTI를 이용하여 조종석에 각종 정보를 제공함으로써 조종사의 상황인인을 향상시키고, 시각에 의한 접근절차 및 공항지상에서의 감기기능을 강화하기 위해 연구를 진행 중에 있다.

RTCA에 의해 설정된 ADS-B를 이용한 기능별 평가내용은 크게 4개(Air-Air, Air-Ground, Ground-Ground, Ground-Air)로 나누어지고 세부항목은 다음과 같다(<그림 16-10> 참조).

- 분리기준치 개선
- 저시정에서 접근절차의 개선
- 주변 항공기로부터의 회피기동
- 항공로 상에서의 공대공 기능강화
- 지상 항공기/차량의 감시기능개선
- 관제사의 지상 항공기/차량 관리 강화
- Non-Radar지역에서 감시범위 확대
- CFIT 감소를 위한 방법
- 조종석에서의 기상 및 기타 정보관련 기술

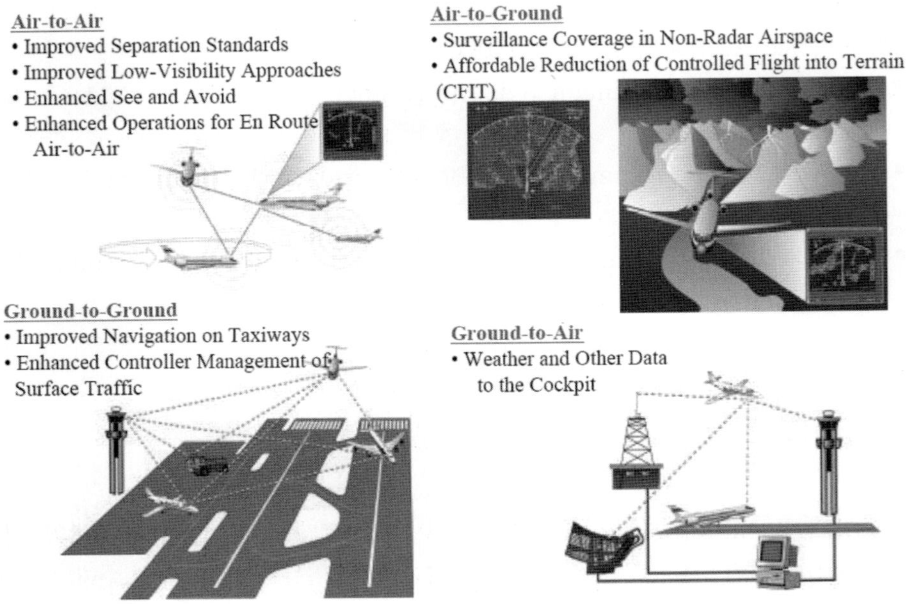

〈그림 16-10〉 Safe Flight 21

이러한 시험을 통하여 항행의 안전, 효율성, 성능, 인증, 조종사 및 관제사의 상황인식, 인적요소 등을 강화할 수 있는 방안 및 향후 과제를 제시함은 물론 미국은 ADS-B가 FIS-B와 TIS-B와 함께 시행되게 되면 적어도 10,000대 이상의 항공기와 수많은 지상국들이 이 시스템을 이용할 것으로 예상하고 있고 따라서 시장 및 기술의 선점을 위해 이 프로그램을 적극적으로 추진하고 있다.

3) 미국 Capstone 프로그램

미국의 알래스카에서 진행 중인 Capstone 프로그램은 현대기술의 실시 및 사용을 가속화함으로써 단기적으로 항공안전 및 효율성 증대를 유도하기 위한 안전에 초점을 맞춘 기술 프로그램으로, 이 프로그램은 다양한 다른 프로그램들과 다중으로 연결되어 있으며 미국의 NAS계획에 따라 FAA, 알래스카 지자체, 항공산업체 등이 함께 자발적인 참여로 공동 개발 중에 있다.

FAA는 2005년 7월에 Bethel, Aniak과 St. Mary 지역에서 ADS-B 항공기 타깃과 레이더 항공기 타깃(혼합 환경)간의 최소분리기준 확인을 시작하였고 8월에는 시험지역을 Dillingham과 King Salmon 지역까지 확대하였다.

또한 2006년 4월에 10개의 단계 I GBT에서 ADS-B 데이터를 전송하기 위해 새로운 테스트를 위한 test-bed 구축이 앵커리지 항공교통센터(Air Route Traffic Control Center: ARTCC)에서 이루어졌다. GBT는 “Ground Based Transceiver”의 약어로 데이터링크업무 방송업무을 지원해주는 기능을 담당하며 이 업무에는 ADS-B, TIS-B, FIS-B를 포함하며, GBT는 GPS 및 CDTI와 같은 다중기능 현시장비를 탑재한 항공기가 ADS-B 정보와 인터페이스 할 수 있도록 한다.

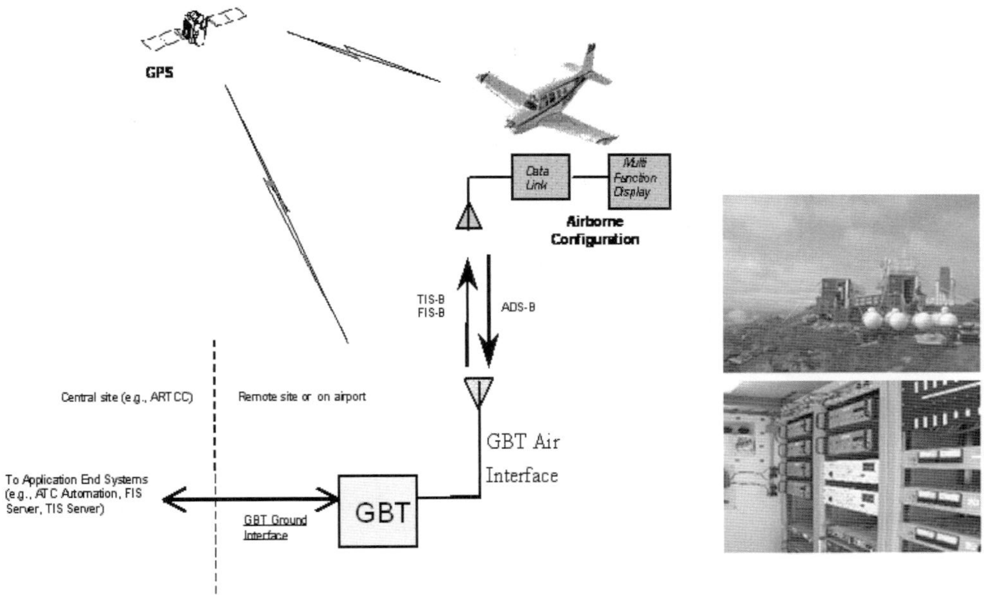

〈그림 16-11〉 GBT 외부 인터페이스 및 Sunny Hay GBT 시설 예

이 새로운 체계는 기존의 항공교통관제 자동레이더추적시스템(관제석 제공화면)이 아닌 대체 수단에 의해 데이터를 제공하게 되어 10개 GBT 시설로부터 제공된 데이터는 이제 제3의 항공기추적장치(aircraft tracker vendors)를 통해 이용할 수 있고 이로써 Yukon-Kuskokwim Delta 지역에서 ADS-B 데이터에 의한 가장 완벽한 화면을 제공하게 되었다(<그림 16-12> 참조).

Capstone 프로그램 2단계 시행 후 알래스카에서는 항공사고율을 40%이상 감소시키는 등 ADS-B의 도입으로 항공기의 안전운항에 크게 기여하여, 이 결과에 고무된 미 의회는 전체 Safe Flight 21예산을 10% 증액하여 배정하였다.

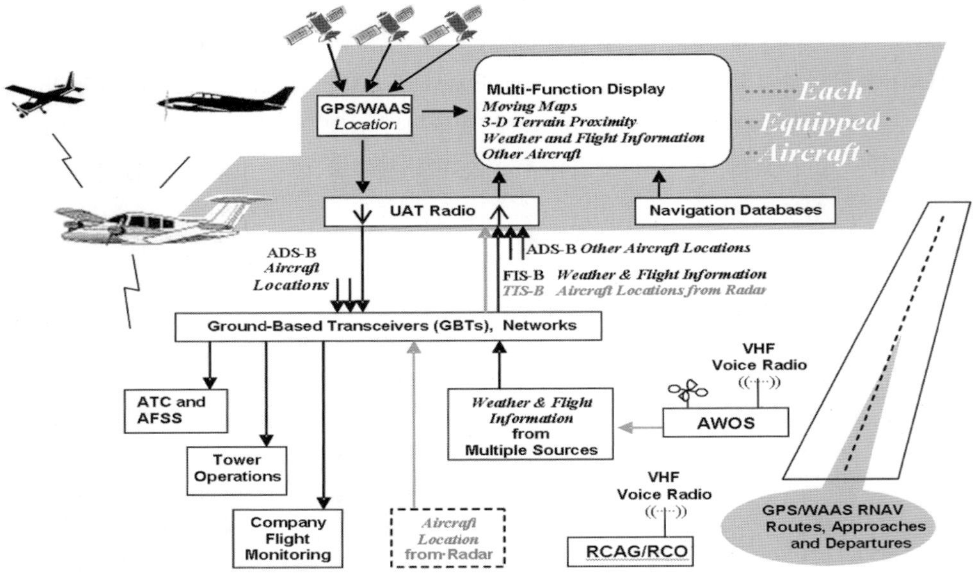

자료 : Capstone ADS-B Project(www.faa.gov)

〈그림 16-12〉 Capstone Ⅲ 단계 전략계획구성도

4) 호주 ADS-B 프로그램

호주 항공당국은 새로운 링크 기술을 통하여 안전 및 운영상의 이점(benefits)을 증대시키기 위한 ADS-B 연구 및 적용지역을 확대해 가고 있다. 현재 ADS-B관련 프로그램은 총 5개로 각각의 프로그램은 다양한 개발단계로 구성되어 있으며 다음과 같다.

- Burnett Basin Operational Trial : ADS-B의 기술 및 운영상의 지식과 경험을 얻기 위한 조종사 프로그램으로 2006년 6월 28일에 성공적으로 종료됨. 이 프로그램에는 단일 ADS-B 지상국을 Bundaberg에 설치하고, 항공기에 ADS-B 시스템의 탑재시키며 ADS-B 정보의 처리 및 시현을 위해 호주 항공교통관리(ATM) 시스템을 개선하는 등의 내용을 포함함.
- Upper Airspace Program : 고고도, Non Radar 지역에서 단기적으로 항공기의 안전 및 운영상의 이점을 제공하기 위한 프로그램으로 현재도 진행 중에 있음. 이 프로그램에는 레이더 포착범위 외의 공역 30,000피트 이상에서 항공교통 감시업무를 제공하기 위한 전략적인 위치에 대략 28개의 ADS-B지상국을 설치하는 내용을 포함하고 있고 이 시설들은 2007년 중반까지 설치하고 운영할 것을 목표로 진행함.

- Australian Transition to Satellite Technology : 호주 항공로공역에서 ADS-B를 지대공, 공대공 감시의 1차적 수단으로 하기 위해 설계되어진 가장 중요한 장기적 프로그램임. 이 프로그램에는 현재 항공로 레이더시설에 의한 공역에서 항공교통 감시업무를 제공하기 위하여 추가적인 ADS-B 지상국을 설치하는 내용을 포함하고 있고 또한 기존의 레이더시설들을 줄여가고자 하는 연구가 현재 초기 계획 단계에 있음. 항공기의 ADS-B 의무탑재 요건은 향후 추진될 것이며 이를 위한 일반항공 운영자의 자금지원에 관한 조사가 있을 것임.
- Research and Development Programs : 저고도공역에서의ADS-B 프로그램을 용이하게 하기 위한 연구 및 개발활동으로 현재 진행 중인 프로그램임. 이 프로그램은 일반항공 항공기를 위한 저비용 ADS-B 송신기의 개발, 공대공 ADS-B 수신기 및 조종사에게 비행 중 주변 항공기의 정보를 제공하는 조종석 시현장치(CDTI)를 포함함.
- International Activities : 호주 항공당국은 항공교통관제분야에서 ADS-B 기술의 이행을 위한 기준 및 절차 개발을 위한 수많은 ADS-B 국제포럼 및 패널(panel)에 참여하고 있음. 또한 다른 국가의 ADS-B 프로그램 지원을 위해 컨설팅업무도 제공하고 있음.

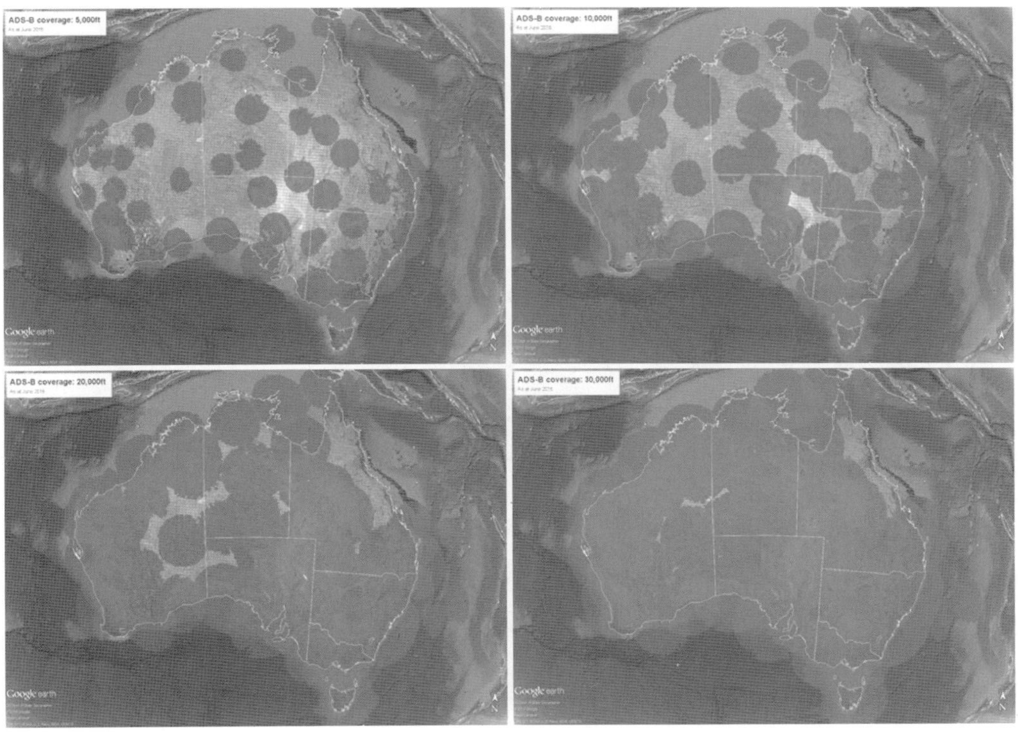

〈그림 16-13〉 호주 ADS-B 적용범위(2016년 6월 기준)

5) 유럽 ADS-B 프로그램

스웨덴의 LFV Group은 국가 전역에 12개의 지상국을 통해 항공교통관제의 최적화는 물론 항공사의 실질적인 비용절감 및 환경상의 이익을 도모하고자 ADS-B 시험을 진행하고 있다. 시스템의 배치는 공항 및 항공사와 긴밀한 협조 하에 설치되고 ADS-B 기준에 부합하는 차세대 통신시스템에서 획기적인 약진을 보이고 있다.

지상국은 2006년 초부터 설치가 이루어지고 네트워크는 2007년에 기술적으로 완전한 형태로 운영되어졌다. VDL Mode 4를 기반으로 하여 지상국의 네트워크는 ADS-B, TIS-B, FIS-B, GNS-B (DGNSS augmentation)와 Point-to-Point 통신서비스를 지원할 수 있고, VDL 4 송수신기를 장착한 항공기는 연료소모의 저감 및 비행시간의 단축을 가져왔다.

그밖에 유럽 각국은 국가 및 기관별로 다양하게 ADS-B에 관한 시험을 진행 중에 있으며 대표적인 프로그램으로 NUP 프로젝트, ADS Mediterranean upgrade 프로그램, CASCADE 프로그램 등을 들 수 있으며 ADS-B의 기술개발 및 시장선점을 위해 지대한 관심 하에 연구되고 있다.

현재 유로컨트롤에서 지향하는 감시분야 연구는 gate-to-gate 전 구간에서의 감시업무 수행과 항공기 조종석에서의 주변 항공교통을 확인하고 직접 감시 자료 생성할 수 있는 현대화에 중점을 두고 있다.

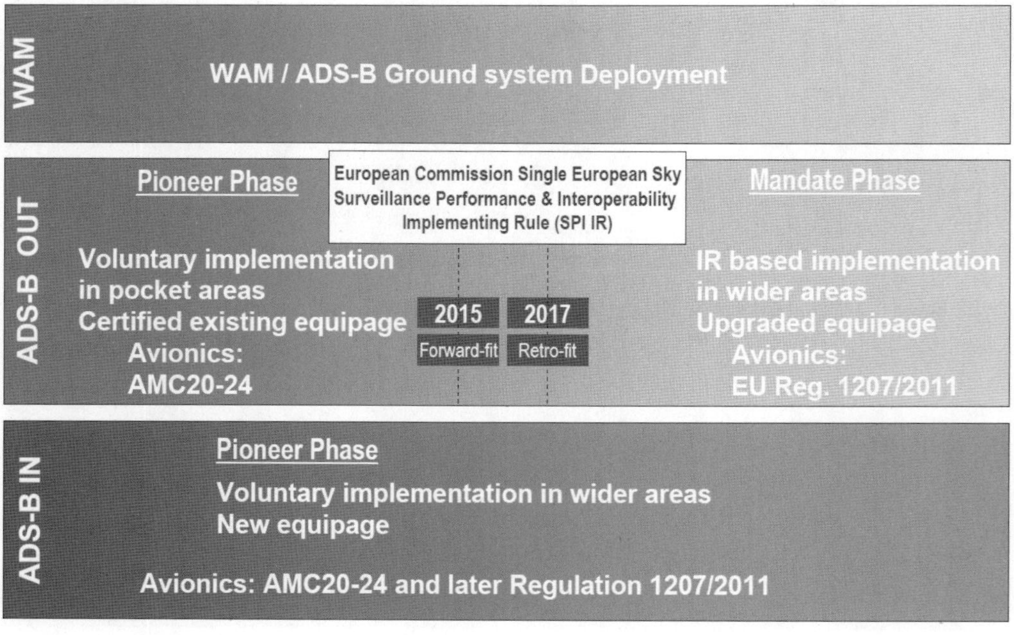

〈그림 16-14〉 유럽 ADS-B 및 WAM(Aide area multilateration) 배치계획

제2절 미래 항공교통시스템

1. 개요

국제민간항공기구(ICAO)는 1991년 제10차 세계항행회의에서 차세대 위성항행시스템(CNS/ATM)을 미래의 표준 항행시스템으로 채택함으로써, 항공시스템 분야의 최신 기술을 활용하여 항공교통관리 시스템의 구축을 제안하였고 항공기 운항은 사전에 계획된 출·도착 시간을 준수하고 최적화 된 비행경로를 이용하는 등의 효율과 안전을 함께 추구하게 되었으며, 항공교통관제(ATC) 분야에서는 안전성 및 수용량의 증가를 도모하게 되었다. 이후 미래항행시스템(FANS)에 대한 논의가 더욱 활발히 이루어지면서 항공시스템은 과거 지상기반에서 위성기반으로, 아날로그 방식의 운영에서 디지털 방식의 운영 등으로 최신 기술을 활용한 차세대 항행시스템(CNS/ATM)으로의 전환을 시도하게 되었다.

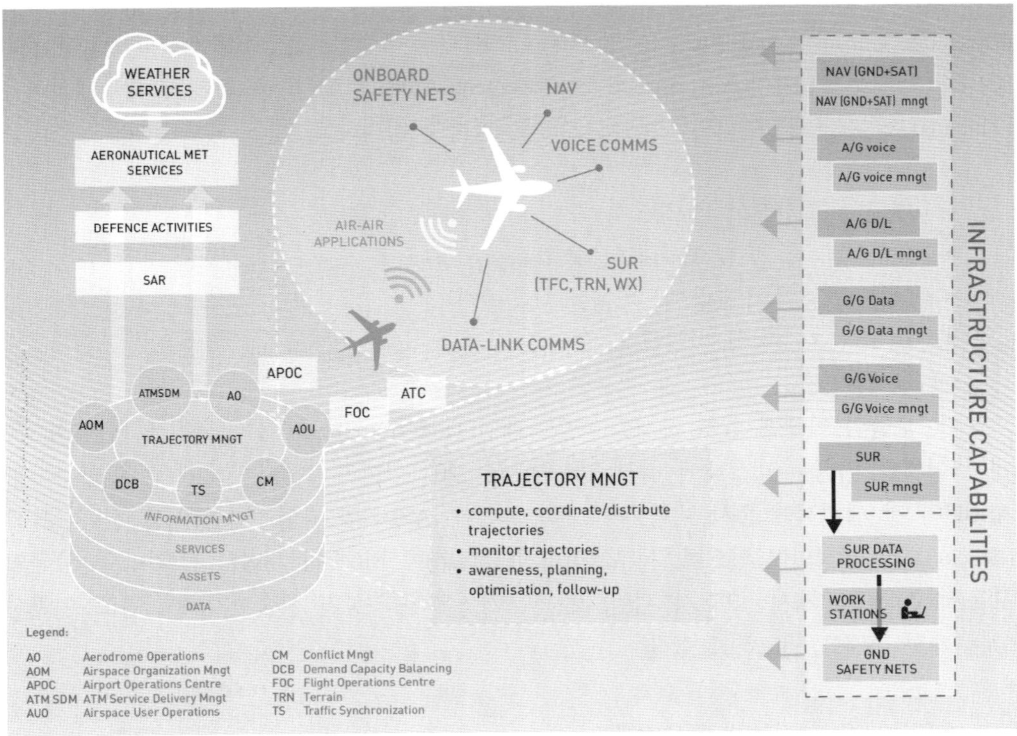

〈그림 16-15〉 ICAO 항공교통관리(ATM) 논리구조도

국제민간항공기구(ICAO)는 급격하게 증가하는 미래의 항공교통량을 수용하고, 항공안전 및 항공교통서비스의 효율성 증진을 위해 전 세계적으로 조화롭고 상호운용가능한 차세대 통합 항공교통관리(ATM) 체계 구축을 위한 세계항행계획(Global Air Navigation

Plan: GANP) 제1판을 1998년에 수립하였다. 2013년 ICAO 기술지침(Doc 9750) 세계항행계획 제4판에서는 선진화된 항공교통시스템을 구축하기 위한 세부 계획 및 방법론으로 미래항공시스템 전환계획인 ASBU(Aviation System Block Upgrade)를 도입을 제안하였고, 2016년 9월에 개최된 제39차 ICAO 총회에서는 ASBU 이행단계(Block) 주기의 변경 등이 반영된 세계항행계획 제5판에 대한 개정을 승인하였다.

2. ICAO GANP/ASBU 전환 계획

국제민간항공기구는 2016년부터 2030년까지 향후 15년간 각 지역별 또는 체약국들의 항공교통시스템 구축계획이 전 세계적인 조화를 이룰 수 있도록 하는 가이드라인이자, 구현하고자 하는 운영개념(ConOps) 및 시기를 제시하였다. 이에 따라 세계항행계획(GANP)에는 ASBU를 공항운영개선(Airport Operation), 시스템 및 데이터의 상호 운용성 증대(Globally Interoperable Systems and Data), 공역수용량 최적화 및 비행 유연성 확대(Optimum Capacity and Flexible Flights), 효율적인 비행경로운영(Efficient Flight Paths) 총 4개의 성능개선영역(Performance Improvement Area: PIA)과 총 21개의 세부개선영역(Threads) 및 세부개선영역별 모듈(Module)을 통하여 정의하고 있다.

- PIA 1 : 공항운영 개선
- PIA 2 : 시스템 및 데이터의 상호운용성 증대
- PIA 3 : 공역 수용량 및 비행유연성 증대
- PIA 4 : 효율적인 비행경로 운영

또한, 모듈의 이행에 있어 단계별 타임프레임(Time-frame), 즉 블록으로 세분화하여, 국제적 이행을 위한 준비상태에 따라 2013년부터 2031년까지 4단계(6년 단위)로 구분하여 ASBU의 전 세계적인 동시 이행을 촉구하고 있다. ASBU의 타임프레임은 총 4개의 블록(Blocks)으로 구성되어 있으며, 세부개선영역(Thread)에 Block의 개념을 더하여 총 51개의 모듈(Modules)을 제시함으로서 관련 기능의 기초부터 향상된 기술까지 조화롭고 일관성 있는 개선 추진을 권고하고 있다.

- Block 0 : 2013년～2018년
- Block 1 : 2019년～2024년
- Block 2 : 2025년～2030년
- Block 3 : 2031년 이후

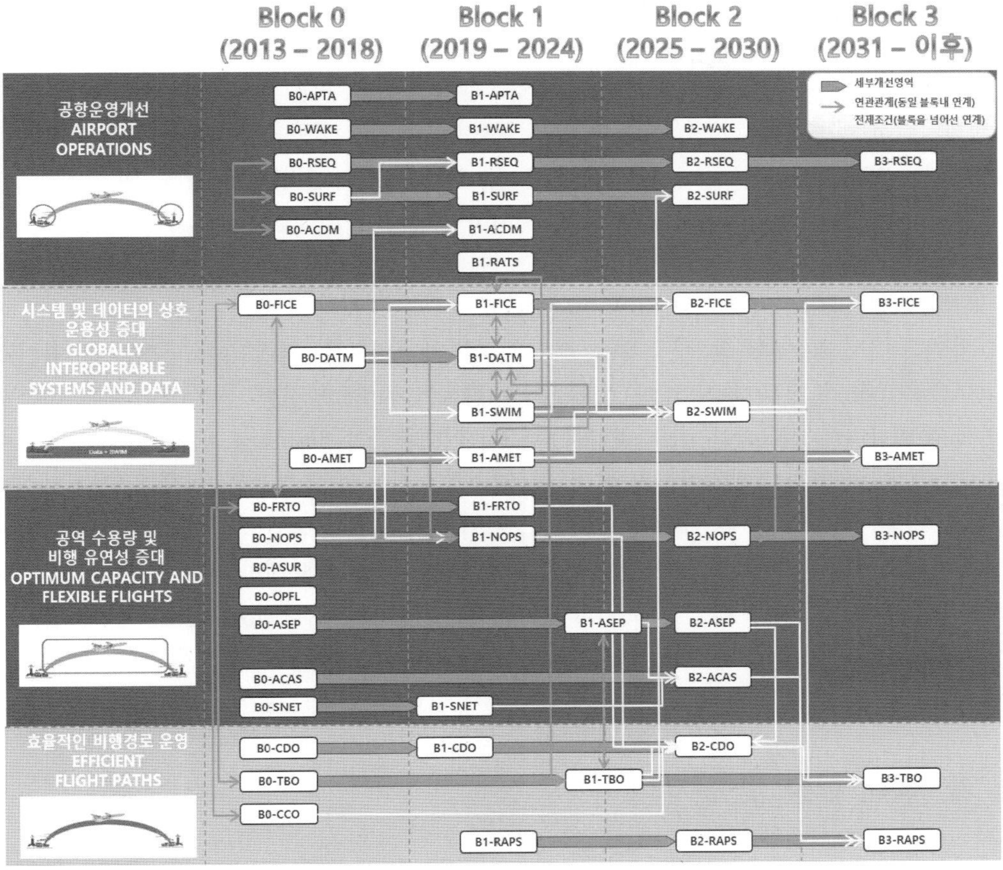

자료 : 한국항공협회(2016), 차세대항공교통시스템 구축계획 최종 보고서, 국토교통부

〈그림 16-16〉 ASBU 모듈 연계도(2016년 재구성)

총 51개의 모듈(Module)은 성능개선영역(PIA)과 세부개선영역(Thread)에 따라 분류되며, 상호 밀접한 연관관계를 가지며, Block과 성능개선영역을 넘어서 이행을 위한 사전 전제조건으로 연결될 수 있다. 따라서 하나의 세부 이행과제를 수행 시에 해당 세부개선영역의 모듈과 함께 연계되는 Module은 계획을 수립하는 단계에서부터 고려하여야 한다.

각 모듈은 이행을 위한 운영 개념 뿐 아니라 이행을 위해 필요한 장비 및 시스템, 표준 및 절차, 선행국의 사례와 그 효과를 공유하여야 한다. 이를 통해 지역적 또는 국가적 프로그램의 핵심능력과 성과가 세계적으로 전파되어 항공교통시스템이 동일한 수준으로 발전할 수 있는 기초를 마련하여야 하며, 범세계적으로 항공교통시스템의 상호 운용성(Global interoperability)을 증대시키고, 이를 통해 모듈별 최대의 효용(benefit)을 갖도록 하는 것이 목표이다.

3. 국내 미래 항공교통시스템 구축 계획

국내에서는 항공여건 변화에 선제적 대응, 안전·효율성 증대, 항공위상 제고 등을 위한 '미래지향적 항공교통시스템 구축 계획'을 목표로, 차세대 항공교통시스템 구축 기본계획(National ATM Reformation And Enhancement: NARAE)이 진행되어 왔다. 이 계획에 따르면, 세계항행계획(GANP)의 ASBU 및 아시아·태평양(APAC) Seamless ATM 계획(Plan)을 분석한 결과, 우리나라는 Block 0 ~ 1 단계 총 35개 Module 중 33개의 Module을 이행해야 할 필요가 있는 것으로 확인되었다.

차세대 항공교통시스템 구축 기본계획은 전 세계적으로 이행되는 국제민간항공기구(ICAO)의 계항행계획(GANP) 및 ASBU을 포함하여, 이와 밀접한 상호 연관관계를 가지면서 우리나라에 적용되는 아·태지역의 ASBU 이행계획인 Seamless ATM Plan의 개정사항도 함께 반영함으로써 아·태지역 주변국과 협력적이고 조화로운 차세대 항행시스템(CNS/ATM) 인프라 구축 계획을 지속적으로 수립하고자 추진되고 있다. 이를 위해서는 ICAO 총회 주기와 맞추어 개정되는 GANP/ASBU의 최신판에 대하여 지속적인 모니터링 및 연구 활동 등에 적극적으로 참여함과 동시에 아·태지역에서 논의되고 수립되는 Seamless ATM 계획을 국가항공교통시스템 구축계획에 반영할 수 있도록 지속적인 노력을 해야 할 것이다.

가. 국내 현황 및 문제점

우리나라 공역은 군 훈련공역 및 통제공역 등이 조밀하게 분포(인천 비행정보구역 전체의 50.5%)되어 민간 항공기의 효율적 운항을 제한하고 있다. 국가 공역이 관제권, 비행제한구역 등으로 세분화되어 있으며, 각 구역에 대한 관리 및 운영주체가 달라 통합적 공역 관리 및 협조체계 구축이 현실적으로 곤란하다. 실제로 2017년 기준 인천 비행정보구역 내에 관제권 31개, 접근관제구역 14개, 비행금지구역 5개, 비행제한구역 80개, 군작전구역 62개 및 위험구역 32개 등이 설정되어 있다.

항공교통량이 가장 많이 집중되는 수도권은 일 평균 1,200대 이상의 항공기가 운항하며 특히 중국·유럽 방면 교통량은 해마다 증가하여 항공로 혼잡 및 지연 등이 빈번히 발생하고 있고, 휴전선 등에 의한 공역 제한은 해당 공역의 수용량 증대에 커다란 어려움을 주고 있다.

공항운영의 경우, 우리나라는 세계 수준의 인천국제공항, 김포국제공항 등 총 15개 공항(국제 9, 국내 6)이 두 개의 공항공사에 의해 운영되고 있다. 그동안 인천국제공항은 세계 공항 서비스평가(Airport Service Quality: ASQ)에서 9연패('05 ~ 13년, 전체부문), 김포공항은 4연패('10 ~ 13년, 중규모 부문) 달성하였다. 그러나 이러한 성과의 지속적 유지를 위해 자동화 시스템, 협력적 의사결정체계 구축 등 공항운영 최적화를 위한 노력도 필요한 것이 사실이다.

항공기의 안전운항을 위한 항공정보의 중요성은 아무리 강조해도 지나치지 않다. 항공정보의 전산화는 2000년대 이후 꾸준히 진행되어 왔으나 아직도 항공정보 자료의 활용·관리 불편, 정보의 신속성 및 정확성 저하 등 이용자 중심의 정보제공은 여전히 풀어야 할 숙제로 남아 있다.

항행안전시설은 지상에 설치된 시설을 중심으로 항공기의 안전 운항을 지원하고 있다. 국내 설치된 계기착륙시설(ILS), 전방향표지시설(VOR) 및 레이더시스템 등은 2016년 기준 총 30종, 2,074대가 운영 중에 있다. 2009년부터 진행되어 온 성능기반항행(Performance Based Navigation: PBN) 전환사업 이후, 위성을 기반으로 하는 항공로 및 비행절차를 확대 운영 중이나 아직도 지상기반 시설에 대한 의존도가 월등히 높은 상황이다. 이러한 지상기반 운항 환경은 지형의 영향, 통달범위 한계 등 기술적인 제한에 따라 이용자 중심의 항공로를 수립하는데 어려움이 있고 시설의 유지·관리에 연간 약 5백억 원의 비용이 소요되고 있다

나. 국내 항공교통시스템 구축 계획

국내 항공교통시스템 구축 계획의 기본 방향은 첫째, 사용자 중심의 공역운영 효율성 제고를 위해 관리·통제 중심에서 협력적·탄력적 운영방식으로, 둘째, 항공기 지상지연 최소화, 공항 수용량 증대 등을 위한 공항시설 확장 정책에서 공항운영 효율화 정책으로, 셋째 항공정보의 신속성, 정확성 및 편의성 증대로 정보 활용도를 제고하기 위해 종이방식에서 통합된 전자방식으로, 넷째, 항공기 위치, 교신 정확성 강화를 위해 지상기반 감시체계와 음성통신 방식에서 인공위성과 데이터 통신방식으로 전환하는 것이다.

이를 통해 우리나라는 안전하고 효율적인 공역의 운영, 자동화 시스템 및 협력적 의사결정체계 구축에 의한 공항운영의 최적화, 분산된 정보의 연계를 통한 항공정보의 통합관리, 4차원 항적기반의 신개념 운항환경 구축 등을 구현하고자 하며, ICAO의 ASBU 이행계획과 미래 항공수요 등에 대비하여 준비하고 있다.

[현 재] **[미 래]**

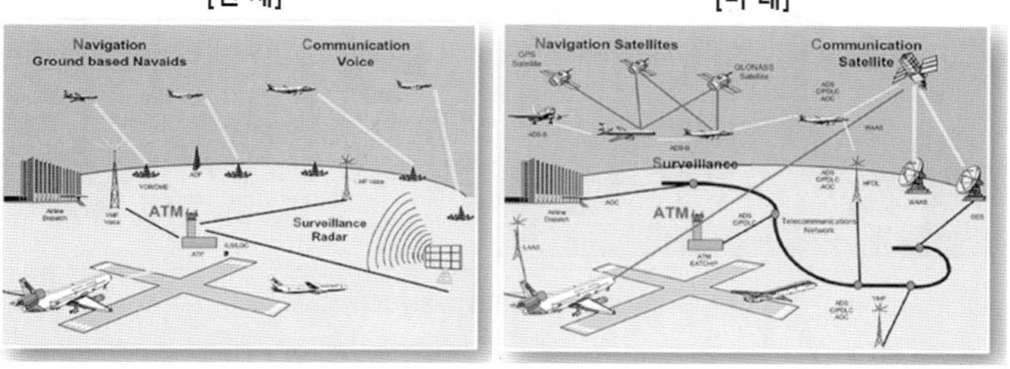

〈그림 16-17〉 차세대 항행시스템의 현재와 미래

1) 안전강화 및 공역의 효율적 운영

- 항공교통통제센터 구축 및 시스템 통합 : 교통량이 공역 수용량 초과 예상 시 사전에 조절 · 통제하고, 최적의 항공로 선택을 위한 이용자 중심 공역운영 시스템(ATFM 전산화 프로그램, 도착 · 출발관리시스템 등) 구축
- 항공기 감시체계 강화 : 감시범위 및 설치위치 제한 등 현 레이더시스템의 한계를 극복하기 위한 차세대 감시시스템(ADS-B, Multilateration 등) 구축
- 공중충돌경보장치 성능 강화 : 공중충돌경보장치(TCAS) 7.1 버전으로 교체(2017년 1월 ICAO 의무화)를 통한 성능(항공기간 수직간격 100피트 이내에서도 안전경고 발부) 개선

2) 공항운영 최적화

- 지상관리 자동화 시스템 개발 및 적용 : 지상이동 및 안내 통제시스템(A-SMGCS) 등 지상감시 시스템을 이용, 공항 내 지상항공기 및 차량 등을 감시하고 위험 상황 경고
- 도착 · 출발관리 시스템 개발 및 적용 : 공항 및 공역에서의 지연, 혼잡 완화 및 공항운영의 효율성 향상을 위한 항공기 출 · 도착시간의 체계적 관리 · 조절 시스템(AMAN/DMAN) 구축
- 공항의 협력적 의사결정 체계(A-CDM) 개발 및 구축 : 항공기 운항 및 공항운영 상황 등 관련 정보를 이해관계자 간 공유하여 합리적 의사결정을 지원하기 위한 체계 마련

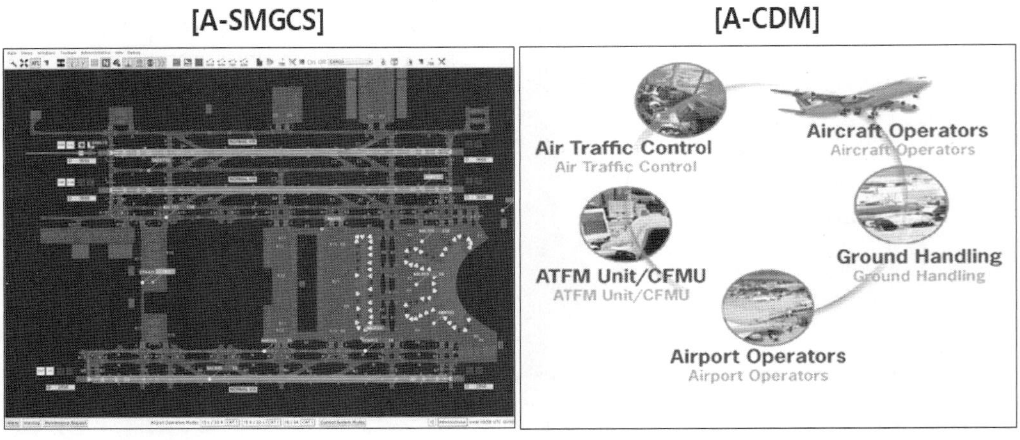

〈그림 16-18〉 공항운영 최적화를 위한 자동화 시스템 사례

3) 항공정보의 통합 관리

- 관제기관 간 데이터 통신(Air Traffic Service Inter-facility Data Communication: AIDC) 체계 구축 : 항공교통관제기관 간 정보교환 방식을 음성통신에서 자동 데이터통신(FF-ICE; Flight and Flow Information for the Collaborative Environment비행정보 협력적 운영환경 구축 등)으로 전환, 관제 업무 부담경감 및 안전운항 제고
- 관제사-조종사간 데이터 통신(Controller-Pilot Data Link Communication: CPDLC) 체계 구축 : 조종사-관제사 간 교신방식을 음성에서 데이터 통신(CPDLC)으로 전환, 주파수 혼잡 및 관제 교신 오류 감소
- 디지털 항공정보(항공정보간행물, 항공고시보, 비행전정보게시, 공항지도, 정자지형 및 장애물, 기상정보 등) 체계 구축 : 디지털 항공정보관리체계(AIM) 구축계획을 수립하여 단계적으로 구축 추진
- 항공데이터 종합관리망(System Wide Information Management: SWIM) 개발 및 구축 : ICAO의 권고에 따라 항공정보 교환을 통합된 허브 시스템으로 집중·관리하는 방식으로 전환 추진
- 항공기상정보 활용 체계 구축 : 세계 각지의 기상정보(태풍, 화산활동 등) 및 공항 주변 국지적 기상에 대해 신속, 정확한 전파 및 활용을 위한 시스템 구축하고 출·도착관리시스템(AMAN/DMAN) 및 ATFM 시스템 등과 연계

4) 4차원 신개념 운항기반 구축

- 항공기 연속강하 및 상승운영 확대 적용 : 기존 계단식 운항방식을 개선, 최적의 각도를 유지하여 연속강하(Continuous Climb Operation: CDO) 및 연속상승(Continuous Descent Operation: CCO)하는 운항방식으로 효율성 증대
- 위성항행시스템 기반의 운항체계 강화 : 지상 항행시설의 단점(지형의 영향, 통달범위 한계 등)을 보완, 항공기의 공항 접근성 증대 및 항공안전을 강화하기 위한 위성 기반의 운항체계(Satellite Based Augmentation System; 위성기반 위치보정 시스템) 구축
- 무인항공기 운영기반 구축 : 원격조종 무인항공기(Remotely Piloted Aircraft Systems: RPAS)를 점차적으로 통합공역 내에서 일반 유인항공기와 혼합하여 운용할 수 있는 기반 구축
- 4차원(4D) 운항개념 정립 및 기반 구축 : 항공기 이동경로의 정확한 예측을 통해 항공기 흐름 최적화 및 사용자 선호 비행경로 제공을 위한 시간 개념의 4D 항적 기반 운항체계 구축

제3절 새로운 관제기법의 도입 적용

1. Free Flight

가. 개발 배경

1950년대 이후 항공수요의 증가와 더불어 항공산업 전반에서는 항공산업의 발전을 가로막고 있는 여러 장애요소들을 제거해 줄 것을 요청하는 목소리가 높았다. 이러한 가운데 1978년 10월 24일 카터 행정부는 항공산업 전반에 걸친 규제 철폐를 위한 “Airline Deregulation Act" 법안을 의회로부터 승인을 받아 발효시키게 되었다. 이후 항공운송업의 참여가 쉬워지고 항공 요금 결정이 자유롭게 되자 항공사간의 경쟁이 점점 치열해져갔다. 경쟁으로 유발된 항공요금의 인하는 항공수요의 폭발적인 증가를 초래하였으며 이로 인해 항공지연은 점점 심해졌다. 이에 각 항공사는 연료 효율성이 높은 항공로배정과 항공교통관제 지연의 최소화를 위해 로비를 하기에 이르렀다.

1991년 미국이 ICAO의 FANS 개념을 도입하기로 하자 국제적인 압력이 표면화되었으며 NAS 전반에 걸친 규제를 완화하자는 압력은 1993년 “Airline Commission Report"에서 정점에 달했다. 이러한 상황 속에 일부 항공사와 Air Transport Association같은 항공 관련 기구들은 새로운 개념의 운항 방식을 요구하게 되고 이를 “Free Flight"라고 명명하였다. FAA는 항공사의 이러한 움직임에 동참하여 RTCA (Radio Technical Commission for Aeronautics)에서 1995년 10월에 항공기 운용자들이 계기비행기상상태에서 실시간으로 자유롭게 항공로를 선택할 수 있도록 하는 신개념의 『Free Flight 실행계획』을 도출하게 되었다.

나. Free Flight의 개념

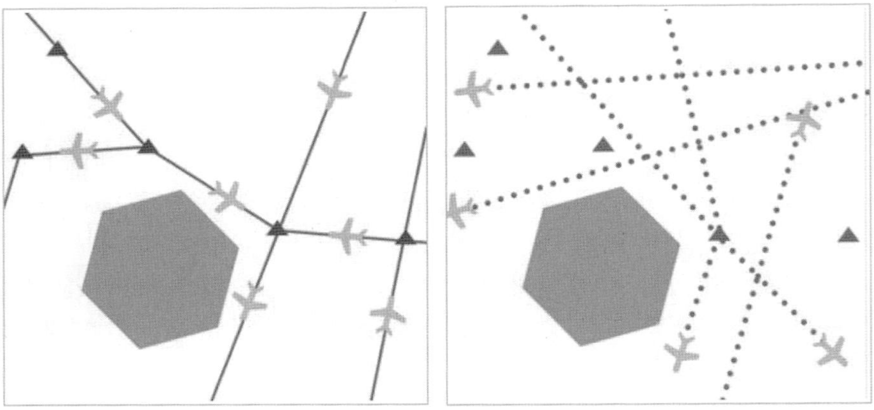

〈그림 16-19〉 기존 항공로와 Free Flight 개념 비교

Free Flight는 미국 국가공역시스템(NAS)의 안전성과 효율성을 개선하기 위해 고안된 혁신적인 개념이라고 할 수 있다. Free Flight의 기본 개념은 기존의 지휘 및 통제방식의 시스템에서 사용자가 직접 자신이 비행할 항공로와 고도, 속도를 선택하고, 가장 효율적이고 경제적인 비행을 할 수 있도록 사용자에게 상당한 자유와 유통성을 제공하는 개념이다. 물론 Free Fight라고 해서 모든 공역을 사용자 마음대로 비행할 수 있는 것은 아니다. 교통량이 많은 공항과 혼잡한 공역 내에서의 분리, 특별사용공역 침범방지 등을 위한 경우에는 사용자가 제한을 받게 된다. 바로 관제사의 역할이 통제와 지시에서 감시와 분리확보로 바뀌는 것이다.

다. Free Flight 운영개념과 발전방향

Free Flight 운영개념에는 기본적으로 removal of restrictions, flexibility, collaboration의 3요소가 있다. RTCA task force가 발표한 보고서의 의하면 비행과 관련된 제한 사항을 제거하는 일체의 행위(removal of restrictions to flight)를 Free Flight의 발전 방향으로 보고 있다. 비행 계획부터 의사결정에 이르기까지 Free Flight는 좀 더 향상된 비행안전과 융통성(flexibility)을 사용자에게 제공하게 된다. Free Flight는 FAA와 항공산업계의 합작품으로써 Free Flight로의 발전 전 과정에 비행안전을 최우선으로 하고 있다. 그리고 FAA는 ICAO가 범세계적으로 추진하던 CNS/ATM이 최종적인 목표가 아니라 Free Flight를 목표로 삼고 CNS/ATM을 Free Flight의 전면 도입을 위해 필요한 구성요소로 간주 그 실현을 위해 노력하고 있다.

미국의 향후 15년간 항공교통량은 연평균 약 3~5% 증가할 것으로 전망되고 있는데 현재의 공역시스템과 관리개념으로는 증가하는 교통량을 처리할 수가 없다. 그러나 Free Flight의 도입으로 항공교통업무(ATS) 제공자와 사용자는 시스템안전과 수용능력 제고 및 효율성 증대 등의 이점을 얻을 수 있다.

라. Free Flight 비행방법

Free Flight는 해당 항공기의 성능과 CNS 시스템 능력에 의해 결정되는 3차원 공간의 공역에서 실시되게 된다. 따라서 Free Flight의 가장 중요한 비행원칙은 비행 중 안전한 분리 유지이다. 분리를 유지하기 위해 항공기의 속도, 성능, 특성 및 항공기의 CNS 성능에 따라 그 크기가 결정되는 2개의 공간이 항공기 주위에 형성된다. 이 개념은 기존의 TCAS와 비슷하며 항공기 주위에 형성되는 protected zone과 protected zone을 감싸고 있는 alert zone으로 구분된다. Free Flight 참여 두 항공기간에 alert zone이 겹치게 될 때까지는 자유로운 비행기동이 가능하다.

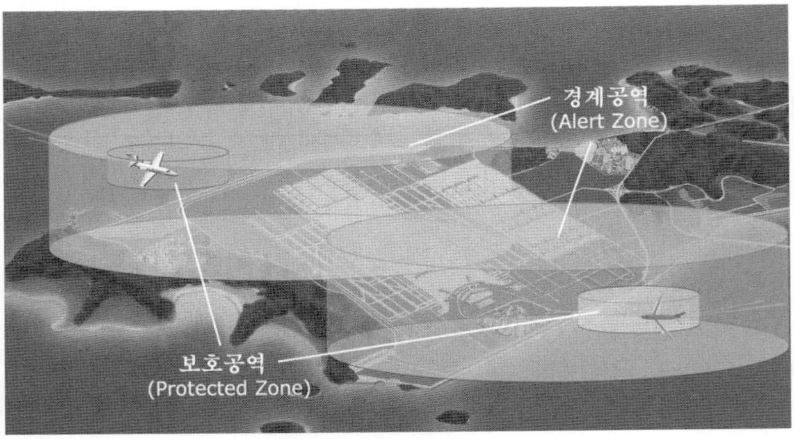

〈그림 16-20〉 Free Flight Zone

만약 두 항공기간에 alert zone이 겹치게 되면 관제사는 해당항공기들의 분리 확보를 위해 진로변경 또는 제한 사항을 발부하게 된다. 물론 관제지시 및 제한사항은 공·지 및 탑재 통신장비의 통합망인 data link를 통해 발부된다. 또한 조종사는 관제사의 동의하에 탑재 컴퓨터와 GPS위성에 정보에 의한 공중항적전시기(airborne traffic display) 또는 ADS-B의 CDTI(Cockpit Display of Traffic Information)를 이용하여 타 항공기와의 직접 분리도 가능하다.

2. 수직분리축소(RVSM) 기준

가. RVSM(Reduced Vertical Separation Minima)추진 배경

1966년 국제민간항공기구(ICAO)는 전 세계적으로 FL290 이상의 고도를 비행하는 항공기간의 수직분리기준을 2,000피트로 설정하였다. 이 기준은 고도 상승에 따른 기압고도계의 정확성 감소를 고려하여 취한 조치였다. 이와 동시에 국제민간항공기구에서는 지역별 항행 협약에 의거하여 국지적으로 이보다 축소된 수직분리기준을 적용할 수 있다고 규정하였다. 그러나 FL290 이상에서의 수직분리 축소기준의 시행 여부에 대한 결정은 단지 운항적 판단에 기초하여 내려질 수 있는 성질의 것은 아니며, 반드시 수직분리 축소기준의 적용에 수반되는 위험에 대한 엄격한 평가에 기초해야 하는 것이므로, 정확한 위험평가방법의 개발이 수직분리 축소기준 적용의 선행 요건으로 대두되었다.

1970년대 중반부터 항공교통량이 크게 증가하여 보다 효율적인 공역운용에 대한 개선의 요구가 많아지고, 이와 더불어 1970년대 말부터 세계적인 연료 파동에 따른 항공유

가격 상승으로 말미암아, 경제고도 운항을 통한 연료 비용절감을 추구하려는 항공사의 요구가 크게 증가하게 되었다.

이와 같은 상황에 따라 FL290 이상에서의 수직분리 축소기준의 필요성이 재차 거론되기에 이르렀고, 1980년 국제민간항공기구 RGCSP(Review of General Concept of Separation Panel) 제4차 회의에서는 FL290 이상에서의 1,000피트 수직분리 축소기준의 적용으로 얻을 수 있는 경제적 이득이 많음을 인정하여, 국제민간항공기구는 각 국가에 대하여 분리기준 축소 시행을 위한 평가를 수행할 것을 권고하였다.

이에 따라 1982년부터 캐나다, 일본, 프랑스, 독일, 영국, 네덜란드, 구소련 및 미국 등 8개국이 동 연구에 참여하여, 국제민간항공기구 RGCSP의 지원 하에 이 문제를 포괄적으로 연구하기 시작하였다. 그리고 이들 국가의 연구결과는 1988년 RGCSP 제6차 회의에서 논의되었다. 논의된 주요 내용으로는 수직분리 축소기준 시행의 위험 추정을 위한 평가기술 및 방법의 개발과, 허용할 수 있는 공역의 안전수준을 결정하는 것이었다. 이 회의에서는 CRM(Collision Risk Model) 기법을 이용하여, 항공기 고도계 오차로부터 기인한 공중충돌 위험의 확률을 계산하고, 허용 안전수준을 비행시간당 2.5×10-9 (4억 비행시간당 1회의 공중충돌 위험발생)으로 설정하는 것에 대한 합의가 이루어졌다. 아울러 이 회의에서는 이와 같은 허용안전수준 한도 내에서 FL290 이상에서의 1,000피트 수직분리가 기술적으로 가능하다는 결론을 내렸다.

이와 같은 기술적 가능성은 항공기 고도유지 장비의 기본적인 고도유지 성능에 대한 평가에서 비롯된다. 즉, RVSM 공역을 비행하는 항공기의 일반적 고도유지 성능이 FL290 이상에서 1,000피트 고도분리를 안전하게 적용하고 사용하는데 부합될 수 있는 System인지를 입증할 수 있어야 한다. 이에 따라 RVSM 공역 운항을 위한 항공기장비시스템 최소성능요건(Minimum Aircraft System Performance Specification : MASPS)이 항공기의 감항성 요건으로 설정되었고, 아울러 RVSM 공역에 적용할 새로운 운항절차가 제정되고 공역의 안전도를 확인하기 위한 공역감시방안이 수립되었다.

RVSM이란 특정 공역 내에서 FL290∼FL410 사이에 항공기간의 수직분리 기준을 1,000피트 분리로 축소 운영하는 것을 말한다. 그리고 RVSM 공역 내에서의 고도배정계획(Flight Level Orientation Scheme : FLOS)은 ICAO 부속서 2, 부록(appendix) 3a에 정한 바를 원칙으로 한다고 합의하였다. 즉, FL410 이하에서 서쪽방향으로 비행하는 항공기에게는 짝수 고도, 동쪽방향으로 비행하는 항공기에게는 홀수 고도를 배정한다는 규칙이 적용된다. 그러나 예외적으로 OTS(Organized Track System) 항공로 구조나 복합 항공로시스템(composite route system)의 경우에는, NOTAM에 의해 항공로별로 할당 고도를 달리 적용하기도 한다.

나. RVSM 적용시 기대효과

RVSM은 고고도 공역에서의 수직안전거리를 1/2로 축소 적용함으로써 항공기가 운항할 수 있는 고도층이 두 배로 증가되며, 이를 통해 공역수용능력 증대와 효율적인 공역활용 여건을 조성하고, 교통 혼잡 완화, 공중/지상에서의 항공기 운항지연 발생 감소, 항공기 연료소모율 절감 등의 추가적인 효과를 기대하고 있다.

다음과 같은 경제적 효과를 얻을 수 있다는 평가가 내려졌다. 그러나 실제로 북대서양 공역에서 RVSM 실시를 통하여 밝혀진 바에 의하면, 당초의 예상보다도 훨씬 더 많은 긍정적 효과가 있는 것으로 보고되었다.

1) 공역수용능력의 증대

RVSM은 FL290 이상, FL410 이하의 고도 층에서 운용되고 있다. 이 고도 층에서 기존의 2,000피트 분리 기준 대신 1,000피트 분리기준을 적용하게 되면, <그림 16-21>에서와 같이 6개 고도를 추가로 이용 가능하게 된다(이용고도 6개추가 ; FL300, FL320, FL340, FL360, FL380, FL400).

유럽지역은 2002년 1월 RVSM을 시행한 후 공역수용능력이 약 14% 증가된 것으로 보고하고 있다. 더불어 RVSM 적용지역에서 연료소모는 약 20%, 항공로상의 지연은 약 40%가 감소된 것으로 분석하고 있다.

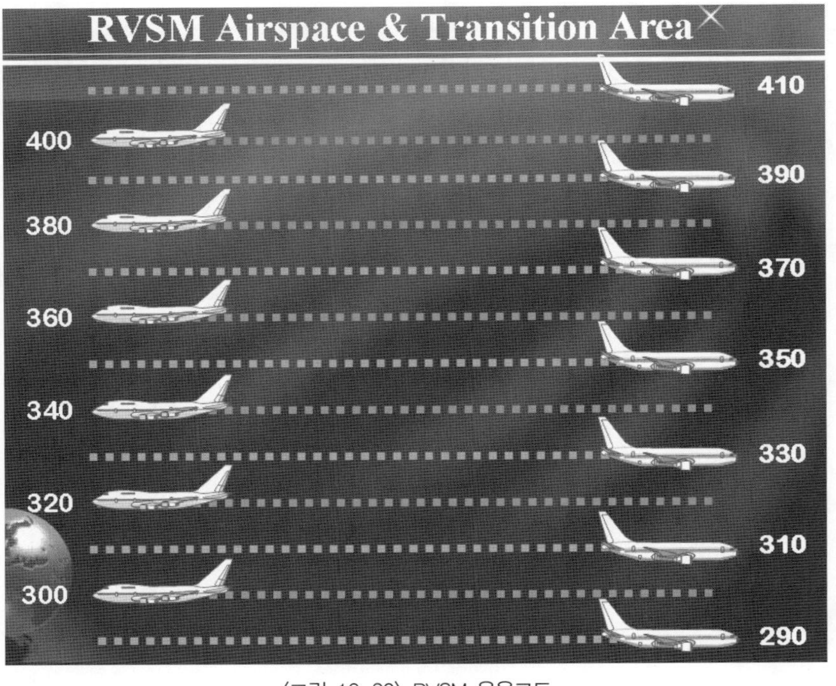

〈그림 16-20〉 RVSM 운용고도

2) 경제고도 운항율 증가

항공기가 최적의 경제고도에 1,000피트 근접할수록, 연료 소모량(fuel-burn penalty)은 약 1%를 절약할 수 있는 것으로 보고되었다. RVSM 적용으로 보다 많은 항공기가 그들이 원하는 최적의 경제 고도를 비행할 수 있게 됨으로서 실질적인 경제효과는 더욱 커질 수 있다. 실제로 북대서양 RVSM 시행의 효과분석을 통해 밝혀진 바에 따르면, 1997년 3월부터 1998년 3월까지 1년간, 이 지역을 운항하는 2개 항공사(Major Airline)가 약 400∼600만 US달러 상당의 비용절감효과를 가져온 것으로 보고 된 바 있다.

Okland Oceanic Airspace에서 2001년 1월 집계 보고한 자료에 의하면 항공기가 요구한 고도를 72% 정도 배정할 수 있었던 것으로 되어 있다.

- 요구고도 배정 : 72%
- 요구고도보다 높은 고도 배정 : 22%
- 요구고도보다 낮은 고도(3,000FT 이내) : 6%

유럽지역은 RVSM 시행 후, 운항 1회당 약 80kg의 항공기 연료를 절감한 것으로 보고하고 있다. 이는 유럽지역의 일일 운항횟수를 10,000회로 보았을 때, 연간 약 290,000톤의 연료를 절약할 수 있는 것으로, 비용으로는 약 6,000만 유로의 절감효과를 얻은 것이며 이 비용은 RVSM 도입시 투자한 비용에 비해 약 14배의 경제적 효과를 이룬 것이다.

3) 관제사의 업무량 감소

RVSM 실시에 따라 관제사가 배정할 수 있는 고도가 늘어나면서, 관제사의 업무 부담은 오히려 감소하게 된다. 시뮬레이션(simulation)을 통하여 분석한 바에 따르면, 현재보다 약 20% 가량의 항공교통량 증가 시에도 현 수준의 관제사 인력으로 무리 없이 감당할 수 있는 것으로 나타났다.

북대서양의 경우, RVSM 시행 후 약 80%의 항공편이 그들이 원하는 항공로를 비행할 수 있었던 것으로 보고되었으며, Euro-control의 집계에 따르면, 다음 <표 16-2>에 정리한 바와 같이 조종사 요구 고도의 중복율은 약 35% 정도 해소되는 것으로 나타났다. 이는 관제사가 보다 효율적이고 탄력적으로 관제 서비스를 제공할 수 있게 된다는 의미도 된다.

〈표 16-2〉 조종사 요구고도 중복율 (Eurocontrol 집계)

고도 층	1일 중복 대수 (CVSM 적용)	1일 중복 대수 (RVSM 적용)	이득
285∼345	2,648	1,516	+34.1%
345∼415	3,198	1,776	+38.0%

다. 지역별 RVSM 시행 현황 및 계획

1) 북대서양 MNPS(Minimum Navigation Performance Specification) 공역

북대서양지역은 최초로 RVSM이 도입된 지역으로 미국을 중심으로 캐나다, 영국, 아일랜드, 아이슬란드 및 포르투갈 등 북대서양의 항공로 정체를 해결하기 위해 도입, 운영 중이다.

- 적용범위 : 북위 27° ~북극, 서경 15° ~61° 사이의 북대서양 공역
  (해당 비행정보구역 : Reykjavik, Shanwick, Gander, New York, Santa Maria)
- 시행단계 :
  - 1단계 : 1997년 3월 27일 (FL330~FL370 사이)
  - 2단계 : 1998년 10월 8일 (FL310~FL390으로 적용범위 확대)
  - 3단계 : 2002년 1월 24일 (FL290~FL410으로 추가 확대)

2) 태평양 대양공역

1998년 11월 제1차 아태지역 RVSM T/F(Task Force) 회의에서 2000년 2월 태평양 전역에 RVSM을 도입하영 운영하기로 결정하였고 이에 따라 현재 다음과 같이 운영 중에 있다.

- 적용범위 : 태평양 전역
  (해당 비행정보구역 : Tokyo, Naha, Anchorage, Oakland, Brisbane, Auckland, Port Moresby, Nadi, Tahiti)
- 시행단계 :
  - 1단계 : 2000년 2월 24일 (FL290~FL390 사이)
  - 2단계 : 2005년 1월 20일 (FL290~FL410으로 확대 적용)

3) 유럽 지역

EATCHIP(European ATC Harmonization & Integration Programme)의 목적 중 하나인 '공역 수용량 증대'를 위해 RVSM이 유럽에서 운영 중에 있다. 유럽지역에서는 RVSM 운영을 통하여 교통흐름 향상은 물론 연료소모(약 20%) 감소 및 교통수용량(약 14%) 증가시키는 효과를 얻었고 항공로 상의 지연은 약 40%가 감소되었다.

- 적용범위 : 유럽 및 북아프리카 지역의 41개국 FIR/UIR
- 시행단계 :
  - 1단계 : 2002년 1월 24일 (FL290∼FL410 사이)

4) 서 대서양 지역

1998년 8월 NYOCET/F(New York Oceanic Capacity Enhancement Task Force) 회의에서 서 대서양 항공로 체계에 RVSM을 도입, 운영하기로 결정하였고, 현재 다음과 같이 운영 중에 있다.

- 적용범위 : New York 해양 FIR 외곽에서 Miami, San Juan CERAP, Jacksonville, Washington FIR구역
- 시행단계 :
  - 1단계 : 2000년 9월 30일 (FL290∼FL390 사이)
  - 2단계 : 2001년 11월 1일 (서 대서양 항공로 전역으로 확대)

5) 서 태평양 및 남지나해 지역

1998년 8월 NYOCET/F(New York Oceanic Capacity Enhancement Task Force) 회의에서 서 대서양 항공로 체계에 RVSM을 도입, 운영하기로 결정하였고, 현재 다음과 같이 운영 중에 있다.

- 적용범위 : 서 태평양/남지나해 지역
  (해당 비행정보구역 : Bangkok, Hongkong, Jakarta, Hanoi, Ho chi minh, Kota Kinabalu, Kuala Lumpur, Manila, Singapore, Ujung Pandang, Vientian FIR)
- 시행단계 :
  - 1단계 : 2002년 2월 21일 (FL290~FL410 사이, FIR별로 일정에 차이 있음)

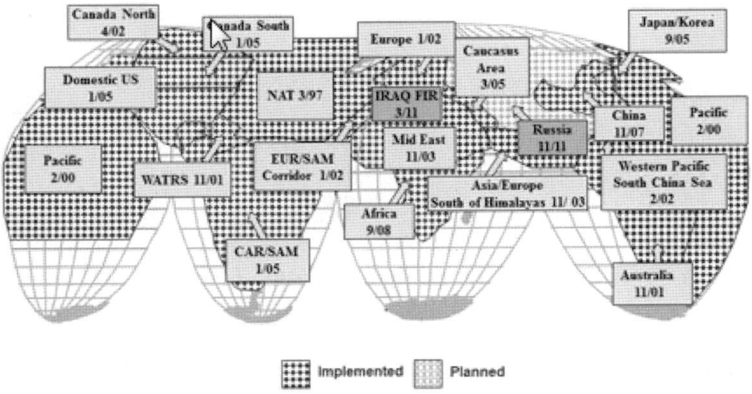

RVSM Status Americas - Europe		
North Atlantic:	March 27, 1997	FL 330-370
	October 1998	FL 310-390
	Jan 24, 2002	FL 290-410
West Atltanic Rt Syst (WATRS):	Nov 1, 2001	FL 310-390
	24 January 2002	FL 290-410
Europe Tactical (UK, Ireland,Germany, Austria)	April 2001	FL 290-410
Europe-wide	24 January 2002	FL 290-410
South Atlantic:	24 Janaury 2002	FL 290-410
Canada Northern Domestic	18 April 2002	FL 290-410
Canada Southern Domestic	January 20, 2005	FL 290-410
Domestic US	January 20, 2005	FL 290-410
Caribbean/Central/South America	January 20, 2005	Consult AIPs

RVSM Status Asia/Pacific		
Pacific:	February 24, 2000	FL 290-390
*FL 410 is available for non-RVSM approved flights	Tactical Use	FL 400-410
Australia:	November 2001	FL 290-410
Western Pacific/South China Sea	Feb 21, 2002	Consult AIPs
Mid East:	11/2003	Consult AIPs
Asia-Europe/South of Himalayas:	11/2003	Consult AIPs

〈그림 16-22〉 RVSM 운영 현황

라. 적용기준

RVSM 공역 운영에 관한 지침은 다음 문서에 수록되어 있다.

- ICAO Doc 9574 AN/934 "FL290에서 FL410까지의 사이에서 300미터 (1,000FT) 수직 분리 적용에 관한 매뉴얼"
- ICAO Doc 7030/4"지역 보충 절차"
- FAA IG 91-RVSM(change 1)
- JAA TGL 6(revision 1)
- 항공관제 RVSM 운영기준

마. 대한민국 공역에서의 RVSM 적용에 관한 검토

1) 국내 항공사 보유 기종의 참여 능력

<표 16-3>은 대한항공 및 아시아나 항공사가 보유하고 있는 항공기의 기종을 PARMO (Pacific Approvals Registry and Monitoring Organization)에서 정한 RVSM 운항 기종의 범주에 따라 비교 검토한 내용이다. <표 16-4>에 나타난 바와 같이 대한항공과 아시아나 항공에서 보유하고 있는 대부분의 항공기는 RVSM 운영 승인을 받은 것으로 조사됨으로 항공기에 의한 문제는 없는 것으로 판단된다.

2) 적용고도 층 및 구간

RVSM은 항공기간의 최소 수직(고도)분리 기준이 2,000피트로 되어 있는 FL290 이상의 고고도 층에 적용되는 운영 기준이다. 현재까지 소개된 항공 운송용 항공기의 성능으로 미루어 볼 때 실용 가능한 상한고도는 FL410로 알려져 있고, 선진국에서도 FL410까지만 적용하고 있다. 그리고 RVSM 운용은 각 항공기에게 그 항공기가 원하는 최상의 경제 고도를 배정해 줌으로서 경제적 이득을 추구함과 동시에, 증가하는 교통량으로 인하여 야기될 수도 있는 교통 지연이나 교통 체증 현상을 해소하려는데 있다.

따라서 RVSM 운용이 실질적인 효과를 거두려면, 해당 고도층을 비행하고자 원하는 항공기 교통량이 이용될 공역이 지니고 있는 한정된 용량을 초과하는 수준으로 많아야 하고, 항공기가 요구하는 고도가 중복되는 경우가 자주 발생한다거나, 부득이한 교통지연 사례도 빈번해야 한다.

〈표 16-3〉 국내 운송용 항공기 보유 기종과 RVSM 참여 능력

항공사	기 종	대수	승 인	비고
대 한 항 공	A333-200	8	Y	
	A333-300	21	Y	
	A380-800	10	Y	
	B737-700	1	Y	
	B737-800	18	Y	
	B737-900	15	Y	
	B737-900ER	6	Y	
	B747-400	16	Y	
	B747-400F	2	Y	
	B747-800	10	Y	
	B747-800F	6	Y	
	B777-200	11	N	
	B777-200ER	3	Y	
	B777-200LR	4	Y	
	B777-200LRF	7	Y	
	B777-300	4	Y	
	B777-300ER	20	Y	
	B787-900	3	Y	
	GLEX	2	Y	
	소 계	167		
아 시 아 나	A320-200	7	Y	
	A321-100	2	Y	
	A321-200	18	Y	
	A330-300	15	Y	
	A350-900	2	Y	
	A380-800	6	Y	
	B747-400	12	Y	
	B747-400F	2	Y	
	B767-300	7	Y	
	B767-300F	1	Y	
	B777-200	6	Y	
	B777-200ER	5	Y	
	소 계	83		
제 주 항 공	B737-800	29	Y	
진 에 어	B737-800	17	Y	
	B777-200	3	Y	
	B777-200ER	1	Y	
에 어 부 산	A320-200	6	Y	
	A321-200	14	Y	
에 어 서 울	A321-200	4	Y	
이 스 타	B737-700	3	Y	
	B737-800	14	Y	
	B737-900	1	Y	
티 웨 이	B737-800	19	Y	
에 어 인 천	B737-400	2	Y	
총 계		363		

자료 : PARMO RVSM Approvals(2017년 11월)

그런데 2000년 및 2001년 상반기 동안에 FL290 이상의 고도로 한국공역 내에서 항공로 비행을 한 교통량을 살펴보면 1일 평균 360대 정도로 조사되었으며, 이를 항공로별로 집계해 보면 <표 16-4>에서와 같이 약 90% 정도가 4개 간선 국제 항공로인 G597, B576, G585 및 A582 항공로에 집중되고 있는 것으로 나타났다.

〈표 16-4〉 FL290 이상 운항 항공기 항공로별 분포도

구분	5	10	15	20	25	30	35	40%
G597								35.3
B576							31.4	
G585						14.2		
A582					8.6			
G585/G597					4.7			
기타					5.8			

위 4개 항공로의 비행거리는 다음과 같이 그다지 장거리가 아니며, 한국공역을 경유하여 중-일 간을 운항하는 통과항공기는 극소수에 불과하며, 대부분 한국공역을 입 출국하는 항공기들이므로, 상승 또는 강하하는데 필요한 시간을 제외하면 실제로 FL290 이상의 고도로 순항비행을 하게 되는 시간은 그다지 많지 않은 것으로 분석된다.

- G597(중국-AGAVO-SEL-KAE-LANAT-일본) : 거리 383NM
- B576(SEL-CJU-ATOTI-동남아) : 거리 460NM
- G585(SEL-KPO-SAPRA-일본) : 거리 351NM
- A582(SEL-PSN-APELA-일본) : 거리 226NM

선진국의 경험 사례를 검토해 보면, RVSM 운용은 상승. 강하 단계의 구간에는 별 실익이 없고, 태평양이나 대서양과 같은 대양 공역에서 수 시간 동안 동일한 고도로 순항하는 수평비행 구간에 큰 실익이 있는 것으로 되어 있다.

또한 RVSM 운용은 운항하는 항공기간의 분리 간격이 종전보다 절반으로 줄어들게 됨으로, 아무리 엄격한 항공기 고도유지성능 검증으로 그 안전도가 충분히 입증된다고는 하지만, 그 위험도는 종전보다 배로 증가된 것은 분명하다. 따라서 선진국에서도 조심스럽게 접근하는 양상을 보이고 있다. 처음에는 FL330~FL370 사이의 고도(2개 고도 추가 이용)에만 RVSM 운용을 하다가, 충분히 안전하다는 평가가 내려지면 FL310에서 FL390까지 확대(4개 고도 추가 이용)했다가, 마지막으로 FL290에서 FL410까지 적용(6개 고도 추가 이용)하는 것이 그 단적인 예이다.

따라서 한국의 경우에도 이 접근 방식이 무난할 것으로 보인다. 우선 통과비행이 이루어지는 구간에 시험적으로 적용하고, 지상 관제사를 포함한 모든 운용 요원이 충분한 경험을 축적하고 자신감을 얻은 다음에 점차적으로 국내 전 항공로로 확대 적용하는 것이 바람직할 것이다.

3) RVSM 적용 교통량 분석

<표 16-5>는 FL290 이상의 고도로 운항한 1일 평균 항공로 교통량을 항공로별 및 고도별로 자세히 집계한 자료이다.

FL290 이상의 고도로 운항한 항공기 중에서 국내선 항공기는 1일 평균 78대 정도에 불과하며 이는 총 360대 중 21.7%를 점유하는 셈이다. 그 중 FL370로 비행한 국내선 항공기는 3편에 불과하고, 나머지 75편은 FL350 이하의 고도로 운항하였다.

이용한 항공로는 대부분 서울-제주간의 B576 항공로(56편)와 서울-부산간의 A582 항공로(15편)이었다. 그러나 이들 항공로 구간의 비행 거리는 비행시간 45분 정도의 비교적 단거리이므로, 국내선 항공기가 상승 및 강하하는데 소요되는 시간을 제하고 보면, 실제로 RVSM 고도로 순항 비행을 하게 되는 시간은 거의 없다고 볼 수 있다.

국제선 항공기의 경우에도 인접 비행정보구역(후쿠오카, 상해, 및 평양)과 동시에 시행하지 않을 예정이므로, 국제선 운항 항공기라 하더라도, 그다지 오랜 시간 동안 RVSM 고도를 이용하게 되는 것은 아니다.

〈표 16-5〉 국내 FL290 이상 항공로 교통량 통계

항공로	비행 구간	고도별 비행대수							
		290	310	330	350	370	390	410	총
G597	AGAVO-NOPIK	15		13		15	1		44
	SEL-KARBU-KAE		2						2
	SEL-NOPIK-AGAVO		12		6				18
	SEL-KAE-LANAT	19	5	18	2	19			63
	계	**34**	**19**	**31**	**8**	**34**	**1**		**127**
B576	ATOTI-OLMEN			4		10			14
	CJU-KWA-SEL	16		4					20
	SEL-KWA-IPDAS		13						13
	SEL-KWA-CJU		7		29				36
	SEL-KWA-NIRAT		3		1				4
	NIRAT/RUGMA-CJU-SEL	2		8		15	1		26
	계	**18**	**23**	**16**	**30**	**25**	**1**		**113**
G585	SAPRA-KPO-SEL		**7**		**22**	**1**	**21**		**51**
A582 (G203/ G339)	APELA-BIGOB-BULLS		4		3	2	3	1	13
	INVOK(KALEK)-TGU-SEL				1		1		2
	SEL-PSN	5	1	6		3			15
	PSN-KALEK			1					1
	계	**5**	**5**	**7**	**4**	**5**	**4**	**1**	**31**
G585/G597	SAPRA-SEL-AGAVO		**6**		**7**		**4**		**17**
B332	IGRAS-KANSU		2	2	2				6
A586	KALEK-PSN-TOPAX		1						1
	CJU-PSN		1		3				4
B467	KANSU-TENAS-KAE				2	1	3		6
A595	CJU-SAMDO			2					2
V549/V547	KPO-TGU-KWA		1						1
A582/V549	OSN-TGU-KPO					1			1
계			**5**	**4**	**7**	**2**	**3**		**21**
합계	**국내선**	21	12	10	32	3			78
	국제선	36	53	48	46	64	34	1	282
	계	57	65	58	78	67	34	1	360
구성비(%)		15.8	18.1	16.1	21.7	18.6	9.4	0.3	100

바. RVSM의 도입 및 적용

전 세계적으로 항공교통량은 해마다 약 5% 씩 증가하고 있으며, 그 중에서도 아태 지역은 가장 높은 증가율을 보이고 있다. 1999년부터 아시아 각국은 경제위기 극복 국면으로 접어들었으며, 아시아 각 중심 공항의 신설을 통하여 연간 4,500만 명의 승객을 처리할 수 있는 대형 공항들이 개장되거나 건설 중에 있다.

대한민국, 중국, 일본의 동북아 허브(hub) 공항 건설은 동북아 지역에서 그 어느 지역보다도 많은 항공교통량의 증가를 초래할 것을 전망케 하며, 따라서 머지않은 장래에 동북아 지역의 공역 수용능력은 심각한 부족현상을 보일 것으로 보인다.

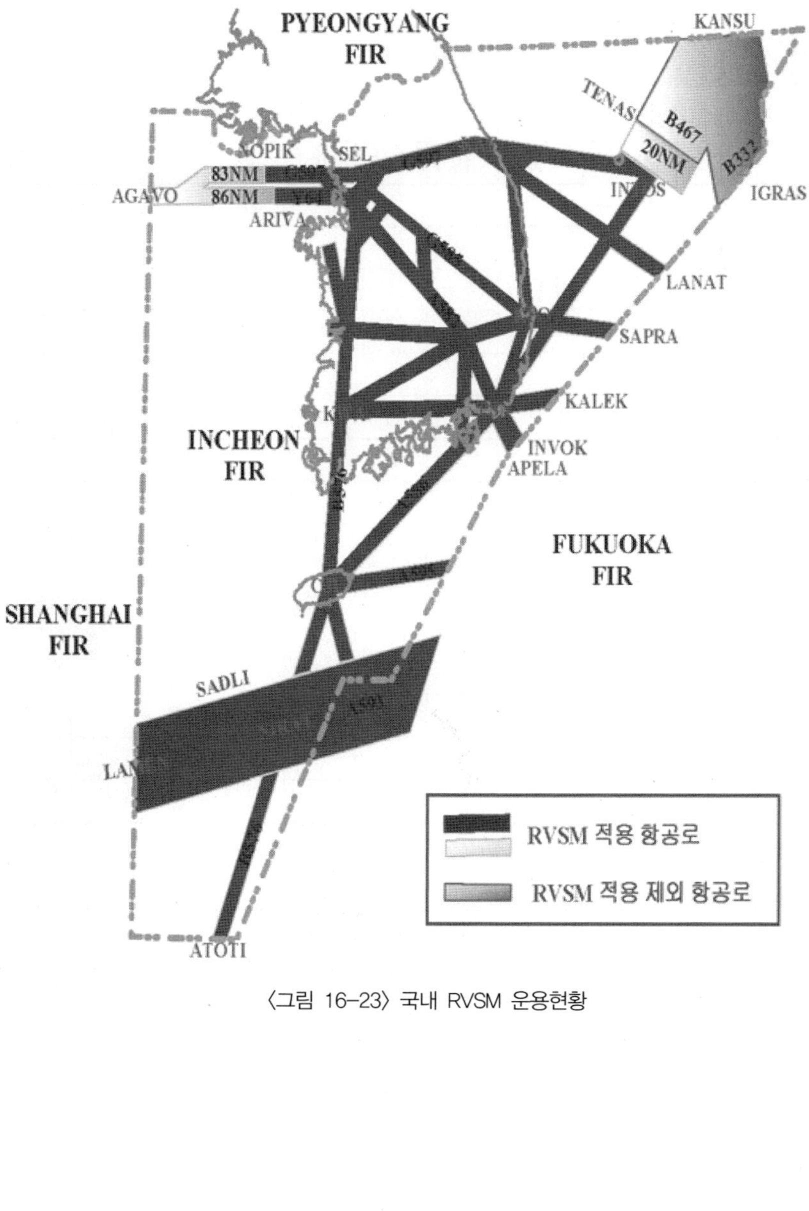

〈그림 16-23〉 국내 RVSM 운용현황

RVSM은 RNP 개념과 더불어 공역의 항공교통수용 능력의 절대량을 증가시킬 수 있는 제도이다. 향후 보다 효율적인 공역자원을 관리하기 위한 기본적 제도로써, 또한 인공위성을 이용한 차세대 항행 시스템의 도래에 따른 공역관리 개념으로써, RVSM 운영은 점진적으로 전 세계적 공역으로 확대 적용될 것이다. 그러나 인접 비행정보구역과 동시에 RVSM 운영을 추진하지 않을 경우, 국제선 항공기가 대한민국의 RVSM 고도로 비행하다가 다시 기존의 Non RVSM 고도로 전이하는 데에는 그 다지 오랜 시간이 소요되지 않은 만큼 RVSM 고도 사용으로 인하여 별다른 실질적인 이득이나 영향이 없으므로 주변국과의 연계는 필수적이다.

그동안 국내 RVSM 도입을 위해 추진했던 주요 현황은 다음과 같다.

- 1999년~ : RVSM 국내도입 준비를 위해 ICAO 아태지역 RVSM 전담반회의 및 세미나 등에 참여하여 관련국과 의견을 교환하고 확보한 자료의 분석을 통해 도입 필요성을 인식
- 2001년~ : 항공사 및 국내 항공관련 기관에 종사하는 운항, 감항, 관제분야의 전문가로 이루어진 국내 실무전담반을 구성 (2006년 1월, 총 16차례 전담반회의 개최)
- 2003년~ : ICAO RVSM 전담반 활동 개시
  - RVSM 관련 안전평가 계획 확정(MAAR)
  - 인천 FIR 내 RVSM 도입계획 발표
  - 전이구역 및 절차, 고도할당계획 확정
  - RVSM 시행 대비 준비/진행 완료상황 발표
  - RVSM 관련 안전평가 결과 발표(MAAR)
  - 한·일 RVSM 시행일(2005.9.30) 결정

사. 한중·일 통합 고고도 관제기구 설치 추진

1) 필요성

앞서 살펴본 바와 같이 대한민국 공역을 통과하는 비행은 나날이 증가하고 있으며, 이 추세는 중국 항공시장의 급성장으로 더욱 가속화될 전망이다. 그리고 이 통과비행은 일반적으로 FL290 이상의 고고도로 이루어지고 있다. 그러나 현재와 같은 관제 시스템으로서는 한-일 및 한-중 간 관제기구 간의 빈번한 정보교환과 관제권한의 인수인계 등으로 업무량은 과중 될 뿐 아니라 불필요한 운항 지연 사례도 발생한다. 또한 항공로 구조는 직선화되어 있지 않아 불필요한 우회 비행으로 경제적 운항을 저해한다.

따라서 유럽 지역에서 운영되고 있는 Eurocontrol과 같은 다국적 통합관제기구를 신설하여 이 문제를 해결할 필요와 가치는 충분하다 여겨진다.

2) 통합 관제기구의 설립 운영 방안

통합 관제기구의 설립은 한·중·일 3국 간(필요할 경우 북한도 포함)의 합의가 선행되어야 하는 사안으로, 중·장기 국가 정책으로 관련 당사국과 연대하여 추진되어야 한다. 기구의 명칭은 가칭 "FARSIAN(FAR East Asian) Control"이라 하고 관할 공역은 FL290 이상의 고고도 관제공역만을 관장하도록 하며, 한-중-일 간 고고도 통과 항공로는 <그림 16-20>에 도시한 바와 같이 직선 항공로로 개선한다. 그리고 기구의 운영은 Euro-control과 같이 특정 국가의 기구가 아닌 다국적 기구로 운영하도록 한다.

다국적 기구의 조직과 운영 등에 관한 사항은 Euro-control의 사례에 따르면 될 것으로 보며, 다음과 같은 사항에 대한 자료 수집과 당사국간의 논의가 있어야 할 것이다.

- 다국적 통합관제 기구의 법적 지위
- 기구의 운영 위치
- 이용할 레이더 기구, 공지통신 시설 등과 통합 방안
- 운영 요원의 확보와 관리
- 기구 운영 예산
- 적용할 관제절차와 기준
- 각 국가 관제기구 및 군 기구와의 협조절차

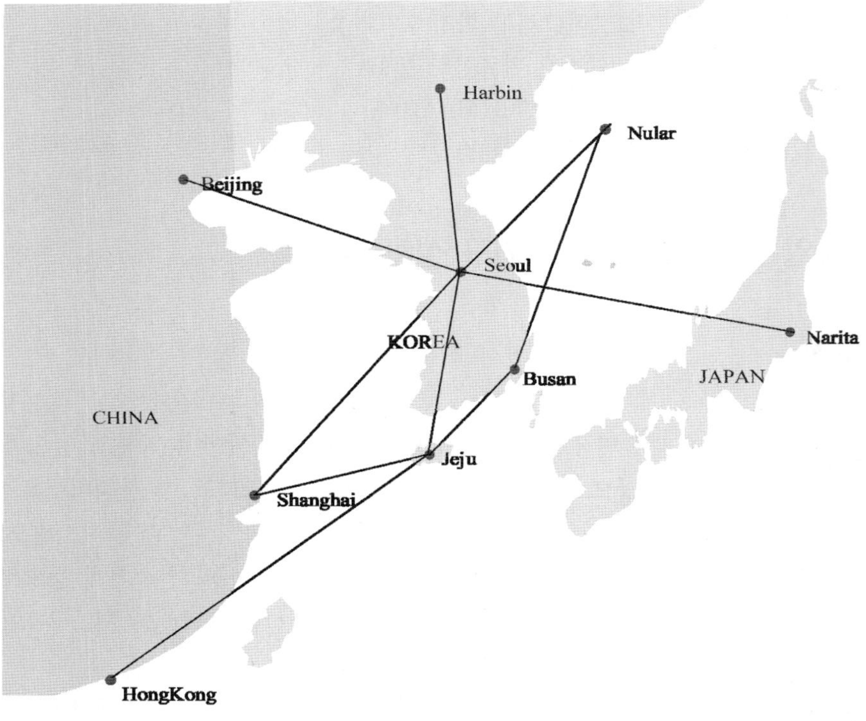

〈그림 16-24〉 FARSIAN 고고도 항공로 구성

3) 기대 효과

신속하고 안전한 항공교통의 소통이 이루어 질 수 있고 전 세계 모든 항공기의 경제적 운항에 기여할 수 있다. 대한민국이 극동 아시아 지역의 항공 소통의 중심지로 부각되어 직·간접적으로 국가 이득이 되는 결과를 얻게 될 것이다.

3. 지역항법(Area Navigation : RNAV)

가. 개념

항법(air-navigation)이라 함은 NASA의 정의에 따르면 "지구표면에 대한 항공기의 상대적 위치를 결정하고 원하는 방향을 유지하기 위한 기술(the art of determining the geographic position, and maintaining the desired direction of an aircraft relative to the earth's surface)"을 말한다.

이 항법의 종류는 보통 다음과 같이 분류된다.

- 지형을 육안으로 관측하여 기준을 잡는 대지항법(pilotage)
- 예상경로를 따라 비행시간과 속도를 계산하고 예측한 통과거리 등을 감안하여 위치를 측정하는 추정항법(dead reckoning)
- 지상전파 장비와 연계된 항공기 탑재 수신장비를 이용하여 위치를 정하는 무선항법(radio navigation)
- 별자리 등을 기준으로 하는 천체항법(celestial navigation)
- 비행의 가속도를 감지하고 비행거리를 계산하여 출발지와의 상대거리를 산출하는 관성항법(inertial navigation)
- 그리고 지역항법이란 "지상 항행안전무선시설의 유효범위 안에서 또는 항공기에 탑재된 항법 장비의 성능 한도 안에서, 또는 지상 및 항공기 탑재장비를 모두 이용하여 항공기가 원하는 비행로를 설정하여 운항하는 항법"을 말하며, 이 지역항법은 다음과 같이 3가지로 세분한다.

  - 2차원 RNAV : Horizontal Plane
  - 3차원 RNAV : Horizontal Plane + Vertical Plane
  - 4차원 RNAV : Horizontal Plane + Vertical Plane + Time

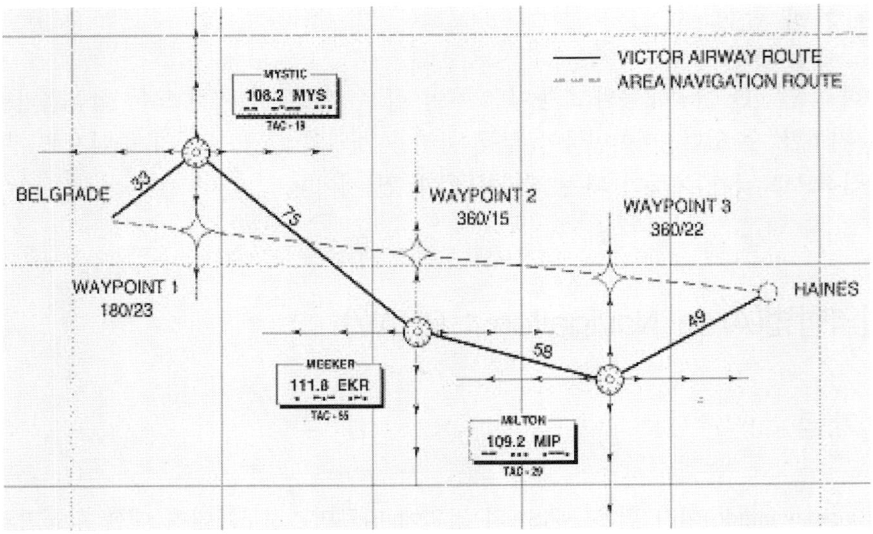

〈그림 16-25〉 기존 VOR 항공로와 RNAV 항공로의 비교

나. 지역항법을 위해 필요한 장비

지역항법(RNAV)을 실행하려면 지점(point)과 지점(point) 사이를 비행하는데 사용될 수 있는 다음에 열거한 항공기 센서 수신기와 항법 자료를 포함하는 컴퓨터 및 시현장치(display)가 필요하며 이 장비들은 반드시 자동비행제어시스템(Automatic Flight Control System)에 연결되어야 한다.

- FMS (Flight Management System)
- VOR / DME
- OMEGA
- LORAN-C
- DME
- GNSS(Global Navigation Satellite System)

다. 지역항법의 장점

지역항법(RNAV)을 실행하면 지상의 항행안전무선시설 상공을 비행할 필요가 없이 허용된 오차 한도 내에서 원하는 비행로를 비행할 수 있으므로 위성항행시스템(CNS/ATM)의 목표중의 하나인 항공기 분리 적용기준의 단축으로(FL290 이상에서 수직 1,000피트 분리기준) 공역의 수용능력을 증대시킬 수 있을 뿐 아니라 기존의 항법에 비교하여 다음과 같은 장점을 얻게 된다.

- 두 지점 간을 최단거리로 연결하여 운항거리 및 시간단축
- 복수항공로 설정으로 항공기 소통의 원활화
- 교통밀집지역인 공항주변 상공에 우회 항공로 설정으로 항공기 소통 원활화
- 상황에 따른 대체 항공로 설정 가능
- 최적의 holding pattern 설정
- 지상 항행안전무선시설 감축 가능

라. 지역항법 시행에 관한 외국의 현황

지역항법(RNAV)은 대서양이나 태평양 상공과 같이 지상 기반의 항행 업무 제공이 어려운 지역에서의 비행 환경에서 널리 사용되어온 항행 기술이다. 또한 항행안전무선시설을 이용할 수 있는 지역에서도 적용할 수 있는 기술이기도 하다. 이 지역항법의 적용을 위해서는 RTCA(Requirement Technical Concept for Aviation) 표준으로 정한 최저 항공시스템 성능 표준(Minimum Aviation System Performance Standards ; MASPS)을 따라야 한다. 현재 지역항법의 개발 노력에서 가장 역점을 두고 있는 것은 터미널 구역에서의 지역항법 적용기법으로 미국과 유럽지역에서 상당한 연구가 진행되고 있다.

1) 미국

〈표 16-6〉 FAA의 RNAV 로드맵

Near Term (2006-2010)	Mid Term (2011-2015)	Far Term (2016-2025)
En Route ❐ RNAV Q routes ❐ RNP-2 routes ❐ T routes and lower MEAs ❐ Requirements to incorporate aircraft navigation capabilities into en route automation **Oceanic** ❐ RNP-10 and 50/50 NM lat/long Pacific ❐ RNP-10 and 60 NM lat in WATRS ❐ Expand 30 NM longitudinal/ 30 NM lateral separation (30/30) in the Pacific ❐ Explore RNP-4 in NAT **Terminal** ❐ RNAV SIDs/STARs at OEP airports ❐ RNP-1 SIDs/STARs where beneficial ❐ Automation requirements for merging RNAV arrivals ❐ Concepts for RNAV and RNP with 3D, constant descent arrivals (CDA), and time of arrival control **Approach** ❐ At least 25 RNP SAAAR per year ❐ 300 RNAV (GPS) per year ❐ Standards for closely spaced and converging runway operations based on RNP	**En Route** ❐ RNP-2 routes ❐ T routes and lower MEAs ❐ Enhanced automation incorporating aircraft navigation capabilities ❐ At end of mid term, mandate RNP-2 at and above FL290, and mandate RNAV at and above FL180 **Oceanic** ❐ Limited RNP-4 and 30 NM lat in WATRS ❐ Increase use of operator-preferred routes and dynamic re-routes **Terminal** ❐ RNAV SIDs/STARs at many of the top 100 airports ❐ RNP-1 or lower SIDs/STARs where beneficial ❐ Airspace redesign and procedures for RNAV and RNP with 3D, CDA, and time of arrival control ❐ At the end of mid term, mandate RNAV for arriving/departing at OEP Airports **Approach** ❐ At least 50 RNP per year ❐ 300 RNAV (GPS) per year ❐ Closely spaced parallel and converging runway operations based on RNP ❐ Satellite-based low visibility landing and takeoff procedures (GLS)	**Performance-Based NAS Operations** ❐ RNP Airspace at and above FL290 ❐ Separation assurance through combination of ground and airborne capabilities ❐ Strategic and tactical flow management through system-wide integrated ground and airborne information system ❐ System flexibility and responsiveness through flexible routing and distributed decision-making ❐ Optimized operations through integrated flight planning, automation and surface management capabilities ❐ Mandate RNAV everywhere in CONUS ❐ Mandate RNP in busy en route and terminal airspace

자료 : FAA(2006), Roadmap for Performance-Based Navigation

미국연방항공청(FAA)은 미국의 7개 허브 공항의 터미널구역에서 시행되고 있는 지역항법(RNAV) 절차를 개발하고 평가하는 과정에 있다. FAA 항공교통절차 사무소(air traffic procedures office)에서 이 과업을 주관하고 있으며, MITRE는 단계적으로 RNAV 시행을 위한 절차를 개발하고, 전국적으로 적용할 수 있는 소프트웨어 절차 설계 도구를 개발하며 RNAV 시행 시 어떤 문제들이 발생할 것인지를 식별해 줄 것을 요청 받고 있다. 이 노력의 결과로 RNAV 절차가 터미널 구역에 시행될 경우 다음과 같은 개선 효과가 나타날 것으로 기대하고 있다.

- 조종사와 관제사간 통신량의 경감
- 상황 인식 능력의 증가
- 운항계획(schedule)의 신뢰성 강화
- 운항 효율성 제고

2006년에 발간한 FAA의 RNAV 관련 로드맵에서는 단기, 중기, 장기의 3단계 계획을 제시하고 있다(<표 16-6> 참조). 단기계획에는 먼저 기존항공기와 새로운 항공기에 대한 항공기 운영자의 투자가치를 가시화하는 것과 함께 위성기반 항법 및 기존 항법시설 인프라에 FAA가 투자한다는 내용을 담고 있으며, 보다 넓은 지역에서의 RNAV의 이행 및 항공로와 터미널, 접근절차에 RNP를 소개하는 것이 핵심이다. 중기계획에는 운항효율성 및 공항접근성의 개선을 위한 RNP운영으로의 전환 및 운항개선을 위한 보다 광범위한 RNAV의 적용에 초점을 맞추고 있다. 장기계획에는 RNP, RCP, RSP의 통합, 공역의 최적화, 자동화의 강화, CNS 인프라의 현대화 등을 통한 NAS 체계 내에서 성능기반 항법(PBN)에 중점을 두고 있다.

2) 유럽

유럽은 1990년 ECAC(European Civil Aviation Conference) 회원국 교통부장관 결의로 38개 회원국의 FL095 이상 모든 항공로에 적용하기로 하였다. 이를 위하여 Euro-control은 1996년 터미널구역 RNAV적용(Terminal Airspace RNAV Applications ; TARA)을 위한 task force 팀을 결성하였다. 이 팀의 일차적인 목표는 터미널구역에 RNAV를 시행했을 경우에 얻게 되는 이득을 고려하여, 비용 절감이 가장 많이 되는 방법으로 터미널 구역에 RNAV를 시행하기 위한 최소 요건을 정의하는 것이다.

task force 팀의 활동은 다음과 같다.

- 터미널구역 내의 RNAV 적용 범위 및 평가
- RNAV 적용으로 파생될 수 있는 이득에 관한 검토 분석
- 터미널 구역에 RNAV 적용을 위한 최소 요건의 개발
- 터미널구역 내에서 RNAV 시행을 위한 지침 문서의 개발

터미널구역 RNAV 적용(TARA) task force 팀에는 관심을 둔 모든 관련 국가의 민·군 대표자들과, 국제공역사용자, 항공교통업무 제공자와 Euro-control 기구의 전문가들이 참여하고 있다. 또한 오스트리아, 벨기에, 불가리아, 크로아티아, 프랑스, 독일, 아일랜드, 네덜란드, 노르웨이, 루마니아, 스페인, 스웨덴, 영국 등의 안전 관련 종사자들과 항공교통업무(ATS) 대표자들, 그리고 각 항공사 대표자, 항공기 및 항공전자장비 제조 회사의 대표자는 물론 ARINC와 같은 항행 데이터베이스 공급회사의 대표자들도 동참하고 있다.

ECAC는 1998년 4월 23일부터 Basic RNAV(ICAO의 RNP 5에 해당)를 도입하고, B-RNAV 운영경험을 바탕으로 RNAV를 터미널지역으로 확대운영하기 위해 2004년 11월까지 유럽의 주요 터미널 공역에서 P-RNAV(Precision RNAV)의 사용을 의무화하고, 2005년 4월까지 일반 터미널 공역까지 확대 적용하기로 방침을 정하였다.

〈표 16-7〉 Eurocontrol의 RNAV 도입현황 및 계획

항공로 및 터미널 구역 연결	터미널 구역	항공로, 접근을 포함한 터미널 구역
B-RNAV	P-RNAV	RNP-RNAV
1998	2004-2010	2010-2020

마. 대한민국 내 지역항법 적용 검토

대한민국 공역 안에서 운항하는 모든 민간 정기여객기에는 FMS와 같은 지역항법을 하는데 필요한 항공기 장비가 탑재되어 있으며, VOR 항공로로 설정되어 있는 항공로 비행단계에서는 VOR 기본 현시기(basic display)를 이용한 VOR 항법으로 비행하면서 동시에 FMS 장비를 이용한 지역항법도 가능하다.

따라서 민간 정기 항공운송사업용 항공기가 주로 이용하는 다음과 같은 항공로의 운영과 터미널 항법을 위하여 다음사항이 검토되어야 한다.

1) RNAV 항공로 설정(현 VOR 항공로 개선)

현재 VOR 항공로로 설정되어 있는 항공로 중에서, 그 항공로를 구성하는 기준 시설로부터 75NM 이상 떨어지는 동해, 남해 및 서해 먼 바다 상공에 설정되어 있는 국제선 항공로 일부는, 실제 그 항공로를 따라 비행하는 항공기가 VOR 항법에만 의존할 경우 그 정밀성과 안전성이 확보되기 어렵다고 판단된다.

이를 해결하려면 FMS/RNAV 탑재 장비를 이용하는 RNAV 항공로로 개선하여야 하고, RNAV 구축 설계를 위해서는 다음과 같은 과업이 수행되어야 한다.

가) RNAV 항공로 설계를 위해 필요한 과업

RNAV 항공로를 설계하려면 다음과 같은 과업이 수행되어야 한다. 상당한 인력과 시간이 필요하고, 고품질의 설계를 위해서는 전산 도구도 사용되어야 함으로 별도의 용역 발주가 필요할 것이다.

- 필요한 지점(way-points)의 설정
- WGS84 체제에 사용하여 각 항공로 구간별 길목간 거리와 비행기수 방향 계산
- 장애물 회피를 위한 기본 및 부수구역의 계산 및 작도
- 선회 부분의 기본 및 부수구역의 계산 및 작도. 이를 위해서는 뱅크 각도, 고도, 전 방향 바람 자료, 온도, 항공기 지시대기속도 등의 요인을 기반으로 하여 선회율과 선회 반경이 계산되어야 한다.

- 이용할 수 있는 항행안전무선시설간의 change-over-point 확인
- 이용할 수 있는 항행 신호(VOR 신호와 같은) 최저 가청고도 계산
- 인가 및 차트화를 위하여 인가 당국에 항공로 설정(안) 제출

나) RNAV 항공로 기초자료

- 공역에 관한 자료 : 항공교통센터 섹터 경계선, 특수사용공역 자료 등
- 장애물 자료
- 이용 가능한 항행안전무선시설 자료
- 과거 레이더로 포착된 항공기 궤적 자료. 이 자료는 항공기가 합류하게 되는 지점을 이해하고 새로운 항공로를 개설하는데 참고 자료가 되고, 섹터별 예상 교통량을 산출하는데 필요.
- 항공로 운용 시 제약 요소(고도 및 비행 속도 제한 등)

다) 분석 및 평가가 필요한 사항

- 상층 풍 자료와 함께 설정하고자 하는 항공로의 적합성 검토
- 항공기 운항에 이득이 되는지에 대한 평가
- 섹터별 교통량의 변화로 인한 관제사 업무량에 미치는 영향 분석
- 각 공항 SID 및 STAR와 연계 운영에 따른 교통 흐름에 대한 평가

2) RNAV 항공로 설계에 이용 가능한 전산 도구

이용될 수 있는 전산도구는 다음과 같다.

- SDAT(Sector Design Analysis Tool) : 이 도구는 미국 FAA에서 개발하여 사용 중인 공역설계 도구로서 섹터 교통량을 평가하기 위하여 사용할 수 있음. 이 도구는 분석 및 평가 결과를 애니메이션으로 현시해 줌.
- TAAM(Total Airspace and Airport Modeler) : Preston 그룹(TPG)에서 개발한 도구로서 항공로가 SID 및STAR와 연계 운영되는 경우에 전체적인 교통의 흐름을 평가하기 위해 사용할 수 있는 도구임. 한국에서 사용해 본 경험이 있는 SIMMOD Plus 제품과 유사하나, 성능은 월등히 향상된 도구임.
- TARGETS : MITRE에서 개발하여 사용하고 있는 도구로서 공역 모델에 비행로와 항적 자료를 입력하여 시뮬레이션 할 수 있도록 만들어진 제품.
- RAMS(Reorganized ATC Mathematical Simulator)

3) 터미널 공역에서의 RNAV 적용

현재 터미널 공역의 국지비행단계에 RNAV 항법을 적용하고 있는 공항은 인천·김포·제주·김해공항이 있다. 다른 공항에도 RNAV 항법을 적용할 수는 있다. 그러나 각 공항에 RNAV 항법을 적용하려면 우선 RNAV 이착륙 비행절차를 개발해야 한다. RNAV 접근절차나 출발절차는 FAA의 TERPS 기준이나 ICAO PANS-OPS 기준을 적용하여 개발하면 된다. 다만 RNAV 절차의 개발로 국지 교통 흐름이 더 혼잡해 지는 결과를 초래할 수도 있으므로, 각 공항별로 RNAV 항법이 가능한 항공기와 RNAV 항법을 할 수 없는 항공기의 구성 비율, 공역 이용의 효율성, 교통흐름의 용이성 등을 심층적으로 분석하고 검토하는 타당성 조사가 각 공항 단위로 선행되어야 할 것이다.

4) 국내 RNAV 항공로 현황

2024년 12월 기준으로 국내에서 운영 중인 RNAV 항공로는 다음 34개이다.

항로	구간	항로	구간
L512	TENAS – ANDOL	Y781	TGU – BESNA
Y233	BUSKO – KANSU	Y782	SEL – APELA
Y253	DALSU – PSN	Z50	EGOBA – BULTI
Y437	KAE – KANSU	Z51	BOPTA – BEDES
Y571	SODDO – PSN	Z52	OLMEN – KAKSO
Y572	PSN – RUGMA	Z53	BITUX – BASEM
Y579	TENAS – RUGMA	Z54	SOT – GOGET
Y644	AGAVO – EGOBA	Z55	AGAVO – NONOS
Y655	GONAV – TOLIS	Z56	KANSU - IGRAS
Y657	KWA – TGU	Z57	RILRO – DALPO
Y659	KUZ – KPO	Z63	PILIT – NOMEX
Y677	CJU – SAMDO	Z81	KIDOS – CJU
Y685	SEL – SAPRA	Z82	CJU – PANSI
Y697	AGAVO – LANAT	Z83	TGU – TOPAX
Y711	MONSI – ATOTI	Z84	PSN – KALEK
Y722	SOT – ATOTI	Z85	RUGMA – ATINA
Y744	PILIT – PSN	Z91	PSN – INVOK

(2024. 12. 24. ENR AIP)

제 17 장 첨단항공교통

제1절 첨단항공교통의 특성

1. 첨단항공교통의 개념

첨단(Advanced)기술을 적용한 항공교통은 기체와 운영방식, 두 가지 관점에서 구분해 보면 무인항공기(Unmanned Aerial Vehicle, UAV)와 수직이착륙기(Vertical Take-off and Landing, VTOL)로 구분해 볼 수 있는데, 무인항공기는 고정형 날개와 회전형 날개, 고정과 회전을 혼합한 하이브리드 방식의 설계를 바탕으로 구조 설계가 되고, 사람, 구체적으로는 조종사가 탑승하지 않고도 기체를 비행할 수 있는 항공기를 가리키는 용어로서 UAV는 원격 또는 자율적으로 조종을 할 수 있고 감시 및 각종 데이터 수집부터 화물 운송 등에 이르기까지 광범위한 목적을 임무를 수행할 수 있다.

국내 항공안전법 상에서는 연료중량을 제외한 자체중량이 150kg을 초과할 경우에는 무인항공기(UAV)로, 연료중량을 제외한 자체중량이 150kg 이하일 경우에는 무인비행장치로 분류하고 있다. 업계에서는 수벌을 의미하는 드론(Drone)으로도 부르는데 취미용 드론의 경우에는 국민의 전반적인 소득수준 향상 및 여가시간 증대로 인해 우리나라 국민의 야외 레크리에이션 활동이 크게 활성화되었고 개인 선호의 다양화에 의해 각종 레저 활동에 활용하는 것뿐만 아니라 더 나아가 모험스포츠에 대한 수요도 지속적으로 증가하는 추세이다.

드론은 최초 군사목적에서 개발되었으나, 민간 시장에서 영상촬영, 농업, 물류운송, 교통관측, 재난구조, 환경오염 제거 등 다양한 분야로 확대되어 빠르게 시장이 성장하고 있다.

〈그림 *-*〉 UAS 활용용도 예시

VTOL은 항공기의 수직 이착륙 능력이 있는 기체를 지칭하는데, 수직이착륙 방식에 대한 특성을 가지고 있어 활주로나 전통적인 수평 이착륙 접근 방식이 필요 없이 이륙을 위해 지상에서 수직으로 상승하고 착륙을 위해 수직으로 하강할 수 있는 항공기의 능력을 말한다. VTOL 항공기는 수직 비행 모드와 수평 비행 모드 사이를 전환할 수 있는데, 헬리콥터와 유사하게 수직으로 이착륙할 수 있으며 고정익 항공기의 비행 모드와 유사한 수평 비행으로 전환할 수 있다. 군용으로 활용하는 V-22 오스프리는 이착륙 시에만 한하여 회전익이지만, 순항 시에는 고정익 상태를 유지하므로 이 분류에 해당한다고 볼 수 있다.

도심항공교통(Urban Air Moblity, UAM)과 지역항공교통(Regional Air Mobility, RAM), 두 개념을 포함하는 첨단항공교통(Advanced Air Mobility, AAM)에서 활용하는 기체도 VTOL 종류에 해당한다. VTOL 기능을 통해 제한된 공간인 도시 환경 또는 인프라가 제한된 지역에서 운영할 수 있다.

V-22 오스프리 기체

PAV 기체

AAM 기체

<그림 *-*> VTOL 유형의 기체

무인항공기는 사람, 즉 조종사가 탑승하지 않는 항공기인데, 국제민간항공기구(ICAO)에서는 RPAS(원격조정항공기, Remotely Piloted Aircraft System), 미국 FAA에서는 UAS(무인항공기시스템, Unmanned Aircraft System)라고 칭하고 있다.

무인항공기의 정의도 다양한데, 사람이 탑승하지 않는(Unmanned) 항공기 또는 조종사가 탑승하지 않는(Pilotless) 항공기로 정하고 있고 무인기 중에 일부를 Drone으로 칭하고 있으며, 무인항공기에 대해서 무인항공기, 무인기, 드론(Drone)은 지상에 있는 조종사가 무선으로 조종하는 방식으로 사전에 프로그램된 경로에 따라 자동 또는 반자동으로 날아가는 항공기이자 '자율비행'이 가능한 멀티콥터의 일종이라고 정의하고 있고 다른 정의에서는 비행승무원이 없이 원격조정 장치에 의해서 조종되는 비행기라고 하고 있다.

UAS(무인항공기시스템)은 실제 조종사가 직접 탑승하지 않고 지상에서 사전 프로그램된 경로에 따라 자동(Auto) 또는 반자동(Semi-Auto)으로 비행하는 비행체, 탑재임무장비(Payload), 지상통제장비(Ground Control System, GCS), 통신장비(데이터 링크, Data Link), 지원장비(Support Equipment) 및 운용인력(Operators) 등의 전체 시스템을 포함하고 있다.

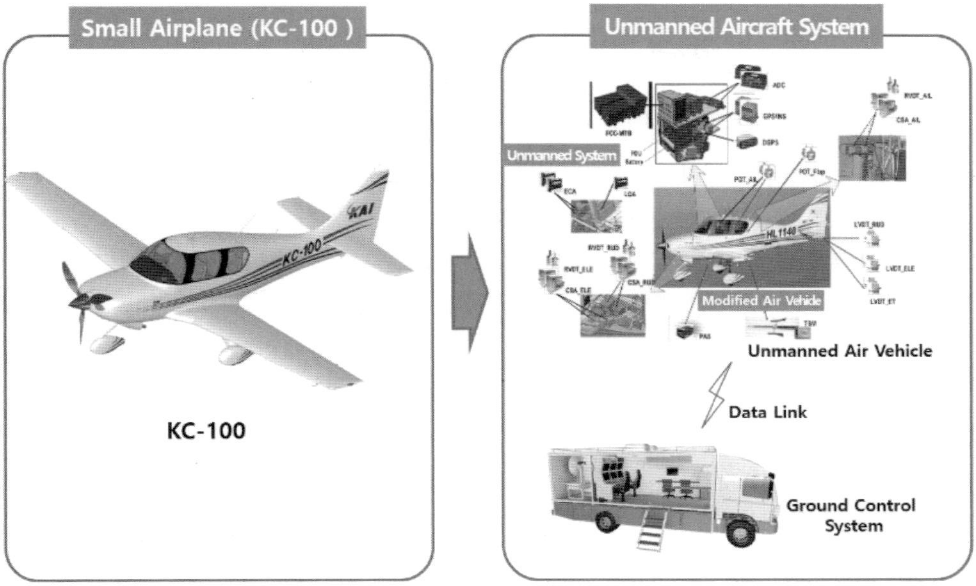

<그림 *-*> UAS 시스템 개념도 (KARI)

UAS와 함께 활용되는 용어로 ICAO에서는 원격조종 항공기(RPA)가 있다고 앞에서 언급하였는데, ICAO에서는 RPAS 패널을 구성하고 이에 대해 다루어지고 있는데 기존 유인항공기 공역 내에서 무인항공기를 통합 운영하는 것을 목표로 활동하고 있다.

ICAO에서는 기술성숙도, 국제 운항 요구 및 안전성 측면 등을 고려하여 UAS의 일부분인 원격조종사가 지상에서 하나의 원격조종 항공기를 통제하는 RPAS에 대해서 국제표준 개발 대상으로 정하고, RPAS의 운용, 기술 및 공역적 측면의 적용 범위와 주요 전제조건(Assumption), 기본 고려사항, 시스템 개요, 감항성, 운항, 자격, 운용 환경 등을 포함하는 운용 개념(ConOps)을 제정한다. RPAS의 주요 전제조건은 다음과 같다.

〈표 *–*〉 RPAS 주요 전제 조건 (ICAO RPAS ConOps)

1	모든 사람이 공역에 접근할 수 있으며, 각 RPA가 해당 공역에 대해 정의된 관련 조건, 규정, 프로세스 및 장비를 충족
2	새로운 유형의 운영에는 추가 또는 대체 고려 사항, 조건, 규정, 프로세스 및 운영 절차가 필요할 수 있고, 목적은 안전한 운영을 달성하는 데 필요한 최소한의 사항만 추가
3	RPA는 해당 절차가 사용 가능한 경우 공역, 비행장 등의 등급에 대한 확립된 정상 및 비상 운영 절차를 충족할 수 있는 기능적 역량을 갖춤
4	비행 운영은 다른 공역 사용자, 서비스 제공자(예: 항공교통관리(ATM), 비행장 등) 또는 지상의 제3자와 그들의 재산 등의 안전을 해치거나 손상시키지 않음
5	RPA는 부록 2 – 항공 규칙에 따라 운영해야 함
6	RPAS는 해당 인증/등록/승인 요구 사항을 충족해야 함
7	운영자는 해당 인증/승인 요구 사항을 충족해야 함
8	원격 조종사는 능력이 있고 면허가 있어야 하며 안전한 비행에 대한 책임을 이행할 수 있어야 함

AAM의 시작점은 개인용항공기(Personal Air Vehicle, PAV)로서 도심내 교통체증의 해소책으로 제시되기 시작한 것인데, 세계적으로 인구의 지속적인 증가와 대도시로의 인구 집중화로, 특히 메가시티로의 과밀화인데 메가시티는 세계적으로 핵심도시를 중심으로 일일 생활이 가능하도록 기능적으로 연결된 대도시권으로 글로벌 비즈니스 창출이 가능한 인구 1,000만 명 이상의 경제규모를 갖춘 거대도시를 메가시티로 지칭하고 있다.

유엔(UN)에서는 이러한 메가시티가 1955년 2곳이 존재하던 것이 2030년까지 43개로 증가할 것으로 전망할 것으로 예상하고 있고, 이러한 집중화는 계속 높아지고 있다. 뉴욕, 런던, 서울, 도쿄 등 세계 주요 도시들은 인구 과밀화가 더욱 심화되고 있는데 이러한 현상은 앞으로도 계속 집중될 것으로 전망하고 있는데, UN에서는 2050년에 전세계 인구가 90억 명으로 증가하고, 이중 65억 명(전세계 인구의 67%) 이상이 도시 거주가 예상되고 있어서 이로 인해 기존 지상 교통수단을 통한 이동은 한계에 도달할 것이다.

AAM은 도심내, 도심간 두 지점 사이를 소형항공기 형태의 기체로 이동하는 것으로 초기에는 PAV가 제시되었는데, PAV는 개인의 필요에 따라 언제 어디서나 비행할 수 있는 수요 응답형 공중 모빌리티라고 정의할 수 있어서 자동차처럼 자기 집에서 출발하여 원하는 목적지 어디든 갈 수 있는 개인 소유의 비행체로 Point to Point 또는 Door to Door 개념의 비행체로 제시되고 있다.

AAM 운용은 하나 이상의 AAM 회랑(Corridors)을 통해 승객이나 화물을 운송하는 개념으로 미국 FAA는 'UAM Concept of Operations 1.0'을 통해서 도심항공교통의 운용개념 구조도를 제시(2020.06) 하였고, 국내 현대자동차는 2020년에 미국 라스베이거스에서 열리는 국제가전박람회(Consumer Electronics Show, CES) 2020에서 도로 혼잡을 줄이고, 개인용 친환경 스마트 모빌리티 서비스 제공 및 모빌리티 생태계를 구성할 수 있는 미래 모빌리티 비전을 제시하였데 미래 모빌리티 비전으로는 ①도심항공모빌리티, ②목적 기반 모빌리티(Purpose Built Vehicle, PBV), ③모빌리티 환승 거점(Hub) 등 세 가지 구성요소의 연결성을 제시하고 있다.

〈그림 *-*〉 UAM · PBV · HUB 예시 (HYUNDAI MOTOR)

AAM은 하늘을 새로운 이동의 통로(Corridor)로 활용하여 도로 혼잡을 줄이고 이용자에게 시간을 보다 가치 있게 보낼 수 있는 이동환경을 제공한다. PBV(목적 기반 모빌리티)는 기존 한계를 초월한 개인화 설계 기반의 친환경 이동수단으로 이동에 소요되는 시간 동안 탑승객은 자신에게 필요한 맞춤형 서비스를 누릴 수 있다는 장점을 내세우고 있다. 이 두 종류의 스마트 모빌리티를 보다 편리하고 자연스럽게 이용할 수 있도록 미래도시 전역에 Hub(모빌리티 환승 거점)를 배치함으로써 서로 다른 형태의 스마트 모빌리티 서비스들이 하나의 모빌리티 생태계를 구성하다는 것이다.

NASA(미항공우주국)가 최초로 메가시티에서의 교통 체증을 해소하기 위해 도심 내에서의 이동 효율성을 극대화한 차세대 모빌리티의 의미로 UAM이라는 용어를 명명한 이후 관련 업계에서 통용되고 있으며, UAM은 '도심 내 이동'으로 활용범위가 구체화하였고, '하늘을 나는 자동차(Flying Car)'에서 '전기동력 수직이착륙기(eVTOL)'로 기체 형태가 발전 중이다. UAM 자동화, 전기추진, 수직 이착륙 등이 가능한 특수한 기능을 갖춘 첨단화된 항공기를 사용하여 기존 지역 교통체계에 3차원 교통수단을 도입하는 것을 의미한다.

UAM은 버티포트라고 불리는 수직 이착륙을 위한 곳으로 다른 교통수단과의 연계를 통해서 지역사회를 연결하고, 교통 소외지역의 사람들에게도 새롭고 효율적인 교통 서비스를 제공하는 개념이다. 이 개념에 UAM보다 긴 거리를 이동하면서 도시와 도시를 연결하는 의미에서 지역 간 항공 모빌리티 개념인 RAM, 두 개념을 포괄하는 개념인 AAM (Advanced Air Mobility)으로 확대하고 있다.

AAV(Advanced Air Vehicle, 미래형 항공기체)는 AAM 개념 하에서 친환경과 미래 자율비행으로 장시간 비행이 가능한 비행체를 통칭하는데, 드론택시, 플라잉카 등 다양한 명칭으로 불리다가 PAV(Personal Air Vehicle, 개인용 비행체), eVTOL(electric Vertical Take-off and Landing, 전기동력 수직이착륙기)라는 용어 등을 포괄하는 개념으로 AAV라는 용어가 활용되고 있다.

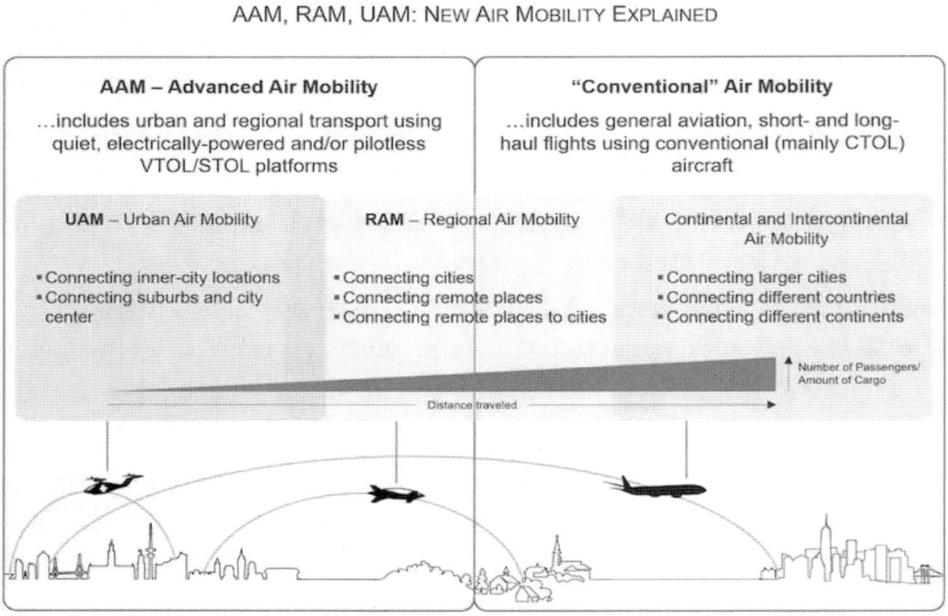

〈그림 *–*〉 AAM · RAM · UAM 예시 (Drone Industry Insight)

UAM (도심항공모빌리티)	RAM (지역항공모빌리티)	☞	AAM (미래항공모빌리티)
Drone Taxi PAV	Flying Car eVTOL	☞	AAV (미래형 항공기체)

〈그림 *–*〉 AAM과 AAV 개념

2. 첨단항공교통의 특성

UAS는 사람이 탑승하지 않는 관계로 크기를 자유롭게 설계, 제작할 수 있고 무인기 특성상 기존 항공기와는 다른 요구도가 제시되어 있고, 항공기에서 적용되는 높은 수준의 감항인증을 적용하지 않는 대신 다른 형태의 인증 및 승인을 적용하고 있고 지상과 매우 가깝게 비행하는 특성상 인구와 건물 등을 바탕으로 지상위험도를 분석할 필요성이 제시되고 있다. 아울러, 기체 무게, 탑재된 비행제어장치의 수준, 통신 도달범위 등에 따라서 상이한 운용기법의 적용이 필요로 한다.

UAS는 조종사가 탑승하지 않고 원격 또는 자동으로 통제되는 비행체 특성상 조종사가 기체에 탑승하지 않는 관계로 피로도, 위험성, 생존성 등을 크게 고려할 필요가 없어서

태양광 등 강한 에너지원과 기체 내구성을 충족하는 범위에서는 연속적인 임무수행도 가능할 것이다.

반면, 지상의 통제소에서 원격으로 임무를 지시하는 상태로 감시하는 방식으로 운영되므로 지상통제소의 조종 환경 구성이 중요하다.

UAS와 구성을 구분해 보면, UAS와 동일한 개념의 용어로 ICAO에서 사용하는 RPAS를 기준으로 ROC(RPAS 운영증명, RPAS Operator Certificate) 소지자로서 전체 비행을 책임지는 1명의 운영자만 있고, 구성 요소로서 RPAS는 RPA(Remotely Piloted Aircraft)와 하나 이상의 RPS(Remotely Piloted System)에 대해서 C2L(Command and Control Link)를 사용하여 상호 연결한다. 다른 구성 요소로서 ATC 통신 및 감시 장비, 네비게이션 장비 및 시스템 상태 모니터링 장비 등이 있고 RPS는 고정식 또는 이동식으로 구성할 수 있다.

비행하는 방식은 RPS와 RPA는 C2L로 연결하여 RLOS(direct radio line-of-sight) 또는 BRLOS(Beyond radio line-of-sight) 비행할 수 있고 1명의 무인항공기 조종사는 주어진 시간에 무인항공기 1대 만을 조종이 가능하는 것으로 제시되고 있다.

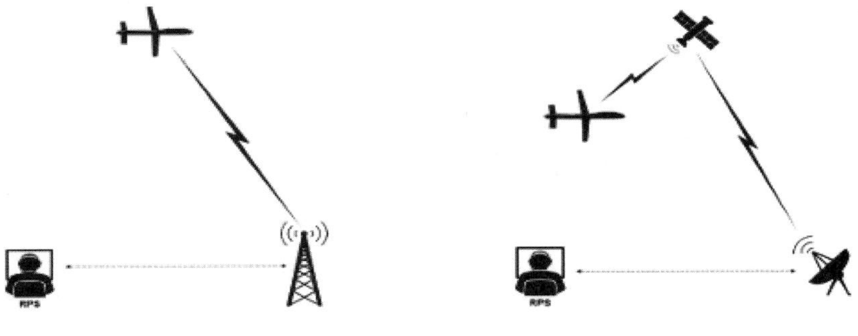

〈그림 *-*〉 C2 Link (ICAO RPAS ConOps)

인증 및 승인에 대해서는 RPA는 등록된 국가에서 발급한 무인항공기의 운영 안전에 필요한 시스템의 모든 구성 요소, RPA, RPS, C2 링크 시스템 등 전체 시스템 구성, 사용, 환경, 전체 시스템의 하드웨어 및 소프트웨어 등 모든 필수적인 구성 요소를 포함하는 감항인증서(Airworthiness Certification)를 보유하게 하고 RPA는 RPS, 엔진 및 프로펠러의 형식증명을 갖추어야 한다.

1대의 무인항공기 비행 중 RPS 간의 이양을 포함할 수 있으며, 한 RPS에서 다른 RPS로 조종 권한이 안전하고 절차적으로 인계가 보장되어야 하는 것으로, 한 개의 RPS는 다양한 유형의 RPA와 호환될 수 있어야 하는 것으로 하고 있다. 동시에 무인항공기는 다양한 형태의 RPS와 호환될 수 있어야 하는 것으로 정하고 있다.

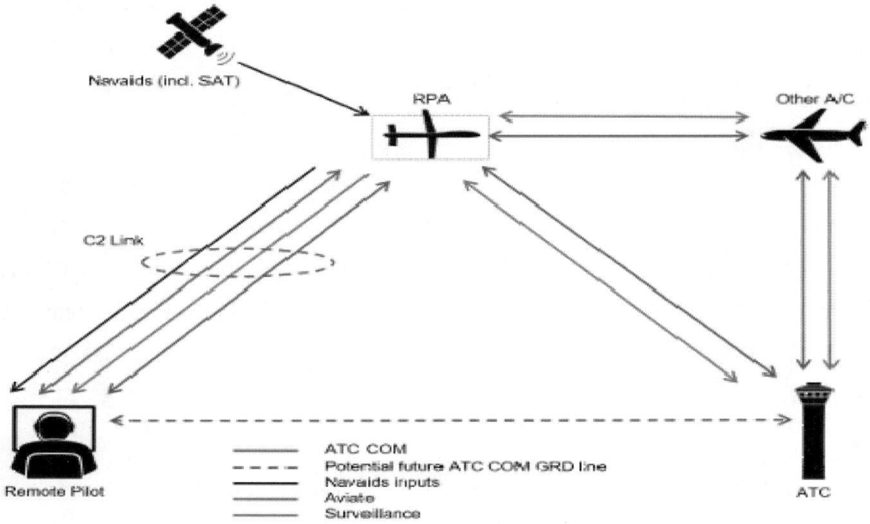

〈그림 *-*〉 RPAS 시스템 인터페이스 예시 (ICAO RPAS ConOps)

감독에 경우는 운영자 국가는 운영자를 인증하는 동시에 감독하고, C2 통신서비스 제공자(C2CSP)의 감독은 C2 통신서비스 제공자의 국가에 의해 수행되어야 하고 RPS의 감독은 RPS가 위치한 국가에 의해 이루어지는 것으로 정하고 있다.

AAM은 하늘을 이동통로로 활용하는 신개념 3차원 도시교통체계로 분산전기추진(Distributed Electric Propulsion, DEP), 저소음·친환경 수직이착륙(VTOL) 타입의 항공기를 이용하고 지상·공중을 연결하는 3차원 교통체계로 지상 교통혼잡을 피해서 출발지·목적지를 최단거리로 연결하는 항공교통체계로 도시 하늘을 열어 도심 인구집중, 지상교통 혼잡, 교통 소외지역 등 사회적 문제 해결수단으로 급부상 중으로 이를 해소할 수 있는 대안으로 제시되고 있는 대표적 교통체계로 기존 항공과는 달리 AAM 산업이 정착하기 위해서는 관련 도시개발 구상과 연계, 추진하는 것이 필요할 것이다.

항공 분야의 기술 발전으로 1990년대부터 개인용 항공기 개발을 위한 다양한 연구가 진행되고 있는데, AAM은 이러한 PAV 기체를 발전시킨 형태의 기체뿐만 아니라 AAM 운용자(Operator), AAM 이착륙장(Aerodrome/Vertiport), PSU(Provider of Services for AAM), SDSP(Supplement Data Service Provider) 등으로 구성하는 저고도 3차원 항공운송 플랫폼으로 도심내, 도심간에서 사람이나 화물을 운송하기 위한 신개념 교통체계를 통칭하고 있다.

AAM의 경우 통로(Corridor)의 활용하여 이동하는 개념으로 특정 상황에서 전통적인 항공교통관제(ATC) 서비스가 필요하지 않을 수 있고 성능 요구 사항을 충족하도록 적절하게 장비를 갖춘 항공기가 사용할 수 있는 점 등을 고려하여 안전하고 체계적으로 구성하게 되고 구성된 통로의 구조와 절차는 교통흐름을 보다 효율적으로 지원할 수 있고, FAA에서 다음과 같이 제시한 AAM 교통량의 변화에 따라서 통로의 수직·수평·다중 추가하는 구조 및 향상된 성능을 통해서 수용량의 증가를 얻을 수 있을 것이다.

〈그림 *-*〉 기본 AAM 통로 예시

〈그림 *-*〉 수직 통과구역 AAM 통로 예시

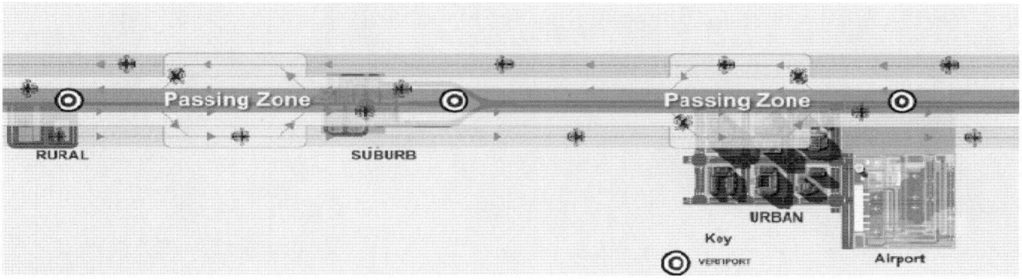

〈그림 *-*〉 수평 통과구역 AAM 통로 예시

〈그림 *-*〉 다중 트랙이 있는 AAM 통로 예시

AAM의 경우 기존 항공교통에 활용되는 기체보다 낮은 고도(300m 이상)로 도심지 상공을 비행하는 측면 지난 수십 년 동안 헬리콥터가 항공 교통수단으로써 제한적으로 사용되어 왔지만, AAM은 친환경 및 저소음 등 기술의 진보로 제한적인 사용에서 보다 효율적인 교통수단에 대한 수요 증가와 함께 지속 발전될 항공기 시스템 기술을 도입하여 확장 가능하고, 지속 가능한 3차원 항공 교통시장 전망을 주도하게 될 것이다.

3. 첨단항공교통의 기회

UAS, AAM은 도시 및 도서 외각지역으로의 이동수단 선택지를 넓히는 동시에, 친환경적이고 교통 편의성 및 접근성을 개선하여 교통소외 지역을 포함한 지역사회의 전반적 교통복지와 삶의 패러다임과 질을 높일 것이다. 구체적인 이점으로는 교통여건, 접근성, 두가지에 대해서 살펴보면 다음과 같다.

먼저, 교통여건 개선으로 연결성, 편의성과 신속성을 들 수 있는데 이는 AAM 산업이 전반적인 교통망을 개선하는 동시에 새로운 교통 유발수요와 지역의 요구를 해소할 수 있는 점이다. UAS, AAM은 지상 교통 혼잡지역 등 기존 교통수단이 비효율적인 지역을 편리하고 신속한 교통수단을 제공할 수 있고, 높은 안전도를 요구하는 AAM의 경우 일부 지상 교통을 대체함에 따라서 지상 교통량의 혼잡해소와 함께 차량 및 보행자 사고도 줄어들 수 있다.

접근성 개선으로 UAS, AAM은 더 빠르고 효율적인 교통수단을 제공함으로써, 지리적·경제적·문화적·사회적 혜택, 특히 접근교통의 혜택에서 소외된 지역인 도서 및벽지 지역의 주민들을 위한 의료, 보급, 치안 및 복지 서비스 등 응급 및 긴급 서비스와 물품 배송 및 이동 수단 제공 등 다양한 접근성을 확대할 수 있다.

다음으로는 환경 개선으로 UAS, AAM은 친환경 에너지로 운영됨에 따라서 탄소연료로 운영되는 기존 항공기 및 지상 교통수단에 비해 온실가스 배출량이 크게 줄어들고, 낮은 고도에서 운용되지만 헬리콥터와는 차원이 다른 AAM의 소음도는 지상에서는 도시 소음도와 비슷한 수준이고 순항 고도에서는 거의 들리지 않을 것이고, AAM 운용에도 인프라가 필요하지만 이 새로운 인프라 구축에는 지상교통 수단인 도로, 철도, 교량 개발 및 확장과 같이 대규모 공사로 인한 재원 및 자원이 많이 들어가는 인프라의 단점과 환경 오염 등을 크게 줄일 수 있을 것이다.

첨단기술 발전으로 UAS, AAM 체계 구축에는 자동화, 통신, 제어, 버티포트, 전기, 보안 등의 최첨단 기술들이 포함되고 이를 통하여 첨단기술들을 보다 확대하고 강화할 수 있고, 스마트 도시와 도시간 통신망과 원활하게 연결되어 이 새로운 교통체계를 보다 안전하고 효과적인 운용 및 관리가 가능하게 할 것이며, AAM 생태계와 연관된 기술의 급속한 성장과 발전은 경제의 다른 분야에서도 생산성, 효율성 및 안전성에 도움이 되는 독창성과 혁신을 유발할 것이다.

경제 성장으로 UAS, AAM의 성장은 일자리 창출, 생산성 증가, 교통 개선, 관광 확대, 그리고 기업에게 새로운 비즈니스 기회를 통해서 경제 성장을 촉진할 수 있고 UAS, AAM의 개발 및 확장은 인프라, 기술, 그리고 UAS, AAM과 직접적인 관련이 없는 산업까지도 투자를 유발할 수 있으며, UAS, AAM 체계와 운용이 확장됨에 따라서 이동 시간과 비용을 더 크게 절감하는 등 이동의 효율성을 통한 경제 유발 효과를 높이는데 기여할 수 있고, UAS, AAM이 가져온 첨단 교통 체계는 국제 무역과 첨단 기술 발전과 함께 기술보유국에는 국가 이미지를 향상시킬 뿐만 아니라, 거시적 규모의 경제 성장을 지원할 것이다.

일자리 창출 및 전문인력 양성으로 UAS, AAM, 항공기 및 시스템 개발, 제조 및 유지 관리는 항공우주, 유틸리티, 엔지니어링, 전기 인프라, 항공교통관리, 운영 관리, 버티포트 관리 및 기타 첨단 기술 분야에서 새로운 일자리들을 창출할 것이고 UAS, AAM의 신개념 기체, 버티포트, 지원 시스템 및 서비스에 대한 자동화, 항공교통관리, 통신, 사이버 보안, 정비, 사업화, 소프트웨어 개발 등의 다양한 분야에서 전문인력 양성을 촉진할 수 있을 것이다.

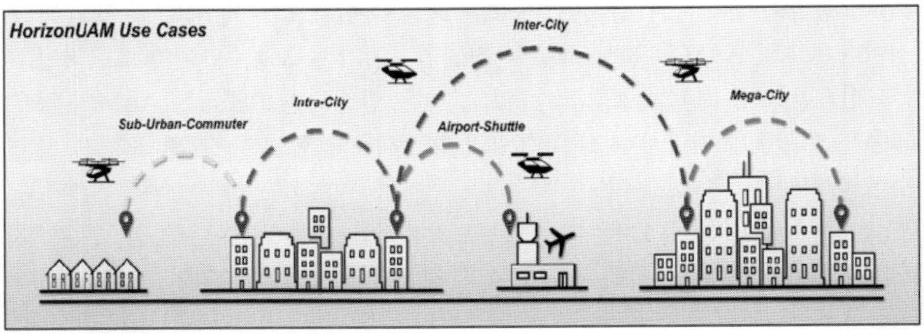

〈그림 *-*〉 AAM Use Cases 예시

제2절 첨단항공교통의 생태계와 도시

1. 첨단항공교통의 활용 및 생태계

UAS, AAM 등 첨단항공교통은 혁신적인 항공기, 기술, 인프라 등을 활용하여 이전에 제공되지 않았던 도심내, 도시간, 지역간 사람과 화물을 운송하는 새로운 항공 서비스로 응급 의료 및 긴급 물자 수송, 수색구조 및 정찰, 화물 배송, 여객 수송에 이르기까지 광범위한 교통 서비스를 제공하고 있거나 제공할 것이다. 첨단항공교통은 초기에는 항공 교통수단으로서 접근성이 우수하고, 지속 가능하며, 환경친화적으로 도시생활에 필수적인 요소로 자리 잡을 수 있는 도심에서 운용하는 UAM(도심항공교통) 체계로서 역할을 수행하게 되겠지만, 첨단항공교통의 기술 발전으로 항속 거리가 확대 및 운항속도 증가, 거점마다 인프라가 확충됨에 따라서 더 많은 도시들간에 상호 연결이 가능할 것이다.

기체개발/제작사, 운항자(운송사업자), 교통관리서비스제공자(PSU), 버티포트 운용자, 운항지원(부가)정보서비스제공자(Supplement Data Service Supplier, SDSS) 등의 주체들로 구성할 것으로 예상되고 있고 UAM, 보다 확대된 개념의 AAM 서비스에 필요한 기체를 개발·제작하고, 소요되는 장비·시설 등을 개발·제공하며 AAM용 기체 프레임, 엔진, 부품 등을 개발·생산하고 AAM용 기체를 생산하거나 분야별 전문업체와의 협력을 통해 AAM용 기체를 공동 개발·생산, 기체의 유지·보수 등을 위한 시스템 및 소모성 부품 생산하는 AAM 기체개발/제작사, 부품공급업체 등이 있을 것이다.

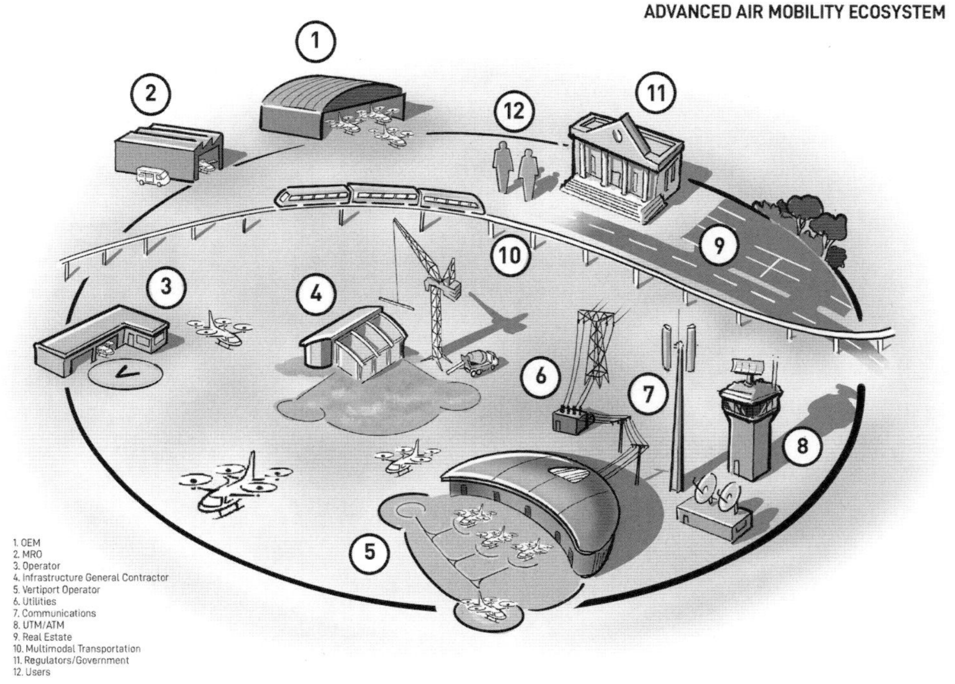

〈그림 *–*〉 AAM Ecosystem 예시 (AAM Reality Index)

AAM 운항자는 AAM 수요에 응해 구매·리스한 AAM용 기체를 활용하여 유상으로 여객 또는 화물, 공공에 대한 운송서비스를 제공하는 등 항공운송산업의 항공사와 같이 도심내, 도시와 도시간 여객 및 화물 유상 운송서비스 및 공공서비스를 제공하는 역할을 수행하게 되고 AAM과 지상 대중교통과의 환승 등을 위한 연계 시스템을 구축하여 연계·환승 서비스 제공하는 사업자와의 연계 또는 협업도 이루어질 수 있다.

버티포트 운용자는 AAM 기체의 이착륙장 및 지원시설을 운용하면서 운송사업자에게 지상조업 서비스를 제공하고 AAM 이용자에게 교통 탑승을 위한 서비스를 제공하며- AAM용 이착륙장 및 계류시설을 제공하고 AAM 기체 운용을 위한 배터리 등 에너지원 공급시설 및 기체 유지 보수 서비스 등도 제공할 수 있고 AAM을 이용하는 여객 및 화물에 대한 탑승 및 하기, 탑재와 하역 및 대기장소와 편의서비스 등을 제공할 것이다.

교통관리서비스제공자는 운송사업자가 서비스를 원활하게 할 수 있도록 AAM 기체에 대한 비행계획, 실시간 출도착 및 순항 관리 등 교통관리서비스를 제공하고 AAM 기체간, AAM 기체와 기존 항공기 간 충돌 회피, 공역, AAM 회랑 및 버티포트 등 인프라 가용성 등을 실시간으로 감시·관리 등의 교통관리·관제 서비스 제공하며, 운송사업자와 조종자가 안전하고 효율적인 운용을 위해 PSU간, PSU-AAM 등 다양한 주체간 네트워크를 통한 정보를 상호 교환하게 될 것이다.

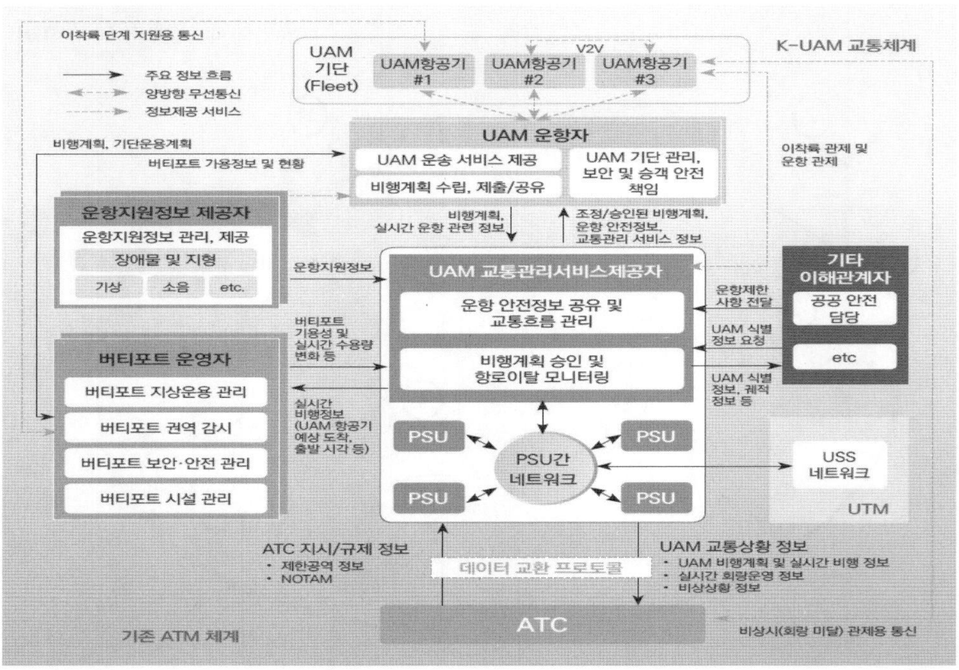

〈그림 *–*〉 UAM(AAM) 교통체계 예시 (MOLIT)

운항지원정보서비스 제공자는 AAM 운송사업자 등을 대상으로 AAM 운송서비스 제공에 필요한 기상, 장애물 등의 지형정보 등을 제공하고 AAM용 기체가 운영되는 공역 및 AAM 회랑 내 실시간 기상정보 및 장애물 등을 감시·분석·예측 시스템을 통해서 기체 운용을 필요로 하는 정보를 생성·제공하게 된다. 그 외에도 기타 서비스제공자는 엔터테인먼트 공급자 등으로 AAM 운항에 필수적이지는 않지만 이용자의 편의성 증대를 위한 부가서비스도 제공할 수 있다.

AAM을 성공적으로 상용화 하기 위해서는 기술, 인프라, 정책, 훈련 및 규제와 같은 복잡하게 상호 연계되어 있는 생태계 요소들의 조화가 필요할 것이다. 여기에는 초기 AAM 실증 비행부터 상용화 운영까지 단계별로 핵심 데이터 수집·분석을 통해서 성숙되어 가는 점진적인 접근법이 포함될 수 있으며, 그러한 변화에 따라서 도심 지역의 교통수단 선택의 변화로 이어질 것이다. 기존 항공편은 대도시 주위에 위치한 주요 공항을 통해서 교통수단을 제공하는 형태인데, 이러한 배경은 항공기가 출도착하는 공항의 경우에는 일반적으로 지상 위험도를 줄이고, 소음 문제를 완화할 수 있어야 하며, 이착륙장, 주기장, 터미널을 포함할 수 있는 지역을 확보하기 위해 도심 밀집 지역에서 멀리 떨어져 위치하기 때문이다.

이와 대조적으로, AAM은 경우에 따라 인구 밀집 또는 상업 지역에 설치된 수많은 버티포트 중 하나를 이용하여 이·착륙이 가능하게 될 수 있는데, 이러한 비행 운영의 근본적인 변화는 기존의 항공교통과는 다른 문제를 야기시킬 수 있기 때문에 비행, 지상 교통, 다양한 운영자 간의 상호 연결된 기술과 네트워크, 관련 규제에 대한 종합적 사고와 해법 제시가 필요로 할 것이다. AAM의 등장은 3차원 공간인 하늘을 도시 구성·운영에 있어서 연계해서 사고해야 할 것으로 AAM을 통해 항공과 도시 구성·운영이 긴밀하게 통합되고, 상호 운영을 위해서는 복잡한 네트워크가 필요로 하기 때문에 AAM 환경을 설명하는데 생태계라는 용어를 사용하는 것이 적절한 것으로 제시되고 있다. 전체 AAM 생태계는 6가지 요소로 구분해서 볼 수 있는데, 공역통합, 인프라, 기술, 운영, 규제, 도시통합을 고려할 수 있는데 각 요소간 조화롭고 상호 연계성 하에서 계획·구성·운영 되는 것이 필요로 할 것이다.

2. 첨단항공교통의 이착륙장과 특화도시

UAS와 AAM의 이착륙방식은 기존의 헬리콥터와 매우 유사한 면이 있다. 현행 헬리콥터의 경우 헬리포트(헬기장)을 활용하여 헬리콥터(회전익항공기)가 출발, 도착을 위해 사용되는 곳으로 비행장 또는 구조물 위에 지정된 지역으로 육상헬리포트, 수상헬리포트, 옥상헬기포트, 해상구조물 헬리포트 등으로 구분해 볼 수 있는데 주요 구역 또는 지역으로 착륙구역, 활주로(Final Approach and Take off Area, FATO), 주기장, 제한표면 등이 있다.

우리나라 공항·비행장시설 및 이착륙장 설치기준와 ICAO 부속서 14(Aerodromes)에서 이착륙 구역과 주기장과 관련하여 몇 가지 용어에 대해서 다음과 같이 정의하고 있다. Touchdown and Liftoff(TLOF)로 헬기장의 착륙구역을 명명하고 회전익항공기가 지면 또는 구조물의 표면에 접지 또는 부양할 수 있는 구역으로, 헬기장의 활주로, 다른 말로는 최종접근·이륙구역(Final Approach and Take off Area, FATO)은 회전익항공기가 제자리비행(hover)을 위해 착륙 접근조작의 마지막 단계가 완료되는 지역 또는 이륙기동이 시작되는 지역을 말하고 이륙포기구역을 포함하고, 주기장은 회전익항공기가 착륙하거나 공중이동을 위해 부양하거나 지상이동이 완료되는 구역으로서 회전익항공기의 주기를 위해 지정된 지역, 안전구역(Safety Area)은 FATO를 둘러싼 헬리포트의 정의된 구역으로 비행목적에 필요한 것 외에는 장애물이 없으며, FATO에서 우발적으로 이탈하는 헬리콥터의 손상 위험을 줄이기 위하여 지정된 구역, 장애물 제한표면(Obstacle Limitation Surfaces)은 (회전익)항공기의 안전운항을 위하여 비행장(헬기장) 주변에 장애물(항공기의 안전운항을 저해하는 지형·지물 등을 말한다.)의 설치 등이 제한되는 표면을 뜻하는 것으로 정의하고 있고 각각의 구역와 지역에 대해서도 기준을 정하고 있다. 헬리포트 조성시 고려할 사항으로 헬리콥터의 길이, 높이, 주 회전날개를 포함한 전체 길이와 폭 중 큰 값, 최대이륙중량 등이 있는데 이를 바탕으로 면적, 강도 등의 헬리포트의 제원이 마련되어 진다.

AAM 이착륙장에 대한 기준은 기존의 헬리패드 설치기준 등을 참조하여 수립될 것으로 예상되는데 국외규정으로는 ICAO Annex 14 Volume-Ⅱ, Heliports, FAA Heliport Design-AC(150-5390-2C) 등과 국내규정으로는 공항시설법, 공항·비행장시설 및 이착륙장 설치기준(고시 제2022-350호) 등을 바탕으로 이착륙장 기준이 수립될 것이다.

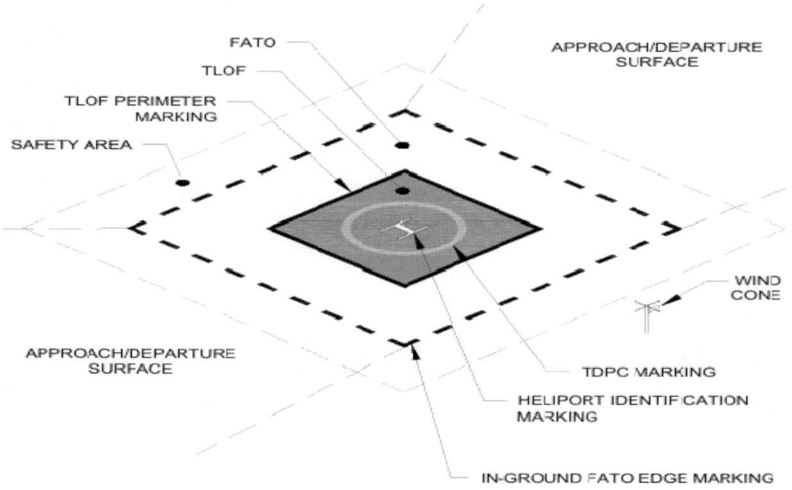

〈그림 *-*〉 헬리포트 관련 필수구역 예시(FAA)

헬리패드 필수구역의 치수(Dimensions)에 대해서 살펴보기 위해서는 헬리콥터의 각종 치수에 관련하여 사용되는 약어로는 먼저, ‘D(OL)’가 있는데, 이착륙장 시설을 이용할 최대 헬리콥터의 길이와 폭 중 큰 쪽의 길이를 의미하고 FAA에서 사용하는 ‘RD’는 로터의 직경을 의미하며 ‘UCW(width of the undercarriage)’는 이착륙 장치(강착장치) 폭을 의미하고 있다.

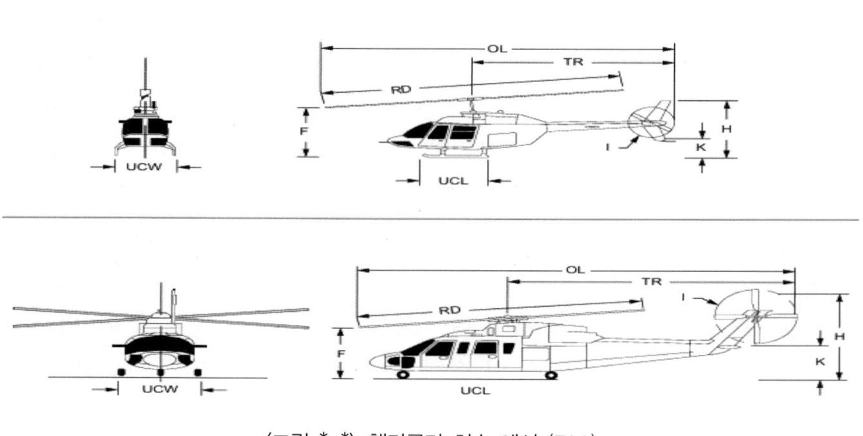

〈그림 *-*〉 헬리콥터 치수 예시 (FAA)

〈표 *-*〉 AAM 이착륙장 등 면적 관련 국내외 기준

구분	ICAO	FAA	이착륙장 설치기준
FATO(활주로)	1D 이상	1.5D 이상	1.2D 이상
TLOF	0.83D 이상	1RD 이상	0.83D 이상
Safety Area	0.25D 이상	6m	0.5D
Taxiway	1.5UCW 이상	2UCW	2UCW
Stand	1.2D 이상	1.5RD	1.2D 이상

UAS의 경우에는 비행방식이 수직이착륙의 형태로 헬리콥터와 유사하면서 상대적인 크기는 전용 이착륙장의 경우에는 기체의 크기가 축소되어 있는 관계로 헬리포트의 축소형 형태로 구성이 될 수 있는데, UAS 기체 유형과 임무에 따라서 부수적으로 필요한 구역을 감안하여 다양한 형태로 구축이 될 것이다.

AAM의 경우에는 버티포트(vertiport)라는 용어를 사용하고 있는데, 수직(vertical)과 공항(airport)의 합성어로 AAM 항공기 운용방식에 대한 각종 데이터가 현재는 제한적인 관계로 향후 추가 데이터를 통해서 버티포트 설계에 대한 기준이 마련될 것이다.

버티포트는 공공 및 민간 버티포트를 통칭하는 용어로 다양한 연료방식의 VTOL 착륙 및 이륙에 사용되거나 사용하려는 토지 및 관련 건물·시설 등 구조물의 영역으로 버티포트의 규모에 따라 차이가 있겠으나, 건설공사와 항로설계의 용이성, 장애물 제한표면과 자연·인공 장애물, 기상환경, 비상착륙지, 전력인프라 등을 고려하고, 수직이착륙 항공기의 이착륙, 승객 대기 및 탑승, 화물 탑재 및 하기, 충전, 유지보수, 주차, 지원공간 및 버티포트와 접근시간을 고려한 지상 교통수단 연계 등이 적절히 이루어지는 곳으로 지상, 구조물(빌딩)의 옥상, 고정식 또는 이동식 갑판 위나 수면 위 등 다양한 구조로 건설, 운영될 수 있다.

도심내 버티포트는 기존 주차장, 철도역사 또는 버스 터미널, 기타 이용 가능한 도시 또는 교통 인프라를 활용하여 접근성이 편리한 곳을 활용할 수도 있고, 버티포트의 크기와 수용 능력은 도시 인프라의 제약 사항, 건축 규정, 구역 제한, 안전 요구사항, 소리와 시각적 발생요인에 대한 지역 사회의 수용성, 연계 및 접근 교통, 교통 형평성, 시장 선택 등과 같은 다양한 지역 사회 환경을 고려하여 결정될 것이다. 또한, 버티허브와 같이 대형 버티포트의 경우에는 환승체계와 연관 시설을 고려하고 늘어나는 미래 수요를 고려하여 확장성을 염두한 버티포트 및 유휴 부지 등 대규모 인프라를 고려하여 개발될 것이다.

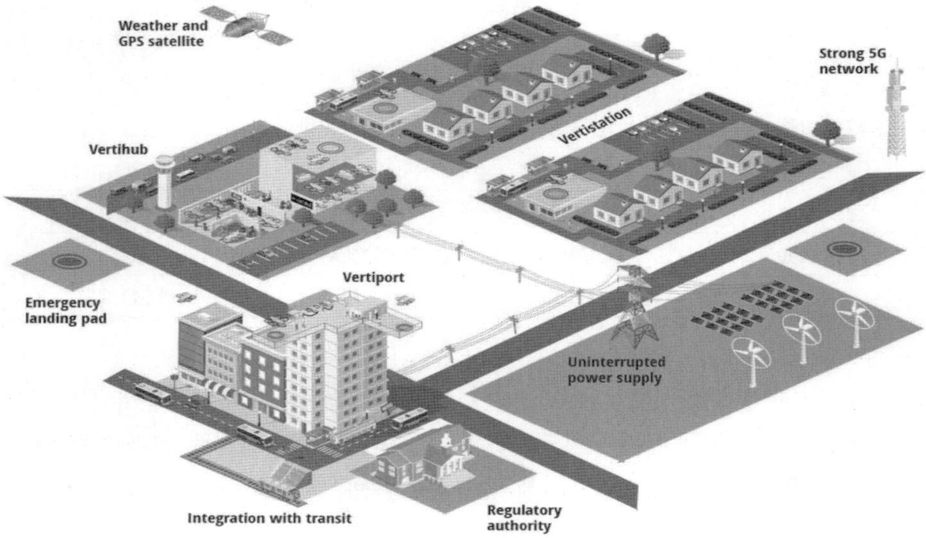

〈그림 *-*〉 버티포트 유형

다운워시와 아웃워시(Downwash & Outwash), 고장조건, 성능저하(Degradation of Performance), 착륙정밀도, 상승·하강구배 및 전방위각 기상 능력에 대한 AAM 항공기 성능 데이터를 수집을 통해 기준이 마련되어 질 것이고, 또한, 위치와 규모 등은 주변 환경을 고려하여 요구사항도 설계에 고려되어야 할 것이다. AAM 항공기 성능 및 특성이 최종 접근과 이착륙 구역의 크기와 설계에 영향을 줄 것이며, 이는 헬리콥터 특성을 고려한 헬리패드와는 다를 것이다.

버티포트는 헬리포트와 매우 유사하지만, 임무와 목적 면에서 일부 차이점이 있을 수 있다. 착륙장, 안전구역, 유도로 및 주기장(스탠드)가 포함된다는 점은 유사하지만, 이러한 곳과 관련된 크기, 표시, 분리 거리 및 보호 구역은 헬리포트와 일부 다를 수 있으므로, 향후 버티포트를 고려한 특정 표준이 일부 마련되어야 할 것이고 이를 기반으로 설계되어 질 것이다.

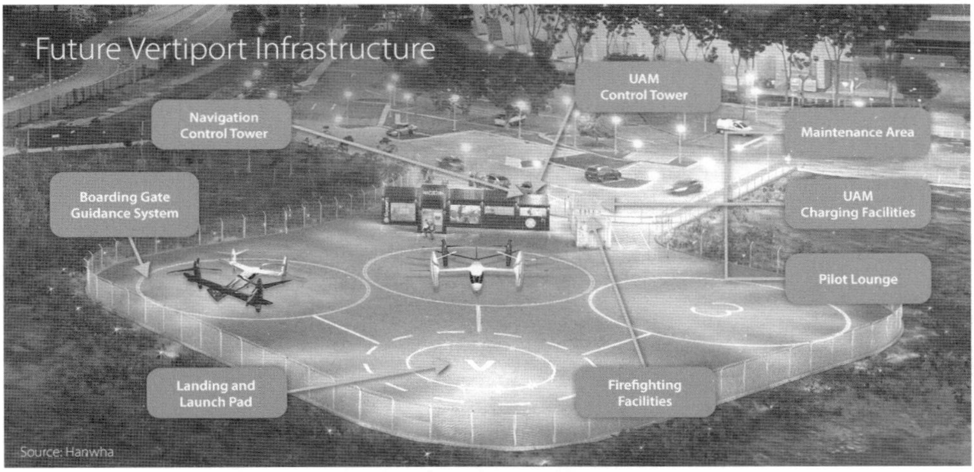

〈그림 *-*〉 버티포트 인프라 (Hanwha)

기존 항공교통체계에서 교통이 가장 집중되는 곳은 이착륙장으로 이곳을 중심으로 입체적으로 설정된 이착륙장 주변을 관제공역으로 설정하고 항공교통관제업무가 집중적으로 제공하는 공역을 설정할 수 있는데, AAM 운용에서도 버티포트 주변에서 이착륙을 위해 교통량이 가장 집중할 것으로 이 공역에서 최적화된 시간분리 개념인 4DT 등 기술을 적용하여 적절한 분리 간격 유지하여 교통흐름을 효율적으로 관리하게 될 것이다.

아울러, 버티포트에 이착륙하는 항공기의 안전확보를 위해서 주변 공역에서 낮은 고도로 비행하는 비협력적 드론이나 조류 등 예기치 못한 물체를 항시 모니터링하고 이들로부터 이착륙하는 AAM 기체를 분리하는 등 버티포트 및 주변 공역의 안전성을 유지하는 것이 중요할 것이다. 이를 위해 버티포트와 버티포트 간에 연결되는 회랑과는 별개로, 버티포트 운영자가 그 안전성을 확보해야 할 구역이 버티포트 주변 공역에 설정되어야 할 것으로 주변 보호 공역과 그 외부의 특정 영역까지 공역 감시를 수행할 것이고, 드론과 같은 소형 무인기의 주변 보호공역 내 침범 가능성 등 사전에 보호 공역 내 위험 발생 가능 여부를 판별하며 AAM 조종자 등에게 실시간으로 정보를 제공해야 할 것이다. 또한, 버티포트 주변 보호 공역 내에서 비행하고자 하는 비행체의 운영자는 설정된 구역 내 회랑을 침범하지 않더라도 UATM과 버티포트 운영자의 허가를 받도록 해야 할 것이다.

이러한 보호 공역은 기존의 헬리패드의 장애물 제한표면 이외에 확장된 공역을 의미하는 것으로서 AAM 기체가 안전하게 운항할 수 있도록 보호해야 할 공역의 공간적 범위로서, 보호 공역 내로의 타 비행체의 침범을 감시하고 예방하는 동시에 추가적으로 이착륙하는 AAM 기체가 사전에 정해진 이착륙 절차에 따라서 수립된 경로 범위내에서 비행하는지를 모니터링하며 예정된 경로의 범위를 벗어난 경우 AAM 기체 운용자에게 알려줌으로써 AAM 기체가 해당 공역 내 안전하게 비행할 수 있도록 지원해야 하는 공간적 범위를 뜻할 수 있을 것이다.

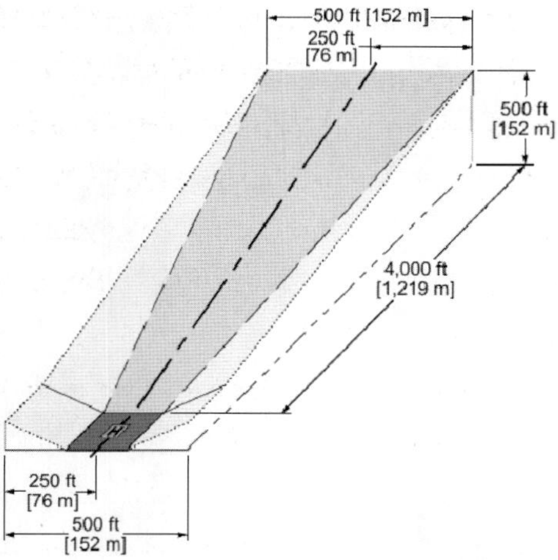

FAA

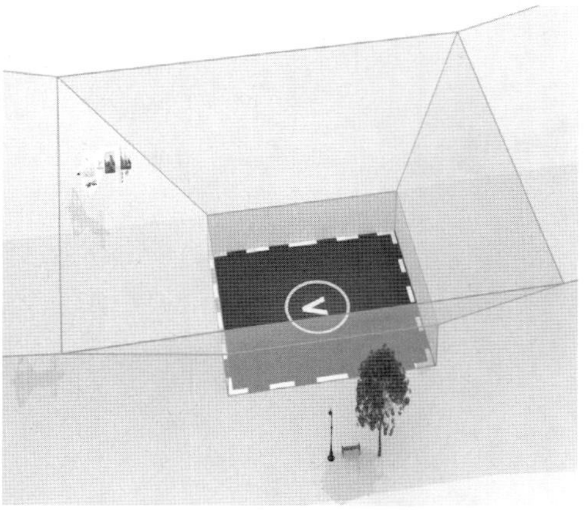

EASA

〈그림 *-*〉 버티포트 공역 예시

어떤 버티포트는 많은 규모의 AAM 항공기를 주기 및 보관할 수 있는 공간이 충분하지 않을 수도 있다. 이러한 경우 항공기의 보관, 충전 및 유지보수를 위한 목적으로 사용될 대기 구역을 설정할 수도 있다.

비상 착륙지는 AAM 항공기가 즉시 착륙해야 하는 비상상황 발생 시에도 안전한 운항을 보장하기 위해서는 비상 착륙을 위한 구역으로 일반적인 경우는 아니지만 이미 구축된 버티포트도 비상 착륙 구역으로 포함할 수도 있는데 이러한 곳을 미리 식별하고 정확하게 조사하여 사용 가능한 공공 안전 서비스를 제공해야 할 것이다. 비상 착륙지로는 주차장, 옥상 및 기존 헬리패드 또는 기본 착륙 패드를 포함할 수 있을 것이고, 비상 착륙지의 위치와 사용 가능 여부는 지자체와 토지 소유자 및 항공 교통 규제 당국의 사전 조정 및 승인이 필요할 것이다.

버티포트를 운영하기 위해서는 내 ·외부 디지털 및 물리적인 인프라가 필요하다. 버티포트 및 AAM 운영 요구사항들을 지원하는데 필요한 디지털정보를 생성, 처리 및 교환하는 지상 인프라 개발이 필요한데, 승객과 항공기를 지원하는 버티포트의 물리적인 시스템과 구조물은 수요자 요구사양을 기반으로 개발되어 질 것이다.

AAM 특화도시는 버티포트와 비행로 등 인프라와 도시내 대중교통 및 공유형 모빌리티 등 스마트 모빌리티와 연계하여 도시 내 상업, 유통, 주거 등 다양한 도시 기능과 어울리는 도시 구성이 될 수 있을 것이다. 특화도시 내 버티포트의 입지와 비행로는 이용객 편리성, 교통 공공성 및 사업자 수익성, 비행 안전성, 지역사회 수용성 등을 고려해야 할 것이고 안전, 경제성, 수요, 접근성 이외에도 소득수준, 인구 및 경제 일자리 집중도도 중요한 요인으로 제시되고 있다.

버티포트를 조성함에 있어서 국토종합계획 및 지역도시계획 등 도시 상위개념과 연계하고 광역 및 시외 교통계획, 환승체계 등 종합적인 검토와 사전계획을 바탕으로 진행할 것이고, 특화도시 내 버티포트 입지와 비행로는 이용객의 접근성과 편리성, 교통 공공성과 신속성, 비행 안전성과 효율성, 사회 수용성과 공익성, 사업자 수익성과 성장성 등을 동시에 살펴보는 게 요구되어 질 것이다.

〈그림 *–*〉 AAM 특화도시 예시

제3절 첨단항공교통의 관리와 비행규칙

1. 첨단항공교통의 관리

무인비행장치·무인항공기 등 UAS 영역은 지속적인 성장이 예상되는 산업군으로서, 다수 드론의 안전운용을 보장하고 기존 항공교통관리와 AAM과의 상호 조화롭고 안전하게 공역을 공유, 활용할 수 있도록 하기 위해 드론교통관리(UAS Traffic Management, UTM)의 필요성이 제기되고 있다. UTM은 기존 ATM과 목적 등에서 유사한 면은 있으나, 관제사와 조종사 간 직접적인 음성통신을 사용하지 않고 ATM에서 제공하지 않는 저고도의 비행정보를 바탕으로 원격·자동·자율로 비행하는 드론에 자동화된 드론교통관리 업무를 제공하는 점에서 차이가 있다.

UTM의 경우 저고도에서 비행하는 UAS가 안전하고 효율적으로 비행할 수 있도록 UAS의 비행에 필요한 각종 비행계획 접수·승인·공유, 경로 이탈감시 및 충돌 방지 정보 제공 등을 통해 UAS의 안전을 확보하는 동시에 효율적인 UAS 운용을 지원하며, 관련 정보를 수집·연계·기록·처리하는 자동화된 체계까지를 포함한다.

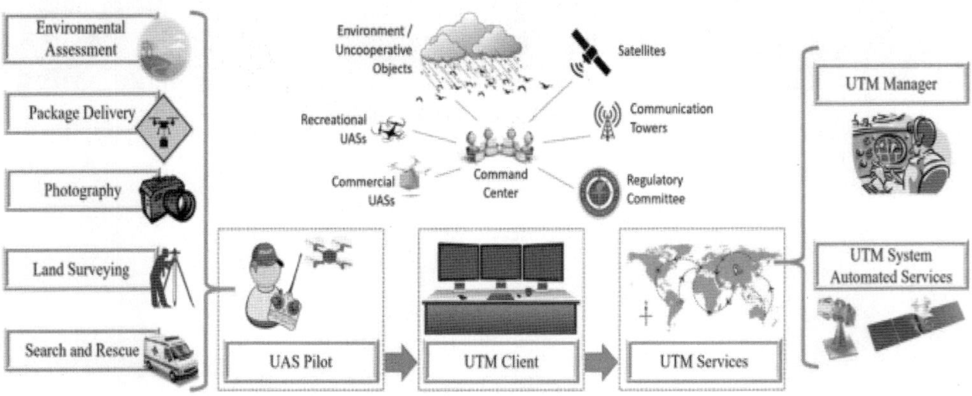

〈그림 *–*〉 UTM · UAS 개념도

이러한 UTM을 구성하는 주요 요소로는 UAS 조종자에게 서비스를 직접 제공하는 드론교통관리서비스사업자(UTM Service Supplier, USS), UAS의 식별·위치·비행정보를 원거리에서 획득하는 원격식별정보, ATM 등의 국가망과 USS를 연계하여 비행정보를 수집·배포·관리 등을 수행하는 비행정보관리시스템(Flight Information Management System, FIMS) 등으로 구분할 수 있다.

기존 항공교통관리에서 제공하지 않았던 UAS에 대한 서비스를 UTM이 제공하기 위해서는 기존 ATM 영역에서 활동하는 관련 이해당사자간에 추가적으로 고려되어야 할 것이다.

UAS의 주요 역할을 구분하여 제시할 수 있는데, ①무인비행장치 조종자(Remote Pilot in Command, RPIC)로 무인비행장치를 운용하여 배송, 감시, 촬영 등 다양한 사업적 활동을 하는 개인, 사업자, 기관으로 비사업 목적의 드론 조종자를 포함하고 조종자는 UTM에 직접 접속하여 드론교통관리(UTM) 서비스를 제공받고, 무인비행장치 조종에 대한 최우선적 책임을 가지고 있고, ②무인비행장치 시스템(UAS)으로 장치 및 시스템 소프트웨어를 포함하여 무인비행장치를 제어하는 역할을 수행할 수 있으며, ③무인비행장치 소유자(UAS Owner) 무인비행장치 장치 신고 시 기재한 소유자를 지칭하고, 등록된 개인, 사업자, 기관 등을 포함하고, 소유자는 드론 운용을 위해 보험 가입, 장치 신고에 대한 책임을 가질 수 있고, ④무인비행장치 제작사(UAS Manufacturer), UAS의 사전에 정한 규격, 성능, 능력에 맞게 제작하는 책임을 가질 수 있는 것으로 제시되고 있다.

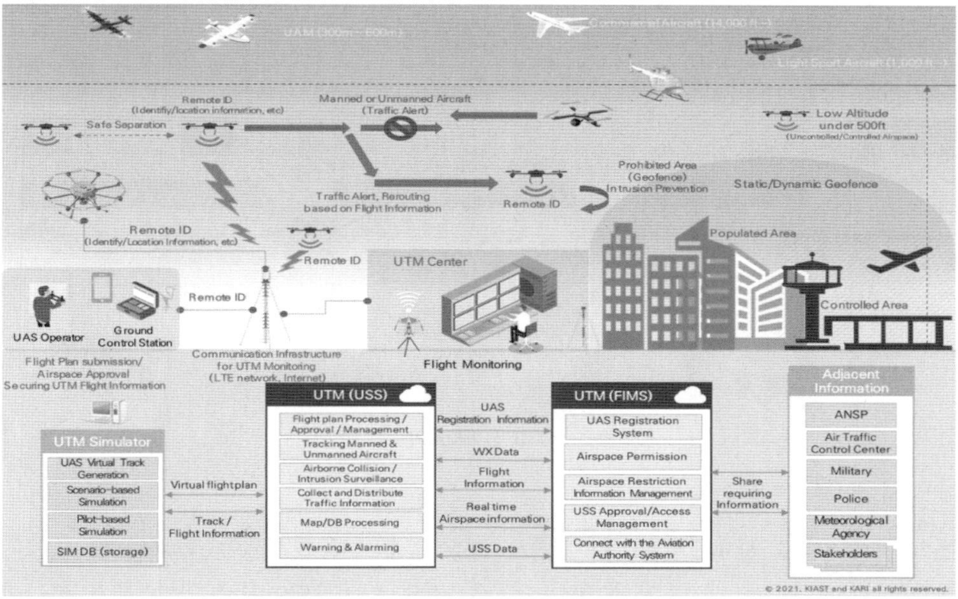

〈그림 *-*〉 UTM 운용 개념 (KIAST)

AAM의 한 부분일 수 있는 UAM의 경우에는 교통관리시스템(UATM)이란 기존 항공교통관리(ATM)에 대한 영향을 최소화하면서 UAS와 공역을 조화롭게 공유, 활용하면서 공중 및 지상기반 기능을 포함하여 모든 이해관계자들의 협력을 바탕으로 연속적인 업무의 제공을 통해 도심내에서의 비행이 안전하고 효율적으로 유지되도록 UAM 교통 및 공역의 통합된 관리를 가능케 하는 시스템을 의미할 수 있다.

UATM 개념은 UAM 교통관리의 요구 사항을 해결하기 위해 만들어져야 하는데, 기존 항공교통관리(ATM)에 대한 영향을 최소화하면서 공중 및 지상기반 기능을 포함하여 모든 이해관계자들의 협력으로 연속적인 업무의 제공을 통해 도시에서의 비행이 안전하고 효율적으로 유지되도록 UAM 교통 및 공역의 통합된 관리를 가능케 하는 시스템이다.

구체적으로 살펴보면, UATM은 UAM 교통관리의 고유한 요구 사항을 해결하기 위해 만들어질 것이다. UAM교통관리시스템은 UAM뿐만 아니라 UAS 및 기존 항공기와의 충돌 해소(deconfliction), 상황 인식(situation awareness) 및 협력적 의사 결정(collaborative decision making)을 지원하기 위해 UATM, UTM, ATM은 서로 상호 작용하거나 통합되어야 한다. 교통 밀도가 더욱 증가하고 더 높은 수준의 항공기 자율성이 구현됨에 따라 모든 교통 관리 시스템에서 고도로 통합되고, 통합된 공역의 관리가 필요하게 될 것이다.

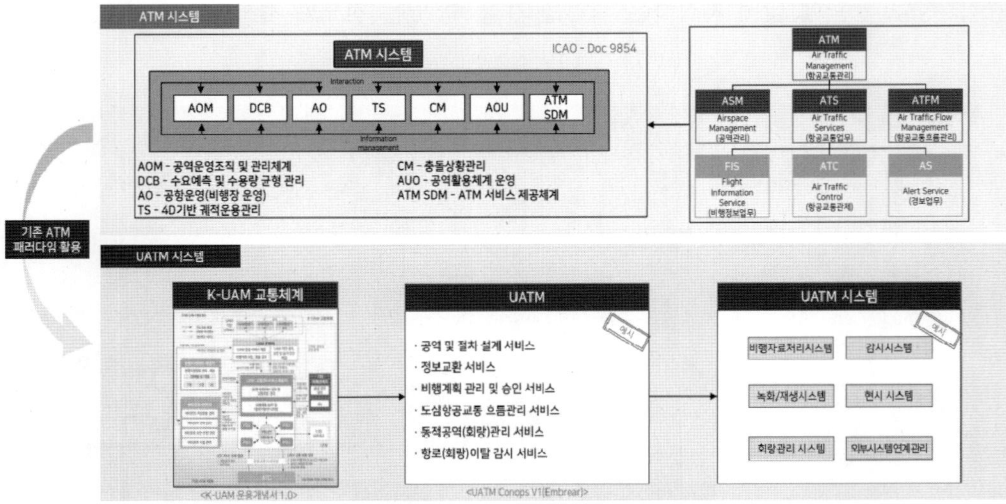

〈그림*–* ATM과 UATM과의 관계 예시〉

초기에는 저밀도 상태에서 UAM 운영을 하는 점과 최첨단 기술이 부재한다는 점을 고려하여 기존 ATM 서비스 체계에 일부 의존할 것으로 예상되어지고 있다. 추후 복잡성이 증가함에 따라 UATM 서비스의 전부는 아니더라도 일부 요소에 대해서는 UATM 고유 요구 사항을 충족하는 디지털화되고 자동화된 시스템이 등장할 수도 있을 것이다.

UATM은 UAM뿐만 아니라 UAS 및 기존 항공기와의 충돌 해소(Deconfliction), 상황 인식(Situation Awareness) 및 협력적 의사 결정(Collaborative Decision Making)을 지원하기 위해 UATM, UTM, ATM은 서로 상호 작용, 협력하거나 가능한 경우 통합하는 방안이 제시되고 있다. 교통 밀도가 더욱 증가하고 더 높은 수준의 항공기 자율성이 구현됨에 따라 모든 교통 관리 시스템에서 고도로 통합된 공역의 관리의 필요성이 증가할 것이다.

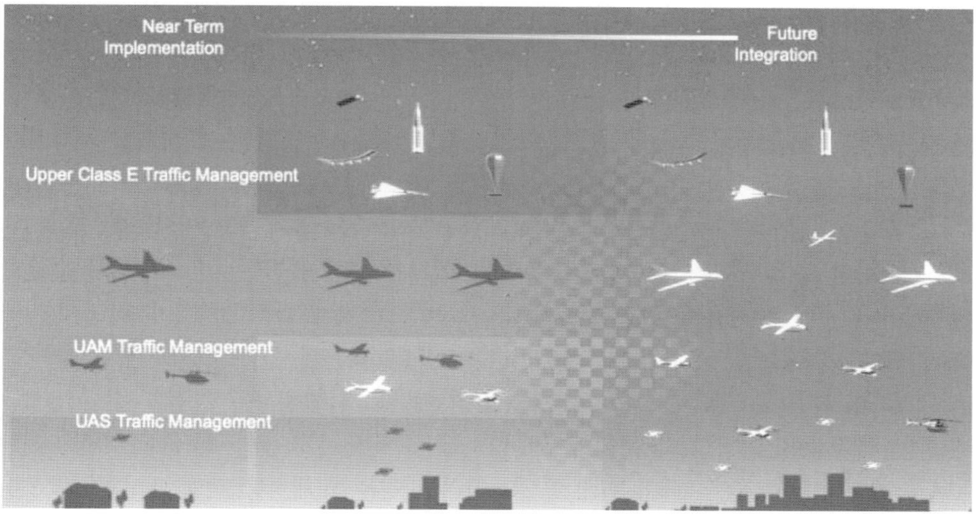

〈그림 *-*〉 ATM, UATM 및 UTM (NASA)

초기 AAM의 상용화 시기에 예상되는 목표 서비스를 몇 가지로 구분해서 볼 수 있는데, ①비행계획승인으로 운항사로부터 제출된 비행계획서를 검토, 승인 등 관리하는 서비스, ②항로이탈 모니터링은 서비스 제공 구역 내 회랑을 비행 중인 AAM 기체의 이탈여부 감시하는 서비스, ③공역 및 회랑 관리는 고정 회랑 사용이 불가능한 상황 시 대체 회랑 제공 등의 서비스, ④교통흐름관리는 공역 및 회랑 또는 버티포트의 교통량의 변경에 따른 비행 수요 조정, 비상상황 등 필요시 전술적 분리 제공하는 서비스, ⑤운항정보 공유는 NOTAM, 기체 운영상태, 기상, 지형정보 등 운항에 필요한 정보를 운항사, UAM 기체 조종사 등 이해관계자에게 공유하는 서비스로 구분할 수 있다.

목표 서비스별로 구체적으로 살펴보면, 비행계획 승인 서비스의 목적은 기본적으로 UAM 비행 요청에 따른 계획을 검토 및 승인하는 것으로, 비행 승인은 UAM의 비행 및 비행계획에 대한 허가, 버티포트 사용을 위한 일종의 예약 허가에 해당할 것이다. UATM 서비스 제공이 의무화된 경우에는 모든 UAM 운영에는 비행승인이 필요하고, 비행 계획 및 승인에는 모든 UAM 운영 상에서 버티포트 및 공역 용량 및 가용성을 고려하는 것이 요구될 것이고 경우에 따라서는 중앙 집중식 관리가 될 수도 있을 것이다. 비행 계획의 핵심 전제요건 중에 하나로 모든 공역 사용자에게 공역 사용에 관한 공평한 접근을 보장해야 할 것이다.

항로이탈 모니터링의 목적은 기본적으로 UATM에서 UAM 비행체가 승인된 비행계획에 기재된 항적을 실시간으로 모니터링하면서 출발지부터 도착지까지 항로이탈 여부를 감시하고 항로이탈 발생 시 네트워크 및 통신 등을 통해서 조종사와 이해관계자에게 항로이탈 발생 여부와 해당 경보를 전파하는 일련의 활동이 될 것이다. 모니터링은 실시간으로 이루어지는 것을 의미하며 비행체의 데이터로부터 수신된 자료를 토대로 나타나는 항적의 동기화를 통해 이루어지고 이를 통해 얻을 수 있는 정보로는 기체의 식별정보와 속도, 고도, 비행방향 등과 같은 궤적 및 관련 운항정보 등이 존재할 것이다.

공역 및 회랑관리는 실시간으로 전파되는 공역의 상태에 대하여 정보를 제공하고 UAM이 비행할 저고도 공역에서 환경 및 운영상의 변화로 인한 비행 지연 및 효율성의 감소를 막기 위해 대체회랑 제공 등 실시간 교통상황과 수요에 맞추어 적절히 회랑 수정, 운영함으로써 공역 자원의 활용을 극대화하는데 목표를 둘 수 있다. 항공정보간행물(AIP) 등에 수록된 군 공역과 비행금지구역, 비행제한구역과 같은 통제공역 및 주의공역과 같이 영구적 성격의 공역정보와 NOTAM을 통하여 실시간으로 제공되는 임시구역과 같은 일시적 성격의 공역 변화를 실시간으로 수집, 제공함으로써 UAM 운영자가 비행 시 공역 및 회랑에 대한 정보를 직관적으로 파악할 수 있도록 하는데 있다. UAM 비행체가 도심 내 회랑을 이용하여 비행하는 동안 항로 중간에 이벤트가 발생하는 가정할 수 있는데 예를 들어, 국지적인 악기상, 드론이나 새떼와 같은 식별 불가능한 비행체, 비상 상황인 UAM 비행체의 출현 등을 예상할 수 있고, 이러한 경우 대체회랑 선택 및 개방 등 사용 공역의 유동적인 변화를 통해 공중에서의 UAM 흐름 지연을 사전에 방지하고 UAM 비행체의 정시성을 확보할 수 있을 것이다. UAM 비행체의 유동적인 회랑 사용이 예측될 시에는 공역 수용량과 타 비행체와의 적절한 분리 유지를 위해서 비행 계획을 속히 변경할 수 있어야 하는데 이는 UAM 운영에 영향을 줄 수 있는 회랑의 공급량과 수요량과 관련하여 실시간으로 UAM 운영에 관한 최신 정보를 변경함으로써 다음의 서비스인 교통흐름관리가 가능할 수 있을 것이다.

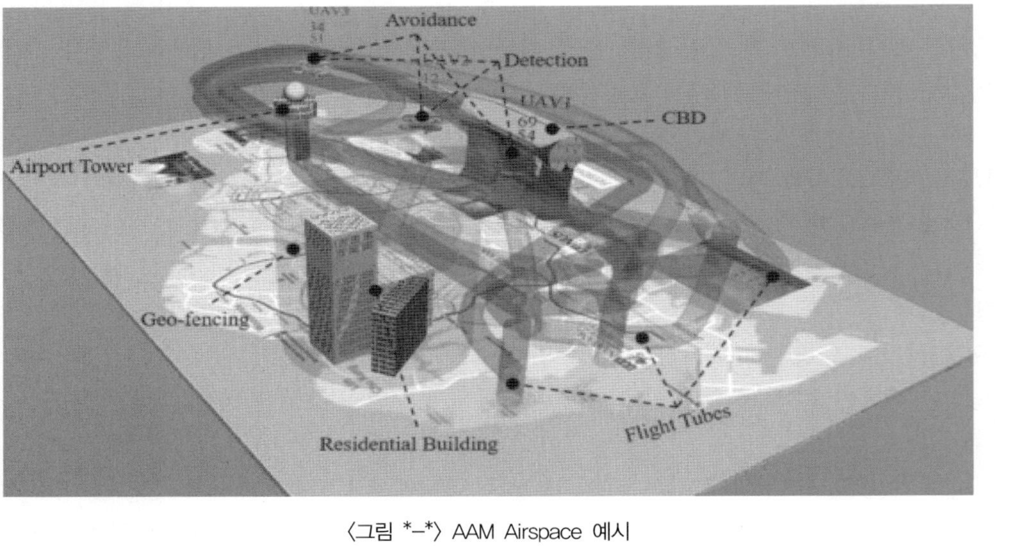

〈그림 *-*〉 AAM Airspace 예시

교통흐름관리 서비스의 대상은 공역 뿐만 아니라 버티포트와 같이 제한된 자원도 해당이 되는데 실행 가능한 최대 범위 내에서 교통흐름이 이루어지도록 하는 것으로 버티포트의 용량을 최대화하려면 출도착 시간을 바탕으로 버티포트 슬롯의 관리가 필요한데, 먼저 비행 계획은 각 버티포트에서 가용 가능한 수용량에 의해 영향을 받을 것으로 버티포트 주기장의 수요량인 입출항하는 UAM 기체의 수에 따라서 변경이 될 것이고 버티포트 주기장 수용량이 초과되지 않았는지 확인하기 위해 이전에 승인된 계획을 바탕으로 실시간 변경된 정보를 함께 병합해서 검토해야 할 것이다. 교통흐름관리는 UAM 기체의 비행 효율성과 함께 안전성을 보장하기 위해서 공중에서의 대기보다 지상에서 대기하는 것이 바람직하고 약간의 출발 지연과 같은 사소한 버티포트 수용량 문제는 다른 UAM 기체를 위해서 지상 지연과 같은 가능한 소규모 비행계획의 조정 등 전술적으로 처리해야 할 것이다.

운항안전정보 공유 서비스의 목표는 시기적절하고 정확한 데이터를 교환하여 모든 이해관계자가 공유된 상황 인식을 보장하는 것으로 운항 안전정보 공유 서비스는 다른 UATM 서비스 관계자들이 안전하고 효율적인 UAM 운항을 지원할 수 있도록 하는 것으로 운항안전정보 공유는 가능한 기존 ATM과의 정보공유 등을 고려하여 정보관리 원칙에 맞추어 진행될 것이다. 운항안전정보 공유는 정확하고 신뢰성이 보장된 정보를 적시에 제공해야 할 것이고, 이 정보는 UAM 및 관련 운영을 지원하는데 사용될 것이며, 공유된 정보의 품질을 모니터링하고 관리하는 등 UAM 이해관계자를 지원하는 정보 공유 체계를 제공할 것이다 운항안전정보 교환은 고품질, 신뢰성 및 일관성 있는 디지털 항공 데이터의 광범위한 활용을 바탕으로 가능하게 될 것이고, 데이터는 사용 가능한 형식으로 모든 사용자에게 제공되며 안전성 및 UAM 운영 성능 향상에 기여할 것이다.

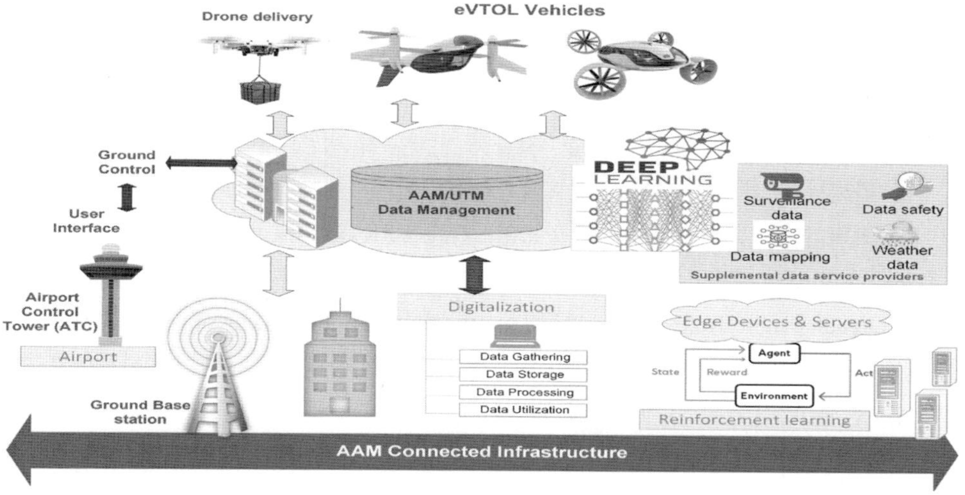

〈그림 *-*〉 AAM · UAS Data Management 예시

UAM 이해관계자는 정보에 입각한 협력적 의사결정을 위해서 시스템 전반에 걸쳐 공유된 정보를 바탕으로 진행될 것이고 UATM 시스템 내에서 이러한 운영 개념을 기반으로 하여 관련 정보는 필요한 시기에 이해관계자에게 제공, 사용할 수 있어야 할 것이다. 다양한 권한과 요구 사항을 가진 사용자는 사용자별로 필요한 정보를 맞춤화하고 필터링

하여 액세스해야 할 것이고 제공된 정보의 초기 품질은 작성자에게 책임이 있으며 후속 처리가 정보 품질을 손상시키지 않아야 할 것이다. 운항안전정보 공유는 유연하고 적용 가능하고 확장 가능한 정보 환경에서 당사자 간에 관련 정보를 원활하게 전송할 것이며 향후에는 전 세계적으로 조화된 디지털 데이터 표준을 사용하게 될 것이다.

2. 첨단항공교통의 미래 비행규칙

현재 항공교통 분야는 첨단 기술의 급격한 발전과 혁신적인 변화로 인해 미래의 비행 환경을 새롭게 모색하고 있는 시기를 맞이하고 있다. 1904년 동력비행이 시작한 이후에 훈련된 조종사는 관측 항법에 의존하고 때때로 지형지도의 도움과 고정 지점을 기준으로 자신의 위치를 시각적으로 계산, 추정하면서 비행하는 VFR(시계비행규칙)과 비행기의 조종석 계기뿐만 아니라 무선 및 위성 항법과 같은 장비를 사용하여 조종하는 IFR(계기비행규칙)으로 항공기의 안전하고 신속한 항행 등을 위해서 설정되어진 공역에서 정해진 조건에서 비행을 수행하고 있다.

이러한 가운데 UAS와 AAM, 여기에 고고도 운용 항공기를 포함하는 운용방식의 비행체가 등장하면서, 기존의 비행규칙 이외에 공통으로 모든 비행체에 적용 가능한 새로운 비행규칙 검토의 필요성이 대두되고 있다.

항공 분야에서 각 비행체의 운용 목적은 상이할 것이고 비행고도 및 속도, 비행방식 또한 매우 다양해질 것으로 예측되어지고 있다. 그렇기에 효율적인 항공교통의 흐름 관리를 위해 다양한 비행체 및 운용방식을 공통으로 적용할 수 있고 기술의 발전과 환경 변화에 맞으며 공통되게 활용할 수 있는 적합한 비행규칙 범주 내에서 규제할 필요가 있겠다. 이를 위해서는 실시간 디지털 정보의 교환과 이해관계자 간의 협력적 관행을 내포한 접근이 필요하다는 의견이 제시되고 있으며, 기존 VFR 및 IFR 비행규칙과 구분할 수 있고 동시에 상호 조화로운 적용을 할 수 있어야 하는데, 이러한 방식의 비행규칙을 NASA는 DFR(Digital Flight Rules) 또는 AFR(Autonomous Flight Rules)이라고 제시하고 있고, 이를 통해서 통합된 비행환경에서 적합한 운항을 규정, 지원할 수 있다고 제시하고 있다.

DFR은 현재 VFR·IFR 규제체제의 발전을 반영하고 발전하는 기술 및 절차를 반영하는 것으로 시계비행 절차를 수행하거나 ATC의 분리 서비스를 받지 않고 시계비행 기상상태(VMC) 및 계기비행 기상상태(IMC)에서 지속적인 디지털 비행방식으로 대안적인 분리 수단으로 하는 규정의 집합이라고 정의할 수 있는데 DFR은 비행운용이 디지털 정보의 참조를 통해 수행되는 형태임을 의미하고 이 형태에서는 디지털 기술과 자동화된 정보 교환 기술에 의하여 조종자에게 향상된 정보를 제공하고 이를 바탕으로 이해관계자 간 협력적인 규칙과 자체 분리 기능을 통해 비행의 안전성을 보다 증진할 수 있을 것으로 예상되어 진다.

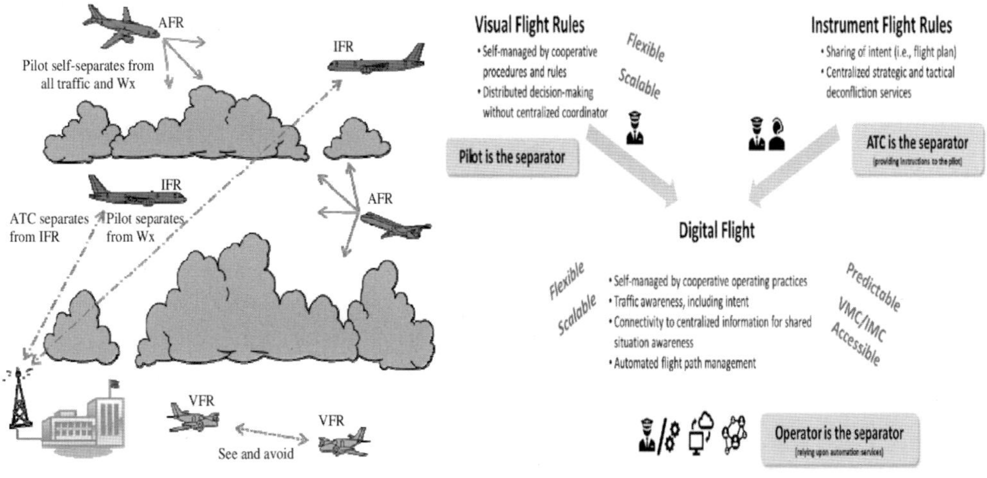

〈그림 *-*〉 VFR, IFR 및 AFR (NASA)

기존에 사용되는 VFR과 IFR은 무인 항공기의 증가와 함께 기존 항공 운용체계의 적용이 적합하지 않은 UTM(UAS Traffic Management), UATM(Urban Air mobility Traffic Management), ETM(Upper E Class Traffic Management)의 등장으로 새로운 개념을 등장의 규칙이 요구되어 지고 있는데, ICAO는 차세대 비행환경의 항공 운영체계에서 자체 분리 개념을 적용하는 항공교통관리 시스템의 최적화를 다루고 다양한 운용 형태의 비행체들과 기존 ATM 항공기의 통합 운용을 목표로 하는 비전을 제시하고 있다. 이를 뒷받침하기 위하여 ICAO에서는 GATMOC(Global Air Traffic Management Operational Concept, Doc.9854)이나 GANP와 같은 공개된 문서를 통해서 비행체의 자체 분리 개념을 적용하여 항공교통관리의 최적화를 위한 Self-Separation(자체 분리), CSEP(Cooperative Separation, 협력적 분리) 운용 서비스 제공 개념을 차세대 비행환경에 점진적으로 적용할 수 있도록 제시하고 있다.

DFR은 디지털 정보의 실시간 교환을 바탕으로 자체 분리 기능을 통해서 운용되는 비행규칙이므로 VFR과 IFR 비행규칙과 병행하여 사용할 수 있을 것으로 예상되고, 이는 모든 비행 가능 공역에서 활용할 수 있음을 의미하는 것으로 제시되고 있다. 또한, 시각에만 의존하여 비행해야 하는 VFR 방식은 기상 제약을 받지만 DFR은 모든 정보를 디지털 방식으로 교환할 수 있기에 기상 제약을 받지 않거나 일부 극복할 수 있다는 특징을 가지고 있다. 이는 기존의 IFR과 VFR 비행규칙에서 제공되는 각각의 이점을 결합할 수 있음을 의미하다고 제시되고 있다.

다른 말로는 IFR 비행규칙 수준의 공역 접근성을 가지면서 기상 상황의 제약 및 관제기관의 허가와 상관없이 시각 비행과 같은 운용 유연성을 갖고 IFR 필수 공역 내에서 비행경로를 동적으로 조절해 가면서 안전 운항을 보장 가능하다는 것으로도 제시되고 있다. 이는 기존 ATM 체계뿐 아니라 아닌 UTM, UATM, ETM과 같은 신 항공교통체계에도 적용할 수 있고 미래에는 각 항공교통체계의 통합을 통해 유연하며 효율적인 항공교통 흐름관리가 가능해질 것이다.

NASA에서는 이와 함께 전통적인 ATS 제공을 보완하고 ATM 시스템에 새로 진입하는 항공기의 운영을 지원하는 개념의 확장형교통관리(Extensible Traffic Management, xTM)을 제시하고도 있다.

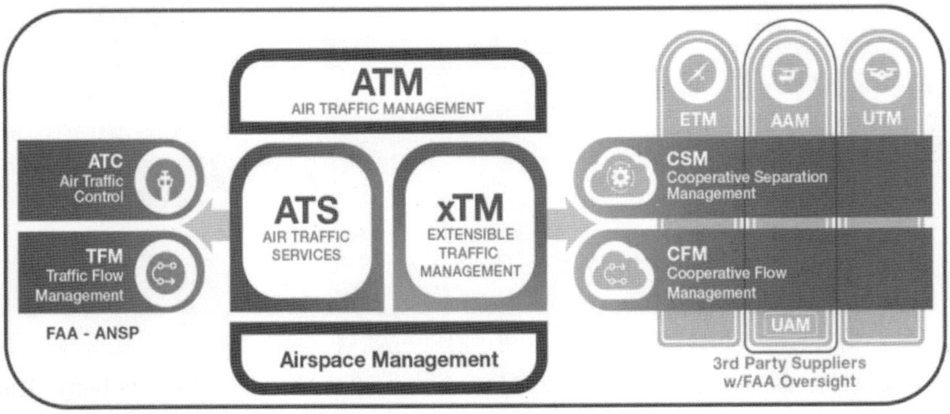

〈그림 *–*〉 미래 ATM 보완 서비스 환경 개요 (NASA)

DFR의 성공적인 도입과 적용을 보장하기 위해서는 4가지의 필수적인 측면을 기반으로 여러 세부사항이 결정될 수 있어야 하는 것으로 제시하고 있는데 4가지 측면은 다음과 같다.

〈표 *–*〉 DFR 필수 요소

• 디지털 정보 연결 및 서비스(Digital Information Connectivity and Services) • 교통상황 인식 공유(Shared Traffic Awareness) • 협력적 관행(Cooperative Practices) • 분리 자동화(Separation Automation)

DFR의 필수적용요소 중 하나는 디지털 정보의 연결 및 교환 서비스를 제시되고 있는데, 디지털 공유 기반 시스템은 안전한 운항을 위한 실시간 정보 및 예측 정보가 적절하게 공유되어야 하고 이는 신뢰성과 정확성이 충족된 정보이여야 하는 것으로 제시되고 있다. 이러한 정보 공유의 가장 큰 목적은 자체 분리(Self-separation) 기능을 제공하기 위하는 것으로 이를 위해서는 실시간으로 비행체 주변의 상황을 인식할 수 있어야 하고. 상황 인식 시 필요한 정보는 비행체의 상태, 비행경로 의도, 항법 성능 등이고, 이를 통해서 분리 간격의 효율화를 도모할 수 있다는 것이다.

운영 환경의 디지털 모델을 유지하고 운영 의도를 공유하는 것부터 갈등 관리에 협력적 관행을 적용하는 등 아래 프로세스 예시에서는 네 가지 필수 요소가 모두 포함되어 있고, ATC와의 협력적 상호 작용 및 운영 제약 조건 준수와 같은 추가적인 측면이 포함되어 제시되고 있다.

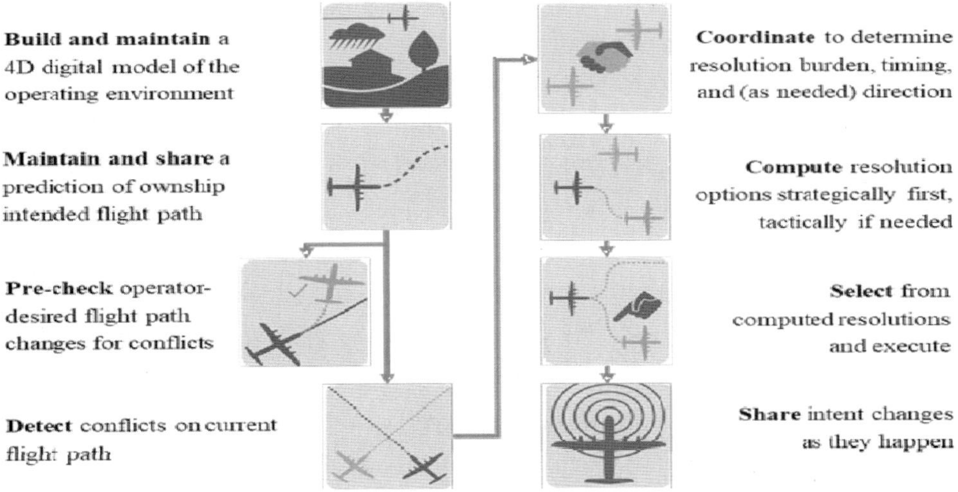

〈그림 *-*〉 DFR 협력적 자체 분리 프로세스 예시

조직적이고 효과적인 DFR의 운용이 이루어지기 위해서는 모든 DFR 운영자가 따르는 협력적 관행(Cooperative Practices)이 존재해야 하고 이는 사전에 명시되어야 할 것이며 DFR의 통합된 공역 환경에서의 기본적인 운용규칙도 포함되어야 하는데 기존 항공기와의 조화를 이루기 위해 VFR, IFR 운용 항공기와의 통합된 공역 환경에서 협력적으로 비행체를 관리하는 방법에 대한 규정이나 산업 표준 또한 필요로 한 것으로 제시하고 있다.

위의 정보들이 융합되어야 DFR의 가장 중요한 요소인 분리 자동화를 달성할 수 있는데, 이를 위해서 DFR 항공기 간, DFR 항공기와 IFR, VFR 항공기 간 분리는 실시간 협력 기반으로 수행되어야 하고 아울러 계획된 비행경로의 최적화 및 안전 보장은 유지되어야 할 것이다.

DFR의 필수적용요소가 체계적으로 도입된다면 DFR의 핵심 기능들은 효과적으로 작동할 수 있을 것인데, NASA에서 제시하는 DFR의 핵심 기능을 바탕으로 다음과 같이 제시하고 있다.

〈표 *-*〉 DFR 핵심 기능

• 운영자 자체분리(Operator Self-Separation) • 협력적 충돌관리(Cooperative Conflict Management) • 비행체 간 분리 간격 적용(Adaptive Pairwise Separation) • 제한된 자원의 공동 활용(Collaborative Utilization of Constrained Resources) • 자체 조직화 및 시퀀싱(Self-Organization&Sequencing) • 밀도와 운영 복잡성에 따른 자체 규제(Self-Regulation of Density & Operational Complexity)

운영자 자체분리 기능은 DFR 운항이 안전하게 수행이 되고 VFR 및 IFR 운항과 별도 분리될 필요가 없는 주요 메커니즘이고 이 기능은 DFR이 VFR의 주관적인 "보고 피하기" 기능과 의무적인 ATC 적극적 제어를 통해 제공되는 IFR의 분리 서비스와 구별할 수 있는 점으로 제시되고 있다. 교통분리는 이 기능이 초점이지만 지형, 장애물, 날씨 및 보호 공역과 같은 모든 물리적 및 운영적 위험요소도 함께 고려되어야 할 것이고, 분리 제공은 일반적으로 비행경로 모델링, 충돌 없는 기동, 충돌 감지 및 컴퓨팅 해결 기동을 포함하는 동적인 계산 기술을 통해 수행될 것으로 제시되고 있다.

DFR을 적용하는 운영자는 시계비행 또는 ATC 서비스를 통한 기체 간 분리 대신 근처의 비행체로부터 운영자가 주도적으로 분리할 수 있는 능력을 갖춰야 하는 것으로 기술되어 있다.

이러한 능력은 상기 언급한 DFR 필수적용요소가 충족되어 디지털 정보의 교환이 적절하게 이루어질 때 가능한 것으로 자체 분리를 수행함과 동시에 각 비행체의 운영자는 상호 간 충돌 방지를 위한 운영 효율성을 높일 수 있고 불필요한 작업을 최소화할 수 있는 공동의 절차를 수행할 수 있어야 할 것이다. 이를 토대로 적절한 규칙을 마련함으로써 비행체간 분리 제공의 부담이 상호 대등하고 적절하게 분담되어야 할 것이다.

기존 IFR 방식은 해당 지역의 요구항행성능(Required Navigation Performance, RNP)이 제시하는 성능에 충족하는 항공기만 RNP 운용 지역을 비행할 수 있는데, 반해서 DFR 운용방식 자체에서 요구하는 항법 성능은 아직은 별도로 제시되지 않고 있다. 각 비행체가 가지고 있는 항법 성능에 따라 그 분리 기준이 달라지는데, 두 비행체의 접근 시 어느 수준의 항법 성능을 갖는지에 따라 분리 기준치가 다양하게 결정될 것이고, 이는 단순히 횡적 분리치 뿐 아니라, 종적 분리치, 수직 분리치까지 항법 성능에 따라 고려될 것이다.

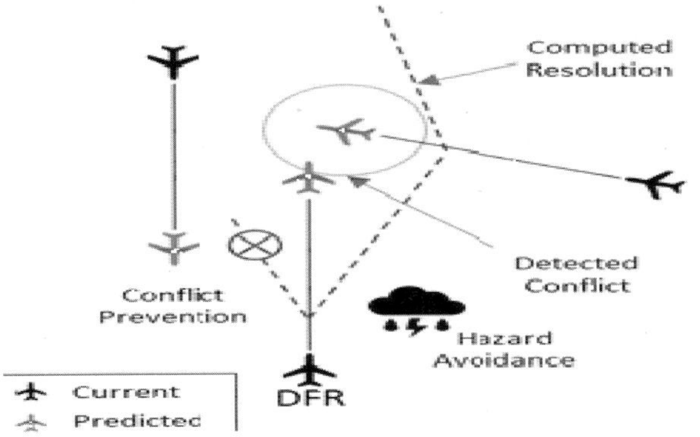

〈그림 *-*〉 DFR 자체 분리 기능 예시

운영자는 비행체 상태 예측 데이터를 신뢰성 있게 제공함으로써 자신을 포함한 주변 비행체 운영자와 제한된 공역 자원을 효율적으로 활용할 수 있을 것이고, 또한 실시간 정보 및 계획 정보를 반영하여 복잡한 관제권 내 흐름관리업무에 보다 협력적인 효과를 기대할 수 있을 것이다.

이렇듯 DFR 운영자는 디지털 정보를 기반으로 상호작용을 끊임없이 수행하며 주변 영역 내 타 비행체와의 자체 주도적으로 조직화를 실현하는 것으로 이를 통해 비행체 간 분리를 ATC의 개입만을 통해서가 아닌 운영자 자체적으로 조정하고 착륙을 위한 순서와 간격을 조율이 가능하고, 관제권과 같은 특정 영역에 진입하면 그에 맞는 비행방식으로 운용될 수 있을 것이고, 향후 디지털 기술의 고도화를 이루다면 고밀도의 교통량과 제한된 비행환경 속에서도 신뢰성 및 정확성을 갖춘 디지털 정보의 교환으로 분리의 최적화를 통해 효율적 비행환경을 도모할 수 있을 것이다.

디지털 환경을 고려한 새로운 비행규칙의 도입을 위해서는 단계적 이행 방안에 대한 검토가 필요하고 이에 부합한 요소기술의 발전, 제도적 근거가 수반되어야 할 것인데, DFR의 운용은 관제사와 운용자의 협력에 기반한 협력적 분리(CSEP, Cooperative Separation)에서 운용자가 분리에 대한 책임을 갖는 자체 분리 체계로 발전할 것이고 궁극적으로는 운용자가 궤적에 대한 완전한 책임을 갖는 궤적관리 체계로 나아갈 것으로 전망되어 진다.

ICAO는 CSEP을 ASBU(Aviation System Block Upgrade) 스레드(Thread)로 지정하여 단계별 발전 요소를 제시하고 있다. 마지막 단계인 Block 4의 공중 분리는 DFR 핵심 기능인 자체 분리와 유사하고 운용자로의 완전한 분리에 대한 책임 위임을 의미하고 있고, CSEP 개념의 도입을 통해 DFR 비행규칙 수립을 위한 초기 기반 마련에 기여할 수 있을 것이다.

〈표 *-*〉 DFR 이행관련 단계별 요소

Block 1	• 운항 중 기초적인 공중 상황 인식 • 접근 중 시계 분리 • 성능 기반 종적 분리 최저치 • 성능 기반 횡적 분리 최저치
Block 2	• Interval Management(IM) 절차 • 저고도 협력 분리 • 고고도 협력 분리
Block 3	• 복잡한 형상에서의 Interval Management (IM) 절차 • UAS/RPAS를 위한 Remain Well Clear (RWC) 기능
Block 4	• 공중 분리

DFR의 운용을 위해서는 현재보다 고도화된 기술의 도입이 필요한데, DFR 운용의 핵심은 정보의 교환으로 모든 디지털 모델의 정보가 항공기로 공유되어야 하고 적기에 송수신이 가능한 기체 내 데이터 교환 장비, 지상에서의 플랫폼이 필요로 할 것이다. 아울러, 공유되어야 할 정보의 정확성 및 무결성 확보를 위한 기술의 발전이 필요하고, SBAS, GBAS와 같은 항법 기술 및 ADS-B, TIS-B, MLAT과 같은 감시 성능의 강화도 함께 요구되어 질 것이다. 이러한 기술 개발과 정보 교환 인프라의 구축은 DFR 운용의 안전성과 효율성을 확보하는 데에 있어서 중요한 역할을 하게 될 것이다.

이와 동시에 새로운 비행방식인 DFR의 적용을 위해서는 IFR 및 VFR과 마찬가지로 법적 근거 및 대원칙이 먼저 수립되어야 하고, 이를 기반으로 DFR 비행규칙이 마련되어야 할 것이다.

DFR의 핵심인 분리 간격에 대한 수립, 분리에 대한 책임, 공역에 대한 접근과 같은 규칙이 명시되는 조항이 필요하며 IFR 및 VFR 규칙과도 통합적으로 운용될 수 있어야 하므로 기존 비행규칙과 차별성을 가지면서도 양립 가능한 규칙을 제정하여야 할 것이다.

참 고 문 헌

〈국내 문헌〉

1. 건설교통부(2001), "한국공역체계개선연구"
2. 교통개발연구원(2002), "우리나라 공역의 안전성 및 효율성제고를 위한 기초연구"
3. 국토교통부(2017), "항공안전법, 항공사업법, 공항시설법"
4. 국토교통부(2017), "항공정보간행물(AIP)"
5. 김도현(2003), "항공안전체계구축을 위한 연구- 부속서 15(항공정보업무)", 항공안전본부 용역보고서.
6. 김도현(2003), "항공장애물관리규정(안) 개발을 위한 연구", 항공안전본부 용역보고서.
7. 김도현(2006), "항공학적 검토에 관한 연구", 한국항공운항학회 논문집 제14권 제4호.
8. 김도현 · 홍교영(2007), "비행시험을 통한 ADS-B 운영상의 효과에 관한 연구", 한국항공항행학회 논문집, 제11권 제2호.
9. 김도현(2010), "활주로시야거리에 대한 확률론적 위험평가 연구", 한국항공대학교 대학원 박사논문.
10. 김맹선(2010), "항공교통론", 한국항공대학교 출판부.
11. 김양규(2004), "우리나라 공역에서의 공역 수용량 분석에 관한 연구", 한국항공대학교 대학원 석사논문.
12. 김종훈(1998), "21세기를 향한 공항운용", 하서출판사.
13. 박세용(2002), "세계 항공교통 환경변화 추세에 따른 동북아 역내 공역의 효율화 방안에 관한 연구", 한국항공대학교 대학원 석사논문.
14. 서울대학교 법학연구소(1997), "법학통론", p.61.
15. 양한모 · 김병종(2000), "공항 및 공역관리제도 개선에 관한 연구" 항공우주법학회 논문집 제12호(Vol.12).
16. 양한모 · 김병종(2001), "한국의 항공로 설계의 법적 근거에 관한 연구", 한국항공운항학회 논문집 제9권 제1호.
17. 양한모, 신홍균(1998), "항공운송을 위한 공역관리제도의 효율성 증진에 관한 연구", 한국항공운항학회 논문집 제6권 제1호.
18. 원보희(1999), "국적항공사간 제휴 추세와 국적항공사의 대응전략", 항공산업연구 제6집, 한국항공대학교 항공산업정책연구소, pp. 39-47.
19. 유광의(1997), "허브공항의 경쟁력 확보를 위한 공항사용료 정책", 항공산업연구, 제41집, 세종대학교 항공우주연구소, pp. 30-49.
20. 유광의 · 유문기(2004), "공항운영 및 관리", 백산출판사.

21. 유병화(1995), “국제법 개정2판”, 진성사 , p.264.
22. 이승창(1997), “허브공항의 마케팅 전략”, 항공산업정책연구, 제4집, 한국항공대학교 항공산업정책연구소, pp. 67-82.
23. 한국항공협회(2017), “2016 포켓항공통계”
24. 허종(1999), “인천국제공항 경쟁력 향상과 Hub화 전략”, 항공산업정책연구, 제6집, 한국항공대학교 항공산업정책연구소, pp. 49-62.
25. 홍순길(1999), “21세기 국제항공법 질서의 과제와 전망”, 항공진흥, 한국항공진흥협회, pp. 14-24.

〈국외 문헌〉

1. Ballin, M.G(1998), and H. Erzberger, Potential benefits of terminal airspace traffic automation for arrivals", Journal of Guidance, Control and Dynamics Vol 21, No.6.
2. Barrett, et. al.(1993), " Peak pricing as it apply to Boston-Logan international airport", Transportation Research Record vol. 1461.
3. Bertsimas, D(1998), and Stock, S., " The air traffic management problem with enroute sector", Operation Research Vol 46, No.3.
4. Bisschop, F. S.(1995), "Amsterdam Airport Schiphol-Cargo: Presentation for the Korean Delegation", Schiphol Airport Authority .
5. Bruce A. MacDonald(1992), "Defining, Measuring, and Predicting airspace capacity", first IEEE conference on control applications, Vol.1.
6. Caves, R. E.(1997), "European Airline Networks and Their Implications for Airport Planning", Transport Reviews, Vol. 17, No. 2.
7. Christopher D, Wickens, et, al(1997), “FLIGHT TO THE FUTURE-Human factors in Air Traffic Control”, Nation Research Council.
8. Christopher D, Wickens, et, al(1997), “The Future of Air Traffic Control”, Nation Research Council.
9. David Dugail(2002), "En-route airspace capacity under flow separation and scheduling constraints", Master's thesis, MIT.
10. D Baseley DERA(1999), "INTEGRA Capacity Metrics : Literature Survey", Eurocontrol european organization for the safety of air navigation.
11. D.Clorec, F.Vergne, J.L. Janszen(2003), “Aircraft in the Future Air Traffic Management System (AFAS)”, EEC Work Package 3 (Air-Ground Validation) of the AFAS project.

12. Diarmuid Houlihan(1998), “RAMS Simulation of MILANO TMA", EEC Note No.24.
13. Dohyun Kim, Hanmo Yang(2012), “Evaluation of the risk frequency for hazards of runway incursion in Korea”, Journal of Air Transport Management, Vol.23
14. Eurocontrol(2002), Assessing Future ATC Capacity Requirements
15. Eurocontrol(2001) - http://www.eur-rvsm.com/overview5.htm, Official Web site for the European Reduced Vertical Separation Minimum(RVSM) Programme.
16. FAA(2005), “Airspace Management Handbook - Guidelines”
17. FAA(2005), “Airspace Management Handbook - Metrics”
18. FAA(2012), “Air Traffic Control(7110.65U)”
19. FAA(2000), “National Airspace Redesign Strategic Management Plan”
20. FAA(1976), “Terminal Instrument Procedures (FAA Order 8260.3B) .
21. F. Dowling(1999), "RAMS Simulation of Warsaw FIR", EEC Note No.13.
22. F. VERGNE(1999), “Model Simulation of CZECH Republic Airspace”, EEC Note No.5.
23. Freedman, J.E(1996), "Investigation of adaptive wake vertex separation benefits in actual airport operational environments", 41st Annual Air Traffic Control Association Conference Proceedings.
24. Herbat(2002), "Analyses of the impact of the Reduced Vertical Separation Minomum(RVSM) Implementation on Airport System Infrastructures with basic runway configurations", Carnegie Mellon University. 25. Horonjeff, R. and McKelvey, F. X.(1994), “Planning and Design of Airports, 4th Edition”, McGraw-Hill.
26. ICAO(2006), “Aircraft Operations (Doc8168 - OPS/611)”
27. ICAO(2008), “Air Traffic Management (Doc 4444)”
28. ICAO(2005), “Annex2 (Rules of the Air)”
29. ICAO(2001), “Annex11(Air Traffic Services)”
30. ICAO(2002), “Air Traffic Service Planning Manual (Doc 9426-AN/924)”
31. ICAO(2007), “Global Air Navigation Plan for CNS/ATM Systems (Doc 9750)”
32. ICAO(2010), “IAMSAR Manual: International Aeronautical and Maritime Search and Rescue Manual (Doc 9731)”
33. ICAO(2001), “Manual Concerning Interception of Civil Aircraft (Doc 9433)”
34. ICAO(2002), “Manual Concerning Safety Measures Relating to Military Activities Potentially Hazardous to Civil Aircraft Operations (Doc 9554)”
35. ICAO(2002), “Manual on Implementation of a 300m(1,000ft) Vertical Separation Minimum Between FL 290 and FL 410 Inclusive(Doc 9574)”
36. ICAO(2001), “Outlook for Air Transport to the year 2010 (Cir 281)"
37. ISA(2002), "RAMS Plus User Manual release 4.0"

38. J.TEWES(1999), "Model simulation of Bulgarian airspace", EEC Note No.4.
39. Leif Lundqvist(1999), “CENTRAL EUROPE FAST-TIME SIMULATION”, EEC Note No.3.
40. Magill(1998), "The effect of direct routing on ATC Capacity", 2nd USA/EUROPE Air Traffic Management R&D seminar.
41. MIT(1997), "Existing and Required Modeling Capabilities for Evaluating ATM Systems and Concepts"
42. Moheleji, S.C., "A route oriented planning and control concept for efficient flight operations at busy airports", Control Engineering Practice Vol 4, No.8.
43. Norlan(2003), "Fundamentals of Air Traffic Control", Wadsworth publishing company.
44. P. HUMPHREYS(1998), "RAMS simulation of ROMANIAN Airspace", EEC Note
45. RAMS Plus User Manual release 4.0(2002).
46. Ray Dowdall(2001), "5 States fast-time simulation", EEC, Report No. 361.
47. Shrinivas M.Sale(1998), "Development of a computer based Airspace Sector Occupancy Model", Virginia Politechnic Institute and State University.
48. Steve Bradford, Daiana Liang, Stephane Mondoloni(1998), "Using inter-process to expand modeling capabilities", 2nd USA/EUROPE Air Traffic Management R&D Seminar.
49. Tofukuji(1993), "An Enroute ATC Simulation Experiment for Sector Capacity Estimation", IEEE Transactions on Control System Technology Vol 1, No.3, 138-143.
50. Tofukuji(1996), "An airspace design and evaluation of enroute sector by air traffic control simulation experiment", Electronics and Communications in Japan Vol 79, N0.8.
50. U. S Congress(1978), "Airline Deregulation Act of 1978"
51. Vranas, et. al., " The multi airport ground holding problem in air traffic control", Operation Research vol. 42 no. 2(1994).
52. Victoria Williams, Robert B. Noland, Ralf Toumi(2002), "Reducing the climate change impacts of aviation by restricting cruise altitudes", Transportation research part D, Vol.7.
53. Weiss & Shapiro(1970), “An advanced time-frequency national airspace system", Proceeding of the National Aerospace Electronic Conference, 363-370.

부 록

부록 1. 용어 정의

> **(주1)** 본문에서의 "service"는 기능이나 업무를 가리키는 추상명사를 뜻하며, "unit"는 업무를 수행하는 집합체의 의미로 사용함.
> **(주2)** 본문에서 제시된 정의는 Radio Regulation of the International Telecommunication Union(ITU)에서 발췌한 것이다.

다음의 용어가 본문에서 사용될 경우 다음과 같은 의미를 가진다.

Accepting unit/controller (인수기관/관제사) 항공기관제권을 인수하는 항공교통관제기관/항공교통관제사

(주) transferring unit/controller(인계시설/관제사) 참조

ADS-C agreement ADS-C 자료보고의 조건을 설정한 ADS 보고계획

Automatic dependent surveillance-contract (ADS-C) 지상시스템과 항공기간에 교환되고, 초기화된 ADS-C 보고상태와 이 보고에 포함된 자료 하에서 지정하는 ADS-C agreement에 의한 방법 (A means by which the terms of an ADS agreement will be exchanged between the ground system and the aircraft, specifying under what conditions ADS reports would be initiated, and what data would be contained in the reports)

Automatic dependent surveillance-broadcast (ADS-B) 항공기, 공항 차량과 다른 물체가 자동으로 식별, 위치 추가적 정보 등을 데이터 링크를 통한 방송보드를 송수신할 수 있는 도구

Advisory airspace (조언공역) 항공교통조언업무가 제공되도록 지정된 공역 또는 항공로

Advisory route (조언비행로) 항공교통조언업무가 제공되도록 지정된 비행로

(주) 항공교통관제업무는 항공교통조언업무보다 더욱 완전한 업무를 제공한다. 관제공역 내에는 조언공역/조언비행로가 설정되지 않지만, 관제구역에서도 조언업무가 제공될 수 있다.

Aerodrome (비행장) 항공기의 이륙[이수(離水) 포함]·착륙[착수(着水) 포함] 및 지상이동을 위하여 사용되는 육지 또는 수면(水面)의 일정한 구역(건물, 설비 및 장비 포함)

(주) 비행계획 및 항공교통업무전문과 관련한 "비행장"은 헬리콥터나 기구 같은 종류의 항공기가 이용하는 비행장 이외의 장소를 나타내기 위해 사용할 수 있음

Aerodrome control service (비행장관제업무) 항공교통관제시설이 다음 각 목의 대상에게 제공하는 항공교통관제업무(계류장업무 포함)을 말함

가. 비행장 기동지역 내의 모든 교통(항공기, 사람 또는 차량 등)

나. 계류장 내의 항공기

다. 비행장 주의[비행장교통장주(Aerodrome traffic circuit) 내 또는 진입·이탈]에서에서 비행하는 항공기

Aerodrome control tower (관제탑) 비행장관제업무를 제공하기 위해 설치된 시설(unit)을 말함

Aerodrome elevation (비행장표고) 착륙지역 중 가장 높은 지점의 표고

Aerodrome traffic (비행장교통) 비행장 기동지역 내의 모든 교통(항공기, 사람 또는 차량 등) 및 비행장 주위에서 비행하는 모든 항공기(항공기, 경량항공기 및 초경량 비행장치)를 말함

(주) 비행장 주위[비행장교통장주 내에 있거나 교통장주를 진입 또는 이탈]를 비행하는 모든 항공기를 말함.

Aerodrome traffic circuit (비행장교통장주) 비행장 주위에서 운항하는 항공기의 원활한 소통을 위하여 설정된 비행로

Aeronautical fixed service (항공고정업무) 항행의 안전 및 질서 있고 효율적이며 경제적인 항공업무를 위하여 제공되는 특정고정지점간의 통신업무

Aeronautical ground light (항공지상등화) 항공기 자체등화를 제외한, 항공항행지원을 위한 모든 등화시설

Aeronautical Information Publication (항공정보간행물) 항공항행에 필요한 영속적인 성격의 항공정보를 수록하기 위하여 국토교통부가 발행하는 간행물

Aeronautical mobile service (항공이동업무) 항공국과 항공기국간 또는 항공기국 상호간의 이동업무로써, 비상위치지시용 무선표지국도 지정된 조난 및 비상주파수로 참여할 수 있다.

Aeronautical station (항공국) 항공이동업무를 하는 육상국으로서, 경우에 따라 선박이나 플랫폼 등에 위치할 수도 있다.

Aeronautical Telecommunication Service (항공통신업무) 항공업무 목적으로 제공되는 모든 통신업무

Aeronautical telecommunication Station (항공통신국) 항공통신업무를 수행하는 무선국

Airborne collision avoidance system (공중충돌경고장치) 조종사에게 2차 감시레이더(SSR) 응답기(transponder)를 장착한 항공기와의 잠재적 충돌 위험이 있는 항공기의 조종사에게 조언업무를 제공하기 위하여 지상에 설치되어 있는 장비와는 별개로 운영되는 2차 감시레이더 응답기를 이용하여 항공기의 충돌을 방지하는 항공기 시스템을 말함

Aircraft (항공기) 비행기·비행선·활공기·회전익항공기 및 「항공안전법」 시행령 제2조에 따른 항공에 사용할 수 있는 기기

Aircraft address 공지통신, 항행, 감시의 목적으로 항공기에 배정할 수 있는 24비트의 단일조합

Aircraft identification (항공기식별부호) 공지통신에서 사용되는 항공기호출부호와 서로 일치시키거나 동일하게 코드화시킨 문자·숫자 또는 이들의 조합으로 이루어진 부호이며, 지점간 항공교통업무통신에서 항공기식별을 하기 위하여 사용된다.

Aircraft observation (항공기관측) 비행중인 항공기가 수행하는 하나 이상의 기상요소에 대한 관측

Aircraft Proximity (항공기근접) 조종사 또는 항공교통업무종사자가 항공기간의 거리와 상대적인 위치 및 속도를 고려하여 관련 항공기의 안전이 저해되었다고 판단하는 상황으로 항공기근접은 다음과 같이 분류한다.

- Risk of collision (충돌위험) 항공기간 심각한 충돌위험이 있었을 경우
- Safety not assured (안전 미확보) 항공기의 안전에 지장이 있었을 경우
- No risk of collision (충돌위험 없음) 충돌위험이 없었을 경우
- Risk not determined (위험미결정) 위험정도결정에 필요한 자료가 불충분하거나 상반되는 증거로 인하여 결정이 불가능한 경우

Air-ground communication (공지통신) 항공기와 지상의 무선국 또는 지역국 간의 양방향 통신

AIRMET Information (AIRMET 정보) 저고도 항공기 운항의 안전에 영향을 미치며 당해 비행정보구역 및 그의 일부지역에 이미 발행된 예보에 포함되지 않은 항로상의 발생 및 발생예상 가능한 특정 일기현상에 관해 기상감시사무소가 발행한 정보

AIRPROX 항공교통사고 보고서에서 항공기 근접을 나타내는 용어

Air-Report (항공기보고) 위치, 운항상 및/또는 기상보고의 기준에 따라 실시하는 비행중인 항공기로부터의 보고

Air-taxiing (공중활주) 회전익항공기/수직 이、착륙항공기가 일반적으로 대지속도 37㎞/h (20kt)미만으로 비행장지표상공을 비행하는 기동형태

(주) 실제고도는 다양할 수 있으며, 일부 회전익항공기의 경우 지표요란현상을 감소시키거나, 화물 운반허가를 위해 8m(25ft)AGL이상으로 Air-taxiing을 요구할 수도 있다.

Air-to-ground communication (공대지통신) 항공기에서 지상의 무선국 또는 지역국에 송신하는 일방향 통신

Air traffic (항공교통) 비행중이거나 또는 비행장내의 기동지역에서 운항하는 모든 항공기

Air traffic advisory service (항공교통조언업무) IFR 비행계획에 따라 조언공역 내에서 운항하는 항공기 간에 가능한 한 분리를 유지하기 위해 제공되는 업무

Air traffic control clearance (항공교통관제허가) 항공기로 하여금 항공교통관제시설이 지정하는 조건에 따라 비행하도록 인가하는 것

(주1) "항공교통관제허가"용어가 관련 문장에서 사용될 때는 편의상 종종 "관제허가(Clearance)"로 생략하여 사용하기도 함.

(주2) 생략된 용어 "Clearance"는 항공교통관제허가와 관련된 비행의 특정 부분을 나타내기 위해 "taxi", "take-off", "departure", "en-route", "approach" 또는 "landing" 등의 단어 뒤에 사용할 수 있음.

Air traffic control instruction (항공교통관제지시) 조종사에게 특정행동을 하도록 요구하기 위하여 항공교통관제기관이 발부하는 지시

Air traffic control service (항공교통관제업무) 다음의 각 목의 목적을 위하여 수행하는 비행장관제업무, 접근관제업무, 지역관제업무를 말함

가. 항공기간의 충돌방지

나. 기동지역에서 항공기와 장애물 간의 충돌방지

다. 항공교통흐름의 질서유지 및 촉진

Air traffic control unit (항공교통관제시설) 관제구역·관제권 및 관제비행장에서 항공교통관제업무를 제공하는 시설로서 지역관제소, 접근관제소 또는 관제탑을 말함

Air traffic flow management (항공교통흐름관리) ATC 당국이 설정한 교통량을 효율적으로 처리하면서 항공교통의 안전하고 질서 있으며 신속한 흐름을 제공하기 위한 업무

Air traffic management (항공교통관리) 비행정보업무, 경보업무, 항공교통조언업무, 항공교통관제업무, 지역관제업무, 접근관제업무 또는 비행장관제업무 등 여러 가지 의미를 가지는 일반적인 용어

Air traffic service (항공교통업무) 비행정보업무, 경보업무, 항공교통조언업무, 항공교통관제업무(지역관제업무, 접근관제업무 또는 비행장관제업무)등 여러 가지 의미를 가지는 일반적인 용어

Air traffic service airspace (항공교통업무공역) 특정한 형식의 비행이 이루어지고 항공교통업무와 운항규칙이 정해져 있는 공역으로 알파벳순으로 설정됨

(주) 항공교통업무공역은 Annex 11, 부록 4에 명시된 것과 같이 class A에서 class G로 분류됨.

Air traffic service reporting office (항공교통업무보고취급소) 항공교통업무 및 출발 전에 제출된 비행계획서에 관한 보고를 받기 위해 설치된 시설

(주) 항공교통업무보고취급소는 독립적으로 또는 항공교통업무시설이나 항공정보업무시설 등과 함께 설치될 수 있음.

Air traffic service unit (항공교통업무시설) 항공교통관제시설, 비행정보실 또는 항공교통업무보고취급소 등 여러 가지 의미를 가지는 일반적인 용어

Airway (항공로) 회랑의 형태로 설정된 관제구역 또는 관제구역의 일부

ALERFA 경보단계를 나타내기 위한 부호

Alerting services (경보업무) 수색 및 구조를 필요로 하는 항공기에 관한 사항을 관계부서에 통보하고, 필요에 따라 동 관계부서를 돕기 위한 업무

Alert phase (경보단계) 항공기와 탑승자의 안전에 우려가 되는 상황

Allocation, allocate 국가, 기관 또는 관련 부서에 주파수, 2차 감시레이더코드 등의 배분, 국가 또는 일반등록당국에 24비트 항공기 수신처의 배분을 뜻함

Alphanumeric characters (Alphanumerics) 문자와 숫자가 결합된 용어

Alternate aerodrome (교체비행장) 착륙하고자 하는 비행장에 착륙이 불가능할 경우 착륙하기 위해 비행하고자 하는 비행장을 말하며, 다음과 각 목과 같이 구분

가. Take-off alternate (이륙교체비행장) 항공기가 이륙 직후 착륙하여야 할 필요가 발생했으나 출발비행장 사용이 불가능한 경우에 착륙할 수 있는 교체비행장

나. En-route alternate (항공로교체비행장) 항공기가 항공로(en route)상에서 비정상가동이나 비상상황을 경험한 후에 착륙할 수 있는 비행장

다. ETOPS En-route alternate (쌍발항공기에 의한 장거리운항 교체비행장) 쌍발항공기가 장거리 운항(Extended Range Operations with Two Engine Airplanes; ETOPS) 중 항공로(en route) 상에서 엔진정지, 비정상상황 또는 비상상황을 경험한 후에 착륙할 수 있는 비행장

라. Destination alternate (목적지교체비행장) 착륙비행장에 착륙이 불가능할 경우 비행하고자 하는 비행장을 말함

(주) 출발비행장이 교체비행장 또는 목적지교체비행장이 될 수도 있음.

Altitude (고도) 평균해면으로부터 측정된 평면, 지점 또는 지점으로 간주되는 특정 물체까지의 수직 거리

Approach control unit (접근관제소) 하나 이상의 비행장에 도착 또는 출발하는 관제항공기에 대하여 항공교통관제업무를 제공하기 위해 설치된 기관

Approach control service (접근관제업무) 관제공역 안에서 이륙이나 착륙으로 연결되는 관제비행을 하는 항공기에 제공하는 항공교통관제업무(도착관제업무 포함)

Approach sequence (접근순서) 비행장에 착륙하기 위한 접근을 하도록 허가를 받은 항공기들의 순서

Appropriate ATS authority (관계항공교통업무당국) 관련공역 내에서 항공교통업무를 제공할 책임이 있는 국가가 지정한 적절한 당국

Appropriate authority (관계당국)
  a) 공해상에서의 비행 관련 : 등록국가의 관계당국
  b) 공해상 이외의 비행 관련 : 통과하는 지역에 대하여 주권을 가지고 있는 국가의 관계당국

Apron (계류장) 비행장 내에서 여객의 승하기, 화물·우편물의 적재 및 적하, 급유, 주기, 제·방빙 또는 장비 등의 목적으로 항공기가 이용할 수 있도록 설정된 구역

Area control centre (지역관제소) 관할 관제구역(control area) 안에서 지역관제업무를 제공하기 위해 설치된 시설

Area control service (지역관제업무) 관제구역(control area) 안에서 관제비행을 하는 항공기에 제공하는 항공교통관제업무로서 접근관제업무 및 비행장관제업무 외의 항공교통관제업무를 말함

Area navigation (지역항법) 지상항행보조시설의 유효범위 또는 자체 탑재장비의 성능 한계 내에서, 또는 이러한 장비들을 결합하여 어떠한 비행방향으로든지 비행이 가능하게 하는 항행방법

Area navigation Route (지역항법비행로) 지역항법을 수행할 수 있는 항공기가 사용하도록 설정된 ATS 비행로

Assignment, assign 무선국에 주파수 할당 또는 항공기에 2차 감시레이더(SSR) 부호 또는 24비트 수신처의 할당을 뜻함

ATIS 국지정보자동방송업무를 나타내는 약어

ATS 비행로 항공교통업무의 제공을 위해 필요하여 항공기의 원활한 소통을 목적으로 설정한 다음 각 목의 특정 항공로
  가. ATS 비행로는 항공로, 조언비행로, 관제 또는 비관제비행로, 도착 또는 출발비행로 등 여러 가지 의미를 가짐.
  나. ATS 비행로는 항공로 지정어, 중요지점사이의 항적방향, 거리, 보고기준, ATS 기관이 결정한 최저안전고도를 포함한 항공로 구성요소에 의해 규정

ATS Surveillance Service (ATS 감시 서비스) ATS 감시 시스템에 의하여 제공되는 서비스

ATS Surveillance System (ATS 감시 시스템) 항공기를 식별할 수 있는 ADS-B, PSR, SSR과 비슷한 지상기반시스템을 포함하는 시스템

Automatic terminal information service (국지정보자동방송업무) 공항에 출·도착하는 항공기에게 24시간 또는 특정시간 대의 최신의 공항정보를 반복적으로 제공되는 방송업무를 말하며 다음 각 목과 같이 구분

- Data link-automatic terminal information service (D-ATIS) Data link를 통한 ATIS 제공
- Voice-automatic terminal information service (Voice-ATIS) 지속적이고 반복적인 음성방송을 통한 ATIS 제공

Base turn (최종접근선회) 항공기가 첫 접근하는 동안 외향진로의 끝과 중간 또는 최종접근로의 시작지점 사이에서 행하는 선회

(주) 최종접근선회는 각 절차별 상황에 따라, 수평비행 중 또는 강하비행 중에 실시하도록 정할 수 있다.

Blind transmission (맹목방송) 양방향통신이 성립되지 않지만 호출되는 무선국이 그 방송을 수신한다고 여겨지는 상황에서 한 무선국에서 다른 무선국으로의 방송

Broadcast (방송) 특별한 수신처 없이 항행에 관련된 정보의 전송

Ceiling (운고) 하늘의 절반이상을 덮고 있으며 지상 또는 수면으로부터, 높이 6,000미터(20,000피트)미만인 가장 낮은 구름층 바닥까지의 높이

Clearance limit (허가한계점) 항공기가 진행하도록 항공교통관제허가를 받은 목표지점

Code (SSR) 모드 A 또는 모드 C 송신기에 의해 전송된 특정 복합응답신호로 배정된 수치

Common point (공통지점) 두 항공기의 항로가 겹치는 지점, 분리기준을 적용

Computer (컴퓨터) 인간의 간섭 없이 자료의 수치·논리적 연산을 수행하는 장비

(주) 본 지침에서 컴퓨터란 용어는 컴퓨터 복합체를 의미하는 말로써 한대 이상의 컴퓨터와 주변장치들을 모두 포함한다.

Control area (관제구역) 지구상의 일정한 고도한계 상부의 관제공역

Controlled aerodrome (관제비행장) 비행장교통에 대하여 항공교통관제업무를 제공하는 비행장

(주) 관제비행장이란 용어는 항공교통관제업무가 비행장교통에 제공됨을 나타내고 있을 뿐이며, 관제권이 존재한다는 것을 의미하지는 않음.

Controlled airspace (관제공역) 공역등급에 정한 바에 따라 항공기에게 항공교통관제업무를 제공하는 일정범위의 공역

(주) 관제공역은 부속서11, 부록 4에 있는 항공교통업무(ATS) 공역 Class A, B, C, D 및 E를 포함하는 일반적인 용어임.

Controlled flight (관제비행) 항공교통관제허가 하에서 이루어지는 비행

Controller–pilot data link communication (CPDLC) 항공교통관제통신을 위해 데이터 링크를 사용하여 관제사와 조종사간 통신하는 방법

Control zone (관제권) 지구표면으로부터 일정한 상부한계까지의 관제공역

CPDLC message (CPDLC 메시지) 지상국과 항공기국 간 교환되는 정보. CPDLC 메시지는 단일 메시지 또는 메시지들의 조합으로 구성되며, 발신자가 단일 송신으로 전달

CPDLC message set 표준메시지와 자유텍스트 메시지로 구성

Cruise climb (순항상승) 항공기 중량이 감소함에 따라 고도가 단계적으로 증가하는 항공기 순항기술

Cruising level (순항비행고도) 비행의 중요부분 동안 유지하는 고도

Current data authority 운항에 책임이 있는 조종사와 관제사간 CPDLC 대화가 이루어지도록 허가되어지는 지상시스템

Current flight plan (유효비행계획) 허가 등을 받고 변경된 최신 비행계획

(주) "Message"란 용어가 유효비행계획 문미에 덧붙여 사용될 때, 이는 한 기관에서 다른 기관으로 보내진 유효비행계획 자료의 내용과 형식을 의미한다.

Data Convention (자료입력규칙) 자료를 의미 있는 통신형태로 결합할 수 있는 방법이나 순서에 대한 합의된 규칙

Data link initiation capacity (DLIC) 데이터링크적용을 초기화하는데 필요한 주소, 이름, 버전을 교환할 수 있는 능력을 제공하는 데이터링크

Data processing (자료처리) 자료를 다루는 실행의 체계적인 진행상태

(주) 실행의 예로는 통합, 정리, 계산 또는 정보출력의 변화 및 정보의 추출 또는 수정을 목적으로 하는 모든 전환 또는 재정렬을 의미한다.

Decision Altitude (결심고도) 또는 Decision Height (결심높이) 접근을 계속할 수 있게 하는 필수시각참조가 이루어지지 않을 때 실패접근을 시작해야 하는 정밀접근시의 특정 고도 또는 높이

(주1) 결심고도는 평균해면고도, 결심높이는 활주로 시단(threshold)높이에 기준한다.

(주2) 필수시각참조란 조종사가 충분한 시간을 갖고서 원하는 비행경로와 적합하도록 항공기 위치 및 위치변환율을 판단할 수 있게 하는 시각보조장비 또는 접근구역의 일부를 의미하며, 결심고도가 있는 접근범주 Ⅲ 운영시의 필수시각참조란 특정절차 및 운영을 위해 지정된 것을 의미한다.

(주3) 편의상 두 가지가 함께 쓰일 때는 결심고도/높이 및 약어 DA/H 로 쓰기도 한다.

Dependent Parallel Approaches (종속평행접근) 인접한 활주로 중심 연장선상의 항공기 간 레이더 분리 최저치가 규정된 평행 또는 준 평행 계기 활주로로 진행하는 동시 접근

DETRESFA 조난단계를 나타내는 부호

Discrete code (분리코드) 마지막 두 숫자가 "00" 이 아닌 4자리의 2차 감시레이더(SSR) 코드

Distress Phase (조난단계) 항공기와 탑승자가 심각한 위험에 직면하였거나 즉각적인 도움이 필요하다고 인정되는 상태

Elevation (표고) 평균해면으로부터 측정한 지표면 또는 지표면에 부착된 지점까지의 수직 거리

Emergency Phase (비상단계) 불확실단계, 경보단계, 조난단계 등을 의미하는 일반적인 용어

Estimated Elapsed Time (예상소요시간) 한 지점에서 다른 지점까지 진행하는데 소요되는 예정 시간

Estimated Off-block Time (이동개시예정시간) 출발항공기의 이동개시 예정 시간

Estimated Time of Arrival (도착예정시간) 계기비행(IFR)항공기의 경우는 항행보조시설에 의해 설정된 계기접근 개시지점의 도착예정시간을, 항행보조시설이 없는 경우에는 비행장상공 도착예정시간을 의미하며, 시계비행(VFR)항공기의 경우는 비행장상공 도착예정시간을 의미함

Expected Approach Time (예상접근시간) 도착항공기가 지연에 따른 비행을 하다가 착륙을 위한 접근을 하기 위해 체공지점을 떠날 것으로 항공교통관제기관에서 예상하는 시간

(주) 체공지점을 실제 떠나는 시간은 접근허가에 따라 달라짐

Filed Flight Plan (제출된 비행계획) 조종사 또는 지정된 대리인이 항공교통업무기관에 제출한 원래의 비행계획

(주) “message”가 이 용어의 뒤에 사용되면, 전송된 제출비행계획 자료의 내용과 형식을 의미함.

Final Approach(최종접근) 지정된 최종접근지점에서 시작되는 계기접근절차의 한 부분을 말하며, 그러한 지점이 지정되어 있지 않을 경우 다음 각 목을 말함

가. 마지막 절차 선회(Procedure turn), 베이스 선회(Base turn)의 끝 또는 레이스트랙절차(Racetrack procedure) 절차의 내향선회(Inbound turn) 시작점

나. 접근절차에 명시된 최종진로상의 항공기가 진입하는 지점에서 시작되어, 착륙이 가능하다고 판단되는 지점 또는 실패접근절차가 시작되는 비행장 주위의 특정한 지점

Flight crew member (운항승무원) 비행시간중 항공기의 운항에 필수적인 임무를 수행하는 유자격승무원

Flight Information Center (비행정보실) 비행정보업무 및 경보업무를 제공하기 위해 설치한 시설

Flight Information Region (비행정보구역) 비행정보업무 및 경보업무를 제공하는 일정한 범위의 공역

Flight Information Service (비행정보업무) 안전하고 효율적인 비행에 유용한 조언 및 정보를 제공할 목적으로 수행하는 업무

Flight Level (비행고도) 특정한 기압(1013.2 hpa)을 기준하여 특정한 기압간격으로 분리된 일정 기압면

(주1) 표준대기에 따라 조정된 기압형 고도계는 ;

a) QNH 고도계수정치로 수정할 경우, 지시고도를 나타냄

b) QFE 고도계수정치로 수정할 경우, QFE 기준면으로부터의 높이를 나타냄

c) 기압 1013.2 hpa로 수정할 경우, 비행고도(Flight Level)를 나타냄

(주2) 위 (주1)에서 사용된 용어 "높이"/"고도"는 기하학적인 높이/고도라기보다는 고도계적인 것을 나타내는 것임

Flight path monitoring (항공로 감시) 항공교통관제 허가 하에 이탈을 포함하여 항공기 표준 비행경로에서의 이탈과 관련된 조언 및 정보를 항공기에 전달하는 목적으로 ATS 감시 시스템의 사용

Flight Plan (비행계획) 계획된 비행 전부 또는 비행의 한 부분에 관하여 항공교통업무 시설에 제출하는 일정한 정보

(주) 비행계획에 관한 자세한 사항은 부속서 2에 수록되어 있음. "비행계획 양식"이라 함은 본문의 부록 2에 있는 비행계획 양식 견본을 뜻함

Flight Visibility (비행시정) 비행중인 항공기 조종실로부터의 시정

Flow Control (흐름관제) 일정한 공역, 비행로, 비행장에 입·출항하는 교통흐름을 조정하여 공역활용의 극대화를 도모하는 관제 방식

Forecast (예보) 특정한 시간·기간, 및 특정한 지역 또는 공역에 예상되는 기상상태에 대한 설명

Free text message element PANS-ATM(Doc 4444)의 표준메시지를 따르지 않는 메시지

Glide Path (활공로) 최종접근 시 수직적 유도를 위해 설정된 강하경로

Ground Effect (지면효과) 회전익항공기나 수직 이·착륙기가 지면 근처를 운항할 때, 회전익의 공기흐름에 대한 지표면의 간섭으로 인해 발생하는 상승효과

(주) 대부분의 회전익항공기에서 회전익 효율은 회전날개 직경의 높이에 대한 지면효과로 증가됨.

Ground Visibility (지상시정) 전문적인 관측자가 관측한 비행장의 시정

Heading (기수방향) 통상 북쪽(진북, 자북, compass 또는 grid north)을 기준한 각도로 나타내는 항공기의 세로축이가리키는 방향

Height (높이) 특정한 기준으로부터 일정한 고도, 지점, 또는 지점으로 간주되는 물체까지의 수직거리

Holding fix (체공 지점) 체공 절차의 참조가 되는 지리적 위치

Holding Procedure (체공절차) 특정한 공역내의 항공기가 차후에 발부되는 허가를 기다리는 동안 행하여야 할 예정된 비행절차

Hot spot (핫 스팟) 항공기 이동지역 내에서 충돌, 활주로 침범 사고 이력이 있거나, 발생 가능성이 있는 위치로 조종사(운전자)에게 특별 주의가 요구

Human Factors principles 항공설계, 자격, 훈련, 운영 및 유지관리에 적용되고, 인적 수행능력에 대한 적절한 이해를 바탕으로 다른 시스템 요소와의 안전한 상호교환을 이룰 수 있는 원칙

Human performance 항공항행 운영의 안전 및 효율성에 영향을 주는 사람의 능력 및 한계

Identification (식별) 특정 항공기의 위치표시가 현시장치에 나타나고, 확실히 식별한 상태

IFR 계기비행규칙을 나타내는 약어

IFR Flight (계기비행항공기) 계기비행규칙(IFR)에 따른 비행으로서 항공기의 자세·고도·위치 및 비행방향의 측정을 항공기에 장치된 계기에만 의존하여 비행

IMC 계기비행기상상태를 나타내는 약어

INCERFA 불확실 단계를 나타내는 약어

Incident (준사고) 항공기 안전운항에 영향을 주거나 줄 수 있는 사고 이외의 것

Independent Parallel Approaches(독립평행접근) 인접한 활주로 중심 연장선상 항공기 간의 레이더 분리 최저치가 규정되어 있지 않은 평행 또는 준 평행 계기활주로에 행하는 동시 접근

Independent Parallel Departure (독립평행출발) 평행 또는 준 평행 계기 활주로에서 행하는 동시 출발

Initial Approach Segment (첫접근부분) 첫접근지점과 중간접근지점간 또는, 적용가능 시 첫접근지점과 최종접근지점간 계기접근절차의 일정 부분

Instrument approach operations (계기접근운용) 계기접근절차를 기반으로 항법 안내를 위한 계기를 사용하여 접근 및 착륙하는 것. 실시하고 있는 계기접근운용은 아래 2가지

a) 수평 항법안내를 사용한 2D 계기접근운용

b) 수직, 수평 항법안내를 사용한 3D 계기접근운용

(주) 수평, 수직 항법안내는 다음으로부터 제공됨

a) 지상기반 무선항법시설

b) 지상기반, 우주기반, 자체적으로 포함된 항법 장치 또는 이들을 조합으로 생성된 컴퓨터 기반 항법

Instrument Approach Procedure (계기접근절차) 장애물로부터 일정하게 보호되어 첫 접근지점 또는 정해진 도착 비행로의 시작점으로부터 착륙이 완료될 수 있는 지점까지 (또는 착륙이 완료되지 못할 경우 체공 또는 항로장애물 회피기준이 적용되는 지점까지) 비행계기를 참조하여 행하는 미리 정해진 일련의 기동 절차

Instrument Meteorological Conditions (계기비행기상상태) 시계비행기상 최저치 미만으로서, 시정, 구름으로부터의 거리 및 운고로 표시되는 기상상태

(주1) 시계비행기상조건의 최저치는 부속서 2, 제4장에 기술되어 있음

(주2) 관제권내에서 항공교통관제기관의 허가를 받은 경우, 계기비행기상 상태 하에서도 시계비행을 할 수 있음

ITP aircraft 운항국에 의해 ITP(순차비행절차, in-trail procedure)을 수행하도록 허가된 항공기

ITP distance ITP 항공기와 참고 항공기 간 거리

a) 동일 항공로에 있는 항공기 간 거리차이, 각 항로를 연장하여 공통지점에서 계산된 거리차이

b) 평행 항공로에 있는 항공기 간 거리차이, 항공기의 계산된 위치와 다른 항공기의 계산된 위치에 수직으로 연결된 지점을 기준으로 항로를 연장한 거리

Landing Area (착륙지역) 항공기의 착륙 또는 이륙을 위한 이동 지역의 한 부분

Level (고도) 비행중인 항공기의 수직위치에 관련되는 일반적인 용어로서 고도, 높이, 또는 비행고도 등 여러 가지의 의미를 가지는 용어

Location Indicator (지명약어) ICAO에 의해 규정된 4자리 부호로써, 항공고정국의 지명을 나타냄

Logon address (로그온 주소) ATS 시설에 데이터 로그온을 위해 사용되는 지정코드

Maneuvering area (기동지역) 항공기의 이·착륙 및 지상유도(taxiing)를 위해 사용되는 비행장의 일부분으로서 계류장을 제외한 지역

Meteorological Information (기상정보) 현존하거나 예상되는 기상상태에 관련한 기상관측보고, 분석, 예보 및 기타 서술

Meteorological Office (항공기상관제) 항공용 기상업무를 제공하도록 설치한 사무소

Meteorological Report (기상관측보고) 특정한 시각에 특정한 장소에서 관측한 기상상태에 관한 서술

Minimum fuel (최저연료) 항공기의 연료가 거의 없거나 더 이상의 지연을 받아들일 수 없는 연료공급 상태를 나타내기 위하여 사용하는 용어

(주) 이 상태는 비상상태가 아니라 단지 더 이상의 지연이 발생하면 비상상태가 발생할 수 있는 상태를 말한다.

Missed Approach Procedure (실패접근절차) 접근을 계속할 수 없을 때 수행하는 절차

Mode(SSR) 2차 감시레이더 질문기가 전송한 질문신호의 특정 기능과 관련된 양식화된 식별기능. 부속서 10에 A, C, S 및 상호모드(Intermode)의 4가지 방식(mode)이 기술되어 있음

Movement Area (이동지역) 비행장의 기동지역과 계류장을 포함한 지역으로서 항공기의 이·착륙 및 지상이동에 사용되는 비행장의 일부분

Multilateration(MLAT) system 2차 감시레이더(SSR) 응답신호를 기반으로 위치를 제공하는 장비로, TDOA 기법을 사용. 항공기 식별을 포함하여 추가적인 정보도 수신

Near-parallel Runways (준 평행 활주로) 두 활주로 중심 연장선이 이루는 각이 15°이하면서 서로 교차하지 않는 활주로

Next data authority 통신과 관제의 전방이동이 일어날 수 있는 Current data authority에 의해 정해진 지상시스템

Normal Operating Zone (정상운항구역) ILS Localizer 경로 및 MLS 최종접근진로의 중심선 양옆으로 확장된 공역으로서, 독립평행접근의 경우에는 내측 1/2 공역만 사용함

NOTAM (항공고시보) 비행업무에 종사하는 자가 적시에 필수적으로 알아야 하는 항공시설, 서비스, 절차 또는 장애의 신설, 상태 또는 그 변경 등에 관한 정보를 수록하고 있는 공고문을 무선통신에 의하여 배포하는 고시보

No Transgression Zone (침범금지구역) 독립평행접근의 경우에, 진입하는 항공기에게 인접 접근로 상으로 진입하는 다른 항공기가 방해되지 않도록 관제사의 조정을 필요로 하는 회랑공역으로서, 두 개의 활주로 중심 연장선 사이의 중앙에 위치함

Obstacle Clearance Altitude, Obstacle Clearance Height (장애물 회피 고도/높이) 해당 활주로 시단(threshold) 높이 또는 비행장 표고 위의 최저 고도/높이로서 장애물 회피 기준의 설정에 이용됨

(주1) 장애물회피고도는 평균해면고도를 기준으로 하고, 장애물회피높이는 활주로 시단 높이를 기준으로 하며, 비정밀접근의 경우에는 비행장표고, 활주로 시단높이가 비행장표고보다 2m(7ft) 이상 낮을 때는 활주로 시단 높이를 기준으로 한다. 선회접근의 경우에는 비행장표고를 기준으로 한다.

(주2) 편의상 두 가지 표현이 함께 사용될 때는 장애물 회피고도/높이와 약어 OCA/H로 사용

Operational Control (운항관제) 항공기의 비행안전과 비행의 규칙성 및 효율성을 위한 비행의 개시, 지속, 전환, 종료에 대한 당국의 관제

Operator (운영자) 항공기 운항에 종사하거나, 또는 종사하고자 하는 개인이나 단체 또는 기업

Performance-based communication (PBC) 항공교통서비스 제공에 적용되는 성능 요구사항에 기반 하는 통신

(주1) RCP 사양은 특정 공역에서 제안된 운영을 위해 제공되는 통신과 관련된 성능요구사항을 의미하며, 통신 처리시간, 연속성, 가용성, 무결성, 안전성, 기능성과 같은 요소를 포함

Performance-based navigation (PBN) ATS 항로를 따라 계기접근절차를 수행 중이거나, 지정된 공역 내에서 운항하는 항공기에 대한 성능 요구사항을 기반으로 한 지역항법

(주1) 성능 요구사항은 특정 공역에서 제안된 운영을 위해 필요한 정확성, 무결성, 연속성, 가용성, 기능성 측면에서 항법 사양(RNAV, RNP 사양)으로 표현

Performance-based surveillance (PBS) 항공교통서비스 제공에 적용되는 성능 요구사항에 기반 하는 감시

(주1) RSP 사양은 특정 공역에서 제안된 운영을 위해 제공되는 감시 성능요구사항을 의미하며, 감시 데이터와 관련된 통신 처리시간, 연속성, 가용성, 무결성, 정확성, 안전성, 기능성과 같은 요소를 포함

Pilot-in-command (기장) 비행시간 중 항공기의 운항 및 안전에 대한 책임이 있는 조종사

Position indication (위치표시) 현시장치에 항공기, 공항차량 및 기타 물체의 위치를 기호와 기호가 아닌 방식으로 시각적으로 표시

Position symbol (위치 기호) 현시장치에 항공기, 공항차량 및 기타 물체의 위치를 기호로 표현한 시각적인 표시로, 위치 데이터가 자동처리 후에 현시장치에 제공

Precision Approach Radar (정밀접근레이더) 항공기가 최종 접근하는 동안에 가상의 접근경로에 대한 수평 및 수직 편차와 접지까지의 거리로써 항공기의 위치를 결정하는데 이용되는 1차 레이더장비

(주) 정밀접근레이더는 착륙을 위한 최종접근단계에서 무선통신을 이용하여 조종사에게 유도정보를 제공할 수 있도록 고안된 장비이다.

Pressure-altitude (기압고도) 표준대기압에 연관되는 고도로 나타내는 기압

Primary Radar (1차 레이더) 반송 무선 신호를 이용하는 레이더 장비

Primary Surveillance Radar (1차 감시레이더) 반송무선신호를 이용하는 감시레이더

Procedural control (절차적 통제) 항공교통관제서비스 제공을 위한 ATS 시스템으로부터 파생된 정보가 요구되지 않음을 나타내는 단어

Procedural separation (절차적 분리) 절차적 통제를 제공할 때 사용되는 분리

Procedure Turn (절차선회) 항공기가 지정된 경로를 진입하기 위해 지정된 경로의 반대방향 진행을 허가하며, 반대방향으로 선회할 때 지정경로를 벗어나 수행하는 선회기동

(주1) 절차선회는 최초선회의 방향에 따라 "좌" 또는 "우"로 설정된다.

(주2) 절차선회는 각각의 독립 절차의 상황에 따라, 수평비행이나 강하비행 모두 수행할 수 있도록 설정될 수 있다

Profile 가상의 비행경로를 포함한 수직면상의 비행경로 또는 그 일부분에 대한 직각 투영도

PSR Blip (1차 감시레이더 전시자료) 1차 레이더로 획득한 항공기 위치를 나타내는 레이더 전시면상의 기호화되지 않은 시각전시자료

Radar (레이더) 대상물의 범위, 방위 및/또는 고도에 관한 정보를 제공하는 무선 탐지 장비

Radar approach (레이더접근) 레이더관제사의 지시 하에서 항공기에 의해 수행되는 최종접근단계에서의 접근방식

Radar clutter (레이더클러터) 쓸모없는 신호로 인하여 레이더 전시면에 나타난 시각표시

Radar contact (레이더포착) 레이더 전시면에 특정 항공기의 레이더위치가 보이고 식별된 때를 나타내는 상태

Radar separation (레이더분리) 항공기 위치정보가 레이더자료로부터 획득되었을 때 사용하는 분리

Receiving unit/controller (접수기관/관제사) 전문을 접수하는 항공교통업무기관/항공교통관제사

(주) Sending unit/controller(발송기관/관제사) 참조

Repetitive flight plan (반복비행계획) 기본사항이 동일하며, 규칙적이고 연속적으로 자주 운항하는 각각의 항공기에 관련된 비행계획으로서, 항공교통업무기관이 보유하여 반복적으로 사용할 수 있도록 운영자가 제출하는 비행계획

Reporting point (보고지점) 항공기의 위치가 보고될 수 있는 특정한 지리적 위치

Required communication performance(RCP) specification 성능기반통신을 제공하기 위한 항공교통서비스 제공과 이와 관련된 지상장비, 항공기 성능, 운영에 대한 요구사항

Required surveillance performance(RSP) specification 성능기반감시를 제공하기 위한 항공교통서비스 제공과 이와 관련된 지상장비, 항공기 성능, 운영에 대한 요구사항

Required navigation performance (RNP) 정의된 공역 내에 운항을 위한 항법 성능 요구사항

Rescue co-ordination centre (구조조정센터) 수색 및 구조업무체계를 효율적으로 발전시키고, 수색 및 구조구역 내에서의 수색 및 구조작업을 조정할 책임이 있는 기관

Rescue unit (구조기관) 수색구조의 신속한 수행을 위하여 필요장비와 훈련받은 요원으로 구성되어 있는 기관

RNP type (항행성능기준형식) 전체 비행시간의 95퍼센트 이상을 계획된 지점으로부터 해상마일(NM)로 표시되는 거리내에서 비행이 이루어져야 하는 봉쇄구역 수치

(예) RNP 4는 전체비행시간의 95퍼센트 이상을 정해진 진로로부터 ±7.4㎞(4NM)의 항행정확도를 유지하면서 비행해야 함을 나타냄

Runway (활주로) 항공기의 착륙과 이륙을 위해 육상비행장에 설치된 장방형의 구역

Runway-holding position (활주로 대기 지점) 지상주행 중인 항공기 및 차량이 관제탑의 허가가 없는 한 정지하고 대기해야 하는 곳으로, 활주로, 장애물제한표면, ILS/MLS 민감구역을 보호하기 위한 지점

(주) 무선통신 전문용어에서 “holding point(대기 지점)”은 활주로 대기 지점을 나타내는 데 사용

Runway incursion (활주로 침범) 이, 착륙하는 항공기를 위해 지정된 보호구역 내 표면에 항공기, 차량, 사람의 부정확한 존재

Runway visual range (활주로가시거리) 활주로의 중심선에 상에 위치해 있는 항공기의 조종사가 활주로의 표면의 표지 또는 활주로의 윤곽을 나타내거나 또는 활주로의 중심선을 표시하는 등화를 볼 수 있는 거리

Safety management system (SMS) 안전관리를 위해 조직구조, 책무, 책임, 정책 및 절차를 포함하는 체계적인 처리 방법

Secondary radar (2차 레이더) 레이더국으로부터 송신된 무선신호가 다른 무선신호의 송신을 발생시키는 레이더체제

Secondary surveillance radar (2차 감시레이더) 송신기/수신기(질문기) 및 트랜스폰더를 사용하는 감시레이더체제

Separated parallel operations (분리평행운영) 하나의 활주로는 접근을 위해 사용하고 다른 활주로는 출발을 위해 사용하는 평행 또는 준평행 계기활주로 상에서의 동시 운영

Sending unit/controller (발송기관/관제사) 메시지를 송신하는 항공교통업무기관/항공교통관제사

(주) Receiving unit/controller(접수기관/관제사) 참조

Shoreline (해안선) 해안의 일반적인 윤곽을 따라 표시한 선으로서, 폭 30NM 미만인 어귀 또는 만의 경우에는 어귀 또는 만을 가로질러 반대편 윤곽선까지 이어서 표시함

SIGMET information (악기상정보) 항공기 안전운항에 영향을 미치는 특정 항로기상현상이 발생하였거나 발생할 것으로 예상될 경우에 기상감시사무소에서 발행하는 정보

Signal area (신호구역) 지상신호를 나타내기 위해 사용되는 비행장의 일정구역

Significant point (중요지점) ATS 비행로 또는 항공기의 비행로를 나타내고, 다른 항행 및 항공교통업무(ATS) 목적으로 사용되는 특정한 지리적 위치

Situation display (상황현시장치) 항공기 위치와 움직임, 요구되는 기타 정보를 나타내는 전자 장치

Special VFR flight (특별시계비행항공기) 시계비행기상상태 미만의 기상상태에서 관제권내를 비행할 수 있도록 항공교통관제기관이 인가한 시계비행항공기

SSR response (2차 감시레이더 응답) 질문에 대한 2차 감시레이더 트랜스폰더로부터의 응답으로서 레이더 전시면에 나타나는 비(非)기호 형태의 시각 표시

Standard instrument arrival(STAR) (표준계기도착절차) ATS 항로상의 중요지점을 IFR에 따라 지정된 도착항로로 연결하며, 계기접근절차를 시작할 수 있는 지점까지 연결

Standard instrument departure(SID) (표준계기출발절차) 공항이나 공항 특정 활주로의 중요 지점과 순항단계의 비행시작지점까지 연결된 IFR을 따라 지정된 도착항로

Standard message element PANS-ATM(Doc 4444)에서 형식, 용도, 속성 측면에서 정의된 메시지 일부

Stopway(정지로) 항공기가 이륙을 포기할 때 정지할 수 있는 지정된 구역으로, 이륙가용활주거리(TORA) 끝에 있는 직사각형 영역

Surveillance radar (감시레이더) 거리와 방위로 항공기의 위치를 정하는데 사용하는 레이더 장비

Taxiing (지상활주) 이륙 및 착륙을 제외하고 자체동력으로 비행장표면에서 항공기가 이동하는 것

Taxiway (유도로) 항공기가 지상주행을 하거나 비행장의 각 지점을 이동할 수 있도록 육상비행장에 설치한 일정한 경로로서 다음 각 목을 포함

가. **Aircraft stand taxi lane (항공기주기장유도선)** : 유도로로 지정된 계류장의 일부분으로서 항공기주기장 출입목적으로만 사용함.

나. **Apron taxiway (계류장유도로)** : 계류장에 위치하는 유도로시스템의 일부분으로서 계류장을 가로지르는 통과 유도로 사용함

다. **Rapid exit taxiway (고속이탈유도로)** : 착륙항공기가 다른 유도로를 사용할 때 보다 더 빠른 속도로 활주로를 벗어남으로서 활주로점유시간을 최소화할 목적으로 활주로에 예각으로 연결된 유도로

Terminal Control Area (접근관제구역) 한 개 이상의 주요비행장 근처에 있는 항공로(ATS route) 합류지점에 설정되는 관제구역

Threshold (활주로말단) 착륙을 위해 사용가능한 활주로의 기점

Time difference of arrival(TDOA) 동일 항공기(또는 지상이동차량)에서 발신된 트랜스폰더 신호가 서로 다른 수신기에서 수신되는 상대적인 시간 차

Total estimated elapsed time (총예상소요시간) 계기비행(IFR)항공기의 경우, 이륙 후 항행보조시설을 이용하여 설정된 계기접근절차가 시작되는 지점에 도착할 때까지의 예상소요시간, 또는 목적비행장에 항행보조시설이 없을 경우 목적비행장 상공에 도착할 때까지의 시간, 시계비행(VFR) 항공기의 경우 이륙후 목적비행장 상공에 도착할 때까지의 예상소요시간

Touchdown (접지점) 가상의 활공로와 활주로가 만나는 지점
(주) 위의 접지점은 단지 참고자료일 뿐이지 항공기가 활주로에 접지하는 실제지점이 아닐 수 있다.

Track (항적) 지구표면상에 투영된 항공기의 통행로로서 어떠한 지점에서든 진로의 방향을 항상 북쪽(진북, 자북 또는 grid north)으로부터의 각도로 표시됨

Traffic avoidance advice (교통회피조언) 충돌회피를 위하여 항공교통업무시설이 조종사로 하여금 특정기동을 하도록 하는 조언

Traffic Information (교통정보) 관제비행 항공기의 위치 또는 항공로에 알려졌거나 관측된 항공교통(Air traffic)이 근접이 예상되는 경우에 조종사의 충돌회피에 도움이 되도록 항공교통업무시설에서 조종사에게 경보하기 위하여 발부하는 정보

Transfer of control point (관제이양지점) 항공기에 대한 항공교통관제업무 제공책임이 한 항공교통관제시설 또는 관제위치에서 다음으로 이양되는 항공로 상에 위치하는 지점

Transferring unit/controller (이양기관/관제사) 한 항공기에 대한 항공교통관제업무제공책임을 다음 항공교통관제시설/관제사에 이양하는 항공교통관제시설/관제사
(주) Accepting unit/controller(인수기관/관제사) 참조

Transition altitude (전이고도) 항공기의 수직위치를 고도(altitude)로 나타내는 기준고도 또는 그 이하의 고도

Transition layer (전이층) 전이고도와 전이비행고도사이의 공역

Transition level (전이비행고도) 전이고도 위로 사용가능한 가장 낮은 비행고도

Uncertainty phase (불확실단계) 항공기 및 탑승자의 안전이 불확실한 상황

Unmanned free balloon (무인자유기구) 무동력, 무인이며 공기보다 가볍고 자유롭게 비행하는 항공기

(주) 무인자유기구는 부속서2, 부록 4에 수록된 기준에 따라 heavy, medium 및 light 등으로 분류된다.

Vectoring(유도) ATS 감시시스템을 기반으로 특정 방위의 형태로 항공기에 항법 지침을 제공

VFR (시계비행규칙) 시계비행규칙을 나타내는 약어

VFR flight (시계비행항공기) 시계비행규칙에 따라 비행하는 항공기

Visibility (시정) 대기상태에 따라 결정되고 거리의 단위로 표시되는 수치로서 주간에는 뚜렷한 비조명물체를, 야간에는 뚜렷한 조명물체를 보고 식별할 수 있는 한계

Visual approach(시계접근) 계기비행(IFR)항공기가 계기접근절차의 일부분 또는 전부를 수행하지 않고 지형지물을 육안 참조하여 비행하는 방식

Visual meteorological conditions (시계비행기상상태) 특정 최저치 이상의 시정, 구름으로부터의 거리 및 운고로 표시되는 기상 상태

(주) 특정 최저치는 부속서 2, 제4장에 수록되어 있음

Visual Surveillance system (시계감시시스템) 공항 및 그 주변에서 상황인식을 하기 위해 필요한 교통정보 및 다른 정보를 시각적으로 제공하는 전자 시스템

VMC 항공기가 항행할 때의 가시거리 및 구름 상황을 고려하여 국토교통부령으로 정하는 시계상 양호한 기상상태로서 「항공안전법」 시행규칙 별표 24의 기상상태

Way point 지역항법비행로 또는 지역항법을 사용하는 항공기의 비행로를 지정하기 위해 사용되는 특정 지리적 위치

- Fly-by waypoint 항로 또는 절차의 다음 단계의 접선방향으로 접하기 위해 선회가 예상되는 지점
- Flyover waypoint 항로 또는 절차의 다음 단계와 만나기 위한 선회가 시작된 지점

부록 2. PHRASEOLOGY

Ⅰ. ATC 용어(PHRASEOLOGIES)

1. 일반사항

[상 황]	[용 어]
1.1 고도의 서술(이하 고도를 "*level*"이라 한다.	a) FLIGHT LEVEL(*number*); or b) (*number*) METERS; or c) (*number*) FEET.
1.2 고도변경, 보고 및 비율	a) CLIMB (*or* DESCEND); *followed as necessary by;* 1) TO (*level*);
...정해진 수직범위 안에서의 상승 또는 하강이 재개하는 경우	2) TO AND MAINTAIN BLOCK (*level*) TO (*level*); 3) TO REACH (*level*) AT (*or* BY) (*time or significant point*); 4) REPORT LEAVING (*or* REACHING, *or* PASSING) (*level*); 5) AT (*number*) METERS PER SECOND (or FEET PER MINUTE) [OR GREATER (or OR LESS)]; 6) REPORT STARTING ACCELERATION (*or* DECELERATION)
... 초음속 항공기에만 적용	b) MAINTAIN AT LEAST (*number*) METERS (or FEET) ABOVE (*or* BELOW) (*aircraft call sign*); c) REQUEST LEVEL(*or* FLIGHT LEVEL *or* ALTITUDE) CHANGE FROM (*name of unit*) [AT (*time or significant point*)]; d) STOP CLIMB (*or* DESCENT) AT (*level*); e) CONTINUE CLIMB (*or* DESCENT) TO (*level*); f) EXPEDITE CLIMB (*or* DESCENT) [UNTIL PASSING (*level*)]; g) WHEN READY CLIMB (*or* DESCEND) TO (*level*); h) EXPECT CLIMB (*or* DESCENT) AT (*time or significant point*);

[상 황]	[용 어]
	*i) REQUEST DESCENT AT(*time*)
...특정 시간 또는 장소에서 어떤 행동이 요구되는 경우	j) IMMEDIATELY;
	k) AFTER PASSING (*significant point*);
	l) AT (*time or significant point*);
...적절한 시기에 어떤 행동이 요구되는 경우	m) WHEN READY (*instruction*);
...자체분리 및 시계기상상태를 유지하면서 상승 또는 강하토록 항공기에게 요구하는 경우	n) MAINTAIN OWN SEPARATION AND VMC [FROM(*level*)] [TO (*level*)];
	o) MAINTAIN OWN SEPARATION AND VMC ABOVE (*or* BELOW, *or* TO) (*level*);
...허가나 지시사항에 대한 항공기의 이행여부가 의심스러운 경우	p) IF UNABLE (*alternative instructions*) AND ADVISE;
...허가나 지시사항을 조종사가 이행할 수 없는 경우	*q) UNABLE;
...ACAS 해결조언에 따라 수직속도를 변경한 후(조종사와 관제사 상호간)	*r) TCAS RA; s) ROGER;
... ACAS의 "충돌위험해소"가 알려진 후 (조종사와 관제사 상호간)	*t) CLEAR OF CONFLICT, RETURNING TO (*assigned clearance*);
...ACAS의 해결조언에 대한 조치가 완료된 후(조종사와 관제사 상호간)	u) ROGER (*or alternative instructions*);
...ACAS의 해결조언에 대한 조치 후 본래의 허가사항으로 복귀한 후(조종사와 관제사 상호간)	*v) CLEAR OF CONFLICT (*assigned clearance)* RESUMED; w) ROGER (*or alternative instructions*);
...ACAS의 해결조언으로 인하여 허가사항을 준수하기가 어려운 경우(조종사와 관제사 상호간)	*x) UNABLE, TCAS RA; y) ROGER;
...조종사가 안전 고도로 올라가 SID에 게시된 고도 제한사항, 속도제한준수 및 관제 속도제한 등을 준수하는 SID에 진입	*z) CLIMB VIA SID TO (*level*)

[상 황]	[용 어]
...상승 중 SID의 고도제한을 취소하기 위한 허가	aa) [CLIME VIA SID TO (*level*)], CANCEL LEVEL RESTRICTION(S);
...상승 중 SID의 특별고도제한을 취소하기 위한 허가	bb) [CLIME VIA SID TO (*level*)], CANCEL LEVEL RESTRICTION(S) AT (*point(s)*);
...상승 중 SID의 속도제한을 취소하기 위한 허가	cc) [CLIME VIA SID TO (*level*)], CANCEL SPEED RESTRICTION(S);
...상승 중 SID의 특별속도제한을 취소하기 위한 허가	dd) [CLIME VIA SID TO (*level*)], CANCEL SPEED RESTRICTION(S) AT (*point(s)*);
...SID의 고도 및 속도제한을 취소하고 상승하기 위한 허가	ee) [CLIME UNRESTRICTED TO (*level*) (*or*) CLIME TO (*level*) CANCEL LEVEL AND SPEED RESTRICTIONS;
...조종사가 안전 고도로 내려가 STAR에 게시된 고도 제한사항, 속도제한준수 및 관제 속도제한 등을 준수하는 STAR에 진입	ff) DESCEND VIA STAR TO(*level*);
...하강 중 STAR의 고도제한을 취소하기 위한 허가	gg) [DESCEND VIA STAR TO (*level*)], CANCEL LEVEL RESTRICTION(S);
...하강 중 STAR의 특별고도제한을 취소하기 위한 허가	hh) [DESCEND VIA STAR TO (*level*)], CANCEL LEVEL RESTRICTION(S) AT (*point(s)*);
...하강 중 STAR의 속도제한을 취소하기 위한 허가	ii) [DESCEND VIA STAR TO (*level*)], CANCEL SPEED RESTRICTION(S);
...하강 중 STAR의 특별속도제한을 취소하기 위한 허가	jj) [DESCEND VIA STAR TO (*level*)], CANCEL SPEED RESTRICTION(S) AT (*point(s)*);
...STAR의 고도 및 속도제한을 취소하고 하강하기 위한 허가	kk) DESCEND UNRESTRICTED TO(*level*) *or* DESCEND TO CANCEL LEVEL AND SPEED RESTRICTIONS. * 조종사 송신을 의미함.
1.3 최소 연료	
...최소연료의 지시	*a) MINIMUM FUEL; b) ROGER [NO DELAY EXPECTED or EXPECT (*delay information*)] * 조종사 송신을 의미함.

[상 황]	[용 어]

1.4 관제권이양/주파수 변경
 	
(주) 항공기는, 항공교통업무기관에서 무선통신을 시도하려는 경우에는 "STAND BY"/ 정보사항이 바로 방송되는 경우에는 주파수를 "MONITOR"하라는 지시를 받을 수도 있다.
	a) CONTACT (*unit call sign*)(*frequency*)[NOW];
	b) AT (*or* OVER) (*time or place*) [*or* WHEN] [PASSING/LEAVING/REACHING(*number*)] CONTACT (*unit call sign*)(*frequency*)
	c) IF NO CONTACT (*instruction*);
	d) STAND BY FOR (*unit call sign*)(*frequency*);
	*e) REQUEST CHANGE TO(*frequency*);
	f) FREQUENCY CHANGE APPROVED;
	g) MONITOR (*unit call sign*)(*frequency*);
	*h) MONITORING(*frequency*);
	i) WHEN READY CONTACT(*unit call sign*)(*frequency*);
	j) REMAIN THIS FREQUENCY.
	
	* 조종사 송신을 의미함.

1.5 8.33 KHZ 채널 분리 *(주) 이 대화에서, "point"의 용어는 8.33 kHz 채널 간격에서만 사용하고 ICAO조항의 "decima"용어의 사용에 관한 변경을 하지 않음* ...8.33 kHz 주파수 요구 ...8.33kHz 주파수 지시 ...8.33kHz 범위 상실 지시 ...UHF 주파수를 요구 ...UHF 주파수 지시 ...UHF 범위 상실 지시 ...8.33 kHz 주파수 상태 확인 ...8.33kHz 주파수 외 지시 ...8.33kHz 주파수 외 범위 지시 ...장비가 장착되지 않은 항공기가 공역으로 진입을 위해 특정한 허가 지시	a) CONFIRM EIGHT POINT THREE THREE; *b) AFFIRM EIGHT POINT THREE THREE; c) NEGATIVE EIGHT POINT THREE THREE; d) CONFIRM UHF; *e) AFFIRM UHF; *f) NEGATIVE UHF; g) CONFIRM EIGHT POINT THREE THREE EXEMPTED; *h) AFFIRM EIGHT POINT THREE THREE EXEMPTED; *I) NEGATIVE EIGHT POINT THREE THREE EXEMPTED; j) DUE EIGHT POINT THREE THREE REQUIRMENT. * 조종사 송신을 의미함.

[상 황]	[용 어]
1.6 호출부호 변경 ...항공기에게 호출부호를 변경하라고 지시하는 경우 ...항공기에게 비행계획상의 호출부호로 복귀하도록 조언하는 경우	a) CHANGE YOUR CALL SIGN TO(*new call sign)* [UNTIL FURTHER ADVISED]; b) REVERT TO FLIGHT PLAN CALL SIGN(*call sign*) [AT (*significant point)].*
1.7 교통정보 ...교통정보통보 ...교통정보에 대한 응답	a) TRAFFIC (*information*); b) NO REPORTED TRAFFIC; *c) LOOKING OUT; *d) TRAFFIC IN SIGHT; *e) NEGATIVE CONTACT *[reason]*; f) [ADDITIONAL] TRAFFIC (*direction*) BOUND (*type of aircraft*) (*level*) ESTIMATED (*or* OVER) (*significant point*) AT *(time)*; g) TRAFFIC IS (*classification)* UNMANNED FREE BALL OON(S) WAS [*or* ESTIMATED] OVER (*place)* AT *(time)* REPORTED *(level(s))* [*or* LEVEL UNKNOWN] MOVING *(direction) (other pertinent information, if any)*; * 조종사 송신을 의미함.
1.8 기상정보 ...다수의 RVR이 측정되는 경우	a) [SURFACE] WIND (*number*) DEGREES (*speed*) (*units*); b) WIND AT (*level*) (*number*) DEGREES (*number*) KM/H (*or* KNOTS); ***(주)*** *바람은 평균풍향 및 속도 그리고 중요한 변동사항이 포함되어 제공된다.* c) VISIBILITY (*distance*) (*units*) [*direction*]; d) RUNWAY VISUAL RANGE (*or* RVR) [RUNWAY (*number*)] (*distance*) (*units*); e) RUNWAY VISUAL RANGE (*or* RVR) [RUNWAY (*number*)] NOT AVAILABLE (or NOT REPORTED); f) RUNWAY VISUAL RANGE (*or* RVR) [RUNWAY (*number*)] (first position) (distance) (units), (second position) (distance) (units), (third position) (distance) (units);

[상 황]	[용 어]
	***(주1,2)** 여러 개의 RVR 측정은 touchdown zone, midpoint zone과 roll–out/stop end zone별로 표시되어 진다. 3개의 RVR 수치가 주어지는 공항에서는 위치를 나타내는 순서는 touchdown, midpoint, roll–out의 순서로 명칭은 생략될 수 있다.*
...어느 한 지점에 대한 RVR정보를 얻을 수 없는 경우, 이 정보는 적절한 순서대로 포함되어야 한다.	g) RUNWAY VISUAL RANGE (*or* RVR) [RUNWAY (*number*)] (first position) (distance) (units), (second position) NOT AVAILABLE, (third position) (distance) (units); h) PRESENT WEATHER (*details*); i) CLOUD (*amount,* [*type*] *and height of base*) (*or* SKY CLEAR); ***(주)** 구름의 양과 유형을 기술하는 수단에 대한 세부 사항은 제11장 11.4.3.2.3.에 있다.* j) CAVOK; ***(주)** CAVOK 은 CAV–O–KAY.로 발음된다.* k) TEMPERATURE [MINUS] (*number*) (*and/or* DEW–POINT [MINUS] (*number*); l) QNH (*number*) [*units*]; m) QFE (*number*) [*units*]; n) (*aircraft type*) REPORTED (*description*) ICING (*or* TURBULENCE) [IN CLOUD] (*area*) (*time*); o) REPORT FLIGHT CONDITIONS.
1.9 위치보고 ...특정지점까지 위치보고를 생략하는 경우	a) NEXT REPORT AT(*significant point*); b) OMIT POSITION REPORTS [UNTIL *specify*)]; c) RESUME POSITION REPORTING.

1.10 추가보고
...특정지점 또는 특정거리상에서 보고를 요청하는 경우
...특정지점 또는 특정거리상에서 보고
...현 위치보고를 요청하는 경우
...현위치 보고
	a) REPORT PASSING(*significant point*);
	b) REPORT (*distance*) MILES (GNSS *or* DME) FROM (*name of DME station*)(*or significant point*);
	*c) (*distance*) MILES (GNSS *or* DME) FROM (*name of DME station*)(*or significant point*);
	d) REPORT PASSING (*three digits*) RADIAL(*name of VOR*) VOR;
	e) REPORT (GNSS *or* DME) DISTANCE FROM (*significant point*) *or (name of DME station)*;
	*f) (*distance*) MILES (GNSS *or* DME) FROM (*name of DME station*)(*or significant point*).
	* 조종사 송신을 의미함.

[상 황]	[용 어]
1.11 비행장정보 (주1) 조종사에게 활주로 상태 보고하기 위한 요구사항은 11.4.3.4.3 참조 (주2) 필요에 따라 활주로 1/3마다 구간별로 또는 전체 활주로에 대해 제공	a) [(*location*)] RUNWAY SURFACE CONDITION [CODE (three digit number)] followed as necessary by: 1) ISSUED AT (*date and time UTC*); 2) DRY, *or* WET ICE, *or* WATER ON TOP OF COMPACTED SHOW, *or* DRY SNOW, *or* DRY SNOW ON TOP OF ICE, *or* WET SNOW ON TOP OF ICE, *or* ICE, *or* SLUSH, *or* STANDING WATER, *or* COMPACTED SNOW, *or* WET SNOW, *or* DRY SNOW ON TOP OF COMPACTED SNOW, *or* WET SNOW ON TOP OF COMPACTED SNOW, *or* WET, *or* FROST; 3) DEPTH ((*depth of deposit*) MILLIMETERS *or* NOT REPORTED); 4) COVERAGE ((*number*) PERCENT *or* NOT REPORTED); 5) ESTIMATED SURFACE FRICTION (GOOD, *or* GOOD TO MEDIUM, *or* MEDIUM, *or* MEDIUM TO POOR, *or* POOR, *or* LESS THAN POOR); 6) AVAILABLE WIDTH (*number)* METERS; 7) LENDGTH REDUCED TO (*number*) METERS; 8) DRIFTING SNOW; 9) LOOSE SAND; 10) CHEMICALLY TREATED; 11) SNOWBANK(*number)* METERS [LEFT, *or* RIGHT, *or* LEFT AND RIGHT] [OF *or* FROM] CENTRELINE; 12) TAXIWAY (*identification of taxiway*) SNOWBANK (*number*) METERS [LEFT, *or* RIGHT, *or* LEFT AND RIGHT] [OF *or* FROM] CENTRELINE; 13) ADJACENT SNOWBANKS; 14) TAXIWAY (*identification of taxiway*) POOR; 15) APRON (*identification of apron*) POOR; 16) *Plain language remarks;* b) [(*location*)] RUNWAY SURFACE CONDITION RUNWAY (*number*) NOT CURRENT; c) LANDING SURFACE (*condition*); d) CAUTION CONSTRUCTION WORK (*location*); e) CAUTION (*specify reasons*) RIGHT (*or* LEFT), (*or* BOTH SIDES) OF RUNWAY [*number]*;

[상 황]	[용 어]
	f) CAUTION WORK IN PROGRESS (*or* OBSTRUCTION) (*position and any necessary advice*); g) BRAKING ACTION REPORTED BY (*aircraft type*) AT (*time*) GOOD (*or* GOOD TO MEDIUM, *or* MEDIUM, *or* MEDIUM TO POOR, *or* POOR); h) TAXIWAY (*identification of taxiway*) WET [*or* STANDING WATER, *or* SNOW REMOVED (*length and width as applicable*), *or* CHEMICALLY TREATED, *or* COVERED WITH PATCHES OF DRY SNOW (*or* WET SNOW, *or* COMPACTED SNOW, *or* SLUSH, *or* FROZEN SLUSH, *or* ICE, *or* WET ICE, *or* ICE UNDERNEATH, *or* ICE AND SNOW, *or* SNOWDRIFTS, *or* FROZEN RUTS AND RIDGES *or* LOOSE SAND)]; i) TOWER OBSERVES (*weather information*); j) PILOT REPORTS (*weather information*).
1.13 수직분리간격축소공역(RVSM)운영	
...항공기의 RVSM 승인상태확인	a) CONFIRM RVSM APPROVED;
...RVSM승인상태보고	*b) AFFIRM RVSM;
...추가정보에 의해 승인되지 않은 RVSM 상태보고 참고. 승인되지 않은 항공기에 대한 RVSM공역 운영절차는 12.2.4와 12.2.5참고	*c) NEGATIVE RVSM *[(supplementary information, e.g. State aircraft)]*;
...RVSM공역에 ATC허가 금지	d) UNABLE ISSUE CLEARANCE INTO RVSM AIRSPACE, MAINTAIN [*or* DESCEND TO, *or* CLIMB TO *(level)*];
...난류에 의해 성능에 영향을 받아 RVSM고도 유지가 불가함	*e) UNABLE RVSM DUE TURBULENCE;
...최소 항공기 시스템 성능 표준 하에 항공기 장비가 저하됨을 보고	*f) UNABLE RVSM DUE EQUIPMENT;
...항공기가 승인된 상태회복 즉시 조종사가 RVSM으로 재개할 준비가 된 즉시 정보제공을 요청	g) REPORT WHEN ABLE TO RESUME RVSM;
...항공기가 승인된 상태회복확인 및 RVSM운영 재개준비를 확인하기 위해	h) CONFIRM ABLE TO RESUME RVSM;
...장비 또는 날씨에 영향이후 RVSM운영을 재개 내용 보고	*i) READY TO RESUME RVSM. * 조종사 송신을 의미함.

[상 황]	[용 어]
1.14 GNSS 서비스 상태	a) GNSS REPORTED UNRELIABLE (*or* GNSS MAY NOT BE AVAILABLE[DUE TO INTERFERENCE]); 1) IN THE VICINITY OF *(location) (radius)* [BETWEEN *(levels)*]; or 2) IN THE AREA OF *(description)* (*or* IN *(name)* FIR)[BETWEEN *(levels)*]; b) BASIC GNSS (*or* SBAS, *or* GBAS) UNAVAILABLE FOR *(specify operation)* [FROM *(time)* TO *(time)* *(or UNTIL FURTHER NOTICE)*]; *c) BASIC GNSS UNAVAILABLE [DUE TO*(reason, e.g* LOSS OF RAIM *or* RAIM ALERT)]; *d) GBAS (*or* SBAS) UNAVAILABLE; e) CONFIRM GBAS NAVIGATION; and *f) AFFIRM GBAS NAVIGATION. * 조종사 송신을 의미함.
1.15 항공기 항법 성능 저하	UNABLE RNP *(specify type) (or* RNAV*)* [DUE TO (*reason, e.g.* LOSS OF RAIM *or* RAIM ALERT)].

2. 지역관제업무

[상 황]	[용 어]
.2.1 허가발부	a) (*name of unit*) CLEARS (*aircraft call sign*); b) (*aircraft call sign*) CLEARED TO; c) RECLEARED (*amended clearance details*) [REST OF CLEARANCE UNCHANGED]; d) RECLEARED (*amended route portion*) TO (*significant point of original route*) [REST OF CLEARANCE UNCHANGED]; e) ENTER CONTROLLED AIRSPACE (*or* CONTROL ZONE) [VIA (*significant point or route*)] AT (*level*) [AT (*time*)]; f) LEAVE CONTROLLED AIRSPACE (*or* CONTROL ZONE) [VIA (*significant point or route*)] AT (*level*) (*or* CLIMBING, *or* DESCENDING); g) JOIN (*specify*) AT (*significant point*) AT (*level*) [AT (*time*)].

[상 황]	[용 어]
2.2 항로 및 허가 한계점의 지시	a) FROM *(location)* TO *(location)*; b) TO *(location)*, *followed as necessary by;* i) DIRECT; ii) VIA *(route and/or significant points)*; iii) FLIGHT PLANNED ROUTE; ***(주)*** *이 문구의 사용과 관련된 조건은 제4장 4.5.7.2항에 수록되어 있다* iv) VIA *(distance)* DME ARC *(direction)* OF *(name of DME station)*; c) *(route)* NOT AVAILABLE DUE *(reason)* ALTERNATIVE[S] IS/ARE *(routes)* ADVISE.
2.3 특정 고도의 유지	a) MAINTAIN *(level)* [TO *(significant point)*]; b) MAINTAIN *(level)* UNTIL PASSING *(significant point)*; c) MAINTAIN *(level)* UNTIL *(minutes)* AFTER PASSING *(significant point)*; d) MAINTAIN *(level)* UNTIL *(time)*; e) MAINTAIN *(level)* UNTIL ADVISED BY *(name of unit)*; f) MAINTAIN *(level)* UNTIL FURTHER ADVISED; g) MAINTAIN *(level)* WHILE IN CONTROLLED AIRSPACE; h) MAINTAIN BLOCK *(level)* TO *(level)*; ***(주)*** *항공기에게 고도변경을 지시하는 경우 "DESCEND" 또는 "CLIMB" 대신 "MAINTAIN" 이라는 말을 사용해서는 안 된다.*
2.4 순항고도의 지정	a) CROSS *(significant point)* AT (*or* ABOVE, *or* BELOW) *(level)*; b) CROSS *(significant point)* AT *(time)* OR LATER (*or* BEFORE) AT *(level)*; c) CRUISE CLIMB BETWEEN *(level)* (*or* ABOVE (*level*)); d) CROSS *(distance)* MILES, (GNSS *or* DME) [(*direction*)] OF *(name of DME station)* OR *(distance)* [(*direction*)] OF *(significant point)* AT (*or* ABOVE, *or* BELOW) *(level)*.

[상 황]	[용 어]
2.5 비상강하	*a) EMERGENCY DESCENT *(intentions)*; b) ATTENTION ALL AIRCRAFT IN THE VICINITY OF [*or* AT]*(significant point or location)* EMERGENCY DESCENT IN PROGRESS FROM *(level) (followed as necessary by specific instructions, clearances, traffic information etc.)*. * 조종사 송신을 의미함.
2.6 허가를 요구하는 즉시 발부 할 수 없는 경우	EXPECT CLEARANCE *(or type of clearance)* AT *(time)*
2.7 변경허가 발부가 불가능할 경우	UNABLE, TRAFFIC *(direction)* BOUND *(type of aircraft) (level)* ESTIMATED (*or* OVER) *(significant point)* AT *(time)* CALL SIGN *(call sign)* ADVISE INTENTIONS.
2.8 분리지시 참고. VOR/GNSS 수평분리를 적용하는 경우 zero offset의 요구확인 (5.4.I.2참고)	a) CROSS *(significant point)* AT *(time)* [OR LATER (*or* OR BEFORE)]; b) ADVISE IF ABLE TO CROSS *(significant point)* AT *(time or level)*; c) MAINTAIN MACH *(number)* [OR GREATER (or OR LESS)] [UNTIL (*significant point*)]; d) DO NOT EXCEED MACH (*number*). e) CONFIRM ESTABLISHED ON THE TRACK BETWEEN *(significant point)* AND *(significant point)* [WITH ZERO OFFSET]; *f) ESTABLISHED ON THE TRACK BETWEEN *(significant point)* AND *(significant point)* [WITH ZERO OFFSET]; g) MAINTAIN TRACK BETWEEN *(significant point)* AND *(significant point)*. REPORT ESTABLISHED ON THE TRACK; *h) ESTABLISHED ON THE TRACK; i) CONFIRM ZERO OFFSET; *j) AFFIRM ZERO OFFSET; * 조종사 송신을 의미함.
2.9 인가된 항로상의 Offset, 평행비행에 관한 지시	a) ADVISE IF ABLE TO PROCEED PARALLEL OFFSET; b) PROCEED OFFSET (*distance*) RIGHT/LEFT OF (*route*) (*track*) [CENTER LINE] [AT (*significant point or time*)] [UNTIL (*significant point or time*)]; c) CANCEL OFFSET (*instructions to rejoin cleared flight route or other information*).

3. 접근관제업무

[상 황]	[용 어]
3.1 출발지시	a) [AFTER DEPARTURE] TURN RIGHT (*or* LEFT) HEADING *(three digits)* (*or* CONTINUE RUNWAY HEADING) (*or* TRACK EXTENDED CENTER LINE) TO (*level or significant point*) [(*other instructions as required*)];
	b) AFTER REACHING (or PASSING) (*level or significant point*)(instructions);
	c) TURN RIGHT (*or* LEFT) HEADING *(three digits) TO* (*level*) [TO INTERCEPT (*track, route, airway, etc.*)];
	d) (*standard departure name and number*) DEPARTURE;
	e) TRACK *(three digits)* DEGREES [MAGNETIC (*or* TRUE)] TO (*or* FROM) *(significant point)* UNTIL (*time, or* REACHING *(fix or significant point or level)* [BEFORE PROCEEDING ON COURSE];
	f) CLEARED (*designation*) DEPARTURE; ***(주)*** *이에 관련된 조항은 제 4장 4.5.7.2에 있다.*
...이후 SID에 재진입 위한 지침제공	g) CLEARED DIRECT *(waypoint)*, CLIME TO *(level)*, EXPECT TO REJOIN SID [(*SID designator*)] [AT *(waypoint)*], then REJOIN SID [(*SID designator*)][AT *(waypoint)*];
바로 진입과정을 위한 권한	h) CLEARED DIRECT *(waypoint)*, CLIMB TO *(level)*, *then*, REJOIN SID *(SID designator)* AT *(waypoint)*.
3.2 접근지시	a) CLEARED *(designation)* ARRIVAL;
	b) CLEARED TO *(clearance limit)* (*designation*);
	c) CLEARED (*or* PROCEED) VIA *(details of route to be followed)*;
…STAR에 재진입하기 위한 지침 제공함으로	d) CLEARED DIRECT (*waypoint*), DESCEND TO *(level)*, EXPECT TO REJOIN STAR [*(STAR designator)*] AT *(waypoint)*. *then* REJOIN STAR [*(STAR designator)*][AT*(waypoint)*];
진입과정을 위한 권한	e) CLEARED DIRECT (*waypoint*), DESCEND TO *(level)*, then REJOIN STAR (*STAR designator*) AT *(waypoint)*;

[상 황]	[용 어]
	f) CLEARED *(type of approach)* APPROACH [RUNWAY *(number)*];
	g) CLEARED *(type of approach)* RUNWAY *(number)* FOLLOWED BY CIRCLING TO RUNWAY *(number);*
	h) CLEARED APPROACH [RUNWAY (*number*)];
	i) COMMENCE APPROACH AT *(time)*;
	*j) REQUEST STRAIGHT–IN [(*type of approach*)] APPROACH [RUNWAY (*number*)];
	k) CLEARED STRAIGHT–IN [(*type of approach*)] APPROACH [RUNWAY *(number)*];
	l) REPORT VISUAL;
	m) REPORT RUNWAY [LIGHTS] IN SIGHT;
	*n) REQUEST VISUAL APPROACH;
	o) CLEARED VISUAL APPROACH RUNWAY *(number)*;
...조종사가 시계접근 요구시	p) ADVISE ABLE TO ACCEPT VISUAL APPROACH RUNWAY *(number)*;
...조종사가 시계접근이가능한지 조언 참고. 시계접근절차 관련조항은 6.5.3 참고 ...후행항공기가 선행항공기를 볼 수 있다고 보고 시 연속적 시각적 접근허가의 경우	q) CLEARED VISUAL APPROACH RUNWAY *(number)*, MAINTAIN OWN SEPARATION FROM PRECEDING *(aircraft type and wake turbulence category as appropriate)*[CAUTION WAKE TURBULENCE];
	r) REPORT *(significant point)*; [OUTBOUND, *or* INBOUND];
	s) REPORT COMMENCING PROCEDURE TURN;
	*t) REQUEST VMC DESCENT;
	u) MAINTAIN OWN SEPARATION;
	v) MAINTAIN VMC;
	w) ARE YOU FAMILIAR WITH *(name)* APPROACH PROCEDURE;
	*x) REQUEST *(type of approach)* APPROACH [RUNWAY (number)];
	* 조종사 송신을 의미함.

[상 황]	[용 어]
3.3 체공지시	
...시각적	a) HOLD VISUAL [OVER] (*position*), (*or* BETWEEN (*two prominent landmarks*));
...시설이나 지점상공에 체공절차가 수립된 경우,	b) CLEARED (*or* PROCEED) TO (*significant point, name of facility or fix*) [MAINTAIN (*or* CLIMB *or* DESCEND TO) (*level*)] HOLD [(*direction*)] AS PUBLISHED EXPECT APPROACH CLEARANCE (*or* FURTHER CLEARANCE) AT *(time)*;
	*c) REQUEST HOLDING INSTRUCTIONS;
...자세한 체공허가가 요구된 경우	d) CLEARED (*or* PROCEED) TO (*significant point, name of facility or fix*) [MAINTAIN (*or* CLIMB *or* DESCEND TO) (*level*)] HOLD [(*direction*)] [(*specified*) RADIAL, COURSE, INBOUND TACK (*three digits*) DEGREES] [RIGHT (*or* LEFT) HAND PATTERN] [OUTBOUND TIME *(number)* MINUTES] EXPECT APPROACH CLEARANCE (*or* FURTHER CLEARANCE) AT (*time*) (*additional instructions, if necessary*);
	e) CLEARED TO THE (*three digits*) RADIAL OF THE *(name)* VOR AT *(distance)* DME FIX [MAINTAIN (*or* CLIMB *or* DESCEND TO) (*level*)] HOLD [(*direction*)] [RIGHT (*or* LEFT) HAND PATTERN] [OUTBOUND TIME *(number)* MINUTES] EXPECT APPROACH CLEARANCE (*or* FURTHER CLEARANCE) AT (*time*) (*additional instructions, if necessary*);
	f) CLEARED TO THE (*three digits*) RADIAL OF THE *(name)* VOR AT *(distance)* DME FIX [MAINTAIN (*or* CLIMB *or* DESCEND TO) (*level*)] HOLD BETWEEN (*distance*) AND (*distance*) DME [RIGHT (*or* LEFT) HAND PATTERN] EXPECT APPROACH CLEARANCE (*or* FURTHER CLEARANCE) AT (*time*) (*additional instructions, if necessary*).
	* 조종사 송신을 의미함.
3.4 예상접근시간	a) NO DELAY EXPECTED; b) EXPECTED APPROACH TIME *(time)*; c) REVISED EXPECTED APPROACH TIME *(time)*; d) DELAY NOT DETERMINED *(reasons)*.

4. 비행장 및 비행장부근에서의 사용용어

[상 황]	[용 어]
4.1 항공기의 식별	SHOW LANDING LIGHT.
4.2 시각적인 수단에 의한 응답	a) ACKNOWLEDGE BY MOVING AILERONS (*or* RUDDER); b) ACKNOWLEDGE BY ROCKING WINGS; c) ACKNOWLEDGE BY FLASHING LANDING LIGHTS.
4.3 시동절차 ...엔진시동승인을 요청 하는 경우	*a) [*aircraft location*] REQUEST START UP; *b) [*aircraft location*] REQUEST START UP, INFORMATION *(ATIS identification)*;
...항공교통관제기관의 응답	c) START UP APPROVED; d) START UP AT *(time)*; e) EXPECT START UP AT *(time)*; f) START UP AT OWN DISCRETION; g) EXPECT DEPARTURE *(time)* START UP AT OWN DISCRETION * 조종사 송신을 의미함.
4.4 PUSH-BACK 절차 (주) 국지절차에 명시된 경우 PUSH-BACK 허가를 관제탑에서 받아야 한다. ...항공기/항공교통관제기관	*a) [*aircraft location*] REQUEST PUSHBACK; b) PUSHBACK APPROVED; c) STAND BY; d) PUSH BACK AT OWN DISCRETION; e) EXPECT *(number)* MINUTES DELAY DUE *(reason)*; * 조종사 송신을 의미함.
4.5 견인절차 ... 항공교통관제기관의 응답	*a) REQUEST TOW [*company name*] *(aircraft type)* FROM *(location)* TO *(location)*; b) TOW APPROVED VIA *(specific routing to be followed)*; c) HOLD POSITION; d) STAND BY. * 항공기와 견인차간의 송신을 의미함.

[상 황]	[용 어]
4.6 시간점검/출발을 위한 비행장 정보를 요청하는 경우	*a) REQUEST TIME CHECK; b) TIME *(minutes)*;
... ATIS 방송이 되지 않는 경우	*c) REQUEST DEPARTURE INFORMATION;
	d) RUNWAY *(number)*, WIND *(direction and speed)* *(unit)* QNH (*or* QFE) (*number*) [(*unit*)] TEMPERATURE [MINUS] *(number)*, [VISIBILITY (*distance*) (*unit*) (or RUNWAY VISUAL RANGE(*or* RVR) (*distance*) (*unit*))] [TIME (*time*)]. *(주) 여러 개의 시정치와 RVR을 제공받는다면, roll-out/stop end zone 수치는 출발하는 항공기에게 제공되어야 한다.* * 조종사 송신을 의미함
4.7 지상활주절차	
...출발의 경우	*a) [*aircraft type*] [*wake turbulence category if "heavy"*] [*aircraft location*] REQUEST TAXI [*intentions*]; *b) [*aircraft type*] [*wake turbulence category if "heavy"*] [*aircraft location*] *(flight rules)* TO *(aerodrome of destination)* REQUEST TAXI *[intentions]*; c) TAXI TO HOLDING POINT [*number*] [RUNWAY *(number)*][HOLD SHORT OF RUNWAY (number)] [TIME *(time)*];
...자세한 지상활주지시를 요청하는 경우	*d) [*aircraft type*] [*wake turbulence category if "heavy"*] REQUEST DETAILED TAXI INSTRUCTIONS; e) TAXI TO HOLDING POSITION [*number*] [RUNWAY *(number)*] VIA *(specific route to be followed)* [TIME *(time)*] [HOLD SHORT OF RUNWAY *(number)*(*or* CROSS RUNWAY*(number)*)];
... ATIS 등으로부터 비행장 정보를 얻을 수 없는 경우	f) TAXI TO HOLDING POINT [*number*] *(followed by aerodrome information as applicable)* [TIME *(time)*]; g) TAKE (*or* TURN) FIRST (*or* SECOND) LEFT (*or* RIGHT); h) TAXI VIA *(identification of taxiway)*; i) TAXI VIA RUNWAY *(number)*; j) TAXI TO TERMINAL *(or other location, e.g.* GENERAL AVIATION AREA) [STAND *(number)*];

[상 황]	[용 어]
...헬리콥터 운항	*k) REQUEST AIR-TAXIING FROM (*or* VIA) TO *(location or routing as appropriate)*; l) AIR-TAXI TO (*or* VIA) *(location or routing as appropriate)* [CAUTION *(dust, blowing snow, lose debris, taxiing light aircraft, personnel, etc.)*]; m) AIR-TAXI VIA *(direct, as requested, or specified route)* TO *(location, heliport, operation or movement area, active or inactive runway)*. AVOID *(aircraft or vehicles or personnel)*; *n) REQUEST BACKTRACK; o) BACKTRACK APPROVED;
...착륙 후	p) BACKTRACK RUNWAY *(number)*; *q) [*aircraft location*] REQUEST TAXI TO *(destination on airdrome)*;
...일반사항	r) TAXI STRAIGHT AHEAD; s) TAXI WITH CAUTION; t) GIVE WAY TO *(description and position of other aircraft)*; *u) GIVING WAY TO *(traffic)*; *v) TRAFFIC *(or type of aircraft)* IN SIGHT; w) TAXI INTO HOLDING BAY; x) FOLLOW *(description of other aircraft or vehicle)*; y) VACATE RUNWAY; *z) RUNWAY VACATED; aa) EXPEDITE TAXI [*reason*]; *bb) EXPEDITING; cc) [CAUTION] TAXI SLOWER [*reason*]; dd) SLOWING DOWN. * 조종사 송신을 의미함
4.8 대기	‡ a) HOLD (direction) OF (position, runway number, etc); ‡ b) HOLD POSITION; ‡ c) HOLD (distance) FROM (position); ‡ d) HOLD SHORT OF (position);
...활주로를 침범하지 않도록 하는 경우	*e) HOLDING; * f) HOLDING SHORT. ‡조종사의 응답이 요구되어지는 경우

[상 황]	[용 어]
	* 조종사 송신을 의미함. HOLD 지시의 응답으로 ROGER/WILCO와 같은 용어로는 불충분하며, 이런 경우에는 HOLDING 또는 HOLDING SHORT과 같은 용어를 사용해야 한다.
4.9 활주로 통과	*a) REQUEST CROSS RUNWAY *(number)*; ***(주)*** *관제탑에서 활주로를 통과하는 항공기를 볼 수 없는 경우(야간/저시정으로 인하여), 항공기가 활주로를 벗어났음을 보고하도록 지시를 하여야 한다.* b) CROSS RUNWAY *(number)* [REPORT VACATED]; c) EXPEDITE CROSSING RUNWAY *(number)* TRAFFIC *(aircraft type) (distance)* KILOMETERS (*or* MILES) FINAL; d) TAXI TO HOLDING POSITION [*number*] [RUNWAY (*number*)] VIA (*specific route to be followed*), [HOLD SHORT OF RUNWAY (*number*)] *or* [CROSS RUNWAY (*number*)];
(주) *요구가 있는 경우, 조종사는 활주로를 완전히 벗어난 후 "RUNWAY VACATED"라고 보고해야 한다.*	*e) RUNWAY VACATED. * 조종사 송신을 의미함.
4.10 이륙준비	a) UNABLE TO ISSUE *(designator)* DEPARTURE *(reasons)*; b) REPORT WHEN READY [FOR DEPARTURE]; c) ARE YOU READY [FOR DEPARTURE]?; d) ARE YOU READY FOR IMMEDIATE DEPARTURE?; *e) READY;
...활주로에 진입해서 이륙허가를 기다리라고 지시하는 경우	f) LINE UP [AND WAIT]; *g) LINE UP RUNWAY (number); h) LINE UP. BE READY FOR IMMEDIATE DEPARTURE;
...조건부 허가	‡ i) (*condition*) LINE UP *(brief reiteration of the condition)*;
...조건부 허가에 대한 응답	*j) (*condition*) LINING UP *(brief reiteration of the condition)*;

[상 황]	[용 어]
...조건부허가에 대한 확인 또는 복창	k) [THAT IS] CORRECT (*or* NEGATIVE)[I SAY AGAIN] ... (*as appropriate*)) * 조종사 송신을 의미함. ∗ 여러 개의 활주로운영으로 인한 혼동이 야기될 수 있는 경우 ‡ 조건부 허가에 관한 규정은 2.4에 포함되어 있음
4.11 이륙허가	a) RUNWAY *(number)* CLEARED FOR TAKE-OFF [REPORT AIRBORNE];
...줄어든 활주로분리를 사용하는 경우	b) *(traffic information)* RUNWAY *(number)* CLEARED FOR TAKE-OFF;
...이륙허가를 이행하지 않는 경우	c) TAKE OFF IMMEDIATELY OR VACATE RUNWAY; d) TAKE OFF IMMEDIATELY OR HOLD SHORT OF RUNWAY;
...이륙허가의 취소	e) HOLD POSITION, CANCEL TAKE-OFF I SAY AGAIN CANCEL TAKE-OFF *(reasons)*; *f) HOLDING;
...항공기가 이륙을 위한 주행을 시작한 후 이륙을 중지한 경우	g) STOP IMMEDIATELY [*(repeat aircraft call sign)* STOP IMMEDIATELY]; *h) STOPPING;
...헬리콥터 운항	i) CLEARED FOR TAKE-OFF [FROM *(location)*] *(present position, taxiway, final approach and take-off area, runway and number)*; *j) REQUEST DEPARTURE INSTRUCTIONS; k) AFTER DEPARTURE TURN RIGHT (*or* LEFT, *or* CLIMB) *(instructions as appropriate)*. * 조종사 송신을 의미함. HOLDING과 STOPPING은 e)와 g)에 대한 절차상의 응답을 뜻한다.
4.12 이륙 후 선회/상승지시	*a) REQUEST RIGHT (*or* LEFT) TURN; b) RIGHT (*or* LEFT) TURN APPROVED; c) WILL ADVISE LATER FOR RIGHT (*or* LEFT) TURN;
...이륙시간을 요청할 경우	d) REPORT AIRBORNE; e) AIRBORNE *(time)*; f) AFTER PASSING *(level) (instructions)*;
...비행방향지시	g) CONTINUE RUNWAY HEADING *(instructions)*;
...특정진로의 지시	h) TRACK EXTENDED CENTER LINE *(instructions)*; i) CLIMB STRAIGHT AHEAD *(instructions)*. * 조종사 송신을 의미함.

[상 황]	[용 어]
4.13 비행장교통장주의 진입	*a) [*aircraft type*] *(position) (level)* FOR LANDING; b) JOIN [*(direction of circuit)*] *(position in circuit) (run way number)* [SURFACE] WIND *(direction and speed)*(units) [TEMPERATURE [MINUS]*(number)*] QNH (*or* QFE) *(number)* [(*units*)] [TRAFFIC *(detail)*]; c) MAKE STRAIGHT–IN APPROACH, RUNWAY *(number)* [SURFACE] WIND *(direction and speed)* (*units*) [TEMPERATURE [MINUS]*(number)*] QNH (or QFE) *(number)* [(*units*)] [TRAFFIC *(detail)*]; *d) *(aircraft type) (position) (level)* INFORMATION *(ATIS identification)* FOR LANDING;
...ATIS 정보를 이용할 수 있는 경우	e) JOIN *(position in circuit)* [RUNWAY *(number)*] QNH (*or* QFE) *(number)* [(*units*)] [TRAFFIC *(detail)*]. * 조종사 송신을 의미함.
4.14 장주 내	*a) (*position in circuit, e.g.* DOWNWIND/FINAL); b) NUMBER ... FOLLOW *(aircraft type and position)* [*additional instructions if required*]. * 조종사 송신을 의미함.
4.15 접근지시 *(주) "LONG FINAL" 보고는 항공기가 최종접근을 위한 선회시에는 접지점으로부터 7 km (4NM) 이상에서, 항공기가 직진입시에는 접지점으로부터 15km (8NM)에서 이루어진다. 두 경우에서의 "FINAL" 보고는 접지점으로부터 7km(4NM)에서 요구된다.*	a) MAKE SHORT APPROACH; b) MAKE LONG APPROACH (*or* EXTEND DOWNWIND); c) REPORT BASE (*or* FINAL, *or* LONG FINAL); d) CONTINUE APPROACH [PREPARE FOR POSSIBLE GO AROUND].
4.16 착륙	a) RUNWAY *(number)* CLEARED TO LAND;
...여러 개의 활주로 운영시	b) *(traffic information)* RUNWAY *(number)* CLEARED TO LAND;
...특정 운항	c) CLEARED TOUCH AND GO; d) MAKE FULL STOP;
...인가된 최저고도로 강하해서 활주로를 따라 또는 활주로와 평행하게 접근을 시도하는 경우 ...지상요원의 시각적인 조사 목적으로	*e) REQUEST LOW APPROACH *(reasons)*; f) CLEARED LOW APPROACH [RUNWAY *(number)*] [*(altitude restriction if required) (go around instructions)*];

[상 황]	[용 어]
관제탑 또는 기타 관측지점을 지나 비행하는 경우 ...헬리콥터 운항	*g) REQUEST LOW PASS (reasons); h) CLEARED LOW PASS [*as in f*]; * i) REQUEST STRAIGHT-IN (*or* CIRCLING APPROACH, LEFT (*or* RIGHT) TURN TO *(location)*); j) MAKE STRAIGHT-IN (*or* CIRCLING APPROACH, LEFT (*or* RIGHT) TURN TO *(location, runway, taxiway, final approach and take-off area)* [HOLD SHORT OF *(active runway, extended runway centre line, other helicopter or aircraft)*]. [CAUTION *(power lines, unlighted obstructions, wake turbulence, etc.)*]. CLEARED TO LAND. * 조종사 송신을 의미함.
4.17 항공기의 지연	a) CIRCLE THE AERODROME; b) ORBIT (RIGHT, *or* LEFT) [FROM PRESENT POSITION]; c) MAKE ANOTHER CIRCUIT.
4.18 실패접근	a) GO AROUND; *b) GOING AROUND. * 조종사 송신을 의미함.
4.19 항공기에 대한 정보 ...조종사가 착륙기어의 시각확인을 요청하였을 경우	a) LANDING GEAR APPEARS DOWN; b) RIGHT (*or* LEFT, *or* NOSE) WHEEL APPEARS UP (*or* DOWN); c) WHEELS APPEAR UP; d) RIGHT (*or* LEFT, *or* NOSE) WHEEL DOES NOT APPEAR UP (*or* DOWN);
... 후류요란	e) CAUTION WAKE TURBULENCE [FROM ARRIVING (*or* DEPARTING) (*type of aircraft*)] [*additional information as required*];
...에이프런이나 유도로상에서의 제트후류	f) CAUTION JET BLAST;
...프로펠러 항공기의 프로펠러 후류	g) CAUTION SLIPSTREAM.

[상 황]	[용 어]
4.20 착륙 후 활주로 이탈과 교신	a) CONTACT GROUND *(frequency)*; b) WHEN VACATED CONTACT GROUND *(frequency)*; c) EXPEDITE VACATING; d) YOUR STAND (*or* GATE) *(designation)*; e) TAKE (*or* TURN) FIRST (*or* SECOND, *or* CONVENIENT) LEFT (*or* RIGHT) AND CONTACT GROUND *(frequency)*;
...헬리콥터 운항	f) AIR-TAXI TO HELICOPTER STAND *(or)* HELICOPTER PARKING POSITION *(area);* *g) AIR–TAXI TO (or VIA) (location or routing as appropriate) [CAUTION (dust, blowing snow, lose d ebris, taxiing light aircraft, personnel, etc)].* h) AIR TAXI VIA *(direct, as requested, or specified route)* TO *(location, heliport, operating or movement area, active or inactive runway).* AVOID *(aircraft or vehicles or personnel).*

5. 항공교통업무기관간의 업무협조

[상 황]	[용 어]
5.1 예측 및 수정	a) ESTIMATE [*direction of flight*] *(aircraft call sign)* [SQUAWKING *(SSR Code)*] *(type)* ESTIMATING *(significant point) (time) (level)* (*or* DESCENDING FROM *(level)* TO *(level)*) [SPEED *(filed TAS)*] *(route)* [REMARKS];
...송신국	b) ESTIMATE *(significant point)* ON *(aircraft call sign)*;
...수신국 응답 (비행계획의 세부사항을 알고 있는 경우)	c) NO DETAILS;
...수신국 응답 (비행계획의 세부사항을 알고 있지 않은 경우)	*(aircraft type) (destination)*; [SQUAWKING *(SSR Code)*] [ESTIMATING]
...송신국 응답	*(significant point) (time)* AT *(level)*; ***(주)*** *비행계획의 세부사항을 알 수 없는 경우, 수신국은 b) "NO DETAILS" 라고 응답하게 되며, 송신국은 a)와 같이 모든 예상자료를 통보해야 한다.*

[상 황]	[용 어]
	d) ESTIMATE UNMANNED FREE BALLOON(S) (identification and classification) ESTIMATED OVER (place) AT (time) REPORTED FLIGHT LEVEL(S) (figure or figures) [or FLIGHT LEVEL UNKNOWN] MOVING (direction) ESTIMATED GROUND SPEED (figure) (other pertinent information, if any); *e) REVISION (aircraft call sign) (details as necessary).*
5.2 관제이양	a) REQUEST RELEASE OF *(aircraft call sign)*; b) *(aircraft call sign)* RELEASED [AT *(time)*] [*conditions/restrictions*]; c) IS *(aircraft call sign)* RELEASED [FOR CLIMB (*or* DESCENT)]; d) *(aircraft call sign)* NOT RELEASED [UNTIL *(time or significant point)*]; e) UNABLE *(aircraft call sign)* [TRAFFIC IS *(details)*].
5.3 허가의 수정	a) MAY WE CHANGE CLEARANCE OF *(aircraft call sign)* TO *(details of alteration proposed)*?; b) AGREED TO *(alteration of clearance)*OF*(aircraft call sign)*; c) UNABLE *(aircraft call sign)*; d) UNABLE *(desired route, level, etc.)* [FOR *(aircraft call sign)*] [DUE *(reason)*] *(alternative clearance proposed)*.
5.4 승인요청	a) APPROVAL REQUEST *(aircraft call sign)* ESTIMATED DEPARTURE FROM *(significant point)* AT *(time)*; b) *(aircraft call sign)* REQUEST APPROVED [*(restriction if any)*]; c) *(aircraft call sign)* UNABLE *(alternative instructions)*.
5.5 진입허가	[INBOUND RELEASE] *(aircraft call sign)* [SQUAWKING *(SSR Code)*] *(type)* FROM *(departure point)* RELEASED AT *(significant point, or time, or level)* CLEARED TO AND ESTIMATING *(clearance limit) (time)* AT *(level)* [EXPECTED APPROACH TIME *or* NO DELAY EXPECTED] CONTACT AT *(time)*.

[상 황]	[용 어]
5.6 레이더이양	HANDOVER *(aircraft call sign)* [SQUAWKING *(SSR Code)*] POSITION *(aircraft position) (level)*.
5.7 신속한 처리를 필요로 하는 허가	a) EXPEDITE CLEARANCE *(aircraft call sign)* EXPECTED DEPARTURE FROM *(place)* AT *(time)*; b) EXPEDITE CLEARANCE *(aircraft call sign)* [ESTIMATED] OVER *(place)* AT *(time)* REQUESTS *(level or route, etc.)*.
5.8 수직분리간격축소공역(RVSM)운영 ... RVSM이 승인되지 않은 항공기의 추청 메시지를 구두로 보완 및 비행계획서의 18번 항목 누락된 경우	a) NEGATIVE RVSM [*(supplementary information, e.g State aircraft)*];
... 심한 난류 및 위험한 기상현상이나 장비고장으로 인해 RVSM운영이 불가한 경우 항공기와 관련된 원인을 전달	b) UNABLE RVSM DUE TURBULENCE (*or* EQUIPMENT, *as applicable*).

6. CDDLC과 관련되어 사용되는 용어

[상 황]	[용 어]
6.1 운영 상태	
...CPDLC의 실패	a) [ALL STATIONS] CPDLC FAILURE (*instructions*);
...단일 CPDLC 메시지의 실패	b) CPDLC MESSAGE FAILURE (appropriate clearance, instruction, information or request);
...CPDLC허가, 지시, 정보, 요구 수정	c) DISREGARD CPDLC *(message type)* MESSAGE, BREAK *(correct clearance, instruction, information, or request);*
...제한된 기간동안 CPDLC를 전송하지 않도록 모든 기지국과 특정비행기 지시	d) [ALL STATION] STOP SENDING CPDLC REQUESTS [UNTIL ADVISED] [*(reason)*]
...CPDLC 재운영	e) [ALL STATION] RESUME NORMAL CPDLC OPERATIONS.

II. 레이더 관제용어

(주) 항공교통업무의 제공에 레이더가 이용되는 경우, 다음의 관제용어들이 적용된다. 또한, 레이더 사용 시 항공교통업무의 제공을 위하여 앞 절에 기술된 관제용어들도 적절히 적용할 수 있다.

1. 일반적인 레이더 관제용어

[상　황]	[용　어]
1.1 항공기식별	a) REPORT HEADING [AND FLIGHT LEVEL(*or* ALTITUDE)]; b) FOR IDENTIFICATION TURN LEFT(*or* RIGHT) HEADING*(three digits)*; c) TRANSMIT FOR IDENTIFICATION AND REPORT HEADING; d) RADAR CONTACT [*position*]; e) IDENTIFIED [*position*]; f) NOT IDENTIFIED[*reason*], [RESUME (*or* CONTINUE) OWN NAVIGATION].
1.2 위치정보	POSITION *(distance) (direction)* OF *(significant point)* (*or* OVER *or* ABEAM *(significant point)*).

1.3 유도 지시	a) LEAVE *(significant point)* HEADING *(three digits)*;
	b) CONTINUE HEADING *(three digits)*;
	c) CONTINUE PRESENT HEADING;
	d) FLY HEADING *(three digits)*;
	e) TURN LEFT(*or* RIGHT) HEADING *(three digits)* [*reason*];
	f) TURN LEFT(*or* RIGHT)*(number three digits)* DEGREES [*reason*];
	g) STOP TURN HEADING (*three digits*);
	h) FLY HEADING (*three digits*), WHEN ABLE PROCEED DIRECT (*name*) (*significant point*)
	i) HEADING IS GOOD

1.4 레이더유도의 종료	a) RESUME OWN NAVIGATION*(position of aircraft) (specific instructions)* b) RESUME OWN NAVIGATION [DIRECT](*significant point)* [MAGNETIC TRACK *(three digits)* DISTANCE *(number)* KILOMETERS (*or* MILES)];

[상 황]	[용 어]
1.5 항공기 기동	a) MAKE A THREE SIXTY TURN LEFT (*or* RIGHT) [*reason*]; b) ORBIT LEFT (*or* RIGHT) [*reason*];
...신뢰할 수 없는 방위 지시기를 탑재한 항공기의 경우	c) MAKE ALL TURNS RATE ONE (*or* RATE HALF, *or* *(number)* DEGREES PER SECOND) START AND STOP ALL TURNS ON THE COMMAND "NOW"; d) TURN LEFT (*or* RIGHT) NOW; e) STOP TURN NOW.
(주) 레이더유도 또는 위의 항공기 기동지시에 대한 이유를 밝힐 필요가 있는 경우 다음 용어를 사용할 수 있다. a) DUE TRAFFIC; b) FOR SPACING; c) FOR DELAY; d) FOR DOWNWIND(or BASE or FINAL)	
1.6 속도조절	a) REPORT SPEED; *b) SPEED *(number)* KILOMETERS PER HOUR (*or* KNOTS); c) MAINTAIN *(number)* KILOMETERS PER HOUR (*or* KNOTS) [OR GREATER (*or* OR LESS)] [UNTIL (*significant point*)]; d) DO NOT EXCEED (*number*) KILOMETERS PER HOUR (*or* KNOTS); e) MAINTAIN PRESENT SPEED; f) INCREASE (*or* REDUCE) SPEED TO *(number)* KILOMETERS PER HOUR (*or* KNOTS) [OR GREATER (*or* OR LESS)]; g) INCREASE (*or* REDUCE) SPEED BY *(number)* KILO METERS PER HOUR (*or* KNOTS); h) RESUME NORMAL SPEED; i) REDUCE TO MINIMUM APPROACH SPEED; j) REDUCE TO MINIMUM CLEAN SPEED; k) RESUME PUBLISHED SPEED; l) NO [ATC] SPEED RESTRICTIONS. * 조종사 송신을 의미함.

[상 황]	[용 어]
1.7 위치 보고 ... 레이더관제시의 위치보고 생략지시	a) OMIT POSITION REPORTS [UNTIL *(specify)*]; b) NEXT REPORT AT *(significant point)*; c) REPORTS REQUIRED ONLY AT *(locations(s))*; d) RESUME POSITION REPORTING.
1.8 교통정보 및 회피기동	a) TRAFFIC *(number)* O'CLOCK *(distance) (direction of flight)* [*any other pertinent information*]; 1) UNKNOWN; 2) SLOW MOVING; 3) FAST MOVING; 4) CLOSING; 5) OPPOSITE (*or* SAME) DIRECTION; 6) OVERTAKING; 7) CROSSING LEFT TO RIGHT (*or* RIGHT TO LEFT); 8) (*aircraft type*);
...(알려져 있는 경우)	9) (*level*); 10) CLIMBING (or DESCENDING);
... 회피기동 요구시	*b) REQUEST VECTORS; c) DO YOU WANT VECTORS?;
...미식별 항공기가 통과한 경우	d) CLEAR OF TRAFFIC [*appropriate instructions*].
...회피동작시	e) TURN LEFT (*or* RIGHT) IMMEDIATELY HEADING *(three digits)* TO AVOID [UNIDENTIFIED] TRAFFIC *(bearing by clock-reference and distance)*; f) TURN LEFT (*or* RIGHT) *(number of degrees)* DEGREES IMMEDIATELY TO AVOID [UNIDENTIFIED] TRAFFIC *(bearing by clock-reference and distance)*. * 조종사 송신을 의미함.
1.9 통신 및 통신두절	a) [IF] RADIO CONTACT LOST *(instructions)*; b) IF NO TRANSMISSIONS RECEIVED FOR *(number)* MINUTES (*or* SECONDS) *(instructions)*; c) REPLY NOT RECEIVED *(instructions)*;
... 통신두절로 여겨지는 경우	d) IF YOU READ[*(manoeuvre instructions) or SQUAWK (code or IDENT)*]; e) *(manoeuvre*, SQUAWK *or* IDENT) OBSERVED. POSITION *(position of aircraft)* [*(instructions)*].

[상 황]	[용 어]
1.10 레이더업무의 종료	a) RADAR SERVICE (*or* IDENTIFICATION) TERMINATED [DUE *(reason)*] *(instructions)*; b) WILL SHORTLY LOSE IDENTIFICATION *(appropriate instructions or information)*; c) IDENTIFICATION LOST [*reason*] *(instructions)*.
1.11 레이더 또는 ADS-B 장비의 고장	a) SECONDARY RADAR OUT OF SERVICE (*appropriate information as necessary*); b) PRIMARY RADAR OUT OF SERVICE (*appropriate information as necessary*). c) ADS–B OUT OF SERVICE (*appropriate information as necessary*).

2. 접근관제업무시의 레이더 관제용어

[상 황]	[용 어]
2.1 접근유도	a) VECTORING FOR *(type of pilot–interpreted aid)* APPROACH RUNWAY *(number)*; b) VECTORING FOR VISUAL APPROACH RUNWAY *(number)* REPORT FIELD (or RUNWAY) IN SIGHT; c) VECTORING FOR *(positioning in the circuit)*; d) VECTORING FOR SURVEILLANCE RADAR APPROACH RUNWAY *(number)*; e) VECTORING FOR PRECISION APPROACH RUNWAY *(number)*; f) *(type)* APPROACH NOT AVAILABLE DUE*(reason)* *(alternative instructions)*;
2.2. ILS 및 조종사 참조보조시설로의 유도	a) POSITION *(number)* KILOMETERS (*or* MILES) from *(fix)*. TURN LEFT (*or* RIGHT) HEADING *(three digits)*; b) YOU WILL INTERCEPT *(radio aid or track)* *(distance)* FROM *(significant point or* TOUCHDOWN);

[상 황]	[용 어]
... 접지점으로부터의 특정거리 에서 조종사가 접근을 시도 하고자 하는 경우 ...지시 및 정보	*c) REQUEST *(distance)* FINAL; d) CLEARED FOR (*type of approach*) APPROACH RUNWAY (*number*); e) REPORT ESTABLISHED ON LOCALIZER (*or* ON GLS/RNP/MLS APPROACH COURSE); f) CLOSING FROM LEFT (*or* RIGHT) [REPORT ESTABLISHED]; g) TURN LEFT (*or* RIGHT) HEADING *(three digits)* [TO INTERCEPT] *or* [REPORT ESTABLISHED]; h) EXPECT VECTOR ACROSS (Localizer *or [GLS/RNP/MLS]* FINAL APPROACH COURSE *or radio aid) (reason);* i) THIS TURN WILL TAKE YOU THROUGH; (Localizer *or [GLS/RNP/MLS]* FINAL APPROACH COURSE *or radio aid) [(reason)];* j) TAKING YOU THROUGH; (Localizer *or [GLS/RNP/MLS]* FINAL APPROACH COURSE *or radio aid) [(reason)];* k) MAINTAIN (*altitude*) UNTIL GLIDE PATH INTERCEPTION; l) REPORT ESTABLISHED ON GLIDE PATH; m) INTERCEPT (Localizer *or [GLS/RNP/MLS]* FINAL APPROACH [COURSE] *or radio aid)* [RUNWAY (number] [REPORT ESTABLISHED]. * 조종사 송신을 의미함
2.3 독립 및 종속평행접근시 ...침범금지구역(NTZ)로 통과 하는 항공기가 관측되었을 경우의 회피기동 ...PAOAS 기준이 적용되어지는 활주로 말단 표고 상공 120m (400ft) 하의 회피기동의 기동	a) CLEARED FOR *(type of approach)* APPROACH RUNWAY (*number*) LEFT (*or* RIGHT): b) YOU HAVE CROSSED THE LOCALIZER (*or GLS/RNP/MLS* FINAL APPROACH COURSE). TURN LEFT (*or* RIGHT) IMMEDIATELY RETURN TO THE LOCALIZER (*or GLS/RNP/MLS* FINAL APPROACH COURSE) [RUNWAY (*number*)]; c) ILS (*or* MLS) RUNWAY *(number)* LEFT (*or* RIGHT) LOCALIZER (*or* MLS) FREQUENCY IS *(frequency)*; d) TURN LEFT (*or* RIGHT) *(number)* DEGREES (*or* HEADING) *(three digits)* IMMEDIATELY TO AVOID TRAFFIC [DEVIATING FROM ADJACENT APPROACH], CLIMB TO *(altitude)*; e) CLIMB TO *(altitude)* IMMEDIATELY TO AVOID TRAFFIC [DEVIATING FROM ADJACENT APPROACH] *(further instructions)*.

[상 황]	[용 어]
2.4 감시레이더접근 2.4.1 업무제공	a) THIS WILL BE A SURVEILLANCE RADAR APPROACH RUNWAY *(number)* TERMINATING AT *(distance)* FROM TOUCHDOWN, OBSTACLE CLEARANCE ALTITUDE (*or* HEIGHT) *(number)* METERS (*or* FEET) CHECK YOUR MINIMA [IN CASE OF GO AROUND *(instructions)*]; b) APPROACH INSTRUCTIONS WILL BE TERMINATED AT *(distance)* FROM TOUCHDOWN.
2.4.2 높이	a) COMMENCE DESCENT NOW [TO MAINTAIN A *(number)* DEGREE GLIDE PATH]; b) *(distance)* FROM TOUCHDOWN ALTITUDE (*or* HEIGHT) SHOULD BE *(numbers and units)*;
2.4.3 위치	*(distance)* FROM TOUCHDOWN.
2.4.4 확인	a) CHECK GEAR DOWN [AND LOCKED]; b) OVER THRESHOLD
2.4.5 접근의 종료	a) REPORT VISUAL; b) REPORT RUNWAY [LIGHTS] IN SIGHT; c) APPROACH COMPLETED [CONTACT *(unit)*].
2.5 정밀접근레이더(PAR)접근 2.5.1 업무 제공	a) THIS WILL BE A PRECISION RADAR APPROACH RUNWAY *(number)*; b) PRECISION APPROACH NOT AVAILABLE DUE *(reason) (alternative instructions)*; c) IN CASE OF GO AROUND *(instructions)*.
2.5.2 통신	a) DO NOT ACKNOWLEDGE FURTHER TRANSMISSIONS; b) REPLY NOT RECEIVED. WILL CONTINUE INSTRUCTIONS.

[상 황]	[용 어]
2.5.7 접근의 종료	a) REPORT VISUAL; b) REPORT RUNWAY [LIGHT] IN SIGHT; c) APPROACH COMPLETED [CONTACT *(unit)*].
2.5.8 실패접근절차	a) CONTINUE VISUALLY OR GO AROUND[*missed approach instructions*]; b) GO AROUND IMMEDIATELY [*missed approach instructions*] *(reason)*; c) ARE YOU GOING AROUND?; d) IF GOING AROUND *(appropriate instruction)*; *e) GOING AROUND
	* 조종사 송신을 의미함.

3. 2차 감시레이더 관제 용어

[상 황]	[용 어]
3.1 2차 감시레이더장비(SSR)의 성능을 요구할 경우	a) ADVISE TRANSPONDER CAPABILITY; *b) TRANSPONDER *(as shown in the flight plan)*; *c) NEGATIVE TRANSPONDER. * 조종사 송신을 의미함.
3.2 ADS-B 장비 성능 요구	a) ADVISE ADS-B CAPABILITY; *b) ADS-B TRANSMITTER (data link); *c) ADS-B RECEIVER (data link); *d) NEGATIVE ADS-B. * 조종사 송신을 의미함.
3.3 트랜스폰더의 조정지시	a) FOR DEPARTURE SQUAWK *(code)*; b) SQUAWK *(code)*.
3.4 배정된 mode 와 code를 재선정하도록 조종사에게 요구시	a) RESET SQUAWK [*(mode)*] *(code)*; *b) RESETTING *(mode) (code)*; * 조종사 송신을 의미함.

[상 황]	[용 어]
3.5 항공기식별부호의 재선정 요구시	RE-ENTER [ADS-B *or* MODE S] AIRCRAFT IDENTIFICATION.
3.6 항공기 트랜스폰더에 선정되어 있는 Mode A code를 조종사에게 확인 요청시	a) CONFIRM SQUAWK *(code)*; *b) SQUAWKING *(code)*. * 조종사 송신을 의미함.
3.7 IDENT 작동을 요구시	a) SQUAWK [*(code)*] [AND] IDENT; b) SQUAWK LOW; c) SQUAWK NORMAL. d) TRANSMIT ADS-B IDENT.
3.8 트랜스폰더의 일시적인 운영중단 요구시	SQUAWK STANDBY.
3.9 비상코드 설정요구시	SQUAWK MAYDAY [CODE SEVEN-SEVEN-ZERO-ZERO].
3.10 트랜스폰더의 운영중단 요구시 *(주)*Mode-S 트랜스폰더 및 ADS-B의 독립적인 작동 일부 항공기 불가 (예로 ADS-B에서 방출되는 1090MHz만 제공시) 항공기는 ADS-B 작동과 관련된 ATC지침을 수행하지 못함	a) STOP SQUAWK [TRANSMIT ADS-B ONLY]; b) STOP ADS-B TRANSMISSION [SQUAWK *(code)* ONLY].
3.11 기압고도 송신 요구시	a) SQUAWK CHARLIE. b) TRANSMIT ADS-S ALTITUDE.
3.12 고도계수정치 점검 및 고도 확인 요구시	CHECK ALTIMETER SETTING AND CONFIRM (*level*).
3.13 비정상적 기압고도 송신으로 인한 기압고도 송신 중단 요구시 *(주)* 12.4.3.10표 참고	a) STOP SQUAWK CHARLIE WRONG INDICATION; b) STOP ADS-B ALTITUDE TRANSMISSION [(WRONG INDICATION, *or reason*)]
3.14 고도점검 요구시	CONFIRM *(level)*.

Ⅲ. 자동항행감시시스템(ADS–C) 관제용어(PHRASEOLOGIES)

1. 일반적인 ADS–C 관제용어

[상 황]	[용 어]
1.1 ADS-C 고장	ADS–C (or ADS–CONTRACT) OUT OF SERVICE (*appropriate information as necessary*).

Ⅳ. 경고 관제용어(PHRASEOLOGIES)

1. 경고 용어

[상 황]	[용 어]
1.1 저고도 경고	(*aircraft call sign*) LOW ALTITUDE WARNING, CHECK YOUR ALTITUDE IMMEDIATELY, QNH IS (*number*) [(*units*)]. [THE MINIMUM FLIGHT ALTITUDE IS (*altitude*)].
1.2 지형 경고	(*aircraft call sign*) TERRAIN ALERT, (*suggested pilot action, if possible*).

V. 지상승무원/비행승무원 관제용어(PHRASEOLOGIES)

1. 지상승무원/비행승무원 관제용어

[상　황]	[용　어]
1.1 시동절차(지상승무원/조종사)	a) [ARE YOU] READY TO START UP; *b) STARTING NUMBER *(engine number(s))*. ***(주1)*** *지상승무원은 지시된대로 시동절차가 수행되고 모든 것이 순조롭게 진행되는 것을 나타내기 위하여 시각적인 신호 또는 상호통신에 응답함으로써 이런 교환이 수반된다.* ***(주2)*** *관련 당사자의 명백한 식별은 지상승무원 및 조종사간에 통신에 있어 필수적이다.* * 조종사 송신을 의미
1.2 후진 절차 ...(지상승무원/조종사)	a) ARE YOU READY FOR PUSHBACK?; *b) READY FOR PUSHBACK; c) CONFIRM BRAKES RELEASED; *d) BRAKES RELEASED; e) COMMENCING PUSHBACK; f) PUSHBACK COMPLETED; *g) STOP PUSHBACK; h) CONFIRM BRAKES SET; *i) BRAKES SET; *j) DISCONNECT; k) DISCONNECTING STAND BY FOR VISUAL AT YOUR LEFT (or RIGHT). ***주)*** 이런 교신은 연결이 풀리고 TAXI 준비가 끝났다는 것을 조종사에게 지시하기 위하여 시각적인 신호를 수반한다. * 조종사 송신을 의미

1. 제방빙 운영

[상 황]	[용 어]
2.1 제방빙 전(지상승무원/조종사)	
	a) STANDING BY TO DE-ICE. CONFIRM BRAKE SET AND TREATMENT REQUIRED;
	b) [AFFIRM] BRAKES SET. REQUEST (type of de/anti-icing treatment and areas to be treated);
...항공기 구성 확인	c) HOLD POSITION AND CONFIRM AIRCRAFT CONFIGURED;
	*d) [AFFIRM] AIRCRAFT CONFIGURED, READY FOR DE-ICING
	e) DE-ICING STARTS NOW.
	* 조종사 송신을 의미
2.2 제방빙 중	
...제빙 운영중	a) DE-ICING ON (areas treated) COMPLETE. ADVISE WHEN READY FOR INFORMATION;
	b) TYPE OF FLUID (Type Ⅰ or Ⅱ or Ⅲ or Ⅳ);
	c) HOLDOVER TIME STARTED AT (time);
	d) ANTI-ICING CODE (appropriate anit-icing code)
...2단계 제방빙 운영중	*(주) 현지시각으로 13:35에 시작하는 제방빙의 마지막 단계는 TYPE II 유체의 75%와 물 25%을 혼합하여 사용하는 절차를 다음과 같이 기록* *TYPE II/75 13:35 (방빙 유체 완전한 이름 뒤에 작성)*
	e) FINAL STEP STARTED AT (time);
...제방빙 완료	f) POST DE-ICING CHECK COMPLETED;
	g) PERSONNEL AND EQUIPMENT CLEAR OF AIRCRAFT.
2.3 비정상 운영	
...근접 노즐 센서 활성	a) BE ADVISED NOZZLE PROXIMITY ACTIVATION ON (significant point on aircraft) [NO VISUAL DAMAGE or DAMAGE (description of damage) OBSERVED] [SAY INTENTIONS];
...다른 항공기 제빙 기기의 비상상황	b) EMERGENCY IN DE-ICING BAY (de-icing bay number)[SHUT DOWN ENGINES or STANDBY FOR FURTHER INSTRUCTIONS].

부록 3. 항공교통개론 시험문제

제1장 항공교통의 특성

1. 항공교통이 교통수단으로 사용하기 시작한 시기는? (나)

가. 제1차 세계대전 전
나. 제1차 세계대전 후
다. 제2차 세계대전 전
라. 제2차 세계대전 후

2. 현재의 항공교통 특성이 아닌 것은? (라)

가. 고속화
나. 대형화
다. 장거리화
라. 다양화

3. 항공교통시스템은 항공교통 구성요소와 항공교통 지원시스템의 유기적인 통합에 따라 이루어지는데 항공교통의 구성요소가 아닌 것은? (나)

가. 항공기
나. 항공사
다. 항공종사자
라. 항공로

4. 항공교통의 특성 중 절대적으로 필요한 것이 3가지 있는데 그렇지 아니한 것은? (가)

가. 안정성
나. 정시성
다. 신속성
라. 응수성

5. 항공기의 성능개발, 정비능력의 향상, 운항방식의 자동화, 위성을 이용한 통신방식의 도입, 각종 전자장비의 컴퓨터화 및 항행안전 시설의 급속한 발달 등은 항공교통의 특성 중에서 어느 부분의 발달을 촉진시켰는가? (가)

가. 안전성
나. 신속성
다. 정시성
라. 국제성

6. 공표된 시간표를 기준으로 정확하게 운항하고 있는지 여부에 따라 결정되는 것은 항공교통의 특성 중 어디에 해당하는가? (다)

가. 신속성
나. 국제성
다. 정시성
라. 경제성

7. 국제항공교통에 있어서 해당 국가가 자국공역에 대하여 배타적인 주권을 행사할 수 있음을 명시한 국제조약은? (라)

가. 파리조약
나. 이베로-아메리카 조약
다. 하바나 조약
라. 시카고 조약

8. 정기항공운송사업은 정부의 면허를 받은 자만이 할 수 있도록 하는 항공교통 특성을 가장 잘 나타내는 것은? (나)

가. 국제성
나. 독과점성
다. 응수성
라. 경제성

9. 육상, 철도교통이 도로나 철도로 연결되는 선의 교통이라면 항공교통은 해상교통과 마찬가지로 점의 교통이라 할 수 있는데 이것을 의미하는 항공교통의 특징은? (라)

가. 안전성
나. 신속성
다. 국제성
라. 응수성

10. 항공교통의 역할 중에 가장 영향력이 적은 것은? (다)

가. 사회.문화적 역할
나. 공공적 역할
다. 정치적 역할
라. 경제적 역할

11. 항공교통의 역할 중 국제항공교통의 역할이라 할 수 없는 것은? (나)

가. 국력의 상징 및 대외 정책수단으로서의 역할
나. 국제적 억지력의 역할
다. 국제경제 발전의 촉진제로서의 역할
라. 국제수지 개선의 역할

12. 다음의 정의에 해당되는 것은 무엇인가? (나)

항공기란 "항공안전법 제2조 제1항에 의하면, 민간항공에 사용하는 비행기, 비행선, 활공기, 헬리콥터, 그 밖에 대통령령이 정하는 것으로써 항공에 사용할 수 있는 기기"로 정하고 있는데 이에 해당하는 기기는 무엇인가?

가. 유인자유기구
나. 항공우주선
다. 초경량비행장치
라. 무동력비행장치

13. 우리나라 항공안전법에 의한 항공기의 종류에 해당되지 않는 것은? (나)

가. 비행기
나. 초경량 비행장치
다. 비행선
라. 활공기

14. 항공교통관제사의 신체검사 종류와 주기에 대해 옳게 짝지어진 것은? (라)

가. 제2종 - 40세 미만, 60개월
나. 제2종 - 40세 이상~50세 미만, 24개월
다. 제3종 - 50세 이상, 24개월
라. 제3종 - 40세 미만, 48개월

제2장 항공교통관리 개요

1. 항공교통관리의 기능에 포함되지 않는 것은? (라)

가. 항공교통흐름관리(ATFM)
나. 공역관리(ASM)
다. 항공교통업무(ATS)
라. 항공운항관리(AOS)

2. 일정공역 내에서의 항공교통 수요가 항공교통관제시스템의 수용량을 초과하거나 초과가 예상될 때 최적의 항공교통흐름을 유지하기 위하여 항공교통관제시스템을 지원하는 업무는? (가)

가. 항공교통흐름관리(ATFM)
나. 공역관리(ASM)
다. 항공교통업무(ATS)
라. 비행정보업무(FIS)

3. 항공교통업무(ATS)의 구성되는 주요업무가 아닌 것은? (다)

가. 항공교통관제업무
나. 비행정보업무
다. 공항관리업무
라. 경보업무

4. 항공교통관리 시스템의 구성요소 중 지상시스템에 포함되지 않는 것은? (나)

가. ATFM
나. TCAS
다. ASM
라. ATS

5. 미래의 항공교통관리 시스템의 개발목표에 포함되지 않는 것은? (가)

가. 기존 공역 이용자의 권익을 보장하기 위하여 공역의 변경을 최소화해 줄 것
나. 기존의 안전수준을 유지하거나 증진시킬 것
다. 향상된 접근 및 이륙절차를 지원하기 위한 항행 및 착륙능력을 갖출 것
라. 가능한 최대한으로 공역 간의 경계가 없도록 시공의 연속성을 확보할 것

6. 항공교통관제업무를 제공하는 범위에 따라 항공교통관제업무를 세 가지로 구분할 수 있다. 이에 속하지 않은 것은? (라)

가. 비행장 교통관제업무
나. 접근관제업무
다. 항로관제업무
라. 계류장 관제업무

7. 비행정보구역 내의 모든 항공기에게 비행정보 및 경보업무 제공, 항공기 착륙에 필요한 정보 및 조언의 제공 등의 주요업무를 수행하는 항공교통관제업무는 무엇인가? (다)

가. 비행장 교통관제업무
나. 접근관제업무
다. 지역관제업무
라. 계류장 관제업무

8. 비행장 관제탑에서 비행장 교통관제업무를 효율적으로 수행하기 위해 업무의 특성에 따라 관제석이 구성되어 운영된다. 이러한 관제석의 구성과 관련이 없는 것은? (라)

가. 국지관제석
나. 지상관제석
다. 비행정보관제석
라. 출발관제석

9. 국제민간항공기구 부속서 11에 명기한 필수 비행정보과 관련이 없는 것은? (나)

가. 악기상 정보
나. 항공교통관제에 관한 사항
다. 항행안전시설의 운영상태 변경에 관한 정보
라. 무인자유기구의 비행에 관한 정보

10. 경보업무 중 비상상황의 구분에 포함되지 않는 것은? (나)

가. 불확실 단계
나. 예측단계
다. 경보단계
라. 조난단계

11. 국제민간항공조약에 포함되어 있지 않은 항목은? (가)

가. 국제항공안전
나. 국제민간항공기구
다. 국제항공운송
라. 최종규정

12. 국제항공업무 통과협정과 국제항공운송협정에서 공통적으로 인정하는 자유는 무엇인가? (가)

가. 제1, 제2의 자유만 인정
나. 제3, 4, 5의 자유만 인정
다. 제1에서 제5의 자유까지 인정
라. 제3, 4, 5의 자유만 불인정

13. 다음 중에 국제민간항공기구의 위원회가 아닌 것은? (나)

가. 항공운송위원회
나. 국제관계위원회
다. 항공위원회
라. 법률위원회

14. 국제민간항공기구의 부속서의 제목 중에 틀린 것은? (다)

가. 부속서 1 - 항공종사자의 면허
나. 부속서 2 - 항공교통 규칙
다. 부속서 5 - 항공기의 운항
라. 부속서 11 - 항공교통업무

15. 우리나라 항공안전법은 총칙으로부터 벌칙에 이르기까지 총 12장으로 구성되어 있는데 그 중 항행조건이나 방법 등에 관한 사항을 규정하고 있는 부분은? (다)

가. 제2장 항공기 등록
나. 제4장 항공종사자 등
다. 제5장 항공기의 운항
라. 제7장 항공운송사업자 등에 대한 안전관리

제3장 공항의 구조와 운영

1. 항공안전법에서 정의하는 "항공기·경량항공기·초경량비행장치의 이륙[이수(離水)를 포함]과 착륙[착수(着水)를 포함]을 위하여 사용되는 육지 또는 수면(水面)의 일정한 구역"을 말하는 것은? (나)

가. 활주로
나. 비행장
다. 이동지역
라. 에어사이드

2. 다음 중 공항의 기본시설에 포함되지 아니한 것은? (라)

가. 활주로
나. 항행안전시설
다. 여객청사
라. 공항접근로

3. 공항시설 중 기본시설에 포함되지 않는 것은? (나)

가. 항행안전시설
나. 항공기 급유 및 유류저장.관리시설
다. 기상관측시설
라. 공항이용객 주차시설 및 경비보안시설

4. 다음 중 여객청사, 화물청사, 주차장 및 구내 도로 등 여객과 수화물 및 화물의 안전하고 신속한 도착과 출발을 위한 업무를 수행하는 장소를 통칭하는 용어로 적당한 것은? (나)

가. air-side
나. land-side
다. 터미널
라. 계류장

5. 기상정보제공시스템으로 제공되는 정보가 아닌 것은? (라)

가. 바람정보
나. 구름정보
다. 기온 및 노점온도
라. 기단정보

6. 공항비상지원시스템 3단계로 맞는 것은? (가)

가. 사고단계-비상단계-대기단계
나. 사고단계-준사고단계-비상단계
다. 준비단계-인지단계-비상단계
라. 인지단계-불확실단계-사고단계

7. 시계비행기상상태 요건으로 해발 3,050미터(10,000피트) 미만에서 적용되는 비행시정치로 맞는 것은? (다)

가. 1,000미터
나. 3,000미터
다. 5,000미터
라. 8,000미터

8. 정밀접근활주로를 보유한 공항의 등급을 구분하는 기준으로 맞는 것은? (나)

가. 결심고도와 ceiling
나. 결심고도와 RVR
다. 시정과 공항규모
라. RVR과 활주로길이

9. 다음 중 활주로방향 설계시 어떠한 바람조건에서도 공항이 운영 될 수 있도록 허용할 수 있는 수용 기준으로 맞는 것은? (나)

가. 99.0 %
나. 95.0 %
다. 90.0 %
라. 85.0 %

10. ICAO에서 권고하는 조류충돌 예방대책 프로그램에 포함되지 아니한 사항은? (가)

가. 조류의 흐름 파악
나. 조류의 종류 파악
다. 공항환경의 생태학적 연구
라. 조류를 유도하는 방법 결정

11. ICAO에서 설정한 비행장등급 분류기준으로 포함되지 아니한 항목은? (라)

가. 활주로 길이
나. 항공기 주 날개 폭
다. 항공기 외측 주륜 간격
라. 활주로 폭

12. FAA에서 설정한 비행장등급 분류기준으로 옳게 구성된 것은? (다)

가. 활주로 길이-항공기 주 날개 폭
나. 활주로 길이-항공기 접근속도
다. 항공기 접근속도-항공기 주 날개 폭
라. 항공기 접근속도-항공기 외측 주륜 간격

13. 비행장 설계시 활주로 길이를 결정짓는 가장 직접적인 요인에 포함되지 아니한 것은? (나)

가. 취항 예정 항공기 특성
나. 비행장 바람정보
다. 비행장 표고
라. 비행장 온도

14. 활주로 이전 착륙(under shoot), 과주(over shoot) 또는 활주로 이탈(excursion)과 같은 항공기 사고가 발생할 때에 항공기의 손실을 최대한 감소시키기 위해 설정된 구역으로 옳은 것은? (가)

가. 착륙대
나. 활주로종단안전구역
다. 개방구역
라. 정지구역

15. 공항에서 의도하는 항공기운용이 안전하게 수용될 수 있고 공항주변에서 장애물로 인한 공항운용이 불가능하게 되는 것을 예방하기 위하여 공항주변 설정된 표면으로 옳은 것은? (다)

가. 차폐표면
나. 장애물평가표면
다. 장애물제한표면
라. 비행장표면

제4장 공역의 개념과 설정

1. 공간 중에서 비행에 적합하도록 항공교통업무가 제공되는 공간을 무엇이라 하는가? (나)

가. 영공
나. 공역
다. 방공구역
라. 비행구역

2. 공역의 의미로써 잘못 설명된 것은? (다)

가. 기본적으로 자국의 영토와 영해 상공의 공간 또는 위임 공간
나. 항공교통관제소(ACC) 또는 국가단위로 설정
다. 해당국가의 고유주권과 자위권이 행사되는 권한 범위
라. 비행안전을 책임범위

3. 비행정보구역(FIR)내의 모든 항공기에게 제공되는 업무가 아닌 것은? (가)

가. 항공교통관제업무
나. 비행정보업무
다. 조난 및 사고발생시 수색 및 구조업무
라. 경보업무

4. 비행정보구역 내에 포함되지 않는 것은? (나)

가. 관제공역
나. 방공식별구역
다. 통제공역
라. 주의공역

5. 국제항공운송의 안전을 위하여 국제민간항공조약 체약국들은 자국의 책임 공역 내에 비행안전에 적합하도록 각종 공역을 설정하도록 명시한 부속서는 무엇인가? (다)

가. 부속서 2(항공교통규칙)
나. 부속서 6(항공기의 운항)
다. 부속서 11(항공교통업무)
라. 부속서 15(항공정보업무)

6. 공역의 설정방법에 포함되지 않는 것은? (라)

가. 국제적 협의 및 협정에 의한 협정
나. 공역 설계기준에 의한 설정
다. 정책적 의사결정에 의한 설정
라. 효율적이고 경제성이면서 이용자 편의에 의한 설정

7. 다음의 공역 설정방법 중에서 비행정보구역은 해당 구역을 관할할 수 있는 지역관제센터 단위로 설정되지만, 지역관제센터는 국가가 운영하기 때문에 비행정보구역 간 공역운영 단위가 되는 등에 해당되는 공역설정 방법은 무엇에 속하는가? (가)

가. 국제적 협의 및 협정에 의한 협정
나. 공역 설계기준에 의한 설정
다. 정책적 의사결정에 의한 설정
라. 효율적이고 경제성이면서 이용자 편의에 의한 설정

8. 공역설계 기준에 의하여 설정되어야할 공역이 아닌 것은? (나)

가. 항로(Airway)
나. ICAO의 A, E, F, G등급 공역
다. ICAO의 B, C, D등급 공역
라. 체공장주, 계기접근 및 이.착륙절차

9. 공역설계에 영향을 미치는 요인 중에 영향력이 가장 적은 것은? (라)

가. 시스템의 효율
나. 탑재장비의 성능
다. 협력정도
라. 이해 당사자의 요구사항

10. 공역설정의 국제적 통일을 위하여 적용되는 기준은 무엇인가? (가)

가. ICAO Doc PANS-OPS
나. ICAO Doc ATM
다. FAA TERPs
라. ANNEX 10

제5장 공역의 구성

1. 국제민간항공기구는 국제적인 항공교통업무의 제공과 공역관리를 효율적으로 하기 위하여 전 세계의 공역을 몇 개의 권역으로 나누고 있는가? (라)

가. 6
나. 7
다. 8
라. 9

2. 다음 중 국제민간항공기구의 권역별 구분이 아닌 것은? (다)

가. 아.테 권역 (Asia Pacific Region)
나. 동.남 아프리카 권역 (East South Africa Region)
다. 북.서 아프리카 권역 (North West Africa Region)
라. 중동 권역 (Middle East Region)

3. 비행정보구역은 국제민간항공기구로부터 위임받은 공역, 즉 국제법상으로 공인된 공역이다. 우리나라에서 이러한 비행정보구역을 관할하는 기관은 무엇인가?(가)

가. 지역관제센터
나. 공역위원회
다. 서울지방항공청
라. 국방부

4. 비행정보구역 중 대한민국 정부가 책임을 지고 항공교통업무를 제공하는 비행정보구역의 이름은? (다)

가. 대한 비행정보구역
나. 대구 비행정보구역
다. 인천 비행정보구역
라. 한국 비행정보구역

5. 국제민간항공기구에서 해당 공역에 제공되는 항공교통업무의 종류에 따라 공역을 등급화 하고 있다. 이러한 공역의 등급 중에 IFR, VFR 비행이 가능하고 모든 항공기간에 분리 업무 제공, ATC 업무 제공 그리고, ATC 허가가 필요한 공역의 등급은 무엇인가? (나)

가. A등급
나. B등급
다. C등급
라. D등급

6. 우리나라의 관제공역 중 관제탑이 운용되고 비행장관제업무가 제공되는 공역의 등급은 무엇인가? (라)

가. A등급
나. B등급
다. C등급
라. D등급

7. 우리나라의 관제공역 중 항공교통량이 가장 많은 인천국제공항의 주변공역에 설정된 공역의 등급은? (나)

가. A등급
나. B등급
다. C등급
라. D등급

8. 우리나라의 관제공역 중 모든 항공기가 계기 비행을 하여야 하는 공역의 등급은? (가)

가. A등급
나. B등급
다. C등급
라. D등급

9. 대한민국의 관제공역 상에는 총 몇 개의 항로가 있는가? (다)

가. 35
나. 49
다. 54
라. 64

10. 관제구역의 일부분으로 공항에 이·착륙하는 계기접근항공기에게 항공교통업무를 제공하기 위한 공역은? (가)

가. 접근관제구역
나. 특별관제구역
다. 관제권
라. 항로

11. 계기비행 항공기가 이·착륙하는 공항 주위에 설정되는 공역으로써 공항 중심으로부터 반경 5NM 내에 있는 원통구역과 계기출발 및 도착통로를 포함하는 공역을 말하며, 그 권역상공에 다른 공역이 설정되지 않는 한 상한고도는 없는 공역은? (다)

가. 접근관제구역
나. 특별관제구역
다. 관제권
라. 항로

12. 국내의 접근 관제구역은 몇 개로 나뉘어져 있는가? (가)

가. 14
나. 15
다. 16
라. 17

13. 관제공역 이외의 공역으로서 항공기에게 비행에 필요한 조언업무 및 비행정보 만이 제공되는 구역으로 공역 분류상 F, G공역에 해당하는 공역은? (다)

가. 비행제한공역
나. 주의공역
다. 비관제공역
라. 통제공역

14. 통제공역 중 대공사격, 지상사격 혹은 유도탄 사격과 같은 것으로 인하여 항공기에게 뜻하지 않은 위험이 있음을 나타내는 공역은? (가)

가. 비행제한공역
나. 비행금지공역
다. 초경량 비행장치 비행제한공역
라. 위험구역

15. 대규모 조종사의 훈련이나 비정상 형태의 항공활동이 수행되어지는 공역으로서 주의공역에 포함되어 있는 구역은? (라)

가. 훈련구역
나. 군작전공역
다. 위험구역
라. 경계구역

제6장 공역 관리

1. 공역계획의 목적은 공역시스템의 안전유지와 무엇을 증대시키는 것인가? (가)

가. 효율성
나. 경제성
다. 공공성
라. 국제성

2. 공역계획의 특성이 아닌 것은? (라)

가. 적법성
나. 공공성
다. 경제성
라. 독립성

3. 공역계획의 단계 중 대안확인 및 평가의 단계는? (가)

가. 초기평가 수행
나. 공역연구 시작
다. 공역연구수행
라. 실행평가

4. 공역 계획의 단계 중 대안 확인, METRICS정의와 설정, 모델 출력 분석이 이루어지는 단계는? (다)

가. 초기평가 수행
나. 공역연구 시작
다. 공역연구수행
라. 실행평가

5. 공격계획의 단계 중 문제의 본질과 범위를 명확하게 인식함으로써 공역 계획의 목적과 계획의 범위를 결정하여 의사결정의 완벽성과 경제성을 도모하고자 하는 과정은? (가)

가. 문제의 정의
나. 초기평가수행
다. 공역연구시작
라. 현장에서의 계획 실행

6. 초기 평가 결과 추가연구가 필요한 것으로 나오면 본격적인 연구를 위하여 설계팀을 구성하고 연구방향과 연구계획을 수립하는 단계는? (가)

가. 공역 연구 시작
나. 공역 연구 수행
다. 현장에서의 계획 실행
라. 실행평가

7. 공역변경의 효과를 검증하고, 연구 및 실행 상의 문제점을 발굴하며 추가적 공공연구를 위한 자료를 확보하여 공역 연구에 반영함으로써 지속적인 공역 개선을 이루는데 목적이 있는 단계는? (라)

가. 공역 연구 시작
나. 공역 연구 수행
다. 현장에서의 계획 실행
라. 실행평가

8. 국토교통부에서 효율적인 공역관리를 위하여 공역관리에 대한 중요한 사항을 심의하기 위하여 항공안전법에 따라 설치하여 공역의 설정 및 관리에 관한 사항을 심의하는 기능을 수행하는 기구는? (가)

가. 공역위원회
나. 항공정책심의위원회
다. 공역 실무 위원회
라. 항공안전위원회

9. 공역 위원회의 위원장은 누구인가? (나)

가. 항공교통관제소장
나. 국토교통부 항공업무 담당 고위공무원
다. 국토교통부장관
라. 국방부장관

10. 공역 위원회는 총 몇 명 이내로 구성되어 있는가? (나)

가. 15인
나. 16인
다. 17인
라. 18인

11. 공역 위원회의 구성 기관이 아닌 것은? (라)

가. 외교부
나. 국방부
다. 산업통상자원부
라. 항공사

12. 공역 실무위원회의 위원장은 누구인가? (가)

가. 항공교통본부장
나. 항공안전본부장
다. 국토교통부장관
라. 국방부장관

13. 공역사용자에게 미치는 영향이 경미한 현 공역구조 일부의 조정에 관한 사항·특수사용 공역의 조정 및 폐쇄에 관한 사항을 심의하는 기구는? (가)

가. 공역 실무위원회
나. 공역위원회
다. 국토교통부
라. 항공안전본부

제7장 공역의 장애물 제한

1. 국제민간항공조약 부속서 중에 공항 주위의 장애물 제한에 관한 기준을 다루고 있는 부속서는? (나)

가. 부속서 11
나. 부속서 14
다. 부속서 15
라. 부속서 16

2. 시계비행방식에 의해 비행하는 항공기의 최저안전고도 중에 사람 또는 건축물이 밀집하고 있는 지역의 상공에 있어서 당해 항공기를 중심으로 하여 수평거리 600미터 범위 안의 지역에 있는 가장 높은 장애물의 상단에서 몇 미터의 고도 이상으로 비행하여야 하는가? (나)

가. 200미터
나. 300미터
다. 400미터
라. 500미터

3. 계기비행방식에 의하여 비행하는 항공기에 있어서는 누가 정하여 고시하는 고도로 비행하여야 하는가? (나)

   가. 항공안전본부장
   나. 국토교통부장관
   다. 국방부장관
   라. 대통령

4. 장애물 제한 구역 중 진입 표면의 길이는 수평으로 몇 미터 이하의 범위인가? (라)

   가. 1천 미터
   나. 1천 5백 미터
   다. 1만 미터
   라. 1만 5천 미터

5. 항공안전법 제2조에 의하여 진입표면의 경사도는 몇 분의 몇 이상의 범위인가? (나)

   가. 40분의 1
   나. 50분의 1
   다. 60분의 1
   라. 70분의 1

6. 장애물 제한 구역 중 수평표면은 기본표면의 각 중심선 끝 높이 중 가장 높은 점을 기준으로 하여 수직 상방으로 몇 미터 높이의 수평 평면인가? (나)

   가. 35미터
   나. 45미터
   다. 55미터
   라. 65미터

7. 장애물 제한 구역 중 원추표면 이라 함은 수평표면의 외측경계선으로부터 몇 미터 범위안에서 국토교통부령이 정하는 수평거리까지 인가? (다)

   가. 1천 미터
   나. 1만 미터
   다. 1천 1백 미터
   라. 1만 1천 미터

8. 원추표면의 경사도는 얼마인가? (나)

가. 10분의 1
나. 20분의 1
다. 30분의 1
라. 40분의 1

9. 전이표면은 기본 표면의 긴 변과 진입표면의 경사면에서 외측 상방 몇 분의 몇의 경사로로 수평표면 또는 원추표면과 접하고 있나? (나)

가. 6분의 1
나. 7분의 1
다. 8분의 1
라. 9분의 1

10. 군용 항공기지의 비행안전과 군용항공기지의 보호를 주목적에 필요한 사항을 규정한 법은? (라)

가. 항공법
나. 군용항공법
다. 항공기지법
라. 군사기지 및 군사시설 보호법

11. 군용항공기지법에서 비행안전구역을 총 몇 개의 구역으로 나누고 있는가? (라)

가. 3개
나. 4개
다. 5개
라. 6개

12. 비행안전이 보장되는 범위 내에서 비행장 주위의 장애물에 대한 제한을 완화함으로써 비행장 주위의 규제에 따른 사유재산권의 제한을 해소하고 장애물을 관리하는데 소요되는 노력을 경감하기 위하여 개발된 이론은? (나)

가. 고도제한이론
나. 장애물 차폐이론
다. 그린벨트이론
라. 고도철폐이론

13. 공항시설법 시행규칙 제22조에 의하여 차폐가 적용되지 않는 구역은? (라)

가. 원추표면
나. 수평표면
다. 진입표면
라. 전이표면

14. 차폐기준에 적용되는 차폐공식은 장애물의 상단으로부터 활주로 바깥쪽으로 투영되는 수평면과 활주로 쪽으로 몇 %의 강하면을 가지는 표면에 기초하는가? (가)

가. 10%
나. 20%
다. 30%
라. 40%

15. 착륙을 위하여 계기접근을 하는 항공기가 최종적으로 직진접근을 하여 착륙 할 수 없는 조건하에서 최종착륙을 위하여 비행장 상공을 선회한 후 착륙하도록 설정된 구역은? (라)

가. 착륙구역
나. 초기접근구역
다. 중간접근구역
라. 선회접근구역

제8장 항공교통업무의 일반 규정

1. 다음 중 항공교통업무의 목적이 아닌 것은 무엇인가? (라)

가. 항공기간의 충돌방지
나. 기동지역 내 항공기와 장애물간의 충돌방지
다. 항공교통의 신속한 처리와 질서 있는 흐름 유지
라. 승객의 보안 검색 활동

2. 다음 중 항공교통관제업무에 대한 책임이 아닌 것은 무엇인가? (다)

가. 항로관제업무의 제공
나. 접근관제업무의 제공
다. 계류장에서의 항공기 지원업무
라. 비행장관제업무의 제공

3. 착륙을 위하여 접근하는 항공기에 대한 관제 책임을 접근관제업무를 제공하는 기관으로부터 비행장관제업무를 제공하는 기관으로 이양할 시기가 잘못된 것은? (나)

가. 항공기가 비행장 주변에 있을 때
나. 활주로 말단으로부터 1마일되는 지점에 도달하였을 때
다. 합의서에 의해 미리 지정된 지점이나 고도에 도달했을 때
라. 착륙을 마쳤을 때

4. 관제허가는 가능한 명확하고 간결해야하며, 표준방식으로 표현되어야 하는데 다음 중 항공교통관제허가에 포함되는 사항이 아닌 것은 무엇인가? (라)

가. 비행계획서 상의 항공기 식별부호
나. 허가 한계점
다. 비행로
라. 항공기 최대이륙 중량

5. 운항승무원은 항공교통관제사가 음성으로 전달한 ATC 허가나 지시 중에 안전과 관련한 부분은 read-back을 하여야 하는데, 다음 중 항상 read-back 되어야 하는 사항이 아닌 것은? (나)

가. ATC 항로 허가
나. 같은 지역 다른 항공기에 대한 정보
다. 유도로의 진입, 착륙, 이륙, 정지, 횡단, 그리고 활주로상의 backtrack에 대한 허가나 지시
라. 사용활주로, altimeter setting, SSR 코드, 고도지시, 방향과 속도지시, 관제사에 의해 발부되었거나 ATIS 방송에 포함된 내용, 전이고도

6. 다음 중 후류요란 설명으로 맞는 것은 무엇인가? (라)

가. 항공기가 지상이나 공중에서 기동함으로써 항공기의 엔진에서 발생하는 공기의 소용돌이를 말하는 것
나. 항공기가 지상이나 공중에서 기동함으로써 항공기의 동체에서 발생하는 공기의 소용돌이를 말하는 것
다. 항공기가 지상이나 공중에서 기동함으로써 항공기의 landing-gear에서 발생하는 공기의 소용돌이를 말하는 것
라. 항공기가 지상이나 공중에서 기동함으로써 항공기의 날개에서 발생하는 공기의 소용돌이를 말하는 것

7. 다음 중에 항공기의 위치보고 시 포함 되어야 할 사항이 아닌 것은? (라)

가. 항공기 식별부호
나. 위치
다. 시간
라. 운항 항공기의 기종

8. 다음 중 자동항행감시가 운용되지 않아서 음성 또는 데이터링크로 송신되는 일상적인 항공기 보고 중 포함 되지 않는 것은? (나)

가. 위치정보
나. 기체결함 정보
다. 위치확인용 중요지점
라. 항공기 식별부호

9. 항공기는 항공기 특별 보고 내용에 해당하는 상태를 조우하였거나 또는 관측하였을 경우에 보고해야 하는데 이 보고 내용에 해당하는 것이 아닌 것은? (라)

가. 심한 대기난기류
나. 심한 착빙
다. 화산재 구름
라. 항공기 기내 난동 승객 발생

10. 다음 중 항공교통업무 안전관리의 목적에 대한 설명으로 가장 적당한 것은? (가)

가. 공역 또는 비행장 내에서 항공교통업무 조항에 적용할 수 있는 안전의 수준이 충족되도록 하는 것.
나. 계류장에서의 신속한 항공기 정비
다. 승객의 안전한 탑승
라. 항공기의 정시성, 안전성, 쾌적성을 항상 유지하도록 하는 것

11. 다음 중 항공교통업무 안전 관리 활동에 속하지 않는 것은? (다)

가. 전반적인 안전 수준의 감시와 어떠한 반대 성향의 탐지
나. 항공교통업무 기관의 안전평가
다. 승객 및 화물에 대한 검색 절차의 강화
라. 안전증진 방법에 대한 연구

12. 다음 중 항공교통업무에 속하지 않는 것은? (라)

가. 비행정보업무
나. 항공교통관제업무
다. 경보업무 및 구조업무
라. 승객수송용량 결정업무

13. 항공교통관제기관간의 관제권을 이양하는 시기 중에 틀린 것은? (라)

가. 항공기가 관제구역 경계선에 도달하였을 때
나. 사전에 관제사 간에 합의된 지점, 시간에 도달했을 때
다. 기관 간에 협정으로 체결한 지점, 고도, 시간에 도달했을 때
라. 레이다로 상대 항공기를 관측했을 때

14. FL240 미만에서 비행하는 항공기의 안전을 위하여 속도를 조정하고자 할 때에 속도 조정 기준은 얼마인가? (라)

가. 0.1 마하의 배수
나. 1 ㎞의 배수
다. 1 knot의 배수
라. 10 knot의 배수

15. 출발 전 비행 계획을 제출한 후 비행계획이 제출된 관제항공기의 이동개시 예정시간으로부터 얼마동안 출발이 변경되면 비행계획을 취소해야 하는가? (나)

가. 15분
나. 30분
다. 45분
라, 60분

제9장 항공기 분리방법과 최저치

1. 항공교통관제기관은 항공기간 분리를 유지하기 위하여 허가를 발부하여야 하는데, 다음 중 그 허가 대상에 속하지 않는 것은? (다)

가. 등급 A, B 공역내의 모든 항공기 간
나. 공항 내의 지상에서 주행(Taxi) 중인 항공기 간
다. 레이다 정밀접근 중인 항공기 간
라. 특별 시계비행 항공기와 계기비행 항공기 간

2. 다음 중 항공교통관제기관의 항공기 분리 방법으로 옳지 않은 것은? (다)

가. 수직분리
나. 동고도 수평분리
다. 동고도 수직분리
라. 혼합 분리

3. 항공기의 분리 중 횡적분리에 사용되는 결정방법이 아닌 것은? (다)

가. 시계관측
나. RNAV 장비의 사용
다. 항공기 운항승무원 간의 통신
라. 항행안전시설의 사용

4. 항공기간의 횡적분리(Lateral Separation)에 사용되는 방법 중에 적당하지 않은 것은? (나)

가. 거리
나. 고도
다. 시간
라. 방향

5. 동일 활주로에서 출발하는 항공기의 분리방법이 잘못된 것은? (가)

가. CAT I 항공기간 - 2,000FT
나. 선행 항공기가 CAT II이고 후행 항공기가 CAT I일 경우 - 3,000FT
다. 후행 항공기가 또는 두 항공기가 모두 CAT II일 경우 - 4,500FT
라. 둘 중 하나가 CAT III일 경우 – 6,000FT(민간공항의 경우 8,000FT)

6. 동일 활주로에서 초대형 항공기가 출발한 다음에 동일 방향으로 소형항공기를 출발시키고자 한다면 선행항공기와의 분리 기준은 얼마인가? (나)

가. 2마일
나. 2분
다. 3마일
라. 3분

7. 계획된 비행로가 서로 교차되는 활주로에서 초대형항공기가 출발한 후에 다음 항공기는 얼마 후에 출발 할 수 있는가? (가)

가. 2분
나. 3분
다. 5분
라. 10분

8. 동일 활주로에 착륙하는 도착 항공기간의 분리 기준이 잘못된 것은? (가)

가. CAT I 항공기가 CAT I 항공기나 CAT II 항공기 뒤를 따라 착륙 할 때 - 2,000FT
나. CAT II항공기가 CAT I 또는 CAT II 항공기 뒤를 따라 착륙할 때 - 4,500FT
다. 양쪽 항공기 중 하나라도 CAT III 항공기 일 때 - 6,000FT
라. 후행 항공기가 헬리콥터일 경우 거리 최저치 대신 육안 분리를 적용한다.

9. 다음 중 수직분리 최저치에 대한 설명이 옳은 것은? (가)

가. 지역항공협정에 의거 지정된 공역 내 FL410 미만 시에 300m
나. 지역항공협정에 의거 지정된 공역 내 FL410 이상 시에 500m
다. 기타 공역에서는 FL290 미만 시에 200m
라. 기타 공역에서는 FL290 이상 시에 500m

10. 다음 중 종적분리에 대한 설명이 옳은 것은? (가)

가. 동일, 반대 또는 수렴 방향의 비행로로 비행하는 항공기간에 시간 또는 거리 간격을 유지함으로써 항공기를 분리시키는 것을 말한다.
나. 동일, 반대 또는 수렴 방향의 비행로로 비행하는 항공기간에 고도 간격을 유지함으로써 항공기를 분리시키는 것을 말한다.
다. 항공기간 다른 진로나 지점을 향하여 비행하도록 분리하는 방법
라. 항공기간 같은 진로나 지점을 향하여 비행하도록 분리하는 방법

제10장 비행장 관제업무

1. 다음 중 비행장 관제업무 좌석의 구성 중 틀린 것은? (라)

가. 허가중계업무석
나. 국지관제업무석
다. 지상관제업무석
라. 최종접근모니터링석

2. 다음 중 비행장 관제탑의 관제 기능에 대한 설명 중에 틀린 것은? (다)

가. 비행장 장주를 포함하는 관제탑의 관제 책임지역 내에의 비행을 하는 항공기간의 경우
나. 이동지역에서 이동 중인 항공기간의 경우
다. 계류장내 정비 조업 중인 항공기의 경우
라. 이동지역에서 이동 중인 항공기와 차량 간의 경우

3. 사용 활주로(Active Runway)의 선정 시에 고려해야 할 사항이 아닌 것은 무엇인가? (다)

   가. 활주로의 길이
   나. 풍향 및 풍속
   다. 항공기의 최대 이륙속도
   라. 접근 및 착륙 보조시설

4. 관제사는 이륙에 앞서서 주어진 지상의 풍향과 풍속, 기온, 시정 또는 활주로가시거리(RVR) 수치에 대한 현저한 변화를 항공기에게 통보해주어야 하며 항공기가 이미 통보된 정보를 알고 있는 경우를 제외하고는 이륙과 상승에 있어 중요한 기상 조건에 대해 통보해 주어야 하는데, 다음 중 중요한 기상 조건에 대한 내용으로 분류 되지 않는 것은? (라)

   가. 우박 또는 착빙
   나. 심한 스콜라인
   다. 심한 산악파, 모래폭풍, 먼지폭풍, 눈보라
   라. 운항하게 될 전 항공로의 기상 상태

5. 다음 중 비행장 상태에 관한 필수 정보가 아닌 것은? (다)

   가. 비행장 등화시설 일부 또는 전체의 고장 또는 불규칙한 운용
   나. 활주로, 유도로 또는 계류장 지면에 고인 물
   다. 활주로, 유도로 또는 계류장의 통행자에 대한 통행자에 대한 사전 통보 여부
   라. 활주로, 유도로 또는 계류장 인접의 눈더미 또는 휘날림

6. 비행장에 착륙하고자 하는 항공기가 비행장 주위 상공을 선회하면서 착륙에 필요한 고도강하와 착륙순서를 정하기 위하여 일반적으로 사용되는 교통장주는 무엇인가? (나)

   가. 직진형 접근 장주
   나. 장방형 교통 장주
   다. 비상교통 장주
   라. 선회접근 교통 장주

7. 다수의 항공기가 동시에 비행장에 착륙을 요구했을 때에 다음의 항공기 중에 착륙 우선권을 갖는 것은? (가)

가. 응급조치가 요구되는 환자 또는 심한 부상자를 이송하는 항공기 또는 병원 항공기
나. 수색과 구조 활동 중인 항공기
다. 대통령 전용기
라. 납치된 항공기

8. 저시정 상태로 비행장 관제탑으로부터 기동지역의 특정 부분이나 전 지역이 육안식별이 불가능한 상태일 경우 적용되는 저시정 운영에 대한 준비내용 중에 틀린 것은? (라)

가. 저시정 운영절차에서 RVR 수치 측정이 행해질 것
나. CAT II, CAT III 를 위한 최소의 ILS/MLS 장비 설치
다. 관련 장비의 고장이나 기능저하를 지체 없이 해당 조종사, 접근관제소, 기타 관련 기관에 보고
라. 활주로 진입등 색의 변경

9. 활주로 진입등화의 종류에 속하지 않는 것은? (라)

가. 진입등
나. 진입각 지시등
다. 활주로 말단식별등
라. 진입로 중심 표시등

10. 지시·신호등화는 항공기가 비행 중이거나 이동 지역상에 있는 조종사에게 활주로 지역의 바람방향과 착륙방향 및 비상시 수동으로 어떤 목표지점에 대한 정보를 제공해주는데, 이에 속하지 않는 것은 무엇인가? (가)

가. 최종접근로 지시등
나. 풍향등
다, 지향신호등
라. 착륙방향 지시등

제11장 레이더 및 비레이더 관제업무

1. 다음 중 공항지상관제에 사용하는 레이더는? (다)

   가. ARSR(Air Route Surveillance Radar)
   나. ASR(Airport Surveillance Radar)
   다. ASDE(Airport Surface Detection Equipment)
   라. PAR(Precision Approach Radar)

2. PAR(Precision Approach Radar)가 사용되는 관제업무는? (다)

   가. 항공로관제
   나. 접근관제
   다. 착륙유도관제
   라. 공항지상관제

3. 다음 중 ARSR(Air Route Surveillance Radar)에 대한 설명으로 틀린 것은? (라)

   가. 장거리 항로용 레이다이다.
   나. 비교적 낮은 주파수를 사용한다.
   다. 항공로관제와 진입관제에 사용된다.
   라. 탐지거리는 안테나를 중심으로 반경 100NM이다.

4. 다음 중 감시 레이더 식별 방법 중 틀린 것은? (라)

   가. 항공기에게 응답기의 IDENT를 작동하도록 요구한다.
   나. 항공기에게 적절한 Discrete 또는 Non-discrete Code로 변경하도록 요구 후 표적이나 코드가 전시된 화면을 관찰한다.
   다. 한대의 항공기만이 선회를 실시하는 것을 관찰했을 때 선회를 시켜 항공기 관찰한다.
   라. 항공기에게 응답 식별기의 위치를 Stand-By위치로 변경하도록 요구한다.

5. 다음 중 용어가 잘못된 것은? (가)

가. Point-out : 공역의 범위를 넘은 항공기의 무선통신이 인계될 경우 한 관제사로부터 다른 관제사에게 항공기의 레이더 식별을 인계하기 위해 취하는 조치
나. Radar Contact : 항공기가 식별되었고 인수 관제사의 공역에 진입인가가 부여될 것이라는 사실을 통보하는 용어
다. Traffic : 분리조치를 협의할 목적으로 다른 관제사에게 항공기의 식별을 제공하기 위해 사용되는 용어
라. Traffic Observed : 항적이 식별되고 발부된 제한사항이 이해되고 이를 준수한다는 사실을 관제사에게 통보하기 위해 사용하는 용어

6. 다음 중 국지관제에서 항로 관제로 전환될 때 3마일에서 5마일 이상으로 증가하여 종적 분리를 제공해야 하는 경우가 아닌 것은? (나)

가. 항공기가 분기된 비행로 상에 있을 때
나. 선행 항공기가 뒤따르는 항공기보다 느리게 유지될 경우
다. 구역을 출발하기 전에 적절한 분리가 설정된 경우
라. 절차가 해당되는 시설 간에 합의서를 통해 명시된 경우

7. 다음 중 레이더 분리 최저치로 옳지 않은 것은? (다)

가. Broad Band 레이더 장비 안테나로부터 40마일 미만 : 3마일
나. Broad Band 레이더 장비 안테나로부터 40마일 이상 : 5마일
다. EARTS Sensor Mode 안테나로부터 40마일 미만 : 4마일
라. EARTS Sensor Mode 안테나로부터 40마일 이상 : 5마일

8. 다음 중 레이더 유도에 관한 내용으로 틀린 것은? (라)

가. C, D등급 공역을 비행하는 항공기에게 제공된다.
나. E등급공역 Surface Area내에게 비행하는 Special VFR항공기에게 제공된다.
다. 레이더 유도시 항공기의 선회방향 선행각도 등으로 항공기를 유도한다.
라. 자이로 고장시 선회방향만 제공하면 된다.

9. 속도조절 지시 방법 중 틀린 것은? (다)

가. 후행 항공기에게 먼저 감속 시킨 후 선행항공기에게 증속을 시킨다.
나. IAF 또는 활주로로부터 5마일 되는 지점 중 더가까운 지점내의 항공기에게는 속도조절을 하지 않는다.
다. 적당한 공간을 확보, 유지하는데 필요한 최대한의 수준으로 속도조절지시를 한다.
라. FL390이상의 항공기에게는 속도조절지시를 하지 않는다.

10. 레이더 도착절차에서 최종접근진로 교차지점으로부터 Approach Gate까지의 거리가 2마일 미만일 때에 최대허용 교차각은 얼마인가? (나)

가. 10도
나. 20도
다. 30도
라. 45도

11. 비레이더 분리에서 후류요란 적용 시 2분 시차분리에 해당하지 않는 경우는? (가)

가. 인접 공항에서 출발하는 대형제트 항공기가 IFR항공기의 진로 후면을 통과하게 될 때
나. 대형 제트항공기 뒤로 IFR항공기가 동일 활주로에 도착할 때
다. 대형 제트항공기 뒤로 IFR항공기가 2,500피트 미만으로 분리된 평행활주로에 도착할 때
라. 대형 제트항공기 뒤로 IFR항공기의 예정된 비행로가 겹치게 될 것으로 예상되는 교차 활주로에 도착할 때

12. 다음 중 동일 또는 인접공항에서 연속적인 출발 항공기의 최초 분리최저치로 틀린 것은? (다)

가. 이륙 후 곧 45°이상 진로가 분기 될 때 : 1분 분리 적용
나. 이륙 후 5분 이내에 45°이상 진로가 분기 될 때 : 2분 분리 적용
다. 이륙 후 15 DME마일 이내에서 45°이상 진로가 분기 될 때 : 3마일 적용
라. 활주로 중신선간 3,500피트이상 떨어진 평행활주로에서 같은 방향으로 이륙하는 항공기 간에 이륙 후 즉시 45°이상 분기 될 때 : 동시 이륙을 허가가능

13. 서로 분기된 활주로에서 이륙 후 즉시 분기되는 진로상으로 비행하는 항공기간 분리최저치로 틀린 것은? (다)

가. 교차하지 않는 활주로에서 활주로가 30° 이상 벌어져 있으면 동시이륙 허가한다.
나. 교차하지 않는 활주로에서 활주로 중심선간의 거리가 최소 2,000피트이고 활주로가 15°에서 29°이하로 분기될 때 동시이륙을 허가한다.
다. 활주로 중심선간의 거리가 최소 3,500피트이고 활주로가 15°이상으로 분기될 때 동시 이륙을 허가한다.
라. 30°이상으로 분기하는 교차활주로에서 선행항공기가 교차점을 통과하면 후행항공기의 출발을 허가한다.

14. 다음 중 상대 항공기와 종적 분리방법으로 틀린 것은? (나)

가. 특정시간에 이륙하도록 한다.
나. 특정시간 또는 픽스에서 속도를 유지하도록 한다.
다. 특정시간에 특정픽스에 도착하도록 한다.
라. 특정시간까지 픽스에 체공하도록 한다.

15. 이륙방향이 최종접근진로와 정반대되는 방향으로부터 45° 이상 차이가나는 경우, 도착하는 항공기의 공항도착예정시간 몇 분 전에 출발항공기를 이륙시켜야 하나? (다)

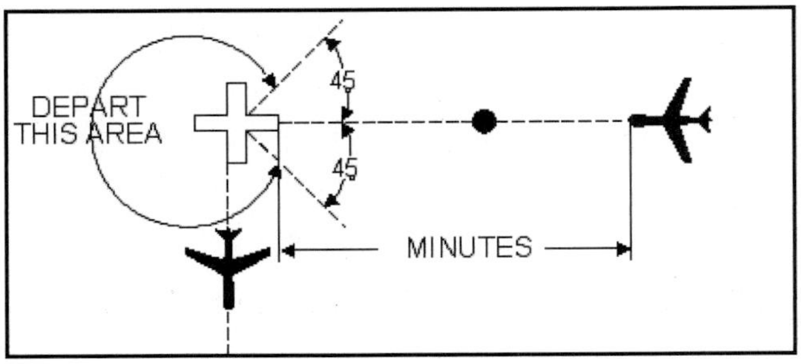

가. 1분
나. 2분
다. 3분
라. 4분

16. 동일 진로로 뒤따라 이륙하는 항공기가 같은 공항 또는 인접 공항에서 이륙한 선행 항공기를 뒤따라 갈 때 선행 항공기가 후행항공기의 비행속도보다 최소한 44Knots이상 빠르면 분리최저치는? (나)

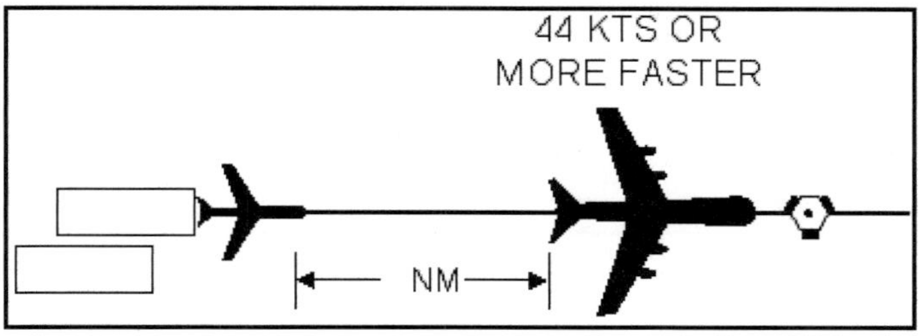

가. 최소 5NM거리분리 또는 2분 시간 분리
나. 최소 5NM거리분리 또는 3분 시간 분리
다. 최소 10NM 거리분리 또는 5분 시차 분리
라. 최소 10NM 거리분리 또는 10분 시차 분리

17. 수렴진로인 경우, 출발하는 항공기가 출발공항의 Fix상공을 통과했다고 보고한 선행 항로비행 항공기를 뒤따라 갈 때 선행 항공기가 후행 항공기의 비행속도 보다 최소한 22Knots 이상 빠르면 두 항공기 간의 분리 최저치는? (다)

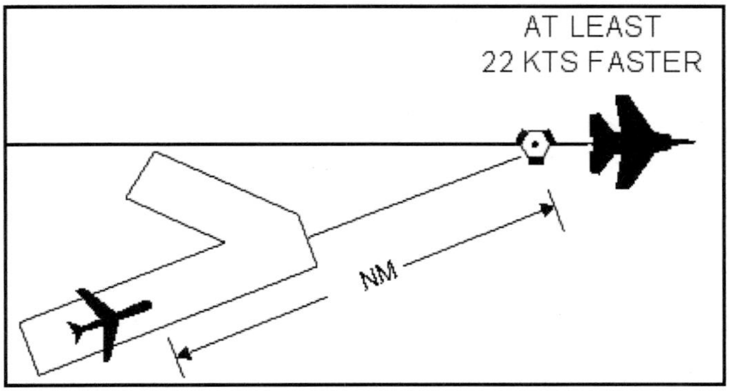

가. 최소 5NM거리분리 또는 2분 시간 분리
나. 최소 5NM거리분리 또는 3분 시간 분리
다. 최소 10NM 거리분리 또는 5분 시차 분리
라. 최소 10NM 거리분리 또는 10분 시차 분리

18. DME 장착 항공기간/LTD를 이용하는 RNAV 장착 항공기간/DME항공기가 10,000피트 이하에 있거나 DME시설로부터 10NM 밖에 있을 경우 DME와 LTD장착 항공기 사이에는 만일 선행항공기가 강하할 때 적용하는 분리최저치는? (다)

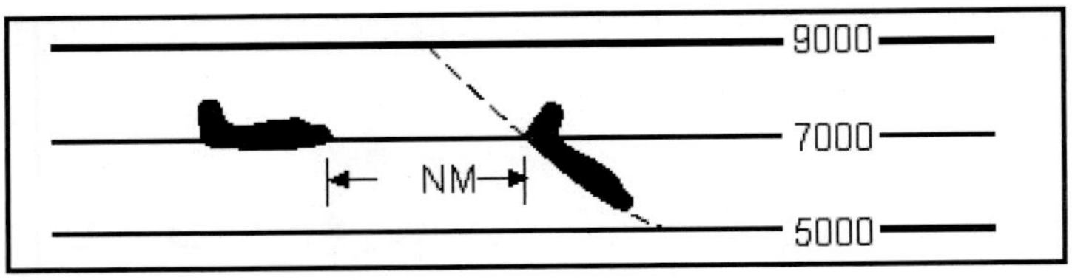

가. 2NM

나. 5NM

다. 10NM

라. 15NM

19. 서로 반대 방향으로 비행하는 두 항공기 사이에는 두 항공기가 서로 통과할 것이라고 예상되는 시각으로부터 각 몇 분전부터 몇 분 후까지의 각각 다른 고도를 배정하여 수직 분리 시켜야 하는가? (라)

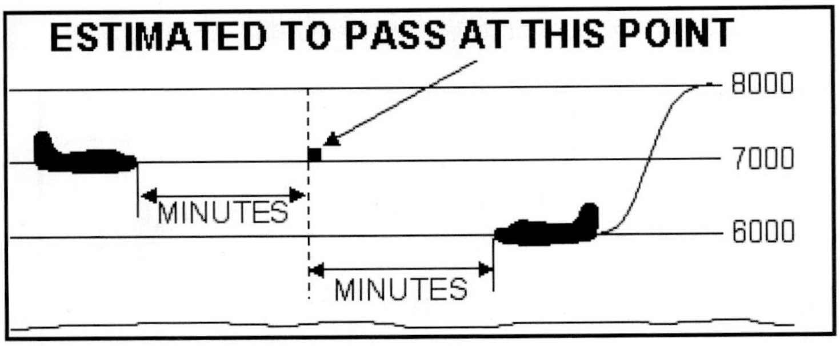

가. 3분전부터 3분후까지

나. 5분전부터 5분후까지

다. 5분전부터 3분후까지

라. 10분전부터 10분후까지

20. 다음 중 항공기의 횡적분리 방법으로 틀린 것은? (라)

가. 항로의 폭이나 보호공역이 서로 겹치지 않는 다른 Airways/Routes로 비행하도록 허가한다.

나. FL220이하의 고도로 비행하는 항공기에게 항행안전시설을 참고하여 각각 다른 지리적 위치로 비행하여 보고하도록 한다.

다. 체공장주 보호 공역과 기타 보호공역이 서로 겹치지 않는 각각 다른 Fix 상공에서 체공 하도록 허가한다.

라. 이륙하는 항공기를 각각 최소 30°이상 분기되는 비행기수 방향으로 비행하도록 한다.

21. Non-DME이탈거리 최저치로 옳지 않은 것은? (가)

가. 이탈각도 20° - 14NM

나. 이탈각도 25° - 10NM

다. 이탈각도 30° - 8NM

라. 이탈각도 35° - 7NM

22. DME이탈거리 최저치로 옳지 않은 것은? (나)

가. 이탈각도 15° FL 220이하 - 17NM

나. 이탈각도 20° FL 220이하 - 15NM

다. 이탈각도 25° FL 220-450 - 13NM

라. 이탈각도 30° FL 220-450 - 11NM

23. 비행방향에 관계없이 동일 DME의 각각 다른 원호상을 비행하는 항공기간에 분리최저치로 옳은 것은? (가)

가. DME로부터 35NM이내에서 비행 - 10NM 분리

나. DME로부터 35NM이내에서 비행 - 20NM 분리

다. DME로부터 35NM 밖에서 비행 - 30NM 분리

라. DME로부터 35NM 밖에서 비행 - 40NM 분리

24. 수직분리에 대한 내용으로 틀린 것은? (라)

가. 그 고도를 비행하고 있던 항공기가 그 고도를 떠났다고 보고된 이후 그 고도에 다른 항공기를 배정한다.

나. 심한요란이 보고되었을 때 또는 항공기가 공중급유 중일 때는 예외로 한다.

다. 전에 비행하던 항공기에게 “Pilot's Discretion"이란 용어를 사용했을 경우에는 예외로 한다.

라. 전에 비행하던 항공기가 CATIII일 경우는 예외로 한다.

제12장 비행정보업무(FIS)

1. 비행정보업무(FIS)에 포함되지 않는 정보는? (다)

가. SIGMET와 AIRMET정보

나. 항행안전시설의 실용성 변경에 관한 정보

다. 비행로에 대한 고도 및 고도의 변경

라. 출발, 도착비행장 및 교체 비행장의 기상상태 및 예보

2. 다음 중 항공정보업무에 포함되지 않는 것은? (라)

가. 항공정보간행물

나. 항공고시보

다. AIRAC

라. PIREP

3. 비행정보방송에 포함되지 않는 것은? (라)

가. ATIS

나. HF OFIS

다. VHF OFIS

라. UHF OFIS

4. 다음 중 VHF비행정보 방송에 관한 내용으로 틀린 것은? (다)

가. 가능한 5분을 초과하지 않아야 한다.
나. 계속하여 반복적으로 방송한다.
다. 한 시간 간격으로 최신정보로 교체한다.
라. 각 비행장별 방송내용은 해당 비행장의 명칭에 의해 식별되도록 한다.

5. 항공고정통신망(AFTN)을 통해 취급하는 정보가 아닌 것은? (가)

가. AIP 전문
나. 비행계획 전문
다. 항공고시보 전문
라. 기상관측 및 예보전문

6. 항공업무에 종사하는 자가 적시에 필수적으로 알아야 하는 항공시설, 항공업무, 비행규정 또는 항공장애의 신설, 상태 또는 그 변경에 관한 정보를 수록하고 있는 단문의 공고문은 무엇인가? (나)

가. 항공정보간행물(AIP)
나. 항공고시보(NOTAM)
다. 항공정보회람(AIC)
라. 항공정보간행물 보충판(AIP Supplements)

7. 다음 중 항공고시보로 공고되어서는 안 되는 정보는? (나)

가. 항공장애등의 설치, 철거 또는 복구
나. 비행장 이동지역 내 위치표지, 행선지표지 또는 기타 지시표지의 고장
다. 연료, 기름 및 산소공급의 변경 또는 제한
라. 금지구역, 제한구역 도는 위험구역의 설정 또는 폐지

8. 항공고시보 배포에 관한 내용으로 틀린 내용은? (라)

가. 가능한 항공고정통신망으로 배포한다.
나. 국제민간항공기구 항공고시보 코드로 구성하여 배포한다.
다. 적절한 고트가 없을 경우에는 평문을 사용한다.
라. 모든 내용은 국제항공고시보 취급소간에 서로 교환해야한다.

9. 항공정보간행물(AIP)의 발행요건에 해당하지 않는 것은? (라)

가. AIP는 독점적으로 발행되어야 하며 목차를 수록하여야 한다.
나. 동일한 정보를 중복하여 기록해서는 안 된다.
다. 전체를 쉽게 가제할 수 있는 형태이어야 한다.
라. 중대한 변경사항은 AIP Supplements절차에 따라 발간되어야 한다.

10. 다음 중 항공정보간행물(AIP)의 일반사항(GEN)에 수록되어야 할 내용으로 옳지 않은 것은? (다)

가. 항공정보간행물에 수록되어 있는 항행안전시설, 업무, 절차에 대한 책임 있는 관할 당국에 대한 서술
나. 업무 또는 시설의 국제적인 사용에 필요한 일반 조건
다. 항공지도 중 지정된 국제공항에 관한 사항
라. 자국의 기준과 ICAO 표준 및 권고사항간의 주요차이점에 대한 목록

11. 항공정보간행물의 개정요건으로 틀린 것은? (가)

가. 항공정보간행물의 영구적인 변경은 보충판으로 발간한다.
나. 표지를 포함한 각 항공정보간행물 수정판페이지에는 발간일자와 유효일자를 표시한다.
다. 각 항공정보간행물 수정판에는 연속되는 일련번호를 부여한다.
라. 수정판으로 영향을 받게 되는 사항에는 항공정보 간행물 수정판 표지에 간략한 표시를 한다.

12. 수직분리간격축소기법(RVSM) 운용기준과 같이 AIP 전체본문 및 도표에 포함되는 정보의 변경사항이 있는 경우 눈에 띄게 황색으로 표시하는 발행하는 항공정보집은? (다)

가. AIP
나. AIP Amendment
다. AIP Supplement
라. AIC

13. AIRAC(Aeronautical Information Regulation and Control) 발행대상으로, 다음 중 설정, 폐지 및 사전계획에 의한 변경의 내용이 아닌 것은? (나)

가. 공역의 범위, 규칙 및 절차
나. 항행안전무선시설의 성능 및 통신절차
다. 체공 및 접근절차
라. 기상시설 및 절차

14. 항공정보회람(AIC)에 관한 내용으로 틀린 것은? (다)

가. 비행안전, 항행, 기술, 행정, 규정개정 등에 관한 내용을 수록한다.
나. AIC의 대조표는 1년에 1회 이상 발행한다.
다. 둘 이상의 시리즈로 배포할 경우 각 시리즈는 숫자로 구분해야한다.
라. 국제배포용 AIC는 AIP와 동일한 수신처로 배포되어야 한다.

제13장 경보 및 구조업무(ALERTING & SAR SERVICE)

1. 항공기 구조와 소방업무의 경보에 관한 절차 제공은 무엇을 따르는가? (가)

가. 국지지침서
나. 훈련 프로그램
다. 감항증명서
라. 비상사태 매뉴얼

2. 비상상황의 구분에서 3가지 단계는 무엇인가? (가)

가. 불확실단계, 경보단계, 조난단계
나. 확인단계, 경보단계, 구조단계
다. 불확실단계, 확인단계, 조난단계
라. 교신단계, 전달단계, 구조단계

3. 불확실 단계는 연락이 있어야 할 시간 또는 동 항공기와의 첫 번째 교신시도가 실패한 시간 중 더 빠른 시간으로부터 몇 분 이내에 없을 경우 적용되는 단계인가? (나)

가. 10분
나. 30분
다. 60분
라. 120분

4. 다음 중 경보단계에 해당하지 않는 것은? (라)

가. 불확실단계이후 항공기와의 교신시도 또는 다른 관련된 기관에 대한 조회로도 동 항공기의 소식을 알아내는데 실패할 경우

나. 항공기가 착륙허가를 받고도 착륙예정시간으로부터 5분 이내에 착륙하지 않고 통신이 두절되었을 경우

다. 항공기의 비행능력이 손상되었으나, 불시착하였을 가능성은 없음을 나타내는 정보가 입수되었을 경우

라. 항공기와의 교신이 30분 이상 두절되었을 경우

5. 다음 중 항공기 비상상황을 통보할 경우 제공해야할 내용에 해당하지 않는 사항은? (라)

가. 비상의 성질

나. 비행계획 중 중요한 정보

다. 항공기의 색깔 및 특성

라. 최초 교신한 기관, 시간 및 사용주파수

6. 다음 중 비상상황 발생 시 구조조정센터에서 해야 할 사항이 아닌 것은? (다)

가. 각 상황에 따라 적정한 단계를 선포

나. 출발공항에 원본비행계획서를 요구

다. 해당 항공사에 항공기 감항증명서 요구

라. 비상용 공지통신주파수를 통한 통신수색을 실시

7. QALQ전문은 어느 단계에서 필요한가? (가)

가. 불확실단계

나. 경보단계

다. 조난단계

라. 구조단계

8. 다음 중 밑줄 친 부분에 해당 되는 말은? (나)

'항공기 사고'라 함은 비행할 목적으로 __________ 부터 _________까지 항공기 운항과 관련되어 인적·물적 피해가 발생하는 것을 말한다.

가. 항공기 이륙 때, 항공기 착륙 때
나. 항공기에 탑승한 때, 항공기에서 내릴 때
다. 항공기 출발지 주기 때, 항공기 도착지 주기 때
라. 항공기 엔진 Turn on 때, 항공기 엔진 Turn off 때

9. 국내 법규정에서 세분한 항공기 사고에 해당하지 않는 것은? (다)

가. 항공기 대형사고
나. 항공기 중형사고
다. 항공기 소형사고
라. 경미한 항공기사고

10. 다음 중 항공기 사고에 해당되지 않는 것은? (라)

가. 항공기의 추락, 충돌, 화재
나. 항공기 구조상의 강도, 성능 또는 비행특성에 지장을 초래하는 부품의 교체를 필요로 하는 손상 또는 구조상의 결함
다. 항공기 안에 있는 사람의 사망 또는 행방불명
라. 항공기 출발/도착 지연

11. 항공기사고가 공항시설 및 항행안전시설 등의 결함으로 인하여 발생된 경우에 당해 관련 시설의 기술적인 시험 및 비행점검실시 등의 조치를 취하게 할 수 있는 사람은 누구인가? (라)

가. 국토교통부장관
나. 항공안전본부장
다. 지방청장
라. 조사관

12. 사고수습통제본부의 설치 및 운영에 관한 사항은 누가 정하는가? (다)

가. 국토교통부장관
나. 항공안전본부장
다. 지방항공청장
라. 항공교통관제소장

13. 잔해수습은 누구의 동의가 있을 때 착수할 수 있는가? (라)

가. 국토교통부장관
나. 항공안전본부장
다. 지방청장
라. 조사관

14. 지방청장은 사고수습이 끝난 때에는 동원된 인원·장비·소요시간 등 복구현황과 도출된 문제점 등 사고수습결과를 누구에게 보고하여야 하는가? (가)

가. 국토교통부장관
나. 항공안전본부장
다. 지방청장
라. 항공교통관제소장

제14장 항공교통 용량관리

1. 다음 중 항공교통업무(ATS)시스템의 용량을 결정하는 요인으로 볼 수 없는 것은? (나)

가. ATC 항로 구조
나. 항공기종
다. 기상요인
라. 항공교통관제사 업무부하

2. 밑줄 친 부분에 들어갈 말은? (가)

항공교통업무(ATS)에서 서비스를 제공할 수 있는 항공기 수는 정상적 상황 하에서 관련 ________ 에 의해 안전하게 다뤄질 수 있는 기준을 초과하지 말아야 한다.

가. 항공교통관제기관
나. 공항공사
다. 항공안전본부
라. 항공사

3. 밑줄 친 부분에 들어갈 수 있는 말은? (가)

안전하게 수용될 수 있는 최대 비행 수를 규정하기 위해, 해당되는 ATS 관계기관은 ________과 ________에서 수용할 수 있는 항공교통관제 용량을 명시하고 평가해야 한다.

가. 관제구역, 비행장구역
나. 제한구역, 통제구역
다. 비관제구역, 관제구역
라. 비행장구역, 위험구역

4. 항공교통업무(ATS) 시스템의 용량을 평가하기 위해 고려해야 할 요인 중 틀린 것은? (다)

가. ATS가 제공되는 형태와 수준
나. 관제 지역, 관제 구역, 관련 비행장의 구조적 복잡성
다. 지역 인구 밀도
라. 항공교통관제사 지원과 경보 기능을 제공하는 ATC 시스템의가용성

5. 공역의 융통성 있는 사용을 위해 제공되는 협정과 절차에 지정되어야 할 사항 중 틀린 것은? (가)

가. 공역의 통합
나. 관련 공역의 수평 및 수직적 한계
다. 공역의 이동에 책임이 있는 기관 혹은 관계기관
라. 공역의 유효성 주기

6. 항공교통관제사 업무 중 항공기 관제 시 부과되는 객관적인 직무 분류 중 틀린 것은? (라)

가. 관제지시, 조언, 정보제공
나. 충돌탐지
다. 비행 데이터(Flight Data) 관리
라. 비행장시설 관리

7. 공역 또는 ATC 용량의 정의로 볼 수 없는 것은? (나)

가. 안전 및 운영기준의 위반 없이 공역이 처리할 수 있는 항공기의 수
나. 단위 구역당 처리할 수 있는 항공기의 수
다. 관제사의 업무부담 허용수준에서 지정시간에 특정관제섹터에 진입하는 항공기의 수
라. 시간당 섹터진입, 통과비행, 비행장출발, 도착항공기 수

8. 항공교통관제사 업무부하에 영향을 주는 것으로 볼 수 없는 것은? (나)

가. 장비의 질(Quality of Equipment)
나. 장비의 수(Number of Equipment)
다. 개인적 편차(Individual Difference)
라. 인지전략(Cognitive Strategies)

9. 공역용량 및 지체를 측정하기 위한 시뮬레이션 모델 중 미시적 모델에 속하는 것이 아닌 것은? (가)

가. FLOWSIM
나. RAMS
다. TAAM
라. SIMMOD

10. FAA와 ATAC에 의해 개발된 이산사건(Discrete-event)시뮬레이션에 기반을 둔 모델로 항로, 터미널구역 및 공항지상운영 등의 연구에 많이 사용되는 모델은 무엇인가? (다)

가. RAMS
나. TAAM
다. SIMMOD
라. NASPAC

11. 유럽에서 개발된 프로그램으로 공역구조, 항공교통관제시스템, 특히 새로운 ATC 절차 평가에 많이 사용되며 미래 지향적 모델로 평가 받고 있는 모델은 무엇인가? (가)

가. RAMS
나. TAAM
다. SIMMOD
라. NASPAC

12. SIMMOD의 장점 중 틀린 것은? (라)

가. 사용자 실수 감소를 위한 시뮬레이션 데이터 점검
나. 시뮬레이션 데이터를 저장, 관리
다. 공항 운영, 항공기 지연, 비행시간 및 연료 소모 분석
라. 2차원 노드-링크 구조

제15장 항공교통흐름관리(ATFM)

1. 항공교통흐름관리(ATFM)를 하는 주 목적은? (가)

가. 항공기의 지연방지
나. 엄정한 항공절차의 적용
다. 항공기의 안전한 분리적용
라. 공역의 정확한 분류

2. 국내에서 항공교통흐름관리(ATFM)를 수행하는 조직은? (다)

가. 항공안전본부
나. 지방항공청
다. 항공교통관제소
라. 공항관제탑

3. 항공교통흐름관리(ATFM)의 업무처리과정은 공역과 공항 수용능력에 의해 크게 좌우되는데 다음 중 공역의 수용능력을 좌우하는 요인으로 틀린 것은? (라)

가. 공역의 구조
나. 관제섹터의 수용능력
다. ATC시스템의 지원능력
라. 항공기분리능력

4. 다음 중 시간적 차이에 따른 항공교통흐름관리(ATFM)의 단계구분에 속하지 아니한 것은? (나)

가. 전략계획 수립단계(Strategic planning)
나. 전략계획 운영단계(Strategic operations)
다. 사전전술계획 단계(Pre-tactical planning)
라. 전술적 운영단계(Tactical operations)

5. 항공교통흐름관리(ATFM)의 전략적 계획은 몇 개월 내에 수립 되어야 하는가? (가)

가. 2~6개월
나. 3~6개월
다. 1~3개월
라. 6~12개월

6. 항공교통흐름관리(ATFM)의 전략적 계획은 ____와 ____가 상호 협의에 의해 계획 되어야 하는가? (나)

가. 항공교통관제기관(ATC), 공항공사
나. 항공교통관제기관(ATC), 항공기 운영자
다. 항공교통관제기관(ATC), 조종사
라. 운항관리사, 항공사

7. 미국과 유럽의 대표적인 항공교통흐름관리 기관은? (나)

가. ARTCC, Eurocontrol
나. ATCSCC, CFMU
다. FAA, Eurocontrol
라. NASA, CFMU

8. ATC 용량을 초과하는 곳과 시간을 평가하여 불균형을 해결하기 위한 전략적 계획 실행 사항 중 틀린 것은? (다)

가. 특정 교통흐름 변경(교통 우회)내용
나. 적절한 항공기 운항 스케줄링 혹은 리스케줄링
다. 항공기 수의 증가
라. 전술적 항공교통흐름관리(ATFM) 방법의 명시

9. 사전 전술 계획은 실행되기 전 언제 작성되어야 하는가? (나)

가. 실행 5시간 전
나. 실행 하루 전
다. 실행 1주일 전
라. 실행 30분 전

10. 사전 전술 계획에 포함되지 않는 것은? (라)

가. 특정한 교통흐름에 대한 비행로 재배정
나. 흐름계획에 포함되지 않은 비행로의 교통량 조정
다. 전술적 운영방법의 결정
라. 전술적 항공교통흐름관리(ATFM) 방법의 명시

11. 다음 중 항공교통관제시스템 통제센터(ATCSCC)의 주요 수행 기능이 아닌 것은? (라)

가. 개량된 항공교통관리시스템(ETMS)의 운영
나. 공동의사 결정(Collaborative Decision Making : CDM) 원칙의 채용
다. 중앙 고도예약 기능(Central Altitude Reservation Function : CARF)의 수행
라. 수색 구조 기능(Search and Rescue : SAR)의 운영

12. 미국의 항공교통흐름관리에 이용되고 있는 주요 전산 프로그램이 아닌 것은? (라)

가. 지상 지연 프로그램(GDP)
나. 지상 정지 프로그램(GSP)
다. 국가 항공로 프로그램(NRP)
라. 출발관리 프로그램(DMP)

13. FAA에서 정한 일반적인 항공로 대신에 비행을 계획하는 당사자가 원하는 특정 항공로를 사용하는 것을 요청할 수 있게 해주는 프로그램은? (나)

가. 도착저장 관리 프로그램
나. 국가 항공로 프로그램
다. 지역 항공로 프로그램
라. 특정 항공로 프로그램

14. 교통흐름중앙통제기구(CFMU)의 기본 목적이 아닌 것은? (가)

가. 항공보안 발전
나. 비행안전 제고
다. 소통하게 되는 교통량이 해당 관제섹터의 용량을 초과하는 것을 예방
라. 항공교통의 원활한 흐름을 보장

제16장 미래항행시스템

1. 인공위성을 이용한 새로운 항공 통신, 항행, 감시 및 항공교통관리 시스템을 나타내는 용어는? (나)

가. RNP
나. CNS/ATM
다. RVSM
라. GNSS

2. 이/착륙 시스템으로 인공위성과 각 지역별로 인공위성의 오차를 보정해 주는 시스템은? (가)

가. DGPS
나. ILS
다. GPS
라. P-RNAV

3. 조종사가 직접 자신의 비행 항로와 속도, 고도를 선택하여 효율적이고 경제적 비행을 하는 것을 무엇이라 하는가? (가)

가. Free flight
나. RVSM
다. IFR flight
라. P-RNAV

4. 1966년 ICAO는 전 세계적으로 FL290 이상의 고도를 비행하는 항공기간의 수직분리기준을 양방향으로 어떻게 설정하였는가? (나)

가. 1000피트
나. 2000피트
다. 3000피트
라. 4000피트

5. 특정 공역 내에서 FL290-410사이에 항공기간의 수직분리 기준을 1,000피트 분리로 축소 운영하는 것은? (가)

가. RVSM
나. RNP
다. RNAV
라. ADS

6. RVSM을 운영할 경우 기존의 운용고도와 비교할 때 배정할 수 있는 고도가 어느 정도 증가하는가? (다)

가. 4
나. 5
다. 6
라. 7

7. 항법의 종류가 아닌 것은? (나)

가. Pilotage
나. Radar Navigation
다. Celestial Navigation
라. Dead Reckoning

8. 지역항법(RNAV)이란 올바른 영문표현은? (다)

가. Regional Navigation
나. Remote Navigation
다. Area Navigation
라. Zone Navigation

9. 지상의 항행안전무선시설에서 발사되는 전파신호를 이용하여 가상으로 설정된 지점을 통하여 비행하는 방식을 무엇이라 하나? (다)

가. 추정항법
나. 관성항법
다. 지역항법
라. 무선항법

10. 지역항법(RNAV)을 실행가기 위해 필요한 항공기 센서 수신기 및 항법자료가 아닌 것은? (라)

가. Flight Management System
나. LORAN-C
다. DME
라. ILS

11. 지역항법(RNAV)의 장점이 아닌 것은? (라)

가. 복수항공로 설정으로 항공기 소통의 원활화
나. 상황에 따른 대체 항공로 설정가능
다. 최적의 Holding Pattern 설정
라. 두 지점간의 최장거리로 연결하여 운항거리 및 시간단축

12. 지역항법(RNAV) 항공로 설계 시, 수행되어야 하는 과업과 거리가 먼 것은? (다)

가. 필요한 지점(way-point)의 설정
나. 이용할 수 있는 항행안전무선시설간의 Change-over-point 확인
다. 이용할 수 있는 항행 신호(VOR 신호와 같은) 최고 가청고도 계산
라. 인가 및 차트화를 위해 인가당국에 항공로 설정안 제출

13. 지역항법(RNAV) 항공로 설계 시, 기초자료로 필요한 것이 아닌 것은? (다)

가. 공역관련 자료
나. 이용 가능한 항행안전무선시설 자료
다. 과거 레이더로 포착된 항공기 프로파일자료
라. 항공로 운영시 제약요소

제17장 첨단항공교통

1. 무인항공기시스템에 포함되지 않는 것은? (라)

가. 비행체
나. 탑재임무장비
다. 지상통제장비
라. 목적기반모빌리티

2. 미래형 항공기체(AAV)에 가장 해당하는 용어는? (나)

가. Airship
나. PAV
다. Drone
라. PBV

3. 다음 중 AAM과 관련이 없는 용어는? (라)

가. Vertiport
나. Corridor
다. VTOL
라. RLOS

4. UAS의 특징으로 맞지 않는 것은? (가)

가. 항공기와 유사한 수준의 감항인증을 적용하고 있음
나. 기존 항공기와는 다른 요구도를 제시하고 있음
다. 크기를 자유롭게 설계, 제작할 수 있음
라. 조종사의 피로도, 위험성, 생존성 등을 고려할 필요가 없음

5. 버티포트 설계시 고려할 사항으로 가장 적합하지 않는 것은? (나)

가. 상승·하강 구배
나. PBV 탑승율
다. 착륙정밀도
라. 다운워시

6. 무인항공기시스템(UAS) 구성하는 역할로 가장 해당하는 것은? (라)

가. 교통관리서비스제공자(PSU)
나. 버티포트 운영자(Vertiport Operator)
다. 통로(Corridor)
라. 드론교통관리(UTM)

7. AAM 초기 상용화시 UATM의 목표 서비스로 적합하지 않는 것은? (다)

가. 비행계획승인
나. 공역 및 회랑 관리
다. 지상통제 관리
라. 항로이탈 모니터링

8. 국내 규정상 FATO(Final Approach and Take off Area)의 면적으로 적합한 것은? (라)

가. 0.25D
나. 0.5D
다. 0.83D
라. 1.2D

9. 버티포트 설치시 고려할 사항이 아닌 것은? (나)

가. 장애물 제한표면
나. 자원 재활용
다. 비상착륙지
라. 기상환경

10. DFR(Digital Flight Rules) 필수요소가 아닌 것은? (가)

가. 협력적 의사결정
나. 교통상황 인식 공유
다. 분리 자동화
라. 디지털 정보 연결 및 서비스

11. 다음 중 DFR 핵심적인 기능은? (나)

가. 확장형 교통관리
나. 협력적 충돌관리
다. 협력적 의사결정
라. 협력적 관행

12. 다음 중 DFR 이행관련 Block 4 단계의 요소는? (다)

가. 고고도 협력 분리
나. 접근 중 시계 분리
다. 공중 분리
라. 저고도 협력 분리

찾아보기

② 찾아보기

④ 찾아보기

(ㅁ)

(ㅂ)

(ㅅ)

⑧ **찾아보기**

▶ 저자 약력

■ 양 한 모

한국항공대학교 운항관리학과 졸업
충남대학교 및 인하대학교 대학원졸업(경영학)
국토교통부 공역위원, 부산지방항공청, 인천국제공항공사 자문위원
행정안전부 항공직 5급 및 교통안전공단 항공종사자 면허시험 출제위원
항공우주법학회, 항공운항학회, 로지스틱스학회, 한국물류학회 이사
(전) 한국항공대학교 항공교통물류학부 교수

• 저 서

하늘과 한국인의 삶(공저, 나남출판, 1997)
항공교통론(편저, 항공대출판부, 1998)
공역계획 및 설계론(편저, 항공대출판부, 1998)
신 국내항공법(공저, 항공대출판부, 1999)
항공교통업무(편저, 항공대출판부, 1999)
항공법 :이론과 실무(공저. 항공대출판부, 2001)
항공교통관리론(공저, 항대출판부, 2004)

• 논 문

Toward Airport Privatization in Korea(2002)
Strategies for a Global Logistics and Economic Hub: Incheon International Airport(2003)
차폐이론의 적용에 관한 연구(2002)
비행안전에 영향을 미치는 공역 설계기준의 적용에 관한 연구(2003) 등다수

■ 김 도 현

한국항공대학교 항공교통학과 졸업
한국항공대학교 대학원졸업(항공교통학)
독일 Lufthansa Cargo, 인천국제공항공사 근무
국토교통부, 국방부(공군본부), 인천국제공항공사/한국공항공사 자문위원
교통안전공단 항공종사자 면허시험 출제위원
미국 Purdue University, Aeronautics & Astronautics 방문교수
한국항공운항학회(전), 한국항공교통학회 편집위원장
한국항공경영학회/한국항행학회 이사
(현) 한서대학교 항공교통물류학과 교수

• 저 서

항공교통관리론(공저, 항공대출판부, 2004)
운항지원시스템의 이해(공저, 과학기술, 2015)
공항의 이해(공저, 책과 책들, 2018)

• 논 문

Evaluation of the risk frequency for hazards of runway incursion in Korea(2012)
Improving operability of Smart UAV in NAS, Korea(2013)
An Application of the Improved Models for Risk Assessment of Runway Excursion in Korea(2016)
최저비행고도와 UAS 운영제한고도 구축에 관한 연구(2021)
A Study on the Risk Probability of Risk Mitigation Alternatives at Non-Compliance Airport with Runway Strip Criteria(2023)
도심항공교통(UAM) 운영을 위한 횡적 회랑 규격 실증 연구(2024)
협력적 의사결정체계(CDM) 마일스톤 기반 도심항공교통(UAM) 흐름관리 연구(2024) 등다수

■ 김 휘 양

한국항공대학교 항공교통학과 졸업
한국항공대학교 대학원졸업(항공경영학)
국토교통부 서울지방항공청/항공교통본부 항공교통관제사 근무
(전) 국제민간항공기구(ICAO) 공역안전 및 분리패널(SASP) 전문위원
(현) 국제민간항공기구(ICAO) 항공교통관리 요건 및 이행패널(ATMRPP) 자문위원
국토교통부 책임운영기관 항공교통본부 심의위원회 위원
한국항공대학교 항공교통물류학부 부교수

• 연구 분야

항공교통관리, 공역 및 계기비행절차, 항행계획 및 도심항공교통(UAM) 분야

• 논 문

거시적 방법에 의한 공역 섹터 수용량 산정에 관한 연구(2019)
항공사 운항 정시성 산정기준에 관한 연구: 출발지연을 중심으로(2019)
정밀접근활주로 등급 상향에 따른 편익산정에 관한 연구(2019)
Wake Turbulence RE-CAT 적용과 효과성에 관한 연구(2021)
위성기반보정시스템(SBAS) APV-Ⅰ 계기접근절차에 관한 실증 연구(2022)
신 장애물제한표면에 관한 이론적 고찰과 실증분석: 인천공항을 중심으로(2022)
단방향 복선 항공로 안전평가모델을 활용한 국내 Offset 절차 안전도 분석(2023)
도심항공교통(UAM) 비행경로 구축을 위한 횡 방향 설계기준에 관한 연구(2024) 등 다수

■ 문 우 춘

한국항공대학교 항공관리학과 졸업
한국항공대학교 대학원졸업(항공교통학)
국토교통부 근무
국토교통부 항공안전위원회 및 항행안전감독 자문위원
한국소비자원 소비자분재조정위원회 전문위원
미국 Embry-Riddle Aeronautical University 방문연구원
UAM 사실 표준화 포럼 의장
(현) 한국항행학회/한국항공교통학회 이사, 한국항공인적요인학회 감사
공군본부(공군항안단) 항공우주안전정책발전 자문위원
Global Association for Advanced Air Mobility(G3AM) 준비위원장
항공우주산학융합원 첨단항공우주연구소 소장

• 논 문

항공교통관제사 인적오류 요인의 상대적 중요도 분석 연구(2010)
A Study on Operability of Smart UAV in the NAS(2011)
Evaluation of the risk frequency for hazards of runway incursion in Korea(2012)
인적오류 예방을 위한 제도의 상대적 중요도 분석(2013)
유무인항공기 통합 시뮬레이션 연구(2015)
제주지역 레이더 음영지역 해소에 관한 연구(2015)
UAM 버티포트 최종접근진로 감시를 위한 광학장비 활용 기술(2023)
버티포트 협력적 의사결정지원체계 운용방안 연구(2023)
버티포트 효율적 운용을 위한 UAM 시간정보 공유체계 개발방안(2024) 등 다수

■ **곽 수 민**

한국항공대학교 항공관리학과 졸업
한국항공대학교 대학원졸업(항공교통전공)
국토교통부 근무
한국항공대학교 겸임교수
2015.10~현재 국토교통부 항공안전자율보고 전문분석위원(관제분과)
(현) 강서구 고도제한완화 추진위원회 위원
　　고양시 드론산업육성위원회 위원
　　서울시 강서구 재개발 재건축 전문가지원단 위원

• 저 서

항공교통관제사 표준교재_관제일반(2018)

• 연구과제

ICAO 등 주요회의 의제개발 및 대응전략 연구(2016, 2018, 2020, 2022)
성능기반항행(PBN) 비행절차 유지관리 용역(2018, 2019, 2022, 2023, 2024)
인천국제공항 4단계 AIRSIDE 시설 기본 및 실시설계(2019)
항공영어구술능력시험 문제 개발용역(2019, 2020)
인천공항 ICAO ASBU 적용성 연구(2019)
새만금신공항 건설사업 타당성평가 및 기본계획 수립 용역(2021)
드론운용 활성화를 위한 안전기준 마련 연구(2021)
국가항행계획(NARAE) 이행관리 방안에 관한 연구(2022)
항공기 저소음 운항절차 개선방안 마련 연구(2023)
도심지 UAM 실증 인프라 기반확보 방안 연구(2023)
인천공항 UAM 서비스 및 버티포트 컨셉설계 용역(2024)
인천공항 미래항공모빌리티 교통관리시스템 구축 방안 수립 용역(2024) 등 다수

항공교통개론 (제6판)

제1판1쇄 발행 • 2006년 2월 25일
제2판1쇄 발행 • 2008년 3월 3일
제3판1쇄 발행 • 2011년 2월 28일
제3판2쇄 발행 • 2012년 4월 5일
제4판1쇄 발행 • 2014년 2월 28일
제5판1쇄 발행 • 2018년 2월 28일
제6판1쇄 발행 • 2025년 3월 4일

저 자 • 양한모 · 김도현 · 김휘양 · 문우춘 · 곽수민

발 행 인 • 정 성 열
발 행 처 • 도서출판 ONE
주 소 • 서울특별시 영등포구 선유로3길 10
등 록 • 제313-2003-427호
전 화 • 02-323-8536
공 급 처 • 대학출판유통
전 화 • 02-703-9359
팩 스 • 02-704-9359

저자와의 협의하에 인지생략

ISBN 978-89-6481-488-8

정가 33,000원

- http://one-book.co.kr